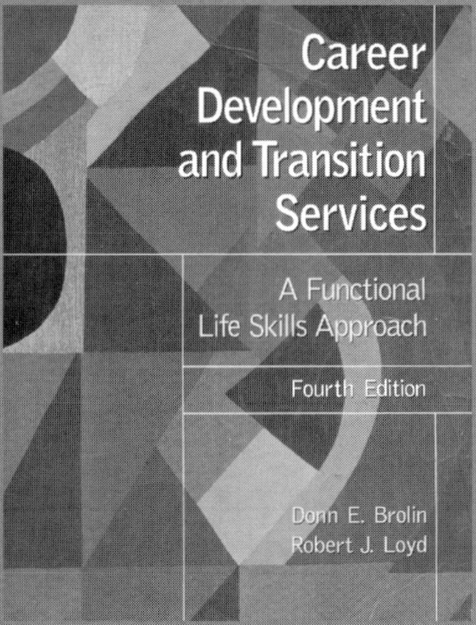
Career
Development
and Transition
Services
A Functional
Life Skills Approach
Fourth Edition
Donn E. Brolin
Robert J. Loyd

教育科学精品教材译丛

Career Development and Transition Services

生涯发展与衔接教育（第四版）

[美] 多恩·布罗林
罗伯特·洛依德　著

张顺生　等译
朱永新　审校

凤凰出版传媒集团
江蘇教育出版社

Career Development and Transition Services
A Functional Life Skills Approach
Fourth Edition

Donn E. Brolin
Robert J. Loyd

图书在版编目(CIP)数据

生涯发展与衔接教育/(美)布罗林(Brolin, D. E.)等著;
张顺生等译. —南京:江苏教育出版社,2009.1
(教育科学精品教材译丛)
ISBN 978-7-5343-8958-0

Ⅰ.生… Ⅱ.①布…②张… Ⅲ.儿童—生活—能力培养
Ⅳ.TS976.3

中国版本图书馆 CIP 数据核字(2009)第 004975 号

教育科学精品教材译丛

生涯发展与衔接教育(第四版)

Career Development and Transition Services

[美] 多恩·布罗林 罗伯特·洛依德 **著**

张顺生 **等译** 朱永新 **审校**

责任编辑 王家俊

出版 凤凰出版传媒集团
江苏教育出版社
(南京市湖南路1号A座,邮政编码:210009 网址:www.1088.com.cn)
发行 江苏省新华书店
照排 南京展望文化发展有限公司
印刷 盐城印刷总厂有限责任公司(厂址:盐城市纯化路29号 邮编:224001)
开本 1/16 印张 37 字数 746 000
2009年1月第1版 2009年1月第1次印刷
印数 1-5 000 册
ISBN 978-7-5343-8958-0
定价 70.00 元
批发电话 025-83260760,83260768
邮购电话 025-85400774,8008289797
短信咨询 10602585420909
E-mail jsep@vip.163.com
盗版举报 025-83204538
苏教版图书若有印装错误,可向承印厂调换。
提供盗版线索者给予重奖。

作者简介

多恩·布罗林博士(Donn Brolin)：密苏里大学哥伦比亚分校(the University of Missouri in Columbia)教育咨询心理学(educational and counseling psychology)荣誉退休教授。1969年获得威斯康星麦迪逊大学(the University of Wisconsin-Madison)特殊教育和康复心理学(rehabilitation psychology)博士；1976—1978年期间，多恩担任特殊儿童理事会(the Council of Exceptional Children，CEC)生涯发展和衔接部(the Division on Career Development and Transition)主任；1990年，获得著名的J. E. 华莱士·沃连残障儿童教育奖(J. E. Wallace Wallin Education of Handicapped Children Award)，该奖项每年仅从对残障儿童有卓越贡献的专业人员中遴选一人予以嘉奖。多恩·布罗林博士一生主要活动和研究项目为从事教育提案和教育课题研究，主要研究方向为“以生活为中心的生涯教育课程”(Life-Centered Career Education Curriculum)所包含的教育材料的证实、完善和拓展，目前该课程的系列教材已经由特殊儿童理事会出版发行。

罗伯特·洛依德[Robert J. Loyd，昵称鲍勃·洛依德(Bob Loyd)]：乔治亚州萨凡纳(Savannah，Georgia)阿姆斯特朗大西洋州立大学(the Armstrong Atlantic State University)特殊教育副教授。1987年获得密苏里大学哥伦比亚分校(the University of Missouri-Columbia)博士；1983年，鲍勃开始与多恩·布罗林合作，研究“以生活为中心的生涯教育课程”计划；布罗林博士不幸中年早逝之后，鲍勃仍然继续致力于该项研究工作。对多恩的工作来说，鲍勃的主要贡献在于：他开发了“中度智障学生以生活为中心的生涯教育课程”(Life-Centered Career Education Curriculum for Students with Moderate Disabilities)。鲍勃的主要活动和研究项目为“中度智障学生”的教育材料和评估材料的证实、完善和拓展。洛依德博士的主要项目材料包括“LCCE中度智障图片知识系列”(LCCE Moderate Pictorial Knowledge Battery，PKB)、“LCCE中度智障成绩评定系列”(LCCE Moderate Performance Assessment Batteries，PABs)、19个能力单元(Competency Units)以及家庭单元笔记簿(Family Unit Notebooks)。

教育科学精品教材译丛

总序

作为高校教师，我们中的许多人常常为教育科学教材的陈旧落后而痛心疾首；作为教育学人，我们中的许多人也常常对经济学、社会学等显学学科教材建设的突飞猛进而称羡不已。

于是，我们坐卧不安，我们摩拳擦掌，我们立志超越，我们走到了一起。经过几年的努力，涵盖当代高等学校教育学专业的全部主干课程的大型海外教材《教育科学精品教材译丛》（下面简称《译丛》）终于呈现在读者面前。

许多年来，我国高等师范教育和高等学校教育学专业课程改革的步伐极为缓慢，师范教育的教育学、心理学、教材教法这三门课程多年不变，教育学专业的课程内容陈旧，课程的选择空间相当狭小。可以说，改变高等师范教育课程和高等学校教育学课程的落后状况，是《译丛》最为基本的宗旨。

另一方面，随着教育事业改革的深化，教育实践中产生的问题日益复杂，解决这些问题需要极为丰富的教育科学知识和能力。《译丛》追求的另一宗旨正是通过奉献世界上最先进的教育科学知识体系，促进我国教育事业改革的深化。

在过去的几年中，高等学校课程改革已经取得了相当明显的成效。深化课程改革的一条重要途径是引进国外尤其是发达国家的高校教材，藉此提高教育质量和增进学生的学习能力。《译丛》的宗旨和思路与我国高校教材改革的这种方向是一致的，而且是高校教材改革过程的组成部分。

促进学术交流，是《译丛》向往的又一宗旨。学术沟通的障碍，表征是交际语言，而深层原因则是学术语言与学术规范。《译丛》希望通过引进国外的教育科学知识体系和贯穿其中的研究方法与表达方式，促进我国教育科学学术事业的进步，并为其走向世界奠定基础和开辟道路。

《译丛》是建国以来从海外引进的规模最大、门类最全的教育学科教材，被国内媒体称为“又一次重要的拿来主义”。在科教兴国的基本国策背景下，它所蕴涵的巨大社会意义已经超出教材本身。因此，《译丛》的编委会和出版者——江苏教育出版社对此高度重视，并为此做了大量的细致而扎实的工作。第一，组建了强大的编委会和翻译队伍。《译丛》的编委会阵容整齐，有各师范大学的博士生导师、教授以及一批海外教育专家；主要翻译人员和审校者均是教育科学专业的博士或教育科学领域的教授，其中一些译者长期旅居国外，并从事教育科学专业的研究和教学工作，他们均在教育科学领域具有相当深厚的积累，可以确保《译丛》的翻译质量。第二，精心筛选选题。《译丛》的入选图书品质上乘，所有选题皆经中、日、美等国专家反复磋商论证，精选而成。其中一些书目为国外学术机构所推荐，在国外大学拥有广泛的学术声誉。许多教材一版再版，最多的已达第十五版。

我们希望，这套教材能成为国内教育科学的替代课本或重要参考书，同时也能作为各地教师继续教育的重要资料。

我们期待，这套教材能给中国教育理论界带来一些观念和方法上的启示，为我国的教育科学的教学和研究，尤其是教材编写工作提供一定的借鉴。

我们相信，这套教材会得到许多中小学教师、校长、教育行政机关干部、教育科学研究人员、教育专业的研究生以及高校在校学生的关注和选用。

当然，我们更希望、更期待的是创新和超越。希望和期待我国的教育科学工作者编写出高水平的、具有中国特色的教材。站得更高才能看得更远，看得更远才能做得更佳，希望我们这套教材能使中国教育理论界有一个更高的起点，使中国的教师和师范学生有一个开阔的眼界。需要说明的是，原书附有大量的各类索引，但为降低图书成本，减轻读者负担，我们只好割爱，敬请诸君谅解。

我们欢迎各种形式的参与和合作，欢迎专家和读者随时为我们荐书，随时提出各种建议和评论。

《教育科学精品教材译丛》编委会

二〇〇二年四月

教育科学精品教材译丛

原书序

谨将此书献给多恩·布罗林博士(Donn Brolin)。斯人虽故,但音容笑貌犹在。布罗林博士是一位卓尔不凡的人物:他既是个杰出的教师、了不起的研究工作者、有突出贡献的作者,同时也是一位富有远见的人。如果他没有这种远见,他就无法为广大有特殊学习和/或特殊行为需要的学生提供一种教育方式,也正是这种教育方式能够使他们在成年时过上更美好的生活。多恩既是我的良师益友,也是我心目中的偶像。是他使我的职业生涯具有真正的意义,并使我的生活变得非常充实。多恩的"以生活为中心的生涯教育"(Life-Centered Career Education, LCCE)课程早已影响了许多残障人、教学工作者和其他职业人员的生活。更重要的是,它还将继续影响并引领将来接受这一课程(LCCE)的广大学生的生活。

同时,我也将此书献给我的挚友、知音和贤妻多娜(Donna)。

好的教育思想总是层出不穷:它们往往会在历史上反复出现。通常,我们会看到这样一种现象:只要条件成熟,只要有人愿意接受好的教育思想,这些领先于时代的教育思想就会被作为更为先进的思想为人们重新提出。有时,人们用不同的语言来建构这些思想;有时,人们用不同的策略或演讲特点来勾勒这些教育思想。当然,长期确立的思想的特点就是:教育应当有所为,教育本身不是目标(end),而应是实现多元"目标"的一种方法。

尽管改革的钟摆常常将公众和职业人员的目光吸引到别的方面,大家不太关注那些有特殊学习需要、特殊行为需要或特殊动机需要的学生的生活技能教育(life skills instruction),但是,这种生活技能教育是不会消失的好的教育理念。每一代专业人员都必须用自己的方式对当代的问题作出回应。然而,在对自己时代的问题作出回应之时,人们往往不太重视前人在这方面所取得的成绩和所作出的尝试。在这一方面,我们的老朋友、老同事多恩·布罗林则是个例外。多恩·布罗林展望未来的同时从未忘记从过去中吸收营养。

1970年,我第一次见到了多恩。当时,应多恩之邀,我来到了威斯康星—斯多特州立大学(Wisconsin-Stout State University)默诺默尼(Menomonie)校区,加入多恩的联邦政府资助项目小组,该小组的目的是帮助建构一些思想,这些思想都与多恩获得联邦资助的研究问题相关:轻度智障生(students with mild mental retardation)毕业时需要懂得哪些东西、应当会做什么?为了帮助这些学生为未来生活做好准备,中等教育中从事特殊教育的老师必须懂得哪些东西,必须怎么做才行?这一早期的生涯课题最终演变为"以生活为中心的生涯教育"(Life-Centered Career Education, LCCE)模式。多恩一生硕果累累,他对那些具有永恒价值的思想一直非常执著,但是他又能够对这些思想进行改造使之适应自己所在教育地区的时代和条件。

本书的一系列版本就反映了不断变化着的时代下生活技能教育所面临的挑战,也就是说,反映了实际情况。这本书又是新版本,它拓展了生活技能教育语言和衔接教育(transition services)方面生活技能教育的需要和能力。《残障人员法案》(*the Individuals with Disabilities Act*, IDEA)的衔接教育条款中曾经有新的规定:法律规定,必须给学生提供所需要的生活技能教育并向他们提供未来必需的相关培训(service linkages)。

这一新版本之所以得以面世,归功于多恩的生涯教育方面的卓越贡献,归功于鲍勃·洛依德(Bob Loyd)的不断润色,也归功于那些与多恩密切配合,构建出LCCE模式、LCCE课程和LCCE评估系列(the LCCE assessment battery)的所有人员。同时,这一版本又使我们百尺竿头,更进一步。对于坚信有用的教育必能惠及所有的学生的老师、生涯教育专家、衔接培训专家以及行政管理人员来说,这一版本必将给他们注入新的活力。

加里·M.克拉克(Gary M. Clark)
肯萨斯大学特殊教育专家、教育博士

中文版序

当下，本书所谈及的衔接理念及主题已经成了全球性的共识，适合各种社会，可服务各类有特殊学习需要的学生。此外，无论在美国国内还是在国际上，我和已故的多恩·布罗林博士所开发的“以生活为中心的生涯教育(LCCE)课程方案”(1978; 1987; 1997)都特别受欢迎，因为本书对这一课程方案进行全面的概述。

20世纪70年代中期，由于美国通过了《公共法94-142号》(Public Law 94-142)，即《残障人教育法》(Education of Handicapped Children Act)，当时的教育工作者、家长和社会上的大多数人都展望并预言：到2005年左右，学校将能够对所有残障学生进行相应的教育，让他们长大成人之后能够成功地在未来全球化世界中生活。另外，1990年，布什总统批准实施《不让一个孩子掉队法案》(*No Child Left Behind Act*)，这样一来，人们变得更为乐观，因为大多数州以及学校都采纳这样的标准，那就是，要让所有的残障学生能够获得可以在全球化经济时代完成后中等教育和/或参加工作所必需的文化知识。然而，21世纪已经过去了8年，我们却仍然发现，许多学校都没有达到既定目标。

甚至到今天，我依然满怀希望，希望这些立法的价值能够实现，其目标能够成为现实，惠及广大特殊学习需要的学生。不过，经过了35年之后，对于为什么美国教育的一些方面一直没有明显改善，我依然有些困惑，这些方面有：一、美国教育为什么没有明显改善有特殊学习需要的年轻人的个性化个体衔接效果；二、美国教育为什么没有明显让学生实现自主决定；三、美国教育为什么没有明显改善上述这些年轻人在社会中生活的质量;四、美国教育为什么没有明显创设可以依赖的支持体制以提供不间断的跟踪指导(follow-along guidance)。

不过,我们目前有着许多富有创新意义且实践证明行之有效的功能衔接课程方法和资料,这些方法和资料能够保障有特殊学习需要的学生获得学业上的成功并能够顺利地进入后继阶段的教育。鉴于此,我现在比以往任何时候都更坚信(我不是天真,也不是不现实),我们的教育人员现在已经拥有实现这些崇高目标所必备的技能。

然而,即使听到了改革和立法的呼声之后,学校也一直无法重新建构自己的课程,无法帮助有特殊学习和特殊行为需要的学生成功地步入成人生活。当下的跟踪报告表明:与以往相比,美国目前学校的辍学率甚至超过了《不让一个孩子掉队法案》实施之前的情况,然而,那时,国家还没有下决心向有特殊学习和特殊行为需要的学生提供帮助。这是否意味着我们依然忽视了自己的功能需要,没有教育美国学生参与美国社会乃至全球化劳动力的竞争之中呢?是否意味着我们还依然抱着已经过时的、传统那种以提高学业成绩标准为取向的态度呢?是否意味着我们并没有根据学生将来的定位和沟通技术生涯道路来教育我们的学生呢?

融合教育(整合到普通教育之中)给我们提供了一个绝佳的方法,因为融合教育能够让更多的人成为解决当今经济和社会需要的教育体制中富有成效的人员。

教育机构必须为所有有特殊学习和行为需要的学生提供灵活的选择余地,这样,这些学生才能够从合理化的2010年经济社会需要的功能课程中受益。如果教育工作者和其他机构舍得花时间和精力重新适当地整合自己的课程方案,调整自己的态度,所有学生(包括那些功能衔接课程需要调整的学生)都能够作出相应的调适,从而满足我们美国社会经济的新需要。

不仅仅观点应当变化,课程的选择也应变化。教育工作者、家庭成员、机构人员以及雇员都必须坚定这样一个信念:那就是,每一个学生都能够调适好,能够改进美国人的视野和全球视野,能够成功地在自己的社区中生活和工作。我坚信:如果有关各方能够携起手来开发开发一套更加切实可行的、系统的衔接课程,强调将学业和功能衔接干预适当整合起来,那么,这个目标就能够实现。这样的课程必须在小学前便开始实行,必须得到家庭成员以及广大地方机构的大力支持。支持者必须重审效仿20世纪70年代重要的生涯教育运动的功能理念,重审20世纪80年代的衔接方法,并将其有效地融入我们当下的行动之中。

本书呈现给大家的是一个全面的功能生活技能课程模式和框架,这个方法称作“以生活为中心的生涯教育(LCCE)轻度/中度课程”,这个课程的产生和发展已经经历了二十多个年头,经受住了时间的考验。“以生活为中心的生涯教育(LCCE)”为有特殊学习和行为需要的学生提供了指导方针和专门的信息,这些方法和信息都能够与普通学业课程对接,从而成为一个全面的、功能性的从学前到成年的生活技能方法,从而把学生打造成自己社会富有成效的成员。目前,美国各地采用“以生活为中心的生涯教育(LCCE)”课程模式的学区已经形成了气候,许多学区都在用这一模式及其相应材料给学生提供一个更加实用的生活技能方法,因为这种方法最终必将能够引领学生,顺利地走出学校步入社会生活和社会工作岗位。本书列举了若干学校的实例。同时,本书还涉及了“以生活为中心的生涯教育(LCCE)轻度/中度课程方法”、其他一些模式以及一些课程材料和资源,如此一来,读者兴许会对其进行考量并获得信息以便深入探究。

罗伯特·洛依德

2007年12月12日

前言

自20世纪70年代起，许多专家和孩子家长都这样展望和预测过：到了21世纪，学校将会为大多数残障学生提供技能，以在成年时取得成功。然而，自1975年以来，《全体残障儿童教育法案》(公共法94—142号，P. L. 94-142)已经实施了30多年，随着我们步入21世纪的前十年，我们依然发现许多学校并没有完全实现这个预言。

具有讽刺意味的是，《全体残障儿童教育法案》(P. L. 94-142)的实施正值我从事特殊教育教学的第一个年头。我依然记得：我们这些新思维人物，和那些有丰富经验的特殊教育家一道，曾经花大量时间分析该法律的新条款并寄予这样的厚望：我们开发的课程将能够成为一种弥补手段，让所有的学生都能在社会生活和工作中取得成功。

我并不是说学校没有变得更好，因为对于这个具有里程碑意义的立法来说，学校教育已经取得了重大的进步。该法律的重新认识已经不断取得硕果：它让所有学生得以不受歧视地接受普通教育，并使普通教育制度和特殊教育制度变得更加平等。然而，尽管如此，30多年过去了，我对于下面这些情况依然有些困惑：

1) 为什么我们没有明显地改善年轻的残障成年人个性化的衔接教育成绩；

2) 为什么我们没有明显地让这些学生变得自立；

3) 为什么我们没能明显地提高年轻的成年人的生活质量；

4) 为什么我们没有明显地开发出能提供及时的支持可靠的联盟系统。

或许我有些不太现实，或许我过于天真：我竟期待着在这段时间里内能在这一领域里取得这样的目标,然而,我们目前确实有许多创新方法,有许多卓有成效的、真实的、实用的衔接课程方法和资料,这些方法和材料都是现成的,能帮助有特殊学习需要和特殊行为需要的学生实现这一关键目标。

有人曾经呼吁,重新建构课程,以更好地满足有特殊学习和行为要求的学生的个性化培训需要。对于这种呼声,国家和地方教育机构是否作出了回应?或者说,传统的标准文化知识课程给许多有特殊学习和行为需要的学生带来不必要的压力、挫折和失败经历,那么大多数学校是否仍然还在实施,甚至更加强调这种课程呢?如果这样的话,对于那些有潜力成为独立履行自己社会职责的人员的学生来说,为什么学校不作出相应的改变来满足其个性化的服务需要呢?

如果教育的目的是让所有的学生实现自己的潜能以便让他们能够成功地在社会上生活,那么对于那些需要修改课程才能满足自己的特殊学习和/或特殊行为需要的学生来说,学校就应当给他们提供灵活的选项。如果教育者和其他人员花足够的时间和努力来重新正确地建构这些课程和态度,那么所有的学生,包括那些对课程需要调整的学生,都能够成为富有成效的公民。

所以,我们的态度必须改变!教育者、家庭人员、机构工作人员、雇主,最重要的是普通的大众,都必须坚信:几乎每一个有严重学习困难和行为困难的学生都能够通过教育成为富有成效的公民,这样他们就能在自己所在的社区成功地工作生活。大家必须坚信:确保所有学生的潜力都能够得到实现是大家的共同职责。我坚信:如果协作人员/可靠的同盟者开发并实施一个更为有效的系统衔接课程,强调适当地将文化知识教育与实用技能教育相结合,那么这一目标就可以实现。这样的课程必须在小学前就开始实施,必须有学生的家长积极参与,并且得到众多地方人士的支持。这一课程必须建立在20世纪70年代的生涯教育运动理念以及20世纪80年代开始并贯穿整个20世纪末的衔接方法之上,虽然该衔接方法尚未为绝大多数学校接受。正如一句古老的谚语所说:"人人都赞成变化,只要这种变化并非针对自己。"(Everyone is for change, unless it is they that have to do it.)

本书阐述了一个综合实用生活技能课程模式和框架。"以生活为中心的生涯教育(Life-Centered Career Education, LCCE)轻度/中度课程(Mild/Moderate Curriculum)"教学法历时已经超过25年了,因而经受住了时间的考验。LCCE提供了与普通文化课程相互配合的指导原则和具体信息,形成了一种从幼儿园到十二年级的综合、实用的生活技能方法,这种对于那些需要这种方法才能自己成为社会富有成效的、独立性成员的学生来说特别管用。全国的许多学区都已经采用了这种模式,并使用其方法和材料以提供一个更为实用的生活技能方法。这种方法必将最终引领学生通过接受成功的培训,参与社会工作并过上社会生活。本书描述了几所学校在这方面的努力。除了探讨"LCCE轻度/中度课程方法"外,本书还涉及了其他一些模式、课程材料和资源。这样一来，如果读者想进一步研究，就可以考虑并且获得上述相关信息。

致谢

特别感谢肯萨斯大学加里·克拉克(Gary Clark)教授。克拉克教授是衔接功能技能和生涯教育方面最杰出、最受景仰、最有远见的人之一。自从1970年多恩第一次给联邦政府特殊教育课程开发项目提供咨询服务以来，加里一直支持多恩的工作。在为衔接生涯发展文献和衔接生涯领域提供大量的稿件同时，加里还一直为多恩提供支持和建议，而这些支持和建议正是多恩拓展和完善自己的LCCE课程研究和活动开发所需要的东西。

本书得以面世，还要感谢下列审稿人员：米勒斯维尔大学(Millersville University)的鲁斯·布勒(Ruth M. C. Buehler)、斯里普利罗克大学(Slippery Rock University)的帕特里克·格兰特(Patrick Grant)、东新墨西哥大学的(Eastern New Mexico University)的凯茜·派克(Kathy Peca)以及俄亥俄大学(Ohio University)的詹姆斯·杨诺克(James Yanok)。

在此，还要特别感谢已故的布鲁诺·德拉龙佐(Bruno D'Alonzo)、里克·柔斯勒(Rick Roessler)、迈克·威梅叶(Mike Wehmeyer)、帕特·帕奇迈克·帕奇夫妇(Pat and Mike Purch)、艾华·丁·库克(Iva Dean Cook)、沙伦·菲尔德(Sharon Field)、沙伦·戴维斯(Sharon Davis)、史迪芬·托马斯(Stephen Thomas)以及其他所有为本书作出贡献的人员，尤其是我的挚友米歇尔·布里斯(Michael Bullis)。

本书配套网站

Prentice Hall 教育图书出版公司配套网站(The Prentice Hall Companion Website)：一个真实学习环境

技术是个不断变化发展的领域，这就对内容和资源提出新的要求。针对这种新出现的需要，Prentice Hall 教育图书出版公司开发了一套可供广大师生同时使用的网络在线学习环境——一套配套网站(Companion Websites)作为本书的辅助学习资源。

创立配套网站时，我们的目标就是源于课文内容，高于课文内容。基于这个原因，每一个网站使用起来都特别快捷，其内容都是按照话题组织起来的，因而为广大师生提供一系列很有意义的资源。该配套网站共同特征如下：

对老师来说

每个配套网站都整合成大纲管理系统(Syllabus Manager^th)，为在线大纲创立和管理提供便利。

● 大纲管理系统为老师您提供一个创建和修改大纲的程序，该程序非常快捷，无须学习 HTML(Hypertext Makeup Language，超文本标记语言)便可直接与配套网站和其他在线资源实现链接。

● 学习期间，学生可以登陆您的课程大纲。此时，他们只需知道配套网站的网址以及您为自己大纲所设置的密码。

● 在您用大纲管理系统创建出自己的大纲之后，学生可以在任何时候从网站进入课程大纲的任何部分。

● 点击一下日期，学生就能看到一系列您所布置的作业，每个作业的活动都与所涉及的内容直接链接，这样就节省了学生的时间。

● 如果您要添加作业，只需点击您所理想的某个日期，然后填上作业的细节(作业名称、说明以及是否是一次性作业还是反复要做的作业)即可。

● 此外，链接其他活动也十分容易。如果该活动是在线的，只要在所提供处键入 URL(Uniform Resources Locators，统一资源定位器)，该活动就会自动与最后的大纲版本链接起来。

您所完成的大纲将被保存在我们的服务器上，您可以随时通过互联网上的任意一台电脑对其内容进行更新。您的大纲一经修改，学生下次登陆时便立即可以看到。

对学生来说

● **概要和总体信息**：包含话题的总体信息以及网站涉及这些信息的话题。

● **网站链接**：网站上又链接许多相关网址，这些网址都包含话题的相关信息。

● **内容方法与策略**：这里包含一些资源，这些资源有助于把特殊教育课堂的理论运用于实践。

● **反思性问题与个案活动**：将概念运用于行动之中，参与活动，审查策略等。

● **国家法律和州法律**：这是一个在线指南，它提供如下信息：联邦法律和州法律怎样影响你的特殊教育课堂。

● **行为管理**：这也是一个在线指南，它帮助你调整自己在特殊教育课堂中的行为。

● **信息桥**：这是一个虚拟布告栏，这个布告栏用来粘贴和回应全国各地网民提出的问题和评论。

为了有效利用上述资源以及其他一些资源，请访问配套网站第四版，网址为：www. prenticehall. com/brolin 上的 Career Development and Transition Services: A Functional Life Skills Approach(生涯发展和衔接教育：功能生活技能方法)。

教育人员学习中心：一种无价在线资源

梅里尔教育(Merrill Education)和管理与课程开发协会(ASCD)特邀您鉴赏

一个新的在线网络资源，这一网络资源可以进入 ASCD 和梅里尔相关的顶级研究和业已获得证实的策略——教育人员学习中心(the Educator Learning Center)。在 www. EducatorLearningCenter. com 这个网站上，您会发现这样的资源，它们除了对进一步研究极具价值以外，还能提高您的学生对课程话题以及现行教育问题的理解。

为什么说教育人员学习中心(the Educator Learning Center)能助您的学生成为更好的老师

使用梅里尔教育和 ASCD 联合资源后，您和您的学生就会发现大量有价值的材料和工具，这些材料和工具能够使得他们为上好课做出更好的准备。

研究

● ASCD 杂志《教育领导艺术》(*Educational Leadership*)刊登 600 多篇文章，探讨了教学一线老师所面临的日常问题。

● 网站直接与**研究浏览器系统**(Research NavigatorTM)链接，这样，学生便能够看到许多主流教育杂志以及丰富多彩的详细描述研究过程的内容。

● 梅里尔教育课文选摘会给学生提供一些真知灼见，这些见解涉及教学方法、多元化人口、评估、课堂管理、技术以及优化课堂教学等重要话题。

课堂教学实践

● 根据教学内容和学生年龄范围分类出的数百个课程教案和教学策略。

● 个案研究和课堂连续的可视镜头为学生的反思提供真实的现场体验。

● 计算机模拟和其他电子设备可让您的学生与现代课堂及现代技术同步。

请您自己考察一下教育者学习中心的价值

访问教育者学习中心网站 www. EducatorLearningCenter. com 并点击 Demo，预览该教育环境的价值。如果您想免费订阅 4 个月教育人员学习中心与本课相关的资料，您只需联系一下 Merrill/Prentice Hall 的销售代表即可。

目 录

目　录

注：本书竭尽全力向广大读者提供准确的、现行互联网信息。然而，互联网及互联网上的信息日新月异，故此，本书收录的一些互联网网站肯定会发生变化，这是不可避免的。敬请各位见谅！

第一部分

生活技能/衔接概述

第一章 有特殊学习和/或行为需求的学生的教育

先行思考题

1. 每年特殊学习和/或行为需求的学生辍学率和高中肄业率为多少?

2. 美国有特殊学习和/或行为需求的学生比率大概占多少?

3. 有特殊学习和/或行为需求的学生离校成人之后适应情况如何?

4. 说出对影响美国学校教育改革的三种主要积极因素。

5. 有关有特殊学习和/或行为需求的学生在普通教育环境下受教育的权利的新近法律案例结果如何?

6. 哪些主要特殊教育立法要求这种衔接服务要形成文件,并向所有接受特殊教育的学生提供服务?

7. 20 世纪 90 年代及 2001 年通过哪些种联邦立法反映了对我们学校的衔接/生涯发展的不断关注和需求?

8. "全部包含"(full inclusion) 的含义是什么? 它与最少限制环境(LRE, the Least Restrictive Environment)条款有什么不同?

9. 总体而言,你会如何描述美国目前有特殊学习和/或行为需求的学生的最佳状况,尤其是残障儿童?

本章概述

美国在校生中大概有 30%,或者说有 1 500 万学生有某种特殊学习和/或行为需求。我们一般将这些学生描述为残障学生(students who are disabled)或是弱势学生(students who are disadvantaged)。实质上,这两种情况的任何一种学生都存在这样的风险,那就是,在校学习成绩差,不能成功。这些学生中,大概有 600 万(也就是 12%)的学生被认定为残障学生,900 万(即 20%)的学生被认为是有弱势学生。残障学生(students with disabilities)是指那些被认为有学习障碍、交流时颠三倒四、智力迟钝、发育不良、身心严重失调、耳聋或存在听力障碍、视觉缺陷、患有孤独症以及受到过外伤性脑损伤的学生群体。这些学生中有一半以上有这样那样的特殊学习障碍(美国教育部,1999)。弱势学生指的是在经济上、社会上、学业上处于劣势的学生。这些学生在学习上不成功,往往滥用违禁药品、怀孕或者有少年犯罪纪录。多年来,这些有特殊学习和/或行为需求的学生给教育家提出了严峻的挑战。为这些学生提供适合他们需求的教育和学习方式是教育家的职责。

在过去的 20 年里,全美都投入了一场改革运动,目的是要确保能够满足所有学生的教育需求。很多教育专家都可能认同下面这一说法,这种教育调整运动(restructuring movement)发端于 1983 年"全国高质量教育委员会"(National Commission on Excellence in Education)刊登的一份题为《国家处于危险之中》(*A Nation at Risk*)的研究报告,该报告对大众教育提出了否定性批评。该报告提出了这样的警告:"我们社会的教育基础正日益受到势头强劲的平庸思想侵蚀,而这种平庸思想威胁着国家和民族的未来。"(p. 5)为了回应这一报告,以及墨菲(Murphy)1990 年对美国教育培养出的学生质量低下、从而导致美国劳动力质量低下的分析,老布什政府(the Bush administration)提出,到 2000 年要达到六项全国性教育目标(National Educational Goals):

1. 每个美国儿童都要准备在学校接受教育,要保证身心健康。
2. 美国高中生毕业率必须增加,要不低于 90%。
3. 所有四年级、八年级、十二年级的学生都要参加主要科目测试,调查学业情况。
4. 美国学生在数学和科学方面的成绩必须处于世界第一。
5. 每个成年人必须是有技术、有文化的劳动者和公民,能够在全球经济中竞争。
6. 每所学校都必须创造无吸毒现象、纪律严明、有益于学习的环境。

[布什(Bush),1991]

克林顿政府(the Clinton administration)进一步做出努力。1994 年,美国国会颁布新的立法——《2000 年目标:美国教育法》(*Goals 2000: Educate America Act*,《公

共法 103—227 号》[1]），这项法规是美国教育部的一项工程，它旨在鼓励和支持基层、社区努力达到国家教育目标。该法规还增加了下列两个目标：

7. 国家教学大军将获得高质量的岗前（pre-service）以及在岗（in-service）专业技能培训，以便为美国 21 世纪学生的教育工作做准备。

8. 学校将推进与家长的合作，提高家长在子女教育中的参与度和投入度。

本书主要关注需要特殊服务和特别关照的个体的教育工作，以便让这些学生在校受到良好教育，将来能够很好地适应成人社会生活，过上高质量的生活。美国学校中的许多衔接教育和生涯发展专家和教育家认为，对于许多处于危险期和有学习/行为障碍的学生来说，如果他们要顺利完成学业，获得必要的技能成为成功的大学生、职业技术学生、工作人员、家庭成员，以及社区的公民，他们需要得到接受一种功能性更强、以生活为中心，或者生活更注重结果的教育。这些学生同时也必须要有机会体验并达到国家的六项目标。本书正是针对怎样实现这一宏伟蓝图的问题。

本章首先讨论专家的意见和研究成果，研究成果赞成那些代表有特殊学习和/或行为需求学生的人，他们认为，教育体制亟待实行重大变革。本章还展示了对美国教育起到积极影响的主要因素。然后，讨论为满足有特殊学习和/或行为需要的学生的衔接教育/生涯发展（transition/career development）和成人生活需要而在近期颁布的一些主要法律。后一部分描述了近期的教育改革，以便将学生整合入普通教育课堂。本章结束时还提供了一些对本领域状态的评价，并提出了一些班级活动建议等。

本章瞭望

作者简介：保罗·毕尔（Paul Beare），博士，加州弗雷斯诺州立大学（Fresno State University）教育学院院长。

我过去 30 年都从事特殊教育工作，其间，我的工作相互交叉：任课教师、危机协调专家（crisis invention specialist）、法律诉讼听证官（due process hearing officer）、一家为严重伤残成年人提供白天护理服务机构负责人、大学教授和大学行政管理人员。这些工作对我的研究非常有利，我看到了对残障人关爱的情况变化，看到了有效的计划以及对这一群体介入的起伏跌宕。1972 年，我进入了这一领域，其时，我的担心与我现在的担心大致相同。在过分地分离性的教育

[1] Public Law 103 - 227，即 P. L. 103 - 227，前面数字表示国会召开期数，后面表示法案经过总统签署公布的法律号数。Public Law 103 - 227 意为：公共法第 103 期国会所制订的法案中，美国总统所签署公布的第 227 条法律。

方案中，残障人员与正常人隔离了。不论是以标准化测试(standardized tests)来衡量学生持久性的成绩方面，还是高中毕业率方面，或是从进入成人阶段有利的职业和独立生活的适应情况上看，特殊教育都收效甚微。

令人兴奋的是，我们这一职业包括许多运动，如辅助沟通疗法(facilitated communication)、感知运动培训(perceptual motor training)、沃顿·吉龄翰教学法(Orton-Gillingham)、成长模式运用，还有最持久的、主流性和全纳性的教学法。不幸的是，我们这一职业面临着令人失望的局面，因为这些解决办法或表现为招摇撞骗或表现为不够可靠。许多倡导者鼓吹立法是未来的希望，从20世纪70年代《残障儿童教育法》(*All Handicapped Children Act*)始，到《残障人教育法》(*Individuals with Disabilities Education Act*, *IDEA*)的通过，再到新世纪的情况，都说明这一问题。

我作为听证官的亲身经历证明，仅仅靠立法或行政方法对有效解决问题来说是无济于事的。法律标准、州立或学区法规可以轻而易举地被绕过，而且维权诉讼代价太昂贵，所以，无论是家长还是学区的人们都会甘愿接受各种折中方案，从而避免诉讼。即使是要求极其不合理，做法极为不如人意，通常也能达成协议，因为这样可以避免法律诉讼听证所需要的更为不合理的高昂的代价。

调查结果和经验证明，某些特殊教育做法极其行之有效，其中最有效的技能便是应用行为分析法(behavioral analysis)和现场直接指导法(on-site direct instruction)。这些方法的绩效可以不同环境和不同年龄组加以证实。

1984年，我开始对一个拥有47个严重残障的成人日常活动项目进行了咨询，他们全部因“履行职能能力低”(low functioning)被福利工厂(sheltered workshops)拒绝而等待安置，项目活动是根据发育模式安排的。反应迟钝的人被加上“发育迟缓”(developmentally delayed)的帽子，只能靠接受帮助，通过从事与自己智力年龄相当的任务帮助开发自己的智力和技能。于是，成年人整天在彩色练习簿中画图画，观看电视节目“芝麻街”(Sesame Street)，学习分拣纽扣。让他们这样做的目的是使他们最终能得到充分发展，达到能进福利工场上班的水平。在福利工厂中，他们可以进一步学习，发展到能够安置到社区中、到社会上就业。从1984年起，尽管设立了一位全职就业安置专家，但全国尚无一人从日常活动组进到福利工场，也无一人从福利工厂发展到在社会就业。

为改变这种局面，我们拜读了由娄·布朗(Lou Brown)、保罗·威曼(Paul Wehman)和多恩·布罗林(Donn Brolin)写的文章，并竭力按照他们的倡议行事。我们的日常活动计划(day activity program)开始尝试获得客户支持，开展支持性安置就业。我们采用的具体办法主要是前面提到的两个办法，即，应用行为分析法和现场直接指导法，我们尝试用这两种方法指导特殊工作中所需的技能。到1991年，我们机构为87名残障人提供这样的服务，其中100%的残障人都在社区就业，或从事全职工作或从事兼职工作。这一项目将项目绩效研究分析考虑在内，是这一领域自然发展的结果。最后，福利工场也采用了这种办法，学会了怎样成功地安置自己的客户。

我们现在知识面更宽，经验更丰富，以数据为基础的研究例证也更多，也有更多地以具体教学为支撑的研究结果做证明，所以教育残障学生、帮助他们过渡以进入社会大家庭生活的潜能便更大。不过，纵然如此，今天特殊教育所面临的问题也反映了20世纪后半叶的问题。对于这些问题，我们没有现成的答案，没有老掉牙的想法，也没有迅速解决的办法；然而，如果教师和专业人士能够一如既往地关心、摸索和研究，那我们就大有希望，最令人感到乐观的理由和让人看到光明的是有了“功能生活技能课程”(the functional life skills curriculum)和“以生活为中心的生涯教育”(Life-Centered Career Education)。这一方法为残障人员提供了直接指导法，这样，他们可以获得自己所需要的功能技能，达到社会化条件下的成功标准，为残障人员提供过上幸福、充实生活的方法。

满足需要

提出适宜性教育(appropriate education)的定义仍然是许多教育工作者、家长及社会讨论的问题。自从《公共法94—142号》(*Public Law 94-142*)(即《残障儿童教育法》)获得通过，很多试图确切解释这一概念的尝试和运动你方唱罢我登场。不幸的是，随着争论的继续，大批学生在还没有具备成功且富有成效的成年能力的情况下便离开了学校。在过去的三十年间，辍学率一直没有下降，而且学校的纪律问题、滥用毒品问题却在急剧上升；最后进管教中心(correctional facilities)的学生数量也在上升；而具有特殊学习问题或/和行为问题的学生低就业率和失业率依然令人头痛。

教育的首要目的应该是什么？

教育政策制订者和把关者必须解决一个根本问题，或者说，争论点，那就是，教育的首要目的应该是什么？是不是教会所有学生基本的核心学术(或者说书面)标准，外加期望他们能够掌握独自生存与工作所需的其他技能？另一方面，是不是有目的地教育学生在校时应当学习自己必须学会的技能，以便将来能够成为富有成效、有责任感的成年人，能够成功地在社会上生存和工作？从大多数学区(school district)的教育使命声明的调查结果来看，似乎都与后者更接近，但是课程的内容和全国的运动却反映了前者。

《八项国家教育目标》(Narional Education Goals)清楚地反映了联邦教育系统的真

诚努力以确保所有的学生成为社会中富有成效的一员，尤其是目标5："每个成年人必须是一位有技能、有文化的劳动者和公民，能够在全球经济中竞争。"虽然这些目标本来旨在提高所有学生的学习成绩，而且有些学校还执行了更为严格的标准，这些变化要求特殊教育工作者有效地审查如何把这些措施落实到我们那些具有特殊要求的学生身上。

辍学学生的比例依然大得惊人。

辍学挑战

检验教育制度对学生产生影响的最好措施之一是看学生离校后的情况。一个能够说明问题的标志是辍学学生和不能毕业学生的数量。遗憾的是，这方面的消息令人痛心不已。

1999年，国家教育数字统计中心（the National Center for Educational Statistics, NCES）曾经报道，年龄在18—24岁的年轻人中有将近20%是高中辍学的学生。可能这些数字还是保守统计的结果，因为目前退学研究中还没有形成真正的"退学"标准定义。如果按照使用过的定义来估计的话，辍学的数字可能还会更高。这些学生当中，许多学生都是所谓的危险学生（at risk students）。1987年，汉恩（Hahn）、丹泽柏格尔（Danzberger）和雷夫考维茨（Lefkowitz）称，有些城市辍学率可能超过40%，这种报道也司空见惯。

2001年，美国教育部特殊教育计划办公室（Office of Special Educational Programs）的《关于残障个人教育法实施致议会的第二十三个年度报告》（*The Twenty-Third Annual Report to Congress on the Implementation of the Individuals with Disabilities Education Act*）指出，中等教育中残障儿童辍学的比率远远高于普通学生。此外，对于年龄在14到20岁的年轻人辍学情况，报告如下：

● 普通学生的辍学率为20%，而残障学生的辍学率（包括被开除和判刑的学生）则高达30%。

● 辍学的学生更不可能报名参加各种中学后的职业课程或学术课程学习。

● 所有职业康复人员（rehabilitation clients）中，转型期年龄的年轻人只占14%。

● 确实接受特殊职业改造服务（教育或培训服务或诊断/估评服务）的人中，有将近2/3的人有很大的就业希望，并有可能进入具有竞争性的职业。

● 人们发现，学校的课程安排设置与学生最后取得的学习效果方面有着很大的关系。例如，把学生在校学习经历与课外经历相结合，有助于提高残障学生的毕业率，改善其生活质量，提高其毕业后的能力。

被诊断出患有严重情感困扰（emotional disturbance）的学生辍学率尤其高。《致议会的第二十三个年度报告》中指出，这个比例是51%。人们认为，导致这样高辍学率的最常见的相关因素为旷课、纪律问题、考试不及格和因犯罪而离校。辛克莱（Sinclair, 1998）及其同事倡议开发一个程序，系统地追踪这些行为，并把这种做法作为降低有严重情感困扰学生辍学率的一种方法。威曼(Wehman,2001)认为,这些辍学的学生常常感到很紧张,不能放松,对能力、尴尬以及成功都表现出担心,而这些都是能造成辍学高的原因。威曼还指出,这些学生可能从职业指导和衔接方案中受益。

瑞兰斯(Rylance,1997)对残障学生和健全学生离开学校之后进行了长达 6 年的追踪。他展示的数据表明,这两组人在中学后计划(postsecondary planning)和中学后结果(postsecondary outcomes)方面差别很大。据报道,普通健全的年轻人中一半以上会有读 2—4 年学位课程,并获得相关学位,其余则在高中毕业后直接就业。可以想象,大部分残障年轻人离校后不大可能再报名参加中学后的培训或上其他专业培训课程。尽管结果如此,中等教育课程依然更强调要开更多的学业课程,让残障学生上一些为了应对学生进一步深造而准备的课程,而非让他们上一些为了在社会上生活和工作的课程。显然,通过标准课程,现行的教育制度无法有效地满足所有残障学生的需要。由于残障学生在学习风格、学习技能及所碰到的学习问题都与普通学生有着很大的差异,如此一来,残障学生在长大成人过程之中依然难以获得成功。除非教育家们致力于提供更多相关功能性课程教学方法,包括职业培训和有意义的工作经历等等,否则辍学率大有可能会再次攀升。考夫曼(Kaufman)、凯米纽伊(Kameenui)、伯曼(Birman)和丹尼尔森(Danielson, 1990, p. 109)指出:

残障的孩子不是在脱离特殊教育,而是在脱离学校。他们中有很大一部分人被羁绊在自己的社会圈子里,离开学校之后,他们没有工作,没有受教育,也没有参与其他有益活动。

"残障儿童不是在脱离特殊教育,而是在脱离学校。"

威曼(Wehman, 2001)指出,残障学生的辍学率和毕业后成功的培训、就业以及在社会中的适应情况,都明显地与学校在课堂上对有着特殊学习和/或行为需要的学生的教育有关。目前,关于各种残障学生和有其他学习行为需求的学生毕业后成人阶段的适应情况已经有更具体和更新的研究成果,我将在后面讲述这些研究成果。

成人调适挑战

在大约 65%的高中毕业生中,实际上只有 30%的学生完成了大学学业,而对于绝大多数学生来说,从学校到工作的数年旅途极为艰辛,他们只能从事低收入的工作,没有出头之日。大部分雇主都只雇佣那些有工作经验的成年人,而不是刚刚从高中毕业的学生或是辍学的学生。因此,难怪,温特斯(Winters,1993)得出有 1/3 的年轻人到了 30 岁时还没有找到适合他们自己的工作这样的结论。

几十年来,对以前接受特殊教育的学生毕业后成人阶段的适应程度进行了大量跟踪调查研究。20 世纪 80 年代和 90 年代所进行的大量研究的结果大致相似。总体而言,调查结果表明,大多数原先接受过特殊教育的学生的最后结果不能令人满意,因为原先接受过特殊教育的学生中仅有 1/3 的人可以认为是过着相对满意的生活。我们这里打算不对这些研究进行细究或者评论，因为其他很多书报杂志上都进行过相关的报道，况且20世纪80年代的研究也略显过时。不过，这里展示了一些20世纪90年代时间较近而且相对重要的研究成果。

研究表明，大多数残障学生缺乏足够的功能技能。

斯坦福国际研究院（SRI International）所进行的“纵向衔接研究”（National Longitudinal Transition Study，NLTS）提供过一项研究学生成果的多方面最全面的调查[瓦格纳(Wagner)等，1991]。斯坦福国际研究院研究调查了8 000名年龄在13到21岁的曾受特殊教育的学生以及从1985到1990年间接受特殊教育服务的中学生。斯坦福国际研究院对这些学生进行了为期5年的跟踪调查，旨在提供从学校到成人早期这个过渡阶段间的重要信息。一些最重要的研究发现如下：

● 在所分的11个类别中，离校后一年或一年多全职就业的人占29.2%。其中，有学习障碍的成年人被雇佣的比例最大，占到37.9%；那些患多项障碍，曾做外科矫形手术或有视觉障碍的人被雇佣的比例最小，分别占1.3%、1.3%和10%。

● 离校后一年或一年多全职就业的人的平均工资为每小时4.35美元。其中，有学习障碍的人赚的最多，达到每小时4.63元；那些视觉有问题、反应迟钝（发育障碍）的人挣的最少，分别为每小时3.12美元和3.68美元；那些有肢体障碍（orthopedically impaired）、健康欠佳（health impaired）、多重障碍（multi-disabled）的残障人员，以及聋盲人（deaf-blind）所占比例则少之又少，不足挂齿。

● 在学生的自我照顾能力方面，虽然86.4%的案例中，学生家长给自己的孩子打分都很高，但是，这些学生当中只有40.4%掌握了一些基本的技能，例如，查询电话号码、打电话、算找零、看时间，以及识别一些常识性的标志。在这些方面缺陷严重的人又分为聋盲人、多重障碍者、视力障碍者（visually impaired）、头脑反应迟钝者（mentally retarded），即存在发育障碍者（developmentally disabled）以及聋子（deaf）。

● 这些年轻人的社会经历也十分有限，而且他们离校的时间越久局限性也就越严重。

对于绝大多数接受特殊教育的人来说，这些数据并不惊人。多年以来，此领域的专家也已注意到，如果有着特殊学习需求的学生能够得到适当的训练，那么绝大多数学生就能够独立，能够工作，能够为自己社区贡献出自己的一份力量。然而，社会显然没有给过他们这样的机会。斯坦福国际研究院的数据表明，毕业后，大约仅有27%的残障人接受过3—5年的后继教育，而正常人离开中学后接受过更进一步教育的比率则为68%。

虽然智障者（发育障碍者）成功就业后充分显示了自己的能力，但是，他们中很少人被真正融入普通的劳动大军之中。

沙伦·戴维斯(Sharon Davis，1993)

1993年，一个名为“全国智障儿童/公民协会”（The Arc）的全国性智力迟钝研究组织发表了一篇题为“关于将智力迟钝纳入就业人群的全国情况调查报告（A Status

Report to the Nation on Inclusion in Employment of People with Mental Retardation)”(Davis,1993)。戴维斯根据自己近期的研究和其他数据得出如下结论,虽然有智力迟钝者展示了自己的工作能力,能够从事有益的工作,但他们中几乎没有什么人真正融入健全的人中去参加工作。戴维斯还发现了一些令人鼓舞的趋势:许多发育迟缓的人以往只在福利工厂工作,现在也在从事获得支持的、竞争性的工作。

戴维斯把这种情况的改善归功于联邦立法,如 1992 年的《康复法修正案》(*The Rehabilitation Act Amendments of 1992*),1990 年的《美国残障人法》(*The Americans with Disabilities Act of 1990*)和《职业培训合作法》(*The Job Training Partnership Act*),以及雇主对这些人能力意识的提高。不过,戴维斯总结说,智力迟钝者(发育障碍者)要想成功地适应生活依然面临着很多障碍:公共教育制度没有为了他们将来走向工作岗位而对他们进行适当的教育,许多雇主和家庭都存在着误解,认为他们没有能力在同样环境下与常人一道工作。另外,联邦政府津贴项目计划中也存在着工作条件限制。

阿格兰(Agran)、斯诺(Snow)和斯瓦纳(Swaner,1999)报道称,即使是具有明显认知能力缺陷的人现在也有更多的机会在社会上从事有意义的工作。以社会为基础的计划显著地提高了这种学校教育选择的自由,让它们得以为残障学生走向社会生活和工作的成功衔接做好准备。1997 年《残障人法修正案》(*The Individuals with Disabilities Act Amendments of 1997*,《公共法 105—117 号》)中提到的衔接法令同样也让企业负责人改变了对有发育障碍者就业能力的看法。

西特林顿(Sitlington)和弗兰克(Frank)曾经在爱荷华州开展了一系列州际范围的深入调查,来确定残障学生离校 1—3 年后的适应情况。这些研究得出了下列一些主要的结论:

- 毕业 3 年之后,在接受调查的 322 位患有智力缺陷者(存在发育障碍者)中,只有 19%的人在成功向成人阶段过渡时达到了最低标准,而达到成功高标准的人仅占其中的 4%。
- 离校 3 年之后,有学习障碍的学生中,只有 11%的人达到了成功的高标准,另外有 27%的人达到了低标准。
- 辍学的学生在向成人阶段过渡过程中收获最小。
- 学生离开学校时间越久,我们就觉得他所受到的教育计划(衔接计划)的影响就会越小。
- 那些被认定为行为紊乱(behaviorally disordered),有学习障碍或存在智力缺陷的人中只有 10%的人在严格的标准下获得了成功,25%—50%的人甚至最低标准也达不到。

这样重要的发现居然出在一个素以教育优秀和衔接课程而闻名的州中,这反映了我们今天仍然继续面临着严峻的挑战。

现在,学校中造成破坏性和对师生构成危险的学生数量正在急剧上升。“情绪紊乱的学生辍学率很高。结果,许多学生从未获得过为将来能够从事有意义的职业而进行培训的机会。”[布利斯·罗斯和盖斯德·罗斯(Bullis & Gaylor-Ross),1991]该领域的专家们曾提到,对这些人的跟踪调查研究很少,档案记录也不多。

> 中学阶段给患有情绪紊症青少年的衔接教育往往是这些青少年最后接受到的一系列协调性的教育和社会服务。如果这些课程旨在对这些青少年产生积极的影响,改善他们离校后的衔接情况,那么,讲授这些课程时,必须要尽可能地扎实,尽可能地有针对性。(Bullis et al,2002)

然而,情况表明,这些青少年成功的几率有限,而且如果要他们学会工作场所所需要的社交和职业技能的话,那么,他们就迫切需要一种以衔接教育(生涯教育)功能课程为中心的教育。

辍学预防

一言以蔽之,关于让有特殊学习和/或行为需求的学生在校学习的重要性已有过大量报道,同时与辍学有关的更为常见的原因也常常见诸报刊。图 1.1 说明了辍学紧密联系的人口因素的种类。

类别	人口因素	类别	人口因素
人口(方面)	● 年龄/年级 ● 性别 ● 民族/LEP 状况 ● 地理区域 ● 社区类型	个性	● 自我概念 ● 动机水准/态度
		提早向成人期过渡	● 怀孕 ● 孩子 ● 恋爱/婚姻状况 ● 就业
社会与家庭	● 父母婚姻状况 ● 父母教育/职业	社会反常行为	● 处分状况/拘留 ● 学习成绩等第
层次	● 得到的家庭支持 ● 社会经济地位 ● 同龄人影响 ● 家庭人口数量 ● 兄弟姐妹辍学状况	学业成就	● 成绩测试分数 ● 课外活动参与度 ● 旷课/迟到 ● 特殊教育情况 ● 和老师不和谐的关系

图 1.1 辍学类别以及与辍学相关的人口因素

资料来源:德尚(Deschamps),1992,83—84,转载已获得授权。

注:LEP 状况,即英语水平有限(Limited English Proficiency)。

学校必须处理自己能够影响的因素。关于学校如何能够处理这些因素,图 1.1 中列出了一些例子并作出了解释。

社会与家庭

1. 学校主管部门可提供一些社区及州关于支持家庭经济需要、心理诉求以及衔接时期需求的印刷资料。
2. 学校主管部门可在傍晚或周末召开信息会议,让那些来自社区和州支持家庭经济需要、心理诉求及衔接时期需求的代表来讲述有关服务。

人格

1. 学校主管部门可向学生提供一些关于继续学习重要性的印刷材料。
2. 邀请以前辍过学但现在已经取得"普通教育水平"(GED,general educational development)证书的学生来谈谈继续上学的重要性。
3. 邀请以前的学生参加学校大会来讨论可以获得的服务,来帮助学生提高自信心,改善自己的自我认识。

提早向成人期过渡

1. 学校主管部门可向学生提供一些关于继续学习重要性的印刷材料。
2. 邀请以前辍过学的学生来讨论继续上学的重要性,继续上学可获得更好的工作机会。
3. 邀请以前的学生参加学校大会来讨论可以获得的服务,来帮助那些已有孩子或打算要孩子的学生留在学校继续学习。

社会反常行为

1. 邀请以前的学生参加学校大会来讨论可以获得的服务,帮助这些学生戒除滥用毒品等问题。

校内变量

1. 除了放学后之外,向学生提供参加课外活动的机会。
2. 课前、课后和周末提供额外帮助以提高学生的分数和成就。

表 1.1: 学校可采取的解决主要人口方面辍学原因(major demographic dropout factors)的活动

改革挑战

在成功地解决就业、独立生活方面以及社会关系方面,绝大多数有特殊学习和/或行为能力的学生离开学校后,仍然会碰到明显的困难。虽然他们的地位经过一段时间之后会有所改善,他们中的一些人会获得成功,但是,绝大多数人很可能面临以下情况:或者失业,或者在二级劳动市场干着时有时无的工作,待遇低廉,实质上等于失业。他们往往依赖自己的家庭,很多人甚至会触犯法律。他们交际圈和娱乐机会都极为有限。

对于一个组织来说,外部施加压力可以改变其基本结构,而只要这种压力存在,就会使该组织屈从,并呈现一种新状态。不过,一旦这种压力不存在,这个组织便还会恢复它原来的样子!

肯尼斯·霍伊特(Kenneth B. Hoyt,1976)谈
"棉花糖原理"(The Marshmallow Principle)

尽管我们国家仍将处于危险之中，但是，对于完成真正的教育改革的认识则甚至比在 20 世纪 80 年代更为强烈，那个时候就有许多有名望的专业团体发表了许许多多报告，它们对教育制度每况愈下的情况非常关注。虽然许多负责教育改革的专业人士响应了这种要求变革的诉求，但是，其余人士并没有注意到这种呼声，他们认为只有他们自己真正懂得什么措施对自己地方教育制度最为有利，因此，并没有多少实质性的变革。

在许多学区，一心关注教育的行政人员、教师、顾问以及另外一些人千方百计对学生的很多诉求做出反应，不幸的是，这些一心关注教育的教育者中的许多人并不能一直得到改革依靠的主要力量（如学生家长、其他教育工作者，人事部门和社区人员）的支持。不少学区还形成了示范性课程（exemplary programs）来证实，只要有决心，就能办到哪些事情。然而，如果美国学校绝大多数学生要想受到一种教育，这种教育能够帮助他们认识到自己的潜能，这种教育既有利于社会、又有利于自己，这种教育能让自己将来过上令人满意的生活方式和从事称心职业，那么，要做的事情还很多。

影响教育改革的主要力量

变革到底是怎么发生的？谁是为有特殊学习和/或行为诉求的人带来重大且有益变革的主要力量？当然，许多在这个领域工作的专业人员都将一如既往地努力提高儿童、青年和成年人服务的质量和扩大服务的规模。但是，主要的变革必须来自整个社会。人们普遍的问题意识并采取相应的补救措施是重要的催化剂。教育和其他人类服务系统都依赖于纳税人。不幸的是，许许多多项目和部门（比如，军事项目、国内项目、医疗保健和劳动部门）都在相互竞争要政府的钱，因此，最迫切的需要往往相对地被忽视掉了。

就那些具有特殊学习或行为需求的人的情况而言，有三支明显的力量在推动变革，提高其教育、就业和无障碍成效（accessibility outcomes），即，家长和倡导机构（parents and advocacy organizations）、诉讼（litigation）和立法（legislation）。这三种力量相互作用给教育带来了变化。

家长和倡导机构

首先，我们有必要通过来回顾**家长和倡导机构**为残障人事业创建的许许多多的机构来探讨一下教育变革过程中的主导力量。这些机构历史悠久，可以追溯到 1921 年成立的“全国残障儿童协会”（The National Society for Crippled Children）。但是，1945 到 1950 年的残障人组织发展突飞猛进，那段时间，“全国智障儿童/公民协会”（The National Association for Retarded Children/Citizens）和“脑麻痹联合协会”（The United Cerebral Palsy Association）在短短几个之间相继成立。这些机构的会员都向家长、学生和专业人员开放，现在，这些组织的成员数量已经成千上万。

这些组织都是由家长创立起来的，是对学校缺乏课程、治疗中心，甚至缺乏有意与更为严重的残障人一道工作感兴趣的熟练工作人的这样公共不作为的一种有力的回应。“纽约州脑麻痹协会”(The New York State Cerebral Palsy Association)开创之初的故事中就有一个能说明家长努力的著名例子。一位母亲每天在几家地方报纸刊登广告，让那些希望得到帮助的人给她打电话或写信[克里利(Killilea)，1960]。家长、监护人和拥护者相互寻求帮助，提供慰藉，并收到关于自己孩子教育和未来选择方面的基本问题的答案，这种例子数不胜数。如今，这些机构仍独立地代表残障人员影响着政府、社会行为。

这些家长机构最初遇到的问题是与专业人士的合作。特布尔(Turnbull，2001)指出，近在20世纪70年代后期，专业人士希望家长完全遵从专业人士的意见，并要感激专业人士所做的如何服务孩子的决定以及项目的内容。家长们迫于无奈，只能采取联合行动，因为那些雇佣医生、老师和心理学家的代理机构根本没有提供什么实质性帮助。开始，这些问题迫使家长依靠自己去协商、去指点。久而久之，随着家长机构日益持续扩展自己的作用和影响，家长们也学会了专业技术的运用。现在，许多家长团体都有专业人士作为这些机构董事会的咨询人员和董事，不过，家长们能控制政策形成的全过程。

家长最强的动力和成就始终是促进地方议会到联邦议会的立法。很多机构都有十分活跃的立法委员会，这些委员会监督议案进程，代表自己所支持的立法组织游说团，在委员会听证时提供内行的证据，并为听证委员会的委员、立法机关和有关媒体代表提供信息，这些努力也已得到了回报。各级政府都已经不断制订了相关法律以保护残障人的权益。

各家长团体也为残障人提供了如下服务：

- 当公立学校和机构无能为力时，他们组织筹备教育设备、提供服务。
- 提高公众意识，为旨在帮助残障人的计划和努力而奔走和呼吁。
- 通过咨询服务、监护人职责计划、休息安排、未来策划以及医疗服务对家长提供支持。
- 推动对个人生活质量的原因、处理办法、教育、培训以及其他方面进行研究。
- 为可能在护理、教育、治疗和培训行业的教师、教师助理、社区领导、内科医生和其他人员提供培训赞助。
- 建立福利工厂、走读学校和诊断中心，并运作其长期设备。
- 为一些必需的职能如日常护理、方向选择、可动性、娱乐、休闲和家庭护理开发材料和课程。

最终，家长组织通过在有公共机构参与的诉讼案中代表残障人作为起诉人来确立自己拥护者的地位。其中，比较著名的诉讼有“宾夕法尼亚智障儿童协会”(Pennsylvania

Association for Retarded Children)和宾夕法尼亚州(Commonwealth of Pennsylvania)之间的诉讼案,这件诉讼案将在本章后面部分予以回顾。人们一直把这件诉讼案与其判决看作具有划时代意义和积极作用的一件事,家长组织密切参与一项决策,确认所有的儿童都有享受教育的权利,这种权利是宪法赋予的,家长组织的这一积极参与是合宜的。

自 20 世纪 80 年代以来,联邦政府一直拨款资助各州代表残障人的家长资源中心的工作。目前,全美大概有 70 个家长培训信息中心(PTL,parent training and information centers)。每个州至少都有一个家长培训信息中心,这些组织的主要目的是给家有残障婴儿,或是有刚学步的幼儿、儿童和青少年的家长提供培训及信息,同时也为那些与这些家长一道协作的人员提供培训及信息。家长培训信息项目在以下方面对残障儿童家长予以帮助:

● 更好地理解残障人的特点以及残障个人特定的需要。

● 为其孩子的教学计划提供跟踪服务支持。

● 与特殊和普通教育工作者、管理人员、相关服务提供者,以及相关专业人员更有效地沟通。

● 充分参与到教学及训练计划制订的各个过程,包括使个性化教学方案的开发(IEP,the individualized education plan)。

● 从很多供选择的方案中汲取信息,例如,项目、服务,以及国家、州和地方可获得的资源等,并为具体个人提供这些服务是否适合的信息。

● 了解《残障人教育法》(IDEA,*the Individuals with Disabilities Education Act*)中对婴儿、幼儿、儿童、青少年教育培训规定的条款。

除了上述联邦政府提供基金资助的项目之外,还有一些其他关于家庭资料、资源以及感情帮助方法,包括社区资源项目(community resource programs)、交流中心(clearinghouses)、家庭组织、有特殊学习或行为需要的成年人、书刊杂志、传媒和技术。详情见特布尔(Turnbull,2001)对这些信息资源的详细介绍。

案例法

如同在特殊教育史上内科医生、教师或者心理学家同样重要一样,律师与法官也不能被忽略。自从 1960 年以来,法律案件和司法判决对教育、培训、护理,以及对残障人的保护一直有着直接的影响。

1954 年,最高法院(the Supreme Court)对"布朗诉堪萨斯州托皮卡市教育委员会案"(Brown v. Board of Education of Topeka, Kansas)的判决开创了一个市民人人享有受教育权利诉讼的先河。法庭判定,州法律不能许以种族背景为借口的对学生实行种族隔离教学制度,所谓"平等分离"(separate by equal)教育设施的教条也是违反宪法的。法庭声明:

如今，如果剥夺任何孩子接受教育的机会，他在生活中就不大可能成功，这是毋庸置疑的。只要州已经采取措施提供这样的机会，那么，这种机会就应当建立在平等的条件上，也就是说，应当人人享有这一权利。

虽然人们广泛关注布朗案件(the Brown Case)中的种族歧视(racial discrimination)问题，但是，最高法院的判决有利于后来残障人的教育案件，因为我们借口残障人无法从教育或者平等教育中学到东西尔后报效社会，而剥夺他们受教育的权利，所以布朗案件实际上为后来的案例提供了证据。

1968年，郝布森和汉森诉讼案(Hobson and Hansen)是最早将"特殊教育"纳入"更广义的隔离情况"(the broader context of segregation)并贴上了"给儿童分类"的标签(labeling of children)。法官斯凯雷·莱特(Judge Skeley Wright)裁定：把儿童分成五类的做法是有违宪法的，因为它剥夺了非洲裔美国学生以及社会经济条件差的家庭学生接受平等教育服务的权利。学校制度无法证明，给学生分类可以使同类和各类学生进步，也无法证明降低教学难度是为了满足学生的需要。郝布森案件又进一步为今后的受教育权案件提供了先例，具体体现在如下几个方面：

1. 郝布森案件确立了学区得提供证据来证明所采用的课程取得了适当的成果。学区仅打算给学生设计适当的课程是不够的。

2. 郝布森案件表明，要将学生分班学习适当的课程，必须要有充分的程序和有力的佐证。法院不会接受违反宪法赋予儿童的权利的程序，也不会接受不适合既定教育目标的测试。

3. 郝布森案件迫使特殊教育领域审视自己实际上的歧视行为，考量自己的勉强合作，以及正视自己将学生划分为残障类别的做法。

第三项里程碑式的判决是1971年"宾夕法尼亚智障儿童协会"(Pennsylvania Association for Retarded Children, PARC)和宾夕法尼亚州(Commonwealth of Pennsylvania)之间诉讼的判决结果。"全国智障儿童协会"(The Arc)代表13个智障儿童的家长在美国地区法院(the US District Court)起诉宾夕法尼亚州，原因是宾夕法尼亚州没有给所有智障儿童提供受到公共支持的教育。班级行动诉讼案(the class action suit)是起诉人律师托马斯·吉乎尔(Thomas Gilhool)提出的战略性举措，因为法院的裁决将影响到该州所有的智障儿童。吉乎尔的第二个战略举措是把该案件建立在美国儿童人人享有受教育权利的基础之上。通过让专家在三个审判官之前的作证，托马斯·吉乎尔引用证词证明：有智力迟钝状况的人能够从教育中受益，并且学以致用为社会作出贡献。仅仅进行两天的听证后，双方便开始协商达成协议。

法院判决宾夕法尼亚州必须提供必要的教育，并拒绝以资金缺乏、员工部族以及设备短缺为由，为智障儿童提供不合格教育。法院坚持认为：事实上，宾夕法尼亚州没有足够的资源给全体儿童提供教育，残障儿童应该和其他儿童一样分担责任，但不能单单让残障儿童承担州经济困难的全部重担。作为判决的后续行动，宾夕法尼亚州对所有没有入学的适龄智障儿童的情况进行了调查，进一步证明了原告的辩论中提出的论点，那就是，宾夕法尼亚州普遍缺乏相应的课程。调查显示，共有 14 267 名智障儿童被公立学校拒之门外。

"宾夕法尼亚智障儿童协会"(PARC)为其他州类似诉讼案件开创了先例，其原因如下：

1. 它确立了：所有孩子，无论残障儿童还是正常儿童，都有权享有适当的教育。

2. 它开创了一个先例，那就是，每个州都必须为残障儿童提供相关人员和资源以满足残障儿童教育的需要。

3. 它廓清了合法的法律诉讼程序。这样，残障学生的家长可以认可，也可以挑战学校教育方案的举措。甚至，如果必要的话，可以见诸法庭，让法庭作出最后裁决。

4. 它确立了保障残障人权利(即，那些必须立即执行并予以保障的权利)的必要性。

"宾夕法尼亚智障儿童协会"案件(The PARC case)是代表残障人能够接受到既免费又适当教育权利的一个重大进步。过去的一些相关案例，如，1970 年的"戴安娜诉加利福尼亚州教育委员会案"(Diana v. State Board of Education of California)以及 1972 年的"米勒斯诉哥伦比亚特区教育委员会案"(Mills v. Board of Education in the District of Columbia)，都推进了这个事业的进程。"戴安娜案判决"(the Diana decision)导致了测试、评估以及将少数民族学生分到智障学生班级中等州法令的修改。"米勒斯案判决"(the Mills decision)则通过重申，所有的残障人都有阜有接受公共教育的权利，因而此案扩大了"宾夕法尼亚智障儿童协会案"(the PARC case)的影响。这些案例还建立了法院为代表残障人的组织裁决的先例，这些先例鼓励州立法机关基于"宾夕法尼亚智障儿童协会案"判决以及前面所提到过的法院裁决的基础制订相关法律。

如果那些法律没有制订实施，这些群体可以选择向法院求助，而这些都需要时间、精力和资金。此外，各州在为许多不同的残障人群立法方面的支持度也不一致。那么需要些什么呢？简单地说，深入到各州的行动，要求他们为残障人介绍适当教育提供资金支持。当PARC案件在特殊教育领域广为人知的时候,那种形式立法的提出还在酝酿之中。

戴维斯(Davis,1993)报道了更多近来的诉讼案件。她注意到一个具有严重智力障碍和交流障碍的8岁男孩雷弗尔(Rafael)的案例。校方认为这个男孩智商太低,无法参加普通课堂教育,而且认为,他的加入以及他的行为会对教师和学生进行的普通教育起到破坏性作用。学校建议他到一个为患有多种障碍的残障人开的设在学区外的学校的独立班级里学习。此案的首席法官裁定:"纳入(也有人译作"融合,全纳")是一项权利,而不是什么特权",并责令该校为那个男孩开发一项纳入教育课程。1992年,他还就将残障学生纳入普通教育课堂做出了如下声明:

● 那些隔离性的课堂会对雷弗尔(Rafael)以及像雷弗尔一样的孩子造成伤害,令他们远离家人和朋友,周围尽是不适当的角色模式。

● 特殊学校和特殊班级无法让雷弗尔成功,通过这种情况的教育,也不可能使得雷弗尔能够在融合的学校环境或团体中成功地扮演自己的角色。

● 对于像雷弗尔一样的学生,学校应该为他们提供途径,让他们有接触大家的机会,从中学会有效生活。

● 同时,通过一起学习和磨合,正常人应该学会接纳残障人,并与残障人一道工作。

"雷弗尔·奥别蒂诉克莱门顿区学区教育委员会案"(Oberti v. Board of Education of the Borough of Clementon School District)。

关于全纳(inclusion),即,所有学生都有参与完整的学校生活体验的机遇(Davis, 1993),本章将在后面部分谈及。

戴维斯(1993)报道的另外一件法律案件涉及全纳教育或融合教育(inclusive education)并且在法庭上得到过确认的是加利福尼亚的瑞切尔·荷兰(Rachel Holland)一案。此案中,法官裁决拉歇尔拥有在普通教育课堂上接受教育的权利,并且特别指出"安排到普通教育课堂以外设置课堂是失败的"。

1993年萨克拉门托市联合学校教育董事会诉瑞切尔·荷兰案(Board of Education, Sacramento City Unified School v. Rachel Holland, 1993)。

立法

残障人需要接受更适当的教育,其迫切性正在日益增长,这一点可以根据各州近25年来通过的法律文件的数目增长来证明。根据《美国宪法》,每个州都要承担起主要责任,制订学校规章,设立学区,制订程序,并且在某些情况下,提供财政支持。实际上,50多个州都有自己的方案和规定,这方案和规定明确州与地方一起为所有的婴儿、幼儿、儿童、青少年和成人提供教育管理和教育基金。因此,美国各州和准州对残障人的资助方面有所不同,在医疗设备、研究和职业选择方面也各有区别。

1961年，约翰·肯尼迪总统(President John F. Kennedy)任命一组专家准备“抗击智障国家方案”(national plan to combat mental retardation)。肯尼迪总统意识到，根本没有哪一个州有办法解决智障问题，他认为总统办公室可以作为一个平台，帮助研究解决各州都面临的智障问题。于是，1963年，“智能障碍总统咨询特别委员会”(the President's Panel on Mental Retardation)的研究报告确立了以下几方面的长期目标：

- 研究和科研力量；
- 预防；
- 门诊和社会服务；
- 教育和职业康复与培训；
- 住宿管理；
- 法律；
- 公共意识；
- 计划和服务协调。

虽然这个智囊团(think tank)主要研究智力迟钝，报告中的研究结果对其他方面的残障人也适用，更为重要的是，后来国会将其写入法律。这些法律又产生了更多机会均等的立法，保障了残障人在使用公共设施，接受适当的免费教育，以及获得雇佣的权利。

在这个智囊团和国会20世纪60年代规定的基础之上，20世纪70年代和80年代通过了具有里程碑意义的立法。密切相关的法律主要可以分为五个范畴，即，职业康复(vocational rehabilitation)、特殊教育(special education)、职业教育(vocational education)、智障/发育障碍(mental retardation /developmental disabilities)和就业服务(employment services)几个方面的立法。这些立法将按年代介绍，这样消费者可以对为改进残障人就业的教育和其他服务所做的努力有所了解。然后，在扼要介绍一下最近的标志性立法。

职业康复

《1973年康复法案》(*The Rehabilitation Act of 1973*)，即《公共法93-112号》(Public Law 93-112)，一直被人们称作残障人民权法，是第一部残障人民事权利法。《公共法93-112号》对学校规定的重大意义可以从该法规的第503款(section)和第504款中看出。

第503款要求对所有就业环境都要倡导“赞助性行动”(affirmative action)，同时也要求对残障人在升迁、调岗、降级(demotion)、下岗和解雇等方面采用平等的措施。最有意义的条款为第503款中对学校体制的规定，该规定之所以重要是因为这款规定学校要为学生的就业打下更好的基础。学生们必须能胜任雇佣者的工作;如果必要而且有理由的话,校方应当给予平等的机会并有区别地对待。这款也规定了学校和职业康复部门的携手合作开发《个性化工作康复计划》(*the Individualized Work Rehabilitation Plan*,IWRP)。这个计划廓清了为残障学生提供职业准备技能和工作的方案。

第504款规定,残障学生享有平等接受教育和培训的机会。那些不适合接受特殊教育服务,但是表现出有明显学习或者行为诉求的学生(惟其如此,才能在学校中要想有效学习),可按《公共法93—112号》504款有关服务规定执行。《公共法93—112号》不提供资金,但规定由校方领导、学生、老师以及家长给前面提到的学生共同拿出一项方案以帮助有特殊学习或特殊行为需要的学生适应普通教育环境。

图1.2说明了504款的一个调整方案的样本,这个方案特为一位有特殊学习需要和/或特殊行为需要(但又不符合接受特殊教育条件)的学生制订。

1983年和1986年,《康复法修正案》颁布。《修正案》为旨在开发和实施州中衔接方案以及帮助残障人到有竞争力或者受到扶持的职业中就业的培训和安置提供财政资助。

因此,为了有利于残障学生更好过渡,职业康复和学校的携手合作是1973年《康复法》及其随后两次修正案的重要价值取向。

特殊教育

如前所述,"宾夕法尼亚智障儿童协会案"以及其他案件为通过为残障学生提供免费适当的教育机会的联邦立法奠定了基础。1975年《残障儿童教育普及法》(*The Education for All Handicapped Children Act of 1975*),即《公共法94—142号》,一直被视作"具有里程碑意义的立法"(landmark legislative mandate)和残障儿童的《权利法案》。

在《公共法94—142号》中,语词"儿童"被用来描述所有年龄在3—21岁之间的残障学生。

> 本法规旨在确保在规定时期内所有的残障儿童都享有接受适当的免费教育机会,这种适当的免费教育是一种强调特殊教育并向他们提供满足他们独特需要的相关服务的教育;本法规旨在确保残障儿童和残障儿童的父母和监护人权利受到保护,协助各州和地方为所有残障儿童提供教育,并评估并保障教育残障儿童所做出的努力的有效性。(《公共法94—142号》第601款第3条)

《公共法94—142号》颁布的部分最重要条款包括以下各方面:

普通教育调整方案(General Education Accommodation Plan)

姓名:乔希瓦·格林(Joshua Green)
学校/年级:普拉特山谷小学(Platte Valley Elementary)三年级
日期:1995年5月6日
老师:Myrna Mae(班主任,lead teacher)
计划方案开发参与人:
Walter Green夫妇(家长/监护人) Julie Hartson(校长) Myrna Mae(教师)
Arlo Wachal(教师) Joel Schaeffer(顾问) Violette Schelldorf(护士)
负责监督方案人:Joel Schaeffer(顾问)
跟踪日期:1996年5月6日 目前是否在用药: X 是 否
医生:医学博士 Eveard Ewing 用药类型:利他林(Ritalin)
用药剂量:每日两次,每次15毫克

关注领域	介入策略或教学策略	计划实施负责人
1. 作业的完成	1. 每日回家时让Josh(Joshua昵称)带上作业任务单 2. 提出数学和社会作业完成协议制度	Myrna Mae 家长每天签字,然后让Josh将表格交给学校 Myrna Mae, Arlo Wachal
2. 行为/注意力分散	1. 如果需要,座位优先照顾安排小单间或在靠近老师之处 2. 每日行为卡由Josh带回家	Myrna Mae, Arlo Wachal 家长每天签字;Josh将表格交给学校
3. 持续药物治疗	每天中午由学校护士私下负责用药	Violette Schelldorf

按:

根据上述调整方案,Josh将继续留在普通教育课堂
Mr. & Mrs. Walter Green (签字)

504方案家长授权
我同意504方案中描述的调整方案

我不同意504方案中描述的调整方案
我明白我有权申诉

图1.2 《504调整方案》样本

出处:康德曼(G. Conderman)和卡茨亚尼斯(A. Katsiyannis, 1995)所著的《学校和诊所的参与》(Intervention in School and Clinic)的“504款调整方案”部分第31、34页。

● **所有残障学生都享有接受适当免费教育的权利(FAPE, free and appropriate education)。**

《公共法94—142号》的颁布旨在确保:如果学校(接受监督)按照规定,确保所有残障学生都能接受适当的教育,他们才能获得联邦基金。

● **残障儿童及其父母完全参与教育计划决策的权利。**

这项规定的实施旨在确保：所有设计测试、编班和课程教学计划的决策都应有最重要的基金提供者，有特殊学习和/或行为需要的学生、学生家庭家长和适当免费教育(TAPE)中所规定的倡导者参与。

● **所有残障学生都享有参与最少限制环境(LRE，the least restrictive environment)。**

最少限制环境(LRE，the least restrictive environment)是一个非常重要的概念，因此我们将在本章后面进行较为详细的讨论。

● 引导合适的教学计划编制和检查的年度《个性化教育方案》(IEP，*the Individualized Education Plan*)的开发。

《公共法94—142号》特别要求地方教育机构(LEAs，local educational agencies)为每一位正在接受或将要接受特殊教育的学生制订书面的个性化教育方案(IEP)。这项法规还规定无论是哪一个机构或是哪一个部门为学生提供特殊教育，每一个州和地方教育机构都应确保个性化教育方案的开发、实施、检查、维持和评估的政策和做法。每学年一开始都应对个性化教育方案进行研究、审核和修订。虽然这项计划也包括参考学生、学生家长以及老师获得的服务和目标，但是不能把它解释为是一份对学校或机构有约束力的合同。各州和地方教育机构应负责制订合适的服务，这样，个人才能达到规定的目标，然而，如果个人没有达到计划的目标，这些机构也不算违反联邦法规。图1.3列出了一份个性化教育方案(IEP)的若干组成部分，而这个个性化教育方案则源于不同的州立准则和联邦规定。

- 一份关于学生目前教育水平的报告，包括学业成绩、社会适应能力、职业教育前的和职业上的技能、心理反应技能和自理能力。
- 根据个性化教育方案，要有一份年度目标的说明，描述等到学年结束时所要取得的教育成绩。这些目标要与上面部分确立的成绩范围一致，同时可以包含其他一些领域。
- 一份短期教育目标报告，这些目标要可衡量，要介于目前教育成绩水平和年度目标之间。
- 一份学生所需的具体教育服务说明，包括满足学生特殊要求的所有具体教育和相关服务(这又包括学生能参与的体育课程类型，所需的任何特殊教学媒介和材料，以及学生所能参与的生涯教育课程)。
- 以上服务开始实施和结束的日期。
- 一份该学生参与正常教育方案的说明。
- 一份该学生将要经历的教学安排类型的说明。
- 一份负责落实个性化教育方案的人员的名单。
- 要有客观标准、评估程序、年度决策计划，至少要说明是否达到了短期教学目标。
- 一份关于学生所需要的衔接服务说明，该服务开始实施时间不得晚于14岁，还包括一份学生离校前，机构之间的责任、联系或两者的说明。

图1.3 一份个性化教育方案的内容组成

● 基本要素和法律诉讼程序概要，廓清这个过程旨在解决残障儿童、学校领导、机构负责和家长之间的问题。

诉讼程序是根据既定规章和准则强制执行和保护个人权利的合法法律过程。法律诉讼程序的基本要素请参见图 1.4。

- 当父母和监护人身份不明、父母不在或者孩子是由州监护时，孩子由代理家长(parent surrogate)代表。
- 父母有机会参加对孩子教育方案的评估和决策。
- 当孩子教育方案状况成为评价、听证和检查的主题时，孩子家长应该收到使用自己母语的书面或口头通知。
- 教育机构制订完成每项计划的具体时间。
- 家长收到已确认的步骤的书面结果，而且有机会回应所有的通知。
- 如果家长对决定有异议，可以举行公平的听证会。和听证会一道，家长可查阅所有相关记录，获取自主教育评价，由董事会代表，提供证人、核实证人、出具证明、接收听证会记录，并获取书面实情报告和决定。
- 家长如对决定不服，可向有权负责处理的民事法庭提出起诉。
- 教育机构负责举证之责任。
- 教育机构定期检查程序的履行情况。

图 1.4 法律诉讼程序的基本要素(Basic Elements of Due process Procedures)

● 一开始便享有接受多学科、无偏见的能力评估权利，并且以后每隔三年进行一次评估。

● 对残障学生所有信息保密的权利。

《公共法 94—142 号》的中心内容大部分都是关于少年儿童的。20 世纪 70 年代末到 80 年代初，人们逐步意识到从学龄前到小学缺乏一个成功的过渡；同样，中学毕业生也缺乏从学生进入到中学后就业培训、工作和社会生活的衔接阶段。对《公共法 94—142 号》条款感兴趣的读者可写信给美国教育部(US Department of Education)的特殊教育和康复服务办公室(Office of Special Education and Rehabilitation Services)，地址是：20202 - 2524 华盛顿特区西南部马里兰大街 400 号(400 Maryland, Ave., SW, Washington, DC 20202 - 2524)。

1983 年和 1986 年《康复法修正案》的颁布旨在解决人们对这两类残障学生的衔接阶段的关注，划拨了资金帮助发展儿童早期特殊教育。早期儿童特殊教育的研究表明，参加过这类学前教育的学生占有很大的优势。同样，也有一批资金用于建立联邦工程，满足残障学生为成功参加中等教育后课程/培训课程、就业和融入社会生活做准备时的需求。

职业教育

1976 年《教育修正案》(*The Education Amendments of 1976*)、《公共法 94—482 号》以及《职业教育条款》细则是根据原 1963 年《职业教育法》(*The Vocational Education Act of 1963*)和 1968 年修正案制订的。1968 年修正案要求各州必须至少投入 10%的联邦政府和州资助款(grant - in - aid)的基本基金来开发具体旨在满足残障儿童特殊需求的教育计划。这项规定在 1976 年的修正案时得到了延续。这项规定防止了用联邦资金取代的做法,即,在残障人职业教育计划中用联邦拨款的代替州资金,从而使得今后财政支持额度总量上升。同样,该项法律和与职业教育和州计划中有关的《残障儿童教育法》条款保持一致。

1984 年《卡尔·德·帕金斯职业教育法》(*The Carl D. Perkins Vocational Education Act of 1984*),即《公共法 98—524 号》,也是 1963 年《职业教育法》(*The Vocational Education Act of 1963*)的一条修正案。这一法规是对于推进残障学生和处于劣势的学生未来职业课程中的参与和成功是一项十分重要的新立法。尤其重要的是对学生兴趣爱好、能力和特殊需要的适当评价的授权。到九年级时,必须通知学生和家长仍然有机会,仍然有选择,以及将职业服务纳入作为个性化教育计划(IEP)的一个组成部分。

发育障碍与智力障碍

1987 年《发育障碍资助和权利法案修正案》(*The Development Disabilities Assistance and Bill of Rights Act Amendments of 1987*)以及《公共法 100—146 号》(Public Law 100 - 146)都是对 1963 年原法规的修正和补充。《公共法 100—146 号》通过授权向患有发育性障碍人提供规划、协调和专门服务,让患有严重残障的青年把获得有竞争力的工作作为就业目标。该法律颁布了从学校到成人生活衔接计划和课程的开发。《公共法 100—146 号》同时还批准成立一个联邦跨机构委员会规划和协调活动并要求各州建立保护和支持残障人制度(Horne,1991)。

就业服务

1973 年《综合就业培训法》(CETA, the Comprehensive Employment and Training Act of 1973),即《公共法第 93—203 号》,通过了要为经济困难、没有就业和没有充分就业(underemployed)的人员提供职业培训和就业机会。这就要求与其他就业和培训相关课程(如职业教育和职业康复)的服务共同协作。联邦基金会给社区提供资助,帮助规划和管理全面就业培训服务,为社区需要服务。

1978 年修正案中规定给残障人更多的机会,包括成立"工作队"(the Job Corps)。《1982 年职业培训与伙伴关系法》(JTPA, *the Job Training and Partnership Act of* 1982),即《公共法 97—300 号》(*Public Law 97 - 300*),替代了 1973 年《综合就业培训法》(CETA)。1982 年《职业培训与伙伴关系法》要求要让没有一技之长的年轻人通过接受培训有效地从事工作。1982 年《职业培训与伙伴关系法》(JTPA)的有关规定要求成立"州职业培训协调委员会"(State Job Training Coordinating Council)和"私营企业委员会"(Private Industry Councils,PICs)。前者的服务领域由州长确定,接受联邦政府基金;后者由地方选举出来的政府官员确定,在服务区域范围内各层次规划职业培训和就业服务指导。残障学生和弱势群体学生或许有资格享受此项目服务,但是,法律没有明确把他们列为服务潜在受益对象。

那么,现在我们应该很清楚,20 世纪 70 年代和 80 年代通过的很多法律都旨在解决残障人员和困难人员(包括成人和青年)的诉求。这些法律以及那些这里没有提及的法律已使得残障者和弱势者受益;当时建立了很多优秀方案;确实也出现过一些重大的变化和改进。然而,正如前面所指出,如果要让绝大部分残障者和弱势者认识到自己的潜能,过上美好、富有意义的生活,还有更多的事情有待于完成。

我们在下一节将介绍更多最近主要的立法,这些立法的颁布旨在进一步修正上述提到的不同法律,并一如既往地为更好地满足残障人和弱势群体的需求而继续努力。

1990—2001 年期间的立法

20 世纪 90 年代,立法体现了重新承诺要更好地满足残障儿童、残障成年人以及弱势群体在教育、职业、社会、无障碍(accessibility)和其他关键而尚未达到的需要而努力。

表 1.2 简要介绍了已经颁布的主要立法,这些立法旨在促进残障人调整自己顺利衔接到成人生活和工作阶段。法律一直在不断修正和审定,如果有读者对为有特殊学习和/或行为需求的人所制订和修订的法律感兴趣的话,可写信与美国教育部联系,从美国教育部特殊教育和康复服务办公室索取详细信息。联系地址为:20202－2524 华盛顿特区西南区马里兰大道 400 号(400 Maryland Ave.,SW,Washington,DC 20202－2524)

表 1.2 1990—2001 年间对特殊学习和/或行为需要的人影响重大的生涯发展主要立法

类 别	法律/通过年份
民 权	《美国残障人法》(ADA),即《公共法 101—336 号》,1990 年
特殊教育	《残障人教育法》(IAEA),即《公共法 101—476 号》,1990 年
职业教育	《卡尔·德·帕金斯职业与应用技术修正案》,即《公共法 101—336 号》,1990 年
职业康复	《康复法修正案》,即《公共法 102—69 号》,1992 年
就 业	《职业培训改革法修正案》,即《公共法 102—367 号》,1992 年
	《学校到工作机会法》,即《公共法 100—239 号》,1994 年
社会服务	《发育障碍协助和权利法修正案》,即《公共法 101—496 号》,1990 年,《公共法 103—230 号》,1994 年
教育改革	《2000 年目标:美国教育法》,即《公共法 102—227 号》,1994 年
特殊教育	《美国残障人教育法修正案》,即《公共法 105—17 号》,1997 年
职业教育	《卡尔·德·帕金斯职业与应用技术教育法修正案》,即《公共法 105—332 号》,1998 年
职业康复	《康复法修正案》,《公共法 105—220 号》(《劳动力投资法第四章》),1998
就 业	《劳动力投资法》,即《公共法 105—220 号》,1998 年
教育改革	《不让一个孩子掉队法》,即《公共法 107—110 号》,2001 年

1990年《美国残障人法》(the Americans with Disabilities Act)

《美国残障人法》(ADA),即《公共法101—336号》,是对早期联邦立法的延续,该法的颁布旨在保证残障人的民事权利。具体而言,《美国残障人法》旨在确保残障人在就业、公共设施、交通、国家和地方政府服务,以及电信通讯服务上等享有平等权利。这些就业条款适用于私人雇主、国家和地方政府、职业代理机构和工会。

《美国残障人法》(ADA)禁止在所有就业过程中的任何歧视,包括就业申请程序、雇佣、解雇、提拔、赔偿、培训和其他雇佣条款、条件和特权,还应用于招聘、广告刊登、聘期、临时解雇、休假、额外福利以及所有其他与就业相关的活动。

如果认定做好某项工作需要关键技能,聘用方仍然能够从应聘者中挑选出最合适的人选。例如,如果某项工作需要一定水平的操作技能和工作效率,残障人达不到这样的水平,那么,即使其他情况大致相同,其他应聘者也可能会被选中。

雇主也必须为职业和工作环境提供适当的便利,这样的话有残障的合格的应聘者才可以发挥自己的实质作用。不过,便利问题不应该给雇主带来"过度的负担"(undue hardship)。所谓恰当的便利的例子指的是让现行的设施能够给残障人提供方便并可以使用;调整工作环境;修改工作计划;购买或改善设备或工具;提供合格的读写器或是解码器;或者适当地修改考试、培训或其他方案。残障人员需要便利者必须是符合申请条件,而且雇主必须知情。另外,如果提供便利会对雇主的生意造成"过度的负担"(undue hardship)的话,雇主便没有义务提供这种便利。

国会已经通过了一项《美国残障人法》(ADA)课税扣除(tax credit)条例,来帮助小企业达到法律的规定。小企业指那些全年毛收入不到100美元、只有30个或30个以下的全职雇员的企业,这些企业每年享受的课税扣除可达5 000美元。

有兴趣了解更多关于《美国残障人法》的人可以很容易从各州相关机构(如职业康复和就业服务处)获得所需信息。《美国残障人法》的就业条款实施的程序仍然按照1964年《民权法案》第七章(*VII of the Civil Rights Act of 1964*)执行,不得因种族、性别、民族和宗教信仰不同而受到歧视。如果发生诉讼申诉问题可以向"就业机会均等委员会"(the Equal Employment Opportunity Commission)或向指定州立人权机构投诉。推荐相关参考资料:"美国残障人法在起作用"(the Americans with Disabilities Act at Work)(全国智障儿童协会,1991)和林遂肯(Linthicum)、考克(Cock)和德阿隆佐(D'Alonzo)1991年合写的一篇文章。到第六章,我们再对《美国残障人法》进行进一步讨论。

1990年《残障人教育法》(IDEA, *the Individuals with Disabilities Education Act of 1990*)

《残障人教育法》(IDEA),即《公共法101—476号》,修改了1975年《美国残障儿童教育普及法》(即《公共法 94—142 号》)。该法规的主要目的是确保残障儿童能够得到"适当的免费教育"(FAPE,free appropriate education),其中包括为特殊教育和旨在满足个性化需求的相关服务。立法同时强调残障儿童、残障青年及其父母的权利得到法律的保护,同时也帮助各州及地方教育机构为这些学生的需求提供服务,并评估适当教育这些儿童努力的有效性。

新法要求,决定儿童适当教育方案不只是单一的过程,儿童的疑似残障各方面都必须得到评估。如果孩子的父母不同意没有歧视的评估结果(nondiscriminatory evaluation),他们有权获得独立的评估。对孩子的教育计划做出任何决定时,学区还须考虑这种外部评估结果。

《残障人教育法》还增加了一个重要的规定,这个规定与本书所强调的中心有关,那就是,批准了衔接服务。"个性化教育方案"(IEPs,the individualized education plan)要求包括对最迟不超过 16 岁学生开始写"所需要衔接服务说明书",而且此后每年都写。如果决策被认定合适,衔接教育服务可在 14 岁甚至更早时开始(如果认为重要的话)。事实上,美国众议院委员会(the US House of Representatives Committee)有关法律的报告鼓励开展早期衔接教育服务,委员会曾这样声明:

> 对许多学生来说,特别是对那些可能辍学和那些残障严重的学生来说,16 岁开始接受衔接教育兴许为时已晚,即使对那些会在学校学到 18 岁的学生来说,许多学生都需要两年以上的衔接服务。现在,残障学生不到 16 岁就离开了学校,因为他们觉得,教育对他们来说没有什么帮助,所以,过渡教育在学生早些时候开始非常必要。(美国众议院报告,第 101—554 号,1990 年 10 月)

衔接教育定义如下:

> 对个体学生精心设计的注重结果的一系列协调活动过程,该过程提倡在校学习活动从学校向毕业后转移的取向,包括中等教育后教育,职业教育,综合就业(包括扶持性就业)、继续教育和成人教育、成人服务、独立生活及社会活动参与等。协调性的系列活动旨在考虑学生的爱好和兴趣,将包括指导、社会经验、职业发展和其他离校后成人生活目标。这种学习过程是在充分掌握了日常生活技能和功能性职业评估之后进行。

衔接法令的重点放在学生向成人阶段调整需要(students' adult adjustment preparation needs)上,它要求若干协作机构和服务机构积极参与。同时,衔接法令强调残障学生参与每年的"个性化教育方案"会议的必要性。在规划残障学生的衔接服务和目标时,残障学生自己应当参与得更多,享有更多的自决力。

虽然为建立机构之间的合作已做出很大努力,然而,要建立一个从学校到后继机构服务天衣无缝的过程还需做大量的工作。由于美国特殊教育项目办公室(US Office of Special Education Program)的主动倡议,旨在让职业康复和特殊教育机构建立跨机构之间的更全面合作的联邦基金已经划拨到各州。各州利用这些资金开发各州工程以改善中等教育课程,让在接受中等教育的残障青年能够更有效地在教育、职业培训以及社会生活方面成功地从学校过渡到成人初级阶段。虽然没有可行的数据,但是,许多州在与职业康复机构之间的跨机构协作方面有了显著的改进,这就推进了中等教育残障青年衔接计划。下一节中以及本书的后各章节中,我们将更深入地探讨衔接服务问题,讨论 1997 年《残障人教育法修正案》(*the amendments to IDEA*)。

1997 年《残障人教育法修正案》

1997 年颁布了第一套残障人教育法修正案,当时第 104 届和 105 届国会续批了《公共法 105—17 号》。这些残障人教育法修正案的许多条款内容都得到扩充,旨在引导和改进给予残障学生的特殊教育服务。《残障人教育法修正案》针对一些关键领域;这些领域包括旷日持久的特殊教育过程的特点,普通教育的参与,纪律政策的担忧,以及昂贵的法律诉讼程序。这些主要变化包括以下几个方面:

- 简化接受特殊教育服务初始资格认定过程;
- 减少过多耗费大量时间和金钱的重新评估程序;
- 减少与个性化教育方案(IEP)程序有联系的不必要的文书工作;
- 转为以普通教育为重点的方案,包括让普通教育工作者参与到个性化教育方案的工作中来;
- 根据意外行为事件和残障关系的框架制订规范学生新的指导方针;
- 不采用昂贵的法律诉讼程序,而采用调停的方式来解决争议。

这本书聚焦的最重要一个方面是 1997 年《残障人教育法》(IDEA,*the Individuals with Disabilities Education Act*)在哪些方面拓宽了衔接语言和条款的范围。政策的重大改变关系到残障学生的衔接规划何时开始实施。1997 年《残障人教育法》明确规定衔接规划的年龄从 16 岁降至 14 岁;此外,还明确规定,"个性化教育方案(IEP)"制订小组成员中包括残障儿童本人,"个性化教育方案"的重点是孩子的学习课程(the child's course of study)。此举的目的在于重点放在将残障学生纳入中学阶段的课程,为其成功地过渡到适当的毕业后环境中做好充分准备。《残障人教育法》特别指出,学生衔接规划应该考查学生参与普通教育课程,跳级课程,职业教育和功能计划的情况。1997 年《残障人教育法修正案》继续要求每个"个性化教育方案"(IEP)都要包括一份需要得到衔接服务的说明(如果适合的话),以及一份机构之间责任的和/或到

16 岁时所需要的衔接能力(needed linkages)说明。

1997 年《残障人教育法修正案》加强了衔接语言以确保向学生提供早期规划,从而为其适当地过渡到毕业后环境做好准备。此外,衔接条款还强烈赞同并成功增加了中学阶段机构之间的规划和过渡。下一节将重点讲康复立法(rehabilitation legislation)方面的最新变化。

1992 年《康复法修正案》

1992 年的《康复法修正案》(*The Rehabilitation Act Amendments of 1992*),即《公共法 102—89 号》,是 1973 年《康复法》(*The Rehabilitation Act of 1973*)的延续,该法包含了一个重要的残障人潜能假设,认为:一个残障人员,无论其残障程度如何,如果提供适当的服务和支持,就可以实现就业和其他康复目标。这个政策的变化非常具有重要意义,因为该政策过去一直要求残障人能证明自己具有从事某种有益职业的潜能。随着立法的通过,康复机构便有责任与其他机构和项目(包括地方教育机构)紧密合作,来更好地统一服务制度。修正案认识到,离开学校之后许多残障学生需要康复服务。因此,每个州机构必须拿出一个方案,确保协调该州教育机构的服务,如此一来,那些离开学校的学生便能立即得到就业指导服务。这就要求学生离校前完成《个性化写作康复计划》(IWRPs,*the Individualized Written Rehabilitation Programs*)(Revell,1993)。

这些修正案对 1997 年《残障人教育法》(IDEA,*the Individuals with Disabilities Education Act*)关于跨机构协调衔接政策的形成到了帮助作用。正如 Revell(1993)所说,现在美国已经有了一整套公共立法:《美国残障人法》(ADA),《残障人教育法》(IDEA)以及 1992 年的《康复法修正案》(*The Rehabilitation Act Amendments of 1992*)。目前,这三项立法就哲学观念,方针政策和期待步调更为一致(Glocker,1993)。这些法律的颁布之后,中等教育方案应该,并很有可能已经改进了残障学生在教育、培训和社会生活的方方面面,让他们适应从学校到毕业后生活的过渡。

1990 年《卡尔·德·帕金斯职业与应用技术教育法规修改条例》

1990 年的《卡尔·德·帕金斯职业和应用技术教育法修正案》[*The Carl D. Perkins Vocational and Applied Technology Education Act Amendments of 1992*,也称《帕金斯第二法案》,即《公共法 101-336 号》(*Public Law 101-336*)],是有特殊学习需要或特殊行为需要学生的重要职业立法。该立法旨在协助完善《残障人教育法》中的衔接服务条款。该立法是前面已经提到的早期职业教育立法的进一步拓展,它要求接受联邦基金的每一个地方机构保证做到以下几个方面:

- 接受全面职业教育的机会均等;

● 开始提供信息服务不晚于九年级；

● 对关心影响自己利益的家长、学生、老师和当地居民建立诉讼程序（appeal procedures）；

● 最少限制环境（LRE）中规定的职业教育方案；

● 合格职业教育和职业康复代表间的协调；通过监控残障学生“个性化教育方案”（IEP）和弱势群体学生“个性化职业教育计划”（IVEP，the Individualized Vocational Education Plan）来推进职业的目的和目标；

● 对报名参加职业课程学习和接受衔接服务提供帮助；

● 提供其他服务（课程、设备、教室改善、辅助人员以及教学辅助设备）；

● 保障有合格的专业顾问和教师提供指导、咨询和生涯发展等服务；

● 提供咨询和指导服务，促进学生从学校走向社会，参加就业，把握就业机会（美国职业协会，1990）。

比较而言，《帕金斯法案》为职业教育提供更多的联邦基金。在《帕金斯法案》中，残障学生和弱势家庭的学生被列为“特殊人群”（special populations），这也包括那些英语水平有限者，参与消除性别歧视项目者，以及那些在矫正机构（correctional institutions）接受改造的人。《帕金斯法案》中给职业技术教育条款的一个重要变化以合法的地位。早期的规定倾向于把教育者、学生以及课程从学区的其余部门分离出来，而《帕金斯法案》既强调学业，也强调职业技术准备，针对“社会中的各种人”（all segments of the populations），并且强调学校与工作之间的紧密联系。《帕金斯法案》的技术准备规定旨在让高中更为关注那些危险的学生，让学校二年制的社区学院或技术学院课程联系起来，以培养熟练的技术人员。这项改革重点放在组成高中人群50％中间层的一般学生的身上（Hull，1992）。

1998年《卡尔·德·帕金斯(Carl D. Perkins)职业与应用技术教育法规修改条例》

1998年的《卡尔·德·帕金斯 Carl D. Perkins 职业与应用技术教育法规修改条例》（*The Carl D. Perkins Vocational and Applied Technology Education Act Amendments of 1998*，也称《帕金斯第三法案》，即《公共法105—332号》），尽管内容简短了不少，但仍然包括有特殊学习或行为需要的学生的职业教育条款（Sitlington，Clark & Kolstoe，2000）。1998年的《帕金斯修正案》还包括那些残障学生、贫困学生、准备接受非传统培训和职业学生、单亲的父母、失去保障的主妇（displaced homemakers）以及英语水平有限（limited English proficiency，IEP）的学生。1998年的《帕金斯修正案》（《帕金斯第三法案》）还包括一项条款，该条款规定，每一个接受联邦资金的州立教育机构（state education agencies，SEA）都必须拿出一项州计划（第122条）。每一项州立教育机构方案必须阐明该州为上述所提到的学生提供服务的方案策略以及这些特殊群体的学生都将：

● 被提供均等的职业计划选择机会；

● 不得被歧视；

● 被提供达到或超过国家标准的同样的课程和机会，为中等教育后明确做出选择做好准备，同时为获得高技术，高工资的职业而充分准备。

地方职业教育机构(LVEA)如果要获得1998年《帕金斯修正案》(《帕金斯第三法案》)的政府津贴计划资金，必须制订一个计划，而且该计划必须按照要求把州立教育机构(state education agencies, SEA)计划中相同的许多部分扼要列出。这些部分包括：

● 地方职业教育机构(LVEA)将会如何有区别地对待上述特殊学生；

● 上述特殊学生、家长、老师、地方商业、企业和劳动力群体，以及特殊学生支持者如何参与制订、实施和评估职业教育计划；

● 上述特殊学生及其家长和支持者在了解地方职业教育机构(LVEA)项目选择要求是如何获得信息和帮助的。

1998年《帕金斯修正案》(《帕金斯第三法案》)仍然包括中等"技术准备方案"(tech-prep secondary programs)的制订、落实和评估的资金。"技术准备"课程安排专门根据高中最后两年学生的具体情况而设计，这些学生通常要准备参加两年"后中等教育"课程学习，参加这个课程学习后将得到技术或卫生相关领域的大专文凭[史密斯和罗巨斯基(Smith & Rojewski)，1993]。"技术准备方案"(tech-prep programs)的优势在于它把工作流程与学业密切地联系了起来，这一方案和康复工作学习计划一样，大大扩大了学生的就业面。因此，州立教育机构(SEAs)和地方教育机构(LEAs)应当抓住机遇，充分利用这一有利于有特殊学习和/或行为需求的学生的立法，帮助学生顺利走上工作岗位。

1992年《职业培训改革修正案》

1992年《职业培训改革修正案》(*The Job Training Reform Amendments of 1992*)，即《公共法102—367号》，给青壮年残障人、贫困青年提供了更好的机遇，使得他们能够参与各种与《职业培训与伙伴关系法》(JTPA)相关的职业培训和就业方案。1992年《职业培训改革修正案》继续支持提供多样化衔接计划和服务，比如就业支持、工作指导、实习、以社会需要为基础与教育服务相结合的培训、增加就业经验、后中等教育衔接服务、学徒，以及许多其他相关服务。其目的也包括收益，如此一来便减少了残障学生对福利计划的依赖性，提高了劳动力的质量，提高了国民的生产力。

1992年《职业培训改革修正案》继续支持"成人和夏季青年就业计划"(Adult and Summer Youth Employment Programs)并为之提供基金。为了让校内外的贫困青年需要时能够接受到补习教育和职业培训，1992年《职业培训改革修正案》还启动了"青年年度培训计划"第二部分C款(*Title II-C Year Round Youth Training Programs*)作为额外补充，为其服务。

为了提供适当的就业和培训计划，法律还敦促跨机构间的合作，以便青年人更好地从学校过渡到工作和社会生活中。教育工作者应积极鼓励《职业培训与伙伴关系法》(JTPA)项目代表加入到跨机构过渡队伍之中，实现资源共享，这样便能更好地满足学生的需求。参加《职业培训与伙伴关系法》(JTPA)计划的个人必须要有一个个性化计划，框出评估服务和基于明确需要的具体目标。具体事宜请联系州职业培训署(the State Job Training Office)或地方服务机构代理处。

1994年《学校到工作机会法案》

1994年4月1日，美国总统签署了《学校到工作机会法案》(*The School-to-Work Opportunity Act*)，即《公共法103—239号》，标志着该法案以及成为法律，这一方案的通过标志着相关教育部与劳动部之间有力的合作。这个方案建立了一个全国性的网络，而在一全国性的网络中，各州都均可以创建州际的从学校到工作机会的系统，成为全面教育改革的一部分。该法案旨在融入《2000年目标：美国教育法》(即《公共法103—227号》)，以便让所有的学生(包括那些有特殊学习或特殊行为需要的学生)都能参与到"以绩效为基础的教育"(performance-based education)，学习从事高薪职业所需的技术培训方案或继续教育之中。

申请联邦资助的州或地方机构必须证明计划的可行性，确保把这样的机会给贫困学生、成绩差的学生(low-achieving students)、残障学生以及辍学的学生。

《学校到工作机会法案》旨在通过整合学业学习(academic learning)和职业学习(occupational learning)，整合校本学习(school-based learning)和工作为基础的学习(work-based learning)，有效建立中学教育机构和后中学教育机构的联系，增进年轻人的知识、提升年轻人的技能。所有的从学校到工作方案都必须包括以下几个方面：

- 是一种以工作为基础的学习：提供一个很好的工作培训与经验积累的计划性项目，有偿支付工作经验，工作地点现场指导，工作能力一般指导，以及某个行业的全面指导。
- 是一种校本学习：提供职业探索和某个职业专业的咨询服务、指导(最晚不得迟于第十一年级开始)，制订一个学习方案，以及进行定期评估。上述学习方案指的是基于《2000年目标：美国教育法》中提出的高学业水准和技术水准，特别要求至少已接受1年的中学后教育，而定期评估的目的则旨在找出学生学业的强项和弱项。
- 是一种活动性协作学习：协调组织用人单位、学校与学生的参与，将学生与工作为基础的学习机会有机结合起来，并且给老师、指导老师和顾问提供培训。

提倡中小学中与地方企业通力合作，这样学生可以更广泛地接触各种就业机会，有助于选择符合自己兴趣和目标、适合自己能力、是自己强项的职业。

"1994年3月31日,克林顿总统在《2000年目标:美国教育法》上签字时,他所做的不仅仅是把这项全面创新计划上升为法律以推进教育。正是从那一天起,美国人开始正视教育。"

美国教育部

信息传单(1994年4月)

1994年出台的《2000年目标:美国教育法》

《2000年目标:美国教育法》(即《公共法103—227号》)旨在展示推荐性国家标准(voluntary national standards),阐述所有学生在特定年级应当知道的东西和应当能够做的事情。国家标准将提供一个中心,而不是全国性课程或联邦命令,让学生能够在离校时掌握事业成功所必需的知识和技能。为帮助学生达到这些标准,这项法规确立了下列八条国家目标:

1. 学校做好充分准备;
2. 完整的校舍设施配备;
3. 学生成绩表现与公民资格;
4. 学习数学、科学;
5. 提高成人文化程度,倡导终身学习;
6. 树立安全、守纪、不酗酒、远离毒品的校风;
7. 家庭参与;
8. 制订教师培训和专业发展计划。

为了进一步厘清上述主要目标以便实施,还确立了具体目标。

《美国教育法》支持自下而上的草根式(grass-roots approach)学校改革,联邦政府帮助州和地区开展和实施全面创新的改革方案。一个由决策者、教育家、商人、公民领袖(civic leaders)和家长等人组成的基础广泛的领导团队,将有助于创立每一个改革方案。《美国教育法》将提供联邦基金资助各州和地方改进工作。到拨放资金的第二年,90%的资金要下拨给学校和地区以支持他们实施自己的计划,同时也鼓励家长信息资源中心帮助家长获得教育子女过程中成为有效伙伴所需要的知识和技巧。

《美国教育法》建立了一个国家技能标准理事会(National Skills Standards Board),旨在促进工作技能标准的制订,确定工人必备的知识,保证美国工人得到更好培训。《美国教育法》还鼓励制订创新的学生成绩评估制度来考量的核心课程的成绩。

1994 年第一个财政年度共拨款一亿五百万美元，此后，拨款增长幅度都比较大。

上述法规以及其他立法修正案，如 1990 年和 1994 年颁布的《发育障碍者资助和权益法案修正案》(*The Developmental Disabilities Assistance and Bill of Rights Act Amendments*)以及 20 世纪 90 年代初期通过的其他法律，反映了美国一贯的社会意识：美国重视公民的职业发展需求，包括有特殊学习和/或行为需求在内。

2001 年的《不让一个孩子掉队法案》

21 世纪推行并获得通过的第一部有重大意义的教育立法是 2001 年的《不让一个孩子掉队法案》(*No Child Left Behind Act*，也称《NCLB 法案》)。2001 年的《不让一个孩子掉队法案》是自 1965 年《初等和中等教育法案》(*The Elementary and Secondary Education Act*，ESEA)颁布以来一次对《初等和中等教育法案》最全面的改革。

2002 年 1 月 8 日，布什总统签署了 2001 年的《不让一个孩子掉队法案》。《不让一个孩子掉队法案》强调了总统的观点，即，社会在进步，然而，"这个国家最贫困的孩子"中有太多孩子却在学习上被甩在后面，结果，很多处境危险的儿童(at-risk children)和有特殊学习和/或行为需求的学生进入高中时没有充分准备，不能顺利完成普通教育课程，而且有些州的学生还不能通过毕业考试。

《不让一个孩子掉队法案》延续了《初等和中等教育法案》(ESEA)，结合了全国性联邦教育项目中"学生问责制"(student accountability)、选择和灵活性的原则和策略。这些包括各州、学区、地方教育机构(LEAs)和学校责任日益增加；家庭和学生(尤其是那些上低绩效的学校的家庭和学生)的选择面更宽；在联邦教育资金的使用方面州和地方教育机构灵活性更大；阅读方面更加有所强调(尤其是小学生)。

每年州级阅读和数学评价管理显示了州级责任日益增长，这些评价是建立在三到八年级的州级标准基础之上的。学校将汇报评价结果，要求学校每年都应取得"适当的年度进步"(adequate yearly progress, AYP)，要求那些没有达到州级熟练目标(the proficiency goals)的学校提出改进方案(corrective actions)，实现"适当的年度进步"。

如果学生就读的学校不能实现"适当的年度进步"，那么地方教育机构就必须给相关的家长和孩子求学选择，让他们能够到学区内(school district)更好的学校就学，可能包括公立特许学校(public charter school)。同时，各学区必须为学生解决到新学校的交通问题。

《NCLB 法案》中新的灵活性条款包括授权各州和地方教育机构可以把自己的 4 个主要州立资金项目下获得的基金的 50%转到任何一个项目，或转到第一款(Title 1)之中。涉及的项目包括"州教师质量资助款"(Teacher Quality State Grants)、教育技术(Educational Technology)、创新计划(Innovative Programs)和安全与杜绝毒品(Safe and Drug-Free Schools)。

《NCLB 法案》严格规定地方教育机构要保证所有儿童到三年级末都能阅读。为实现这一目标，引入了一项新的"阅读优先计划"(Reading First Initiative)，这项计划大大增加了联邦政府在小学初期指导科学阅读的方案方面的投资。

这个 10 年创纪录的教育资助和历史性的教育改革将有助于所有的孩子学习和超越自我。上述规定，和前面提到的低年级班级小班化以及更好的老师预备计划，将起到关键性的路标作用。在这第一个 10 年中，联邦政府将致力于与各州一道提高教育，确保每年都有进展。

一体化教育服务(Integrating Instructional Services)

20 世纪 60 年代，为有特殊学习和特殊行为需求的学生开设特殊班级是最为重要的处理方法(prominent placement)。然而，由于许多学生所接受的课程大打折扣(watered-down)，辍学率居高不下、自尊心问题和社会孤立等问题，以及学生离校后进入成人阶段和职业阶段时适应性差，这 10 年间这方面一直争论不休，所进行的研究也数不胜数，但是，由于那些研究时间过早已过时，此处我们也就不再细述。不过，其间[洛依德·邓博士(Lloyd Dunn)，1968]质疑特殊教育价值的著名文章还是值得一提的，因为这篇文章似乎击中了这一领域科学的要害，开创了对有特殊学习需要和特殊行为需求学生的走向一体化教育的先河。

20 世纪 60 年代后期，许多特殊教育班级收效甚微的主要原因之一是缺少合格的老师。这 10 年中，特殊教育教师的培训计划刚刚开始起步(underway)，所以，经过培训的专家为数不多。然而，到 20 世纪 60 年代后期，受到新涌现出的思想，如正常化原则(normalization principle)的鼓舞[伍芬斯伯格(Woffensberger)，1972]，全国都开始更加关注整合教育(integration)。伍芬斯伯格的正常化原则倡导这样的学习方式，即，对待有特殊学习和/或行为需求的学生应该像对待其他人一样，应当给他们机会，让他们与其他人同样的环境下学习。受此影响，出现了其他几个正常化可供选择的教育服务，即，普通教育环境下接受教育(general education setting placement)、特殊教育工作者与普通教育工作者携手合作咨询模式(the consultant model)、巡回辅导教师(itinerant)到各校与普通教育教师共同合作，以及学生部分学习时间集中在特殊服务地点学习的资源教室模式(resource room model)。在过去的 28 年里，三种主要整合并相互关联的方式浮出水面，目的在于把有特殊学习需要和特殊行为需要的学生放入普通教育环境，即最少限制环境(LRE)、常规教育方案(regular education initiative，REI)和全纳环境(Inclusion)之中。在后面的章节中我们将对这几种环境进行扼要介绍。不过，这些环境以及其他教育模式和概念，都出现在特殊教育课文中(如，Cronin & Patton，1993；Languone，1990；Mercer & Mercer，1993；Polloway & Patton，1993；Schloss, Smith & Schloss，1990)。

最少限制环境(LRE)

1975 年,《残障儿童教育普及法规》,即《公共法 94—142 号》,特别提到,无论何时何地,只要有可能,最少限制环境(LRE)方法鼓励把有特殊学习需要和特殊行为需要的学生安置到普通教育环境之中。最少限制环境的理念是,如果方法合适的话,儿童有权利参加普通教育课程学习,并能从中受益。

1976 年 4 月,特殊儿童理事会(the Council for Exceptional Children, CEC)第五十四届国际年会对最低限制环境采取了下列定义进行界定:最低限制环境是一个过程,这个过程把有特殊学习需求和特殊行为需求的学生尽最大可能安排在普通教育环境中学习,从而使之得到适当的教育。这一概念有这样的共识:有特殊学习和特殊行为需求的学生特殊教育要求更广泛,可能在程度上和时间上大不相同;公认的教育环境有延续性,在这种环境下,在特定的任何时间学生都可以获得适当的教育;尽可能最大限度地把有特殊学习需求和特殊行为需求的学生安排与正常的学生一起接受教育。只有当学生的特殊教育或相关需求情况非常特别,即使提供了辅助设备和服务也无法在普通教育环境下予以满足时,才能考虑为残障学生设置特殊班级,进行分开教育或采取其他排他性教育方法(特殊儿童理事会,1976)。

制订这样措施的主要问题是,从事普通教育的老师对怎样有效帮助教育有特殊学习需要和特殊行为需要的学生方面缺乏训练。因此,人们对这一概念和措施相当不满。只有当《残障儿童教育普及法规》中确立的最低限制环境原则得到学校职工坚持时,这项措施才得到成功的实施。

常规教育方案(regular education initiative, REI)

由于一些改革者认为特殊教育体制不完善[戴维斯(W. E. Davis), 1989],因此在 20 世纪 80 年代出现了常规教育方案。常规教育方案的要旨是:一个班级的老师应该对自己所负责的所有受教育的学生负责,应该授权校长把各种资源分配给有特殊学习和/或行为需求的学生。

常规教育方案的基本设想如下,从事普通教育的老师应该肩负以下责任:(1) 教育分配给自己的所有学生;(2) 为自己班上所有学生制订主要的教育性决策并监管实施;(3) 根据某一正常发展课程实施教学;(4) 设法为不同的人群安排相应的指导;(5) 积极帮助那些比自己同龄同学有更需要帮助的学生,寻找资源,利用条件,协调服务,提供教育(Jenkins, Pious & Jewell, 1990)。

正如其他根据提议所作的改变一样,常规教育方案也不是没有争议的。赛默尔(Semmel)、阿伯纳赛(Abernathy)、巴特拉(Butera)和莱萨(Lesar)在 1991 年调查了381 个从事特殊教育和普通教育的老师,征求他们对于常规教育方案(REI)的看法和意见，结果发现，无论特殊教育还是普通教育的老师都喜欢现行的特殊教育体制。老师们宁肯撤销特殊教育服务，也不愿实行顾问模式（the consultant model），因为在顾问模式下，学生完全进入普通教育环境之中，而实施特殊教育的老师对自己的学生没有直接接触施教的时间。总的来说，回应者感觉常规教育方案方式不适于大多数学生。

一位叫邦克斯（Banks，1992）的老师支持这项调查，邦克斯注意到，她的同事都很关心特殊群体学生的普通教育，因为这些学生没有必要的条件和技能去适应那种环境。她还注意到，无论普通教育的老师还是特殊教育的老师，都不愿那些没有必要技能的学生进入普通教育环境。巴纳斯（Byrnes），一位学校管理人员，建议不要急于赶时髦、随大流（jump on the bandwagon）。她建议，所有的老师都应该欣赏丰富多彩、保持灵活开放，因为没有一种单一的教学体制堪称最好，适合于所有的学生。如其所言："常规教育方案的争论一直既有哲学意义又有理论意义，常规教育方案还必须通过各种实践和操作视野进行论证。"（345 页）

实质上，普通教育全面参与特殊教育的诉求根本无人认同，而现在人们的注意力业已转向了一种新的运动之中，那就是全纳教育（inclusive education，也译作"融合教育"）或者全纳学校（inclusive schools，也称"融合学校"）（Fuchs & Fuchs，1994）。

全纳教育

全纳教育是一种将有特殊学习和/或行为需求的学生纳入普通教育环境中的最新理念，正如富克斯和富克斯（Fuches & Fuches，1994，p. 299）指出："像常规教育方案（REI）一样，这一较新的术语似乎难以直接解释。也正如常规教育方案（REI）一样，部分原因是因为'全纳'对于不同的人来说，有不同的含义，而不同的人也希望从中有不同的收获。"

全纳教育也建立在历史悠久的哲学理念之上，因为全纳教育主张把学生、家庭、教育工作者和社区成员结合起来，根据接受能力，适应情况和社区条件创办学校及社会团体（Bloom，Perlmutter & Burrell，1999）。全纳教育寻求一种学习共同体（learning community），这种共同体为所有学生提供他们所需要的支持和营养，这种共同体给所有学生提供他们所需的服务和便利，让他们学习和欣赏所有学生带入普通教育环境中的文化差异和学习差异。

许多融合教育（inclusion）或完全融合教育（full inclusion）的倡导者都称，融合教育要求所有残障儿童要在普通教育环境下接受完整的教育。许多专业人士深信，这是唯一正确的选择，而且他们也致力于把采用这种方法当作这些学生唯一正确的选择；还有一些人士赞成根据学生人性化基础实施融合教育，即，教育选择建立在需要和能力的基础之上，让学生从根据学生需求（on an as-needed basis）的融合教育中获益。

施拉格（Schrag）和伯奈特（Burnette）认为：

全纳学校不仅是要把有缺陷的学生编入正规班级(mainstream),而且还要包容(include)他们。全纳学校保持教育选择的连续性,以供个体儿童选择,并满足其需求。全纳学校与自己的社区打造密切的联系,与社区机构人员协调服务,与学生家长平等合作。学生在灵活多样的学习环境中学习,大家都能享受到人人享有的、灵活的课程计划和指导。所有的学生都朝着共同的全面发展教育目标奋斗,所不同的是最后所取得的成绩水平不同以及对他们的要求不同。(1994,p.64)

"把所有残障儿童整合安排到常规班级是极其有害的!那些要求完全融合的人只对一件事情感兴趣:即社会化……不过,社会化只是一种社会价值,并非纳税人支持学校的唯一理由。"

美国教师联合会主席阿尔伯特·珊克(ALbert Shunker)(1994)

融合教育运动(the inclusion movement)在全国引起很大争论,同时也备受媒体关注。例如,美国教师联合会(American Federation of Teachers)虽然注意全体学生在普通教育环境中受教育的重要性和权利,他们却对许多特殊教育工作者和家长推崇的完全融合教育(full inclusion)提出质疑。美国教师联合会认为,如果随便把所有的学生(残障、非残障)放在同一个班级中,那么指望从事普通教育的教师满足非残障学生的要求是不合理的。1994年1月,美国教师联合会叫停完全融合教育(full inclusion)的做法。另外,融合教育的倡导者认为,如果得到适当的支持和师资资助,几乎每个有特殊学习和/或行为需求的学生都能够,也应该在普通教育环境中接受教育,与自己的同龄人(age-appropriate peers)一起体验更为正常的生活环境。至于融合教育深入到全国学校中的程度还有待于今后观察。

前美国全国特殊教育行政管理协会主席(the National Association of Special Education Administrators)、州特殊教育服务机构协调员,约翰·赫斯科特(John Heskett),对融合教育的立场更为温和,他认为:

如果能将任何一位残障学生完全融入常规班级接受教育,那么这样的机会应予以考虑。然而,完全融合教育也许并不一定对所有残障学生都作硬性要求。个人决定的过程必须包括,但不限于,学生有能力从整合经验和适当的融合教育中受益,融合教育应与在个性化教学方案(IEP,the individualized education plan)中要求的目的、目标和服务有关……融合教育是为达到适当的最低限制环境为所有学生提供的一种机制(mechanism)。

美国特殊教育协会，即特殊儿童理事会（CEC），与赫斯科特（Heskett）几乎站在同样的立场上。他们的融合教育政策体现在图 1.5 之中。

特殊儿童理事会关于融合学校和社区环境的政策
（CEC policy on Inclusive Schools and Community Settings）

特殊儿童理事会认为，所有残障儿童、残障少年和残障青年都有权享受免费的适当教育和服务，这些教育和服务将引导他们走向正常的成年生活，其特征为：广泛参与社会活动，实现在社会就业，独立生活，与他人建立满意的人际关系。为了达到这样的目标，教育必须尽早介入，必须尽早给这些儿童和青少年提供各种各样的教育和职业课程的选择和体验机会，而这些课程和体验应当建立在个人的教育需要和理想的结果基础之上。此外，作为计划组的成员，学生、学生家庭成员或监护人员，都可以对学生的就学地点、课程的设置和选择以及离校前要达到的目标提出建议。

特殊儿童理事会相信，必须向所有残障儿童和青少年提供连续性服务。他们还认为，融合教育观念必须成为我们学校和社区追求的一个有意义的目标。此外，理事会认为，在实行融合教育的街坊学校和社区的普通教育教室里，只要有可能，就应为这些特殊儿童提供服务。根据儿童个人的具体需要，学校应通过引进经过专门培训的人才并采用其他适当的支持性做法（supportive practices），加强环境建设。

政策含义

学校方面：在融合教育学校里，受到特殊教育管理机构（the special education administration）资助的建设管理人员和其他工作人员，首先要对残障儿童和残障青少年的教育负责。行政管理人员和其他学校成员必须获得适当的支持及技术上的帮助，以便让他们能更好地完成自己的责职。州和地方政府必须重新制订必要的相关规章制度，允许学校在课程设置、材料选择、教学实践和员工结构上拥有更大的自我决策权力。作为对拥有更大自主权力的回报，学校的行政管理人员和教职工应该对每位儿童和青少年制订高标准，并应对每位儿童和青少年迈向成功负责。

社区（communities）：融合教育学校（inclusive schools）肯定地处推行融合教育的社区（inclusive communities）。故此，特殊儿童理事会（CEC）邀请所有的教育工作者、其他专业人士，以及孩子家长一道，根据儿童和青少年的具体情况，有目的地开展早期干预、教育、职业培训和体验，以利于学生的全面发展，这些早期干预、培训和体验如大学教育一样，是对各种各样孩子实行的融合教育的应对策略。州和地方政府政策的最高层决策者以及学校管理部门必须支持他们在教育改革中所支持的融合教育。此外，政策决策者须在营养方面、早期教育方面、医疗保健方面、对家长教育方面以及其他社会支持项目方面加大资金投入，以便为所有的儿童和青少年出色地完成自己的学业做准备。如果没有资金保障这些关键的先决条件（key prerequisites），就不会有有意义的学校改革，也不会有融合教育学校存在。同样重要的是，必须有跨机构协定，必须与地方政府和企业合作，帮助培养学生，以便让他们将来能在融合性教育社区中扮演建设性的角色。

专业发展（Professional Development）：最后，州教育部、地方教育部门以及各高等院校必须提供高质量的师资力量和源源不断的专业发展经验，以便让所有普通教育者和广大儿童和青少年一起有效地学习，这些儿童和青少年代表着不同残障情况，有着不同的经验、不同的语言和文化背景、不同的态度和不同的期望。此外，特殊教育工作者应受到培训，着重打造自己在融合学校和社区环境中所担任的角色。他们还必须知道为学生确定远大理想的重要性以及如何用恰当的方法监督广大学生的学习进程。

图 1.5 特殊儿童理事会关于融合学校和社区环境的政策

注：选自特殊儿童理事会编的《特殊儿童理事会政策手册》（p. 8）1994，弗吉尼亚阿灵顿：特殊儿童理事会。原经 1993 年 4 月特殊儿童理事会代表大会批准。1994 年版权属特殊儿童理事会所有。转载已获得许可。

前面的讨论仅仅触及为学生提供最合适的学习环境的主要概念和方法。可以看出,每种方式似乎都倡导灵活性、选择性以及在每个学生能力之内取得最大的成果。不过,富什斯(Fuchs, 1994)指出,常规教育方案选择了特殊教育和普通教育合作尝试,但是,主张完全融合教育的人则倾向于淘汰特殊教育。如果要想了解详细情况,可从他们已有优秀的文章中看出。

这样才能更好地把那些有特殊学习需求和特殊行为需求的学生融合到学校整体普通教学环境之中?当前,尽管关注许多学校中的融合教育实施的专业文献和新闻报道越来越多,但是,一项由"全国智障儿童/公民协会"(The National Association for Retarded Children/Citizens,The Arc)(S. Davis, 1992)所做的调查显示,75%以上的智障学生都正处于完全与外界隔离的环境中学习,这些智障学生几乎没有机会与那些没有学习障碍的同龄人相互交流,因而几乎没有机会体验到有关职业选择及其他毕业后可能发生的诸多事情的知识,而且也往往没有接受到职业培训、功能生存技能培训(functional living skills training),也缺乏到社会中工作和生活的动机(S. Davis, 1992)。

据 TEC(1998)报道,大约 65%的智障学生正在公立学校中的隔离环境中学习。尽管这个数据比过去有所减少,但这个数据进一步说明,对某些学生来说,他们并非总是能享受到融合教育。这个研究报道还指出,虽然有学习障碍的学生更多地在普通教育班级(general education class)中学习(40%),但是,大约有 55%的人在资源教室(resource room)或在隔离教室中学习。韦迈耶(Wehmeyer,2002)指出,这个数据在我们学校中保持稳定。

尽管这只是两个研究案例,但这两个研究案例似乎表明,要实施融合教育(inclusive education)理念,我们还有许多工作有待完善和实现,至少对待智障学生应该如此。

人们几乎普遍认为,那些有特殊学习需求和特殊行为需求的学生应该尽可能像其他人一样有机会在普通教育环境中学习……条件是这个环境能够满足他们学习需求的最低限制环境。很多教育工作者,尤其是那些主张实施功能技能和职业培训的人,还存有另外一个主要的疑团,那就是,这样的教育方案重点是否包含了相关领域的指导,是否能够引领每位学生成为社会中有用的人才、过着有品味的生活。

自我决策

如今,教师、家长,以及教育机构人员都开始意识到**自我决策(self - determination)**是教学过程中的一个重要组成部分。此外,大家还意识到,残障学生能从自我决策的技能和机会中受益,他们能把这些技能迁移到其他生态环境之中。人们一直认为,这些技能对那些有特殊学习和/或行为需求的学生特别重要,因为他们正在准备由学校向工作和社会生活中过渡(Wehmeyer, Agran & Hughes, 1998)。

专家们一致认为,有特殊学习和/或行为需求的学生,想要能够更加自立,并在工作中像普通成年人一样获得成功的话,那么,自我决策必须成为个性化课程中一个主要的整合过程。关于自我决策的课程项目,我们将在第十章进一步展开讨论。

本章评论

美国学校适当的教育焦点(educational focus)几十年来一直是这个国家普遍关注的一个话题。很多专家认为,整个教学体系需要重新调整。重大的变化阶段终于到来了。20 世纪初期通过的《2000 年目标:美国教育法》旨在帮助对所有学校进行根本的、全面的改革。因此,这对所有的专业人士和呼吁者(包括那些有特殊学习和/或行为需求的学生的专业人士和呼吁者)来说,都是一个千载难逢的机遇,他们可以和教育改革者密切配合,重新调整所有学生的教育制度。我们如今生活在一个经济全球化飞速发展的社会里,如果不这样做的话,这些学生就必然会在全球化竞争中受挫。

目前,大多数学校制订的发展型和学术型课程对于大部分学生毕业后如何成功地工作,帮助并不大。这些学生中的大多数会给他们带来失败和尴尬体验的大学课程设置反应不甚积极或者不甚恰当,许多有特殊学习需求的学生来自极其贫困的家庭和家境,因而他们在校的特殊学习和特殊行为需要不同的方法。否则的话,其结果将会导致更多的人辍学、不能毕业、对学校不满、行为有问题、犯罪和失业。

许多教育界领导希望看到统一的教育体系,而不是多个像特殊教育一样各自为政的分类课程(categorical programs),至于这样一个令人向往的目标是否能够实现还要拭目以待。有些学校或许声称已达到这一目标,但是,总的来说,太多的学校继续把常规课堂、资源教室、特殊方案或是特殊班级或其他课程结合起来,教育那些有特殊需求、打乱正常教学秩序的学生(disruptive students)。

尽管有法律授权,有资金,又有不断扩大的专业人才队伍,还常常产生新概念、新方法、新策略,以及新模式来"搞定这一体系"(fixing this system),然而,从宏观上来讲,改观还不够,原因是许多业内人士不想改变自己的政策、课程和教学方法。同时,教育系统许多其他职业人员始终如一地致力于不断改进自己的学校制度。无数行政人员、顾问人员和教师的无私奉献卓有成效地为广大学生提供有效的教学条件和个人发展机会,这给大家留下了深刻的印象,最近若干年里已经取得了众多令人瞩目的成就。然而,如果要让所有的学生受到的教育都能取得令人满意的成绩,大多数学校还需做出很多努力。

我们不必从头重新做起,而是要正确面对这项艰巨而有意义的任务,精心调整课程,群策群力,使得学校对全体学生的教育的努力更为行之有效。下一章,我们将介绍一种教育学生更为行之有效的办法,此法对学生提供更为适当教育焦点给人以很多的期待。

活动

1. 根据本章提供的学生结果数据，写一篇富有哲理的说明，明确阐述你认为你们学区的主要教育目的应该是什么。然后，确立你打算给你负责的有学习或行为障碍的学生设立的教育目标。

2. 就目前的立法授权和目前的融合教育气候而言，你认为，如果要实现为所有学生(包括有特殊学习或行为需求的学生)制订的《2000 年目标：美国教育法》，那么，哪些课程必须成为总课程计划中不可或缺的部分？

第二章 功能生活技能课程教学法

先行思考题

1. 试解释功能生活技能(functional life skills)和功能课程教学法(functional curriculum approach)这两个术语的确切含义。

2. 哪些人应该接受功能生活技能教育?

3. 找出并描述目前所倡导的为特殊学习需要及特殊行为需要的学生而设置的一些主要功能生活技能课程。

4. 何谓衔接教育或生涯教育(transition/career education)?衔接教育或生涯教育跟功能生活技能课程教育法有什么关系?

5. 衔接教育或生涯教育与生涯教育(vocational education)有何区别?

6. 公立学校贯彻教育方法最令人信服的原因有那些?

7. 什么是衔接服务?衔接服务跟功能生活技能课程教育法有什么关系?

8. 衔接服务的概念是什么时候提出来的?由谁提出的?

9. 有效的衔接服务必须具备的三个主要组成部分是什么?

10. 衔接服务的个性化教育计划(the Individualized Education Plan, IEP)所包括的四部分内容是什么?

本章概述

美国教育界需要为特殊学习需要及特殊行为需要的学生

提供更加功能的生活技能课程，需要满足这些人对衔接服务的需求，这已经不是什么新观点。数十年来，这一需要已经得到从事特殊教育工作者的认可。而且，全国很多学校在这个方面已经取得了令人瞩目的成就。无论过去还是现在，教育中都不乏反映为特殊学习和/或行为需要的学生而设置的功能生活技能课程的术语，如：生活技能(life skills)、独立生存技能(independent living skills)、持续生活环境(persisting life situations)、岗位教育(occupational education)、工读制(work-study)、工作经历(work experience)、岗位调整(occupational adjustment)、个人—社会调整(personal-social adjustment)、社会学习(social learning)、生涯教育(vocational education)、合作教育(cooperative learning)、衔接教育或生涯教育(transition/career education)，还有生涯发展(career development)等等。

本章的第一部分从讨论功能生活技能开始起笔，确认了当前一些功能技能课程教材和指南，鉴定并描述了在教育领域做出卓越贡献的两个功能生活技能课程模式。然后，对衔接方法进行重新介绍。

最后，提出了衔接教育法(生涯教育法)，内容包括，回顾生涯教育运动发展历史进程，继而阐述衔接教育法的基本概念和基本方法。详细看完这部分内容之后，读者就会明白衔接教育或生涯教育和功能生活技能课程教育法之间的密切关系。

本章的结尾是由加里·克拉克(Gary Clark) 开发的衔接教育或生涯教育课程模式，该模式是克拉克经过设计的成果。

本章瞭望

作者简介： 福兰克·R. 卢斯克(Frank R. Rusch)，现为位于伊利诺斯州乌尔班纳(Urbana)市尚佩恩(Champaign)内的伊利诺斯州大学衔接研究所(Transition Research Institute)的特殊教育教授和研究所所长。

简尼斯·查德茜(Janis Chadsey)，现为特殊教育副教授，也在位于伊利诺斯州乌尔班纳市尚佩恩内的伊利诺斯州大学衔接研究所任职。

过去20年来，教师、行政人员、研究者和州及联邦政策的决策者都一直关注衔接实践的实施情况。然而，究竟什么才是最好的衔接做法这一实证研究却非常有限。于是，只要是现行涌现的一些衔接做法，即使没有充分的研究证据来支持，也常常被贴上了“最佳”的标签。这种情形的不幸后果是，人们可能全盘接受一些实际无效的做法。

经过一系列调查，伊利诺斯州的衔接研究所认为自己所描述的衔接方法是切实有效的，他们还有支持自己做法的证据(Kohler，1993；Kohler，DeStefano，Wermuth，Grayson，& McGinty，正在出版；Rusch，Kohler & Hughes，1992)。根据对研究人员基于生涯教育、生涯教育、特殊教育和改造教育以及研究所的研究(Kohler，准备之中)所提供的60多项研究结果的分析，我们发现有五类衔接做法似乎能够证明自己“最佳做法”(best practices)的头衔名副其实。这五类做法包括：以学生为中心的系统衔接计划(student-focused systematic transition planning)、家庭参与(family involvement)、跨机构、跨学科联手与协作(interagency and interdisciplinary teaming and collaboration)、课程结构与特征(program structure and attributes)和学生参与(student involvement)。

以学生为中心的系统衔接计划

毕业后，学生的发展情况会因学生而异。但是，衔接计划中处理的一些典型的领域包括：居住、就业、社交、医疗、流动、娱乐休闲、社区机会和总体福利待遇。制订计划时应确定学生所期待的目标(有家庭参与)，然后为了达到这些目标，制订出相应的计划。必须给学生提供机会提出自己的观点，阐明自己的需求，自行评估为实现目标所取得的进展，并自行解决问题。

家庭参与制订计划、实施教育并提供服务

帮助家庭需弄清楚哪些课程能够满足自己子女的需要和兴趣。家庭特别需要一些有关成年人服务制度信息，特别需要如何获得这些信息，以及其他毕业后选择方面的信息。他们还需要获得做出决定的权力，这些决定能够使其促进其子女高中毕业后达到自己选择的有价值的目标。

跨机构、跨学科联手与协作，并提供服务

由于参与推动衔接过程的人员和机构往往很多，参与者的联手与协作便至关重要。这也包括相关州和地方机构之间的合作。当来自不同行业、不同价值取向群体和机构的全体人员通力协作，运用以家庭与学生为中心的方法时，其结果就会减少重复服务，抛开表面问题，并提供一些一定能够产生理想结果的服务。除了学生、家庭和教育人员以外，联手协作人员也可以包括那些与职业改造人员、雇主、接受过中等教育以上的代表、朋友、同辈人和倡导者有关的个人。

课程结构与特征

通行做法应考虑课程结构与特征等范畴，包括要考虑提供全纳和综合背景下的服务。而且，高中学校应收集对学生的跟踪服务资料，并在此基础上调整现行做法，宣传对所有学生都有价值的成果。

学生的发展

衔接过程中一个极为重要的组成部分是向学生传授技能和策略，以让他们实现自己的人生目标。衔接研究所进行的研究确认了学生发展的六个范畴，这六个范畴包括：评估(assessment)、适应与支持(accommodation and support)、生涯与职业课程(career and vocational curricula)、工作经验(work experience)、岗位技能培训(employment skills training)和生活技能培训(life skills training)。每一个范畴里面又都确认了很多做法并按重要性分出级别。这六大范畴中，下面的衔接做法的级别被视为最高和最低。

分类

1. 评估

最高：不间断评估(ongoing assessment)

最低：传统的职业评估(traditional vocational assessment)

2. 适应与支持

最高：识别与拓展天然的支持者(identification and development of natural supports)

最低：同伴间的辅导关系(peer mentorship)

3. 生涯与职业课程

最高：生涯与职业课程全面融入所学课程之中(career and vocational curricula fused throughout academic subject areas)

最低：技术准备性课程(technical preparation curricula)

4. 工作经验

最高：学有所用　人尽其才(matching students to jobs)

最低：职业方向不明确(job shadowing)

5. 岗位技能培训

最高：社会本位职业培训(community-based vocational training)

最低：纵向职业培训(longitudinal vocational training)

6. 生活技能培训

最高：自我决策的技能培训(self-determination skills training)

最低：休闲式技能培训(leisure skills training)

现在，人们已经可以利用知识来改变当今残障青年人的命运，残障青年人可以为应对自己将来面临的各种挑战事先做好准备。如果不远的将来能够把已经为当前研究所证实的做法引入所有高中学校，那么，中等教育中的特殊教育的效果就会得到极大的提高。

显然，每一个青年人的高中教育经历都是自己一生成功的基石之一。因此，如果我们未能提供有效的高中教育(包括未能进行辅助教育和培训来帮助他们确定生涯个人选择)，其结果就会造成个人缺陷。

功能生活技能课程

大部分学生(如果说不是全部的话)都需要一种由普通文化知识(academic，也称“学业”)和功能生活技能适当相结合的教育，这种教育不仅应在学校开展，也应在家庭和社区环境中开展，这一看法，现在正得到越来越广泛的认可。**功能技能**指“在社会或成人工作(community/adult functioning)中取得成功所必须具备的普通文化知识和其他知识”。这些知识包括独立生存技能(independent-living skills)、社会交往技能(social skills)、与人交流技能(communication skills)、休闲娱乐技能(leisure/recreation skills)以及职业业务技能(vocational skills)。

加里·克拉克(Gary Clark，1991)认为：

功能课程(functional curriculum)教学内容的中心是学生进行个人与社会交往、日常生活和适应岗位(occupational)时所需要的理念和技能。

目前，特殊儿童理事会(the Council for Exceptional Children，CEC)的生涯发展与衔接部(The Division on Career Development and Transition，DCDT)公开发表了一份优秀的立场声明(position paper)，倡导采用这种功能生活技能课程教学方法，并把它视作适当教育条款的重要组成部分(Clark，Field，Patton，Brolin，Sitlington，1994)。该意见书涉及的主要观点如下：

- 功能生活技能课程教学方法应该是所有学校课程中的一部分(也就是说，应包括在现行课程教学工作之中)，或者是提供给各年级所有学生一种公认的、获得认可的选择课程(即，可供选择的教学课程)。
- 功能生活技能教育环境首先应该考虑普通教育和社会。

> ● 一旦认定,在某种普通教育环境下,功能生活技能教学不切实可行或不适当,就必须考虑选择最不受环境限制的教学。
>
> ● 中小学的广大教育工作者的责任就是保证基本技能教育功能,能够满足学生在学校、家庭和社会环境中独立生存的实际需要。
>
> ● 特殊教育工作者应当为学生提供功能生活技能领域中所需要的专门化教育或直接教育(特殊儿童理事会职业发展与衔接部,1994)时,该教育应该毫无疑问达到这样一种教育水准,即,承诺能够满足学生的需要。

特殊儿童理事会指出,功能生活技能、生涯发展和衔接计划必须从童年早期开始并贯穿整个人生。正如同上面提及的那份声明所指出的,越来越多的大量文献表明,必须根据个人在成人阶段的功能生活技能要求的需要有针对性地给有特殊学习需要或特殊行为需要的学生开展适当教育。

1995年4月15日,特殊儿童理事会发育障碍部(the CEC Division on Developmental Disabilities,即原来的"智力迟钝与发育障碍部",the Division of Mental Retardation and Developmental Disabilities)董事会通过一份声明,该声明主张不强调普通教育而声明走向更功能的生活技能培训方法。尽管特殊儿童理事会注意到,普通教育环境中应当首先考虑同伴间的互动,但他们同时也提醒说,有时候,接受普通教育的学生的需要并不同于那些发育智力迟钝者的需要。因此,很多这样的学生需要特殊的教学计划,诸如,社会教育和强调功能生活技能和职业培训等(Smith & Hilton,1994)。

然而,不幸的是,有时候人们往往会曲解功能生活技能教育的本意。1993年12月13日,《美国新闻和世界报道》(*US News and World Report*)就这样批评过特殊教育:

> 特殊教育课堂为某些教师打开方便之门,他们把自己班中不想要的那些有学习困难的学生送到那里。在这种情况下,普通文化教育就靠边站了。的确,特殊教育工作者不仅做了大量的教学工作,也做了不少有时候也称作生活技能的社会工作。俄亥俄州的一个特殊教育班级里,学生们居然学会了如何在火炉上烘烤一块冷冻过的比萨饼[沙皮柔(Shapiro)等,p.46]。

显然,这篇文章的作者几乎不理解对学生开展这种活动的许多重要益处,并且,在既不了解整个情况,也不了解旨在为让学生将来的成年工作生活做好准备而设置的教育目标的前提下,就仓促草率地得出一些不恰当的结论。

基本概念

从许多方面来讲,特殊教育长期以来一直向大多数学生传授功能生活技能。如同

加里·克拉克所述:

> 功能课程方法是一种传授教学内容的方法,它注重所有残障学生在个人社交、日常生活和职业适应方面所需要的概念和技能。这样,适合于某个学生的功能课程就成了该学生课程或学习过程中所包括的内容(概念和技能),而这种课程或学习过程则以该学生目前和今后的需要为目的。这些需要的基础建立在或应当建立在无歧视的、功能的评估方法之上。(1994,p.37)

> "功能生活技能课程方法对教学类型或教学场所都没有限制。"
>
> 加里·克拉克(1994年)

功能生活技能课程通常与具有更严重学习困难或行为需要的学生相关。然而,今天更多的人认为这种教育方法对于各种各样的学生同样重要,不仅对有特殊学习困难或行为需要的学生来说如此,而且对那些普通教育课程价值有限的学生也如此。正如加里·克拉克所指出,"当前的功能课程模式直接强调应当传授的知识和技能,而把传授程序和教学环境的决策留给了使用者"(1994, p. 37)。克拉克对**功能生活技能课程**(functional life skills curriculum)和**功能生活技能课程教学方法**(functional life skills curriculum approach)这两个术语进行了区别,认为前者是在特定的环境中对学生使用的文献材料或书面指南,而后者则没有任何关于教学类型或特定场所的限制。功能生活技能课程教学方法赋予了普通教育工作者和特殊教育工作者以重大的责任,来保证有效传授**个性化教育计划**(IEP)中描述的功能生活技能。

当前,很多教育工作者和服务机构的提供者正在研究一些方法,能够在综合的环境下同时提供学业技能和功能生活的技能。在当今强调全纳教育的情形下,一些教学策略如个性化的计划、课程布局、合作学习和分组教学等正在制订,来成功地推动有特殊学习/行为需要的学生融入普通教育的环境中[菲尔德(Field),礼罗义(LeRoy),瑞弗拉(Rivera),1994]。这样一来,功能生活技能就的确不需要当作一种单独的课程来传授,因为功能生活技能非常重要,所以所有的学生都要学习,这样他们才能顺利地从学校过渡到接受后中等教育培训,才能适应其他成年人社会生活环境和社会工作环境。

功能生活技能课程教学方法要求有机会获得以社区为基础的教学经历。正如柏克、布鲁厄斯、豪格、希普斯泰德和努欧顿(Beck, Broers, Hogue, Shipstead & Knowlton)这五人在评论尝试把学生融入到正规课堂与在社区提供学习经历之间的潜在矛盾时所述,功能课程教学方法"能够暴露时间优先和教学内容优先之间的矛盾,或者说能够既为全纳教育又能为普通教育教师与特殊教育教师的协作制订计划创造良机"(1994, p. 44)。本书十一章和十三章就谈到上述作者在全纳环境中针对幼儿园儿童和其他小学生制订的功能生活技能教学方案。

衔接/生涯教育

功能生活技能

本书倡导一种衔接/生涯教育课程教学方法，旨在满足那些在普通教育课堂接受教育的有特殊学习和/或行为的学生（包括那些不能照顾自己、处于危险之中的学生）对功能生活技能和衔接技能的需要。因此，这部分要向读者介绍一些有关衔接/生涯教育方法的背景及其与功能生活技能和衔接服务方法之间的密切关系，就显得格外重要。

什么是衔接/生涯教育？

1971年，在得克萨斯州的休斯敦举行的一次中等学校校长全国教育大会上，美国教育国家教育董事会委员（the US Commissioner of Education）西德尼·马兰德博士（Sidney Marland）首次把生涯教育（career education）的术语和概念作为一种教育改革引入到教育领域。马兰和其他一些国家领导人对美国学校的高辍学率问题都极为关注，他们认为高辍学率主要原因之一就是，教育体制没有给学生提供与成人在社区工作和生活相关的知识和技能。

衔接/生涯教育可以视作一种尝试，它起步不晚于幼儿园教育阶段，继而贯穿整个幼教中小学生教育阶段（K-12），这一阶段的目标就是使工作（不管是有酬的还是无酬的）成为自己全部生活方式中有意义的一部分。衔接/生涯教育既强调始于幼儿园阶段又强调使用“工作”这一概念作为整个中小学阶段（K-12）教育改革的基础，这就使“生涯教育”这个概念不同于其他当前流行的“从教育走向就业”的计划提案（Hoyt，1993，p. 36）。

霍伊特（Hoyt）认为，生涯教育的一个重要特色就是，生涯教育强调把教室看作为教师和学生的一个工作场所。这样，生涯发展和教学过程这两者都同时得到了强调。

生涯教育可以称作一个终身过程，这个过程把对职业的强调融入中小学各个年级所有阶段的实质性领域之中。这些实质性领域包括工作培训、工作学习、工作见习（job shadowing）、学徒方案、个别辅导制（mentoring）、生涯探索，还有作为家庭成员、公民和休闲参与者所做的无偿劳动。

衔接/生涯教育也可以理解成为四个相互关联阶段的发展进程。这四个阶段是：生涯意识（career awareness）、生涯探索（career exploration）、生涯准备（career preparation）和生涯顺应（career assimilation）。

- 生涯意识的培养始于小学阶段，目的是让学生意识到工作（无论是有偿还是无偿）和工作人员的存在，意识到自己将来怎样适应这个工作型社会。生涯意识与近几年出现的人的发展中自我意识方面相关。

● 第二个发展阶段——生涯探索，在初级中学阶段加以强调，旨在帮助学生探索自己在生活方式和职业方面的兴趣和能力。学生应该学会考量自己独特的能力和需求，经常接触实际操作的经历，有机会体验若干种社会活动。

● 生涯准备，在高中阶段予以强调，是做出生涯决定和学习技能的时期。学生应该能够明确自己的兴趣爱好和能力，以及满足这些特点的生活方式类型。

● 生涯顺应，就是学生过渡到接受中等教育后培训，适应社区生活环境和工作调适环境。除了能够从事有偿工作之外，学生还应该能够参与一些自己所喜欢的业余、家庭和民事/志愿者工作的活动。这一阶段，很多学生需要接受继续教育和跟踪服务。

西特林顿、纽伯特、比干恩、劳姆巴德和莱肯特（Sitlington，Nuebert，Begun，Laombard & LeConte，1996）给大家提供了一些极好的功能衔接技能的案例（如图 2.1 所示），也给大家提供了衔接教育服务提供方和家长可能会提出的问题（如图 2.2 所示），他们问这些问题的目的旨在确定有特殊学习和/或行为需要的学生的发展生涯阶段所处的水平。

生 涯 意 识

- 能够辨别父母和其他家庭成员的工作；
- 能够描述父母和其他人在各自工作岗位上具体做什么；
- 能够说出至少十种不同职业的名字并进行描述；
- 能够描述人们如何求职；
- 能够描述至少三种要调查的工作；
- 能够讨论成年人不能工作或没有工作的后果；
- 能够认识到为什么工作中人们必须相互配合。

生 涯 探 索

- 能够洞悉岗位和生涯的区别；
- 能够确定三种进一步了解不同职业的方法；
- 能够至少说出自己工作中所需要的三种东西；
- 能够确定求职的步骤；
- 能够至少确定三种他们想要探索的生涯；
- 能够说明在室内与户外工作中、独立工作与共同工作中、利用双手和工具/机器工作与严格的用大脑工作中优先选择哪一个；
- 能够弄清如何得到求职申请书以及如何填写求职申请书；
- 能够讨论求职中面试为何重要；
- 能够确认自己的优势、能力、技能、学习方式，以及对工作或具体岗位的特殊要求。

生 涯 准 备

- 能够确认自己在学校要选修的职业/生涯课程；
- 能够描述具体生涯和岗位的教育和工作要求；
- 能够确认在哪里可以获得教育和培训；
- 能够说明获得进入一个选定的职业领域或岗位所必需的技能的步骤；

续 图

- 能够描述入门水平的技能、课程或工作要求，以及在课程中取得成功的出师层面的能力（exit level competencies）；
- 能够明确社区选择和教育选择，明确在选定的领域里获得教育和工作可以选择的情况；
- 能够确认在选定的职业领域或岗位中与他人共事过程中工作人员所要具备的特点和工作技能。

生 涯 顺 应

- 能够明确如果自己想在工作岗位上有所进步所采用的方法步骤；
- 能够通过就业认识到接受教育的好处和获得进一步充电的方法；
- 能够说明与自己当前工作相关、可以调去从事的领域情况；
- 能够搞清更换岗位而又不造成利益和薪水损失的办法；
- 能够说明调换工作和更换单位的合适方法；
- 能够把自己的职业技能和其他职业或个人爱好联系起来；
- 能够解释退休的好处；
- 能够明确和参与自己退休后可能会从事的休闲活动。

图 2.1 生涯发展一览表

注：本表引自1996年弗吉尼亚州阿灵顿出版的由特殊儿童理事会（The Council for Exceptional Children）编写的《成功评价：衔接评价手册》（*Assess for Success: Handbook on Transition Assessment*）。引用已获得许可。

意 识 阶 段

- 什么是工作？
- 什么是工作岗位？
- 你了解哪些工作岗位？
- 这些岗位上的人们都在做些什么？
- 毕业后，你梦想做什么？
- 你打算在何种岗位上工作？
- 长大后你打算在什么地方生活？和谁一起生活？
- 人们为什么要工作？你又为什么要工作？
- 你不上学的时候喜欢做什么？
- 你的母亲、父亲和其他家庭成员从事何种岗位的工作？
- 他们在各自的岗位上做何种事情？
- 什么是大学？人们为什么上大学？什么是职业培训？
- 什么是公共交通？如果父母不开车送你的话，你怎样才能到达自己要去的地方？
- 什么是投票？

探 索 阶 段

- 你对参观何种工作岗位感兴趣？
- 你在学校喜欢选择什么样的职业探索课程？
- 你有什么业余爱好？
- 你在空闲时间从事什么活动？
- 你做何种志愿者工作或社区服务工作？

续　图

- 你喜欢自己暑假的工作吗？最喜欢哪些部分？
- 你更喜欢哪种情况，呆在家里还是在户外？
- 你喜欢和别人在一起还是独处？
- 你喜欢用双手和工具工作，还是喜欢动脑筋解决问题？
- 你以前和同班同学相处融洽吗？如果很融洽，为什么？如果不融洽，又是为什么？
- 你有什么技能可以在这些课程或其他课程中使用？

准备阶段

- 你需要什么课程来实现自己的生涯目标？
- 你需要什么技能才够格学习这些课程？
- 你会怎样准备过独立生活？
- 中学期间和中学以后还需要学习什么课程吗？
- 这些课程能通往大学课程吗？学校有技术准备课程吗？
- 你和家人有没有让你上大学的计划？
- 你会学习顺利读大学需要的技能吗？
- 你能靠自己在中学或大学课程里的所学找到工作吗？
- 教育计划提供工作安置和支持吗？
- 你能进入一个经核准的学徒课程学习吗？

顺应阶段

- 你就业后还会继续接受培训和教育吗？
- 雇主提供教育补贴吗？
- 你在公司内如何发展、晋升？
- 你在公司不同部门间可以调换工作吗？
- 雇主提供满意的退休金和其他福利待遇吗？
- 如果你的雇主不得不裁员你有其他的选择吗？
- 你会选择继续受教育，甚至继续培养自己的休闲兴趣吗？
- 你能把你的工作技能和业余消遣技能用到其他职业上去吗？

图 2.2　生涯发展相关评价问题

注：本表引自 1996 年弗吉尼亚州阿灵顿出版的由特殊儿童理事会(The Council for Exceptional Children)编写的《成功评价：衔接评价手册》(*Assess for Success: Handbook on Transition Assessment*)。引用已获得许可。

霍伊特(Hoyt，1978)提出了生涯教育的 7 个主要目标：(1) 在生涯意识/生涯探索/生涯决策方面为人们提供帮助；(2) 培养人们具有一般就业能力技能/适应能力技能/自我推销能力技能；(3) 提倡和实施私立教育伙伴关系；(4) 让教育和工作联系起来以便对两者做出更好的选择；(5) 把对生涯的强调与课堂相融合起来改革教育；(6) 使工作成为个人全部生活风格中有意义的一部分；(7) 消除偏见和陈腐观念，保护选择自由。其中有些目标和衔接教育所倡导的主张以及“从学校到工作”的立法的主张相接近。

人在自己一生的生涯中扮演着多种角色——职业角色、业余爱好角色、家庭角色和公民角色。

以社区为基础的教学有助于生活技能的培养

理解生涯教育概念的关键是"生涯角色"这个概念。个人的生涯是多层面的，也就是说，它包括几个终生都要承担的工作角色。比如，在校求学的人要承担的主要生涯角色是学生；离开学校被永久雇用时，工作成为其生涯的主要部分，但同时他们也承担起其他生涯角色：家庭成员（配偶、父亲、母亲等等）、参与志愿者工作和其他公民活动的社区成员，以及作为一名参与者加入有益的休闲娱乐和其他等业余活动（如业余爱好）。所以说，**人的生涯指的不仅仅是一份工作，人的生涯指的是一个人一生中从事的所有重要的工作活动。**退休人员可能不再从他们从事的工作中获得补偿，但是他们在晚年从事着很多有益的工作活动，这些活动对自己和他人都大有裨益。图 2.3 说明了一个人的生涯由很多生涯角色构成。要注意的是，一个人的个人决定性因素（比如智力与身体特点）和环境决定因素（比如社区与教育计划）都会对一种生涯产生影响。因此，教育工作者对其学生未来的生涯类型和最终的成功体验起着重要的决定性作用。

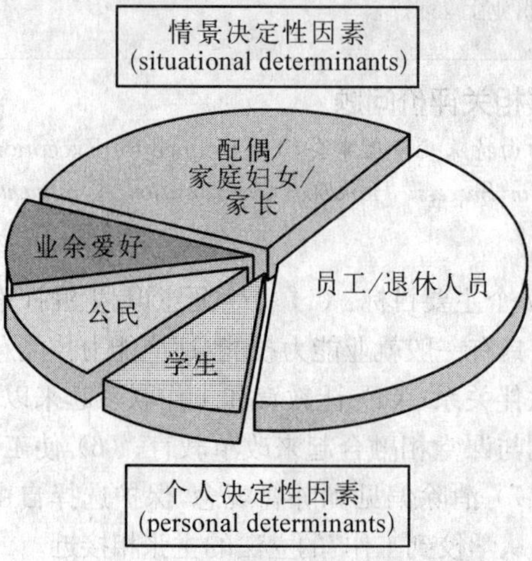

图 2.3　构成生涯的主要工作角色图

下面介绍历史上曾发生的一些重大事件，这些事件推动了全国范围内普通教育和特殊教育采用和实施衔接/生涯教育。

今天，这种教育又正在崛起。

历史要事(Historical Aspects)

20 世纪 70 年代，衔接/生涯教育服务就在大多数州区迅速发展起来了。1976 年，马兰德博士回到了休斯敦为首届生涯教育全国委员大会(the first National Commissioner's Conference on Career Education)做主题发言时指出："在这么短的时间里有如此大规模走向改革中心概念的运动，这在我们国家的教育史册上也许是还从来没有过的事情。"[内尔(Neil)，1977]在海伦·凯勒诞辰一百周年大会上，霍伊特(Hoyt, 1980)指出生涯教育的概念已经存在整整 10 年了，是典型教育改革运动所经历时间的 3 倍。

下面是一些主要的历史事件，对有特殊学习和/或行为需要的个人有着直接的关系。

● 1972 年，联邦特殊教育机构(即当时的残障人教育局)认可了生涯教育。局长艾得温·马丁(Edwin Martion)宣布生涯教育是一项顶级优先事项，并且设立基金为大量的课程和材料开发项目、在职与岗前培训以及调查研究提供基金资助。

● 1973 年，举行了全国特别儿童和青少年生涯教育主题大会。这次重要的大会由特殊儿童理事会和美国职业协会(AVA)共同主办。会上提出了多学科生涯教育的概念，得到了众多职业教师协会的认可。这次大会吸引了众多的立法人员、律师、倡导者、工商业领导人以及一大批来自不同学科的教育工作者。这些学科为生涯教育提供了服务模式、方法和材料。

● 1974 年，教育署(the Office of Education)内部正式设立美国生涯教育办公室，霍伊特(Hoyt)被任命为美国生涯教育办公室主任，并且在联邦机构内领导生涯教育工作。该办公室编写并发放重要的立场性论文与专著，与有重要影响的人物和组织一起主办工作坊和小型会议，资助特殊项目以及促进立法与规划的发展。

● 1975 年，残障人教育局主办了一场全国知名领导人大会，名为"关于残障人生涯教育的研究需求"。经过几天的小组激烈讨论，解决问题，最后大会确定了设立残障人教育局资助模式需优先考虑的事项。后来当年在圣·路易斯一小批热心教育工作者组建了一个委员会，促进建立一个特殊儿童理事会的新的分支部门，该部门将专门负责推动生涯教育的实施。该部门叫生涯发展分会(DCD)。在美国职业协会(AVA)内部也成立了类似的一个机构，称为全国职业教育特殊需要人员协会。

● 1976 年，这个生涯发展分会(DCD)在特殊儿童理事会的管理董事会中以绝对优势的选票被暂时批准为特殊儿童理事会的第十二个分支机构。该分会选出了自己的官员并成为特殊儿童理事会的一个重要分支机构。1997 年，生涯发展分会更名为生涯发展与衔接教育分会(DCDT)。1976 年发生的另外两件重要事情是：召开了全国首届生涯教育委员大会并通过了《职业教育修正案》。委员大会吸引了 8 000 多位激情洋溢的与会者，他们就为所有年龄群提供生涯教育的问题相互交换了意见。《职业教育修正案》要求 10%的联邦基金要像《公共法 94—142 号》所列出的那样应当拨发给残障学生。

- 1977 年，《生涯教育实施激励法案》(即《公共法 95—207 号》)有助于各州将生涯教育纳入学校课程，这样，生涯教育便成了地方不间断教育不可分割的一部分，而不是仅仅被看作职业教育。国会也指出："教育的主要目的就是培养每个人为获得适合个人喜好的生涯而做好准备…… 生涯教育应该成为民族教育过程中一个不可分割的部分，这个过程就是为工作做好准备。"

- 1978 年，特殊儿童理事会发表了一份意见书表示支持生涯教育。生涯教育被描述为各种经历的集合体，通过它，人们可以学会如何过上有意义的，令人满意的工作生活；它还为儿童创造机会，让他们在最小限制的环境中学习普通文化知识、日常生活、个人社会和职业知识，以及为实现他们在经济上、个人生活上和社会上的最大成就所必要的具体职业技能。个人可以通过工作的方式(有报酬的或者无报酬的)，获得这种成就，还可以通过扮演其他各种不同的社会角色、个人的生活方式——学生、公民、志愿者和家庭成员等，以及参加各种有益的休闲活动获得这种满足。

- 1979 年，一些特殊机构成立，全国特殊个人生涯教育主题大会召开。这次大会由特殊儿童理事会和特殊机构联办。大会汇聚了大批专职工作者，这些职业工作者向人们展示生涯教育可以通过许多种方法融入各种不同的环境并加以实施。将近 1 000 人冒着圣·路易斯 1979 年的暴风雪参加了大会，表现了他们对继续经常性地召开大会的极大热情。

- 1980 年，生涯发展分会开始组建各州的生涯发展分会。生涯发展分会的成员在特殊儿童理事会中的领导发展最快。同时，各州在基层也开始组织起来。

- 1981 年，生涯发展分会举办了职业发展国际大会。尽管受到全国性的经济限制，本次大会还是取得了极大的成功，并且决定以后每两年举行一次类似的大会。现在，有几个州也在举行他们州级和地方性的大会。

- 1982 年，《生涯教育激励法案》(the Career Education Incentive Act)于十月一日废止。同时，生涯教育办公室开始进入淘汰的过程。《生涯教育激励法案》从未打算要恢复实行，相反，它只在提供联邦激励基金，以便让州和地方能够启动生涯教育并使之成为他们教育工作不可缺少的一部分。1981 年的《综合预算协调法案》(the Omnibus Budget Reconciliation Act)推动了生涯教育成为整体许可计划，并希望大多数州教育部门和地方学区会把生涯教育当成优先的选择，甚至拨出更多的基金。可见，整体许可方法对于生涯教育的未来可能是一个非常有意义的激励措施。

- 1983 年召开了两次重要的国家生涯教育大会。第二届全国生涯教育大会于 6 月 13—16 日在肯塔基的路易斯维尔举行。此时，霍依特已经离开了联邦政府并在艾姆伯里—利德尔航空大学(Embry-Riddle Aeronautical University)担任著名的访问学者。当时,霍依特成为发起本次大会的先锋。在对全国生涯教育支持者的民意调查中,霍依特发现,对这种会议持积极反应的占绝对优势。另一个重要的会议由特殊儿童理事会的生涯发展分会(DCD)、全国职业教育特殊需要人员协会(NAVESNP)和美国职业协会(AVA)的特殊需求部(the Special Needs Division)联合主办。这次大会于10月20—22日在芝加哥召开。这两次大会都说明了人们对生涯教育的关注和热情不是在减退而是日益高涨(Brolin,1983a,pp. 4—6)。

其他很多有意义的活动对残障成年人和残障学生的教育都具有直接的启发意义。首先,几个早期的生涯教育课程模式对接受特殊教育的学生运用得非常成功。这些模式有以学校为基础的模式(G. M. Clark,1979),有以体验为基础的模式(Larson,1981),有生涯发展的模式(Egelston-Dodd-Dodd & DeCaro,1982)和以生活为中心、能力为基础的模式(Brolin,1978)。建议读者浏览一下这些出版物和其他地方讨论的模式、课程和在职技巧。其次,大量的衔接/生涯教育文献通过期刊、教科书、专著、课程指南和师生使用教材获得。第三,有20多个州有衔接/生涯教育立法,而大多数州都有衔接/生涯教育协调者和资源中心。衔接/生涯教育方法获得了州首主要学校官员理事会(the Council of Chief State School Officers)和其他很多有影响力的团体的认可(Hoyt,1982)。

在20世纪90年代,基层仍然继续支持衔接/生涯教育的发展。维克维尔(Wickwire)指出,很多学校、地方学区与中等学区、州教育部、公立和私立的社区和州机构都提供许多和教育相关的衔接/生涯课程和服务。在一些专业的和社区的协会以讲坛和课程的形式也存在这种衔接/生涯教育课程和服务。这些协会有美国生涯教育协会、全国生涯教育领导人交流网络协会、全国行业教育合作协会、加利福尼亚生涯教育协会、俄亥俄生涯教育协会和美国妇女训练康复组织协会(Women's American ORT)(1993,p. 20)。

对于有特殊学习和/或行为需要的学生,衔接/生涯教育依然是一种公认的需求和切实可行的教育方法。1993年,特殊儿童理事会的生涯发展部(DCD)更名为生涯发展与衔接教育部(DCDT),生涯发展与衔接教育部一年举行两次国际大会,大会包括许多主题报告;生涯发展与衔接教育部(DCDT)的期刊——《特殊个体的生涯发展》(Career Development for Exceptional Individuals),刊载了许多文章,这些文章报道了全国各地衔接/生涯教育课程的情况。正如前面提到的,今天积极倡导的很多东西——也就是衔接教育、功能/生活技能教育和以成果为基础的教育等等——都和衔接/生涯教育的基本原则极为切近。

为什么要采用衔接/生涯教育方法

教育工作者为什么应认真考虑把衔接/生涯教育理念和课程教学方法融入自己的

教学课堂与学区计划之中,原因很多。其中一些原因在本章前面已有叙述(例如霍伊特的 7 个主要目标)。下面介绍一种衔接/生涯教育方法的一些主要优点,比如本章后面描述的那种路径。它有益于促进有特殊学习/行为需要的学生调整自我以适应未来的成年生活:

- 它强调向学生传授他们将需要的所有重要技能,以便他们能够作为富有成效的家庭和社区成员发挥作用,作为一名参与者在有益的休闲娱乐活动中发挥作用,和便于他们在自己满意的工作方面得到一份初级工作。
- 它探讨个人的整体生活风格和能够达到的生活质量。
- 它提出了一种机制,通过这种机制所有的学生都能在一起受教育,这样,可以体验更为正常的人际关系;而且不同能力的人能够学会彼此赏识。
- 它要求所有的教师和其他人员把注意力集中在功能生活技能上面,并更多地了解工作的情况(不管是有报酬的还是无报酬的)。
- 它使学校大门向着广泛的社区代表——雇员、有关机构、志愿者和其他代表敞开。
- 它鼓励学校和家庭进行深入的交流沟通,在教授孩子们各种技能的过程中建立更加积极的伙伴关系,而孩子们正需要这些技能以成为有成就的学生、公民、家庭成员和雇员。
- 它为学生教育提供一个更加有趣、更好理解、更能激发人学习热情的目标,因为它将教与学的过程和现实世界及现实世界的要求直接联系起来。
- 它通过提高每个学生的自尊心和自信心,使他们树立了更强的自我决策观念。
- 它通过把衔接/生涯教育的理念融入各种普通教育课程,来促进对更多基本学业技能的学习。
- 它借助于发展的、有序的和以能力为基础的教学方法为整个课程提供了一个总体框架。

可供特殊教育工作者考虑的另一优点是,衔接/生涯教育并非仅是专门的一种特殊教育计划,相反,它是一种教育教学方法,很多正规教育工作者也正把这种教育方法在教授普通教育的学生中付诸实施。因此,衔接/生涯教育不是仅仅针对有特殊学习/行为需要的学生,而是适用于所有的学生。

萨堡尼和得白特恩克考特(Saborni & deBettencourt, 1997)曾这样评述:

> 生涯教育关注的中心是教育的结果,这种关注完全符合《公共法 101—476 号》的规定,也反映出各种常规学业教育导向重要性的弱化,在常规学业教育下,绝大多数有轻微残障的青少年多年学无成效。我们推荐尽可能地在中等教育和后中等教育计划中使用生涯教育。

通常有这样的报道说，一些学区已经开发和实施了衔接/生涯教育计划，这些学区也改进了自己学校中危险学生的衔接教育，改进了他们的生活质量，使他们顺利地从学校走向后中等教育，走向社区的工作和生活。

前面所列举的并非是构建衔接/生涯教育课程的全部优点。更多的优点，比如要求社区的充分参与和家庭参与，在整本书中都表现得很明显。

衔接教育

20 世纪 80 年代后期，美国特殊教育和康复服务办公室的助理秘书马德莱恩·威尔(Madeline Will)出席特殊儿童理事会(CEC)年度大会，他演讲的主题是“让我们驻足反思——但时间不要太长”(1984a)。演讲中，她讲述了自己从一个州的特殊教育理事那里听到的演讲，这位理事主张需要在特殊教育、职业教育和职业康复之间开展更深入的合作；并在演讲中强调要密切关注向学生传授更具实质性意义的独立生活技能、社会人际交往技能和职业技能。这位理事认为那是绝对有必要的，如果学生们想要成长为有成就的成年人。

“让我们驻足反思——但时间不要太长。”

麦德琳·威尔(Madeline Will, *1984a*)

威尔认为那位特殊教育理事的演讲一语中的，讲出了为了学生的利益应该做些什么。唯一的问题是尽管演讲早在 1969 年就做了，但他谈到的那些需要一直到 1984 年，就是威尔发表演讲的这一年，仍旧没有得到实现。当前，很多学校依然没有建立起一种课程教学方法来教育有特殊学习/行为需要的学生打好基础，顺利地成长为有成就的成年人。

威尔因引入衔接运动而享有盛誉。前文提到，1986、1990 和 1997 年这三年的特殊教育立法都确认，衔接教育是教育有特殊学习/行为需要的学生过程中的一个重要部分。支持“职业衔接概念”的人所倡导的许多内容也并非是新内容。甚至可以说，这部分内容类似于许多特殊教育工作者多年来在相关领域所做的许多工作，这些领域包括边工作边学习的课程、生活技能课程、职业教育，还有 20 世纪 70 年代以及其后的生涯教育运动。

的确，如同哈尔彭(Halpern)在他的一篇题为“衔接：新瓶装旧酒”(Transition: Old Wine in New Bottles)的文章中所言，30 多年来我们一直在尝试着设置课程来指导有残障的年轻人为调整自己适应成年生活做准备。1960 年代，我们开发了合作/边工作边学习课程，1970 年代开发生涯教育课程，1980、1990 年代就开发了衔接课程。哈尔彭指出：“在课程和教学领域，在教什么、怎样教和在哪里教这些方面，我们依旧是经常做得不完善。课程内容也依然倾向于过分注重补习文化基础知识而对功能技能关注不足。”

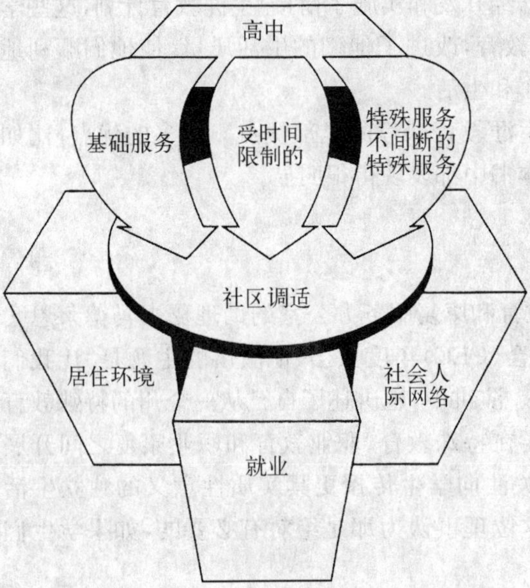

图2.4 哈尔彭衔接模式(Halpern's transition model)

注："衔接：新瓶装旧酒"，作者：A. S. 哈尔彭(1985)，载《特殊儿童》，51卷(6)期481页。1985年版权为特殊儿童理事会所有，转载已获得授权。

哈尔彭衔接计划的概念性论述，极好地说明了特殊教育和康复服务办公室(OSERS)最初的衔接模式构成已经得到扩展(见图2.4)。

哈尔彭认为：衔接计划是建立在学生顺利实现正常成人社区生活和工作(调适)的结果之上。在这个主要的范围里，有居住环境、就业和社会人际关系网3个方面。为了确保学生们更能够顺利地适应社区生活，这3个方面都是学校课程中要求的内容(1985)。

1997年的《残障人教育法》(IDEA)规定，个性化教育计划(IEP)应当包括学生离校前，每个公共机构和参与机构责任或联系的说明。同时，参与机构在其财政承诺方面所承担的义务也应包括在计划中。个性化教育计划还必须说明，14岁的学生在四个区域所需要的衔接服务：教学、社区参与、工作/职业技能和日常生活技能。必要的话，还包括功能评价。尽管最初关注的焦点是集中在"从学校到就业"的成功之路上，但很快就转移到成年人社区生活调适方面。

"衔接计划要求以一种全新的目光看待学生和他们的教育课程。衔接计划还要求个性化教育计划(IEP)团队转变观念把学生看作是成年人，为他们将要步入的成年人环境做出计划。"(Arden Stephens，1992)

衔接计划并非简单地发展与社区机构的合作关系，也并非是另外推荐一些服务机构供学生及其家庭联系咨询。衔接计划要求要求学校在3个主要的构成部分上做出有效的努力：(1)功能/生涯发展课程；(2)与雇主、有关机构和家长的协作；(3)后中等教育配套和后续服务措施体系，而且要一直坚持到成功的自我调整以适应社区和工作岗位的需要。

因此，衔接计划需要相互协作的专职人员积极地参与进来，共同做好以下工作：以社区为基础的教学，来自家庭成员和有关机构的支持，后续服务工作，还有始于小学阶段的实质性的功能课程。学校必须尽可能多做工作指导学生为就业和社区生活做好准备。需要更多的服务工作时，社区服务机构就会另外提供培训和安置援助，如果他们认为学校已经尽到了自己的责任的话。从大多数方面而言，衔接（transition）这一概念极其类似于衔接教育或生涯教育（transition/career education）概念，也就是说，衔接指的是这样一个过程，这个过程始于小学阶段，贯穿于中学阶段，再到中等后教育阶段，直至个人成功地融入社会生活之中。有兴趣了解更多关于衔接教育方方面面基本情况的读者可参阅这两本更详细的书：一本是拉什（Rusch）和查德·西（Chadsey，1988）著的《超越从学校到工作过渡》（*Beyond Transition from School to Work*），另一本是克拉克（G. M. Clark）和科尔斯多（Kolstoe，2000）写的《残障青少年的衔接教育服务》（*Transition Education & Services for Adolscents with Disabilities*）。更多衔接概念情况将在本书第八章予以介绍。

功能生活技能课程模式和材料

在采用这种教学方法时，教育工作者可以考虑好几种功能生活技能课程模式及材料。表 2.1 列出了一些功能生活技能课程和指南，这些课程和指南只是取自众多出版机构和其他资源中的一小部分。第十二章“培养个人—社会交往技能”中明确介绍了几种社交技能课程。本节的其他部分简要描述 3 种课程发展模式，这 3 种课程发展模式都是制订功能课程计划的极好模式。这 3 种课程发展模式包括：克罗宁（Cronin）和帕顿（Patton，1933）自上而下的课程发展模式（A Top-Down Model for Curriculum Development）、德弗尔（Dever，1998）的社区生活技能分类模式（Taxonomy of Community Living Skills）以及以学校为基础的生涯发展和衔接模式（School-Based Career Development and Transition Model，1990）。

表 2.1 功能技能课程与指南样本

名　称	出版者	简　介
《适应性生活技能课程》	Riverside 出版公司	与各项培养适应能力的技能核对表配合使用。24 种具体的技能单元组合成四大领域：个人生活技能、家庭生活技能、社区生活技能和职业技能。
《生活技能系列Ⅰ和Ⅱ》	PCI 教育出版社	一种娱乐性桌上游戏计划，附有空白抽卡、评估单和包括 16 个技能区的教师指南，如吃饭技能、行为技能、数钱技能、安全技能和生存技能等等。
《中度和严重残障人员的功能生活技能》	Pro-Ed	为教授家庭技能、社区间的流动、社会人及发展、休闲技能和功能学业知识提供指导原则。
《独立生活技能课程》	俄勒冈州大学出版社	涵盖的话题有：预算、付账、营养规划与点菜、购买食品杂货、个人卫生、烹饪和家务管理等。

续 表

名　称	出 版 者	简　介
《锡拉丘兹(Syracuse)社区参照课程指南》	Paul H. Brookes	实施课程和传授社区生活、学业知识、社交、沟通与运动技能的指导手册。
《衔接教育工具》	美国指导中心	一种综合性课程,包括教师手册、学生练习册、小册子、可复印的原材料(Blackline Master)和盒式录像带。
《生存技能系统和从学校到工作的衔接材料资源指南》	Conover 公司	日常生活技能的评估和培训课程计划涵盖了职业评估、职业探索、生涯规划、社交技能和求职技能等区域。
《自上而下的课程发展模式》	Pro-Ed	参见文中叙述。
《社区生活技能分类模式》	美国智力障碍协会	参见文中叙述。

自上而下的课程发展模式

克罗宁和帕顿(Cronin & Patton,1933)构建了功能技能领域里课程发展的四阶段模式。这四个阶段的起点分别是:(1) 明确成人生活的主要领域和小领域,学生需要了解这些领域才能到成年时过上正常的成人生活;(2) 明确大多数成年人会碰到的主要生活要求或情形;(3) 明确满足每种生活需要的具体生活技能;(4) 组织好教学成功地教授功能生活技能。图 2.5 显示了他们构建的这种模式。接下来简要讨论这一模式的每一个阶段。

第一个阶段:成人领域。该模式的 6 个领域是:就业/教育、家与家庭、休闲、社区活动参与、身心健康和个人责任与关系。每个领域又进一步分为 23 个小领域以便更好地安排 147 项生活要求。例如,就业/教育包括的小领域有:一般工作技能、普通教育/培训要考虑的因素、就业环境和衔接/生涯改善与再评估。

第二个阶段:主要生活要求。这 147 项生活要求代表了大多数人在日常生活中会遇到的事情和活动。例如,对一般工作技能小方面的生活要求是:求职、找到工作、学习工作技能、保住工作岗位和了解基本的法律问题。

第三个阶段:具体生活技能。每项生活要求都可以细分成具体的生活技能。例如,为了求职和找到工作,具体的生活技能可以包括:确认市场需求的工作技能与兴趣、确认工作机会的信息源以及在地图上找出未来可能工作的地点。作者编写的指南中确认的这些技能只是针对不同学生要考虑的众多可能情况提出的一个样例。这些技能都是些能够会成为学生的个性化教育计划或者个性化衔接计划(ITP)的教学目标。

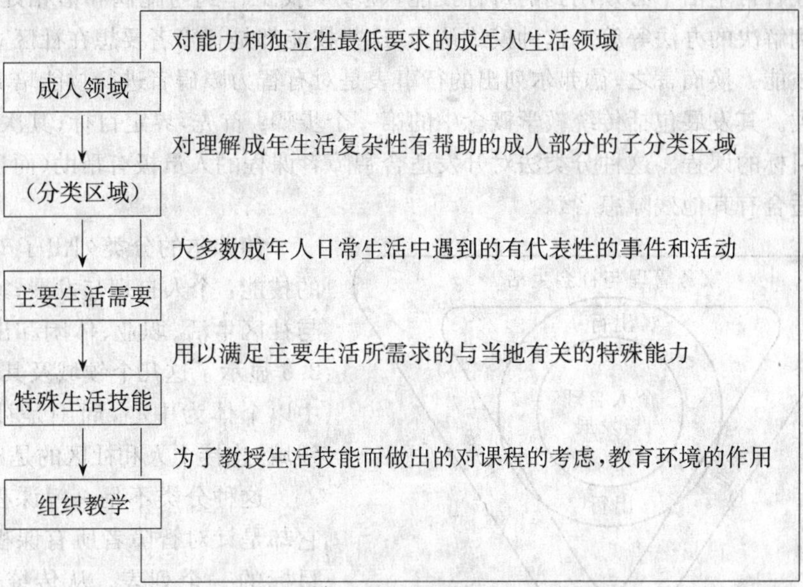

图 2.5　自上而下的课程发展模式

注：选自《有特殊需要学生的生活技能教学：将实际生活内容整合入课程之中的操作指南》(*Life Skills Instruction for All Students with Special Needs: A Practical Guide for Integrating Real-life Content Into the Curriculum*)，1993 年，第 10 页，得克萨斯奥斯汀 Pro-Ed 出版社。

第四个阶段：组织教学。克罗宁和帕顿（1933）为教授生活技能推荐了一系列措施。他们指出，生活技能教育可以当作各种生活技能课程的一种全面的融合来进行教学；可以在一些精选的重要生活技能课程中进行；可以在一门单一的普通生活技能课程中进行；可以作为讨论生活技能话题的现行课程的一部分来进行；或者融入现行课程的既定内容中来组织教学。实质上，这些选择就成了一种融合的教学方法，一种强化教学方法，一种课程作业方法（course work approach）。他们的指导提供了很多精彩的范例，说明如何在课堂和社区环境中实现教学，如何进行评估教学活动，如何选择适当的教材以及如何实施一种生活技能教学方法。

有兴趣想要了解有关这种精心设计、精心打磨的教学方法更多情况的读者，可以参阅克罗宁和帕顿（1933）出版的名为《所有有特殊需要的学生的生活技能教学》(*Life Skills Instruction for All Students with Special Needs*)一书。

社区生活技能分类模式

德弗尔（Dever，1998）提出了在美国生活的人必须能够做到的所有事情的一个行事表，这样才能顺利地度过每一天、每一周、每一个月、每个季节和每一年。表中列出了人们在日常生活中必须用到的每种技能,领域从找工作到与配偶和谐相处,到迷路时能找到解决的办法等等。这种模式认为,这些技能都是智障者要想在社区立足必须掌握的技能。换而言之,德弗尔列出的行事表是对有智力障碍者进行技能培养的一个目标分类。其发展包括传统教学概念中的第一个步骤:首先,界定目标;其次,开发实现这些目标的课程。这种分类法对开发适合智障者课程的人员极有帮助(而且或许该课程也适合有其他残障患者)。

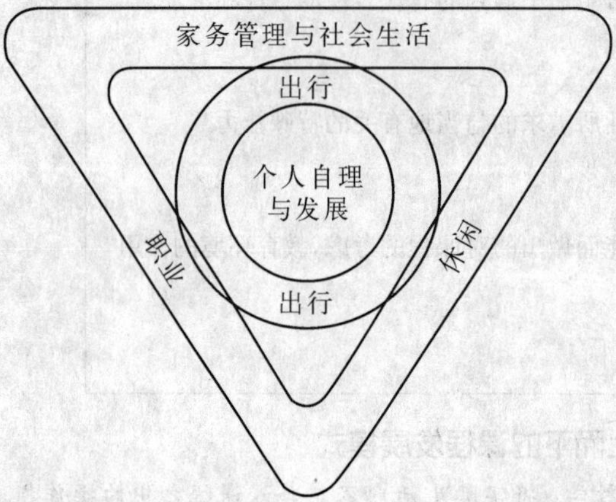

图2.6 智障者教学目标分类组织图

注:选自 R. B. Dever 的《社会生活技能分类》(*Community Living Skills: A Taxonomy*),1988 年版,华盛顿美国智障者协会出版,1988 年版权归美国智障者协会所有。经过容许可转载。

德弗尔的分类列出了五个领域的技能:个人自理与发展、家务管理与社区生活、职业、休闲和出行。图 2.6 显示了这几个领域及其关系,图中以个体为中心,周围是社区生活领域,连接个人和社区的是出行。

这种分类不是一门课程;相反,它却是针对智障者所有课程的终极目标的一个列表。从传统上来说,这样一门课程会包括以下这些技能:运动技能、交流技能和学业技能等。这些技能非常重要,但是,它们不构成课程的终极目标,相反,却构成导向目标要点的中介要素。因此,这些技能和其他一些中介技能都没有包括在分类列表中,这些技能必须通过考虑到目标和学习者要学的内容来获得这些技能。这项任务必须在每个社区独立进行,因为每个社区对其居民都有独特的行为要求。图 2.7 展示了一个与家务管理和社区生活关联的范例。

分类表中列出的大多数目标并不是独特的,因为大多数目标在教育界已经长期存在了。不过,这些目标却从来没有同时出现在一张列表上。从这种意义上而言,德弗尔的分类表独具特色。

同时,这个分类表在每一领域内还有一些不足之处(glitches)作为迅速推动教育发展的动力,这也使得它独具特色。这些不足之处只是每个人在日常事务基础上必须处理的暂时性问题。例如,我们都必须处理这样的一些事情,像早上弄断了鞋带、上班时误车等等。经验表明这类问题给有智力障碍的人造成了很大的困难。如果他们没有学会如何处理这类事情,那他们便不能够在没人帮助(与人交流)的情况下独立生活(R. B. Dever,1994. 2. 15)。

H 领域
家务管理与社区生活

Ⅰ. 学习者将获得自己的生活居所
A. 找到合适的生活居所
B. 租借/购买居所
C. 建立生活居所
Ⅱ. 学习者要遵守社区规则
A. 保持社区干净整洁
B. 建筑物干净整洁
C. 维护生活居所内部环境
D. 维护生活居所外部环境
E. 对季节变化做出反应
F. 遵守家庭生活安全事项
G. 遵守处理突发事故程序
H. 保持食物存储充实
I. 准备和摆放膳食
J. 适当对钱物做出预算
K. 支付账单
Ⅲ. 学习者要能在社区和附近生活与人共处
A. 和社区成员充分交往
B. 正确处理他人的不当行为
C. 遵守法律要求
D. 履行公民义务
Ⅳ. 学习者要在家里处理一些“小问题”
A. 处理家用设备故障
B. 处理家庭用品不足
C. 处理意外的现金不足
D. 处理日常事务中的扰乱事故
E. 能够对付气候突然变化

图 2.7　智力障碍者的教学目标分类范围样例

注：选自《社会生活技能分类》(*Community Living Skills: A Taxonomy*)，1988 年版，华盛顿美国智障者协会出版。

综合衔接教育模式(Comprehensive Education Model)

对于残障人来说，衔接/生涯教育尤其重要。不管残障人是否胜任某些工作，有一半以上的残障成年人一生中都不会被人雇用，这是个不争的事实。因为大多数人都要工作，这些残障个体就可以有成效地从事一些不计报酬的工作活动，比如志愿者活动和做其他社区工作、一些重要的家庭责任，以及有益的休闲娱乐活动，这些活动对他们的全身健康和心情愉快大有裨益。这样，这些残障个体通过对自己的家庭、社区以及自己作出了贡献，亲身感受到一种个人价值和个人尊严，尽管他们没有工作。在这个过程中，他们可以进一步树立起自信，培养社交能力和功能技能，这反过来会在有机会时增加他们就业的可能性。

针对残障学生的生涯教育和衔接课程模式是一种以学校为基础的培养模式，这种模式由克拉克(G. M. Clark)、科尔斯塔(O. P. Kolstoe)和西特林顿(P. Sitlington)共同开发。如图 2.8 所示，这种模式的重心集中在生活衔接/生涯发展之上，而且从学生入学教育前开始一直持续到成年期。这种模式反映了一套注重结果的能力表现领域，这也应是计划过程中必不可少的部分。当前的模式已经从老观念中转变过来，不再认为注重学生课程必须强调知识和技能的学习结果，而不是强调知识和技能课程的内容。这个基本框架由九大组成部分构成来解决知识和技能问题：(1) 交流与学业技

教育和服务体系

家与社区
家人与朋友
公共/私立婴幼儿课程
有相关服务与配套服务的普通教育
有相关服务与配套服务的特殊教育
一般的社区组织和机构(就业、卫生、法律住房、财务)
特殊的社区组织和机构(危机服务、限时服务、不间断服务)
学徒课程
以学校和社区为基础的学习课程
后中等教育职业或应用技术课程
社区学院
四年制的大学
研究生院或专业学院
成人教育和继续教育/培训

知识与技能领域

交流与学业技能
自我决策能力
人际关系技能
综合的社区参与技能
健康与保健知识
独立的/相互依赖的日常生活技能
休闲娱乐技能
就业技能
后中等教育/技能培训

出口点与结果

发展/生活阶段	出口点与结果
婴幼儿/学步儿童与家庭训练阶段	结束并进入学前课程与综合社区参与技能学习
入学前与家庭训练阶段	结束并进入小学课程与综合社区参与技能学习
小学阶段	结束并进入初中课程,自己做出和年龄相当的决定与综合社区参与技能学习
初中阶段	结束并进入高中课程、就业入门技能,自己做出和年龄相当的决定与综合社区参与技能学习
高中阶段	结束并进入后中等教育、就业入门技能、成人教育与继续教育、专职家庭管理者,决定自己的生活质量与综合社区参与技能学习
后中等教育	结束并进入特殊职业、技术职业、专门职业、管理工作、研究生、上专业学校课程、成人与继续教育、专职家庭管理者,自己决定的生活质量与学习综合社区参与技能

知识与技能领域

交流与学业技能
自我决策能力
人际关系技能
综合的社区参与技能
健康与保健技能
独立的/互助的日常生活技能
休闲娱乐技能
就业技能
继续教育/培训

图2.8 学校为基础的残障青少年生涯发展与衔接教育模式

注:选自克拉克、科尔斯塔和西特林顿所著的《残障青少年的衔接教育和服务》(*Transition Education and Services for Adolescents with Disabilities*)(第3版)。波士顿爱林和培根出版社(Allyn & Bacon)。2000年版权归培生教育出版社所有。转载已获得授权。

能；（2）自我决策能力；（3）人际关系技能；（4）综合的社区参与技能；（5）健康与保健技能；（6）独立的/相互依赖的日常生活技能；（7）休闲娱乐技能；（8）就业技能；（9）继续教育/培训技能。下面我们将对每个技能进行简单的讨论。

交流与学业技能

第一个组成部分——交流与学业能力，代表了理解他人以及与人交流思想的最重要的能力。学业技能指的是那些实质课程技能，学生们在普通教育课程中取得成就需要掌握这样的学业技能。交流技能和学业技能都应在年龄或年级层次上适合学生，使他们能在当前和未来的学习环境中取得成功。

自我决策能力

第二个组成部分——自我决策能力，就是能够做出有明智的选择并根据这些选择行事。打算在社区独立生活时，自我决策能力是人们要成为自己的倡导者这种需要发展的结果。自我决策能力的发展过程始于理解那些计划是如何进行的。制订这些计划是为了满足成年人在不同生态环境下活动的需要。这些技能是可以教授的并包含在第十章要讨论的各种课程和材料之中。

人际关系技能

第三个组成部分——人际关系技能，涉及懂得并能运用既定的社会道德规范与家人相处，在学校和社区与他人相处。积极的行为配合，也就是学生的援助队——包括家庭成员和有关机构在内——的所有成员采用的合作技巧。现在，这种积极的行为配合被认为是孩子的教育/衔接计划的一个重要组成部分。很多人认为，社会道德规范教育是所有教育内容中最重要的部分之一。

综合社区参与技能

第四个组成部分——综合的社区参与技能，包括在很多不同层面上做出决定。这些决定当然应该包括个人的一些偏爱和兴趣，但在有些情况下，就必须包括其他支持者或倡导者。个别的社区有自己独特的一些活动，因此具体到要考虑到这些社区。其中，代价、安全和个人选择等都必须成为有特殊学习和/或行为需要的学生参加工作和生活的区域活动要考虑的一些因素。目前，有关衔接的规定强调，学校有责任对学生职业的或后中等教育选择之外的爱好和兴趣做出评估，以确定将这些学生所喜爱的活动包括到社区活动之内。

健康和保健技能

第五个组成部分——健康与保健技能，这一部分可能没有衔接计划中应该提出的那样被强调。生活质量的内容包括要了解自己身体健康状况和如何保持健康。保持健康不仅包括知道自己体格健康保健,还包括了解一些被认为是预防性的活动,了解什么是合理的营养。没有开设好的健康教育课程的学校,依然可以通过贯彻本书中指明的功能课程计划中任何一个计划来进行健康与保健这一至关重要的内容。

独立的/相互依赖的日常生活技能

第六个组成部分,即独立的/相互依赖的日常生活技能,是针对有特殊学习和/或行为需要的学生的衔接教育中强调的最普通、最常见的领域。很多患有轻度和中度残障的学生都受到基本日常生活技能方面的培训,这些基本日常生活技能对当前的学校和社区发挥职能都是必要的。很多刚步入成年的青年人中学毕业时就具备了基本的日常生活技能,这些技能对他们作为成年人在社区工作和生活都十分必要。许多特殊教育教师把日常生活技能视作自己特殊教育课程中最经常强调的内容。尽管当前强调日常生活技能方面的功能性培训,但是,衔接计划还必须培训如何获得必要支援的技能和作为成年人在其社区工作生活所需要的技能。

就业技能

第七个组成部分是就业技能。不管职业准备阶段是否包括后中等教育或中等教育期间的职业培训,这一部分内容都需要在制订衔接计划中提出。这些技能强调了一般就业能力技能(如听从指挥、工作质量高、工作速度合人意、理解并接受建设性的批评等)、职业技能(寻求并保持工作、数学技能、阅读技能、交流技能和适应工作变化等),还有具体职业群/职业岗位的职业技能。

休闲娱乐技能

第八个组成部分是休闲娱乐技能。这部分内容提出了一个并非总是包括在衔接计划中的对生活质量进行指导的领域。大多数个体都会把自己的非职业的兴趣和爱好作为自己的生活质量的一个极其重要的组成部分,学生需要了解自己的个人的兴趣并了解如何参与这些兴趣活动。尽管参加休闲活动似乎是一种本能的行为,但是很多有特殊学习和/或行为需要的学生在学习如何参加当前和今后的生态环境下的休闲娱乐活动时仍需要帮助。

后中等教育/培训技能

最后一个组成部分是后中等教育/培训技能,即学生教育和培训技能的深造。这样的培训使学生能为终身学习/工作做好准备。这一领域强调要让学生毕业时就懂得几乎所有的雇员和社区生活活动都需要继续教育和培训。技术和社会的变化也是在这样一个层面上进行的，它要求每一个人参与社区工作和生活以跟上时代的变化。

综合衔接教育模式的功效在于，以上 9 个衔接组成部分需要按照程序进行，以求相应于自然的衔接处，并达到每个具体知识和技能领域结果的要求。感兴趣的读者可以通过下面的出版物了解关于这个教育方法的更详细的情况。这些书籍有：克拉克（1979）的《小学课堂残障生的生涯教育》（*Career Education for the Handicapped Children in the Elementary Classrrom*，Dever 爱心出版社），以及西特林顿、克拉克和科尔斯塔（2000）所著的《残障青少年的衔接教育和服务》（*Transition Education and Services for Adolescents with Disabilities*，爱林和培根出版社）。

以上为实施功能课程介绍的各种操作路径有很多共同的内容，并且和 20 世纪 70 年代引入教育领域的衔接/生涯教育方法的关系密切相关，也与本书第三章中介绍的适合轻度/中度残障个体的以生活为中心的生涯教育课程模式关系密切相关。下面我们来介绍衔接/生涯教育方法，这一方法是在以生活为中心的生涯教育（LCCE）轻度/中度课程模式基础上架构起来的。

本章评论

有特殊学习/行为需要的学生，成年后要准备有所作为，就应该接受一种普通文化知识和功能生活技能适当融合的教育。这种衔接/生涯教育就提供了一种切实可行的方法，这种方法满足了有特殊学习/行为需要的学生对功能技能和衔接教育的需求，同时也有助于进一步激发学生学习普通文化课和综合课的动机。这种教育方法已经发展了将近 30 年，是所有学生接受完整的教育课程的一个重要部分。对于有特殊学习/行为需要的学生而言，衔接/生涯教育突出体现了当前注重融合教育的趋势。功能技能/生涯教育有希望为更多正规班级教师所接受和采用，因为正规班级教师已经意识到那是一种很好的教育机制，它能够激励所有的学生掌握实用信息和技能。

在今天这样一个既现代化又很复杂的社会，任何人想要在竞争中获得成功都不容易。几乎每个人都会为下列这些事情在担心，比如找到一份好工作、挣足够的钱、靠自己独立生活、拥有真心的朋友、有能力享受娱乐休闲、追求兴趣爱好，以及涉猎其他一些影响个人生活方式的生活领域。要想在生活中取得成功，一个人就必须得有能力——有技能参与竞争和能够适应社会，而我们必须要为所有的学生创造这样的机会。为此，学校必须拿出一套课程满足其社区的当代需要，这些需要涉及创造价值的工作（无论是否有报酬）、涉及生活和休闲追求等方面。

谈到衔接/生涯教育方法，要强调的是“生涯”这个词语。教育，注重的是学生需要学习什么才能成就自己的人生，才能成为成为一个富有成效的家庭成员、能作贡献的公民、雇员和一个有意义的业余活动的参与者，如培养业余爱好、尝试娱乐活动和其他一些休闲活动。这就是“人的教育全面发展方法”（whole-person approach to education）。

第三章中我们将提出并描述一套具体的衔接/生涯教育课程。尽管这套课程起初是为需要特殊教育需要的学生而开发的，但它建立的基础是针对所有学生的普通衔接/生涯教育原则，因此，它的宗旨和运用跟所有的学生相关。

活动

1. 这一章提出了4个相互关联的课程教学方法。在帮助你理解通过制订功能课程来教育你的那些有特殊学习/行为需要的学生，以便调适他们，让他们顺利地过上成人生活，每个方法都可能向你提供什么帮助？

2. 搞清楚所有主要技能或能力，即你自己认为的那些有特殊学习/行为需要的学生从幼儿园到高中毕业的课程教学中应该培养的主要技能和能力。这样，等到他们离开学校这一教育环境之后，将会因受到良好的训练而找到称心如意的工作，并且在自己的家庭和社区活动中独立地和与他人共同发挥作用。

第三章 以生活为中心的生涯教育(LCCE)轻度/中度课程计划

先行思考题

1. 有效的衔接课程模式需要哪些重要的内容或条件?

2. 在什么学习条件下,教授大多数学生效果最好,尤其是那些有特殊学习/行为需要的学生?

3. 除了基本的学业科目以外,学校课程还应包括哪些衔接课程领域?

4. 教育有特殊学习和/或行为需要的学生所需的三个主要教学环境是什么?

5. 大多数得到贯彻的教育改革一般能持续多久?

6. 何谓"工作个性"(work personality)? 教育工作者应什么时候关注有特殊学习和/或行为需要的学生工作个性的培养?

7. 生涯教育/衔接计划中,组织和进行教学需要重视的四个发展或学习阶段是什么?

8. 以生活为中心的生涯教育(LCCE)轻度/中度课程,对于具有轻度或中度的学习/行为需要的学生而言,分别意味着什么?

9. 以生活为中心的生涯教育轻度/中度课程与州标准之间有什么联系?

10. 有特殊学习和/或行为需要的学生在其教育课程中应学习哪些重要日常生活技能?

11. 对于有中度学习/行为需要的学生来说，哪些日常生活技能非常重要？

12. 对于有特殊学习和/或行为需要的学生来说，学习哪些个人—社会技能至关重要？

13. 对于有中度学习/行为需要的学生需要来说，学习哪些个人—社会技能至关重要？

14. 毕业离校之前，有特殊学习和/或行为需要的学生应掌握哪些职业知识和技能？

15. 毕业离校之前，具中度学习/行为需要的学生应掌握哪些职业知识和技能？

16. 就实施以生活为中心的生涯教育轻度/中度课程而言，可以利用哪些衔接评估材料和教学材料？

本章概述

第二章以充分的论据阐述了在普通教育课程（K－12＋，即从幼儿园到高中教育阶段）中，应融入实质性的功能技能/生涯发展的内容，来更好地确保有特殊学习和/或行为需要的学生能够顺利实现从学校到工作岗位再到社会生活的过渡。但是，对于这种需要，我们不能仅仅停留在理论说明上，必须有一个组织好、系统的实施框架，并据此制订课程重点。而这种框架或称教育制度也必须机动灵活，各种方法和材料才可纳入该体制的构想之中，来满足不同有特殊学习和/或行为需要的学生群体的需要。

本章提出并解释以生活为中心的生涯教育（LCCE）课程计划（轻度/中度）。绝大多数教育改革仅持续了3至5年就沉寂了，而LCCE轻度/中度课程计划在过去的25年间却不断得到发展。事实上，今天的LCCE轻度/中度课程计划正在全国范围内比以往任何时间都更加广泛地得到应用。LCCE蕴含着当前先进的教育思想，突破了长期沿用的卡耐基单位（Carnegie Units，即学分）以及盛行多年的狭隘的核心课程理念。

下面我们将介绍以生活为中心的生涯教育轻度/中度课程模式，及其主要课程构架，课程材料与培训材料，还有采用该课程模式的逻辑依据（rationale）。

本章瞭望

作者简介：理查德·麦克米伦（Richard McMullin），美国密苏里州波尼特的斯洛哥地区（Bonne Terre-Desloge）的圣弗朗索瓦县（St Francois County）北R－I学区的前学区学监（superintendent）。

爱德华·加里根（Edward Garrigan），学区助理学监，负责美国密苏里州波尼特的斯洛哥地区的圣弗朗索瓦县（St Francois County）北R－I学区的特殊教育规划。

公共教育继续备受关注，在矫正(remediation)和责任制(accountability)方面更为人瞩目。作为教育工作者，我们通常会带着良好的初衷超越眼前而抓住新颖的解决办法，以弥补对教育质量的认识。然而，我们的使命是，把我们的青年人培养为具有良好品质、能够成功创造价值的国家公民，诸如应用教育、学业整合、技术准备、生涯意识以及其他相关理念，这些理念使我们能够较深入地了解到既有针对性又有功能性的技能的起因。因此，任何注重功能学业课程都会成为人们最为关注的对象，因为这种功能学业课程结合了一些基本能力，大大提高了有特殊学习和/或行为需要的学生步入成年的机会。

据一项地方调查显示：有特殊学习和/或行为需要的残障学生中，80%的人高中毕业两年后都找不到工作。当然，我们还是有可能改变这种令人担忧的局面的。部分的解决办法是，给学生提供一套课程，这套课程为其量身订制一项系统的计划，该计划注重他们在从学校走向工作岗位的衔接过程中所要面临的各种实际情况和所肩负的种种责任。有残障的毕业生往往就业不顺利，主要原因在于他们缺乏与工作能力相关的技能，这一点在从事特殊教育工作者当中是众人皆知。

然而，仅仅强调这一方面就不会考虑到学生的全部需要。问题的实质更深广，也涉及多个方面，诸如日常生活技能、个人—社会交往技能以及职业指导与准备等等。如果我们想要真正为自己这些有特殊学习和/或行为需要的学生提供机会，帮其实现充分就业并在经济、实现社会价值和实现自我价值等方面达到令人满意的水平，学校就必须融合各种生涯教育计划，这些计划应让学生的家庭、学校和社区都参与进来。为了有效地实施计划，就必须从小学阶段开始实施生涯教育计划，并让生涯教育计划贯穿于整个初、高中阶段。当然，这样的计划必须要得到学校教职人员、行政管理机构和地方教育部门的鼎力支持。如果没有这种共同的协作承诺，任何生涯教育的努力都将是支离破碎、残缺不全的，最终结果也将会与学校的期望相去甚远。

以生活为中心的生涯教育计划业已大大超出我们所料。我们已经把LCCE计划成功地融入我们的整个课程计划之中，而且我们发现，LCCE计划对于有特殊学习和/或行为需要的学生非常实用。通过我们的专业人员、行政管理部门、教育董事会、家庭以及社区的共同努力，我们这些有特殊学习和/或行为需要的学生正体验着更高层面上的自立自强，正在充分地享受着生活的快乐。

以生活为中心的生涯教育轻度/中度课程模式

传统教育中，有特殊学习或行为需要的学生，学习阅读、拼写、化学、数学、历史、美术、经济学等等学业内容和综合科目时,接受的是为了知识而学习知识的教育方法。与此不同的是,以生活为中心的生涯教育轻度/中度课程注重的是技能培养——即个*人要成就人生必须掌握的技能*。换而言之,这些技能对个人在家庭和社区中作为富有成效的家庭成员、工作人员和公民都发挥着应有作用。以生活为中心的生涯教育是20世纪70年代生涯教育运动和生涯教育模式发展的直接产物,25年来在无数学区的大量调研和观摩工作中,推动其不断发展和日益完善。课程的广泛推行和实施,昭示了这样一个事实,那就是,在美国国内外的学校中,有特殊学习/或行为需要的学生需要进行注重结果的、功能技能的教育已经得到普遍认可。

事实证明,多年来,对于绝大多数学生(包括有特殊学习/或行为需要的学生在内)来说,如果所提供的材料与实际生活密切相关、实用性强,学生既熟悉、有趣又易于动手操作,那么他们的学习效果便非常好;而深奥的、理论化的又不实用的授课内容,对有特殊学习/或行为需要的学生就没有这么大的实际效果。如果将功能技能适当地融入普通文化课内容的话,那么绝大多数有特殊学习/或行为需要的学生会更加积极主动去学习这些学业和功能技能,因为这些技能都是他们将来在社区生活工作所需要的起码技能,至少,这就是以生活为中心的生涯教育观。

以生活为中心的生涯教育模式,吸收了前面第二章论述过的衔接/生涯教育方法的基本原则。概括而言,这些基本原则是以更广阔的目光来看待生涯这个术语,看待生涯发展的四个阶段,看待有特殊学习/或行为需要的学生的家庭和社区机构的实质性参与,看待这些被认为特殊学生长大成人走向成功必不可少的生活技能。图3.1呈现了以生活为中心的生涯教育轻度/中度课程衔接模式。

以生活为中心的生涯教育是一种建立在生涯发展理念上的功能技能/衔接课程。图3.1表明了以生活为中心的生涯教育能力和生涯发展的四个阶段,是如何融入到以学业为基础的课程的范围和教学进程之中,而成为一个有机整体的。功能衔接模式推动融合理念的发展——也就是说,只要有可能,就在普通教育内容课堂中培养这些能力。正如图3.1所示,随着年级增高,对LCCE提出的功能技能(即,灰色区域部分)强调便有所增加,但是,与生涯意识和生涯探索相关的许多活动(如客座发言人、综合性生涯单元、野外考察和其他媒介的介绍)应该在小学和中学时期就开展。图表的下半部分说明,在整个课程计划的实施过程中,家长、雇主和相关机构参与教育工作者实施衔接教育的时间。不同团体的通力协作乃是LCCE方法的关键因素之一。

以生活为中心的生涯教育轻度/中度课程提出的功能技能认可了普通文化课知识技能的重要性,并将其视作学生教育的基石。同时,如前文所述,它也承认,为了促进有特殊学习和/或行为需要的学生在日常生活、个人—社会技能、职业指导与准备等方面的功能技能的发展,把这四个方面技能融入到从幼儿园到高中乃至中学后的整个课程(K-12+)中培养以及融入到大部分文化课内容之中的重要性。如图3.2所示:为有特殊学习行为需要的学生开设的LCCE轻度课程包括三大功能技能课程区、22项

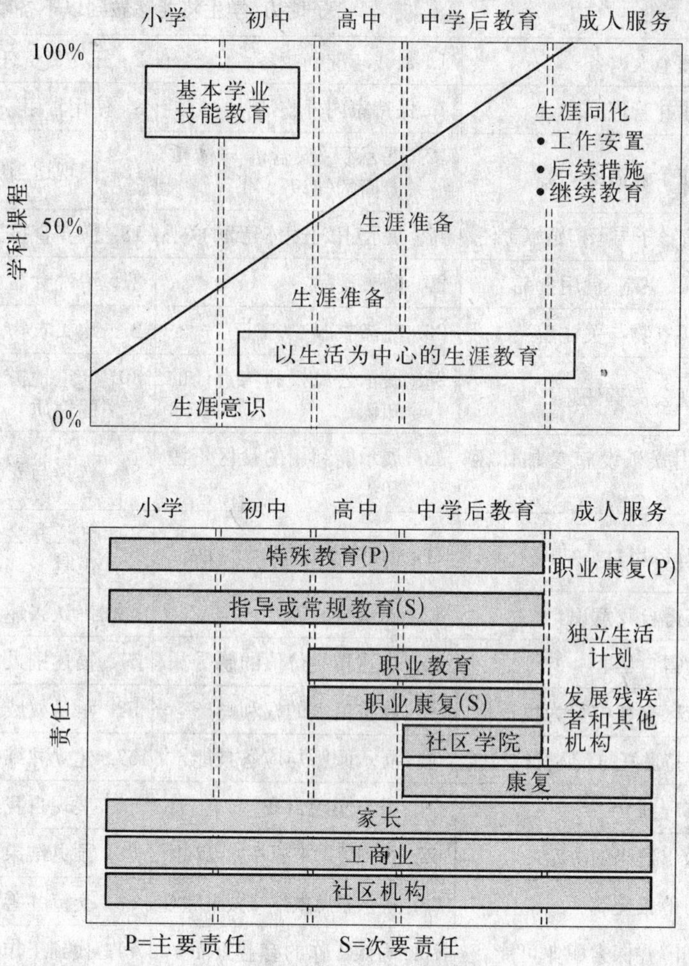

图 3.1　课程模式/LCCE 衔接模式

注：选自特殊儿童理事会编的《以生活为中心的生涯教育：专业发展行动书》(*Life Centered Career Education*：*Professional Development Activity Book*)，43 页，1993 年，弗吉尼亚阿灵顿(Arlington)：特殊儿童理事会。1993 年版权归特殊儿童理事会。转载已获得授权。

能力和 97 项子能力。图 3.3 列出了为有中度学习/行为需要的学生开设的 LCCE 中度课程，同样有 3 个功能技能课程区，而能力则为 20 项和子能力则为 75 项。

图 3.4 将 LCCE 轻度课程与 LCCE 中度课程的能力和子能力联系了起来。

前文提到，LCCE 轻度/中度课程方法包括 4 个主要组成部分：(1) 注重三大课程领域(即：日常生活技能、个人—社会技能、职业技能)，包括(a) 针对有轻度学习/行为需要学生的 22 项主要能力和 97 项子能力，(b) 针对有中度以上学习/行为需要学生

课程领域	能力	子能力(学生将能够做到以下各项)	
日常生活技能	1. 管理个人财务	1. 数钱与准确找零	2. 开支负责任
	2. 组建并管理家庭	7. 保持家内外整洁	8. 使用常用家庭器具和工具
	3. 关注个人需要	12. 展示保健、营养与体重方面的知识	13. 展现适当的打扮与卫生
	4. 养育孩子与承担婚姻责任	17. 展示对孩子身体健康的关心	18. 懂养育孩子的心理知识
	5. 购买、烹制、食用食品	20. 购买食品	21. 清洗食品
	6. 购买衣物与关注着装	26. 洗涤衣服	27. 购买衣物
	7. 表现公民责任感	29. 展示公民权利与责任的知识	30. 知道地方、州、联邦政府的性质
	8. 利用娱乐设施参加休闲活动	33. 展示能利用的社区资源知识	34. 选择与安排活动
	9. 在社区出行活动	38. 演示懂得交通法规与安全	39. 知道并会使用各种交通工具
个人社会技能	10. 获得自我意识	42. 确认身心需要	43. 确认兴趣与能力
	11. 获得自信心	46. 表达自我价值的感受	47. 描述别人对自己的感觉
	12. 社区交往中行为负责任	51. 尊重他人的权利财产	52. 承认权威并服从教导
	13. 保持良好的人际交往技能	56. 展示倾听与应答技能	57. 建立并维持亲密关系
	14. 实现独立	59. 努力实现自我	60. 展现自我组织能力
	15. 做出适当的决定	62. 找到援助来源并加以利用	63. 预见结果
	16. 与他人交流	67. 确认紧急事件并做出应对	68. 交流并善解人意
职业指导与准备	17. 了解并探索职业可能	70. 确认工作的有益方面	71. 找到工作与培训信息
	18. 挑选职业并合理安排	76. 做出现实的职业选择	77. 明确可得到的、合适自己的工作的要求
	19. 表现出适当的工作习惯和行为	81. 服从指挥并遵守规定	82. 认识到出勤与准时的重要性
	20. 求职、找到工作并保住工作	88. 求职	89. 申请一份工作
	21. 展示充分的身体操作技能	94. 体现毅力与耐力	95. 保持令人满意的平衡与协调
	22. 掌握特殊的职业技能		

图3.2 以生活为中心的生涯教育的能力表(轻度)

注：选自布罗林的《以生活为中心的生涯教育：一种能力为基础的教学方法》(*Life Centered Career Education: A Competency-based Approach*)，1993年第四版，12—13页，弗吉尼亚阿灵顿(Arlington)阿林顿：特殊儿童理事会出版。1993年版权经特殊儿童理事会。转载已获得授权。

3. 坚持基本的财务记录	4. 计算并交纳税款	5. 使用信用卡讲诚信	6. 利用银行的各项服务	
9. 选择适当的住房	10. 建立自己的家园	11. 维护住宅庭院		
14. 着装得体	15. 了解常见疾病及其预防和治疗	16. 做事注意人身安全		
19. 说明婚姻责任				
22. 储藏食物	23. 烹制饭菜	24. 示范得体的就餐习惯	25. 计划/平衡膳食	
28. 衣服熨烫、修补和存放				
31. 懂法并能够守法	32. 懂得公民的权利与责任			
35. 懂得娱乐的价值	36. 参加集体与个人活动	37. 安排度假时间		
40. 熟悉社区周围道路	41. 驾车			
44. 识别情感	45. 了解身体自我知识			
48. 接受赞扬,给予赞扬	49. 接受批评,给予批评	50. 培养自信心		
53. 公共场所举止得体	54. 了解重要的性格特征	55. 明确个人角色		
58. 交友和保持友谊				
61. 懂得个人行为怎样影响他人				
64. 能够抉择并加以评价	65. 认识到问题的本质	66. 培养追求目标的行为		
69. 了解交流的微妙之处				
72. 识别通过工作实现的个人价值观	73. 识别通过工作实现的社会价值观	74. 把工作分成不同的职业种类	75. 调查当地职业及培训机会	
78. 确认工作能力	79. 确认主要工作兴趣	80. 确认主要工作需求		
83. 认识到监督的重要性	84. 展示懂得职业安全知识	85. 同他人一起工作	86. 满足对工作质量的要求	87. 工作效率令人满意
90. 参加求职面试	91. 知道离校后如何保持职业适应能力	92. 懂得竞争标准方面的知识	93. 懂得如何适应工作变化	
96. 演示手工灵巧性	97. 展示出感官的辨别力			

图3.2(续图)

<table>
<tr><th>课程领域</th><th>能　力</th><th colspan="2">子能力(学生将能够做到以下各项)</th></tr>
<tr><td rowspan="8">日常生活技能</td><td>1. 理财</td><td>1. 数钱</td><td>2. 购物</td></tr>
<tr><td>2. 选择维护生活环境</td><td>7. 选择适当的社区生活环境</td><td>8. 维护生活环境</td></tr>
<tr><td>3. 关注个人健康</td><td>10. 展现适当的打扮与卫生</td><td>11. 着装得体</td></tr>
<tr><td>4. 培养并保持适当的亲密关系</td><td>16. 了解基本的性知识</td><td>17. 了解得体的约会行为</td></tr>
<tr><td>5. 在家或在外就餐</td><td>18. 准备营养均衡的饭菜</td><td>19. 购买食物</td></tr>
<tr><td>6. 洗涤与购买衣服</td><td>24. 洗涤衣服</td><td>25. 购买衣服</td></tr>
<tr><td>7. 参加休闲/娱乐活动</td><td>26. 确认社区可利用的休闲/娱乐活动</td><td>27. 选择休闲/娱乐活动并制订计划</td></tr>
<tr><td>8. 在社区走动</td><td>30. 遵守交通规则,采取安全措施</td><td>31. 找到并沿循进入社区路线</td></tr>
<tr><td rowspan="12">个人—社会技能、职业技能</td><td>9. 确认认识自我</td><td>33. 了解个人兴趣与能力知识</td><td>34. 示范对情感做出适当反应</td></tr>
<tr><td>10. 交往中展示负责任的行为</td><td>38. 表现出举止得体</td><td>39. 确认当前和未来的个人角色</td></tr>
<tr><td>11. 发展并保持良好社会关系</td><td>44. 建立友谊</td><td>45. 保持友谊</td></tr>
<tr><td>12. 展示独立的行为</td><td>46. 树立并实现个人目标</td><td>47. 展现自我组织能力</td></tr>
<tr><td>13. 做出明智的决定</td><td>51. 明确问题/冲突</td><td>52. 用适当的资源解决问题</td></tr>
<tr><td>14. 与他人交流</td><td>53. 展示倾听与应答技能</td><td>54. 建立并维持亲密关系</td></tr>
<tr><td>15. 寻求与确认职业培训和就业机会</td><td>56. 确认工作报酬方方面面</td><td>57. 定位职业培训和就业机会</td></tr>
<tr><td>16. 选择职业与岗位</td><td>58. 展示职业兴趣知识</td><td>59. 展示职业上的优势与劣势知识</td></tr>
<tr><td>17. 申请职业培训和岗位并坚持培训</td><td>63. 申请职业培训和岗位</td><td>63. 参加职业培训与岗位安排面试</td></tr>
<tr><td>18. 培养与保持适当的工作习惯和行为</td><td>66. 按照工作说明和要求行事</td><td>67. 保持高的出勤率并准时上下班</td></tr>
<tr><td>19. 使身体/手工技能与职业培训和工作相匹配</td><td>72. 职业培训与工作中表现出优秀的运动灵活性</td><td>73. 职业培训与工作中总体表现出运动灵活性</td></tr>
<tr><td>20. 培训选择与职业选择</td><td></td><td></td></tr>
</table>

图 3.3　以生活为中心的生涯教育(中度课程)(LCCE-M)

注:选自洛依德和布罗林的《以生活为中心的生涯教育:中度残障人员修订课程》(Life Centered Career Education: Modified Curriculum for Individuals with Moderate Disabilities),1997 年第四版,11—12 页,弗吉尼亚阿灵顿(Arlington)阿林顿:特殊儿童理事会出版。1997 年版权经特殊儿童理事会所有。转载已获得授权。

3. 保留基本的财务记录	4. 计算并交纳税款	5. 使用信用卡讲诚信	6. 利用银行的各项服务	
9. 选择适当的居所	10. 建立自己的家园	11. 维护住宅庭院		
14. 着装得体	15. 了解常见疾病及其预防和治疗	16. 做事注意人身安全		
19. 展现婚姻责任				
22. 储藏食物	23. 烹制饭菜	24. 示范得体的就餐习惯	25. 计划/平衡膳食	
28. 衣服熨烫、修补和存放				
31. 证明懂法并能够守法	32. 懂得公民的权利与责任的知识			
35. 懂得娱乐的价值	36. 参加集体与个人活动	37. 安排度假时间		
40. 熟悉社区周围道路	41. 驾车			
44. 识别情感	45. 了解身体自我知识			
48. 接受、给予赞扬	49. 接受、给予批评	50. 培养自信心		
53. 公共场所举止得体	54. 了解重要的性格特征	55. 明确个人角色		
58. 交友、保持友谊				
61. 懂得个人行为怎样影响他人				
64. 形成抉择加以评价	65. 认识到问题的本质	66. 培养追求目标的行为		
69. 了解交流的微妙之处				
72. 识别通过工作中实现的个人价值观	73. 识别通过工作中实现的社会价值观	74. 把工作归于不同的职业种类	75. 调查当地职业及培训机会	
78. 确认工作能力	79. 确认主要工作兴趣	80. 确认主要工作需求		
83. 认识到监督的重要性	84. 证明懂得职业安全知识	85. 同他人一起工作	86. 满足对工作质量的要求	87. 工作效率令人满意
90. 参加求职面试	91. 知道离校后如何保持工作适应能力	92. 说明懂得竞争标准知识	93. 懂得如何适应工作变化	
96. 演示手工灵巧性	97. 示范感官的辨别力			
这里没有列出具体子能力,因为具体子能力都依赖于所传授的技能。				

图 3.3(续表)

原以生活为中心的生涯教育(LCCE)课程
与修订后的课程(LCCE－M)能力对照表

原 LCCE	修订的 LCCE
	日常生活技能
1. 管理个人财务	**1. 管理钱物**
1. 数钱与准确找零	1. 数钱
2. 负责任支出	2. 购物
3. 坚持基本的财务记录	4. 作预算
4. 计算并纳税	
5. 使用信用卡讲诚信	
6. 利用银行各项服务	5. 展示利用银行业务的技能
2. 建立并维护家园	**2. 选择和维护生活环境**
7. 保持家内外整洁	7. 维护生活环境
8. 使用常用家庭器具和工具	8. 使用常用家庭器具和工具
9. 选择适当的住房	6. 选择适当的社区生活环境
10. 建立自己的家园	9. 建立个人生活空间
11. 维护住宅的庭院	
3. 关注个人需要	**3. 关心个人健康**
12. 展示保健、营养与体重方面的知识	12. 保持身体健康
13. 展现适当的打扮与卫生	10. 适当打扮讲卫生
14. 着装得体	11. 着装得体
15. 了解常见疾病及其预防和治疗	13. 识别病症并求助
16. 践行人身安全知识	15. 践行人身安全知识
4. 养育孩子与承担婚姻责任	**4. 培养并保持适当的亲密关系**
17. 展示对孩子身体健康的关心	
18. 懂养育孩子的心理知识	
19. 展示婚姻责任	16. 了解基本的性知识
5. 购买、烹制、食用食品	**5. 在家和在公司就餐**
20. 购买食品	19. 购买食物
21. 打扫食品准备区域	22. 展示餐后清理与食物储藏
22. 储藏食物	22.（同上）
23. 烹制三餐	21. 示范得体的就餐习惯
24. 示范得体的就餐习惯	18. 安排营养均衡的饭菜
25. 计划/平衡饮食	

图 3.4　原以生活为中心的生涯教育课程与中度课程能力的关系

注：选自《以生活为中心的生涯教育：中度障碍个人修订课程》，5—7 页，洛依德和布罗林著，1997 年出版，弗吉尼亚阿灵顿：特殊儿童理事会。1997 年版授归特殊儿童理事会所有。转载已获得许可。

续　图

6. 购买衣物与关注着装	**6. 洗涤和购买衣物**
26. 洗涤衣服	24. 洗涤与晾晒衣服
27. 购买衣物	25. 购买衣服
28. 衣服熨烫、修补和存放	
7. 表现公民的责任感	
29. 展示懂得公民的权利与责任	
30. 知道地方、州、联邦政府的性质	
31. 证明懂法并能够守法	
32. 展示懂得公民的权利与责任	42. 展示懂得公民的权利与责任
8. 利用娱乐设施进行休闲	**7. 参与休闲娱乐活动**
33. 展示能利用社区休闲/娱乐资源的知识	26. 确认社区可利用休闲/娱乐资源
34. 选择与安排活动	27. 选择休闲/娱乐活动并确定计划
35. 懂得娱乐的价值	
36. 参加集体与个人活动	28. 参加集体与个人休闲/娱乐活动
37. 安排度假时间	29. 选择参加集体旅游
9. 在社区旅行	**8. 在社区走动**
38. 演示懂得交通安全知识	30. 遵守交通规则和安全措施
39. 证明知道并会使用各种交通工具	32. 利用可用的交通工具
40. 熟悉社区周围道路	31. 找到并沿循进入社区路线
41. 驾驶轿车	
个人交际技能	
10. 获得自我意识	**9. 获得自我同一性认识**
42. 确认身心需要	
43. 确认兴趣与能力	33. 了解个人兴趣与能力方面知识
44. 识别情感	34. 展示对情感做出适当反应
45. 了解身体自我知识	
11. 获得自信	
46. 表达自我价值感受	35. 培养自信与自我价值
47. 描述别人对自我的感觉	
48. 接受/给予赞扬	36. 示范给予/接受表扬与批评
49. 接受/给予批评	
50. 培养自信心	35.（同上）

续 图

12. 交往中做到行为负责	**10. 交往中做到行为负责**
51. 尊重他人的权利与财产所有权	39. 表现出对他人的权利与财产所有权尊重
52 . 承认权威并服从教导	40. 表现出对权威的尊重
53. 公共场所举止得体	37. 表现出得体的举止
54. 了解重要的性格特征	
55. 明确个人角色	38. 确认当前与未来个人角色
13. 保持良好的人际交往技能	**11. 发展与保持适当的社会关系**
56. 展示倾听与应答技能	53. 展示倾听与应答技能
57. 建立并维持亲密关系	44. 培养友谊
58. 交友,保持友谊	45. 保持友谊
14. 实现独立	**12. 展示独立行为**
59. 努力实现自我	47. 展示自我组织能力
60. 展示自我组织能力	
61. 说明个人行为如何影响他人	
15. 做出适当的决定	**13. 做出明智的决定**
62. 找到援助来源并加以利用	50. 利用合适资源帮助解决问题
63. 预见结果	52. 展示决策能力
64. 形成抉择并加以评价	51. 选择提出最佳办法解决问题/冲突
65. 认识到问题的性质	49. 确认问题/冲突
66. 培养寻求目标的行为	46. 树立并实现个人目标
16. 与他人交流	**14. 与他人交流**
67. 确认紧急事件并做出应对	55. 紧急情况下的沟通与交流
68. 交流并善解人意	54. 展示成功的沟通能力
69. 了解交流的微妙之处	
职业指导与准备	
17. 了解探索职业潜力	**15. 寻求与确认职业培训和就业机会**
70. 确认工作报酬方面的情况	56. 确认工作报酬
71. 找到工作与培训信息的来源	57. 获得职业培训和就业机会
72. 识别通过工作实现的个人价值观	56.(同上)
73. 识别通过工作实现的社会价值观	56.(同上)
74. 把工作分成不同职业种类	
75. 调查当地职业及培训机会	

续　图

18. 挑选职业并合理安排	**16. 选择职业与岗位**
76. 做出现实的职业选择	61. 做出计划并决定实际的职业培训与岗位
77. 明确适当可获得的工作的要求	60. 确认与兴趣和优势相适应且可求的岗位
78. 确认工作能力	59. 展示职业上的优势与劣势方面知识
79. 确认主要工作兴趣	58. 展示职业兴趣知识
19. 表现出适当的工作习惯与行为	**18. 培养并保持适当的工作技能和行为**
80. 确认主要工作需求	66. 执行工作指导并达到要求
81. 服从指挥并遵守规定	67. 保持高出勤率并守时
82. 明确出勤与守时的重要性	68. 对监督回应得体
83. 认识到监督的重要性	69. 展示如何注意工作安全
84. 证明懂得职业安全	70. 与他人协同工作
85. 同他人一起工作	71. 数量和质量上符合工作标准
86. 满足对工作质量的要求	72. (同上)
87. 工作节奏令人满意	
20. 求职并保持稳固	**17. 申请职业培训和岗位并坚持培训**
88. 求职	
89. 申请一份工作	63. 申请职业培训和实习岗位
90. 参加求职面试	64. 参加职业培训和岗位安置面试
91. 懂得离校后如何保持工作适应能力	
92. 说明懂得竞争标准的知识	
93. 懂得如何适应工作变化	65. 对工作地位的变化做出调整
21. 展示充分的身体/动手技能	**19. 使身体/动手技能与职业培训和工作相匹配**
94. 表现毅力与耐力	75. 表现毅力与耐力
95. 演示平衡与协调	
96. 示范灵巧的手工	72. 职业培训与岗位上展现娴熟的动作技能
97. 证明感官的辨别力	74. 职业培训与岗位上证明感官的辨别力
22. 获得具体的职业技能	
这里没有列出具体的子能力,因为这些具体的子能力都依赖于所选择的具体职业培训。	

的 20 项主要能力和 75 项子能力;(2) 在家庭、学校、社区环境中提供指导;(3) 一个从幼儿园到高中教育之后(K－12＋)的课程领域和进程,包括生涯发展或学习的四个阶段;(4) 注重塑造学生成就人生的各种重要工作角色——雇员、家庭成员、公民或志愿者,以及对娱乐休闲时间的有效利用(如发展业余爱好)等。下面将逐一论述这 4 个部分。

第一部分 (a) LCCE 轻度课程模式中的能力

几百所学校的人事部门,认真审察了 LCCE 轻度课程所培养的 22 项能力和 97 项子能力,一致认为这些能力能够反映出在社区顺利工作和生活所必备的主要能力。LCCE 轻度/中度课程模式被看作是一条"成人调适/成功之路",因为它注重培养成就生涯必备的技术和能力(G. M. Clark & White, 1980)。下面将简要描述三大课程区和 LCCE 轻度课程模式的 22 项能力。

日常生活技能

这部分能力包括:(1) 管理个人财务;(2) 组建家园及管理家园;(3) 关注个人需要;(4) 养育孩子与承担婚姻责任;(5) 购买、烹制、食用食品;(6) 购买衣服与关注着装;(7) 表现公民责任感;(8) 利用娱乐设施、管理好休闲时间;(9) 在社区出行活动。这些能力和前面提到的职业角色、家庭角色和公民角色都有直接关系。但是有了这部分日常生活技能就可以有更多机会顺利踏上职业和生涯道路。有特殊学习和/或行为需要的学生,就必须掌握这些技能才能在当今这个日新月异的社会上生存。当前,教育工作者认为这些技能在家里或其他别的地方就可以顺便获得,因此并没有予以足够的重视。然而对于多数有特殊学习和/或行为需要的学生来说,情况通常并非如此。所以,学校和家庭必须有意识地提供这方面的指导。

掌握了日常生活技能,加上广泛的兴趣,在生涯的道路上就可能有更多的工作机会。如:职员、证券工作者、护理助手、保育员、食品杂货商、厨师、维修工、家政、叉车操作工、餐饮服务生、办公室管理人员、报业勤杂工、洗衣工、家具装潢人员、冲洗照片人员和理发师等等。

个人—社会技能

这部分能力包括:(10) 获得自我意识;(11) 获得自信;(12) 社区交往中做到行为负责;(13) 保持良好的人际交往技能;(14) 实现独立;(15) 做出适当的决定;(16) 与他人交流。这些个人—社会技能中,如果缺少任何一项,都会对个人在工作、家庭以及其他社区环境中造成重大危害,最终无法走向成功——不管个人在日常生活和职业技能方面是多么的有能力。可见,重视个人—社会能力、培养个人—社会能力和运用个人—社会能力,在当前和今后的成年工作生活环境中,是何等的至关重要。

个人在各项工作中要取得成功,个人社会能力尤为重要。这方面的技能包括:与人相处融洽、虚心接受监督、善于赞扬他人、能做出职业决策、举止得体、尊重他人权利、听从指挥、服从管理、诚实忠诚。

职业技能

这部分能力包括：(17) 了解并探索职业的可能性；(18) 挑选职业并合理安排；(19) 表现出适当的工作习惯和行为；(20) 求职、找到工作并保住工作；(21) 展示身体和操作技能；(22) 掌握特殊的职业技能。对于在某些中等教育课堂接受教育的有特殊学习行为需要的学生来说，职业技能往往跟生涯教育计划或衔接计划相关联，因此，职业技能应作为课程彰显的重点。然而，这些职业技能又归属于日常生活技能和个人-社交技能，因此，这三大课程区相互交织、密不可分。头两项 LCCE 轻度课程职业能力，即探索并找到职业培训和工作机会以及做出职业选择，应该在广阔的环境中进行培养。特殊教育工作者和普通特殊教育工作者也不该给有特殊学习和/或行为需要的学生施加压力，让他们做出不成熟的职业选择。学生一入学后，学校应当对所有这些能力加以重视，而中等教育时期则正适合强调提供培训并做出职业选择。

职业技能的培养始于小学，并依赖于强烈的生涯意识、生涯探索活动、体验、指导和评估。在接受不间断的教育过程中，有特殊学习和/或行为需要的学生不断取得进步，其间，就应当鼓励他们去探索并逐步明确自己的生涯道路，而中等教育则应集中注意力为过渡到后中等教育、培训或就业而做好准备。

第一部分 (b) LCCE 中度课程模式能力

供中度残障学生使用的 LCCE 中度课程共有 20 项能力能力和 75 项子能力。几百所学校的人员已经认真审察了这些能力，并一致赞同这些能力能够反映出在社区顺利工作和生活所要求的主要成果。LCCE 中度课程模式也被视作一条适当的“成人调适/成功之路”(adult adjustment/outcomes aprroach)，因为 LCCE 中度课程模式注重培养个人所需要的功能技能和各种能力，而这些能力都是有中度学习/行为需要的人要想顺利达到成年人的工作生活状态所具备的条件。下面将简要描述 LCCE 中度课程模式的三大课程区和 20 项能力。

日常生活技能

LCCE 中度课程能力日常生活技能方面的能力包括：(1) 理财；(2) 选择维护生活环境；(3) 关注个人健康；(4) 培养并保持适当的亲密关系；(5) 在家或在外就餐；(6) 洗涤与购买衣服；(7) 参加休闲/娱乐活动；(8) 在社区行走。这八项能力和前面提到的业余角色、家庭角色和公民角色都直接相关。但是，掌握了日常生活技能就有助于成功地获得许多职业和生涯道路机会。要想在当今这个发展迅猛的社会上生存，学生们就必须掌握这些技能。如果学生融入普通教育课堂背景之下，那么当前特殊教育工作者和普通教育工作者就不会对日常生活技能给予足够的重视，因为他们认为，这些能力可以在别的专门教育课中或者在家里不知不觉地就能获得。然而,对于有中度学习/行为需要的学生而言,情况通常并非如此。所以,学校和家庭成员就必须刻意努力去提供这方面的指导。

掌握了日常生活技能,加上广泛的兴趣,就有可能从事下面生涯道路的工作:职员、证券工作者、护理助手、保育员、食品杂货商、厨师、维修工、家政、叉车操作工、餐饮服务生、办公室管理人员、报业勤杂工、洗衣工、家具装潢人员、冲洗照片人员和理发师等等。

个人—社会技能

LCCE 中度课程个人—社会技能方面的能力包括:(9) 获得自我认同(self-identity);(10) 社会交往中展示负责任行为;(11) 发展并保持良好社会关系;(12) 展示独立行为;(13) 做出明智的决定(informed decisions);(14) 与他人交流。

缺少这些个人—社会技能中任何一项技能,都会对个人在工作、家庭以及其他社区环境中的成功造成致命危害——不管个人在日常生活技能和职业技能方面是多么突出。可见,重视个人—社会能力、培养个人—社会能力和运用个人—社会能力,在当前和今后的成年工作生活环境中,是至关重要的事。

个人在各项工作中要表现突出,个人—社会能力至关重要。个人—社会能力方面的技能包括:与人相处融洽,虚心接受批判,善于赞扬他人,做出职业选择,举止得体,尊重他人权利,听从指挥,服从管理,诚实忠诚。

职业技能

LCCE 中度课程职业技能方面的能力包括:(15) 寻求与确认职业培训和就业机会;(16) 选择职业与岗位;(17) 申请职业培训和岗位并坚持培训;(18) 培养与保持适当的工作习惯和行为;(19) 使身体技能与职业培训和工作相匹配;(20) 培训选择与职业选择。对于有中度特殊学习和/或行为需要的学生来说,在某些课堂之中,职业技能往往与生涯教育/职业衔接计划相关联,职业技能应作为课程彰显的重点。然而,这些职业技能又归属于日常生活技能和个人—社会技能,因此,这 3 大课程区又互相交织、密不可分。头两项 LCCE 中度课程职业能力,即探索并找到职业培训和工作机会以及做出职业选择,应该在广阔的环境中进行培养。特殊教育工作者和普通教育工作者也不该给中度有特殊学习和/或行为需要的学生施加压力,让他们做出不成熟的职业选择。学生一入学后,学校应当对这些能力加以重视,而中等教育时期正适合强调提供培训并做出职业选择。

培养职业技能始于小学,并取决于实质性的生涯意识、生涯探索活动、经历、指导和评估。在教育过程中,学生不断取得进步。渐渐地,就需要鼓励他们去选择职业并逐步缩小选择的范围。中等教育体验则应集中注意力为过渡到后中等教育、培训或从就业做好备。

这里介绍两种以能力为基础的方法,开发者的意图并非是让读者误以为基本学业内容教学的重要性不再那么重要或者说不需要那么强调。相反,学生需要加强对阅读、数学、社会学科以及科学等科目的学习。但是,让某个学生在一学年里达到一定的年级水平,或者掌握某项体能活动,这是传统的教学具体目标。这个例子中的具体目标(objective)就是培养22种或者20种重要的生活功能能力,所以各年级段的所有特殊教育工作者和普通教育工作者与每一位学生都有极为密切的关系,因为他们都关系到每一个学生的生涯发展,关系到每一个为顺利地过上成人生活和工作做准备。

第二部分　学校、家庭和社区关系

以培养能力为基础的课程涉及教师和顾问角色的转变,并要求家庭和社区机构(包括工商业行业在内)的更多参与。也应允许学生们发表个人意见,使他们有机会影响对自己个性化课程的方向。

学校人员

学校的所有人员应该承担起共同的责任,即对学生进行生涯/功能教育和能力培养。遗憾的是,几乎没有采取什么措施来保证这项工作得到有条不紊的实施,来开发有特殊学习和/或行为需要的学生的各种能力,以便让他们顺利地适应未来成年人的生活。许多普通教育工作者和特殊教育工作者希望保持自己传统的教育和知识传授模式;为此,他们重视自己年级的教学内容,巧妙处理自己的课堂教学环境(Moore & Gysbers,1972)。生涯/功能教育责任必须由所有当事人共同明确界定,并且共同承担。许多普通教育教师反对融合教育,因为他们觉得,如果这样的话,没有他们的影响,学生们照样也会被录取。必须向这些教师澄清的是:他们传授知识、信息特别是技能,这样,他们所有的学生成年后都能够成就自己的生涯,其角色不容忽视。学校行政部门必须积极倡导,并大力提供支持,为普通教育的教师补充教学资源,为即将面对学生的普通教育教师提供在职课程培训。

普通教育的教师角色十分重要。他们创造情景,使每个学生都能有所学,并被班级的其他同学认可,从而帮助所有学生培养自尊,发展能力。几乎每位普通教育教师都能够帮助学生从LCCE轻度/中度课程方法中获得至少一项功能能力。家政学、贸易、工业技术等科目的教师,在帮助学生获得日常生活技能、个人—社会技能、职业技能几方面,自始至终发挥着重要作用;同样地,顾问也不可或缺,他们在个人—社会和职业指导方面能够提供不可缺少的帮助。不同类型的学校工作人员,可以帮助学生在小学、初中和高中各个层次上,培养起不同的能力,表3.1中呈现相关一些例子。

表3.1 LCCE能力教学可能性主题领域

能力	小学	初中	高中
日常生活技能			
1. 管理个人财务	数学 语言 阅读	商务 数学	家政学 数学
2. 组建并管理家庭	语言 社会学科	家政学 职业教育	家政学
3. 关注个人需要	科学 健康	家政学 健康	家政学
4. 养育孩子与承担婚姻责任	健康	家政学	家政学
5. 购买、烹制食用食品	阅读 语言	家政学	家政学
6. 购买衣物与关注着装	阅读 语言	家政学	家政学
7. 表现公民责任感	社会学科	社会学科 音乐	社会学科 音乐
8. 利用娱乐设施休闲	健康 体育	体育 美术 音乐 顾问	音乐 体育 美术 顾问
9. 在社区出行活动	健康 科学	家政学	驾驶
个人—社会技能			
10. 获得自我意识	语言 社会学科	音乐 体育 顾问	美术 音乐 顾问
11. 获得自信心	健康 科学	美术 音乐 体育 家政学 顾问	体育 顾问 社会科学 美术 职业教育 音乐
12. 社区交往中行为负责	社会学科 语言	体育 顾问	社会学科 音乐
13. 保持良好的人际交往技能	语言 社会学科	顾问	音乐 顾问
14. 实现独立	社会学科 语言	顾问	顾问
15. 做出适当的决策	语言 社会学科	数学 顾问	科学 顾问
16. 与他人交流	语言 阅读	语言 美术 音乐 演讲 体育	语言 美术 演讲 音乐
职业技能			
17. 了解并探索职业可能	阅读 社会学科	职业教育 家政学 顾问	顾问
18. 选择职业并合理安排	语言 社会学科	商务 职业教育 家政学	顾问
19. 表现出适当的工作习惯与行为	科学 美术	职业教育 数学 家政学 艺术	美术 家政学 职业教育 音乐
20. 求职、找到工作并工作	语言社会学科	顾问	顾问

续表

能力	小学	初中	高中
21. 展示充分的身体和操作技能	美术 体育	职业教育 家政学	职业教育 家政学
22. 掌握专门的职业技能	社会学科 美术 音乐	职业教育 家政学	职业教育 家政学

在这个基于能力培养的生涯/功能教育课程方法中，特殊教育的教师扮演着与众不同的角色。特殊教育工作者对于其他学校工作人员、学生家长、社区机构以及众多行业来说，也就不仅仅是顾问/指导老师了，他们可以协调服务，将学校、社区、家庭在满足每个学生的生涯和成长需要的过程中所能做出的努力有机地整合起来。作为资源供给者，他们对于普通教育教师的作用将会越来越重要。因为普通教育教师会需要在职帮助，磋商教法和教材，需要帮助改进工作与开发材料，需要跟学生的基本学业知识、价值观念和态度相关的信息。特殊教育课堂，可能会使许多学生感到是最不受制约的环境，而他们在普通教育课堂中却总是得不到适当的全日制教育。特殊教育工作者应该密切关注每个学生的进步情况，并且和普通教育教师通力合作，共同为学生提供最适当的教育。特殊教育工作者还应该投入精力培训学校员工，使他们懂得如何保证在最大的全纳环境中，使自己的学生掌握至关重要的生涯/功能能力。

家庭

儿童的家庭在衔接/生涯发展中起着极其重要的作用。对于学校的教育来说，家庭可以给予各种富有成效的帮助，如给孩子提供各种亲身体验，有效地巩固孩子所取得的成绩、提供安全的心理环境、社区体验和参与社区活动；家庭可以引导孩子参与家庭事务决策，到住宅周围做具体工作；家庭可以提供良好氛围鼓励有意义的休闲娱乐以及其他衔接/生涯发展的各种机会。家庭必须与学校教职员工通力合作，井然有序地、坚持不懈地帮助学校，充分挖掘社区资源，作为志愿者或辅助者支援学校环境建设和功能发展，以及担任与生涯教育/衔接计划相关的顾问和行动委员会的委员。家庭成员还可以在多方面帮助学校，如公共关系、筹集资金、资源开发以及其他促进学校发展所需要的工作等。第四章探讨的就是家庭参与问题，并为推荐的这些做法提供更为详细的资讯。

社区参与

一大批的机构和组织都能够对学校教职员工和家庭提供帮助，帮助学生获得 LCCE 轻度课程中的 22 项生涯教育能力和 LCCE 中度课程中的 20 项功能生涯教育子能力。

这样的机构、组织和公民俱乐部有：基督教青年会(YMCA)、苏格兰仪式(Scottish Rite)、狮子俱乐部(Lion's Clubs)、基督教女青年会(YWCA)、红十字会、妇女选民联盟(League of Women Voters)、世界青年商会(Junior Chamber，又称 Jaycees)、基瓦尼斯俱乐部(Kiwanis Club)、扶轮社(Rotary Club)、商业理事会、计划生育父母组织(Planned Parenthood)、公园与休闲组织(Parks and Recreation)、公共卫生 (Public Health)、童子军、教堂、图书馆、女童子军和营火会(Campfire, Inc.)等等，这些机构、组织和公民俱乐部，都是可利用的资源，能够帮助学生获得功能日常生活技能和生涯教育体验。那些能够帮助学生获得个人—社会技能的团体，既包括前面提到的很多组织，也包括州就业服务机构、心理健康机构、咨询机构和大学组织等。培养职业技能可以利用大量的机构和组织，包括职业康复与州就业服务机构、社区行动计划、退伍军人管理处(Veterans Administraion)、康复研讨会，以及残障人就业州长委员会(the Governor's Committee on the Employment of People with Disabilties)等。同样，工业、商业、劳务提供大量的援助，给学生获得社区体验的机会。一些行业，如：银行、食品杂货店、百货商店、工厂、保险公司、修理店、加油站、借贷公司以及其他众多行业，都可以被有效地用来安排日常生活、个人—社会和职业学习活动。第五、六章将在这方面提供更为详细的信息和指导。

应该指出：对于生涯发展/衔接程序化来说，这 3 大课程在社区内的相互作用、相互影响不可以过分强调。有时，要建立它们之间的联系要花费大量的时间和精力。不过，成效却是显而易见的：学生的生涯/功能教育和发展都得到了更加充分的实现。

第三部分　生涯发展与学习阶段

生涯/功能教育包括若干不同的阶段。如图 3.5 所示。LCCE 轻度/中度课程模式包含 4 个生涯发展阶段：生涯意识(career awareness)、生涯探索(career exploration)、生涯准备(career preparation)和生涯同化(career assimilation)。由于残障严重的学生需要花更多的时间来培养这些必要的技能，才能成功地让自己的生涯发展/衔接课程有序进行以及成人工作生活运转正常。所以，对这些残障学生来说，这四个阶段开始的时间就更早，持续时间也更长。

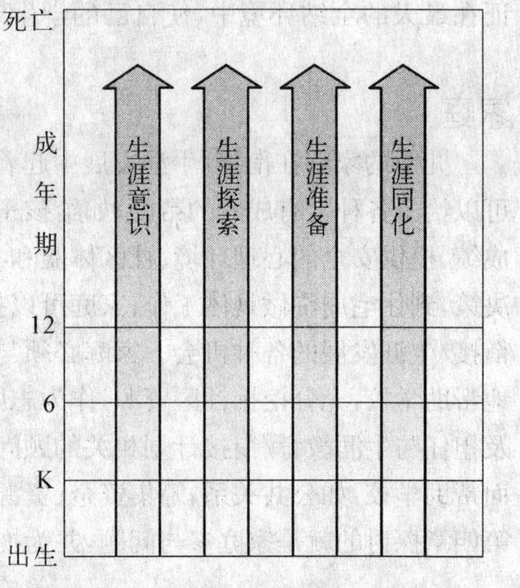

图 3.5　生涯发展的各个阶段

职业意识

在学龄前阶段和小学阶段，就应当强调生涯意识的培养。学习日常生活技能时，学生必须清楚如何适当地管理和使用钱物；如何管理家庭和保持家庭整洁；如何照顾好个人的需要；如何承担养育子女、居家过日子的责任；如何购买和烹制食物；以及如何挑选衣服和关心着装。此外，学生还将会学到如何承担公民责任、扮演公民角色；如何通过了解娱乐休闲活动来满足兴趣和需要；以及如何在社区里获得更多的活动机会。

个人—社会技能不仅有助于学生更深入地了解自己的情感、价值观和内在潜能，而且还有助于学生培养个人价值观念和自信心。此外，学生还可以培养有效的交际技能，如：阅读、写作和演讲。他们将更加清楚什么是社会欣赏的行为，并且学习如何得体地跟人交往。随着自信心的获得，学生就会逐渐形成并保持独立关系。最后，个人—社会技能将提高有特殊学习和/或行为需要的学生问题意识，知道如何提出问题、解决问题，个人—社会技能将教会他们独立思考，并做出适当的决定。

随着职业技能的获得，有特殊学习和/或行为需要的学生就开始逐渐养成积极的工作态度，他们会开始把自己视为将来的员工，进而去探索不同类型的工作及相关要求；随着他们明确出色工作所需要的工作习惯和行为后，他们就根据自身独特的需要、愿望以及身体操作技能，培养一种"工作个性"(work personality)。

态度、信息、愿望和自我了解是构成生涯意识的 4 大要素。态度是生涯教育/衔接结构的基础。有特殊学习和/或行为需要的孩子们必须懂得：人要有意识地努力为自己和别人创造利益，包括去工作。他们应该了解并能够清楚地说出人工作的多方面理由，如经济、心理和社会方面的理由。他们需要明白，工作是认识自我和满足需求的一个重要源泉。信息有助于学生了解谋生的各种途径，和人们怎样安排时间从事业余爱好、休闲以及其他社区生活追求。对有特殊学习和/或行为需要的学生来说，了解自我有助于他们更加清楚地认识自己和外部世界的关系，帮助他们明确自己最终的成人工作和生活角色，借此来促进他们的职业发展(Kostloe,1976)。

要将生涯意识融入学前或小学课程并非那么困难。从一定范围而言，大多数教师已经讨论到了各种不同的生涯，如警察、消防队员、邮递员、医生、护士、服务员、厨师长、家庭主妇等等。但是，生涯教育/衔接教育理念要求宗旨明确地探讨生涯，以便于那些有特殊学习和/或行为需要的学生能够清楚地了解自己的生涯倾向、兴趣和能力。正如其他所有教育形式一样，生涯教育/衔接计划也必须设置有序。这样，不管每个年级学什么，所学的内容都建立在获得 LCCE 轻度/中度课程能力基础之上，而且也以获得这些能力为最终目标，以便能够让学生顺利地从学校过渡到后中等教育培训，顺利走上生活和工作的岗位。

生涯探索

生涯探索始于小学阶段，但是在初中阶段应该予以高度重视，因为有特殊学习和/

或行为需要的学生在这一阶段已经开始更为认真地考察自己独特的能力、兴趣,以及与工作相关的需要,考察自己的业余爱好、休闲娱乐追求以及跟衔接/生涯发展和社区生活有关的其他成人角色。学校应当制订课程和设计有指导的体验活动,让学生来自行探索生涯角色的四个方面(雇员、家庭成员、公民和休闲娱乐活动的积极参与者),这一点非常重要。这一过程应该运用于个人的个性化需要、优势和兴趣相关的技能、经历以及背景知识。在生涯发展/衔接计划的探索阶段,社区资源的挖掘和利用至关重要。

日常生活技能培养应该鼓励有特殊学习和/或行为需要的学生探索各种方法去管理个人财务,选择家园和管理家务,照顾到各种个人需求、养育孩子和家庭生活方式,购买与准备营养食品,购买衣服与爱惜衣服,参与市民活动,参与休闲娱乐活动,尝试不同的社区交通方式。这些探索都应该个性化,即根据每个学生的态度、价值观念、兴趣和需求来决定,采用的途径可以是各种课程、现场体验、俱乐部与组织、家庭活动,还有社区参与,如,兼职、业余爱好、阅读、社交活动等。

个人社会技能探索,有助于有特殊学习和/或行为需要的学生开始严肃地思考"我是谁?"的问题,帮助他们在步入青少年的过程中,逐渐脱离在小学阶段曾经做过的儿童角色。衔接期的指导与咨询,有助于有特殊学习和/或行为需要的学生认清自己独特的能力、需求和兴趣。因为这些都跟职业发展/衔接计划有关。个人活动与小组协商活动,如角色扮演、同伴辅导(peer tutoring)、合作性学习、做示范、清楚表明自己的价值观念以及其他人际活动和内心活动等,这些都可以用来帮助有特殊学习和/或行为需要的学生更好地理解自己、理解别人。

职业技能准备,有助于有特殊学习和/或行为需要的学生认真考察多条生涯途径,在校内校外获得多种亲身体验。为了充分理解可能从事的不同职业的特点,他们应该直接观察和分析这些工作,在模拟环境中进行体验,参与工作影子活动(job shadowing),和雇主谈论工作问题。为了挑选并开始安排尝试性的职业选择,有特殊学习和/或行为需要的学生会需要衔接指导工作人员的帮助,这样,他们就可以得到对自己的职业才智、兴趣和需求的完整生涯/衔接评估。这个时候,职业选择一般说来,仅仅和具体领域相联系。因为,学生的兴趣和需求到了中等学校可能有所变化。应该鼓励有特殊学习和/或行为需要的学生进行各种工作体验,尝试完成模拟工作任务和各种社区工作。他们也应该开始分析并逐渐培养适当的工作习惯和行为、身体操作技能以及工作场所需要的其他能力。就业前的一些课程,如贸易、工业技术和家政学等,将会在初中阶段对学生大有益处。

生涯探索,是生涯意识和生涯准备的联系纽带。在生涯准备阶段,有特殊学习和/或行为需要的年轻学生开始认真思考自己独特的才智、兴趣与需求和怎样才能使这些需求顺利适应成人角色。应该合理安排有序的职业探索活动和职业体验,这样,等到有特殊学习和/或行为需要的学生即将进入高中的时候,就可以制订更高要求的个性化教育/衔接计划,提供更为密切相关的生涯发展/衔接准备计划。

生涯准备

生涯准备并非仅限于某一个教育阶段。像生涯发展/衔接计划的其他阶段一样,生涯准备从小学阶段早期开始,并贯穿个人的一生。但是,对大多数个体,特别是那些不再进行中等教育后续培训的人来说,高中阶段至关重要。在这一阶段,学生要达到三大课程区的必须的能力水平。这三大课程区就包括成年人在社区顺利工作生活所要求的能力,也就是 22 或 20 项终身生涯发展/衔接能力。所有的教育工作者、有特殊学习和/或行为需要的学生以及家庭成员,都应该时时关注并促进功能课程的发展,功能课程将会有助于有特殊学习和/或行为需要的学生熟练掌握日常生活技能包含的 9 种能力(其中有 8 种为 LCCE 中度课程能力)。一些课程,如家政学、数学、商务、卫生、驾驶教育、社会学科、贸易和工业技术、体育等,它们都有助于有特殊学习和/或行为需要的学生分别掌握这 9 种/8 种能力。

如果个人社会技能的发展情况在小学和初中阶段就令人满意,那么有特殊学习和/或行为需要的学生,就很愿意学习并实践那些在社区工作生活需要的个人社会技能。他们在学习这 7 种能力的过程中(其中有 6 种为 LCCE 中度课程能力),会遇到各种具体的困难。这就需要专业人员确认并制订一系列的程序帮助学生克服这些困难。为此可以通过特殊教育的教师/顾问相互磋商,为普通教育的教师提供消除困难的方法,或者改变课堂教学方式来适应有特殊学习和/或行为需求的学生的需要,或者采用个人和小组协商的方法加以解决。对于大多数有特殊学习和/或行为需要的学生来说,彼此协商、角色扮演、做示范、清楚表明价值观、相互辅导、合作性学习和其他一些技能都是行之有效的。专职教员应该把每个有特殊学习和/或行为需要的学生,看作是一个独立的、接近成人的个体,尊重他,倾听他的心声。他们的工作就是帮助这些学生认清自身特别的兴趣和才智,帮助他们找到一种有效的成年人生活方式。

发展职业技能,可以明确地引导有特殊学习和/或行为需要的学生做出尝试性的生涯选择。这些学生应该能够从众多的职业课程和在社区的工作经历中,挑选出适合自己的才智、兴趣和能力的职业,形成自己独特的工作个性。如果有特殊学习和/或行为需要的学生在小学和初中阶段就已经形成了工作习惯与行为、身体操作技能和工作价值观念及工作态度,他们就可以开始选择一个适当的职业领域,培养自己特定的职业技能。然而,如果有特殊学习和/或行为需要的学生是被迫地过早做出职业决定,那就毫无价值可言了。当然,也有些这样的学生可能会选择读大学或其他中等教育后续课程。在学习具体职业技能的过程中,有特殊学习和/或行为需要的学生,也获得了更加积极的自我概念,增强了对自己学习特定技能的自信心,还熟练掌握了其他个人—社会技能。职业指导顾问和特殊教育教师,负责指导有特殊学习和/或行为需要的学生去求职、找到工作并保住工作岗位。这种能力应当在整个中等教育课程中予以强调。

由于社区经历将会成为生涯准备的主要部分，因此，应鼓励有特殊学习和/或行为需要的学生去利用社区资源和社区服务。广泛的衔接评估和详细的职业评估也是很有必要的，这有助于检验有特殊学习和/或行为需要的学生做出的职业选择和培训需求有现实意义。最后，很多有特殊学习和/或行为需要的学生，可能会需要比正常情况下更多的时间来为成就事业做准备，那就应该在中等教育或后中等教育的大环境中得到补充。

生涯同化

根据有特殊学习和/或行为需要的学生为生涯发展/衔接计划的这一阶段所做的准备，生涯同化阶段可能出现在中等教育或后中等教育时期。工作体验或者工作影子课程，使有特殊学习和/或行为需要的学生有机会置身于实际工作环境中，就好像他们已经被录用成为正式雇员一样。依据有特殊学习和/或行为需要的学生的能力水平和需要，工作体验课程可以是全职或者兼职，时间可以持续一个多学期。

尽管生涯同化通常和工作安排有联系，但还是应该让有特殊学习和/或行为需要的学生有机会扮演一些无报酬的成人职业角色，如发展业余爱好、做家务、娱乐、履行公民义务等，这样他们就可以既能在这些方面又能在有酬工作上衡量自己的能力和需要。学校教职人员应该与家庭密切协作支持孩子参与这些活动，例如，让有特殊学习和/或行为需要的学生做具体的家务，包括管理财务、管理家务、照顾个人需要、作为家庭单位的一个成员生活、购买准备食物、购买衣服与爱惜衣服、参加市民活动、参加自己计划的休闲娱乐活动、在社区行走、发展与维持令人满意的社会关系等。生涯同化阶段之前，学校和家庭也许曾在重要的功能技能培养方面共同做过工作，但是现在，不管有没有家庭的帮助，有特殊学习和/或行为需要的学生都要积极地练习这些技能。

生涯同化阶段和前三个阶段一起，使有特殊学习和/或行为需要的学生每个人能够逐渐地形成个人生涯/衔接特点。在这一阶段，教育工作者要确认有特殊学习和/或行为需要的学生是否还需要提高关键的 LCCE 轻度/中度课程重要技能。这是生涯发展/衔接计划中最有现实意义的阶段，对许多有特殊学习和/或行为需要的学生来说，也许还要断断续续地延续几年。因此，社区资源与服务对于人生生涯发展和成功至关重要，因此，也应该包括在生涯同化这一最后阶段之内。大多数有特殊学习和/或行为需要的学生将终身需要重要的学习支持，必须制订有关规则，解决这些需要。因此，跟踪服务与支持性服务是生涯同化的一个重要方面，必须包括在有特殊学习和/或行为需要的学生衔接计划和将来的活动之中。

第四部分　生涯角色

LCCE轻度/中度课程设置的另一个独特之处是：它不仅注重未来的职业，而且还注重许多没有报酬的又是成人生活必要的工作角色：(1) 很多工作涉及居家生活、婚姻，也许还有养家糊口以及在社区独立生活；(2) 做个好公民、好邻居，参与志愿者工作、投票、帮助朋友和邻居诸如此类的公民活动；(3) 参加业余活动，如发展个人爱好、度假、游戏，参加观赏性体育运动(spectator sports)以及其他有益于自身和他人的休闲活动。

生涯教育/衔接的理念认为人的一生要有不同的生涯角色。上学时孩子的生涯角色就是作为学生搞好学业。同时，他们还需要学会适当的行为举止和技能以便正常生活，如家庭成员、公民以及在适当的娱乐休闲活动中的参与人员。

图3.6是个三维模型图，解释了LCCE方案的前3个组成部分之间的相互关系：(1) 能力；(2) 学校、家庭、社区体验；(3) 生涯发展的阶段。尽管这个模型并不意味着纯粹的数学意义，但是这个模型表明了在学校、家庭、社区中，存在一种或更多的资源可以利用，在生涯发展/衔接计划的每个阶段，可以用来培养任何一项能力。例如，LCCE轻度课程中的第一项能力(即，管理个人财务)，应该在小学、初中和高中的数学课堂里予以培养。而此前，小学教师就该让有特殊学习和/或行为需要的学生充分意识到这项技能的重要性，意识到如何获得这项技能，意识到在学习它的过程中涉及的

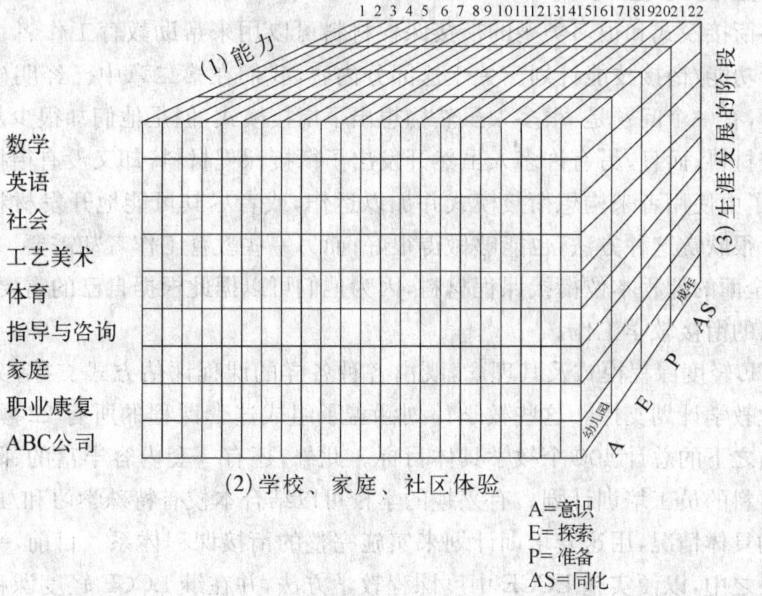

图3.6　将生涯教育融入课程的以能力为基础模式

问题，还要意识到它的实际用途(如承担家庭责任、工作机会等)。有了这样的背景，有特殊学习和/或行为需要的学生就更加明确了这项能力在实际生活中的重要性，因而也就更乐于学习各项必要的技能了。有特殊学习和/或行为需要的学生从辨认钱币和正确换钱起步学习技能。随着他们在小学高年级或初中掌握了基本的技能，就该给他们提供在校内外探索体验的机会。这样他们就会观察到别人是如何合理地开支，如何获得并使用银行的信用设备等等。在初中阶段后期和中等教育的早期，有特殊学习和/或行为需要的学生应结合在社区和家庭的更深入的互相补充的体验，把他们在这一能力区(即生涯准备)所掌握的技能应用到实际生活当中。最后，在生涯同化阶段，有特殊学习和/或行为需要的学生就有机会独立地展示自己管理个人财务的能力，还会把这种能力运用于家庭生活，也许还会有兴趣去获得需要这项技能的工作，去计划和参与社区娱乐休闲活动。

至此，本节已经讨论了四个部分的内容(即 22 和 20 项能力的三大课程区；三种教学环境；生涯发展的四个阶段和四种主要的生涯/工作角色)，这四个部分是 LCCE 轻度和中度课程方法的核心。除了概念理论性的框架之外，在为 LCCE 轻度课程工作的几百名教师和教育顾问的共同协助下，已经开发出一系列以课程为基础的评估和教学材料，而且，与 LCCE 中度课程相配套材料也正在开发之中。这些都将在接下来的部分进行叙述，同时附有近来开发的员工发展培训材料，以供使用。

LCCE 轻度课程材料

很多衔接模式和很多类型的衔接课程材料可以用来帮助教育工作者在自己的学校里推行功能/衔接技能计划。关于这部分内容，我们在第二章中已经明确并做了描述。然而，有一个问题是，很多人虽然构想出了衔接模式，但是他们却很少甚至拿不出衔接课程材料；而且，另有许多人虽然开发出了衔接课程材料，却又没有衔接模式。于是，就到了由使用者来构想衔接模式并加以运作，或者尽其可能地开发材料。有些教育工作者很欣赏这种方法，也能够做得很好；而另一些教育工作者却需要一套现成的、合理的、全面的课程本位衔接课程材料，因为他们可以据此根据自己的需要加以改进、拓展自己的衔接教学工作。

LCCE 轻度课程模式及其理念，既由各种各样的课程评估方式支撑，又由一组全面的课堂教学计划支撑。这些教学计划涵盖了组成这套课程的所有 22 项能力和 97 项子能力之下的总计 400 个教学具体目标。此外，还有一套内容丰富的、附有录像带和其他材料的员工培训计划。有兴趣的学校可以结合本校有特殊学习和/或行为需要的学生的具体情况，用这套培训计划来实施完整的衔接课程体系。目前，平行材料也正在开发之中，以便实施 LCCE 中度课程教学方法，并在继 LCCE 轻度课程体系之后进行讨论。我们下面将简要描述每种 LCCE 轻度课程和培训材料，以及 LCCE 中度课程的当下和未来的材料。

LCCE 轻度课程基础指南

LCCE 轻度课程基础指南(The LCCE Mild Curriculum Guide)——《以生活为中心的生涯教育：一种能力为基础的教学方法》(*Life Centered Career Education: A Competency-based Approach*)(Brolin,1978,1983b,1989,1993a,1997,2003),为全面系统地把 LCCE 的 97 项子能力融入到普通教育课的学业内容之中,提供了框架。LCCE 轻度基础课程指南提出了生涯教育/衔接理念和 LCCE 轻度课程模式的背景,继而列出了 97 项子能力的教学单元,并附有教学具体目标、建议活动,以及成人/同伴作为支援性帮助的指导角色。教师可以根据指南中提供的指导原则编写自己具体教学计划。

该指南还包括涵盖 97 项子能力中每一项能力的《能力测试量表》(*The Competency Rating Scale*,CRS)和一个附有衔接构成部分的建议性个性化教育计划(IEP)表(Brolin,1993a)。许多指南的使用者认为这个《能力测试量表》是件很有价值的检查工具,利用它可以从侧面反映出教师、家庭、机构组织以及有特殊学习和/或行为需要的学生他们所达到的能力情况。另外,这个《能力测试量表》还可用作评估手段之一,衡量那些不能参加州际评估体系或最低能力测试(the minimum competency testing)的有特殊学习和/或行为需要的学生。

LCCE 轻度课程知识系列评估

《LCCE 知识评价系列》(*The LCCE Knowledge Battery*, KB)(Brolin,1972a)主要是一种检查手段。这种手段评估的是 7—12 年级有特殊学习和/或行为需要的学生的生涯教育/衔接技能知识,当然也可用于年龄更小的接受普通教育的危险学生。《LCCE 知识评价系列表》包括两种表,每一种都由 200 道多项选择题组成,覆盖了 LCCE 轻度课程的头 20 项能力。最后两项能力(即能力 21：展示充分的身体操作技能;能力 22：掌握特殊的职业技能)不用于评估衔接技能知识概念。A 表和 B 表包含了 LCCE 知识评价系列的总计 400 个问题提出的 400 个具体目标。同时,这种标准化的评估手段同时还配有广泛而翔实的管理手册。提出的问题也都跟 LCCE 轻度课程中的能力、子能力和具体目标相匹配。

LCCE 轻度课程能力评估系列测试

《LCCE 能力评价系列》(*The LCCE Performamce Battery*, PB)(Brolin,1972a)涵盖了所有能力区域,除了第二十二项能力(即掌握具体的职业技能),因为这项能力适合于有特殊学习和/或行为需要的学生选定的职业培训范围相关的职业测试。每项能力测试包括 5 个问题,每个问题要求学生展示一个子能力区的实际应用情况,也可以书面或口头形式回答能够反映这种能力的问题。每一 LCCE 轻度课程能力评价表都为测试员提供和评估使用的特定材料有关的信息，还有工作表、成绩单、方法步骤以及明确的测试管理指导方针。

LCCE 自我决策量表

《LCCE 自我决策量表》(*The LCCE Self-Determination Scale*，简称 SDS)(正在酝酿之中)是新近开发的衡量标准，该表基于自我抉择理念对有特殊学习和/或行为需要的学生进行评估。基于一项联邦调查工程的基础之上，Arc 的工作人员开发出了这个有 40 项自我汇报内容的评估手段。这项研究报告确认有 4 项 LCCE 能力和 17 项子能力最接近自我抉择理念。这 40 项内容是当时设计的，并经过了实地测试，最终被认定为一种既有信度又有效度的标准。

LCCE 轻度课程能力/教学单元

这套指导手册包括 1,000 多篇课堂教学计划(lesson plan)，涵盖的教学具体目标涉及 LCCE 轻度课程中的日常生活技能、个人—社会技能以及职业指导与准备技能等几大部分。这些课堂教学计划已经开发出来，并且得到学校员工及其有特殊学习和/或行为需要的学生的广泛支持，在全国范围内进行了实地测试。日常生活技能部分包括有 472 个课堂教学计划，个人—社会技能部分有 370 个，职业部分有 286 个。

LCCE 轻度课程的课堂教学计划针对 400 个教学具体目标的每一个目标逐一进行了探讨，而这些教学具体目标则构成了 LCCE 轻度课程指南中的 97 项子能力。编写这些课堂教学计划的目的，旨在解决 LCCE 轻度课程教学方法中探讨生涯教育发展阶段的三个层面(即生涯意识、生涯探索和生涯准备)；为了在 3 个主要教学环境中(即家庭、学校和社区)提供指导；为了让有特殊学习和/或行为需要的学生扮演好 4 个重要的生涯角色(即：家庭成员、公民/志愿者、雇员和娱乐休闲活动的探求者)，这些角色的活动都是他们将来作为富有成效的成年人要参与的活动。因此，这些课堂教学计划就涵盖了 LCCE 轻度课程指南中全部的 400 教学具体目标(Brolin, 1997)。使用者可以对其进行修改，补充资源，或者干脆结合评估方法使用，为综合性的生涯教育/衔接计划提供一个范围和序列——从小学到中等教育再进入到后中等教育时期。

本书第十一章到十三章将详细介绍 LCCE 课程教学单元及其课堂教学计划。

LCCE 轻度课程员工培训材料

大量的员工培训材料已经开发出来，这样学区就可以培训自己的教员来实施 LCCE 课程体系了。培训课程包括 3 大部分：培训员指南、一套录像带和一本关于参

个人—社会技能发展应从早期教育开始

与者活动的书。

《LCCE课程培训员手册》(*The LCCE Trainer's Manual*，Loyd & Brolin，2003)将逐步深入地指导全体员工的开发者组织并实施长达30.5小时的在职培训工作。《LCCE课程培训员手册》包括分发给学员的原版印刷本、幻灯片和供培训员使用的配套文本，还有一段时长为13分钟的录像，回顾并讨论了LCCE轻度/中度课程教学路子。这段录像还可供行政管理人员、学校董事会、学生家长以及社区团体观看。《LCCE课程培训员手册》还包括了关于LCCE的实施、可持续性及其评价的指导方针。

LCCE员工发展一揽子计划的第二部分是培训员在培训过程中插入使用的10盒录像带(Brolin，1993c)。这些录像带涉及的话题有：求变与守法、LCCE轻度课程、评价功能技能、日常生活技能教学、个人—社会技能教学、职业技能教学、教学材料的利用、工商业和家长的参与、跨机构合作、课程修订与改变，以及个性化衔接计划与实施等。

LCCE一揽子培训计划的第三部分是一本厚为458页的《以生活为中心的生涯教育：职业发展活动手册》(*Life-Centered Career Education: Professional Development Activity Book*)(特殊儿童理事会，1992)，这本手册是为所有学员编写的，供其结合课程指南使用。这本书可分成10个培训期(traing session)，对应于前面提到的10本录像带进行学习，这本书还包括一系列的教学活动表、资源材料、录像中出现的所有幻灯片的副本以及为了促进培训工作而布置的作业。

LCCE一揽子培训课程可以完整地采用也可以只使用其中一部分，这将依据时间限定以及学区的需要而定。如果学区愿意请学区之外的顾问来进行培训，特殊儿童理事会就会提供LCCE轻度课程培训员，这些培训员自己便能实施该课程。

LCCE 中度课程相关材料

在有中度学习/行为需要的学生的学校里，几乎没有什么衔接模式和衔接课程材料可以用来帮助教育工作者推行功能/衔接技能计划。其中一个问题是，几乎没有构想出来什么适用于有中度学习/行为需要的学生的衔接模式。还有一个问题是，对于中度学习/行为需要的学生来说，很少甚至根本没有开发出相应的衔接课程材料。这样一来，想构建出一种衔接模式并运作，并尽可能地开发衔接材料，便一直取决于使用者了。有些教育工作者很喜欢这种方法，也能够做得不错；而另一些却想要一系列现成的、全面的、社区本位衔接课程材料，据此，他们可以根据自己的时间与需要去修正、拓展自己的衔接课程教学工作。

如今，LCCE 中度课程模式及其理念正在开发并在不久的将来完成，它们既支撑各种各样课程本位评估方式，又支撑一套全面的课堂教学计划。将要编写的这些课堂教学计划会涵盖组成这套课程的 20 项能力和 75 项子能力之下的总计 200 个教学具体目标。此外，还有一项内容丰富、配有录像带和其他材料的员工培训计划，不久就可以用它来实施完整的衔接课程体系，以满足有兴趣的学区结合自己学区中有中度学习/行为需要的学生的具体需求。下面我们将简要描述一下现有的和正在开发的每项 LCCE 中度课程材料及培训材料。

LCCE 中度课程基础指南

《LCCE 中度课程指南》(*The LCCE Moderate Curriculum Guide*)——《以生活为中心的生涯教育：为中度障碍者的修订课程》(*Life-Centered Career Education: Modified Curriculum for Individuals with Moderate Disabilities*)(Loyd & Brolin, 1997)，为全面系统地把 LCCE 的 75 项子能力融入普通教育课堂、资源教室，和/或者社区本位计划之中的功能学业领域，提供了一个框架。指南先提出了生涯教育/衔接理念和 LCCE 中度课程模式的背景，继而列出了一套 75 项子能力的教学单元，并附有教学具体目标、建议性活动以及和以社区为基础的活动。教师可以根据手册所提供的指导方针，编写自己具体的课堂教学计划。

该指南还包括涵盖 75 项子中能力每一项的《能力评价量表》(CRS)，和一个附有衔接构成部分的建议性个性化教育计划(IEP)表格(Loyd & Brolin, 1997)。许多指南的使用者认为，这个《能力评价量表》是件很有价值的甄别工具，利用它可以从侧面反映出教师、家庭、有特殊学习和/或行为需要的学生以及机构所达到的能力情况。另外，这个《能力评价量表》还可替代评估手段，衡量那些不能参加州级评估体系和最低能力测试的有特殊学习和/或行为需要的学生。

LCCE－M(中度)图片知识系列评价表

《LCCE－M(中度)图片知识系列评价表》(PKB)(Loyd & Brolin，正在酝酿之中)是一种非阅读性的检查手段,该表评估的是任何年龄的有中度学习/行为需要的学生的生涯教育/衔接技能知识,当然也可用于年龄更小的处于危险之中或者有特殊学习和/或行为需要的学生。《LCCE－M(中度)图片知识系列评价表》包括两份表,每一份表都由 150 道多项选择题组成,这 150 道多项选择题覆盖了 LCCE 中度课程的头 18 项主要能力。最后两项主要能力(即能力 19：使身体/手工技能与职业培训和工作相匹配;能力 20：培训选择与职业选择)不用于衔接技能知识概念评估。这两份表包含了《LCCE－M(中度)图片知识系列评价表》中总计 300 个问题提出的 200 个具体目标。同时,这种标准化的评估手段还配有广泛而详实的管理指南。所提出的问题也都跟 LCCE 中度课程中的主要能力、子能力和目标相匹配。

LCCE 中度课程能力表现评估测试系列

《LCCE 中度课程能力表现评估测试系列》(the LCCE Moderate Performance Assessment Batteries,Loyd & Brolin，正在制订之中)涵盖了所有的能力区域,除了第 20 项主要能力(即培训选择与职业选择),因为这项能力适合于和有中度学习/行为需要的学生所选定的职业培训范围有关的职业测试。每项非阅读性的 LCCE 中度课程能力表现测试评估都包括 5 个问题,这 5 个问题要求学生展示或表演一个相关的子能力区的实际应用情况,也可以口头形式回答能够反映这种能力的问题。《LCCE 中度课程能力表现评估测试系列》都为测试员提供与评估中使用的特定材料有关的信息,还有工作表、成绩单、方法步骤以及明确的测试管理指导方针。

LCCE 中度课程能力/教学单元

一套指导手册包括 500 多个 LCCE 中度课程的课堂教学计划(Loyd & Brolin，正在制订之中),涵盖的教学具体目标涉及 LCCE 中度课程中的日常生活技能、个人—社会技能以及职业指导与准备技能等几大领域。这些课堂教学计划将会开发出来,并且由广大学校员工及有特殊学习和/或行为需要的学生的鼎力支持,在全国范围内进行了实地测试。其中日常生活技能领域的课堂教学计划有 200 个,个人—社会技能领域的课堂教学计划有 125 个,职业领域的课堂教学计划有 286 个。

LCCE 中度课程的课堂教学计划将针对 200 个教学具体目标。这些教学目标构成了 LCCE 中度课程指南中的 75 项子能力。这些课堂教学计划,就像那些为 LCCE 轻度课程编写的一样,旨在解决 LCCE 轻度课程教学过程中生涯教育发展阶段的三个层面(即生涯意识、生涯探索和生涯准备);为 3 个主要培养环境(即家庭、学校和社区)

提供指导;为了让有特殊学习和/或行为需要的学生扮演好 4 个主要的生涯角色(即家庭成员、公民/志愿者、雇员和娱乐休闲活动的探求者),这些角色的活动都是他们将来作为创造价值的成年人要参与的活动。这样,这些课堂教学计划就涵盖了基本的 LCCE 中度课程指南中全部的 200 个教学具体目标(Loyd & Brolin,1997)。希望使用者对其进行修订,补充资源并结合正在准备过程中的评估方式一起使用,为综合性的生涯教育/衔接计划提供一个范围和次序——从小学到中等教育再进入到后中等教育时期。

LCCE 中度课程培训材料

以后将开发出大量的员工培训材料,这样各学区就可以培训自己的教员来实施 LCCE 中度课程体系了。培训课程会包括三大部分:培训员指南、一套录像带和一本参与者活动书。

《LCCE 课程培训员指南》[洛依德和布罗林(Loyd & Brolin),正在开发之中]将逐步深入地指导全体员工开发者组织并实施长达 30.5 小时的在职培训。它包括分发给学员的原版印刷本、幻灯片和供培训员使用的配套文本(support text),还会有一盒录像带,回顾并讨论了 LCCE 中度课程的教学方法。这段录像还可供行政管理人员、学校董事会、学生家长以及社区团体观看。对 LCCE 的实施、可持续性和评价的指导方针也都包括在该指南当中。

LCCE 中度培训课程一揽子计划的第二部分是培训员在培训过程中将插入使用一套录像带(Loyd & Brolin,正在开发之中)。这些录像带涉及的话题会有:LCCE 中度课程教学方法概观、评价功能技能、日常生活技能教学、个人—社会技能教学、职业技能教学、教学材料的利用、工商业和家长的参与、跨机构合作、课程修订与修改以及个性化衔接计划与实施等。

LCCE 中度培训课程一揽子计划可以完整地采用也可以使用其中的一部分,这将依据时间限定和学区的需要而定。如果学区愿意请学区外的顾问来进行培训,特殊儿童理事会可提供 LCCE 轻度/中度课程的培训员,这些培训员自己便能实施该课程。

采用 LCCE 轻度/中度课程的逻辑依据

LCCE 轻度/中度课程给教育工作者组织有效的功能课程提供了一个全面的框架,这个课程将有助于有特殊学习和/或行为需要的学生打好基础,有助于成为他们社区或劳动市场能创造价值的成年人。这个课程根据第二章提出的许多业已证实的衔接教育/生涯教育理念作为基础,开发出来之后,已经在全国各地大量的学区实地试验过。

有特殊学习/行为需要的学生,必须从学前阶段和小学起步,逐渐培养一种"工作个性"(work personality)。

LCCE 轻度/中度课程模式促进衔接计划设计的发展,这种衔接计划始于学前阶段，最迟从小学教育开始，针对工作个性和成人在社区顺利工作生活必备的重要的生涯/生活技能的培养，有目的地、系统地开展教学活动(Brolin，1993a)。所谓的“工作个性”指的是个人的一套工作习惯、工作行为、工作价值观、工作动机和积极的职业道德，即一个人实现成功就业必要的一切积极的品性。图 3.7 说明了一种工作个性。

工 作 个 性

个人具有各种独特的能力和需求，这种能力和需求一出生便已形成并且在个人独特的一套反应潜能与外界环境中的强化因素之间相互作用过程中不断发展。

经历建立并培养一个人生涯成熟化所必需的能力、需求、态度和行为。

- 工作习惯
- 工作道德
- 工作态度
- 工作兴趣
- 工作动机
- 自信心

图 3.7　工作个性

北达科他州、南卡罗林那州、阿拉巴马州、佛罗里达州以及其他州的教育部都倡导教育工作者在本州内推行 LCCE 轻度课程。1990 年，这些州中的一本指南详细解释了怎样在全州所有学区实施该课程。图 3.8 列出了在他们看来是 LCCE 轻度课程的一些重要特色以及采用这种衔接方法的令人信服的理由。

LCCE 课程完全符合核心课程理念……因而它被推荐为地方课程评论和开发的指南。

这 22 项能力可以作为一个基本框架，通过把适当的技能和学业实际学科应用到日常现实生活情境之中，将以生活为中心的技能融合到课程的各个方面。

每门学科领域都是一种传授生活技能的手段，LCCE 是将课程内容与现实社会紧密联系在一起的一种途径。

与其他课程所不同的是，以生活为中心的能力适用于所有的学生。

最少限制环境理念和以生活为中心的能力理念密切相关。

必须尽可能在没有残障同伴且有其他社会人员的自然条件下多练习这些技能。

关注 LCCE 的 22 项能力比其他任何评估信息都更有助于 IEP 团队。

在培养 LCCE 能力过程中，学生目前功能水平是制订各个目的和目标的基础，而这些目的和目标将引导学生更加成功地掌握生活技能。

核心课程领域应该成为每一个性化教育计划(IEP)评论的最突出的部分……在重新确立优先考虑领域过程中，这 22 项能力也许可以起到一个参考框架的作用。

图 3.8　摘自北达科他州教学部指南

注：选自《北达科地特殊教育指南 2：轻中度智障学生教育课程》(Special Education in North Dakota: Guide II: Educational Programming for Students with Mild to Moderate Mental Retadation)，1990 年，北达科他州俾斯麦市(Bismarck)：北达科他州公立教学部。1990 年版权归北达科他州公立教学部所有。转载已获得许可。

哈尔彭、本斯和林得斯道姆(Halpern, Benz & Lindstorm, 1991)认为,运作潜能开发的课程模式需要四个条件,这种模式必须:(1)由一套课程标准来指导;(2)通过一系列卓有成效的程序来实施;(3)有培训和材料资源来支撑;(4)由简明有效的材料来证明。

LCCE 轻度/中度课程就是满足上述条件的模式。图 3.9 说明这四个条件的每一项在该课程中得到强调。下面我们就每一个条件进行简要解释。

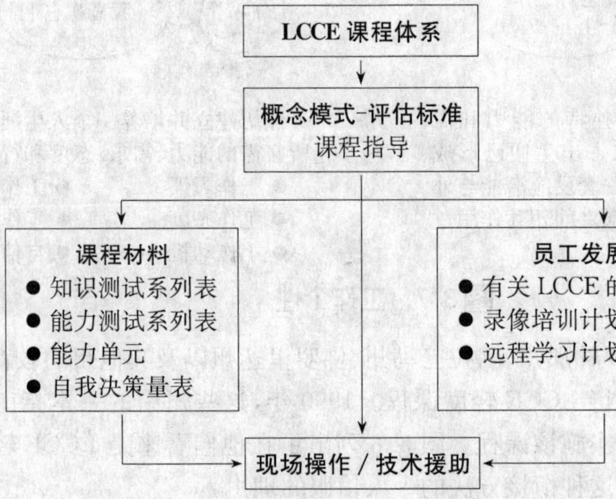

图 3.9 LCCE 课程体系

注:摘自美国布罗林的《以生活为中心的生涯教育:培训员指南》(*Life-Centered Career Education: Trainer's Manual*),1993 年阿林顿第三版第 4 页,弗吉尼亚阿灵顿(Arlington)出版社出版:特殊儿童理事会。1993 年版权特殊儿童理事会所有。转载已获得授权。

● 一套课程标准(set of curriculum standards)。LCCE 轻度课程指南-《以生活为中心的生涯教育:能力本位教学方法》(Brolin,1978,1983b,1989,1993a),提供了概念模式和一套相应的课程标准。

● 简明有效的材料(concise and effective materials)。已经开发出大量的课程本位评估手段和 1,000 多个课堂教学计划,并经过了实地试验,涵盖了 LCCE 轻度课程指南中的所有 400 个教学具体目标。

● 专业人员/职员发展方法(professional/staff development methods)。LCCE 的工作人员开发出了一套与《培训员手册》(Loyd & Brolin,2003)和《学员活动手册》(Loyd & Brolin,2003)配套的职员发展培训课程录像资料,供各学区培养自己的教职人员。另外,特殊儿童理事会的职业发展部(Professional Development Section)还在需要在职培训的社区和校区举办 LCCE 轻度/中度课程培训实施区域性大会。

● 一系列卓有成效的实施程序(set of efficient and effective implementation procedures)。课程的实施程序已经开发出来并经过了实地试验,这在《培训员手册》(Loyd & Brolin,2003)和其他职员发展材料中都进行了详细的概述。前面提到的材料和培训课程都可以从位于弗吉尼亚阿林顿的特殊儿童理事会获得(具体地址为:1110 North Glebe Road, Suite 300, Arlington,VA 222001)。

本章评论

如果有特殊学习困难的学生和其他一些人要准备成年后有所成就,他们就应该接受一种将普通文化知识和功能生活技能适当融合起来的教育。衔接运动兴起时之前,"生涯教育"这个术语尚不像今天这样如此重要,但它的许多支持者仍旧在继续推行这种教学模式,因为它更加注重针对各类有特殊学习和/或行为需要的学生进行的教育事业的目的,那就是——生涯发展。目前,很多校区正在竭力宣扬一种叫做"和企业牵手"(Partrnerships with Industry)之类的新观念。各个层次的有特殊学习和/或行为需要的学生,都在花费更多的时间向雇主、自己的家长及其他有关的人了解工作世界的情况,这样他们就可以早一点开始培养自己的生涯兴趣(或工作个性)了。

LCCE 轻度/中度课程以能力为基础的教学方法,既不主张抛弃现行的学科,也不主张拒绝对教育结构的重大改变。相反,它提倡教育工作者变换对教学内容的关注,以满足有特殊学习和/或行为需要的学生的衔接/生涯发展需求;使家庭和社区资源成为这种教育过程的一个不可分割的组成部分。每位教师必须明确如何讲授各种能力,如何将这些能力融合到现行的学科之中。随着有特殊学习和/或行为需要的学生逐步接受全纳教育,LCCE 轻度/中度课程方法为系统而成功地实现这个重要目标提供了一个有效的运行机制。

几乎每个人都想得到令人满意的生活质量,这包括满意的工作、财产的安全、友谊、独立自主、休闲,对很多人来说,还包括有一个幸福的家庭。所有这些成年人顺利生活的需求都要求具有学习/行为需要的个人在其家庭、社区以及其工作岗位上能够富有成效地工作。如果大量的衔接/生涯教育工作能融入学校的现行课程之中,那么衔接/生涯教育工作就会朝这一目标不断迈进。

活动

1. 准备一份说明提交给校董事会,说服他们在你的学区需要推行一种更具实质意义的生涯教育/功能技能教学方法,更具体地说,就是在你的学区实施 LCCE 轻度/中度课程。准备阐述 LCCE 轻度/中度课程的特点,并做出有说服力的论证支持采用 LCCE 轻度/中度课程。

2. 回顾图 3.2 中列举的 LCCE 轻度课程中的 22 项主要能力和 97 项子能力,然后进行课程分析,决定:如果你校有充分的融合教育政策的话,你校哪些普通教育的学习科目可以培养有特殊学习和/或行为需要的学生的这些功能技能。

3. 回顾图 3.3 中列举的 LCCE 中度课程的 20 项主要能力和 97 项子能力，然后做出课程分析，决定：如果你校有充分的融合教育政策的话，你校哪些普通教育的学习科目可以培养有特殊学习和/或行为需要的学生的这些功能技能。

第二部分

家庭支持和社区资源

第四章 家庭支持

先行思考题

1. 近几年来教育领域的家庭参与发生了哪些变化？为什么会发生这样的变化？

2. 教育工作者在自己的教育实践中为何要想方设法让家庭积极、有效地参与其中？

3. 你认为家长如何看待自己跟专业教育工作者一起经历的教育和决策过程？

4. 你认为专业教育工作者关于家长参与及子女计划的典型看法有哪些？

5. 教育工作者在自己的能力、权限范围内，在试图满足对学生和家长应尽义务的同时，所面临的两难处境是什么？

6. 建立和谐的学校—家长关系之前，主要的障碍有哪些？

7. 可能用以鼓励家庭积极有效支持学校的策略有哪些？

8. 如何给家长恰当的建议，帮助其子女准备实现从学校到工厂到社会生存的转变？

9. 你会如何建议家庭积极参与以生存为中心的生涯教育轻度/中度课程？

10. 作为/劝服一名教育工作者，你会采取哪些方法/措施鼓励家庭支持 LCCE 轻度/中度课程方法以及/或者任何其他功能技能/衔接课程方法？

本章概述

为了确保家长和家庭参与子女或其他家庭成员的教育计划及决策过程之中，1990年起草及颁布了《公共法 101—476 号》(《残障人教育法》，IDEA)。在描述对于家长来说特殊的教育过程时，卡特勒(Cutler)将 1990 年《残障人教育法》归纳为“一份作为家长保护自己子女受教育权及家长参与自己子女教育过程权利的宣言”(1993)。根据1990 年《残障人教育法》，在孩子的个性化教育计划(IEP)过程中，家长和专业教育工作者都是平等的参与者。尽管这并不意味着所有的参与者都必须具备同等教育术语的知识或教育过程的知识，但是，这的确表明：在决策过程之中，所有的人都应当享有平等的地位。除此之外，在影响自己教育计划的决策之中，那些有特殊学习和/或行为需求的学生应该积极发表个人意见。

1990 年《残障人教育法》通过规定阶段性保护措施赋予了家庭成员许多责任，这些措施有利于保护他们在计划和决定过程中的权利。1990 年《残障人教育法》使用了术语“parent”(家长)来特指学生的生身父母、监护人(guardian)、代理家长(surrogate parent)(此时，代理家长为国家监护未成年人任命的一个利益代表)或者起到孩子家长作用的个人，比如祖父辈家长或外祖父辈家长。法律规定：家长有权了解有关自己家庭成员的教育记录，有权提前了解相关的教育计划、评价和分班会议；并且，如果有关决定违背这些要求或者没有充分征求家长的意见时，法律会提供适当的诉讼程序。

由此产生的法庭决议以及附加的具有法律效力的训令澄清并加强了家长的权利；同时，格外强调全家参与及通力合作的重要性。1997 年颁布的《残障人教育法修正案》(*The Individuals with Disabilities Education Act Amendments*)对《公共法 94—142 号》中几个关于家长参与教育过程的新旧条款做了大量修正、更改。另外，第 8 部分(Part H)及第 619 款(Section 619)现在使用术语“families”(所有相关家庭成员)代替原先实用的“parents”(家长)，这样更加强调相关家庭成员、学校及各类机构的合作(collaboration)。1997 年《残障人教育法修正案》的条款涵盖了自愿、更为合作的调解(mediation)进程。调解一词可以用来解决家长—学校之间就课程难度和班级安排(placement decisions)等问题上存在的分歧。1997 修正法案加强了家长/相关家庭成员在决策中的参与，因为这些决策影响着那些需要有特殊学习和/或特殊行为需求的学生(全国残障儿童青年信息中心，1997)。

这些保护措施确实合乎时宜，因为这些保护措施的确让家长/家庭成员成为教育过程中平等的参与者。从象征性意义上来说，这些被当成了一系列权利，但是，不容忽视的一个事实是，权利总是和义务不可分割的。因此，家长也有义务详察自己孩子过去的教育记录，为家长会做好准备，基于自己的观察制订孩子的长远目标以及具体目标，并与教师和其他相关人员就会议(会前、会中及会后)情况进行协商讨论。大家的参与应该是平等互惠的,所有相关人员——专业人员、家庭成员、成人服务的提供者以及子女应当通力合作,努力为孩子们设计并实施最合适的教育计划,因为这样的教育计划才能最大限度地满足学生的特殊的学习需求和行为需求。

不幸的是,教育计划过程之中家庭的参与经常受到一个或多个方面的限制,而且,有时候家庭成员和专业教育工作者之间的关系并非是合作性的,而是彼此不利的,这样,双方的关系不是合作而可能成为一个麻烦。本章讨论教育计划中的家庭参与,强调家庭在确保有特殊学习和/或行为需求的学生从青少年期到成年期的成功衔接中所负担的重要角色。本章的讨论始于历史的回顾,社会对有特殊学习和/或行为需求的学生的了解和认识;接下去的一部分回顾评论了20世纪教育领域的家庭参与情况,分析了在家庭成员和专业教育工作者之间存在的障碍及有效交流的策略。本章的结尾部分提出了通过LCCE轻度/中度课程方法解决教育领域家庭参与的具体策略。

本章瞭望

作者简介: 沙龙·戴维斯(Sharon Davis),美国"全国智障儿童/公民协会"(The National Association for Retarded Children/Citizens)职业家庭服务部(Professional and Family Services)主任。戴维斯博士曾执教于纽约州的一些公立学校,此后在康奈尔(Cornell)大学获得教育管理学博士学位。她从事研究的领域有:职业教育、残障学生以及影响智障者、发展障碍者和其家庭的众多领域,包括为对残障者的未来规划。

作为一名残障女儿的母亲,我经历了成年的女儿如何成功实现由学校到社区工作以及独立谋生的衔接教育;作为一名研究残障人领域的专业人员,对于家长和专业人员在考虑残障个体的未来所面对的问题,我持有双重的观点。我特别关注目前不尽如人意的残障人就业现状。众所周知,对于有不同程度残障的人来说,如果他们依据自己的能力获得一份职业并且得到适当的支持,让他们学习并保住自己的工作,那么他们就可以胜任某些有竞争力的工作。然而,全国纵向衔接研究(the National Longitudinal Transition Study, Wagner 等,1992)发现:残障青年在毕业后三年中,只有43%的人获得全职工作,而且极少数残障人挣得的工资能够足以独立地养活自己。然而,有工作是成年人成就自己的人生并成为对自己社区有贡献的人的关键。

专业人士往往将高失业率的责任归咎于家长。他们往往说家长对孩子就业不抱希望;家长担心:如果自己的子女一去工作,他们就会失去政府提供的生存津贴(subsistence entitlement)、医疗补贴(health coverage);家长更喜欢子女在安全、受庇护的环境里工作。另一方面,一些专业人士认为,家长对子女在工厂、车间能完成怎样的工作持有不切实际的看法,因为他们希望不管给他们的孩子提供什么样的卑贱的工作(menial job),都希望家长能满意。

从整体而言,我认为,家长面对的仅仅是现实。在太多的例子当中,他们的孩子没有被提供在社区生活和工作的功能技能,诸如综合 LCCE 课程所提供的功能技能。许多残障学生没有参加职业教育和学习具体的职业技术,也没有机会在校期间获得实际工作体验;而这些都导致年轻人毕业后就业率不高。

残障青年离开学校,他们的家人知道没有接受无偿服务的权利。他们很难通过成人服务系统找到一个机构引导他们;而当孩子在学校接受教育期间,学校会给他们指导。家长可能完全不熟悉职业康复制度(vocational rehabilitation system)。在他们所居住的社区,可能没有任何机构在他们为子女找工作时能提供帮助或提供支持性就业服务。这样,家长最终往往只能孤军奋战。如果孩子成功地获得了一份典型的快餐店工作,家长发现兼职的时间、薪水的高低都难以预测,且福利无保障、交通不方便。即便是辅助运输系统(paratransit system)也不可能调解不稳定的工作日程、夜班或周末班。如果可能,只有由家长来提供交通。最终,作家长的只能做出两个选择:要么让子女待在家里无所事事,要么让他们乘卡车去受庇护的工作点。

对改变这种状态,学校可以起重要的作用。事实上,我相信年轻的家长对学校提出的要求可能更高。许多家长要求自己的孩子能够和正常孩子一道接受纳入教育(inclusive education)。在计划、实施自己孩子的个性化教育计划(IEP)时,他们需要、同时也想成为积极的参与者。教育工作者应该帮助家长树立新理念——将孩子的未来设想成社区的正常公民,能够独立地生活、正常地工作、参加社区休闲娱乐生活。对于每一个学生来说,衔接计划都应该尽早起步;而且,应该把重点放在培养个人的兴趣、能力以及生活选择上。学校在残障学生离开学校之前,应该为他们提供职业教育及实际工作体验的机会。教育工作者在帮助家长为子女提供实际工作体验、最终在未来达成独立生活目标的过程中扮演着主要角色。其中,LCCE(以生存为中心的生涯教育轻度/中度)课程就是帮助学校实现这一目标的重要手段。

对有特殊学习和/或行为需求的群体认识的历史回顾

很多专业人士认为:现行的残障人医疗、教育模式导致了人们对有特殊学习和/

或行为需求学生的期望不足。同样，值得深思的是，纵观历史，一直以来人们都对有特殊学习和/或行为需求的群体存在着偏见。在19世纪后期和20世纪初期，有特殊学习和/或行为需求的群体被视为对社会的威胁，人们往往把他们与社会犯罪、贫穷、乱交以及文明的衰退联系在一起，或者把他们当作是令人害怕、畏惧的对象。不仅如此，他们还一度被看作是低于人类的群体(类似植物或动物)，是众人取笑的对象。这种情况反映在用于谈论智障者的言语之上。举例来说，智障者往往被贴上了有辱人格的标签，诸如白痴(idiot)、低能儿(imbecile)和傻瓜(moron)等无礼的语言。

随着社会的进步，人们对残障人逐渐理解，这样，过去消极否定的有辱人格的称呼被为数不多略有贬损性的词语代替了。人们将有特殊学习和/或行为需求的人群及学生视为值得同情、需要帮助的对象。人们曾将许多有特殊学习和/或行为需求的人视作"神圣的无辜者"(holy innocents)，称他们为"特别使者"(special messenger)和"上帝的孩子"(children of God)等，认为他们不可能有罪，同时也不对自己的行为负责。随后，这种认识又被另外一种认知替代——认为有特殊学习和/或行为需求者是"永恒的孩子"(eternal children)。尤其是那些智障者，这种认知受到神化心理年龄/心智年龄(mental age)的测试所影响，因此许多有特殊学习和/或行为需求的成年人被排除在成年人角色之外，因为他们被说成只具有"3岁儿童的心智"(the mind of 3-year-olds)。对残障人的教育分类也制造出一些不公平的旧观念。智障学生被贴上了"可训练的(trainable)"、"可教育的(educable)"标签。社会对"可训练的"学生几乎不抱有任何希望，不指望他们能够承担诸如配偶、员工或社区娱乐/休闲活动参与者等任何成年人的角色。

现今，大多数专业人士对残障人已经不再抱有早期数世纪所持的成见。然而，旧观念残留的痕迹依然存在，而且这些成见的残余影响着人们与残障个体的交往，影响着人们对残障人的希望，影响着给残障人提供的机会。人们不会指望具有"3岁儿童心智"的成年人能够承担一份工作；"神圣的无辜者"(holy innocents)也了解不了人类正常的性行为以及社会关系；而受到同情和帮助的人则只配接受帮助却不能当作是同事、朋友或邻居被接受。事实上，或许最重要的变化是教育工作者以及普通大众(尤其是教育工作者)对有特殊学习和/或行为需求的人群的看法更为积极了。

有特殊学习和/或行为需求的人强调了一个非常重要的因素，那就是，人们对他们的看法和态度的改变：残障人首先是人。通过关注强调人而非残障，人就都能够谈论希望、梦想、能力和优点。1990年《残障人教育法》、1992年《康复法修正案》(*the 1992 Rehabilitation Act Amendments*)以及1993年的《残障人发展法修正案》(*the 1993 Developmental Disabilities Act Amendments*)都包含了有特殊学习和/或行为需求者必须被正确看待这样的措词。以上法案表明：残障是人类经验很自然的一部分，因此残障丝毫不能剥夺个人独立生活、享有自我决策、做出取舍、为社会作贡献、追求崇高的生涯以及在美国社会经济、政治、社会、文化、教育主流中享受完全包容教育和融合教育的权利。[第二款2(a)(3)(A－F)]

不能将残障视为异常(aberrant),不正常(outside the norm)或病态(pathological),而应将其视为成为人的一部分。所有的人类能力、经历皆存在于一个连续体之上,而残障也是此连续体的一部分,并非游离于其之外。

如果我们将有特殊学习和/或行为需求的人视为在此连续体之内,那么这种认识就允许我们用新的标签重新看待有特殊学习和/或行为需求的人群,将他们看作邻居、同事、有家庭者、卡片收集者、棒球迷、家长、舞蹈演员、狗的主人、配偶、领导、角色模式(role model)或朋友来接受。事实上,并非所有有特殊学习和/或行为需求的人都没有家,也不是所有正常无残障的人都拥有家。确实,一些有特殊学习和/或行为需求的人不会成为好领导;然而,一些身体没有残障的领导也很蹩脚。关键是,有特殊学习和/或行为需求的人首先是人,他们有权受到重视,有权摆脱他人可能给自己贴上的标签而享受尊严与尊重。

教育过程中家庭的参与

20 世纪上半叶大部分时间里,学校仅负责学业内容的传授,而家庭则负责传授情感、社会发展方面的知识(Flaxman & Inger,1991)。然而,关于学校职责这一问题,到了 20 世纪六、七十年代,美国的家庭结构和社会结构的变化以及变动的人口统计结果显著地改变了社会中学校的作用以及家庭的作用(Flaxman & Inger,1991)。在孩子的教育计划中,家长/家庭不再接受被动的角色,他们要求在一些问题上拥有发言权,内容涉及学校预算、学校人事安排、课程设置以及其他教育领域相关问题,而传统上这些问题一直交由教育专业人士解决。学校不再只是针对一定的学生群教授基础学业技能;现在,学校开设的课程必须针对复杂的课题,例如:对具有不同学习风格和不同学习能力来自不同民族、不同社会经济背景的学生如何进行"获得性免疫功能缺乏综合症"(即艾滋病,AIDS)预防教育、人类性教育以及普通的驾驶教育。

当代家长参与理念可以追溯到 20 世纪 60 年代早期,其时联邦通过立法,该项联邦立法批准了家长参与有关课程、教学和学校改进的计划及决策过程,旨在处理社会难题。从头开始计划(the Head Start Program)是最早开始运用这一模式的计划之一,该计划将教育工作者和年轻孩子的家长聚集到一起共同处理与孩子以及家庭有关的问题(Flaxman & Inger,1991)。与此相似,1975 年的《残障儿童教育法》以及后来的特殊教育立法都批准了这种家庭—学校的合作模式。

这些立法意图始见于旨在确保公民享有、代表持久的公正、平等的议事日程。比如,这对有特殊学习和/或行为需求的年轻人就是如此。早在 20 世纪 40 年代,有特殊学习和/或行为需求的孩子家长就已经认识到:他们子女的能力远远超出医疗、教育专业人士认知的范围;通过草根组织呼吁,他们开始要求享有平等的权利,获得适当的教育服务。一旦享有教育服务的途径得到立法确认,家庭便呼吁制订并颁布适当服务条款，扩大参与学校生活的机会，呼吁提供更多的职业和康复服务以及在所有学校实现将残障人纳入主流教育制度(mainstreaming)以及一体化融合教育。

本世纪的家庭参与无疑显示出的重要性越来越大。我们只需要浏览一下现今各大报纸的头版头条，就不难意识到这一点。举例来说，现在允许家庭有权为子女选择教育环境，这就使得家庭参与学校选择的程度不断增加。通过选择孩子就读的学校，家庭对决定专业人士使用的教育环境、材料以及教学方法是否适当施加的影响更为重要。正如在大多数自由市场制度里，只有那些最能满足消费者和投资者(家庭、学生以及工商业)需要的教育环境和教学人员才会兴旺发达，而那些仅仅以满足教育系统需要为目的、维持过时的或者毫不相干的教育实践的教育环境和教学人员则必然衰败。

家庭赋予权(family empowerment)理念并非教育领域独特现象。很多联邦资助的服务，比如，职业康复和家庭服务，都越来越强调家庭和消费者/投资者的赋予权，并正在采取相关措施使家庭和有特殊学习和/或行为需求的个体在决策中有能力肩负更重要的使命，呼吁提供并选择更好地满足自己需要的服务。

几个其他因素也表明：本世纪教育领域的家庭参与将会逐步增加。弗拉克斯曼(Flaxman)和英格(Inger，1991)确认了家长可以参与学校教学管理之中的几条基本途径。家庭可以直接参与学校内的决策，比如选择学校。最近，教育领域中现场管理(site-based management)措施倾向本质上要求：校长、教师和家长走到一起管理学校，解决那个学校、社区独有的问题。这一例子同样说明了家长直接参与的情况。

家长参与学校管理的另一种途径是通过如何当好家长培训计划(parenting training programs)和行动。从头开始计划(the Head Start Program)便是一个很好的例子，这个计划是将家长培训(parent training)和如何当好家长培训(parenting training)成功结合起来的典范。可借鉴的早期儿童教育计划均采用了家长培训的方法，教育家长分担传统上由教育专业人士承担的责任。通过接受培训、从事一些可能由学校指导的活动，诸如有限的身体措施或职业治疗措施，或者通过反复参加对语言、动机以及认识发展影响重大的活动，家庭实质上可能成为辅助专业人士(paraprofessionals)。

最后，学校越来越成为以社区为中心活动的焦点，而这些活动以前都不属于教育的领域。家庭和学校再一次发现他们之间是合作伙伴关系，共同承担实践可靠同盟的八项职责(eight obligations of reliable alliances)(Turnbull & Turnbull，2001)。尽管许多教育工作者不赞成学校在社会问题上承担更广泛的责任，但是显示情况是：许多公立学校已经成为其他直接服务的提供者，这些服务包括儿童保健(child care)、医疗、咨询及推介服务(referral services)。教育涵盖的内容不得不再一次发生变化。学校因为诸多理由承担了这些责任，这一点也不象研究所表明的那样：这些做法有利于教育。充分提供支持性服务(support services)有利于家庭为有特殊学习和/或行为需求的子女提供一个稳定的家庭环境，而这样的环境能够鼓励孩子学习、提高自身能力。正如弗拉克斯曼和英格所指出的那样，"课堂里，身体、情感和社会问题较少的儿童更容易教学，更容易管理”(1991，p. 5)。

家庭参与的逻辑依据

家庭必须参与教育计划过程之中，建立“家长—专业人士合作平台”(parent-professional collaboration)有多种原因，有些原因是实际原因，其他一些则是属于意识形态原因。辛克莱(Sinclair)和克里斯坦森(Christenson)(1992)概括教育领域“伙伴关系方法”(partnership approach)的理论支撑点(underpinnings)时提出：合作是造就学生成功必不可少的一种态度。

● 只有通过合作，才能产生真正的变化。正如在先前讨论中所讨论的那样，学校和专业人士不能独自满足当代美国儿童丰富的多种需要。辛克莱和克里斯坦森认为：“美国社会的危险儿童(at-risk children)的惊人数目、问题严重性及不断变化变动的人口统计的情况都要求必须开展合作。”(12 页)

● 儿童发展和学习并非在单一环境里发生，受到多种因素的影响。“儿童在学校和家庭里都能够学习、成长和发展。对于儿童和青年人来说，家庭和学校经历并没有明显的界限，相反，两种环境的经历之间相互影响着彼此的教育质量。”(12 页)

● 随着在理解人类学习、认知上的进步，教育的定义得到了拓展。Sinclair 和 Christenson 还指出：“学习环境只有使人学习、培养专门化技能，才有教育意义；如果学习环境不能积极促进人性发展，那么这种环境便违背了教育宗旨。如果家庭和学校的学习环境联系在一起并有效相互协调，为个人的发展需要服务，那么便形成了教育型社区(educative community)。”(12 页)

人在生活之中每时每刻都存在学习并接受教育，这一理念奠定了“家长-专业人士合作平台”(parent-professional collaboration)理论的合法性，这一理念也表明，学习和教育并不仅仅局限于学校中的课堂教育时间。教育的作用是将儿童和青年成功地培养成合格的成年人。很明显，为了达到这一目标，教育专业人士应主动让家庭参与到儿童教育之中，与家长展开积极合作，以此来确保学生全天候有学习的机会。从这种意义上而言，家庭和学校必须积极开展合作；对教育工作者来说，唯有家庭积极参与，才能实现自己的上述目标，才能成就自己所选择的职业。这一埋论立场为下面的研究所证实。该研究记录了教育过程中家庭的参与为有特殊学习和/或行为需求的学生带来更为积极的教育成果，这些成果包括：上课出勤率提高、中途退学率降低、学生自尊和自信提高以及学生学习成绩提高(Flaxman & Inger，1991)。辛克莱和克里斯坦森(1992)将家庭参与的主要效果归纳总结如下：

● 各种形式的家长参与策略似乎皆有用；然而，那些有意义、计划周密、综合性而且持续时间久的策略能为家长提出更多选择，便于家长参与而且更加行之有效。正因有了家长高效的介入，学生的成绩显著提高。

● 家长参与影响非认知行为(noncognitive behavior);有了家长的参与,学生的出勤率、对学校的态度、成熟化、自我概念及个人行为都得到提高。

● 家长的参与对家长、教师、社区及学校都有利。总体上说来,产生了更为成功的教育计划和效率更高的学校。

● 早期的家长参与保证了学生学业成绩能够获得显著的提高而且能够持续长久(13页)。

为残障青年进行教育设计和决策,的确有实际原因,需要家庭参与。其中,意义重大的是,1997年的《残障人教育法》要求家庭参与。然而,还有许多其他原因表明:即便是没有立法支持,教育工作者也会用一种有效的方式让家庭参与,因为他们一直致力于向有可能学业失败的学习者以及有特殊学习和/或行为需求的学生提供最好的可能性教育。

如前所述,人性的发展和学习不可能和受限制的环境里发生的一切完全分隔开来。由于儿童是通过多种环境进行学习,所以,一种生态环境里的学习会冲击其他生态环境情况下的学习。如果教师要成功教学,那么,家庭环境和家庭成员必须成为学习和发展的催化剂。这种认识促使了社会中学校角色的变化;同时,也促使教育工作者不得不和家庭建立有效的、真正的合作伙伴关系和联盟。

对于有特殊学习和/或行为需求的学生来说,要求家庭参与还有其他现实的理由。任何一次IEP或衔接计划会议中都有两方必然出席每次学生会议,这两方就是有特殊学习和/或行为需求的学生及其家庭成员,因为教师、管理人员、相关工作人员及成人服务提供者都会因学校不同、学年不同而发生变化。在我们这个变化日新月异的社会,唯有家庭可以通过提供有特殊学习和/或行为需求学生先前的教育经历、班级情况和学业成绩记录等信息来维持教育的连续性。即使有这一段时间的成绩记录,这一点也非常重要(何况通常并非如此)。如果不考虑与学生及家长见面、交谈所带来的好处,仅仅单独考查教育记录,那么诸如诊断、分班的信息、家庭、医疗和心理历史、甚至过去的IEP记录,都只是对个人残障、疾病和毛病的冗长说明而已。这些教育记录只能使问题突出化,把重心放在缺点上,思考可能会出现的失败。很少有教育记录记载了家庭对有特殊学习和/或行为需求的学生的希望和期望,或者记录有特殊学习和/或行为需求的学生的梦想和兴趣。很少有教育记录记载这一状况的另一方面:在有特殊学习和/或行为需求的学生的参与下,家庭为获得适当的服务所做出的种种努力以及为得到社会承认作为平等的参与者所付出的努力。

家庭是有特殊学习和/或行为需求的学生的信息库,这里可以提供他们的强项、能力、喜恶、爱好、不足和怪癖。家庭成员能告诉你一个有特殊学习和/或行为需求的学生如何度过自己的空闲时间,如何培训自己的兴趣爱好,家中是否有记账本(checkbook),以及是否有电脑等情况。该学生的兄弟姐妹可以告诉你该生在自己生活的社区有多少朋友。家长和家庭成员能告诉你:这个有特殊学习和/或行为需求的学生是否能够做顿简单的饭菜,是否参加过面试求职,是否每天都看报。几张清单绝对不足以罗列可从家庭能力获得的信息，而这些信息对于教育，更重要的是对于成功地在社区生活和工作，都至关重要。

这些信息对于衔接计划过程尤为重要。1997年的《公共法94—142号》修正案规定：为14岁以及14岁以上的学生召开的IEP会议必须针对其衔接需要，同样适当的是，会议要包括与衔接相关的长期目标和近期目标。此法案将衔接服务定义为“一整套为学生设计的、以成果为取向的过程内的协调活动，这种活动的目标旨在促进学生从学校走向毕业后的生活”[Sec. 602(a)(19)]。这里，毕业后活动的定义很广，包括后中等教育、职业培训、统筹就业（integrated employment）、支持性就业（supported employment）、继续教育、成人教育、成人服务、独立生活及社区活动的参与。此法案也要求：“这套协调活动应该建立在学生个体需要的基础之上，兼顾学生偏好和兴趣；应该包括知识传授、社区体验、职业发展以及其他毕业后的成人活动目标；如果适当的话，还包括日常生活技能的获得以及功能职业评价。”[Sec 602(a)(19)]

这些要求考虑到了家庭的关键作用。如果联系到法律使用的规定家庭参与的语言，这些要求拓宽了家庭参与的范围，将有特殊学习和/或行为需求的学生包括在内。为了实现以目标为取向的衔接目标，教育工作者需要通过家庭发掘可利用的资源。关于有特殊学习和/或行为需求的学生将选择何处作为自己成人生活和工作的场所，只有这些学生本人及其家庭才能够(实际上，才有权利)做出决定。教育工作者带来如何学习相关技能实现学生目标的专业知识。成人服务提供者则拥有支持这些目标的系统知识。然而，在我们这个社会里，为自己的生活做出选择、决定完全是个人所享有的权利，身体残障的状态也不能以任何借口剥夺残障人的这项权利。

最后，在做出决策时，家庭和有特殊学习和/或行为需求的学生必须是平等的伙伴关系，因为，坦白而言，教育过程中得失最大的都是他们。如果有特殊学习和/或行为需求的青年离开学校时，待业在家或是找到一份工资不足以维持独立生计的工作，这时为他们提供一个安身立命之所的是家庭。如果有特殊学习和/或行为需求的青年离开学校时，没有找到工作，也没有机会接受后中等教育，此时，承担为他们找工作责任的也是家庭。调查有特殊学习和/或行为需求的青年成人化的结果的研究表明：本质上，家庭是学生的项目经纪人（case manager）。西特林顿（Sitlington）、弗兰克（Frank）和库柏（Cooper）调查发现：在648名有学习障碍的毕业生中，毕业后一年找到工作的人中，43%的人的工作是自己找的，40%的人的工作则明确是家庭为他们找的，只有5%的人的工作是通过社区中介机构找的，6%的人的工作通过学校找的。另外，在908名有学习障碍的青年中，离开学校一年后，64%仍和家人住在一起。西特林顿（Sitlington），弗兰克（Frank）和卡森（Carson，1991）又发现：高中毕业三年后，46%的智障青年和一个家庭成员一起生活，31%的人经济上主要依靠家长的支持和帮助。而威默尔（Wehmeyer）、克尔切纳（Kelchner）和里查兹（Richards）(1993)也发现：在408名智障成年人之中(平均年龄为36岁)，35%的人和父亲或母亲或一位亲戚生活在一起。

很显然，撇开法律规定不谈，教育设计和决定过程中的家庭参与不仅仅是一个很好的理念。事实上，家庭的参与对于学生未来的成功，乃至教育过程的成功都是不可或缺的。然而，家庭和学校之间建立合作关系也存在着一些重大难题。参与的家长/家庭成员经常感觉与IEP的计划过程关系疏远；同时，也感觉自己几乎没有以平等合作伙伴身份做出什么贡献。吉廉姆(Gilliam)和科尔曼(Coleman)(1981)要求IEP委员会成员应按照会议期间各自相应的影响对会议的提出自己的建议，将委员会成员进行分类排位。结果，家长/家庭成员按影响列于第8位(位于特殊教育教师、心理专业人士、特殊教育指导者、导师、咨询顾问、常规教育教师及指导顾问之后)，按实际贡献位于第10位(除上述七位之外，再加上校长和语言治疗学家)。

同样，家庭成员似乎缺乏兴趣，这往往给教育工作者的热情泼了冷水。这种情况的出现有许多现实的理由，下一节我们将专门就此论述。当然，这些难题也自有其解决办法，关于这一点后文也会明示。

有效家庭参与的障碍

桑农斯卡因(Sonnerschein，1981)将“家长—专业人士伙伴关系”(parent-professional partnership)描述为一种“尴尬的关系”(uneasy relationship)，这种说法在许多情况下都很贴切。伙伴关系是双行道，想要了解家庭和学校合作关系之间的障碍，我们必须要考察双方的行动和信念。

专业人士对家长的错误对待方法

对于许多残障儿童的家长来说，你不必多言，他们就会对下面的情况深有感触：在教育计划和决策过程中，家庭感到无能为力、压力很大，有做戏(put-on)的感觉。事实上，从历史角度而言，教育计划和决策过程中家庭从来就不是计划中的平等参与者，他们的参与往往被边缘化、被忽视。造成这种结果的一些原因将在下文予以讨论。

教育专业人士将影响自己做出每一个决定的见解搬到台面。这些见解往往通过对参与计划和决策者的信念中表现出来。经常出现的情况是，专业人士对家长概念的定义导致了不平等的合作伙伴关系。桑农斯卡因(1981)明确了几种这样的家长概念。

许多专业人士将家长视作“弱势客户”(vulnerable clients)，因此将他们看作家-校互动(school-home interaction)中的协助者。建立在此种设想基础上的典型的关系是将教育工作者视为专家，一个能够解决各种问题，而且实质上有能力、有把握为家庭改变最终教育结果。这种关系本身就意味着不平等的合作伙伴关系或者说不是什么同心协力关系。根据桑农斯卡因(1981)，一个相关的看法是，把家长看作“来看病的人”(patients)。有史以来，残障孩子的出生一直被视作产生痛苦并被逐渐接受的过程，这一过程大致和接受心爱的人死亡一样令人难受。在持续接受过程中，家长有时会被贴上一些标签，经常因无法与自己有特殊学习和/或行为需求的孩子相处而被看作不会处理事情或经历着压力或急躁。这种现象导致产生这样的观点：家庭成员本身就是需要帮助、需要关心的对象。再次声明，基于这样设想的家-校关系怎么能成为有效的合作关系？然而，实际的情况是：对于特殊学习和/或行为需求孩子的出生、成长的处理因家庭不同而迥然不同，因此，最好的方法是用个体家庭的处理策略和能力来具体描述，不能用一些一般策略来一概而论。

在描述关注家庭成员传统模式的规则时，辛格(Singer)和帕奥斯(Powers，1993)总结了这两种关系类型的信念(tenet)。一种信念是家庭支持专业人士主导取向，这种情况下家庭所做的事情就是适应教育计划。这一假设是，需要专门知识来帮助处于困境的家庭；同时，家庭应该将决策权交给专业人士和计划管理者。另一种信念是："因为抚养残障孩子的负担，家庭势必病态"(Singer & Powers，1993，p. 4)，因此：

> 这种取向强调家庭难题，使用诸如病状、治疗、治愈和药方等常见医学术语。此种信念认为，家长需要培训，需要得到帮助，学习如何养育自己的子女；而且，有一个一成不变的看法，那就是，家长处于痛苦之中。(Singer & Powers，1993，p. 5)

还有一种对家庭的普遍看法，那就是，对有特殊学习和/或行为状态的孩子的家庭加以责难。特恩布尔等便有此体验，他们指出，与他们所接触的教育专业人士"从来不直说'问题是你们造成的'，但他们的所作所为却建立在此基础之上"(1978，p. 42)。早期有关某种缺陷病因的理论，尤其是孤独症(autism)，很明显地将孩子的毛病归咎于家长(通常是母亲)。专业人士经常存在一种潜在的假设，那就是，不管怎么说，家长应对自己的孩子有特殊学习和/或行为需求这种情况难辞其咎。无论这种认识是否建立在事实为基础之上，还是确有其理，或者仅仅部分是特殊教育专业人士的迷信，但是，这种观点对营造合作伙伴关系都是颠覆性的。

家长应对有特殊学习和/或行为需求孩子负有不可推卸的责任，这种看法部分是因为许多家长有一种负罪感，他们始终对自己孩子发展过程中的问题责任心存疑问。如果一个母亲生下一个孩子患有胎儿酒精综合征(fetal alcohol syndrome)，那么，这种负罪感就可能很有道理。如果孩子患唐氏综合征(Down Syndrome)，情况就不一样了。在上面任何一种情况中，家长的负罪感和专业人士的责任假设没有什么距离的。同样，家长经常被认为缺乏观察力、不明智、反应迟钝。这种看法部分来源于不恰当的假设：由于有特殊学习和/或行为需求的孩子有上述缺点，所以他们的家长也患有同样的毛病。家长难辞其咎或能力不够的看法让家长蒙受了耻辱，自然也为合作关系和伙伴关系设置了障碍。关于家长没有能力为计划、决策过程作出贡献的迷信广泛被接受，且经常被误用，结果妨碍了有效的合作关系和伙伴关系。卡特勒(1993)列举了下列几种误区：

- 家长是天真的外行，不能也不应该教学；
- 家长过于感情用事，不能正确评价自己的孩子；
- 家长仍然是顺从的小学生，只应当作观察的对象，不能提出任何建设性的建议。

第一种误区的根源在于我们对学校在社会中的作用的陈腐的看法。不仅许多教育工作者，而且社会上的许多普通人，都依然持有这种观念：学校只应教授基础文化课即**"三 R"**[指算术(arithmetic))、阅读(reading)和写作(writing)，这三个科目均有字母 r]；教学应由专业人士完成。然而，这种信念与我们所了解的学习本质相矛盾。如前所述，学习、发展每天无时无刻不在发生；要想让教育最富成效，教育工作者必须充分利用这一现实。家长/家庭成员和有特殊学习和/或行为需求的孩子相处的时间最多，而且从长远来看，家长/家庭成员是有特殊学习和/或行为需求的孩子唯一始终不变的老师，因此，教师只有把家长以及其他家庭成员看作老师并参与有特殊学习和/或行为需求的孩子的教育过程之中(而不是将家长当作重复课堂教师活动的专门教育工作者)，其教学工作才能做到最有效、最成功。

第二种误区听了将家长视为受害者、客户或病人的观点。这一设想认为：家长只有摆脱了悲伤，接受自己的孩子有特殊学习和/或行为需求(接受是一个模糊的定义，意为"如同专业人士一样看待孩子")这一无情的事实，才能超越自己树立的情感障碍和精神障碍、富有成效地参与教育过程之中。甚至至今，这种认识虽不准确，却在社会上广为流行。

最后一种误区既来源于学校体制也来源于个人教育工作者所持有的偏见。学校体制是复杂的官僚体制，往往要求有"内线"(insider)知识来领航方可。教育工作者自己在短时间内将这种情况作为事实接受；但是，由于他们置身于系统之中，所以至少能够莫名其妙地慢慢走出迷宫，而家长/家庭成员则被视为这个系统的局外人。这样，许多教育工作者很快将家长/家庭成员描述为很天真、对"真正有效的方式"一无所知等等，坚信家长得依靠他们(教育工作者、管理者等)来帮他们利用这个系统。除此之外，人们还认为专业人士握有教学管理的钥匙，是教学工作的行家。很显然，虽然家长/家庭成员试图积极参与并要求平等对待，但是他们会被视为天真，而且在有些方面会被视为无能。

如果家长或家庭成员进入教育系统，试图克服各种各样的障碍以获得平等的合作伙伴关系，他们就会获得一个名声，有时也会被看作一个麻烦，贴上了咄咄逼人、不现实的标签，又为合作伙伴、可靠同盟增添了一重障碍。有些家长在与学校互动的早期便发现存在着这样的问题，于是便可能采取一种同样强硬的姿态——"挖战壕修堡垒"(digging in for trench watfare)准备一战，而不是尝试与学校合作。如此恶性循环，学校—家庭关系成了对抗性关系，这个关系最终走向毁灭。尽管家庭可能最终至少获得一些所需要的东西，然而对家庭、教育工作者、有特殊学习和/或行为需求的学生来说，其代价却十分巨大。这种情境里，谁都不是赢家。许多家长渐渐得出这样的结论：对有特殊学习和/或行为需求的学生来说，这一过程有百害而无一利，决定不再向此体制开战。结果，家长不再倾向于为自己所需而奋斗，以防最后的环境变得对自己有特殊学习和/或行为需求的孩子更加不利、更有压力。

不仅专业人士对家长及其在教育中的角色的看法冲击家庭的参与，而且对有特殊学习和/或行为需求的儿童的看法，对这些儿童能力的看法以及社会对残障的认识都影响着家庭的参与。人们对家庭的看法往往已经定型，认为家庭往往对自家的有特殊学习和/或行为需求的儿童的看法不切实际；他们对有特殊学习和/或行为需求的儿童以及这些儿童的现在和将来的能力的认识至少部分基于专业人士的意见。众所周知的"自我实现的预期理论"(self-fulfilling prophecy)依然活跃并且在许多针对有特殊学习和/或行为需求学生的教育背景下显示出生命力。卡特勒列举了有关残障学生的几种误区，这些误区都对家庭参与产生巨大的冲击：

- 这些儿童的残障是所有问题的源泉；
- 这些儿童只能通过死记硬背学习；
- 这些儿童自己应付不了一整天的生活。(1993, p. 36)

这张清单毫不费力就可以拓展一下。从根本上讲，一个人对有特殊学习和/或行为需求儿童的期望反映了自己对残障的看法。从历史角度而言，人们或是从医学角度或是从教育角度看待残障人(有特殊学习和/或行为需求的人)。医学模式强调疾病及治疗，把治愈的重任交付给技术高度娴熟、经过专门训练的专业人士手中。教育模式的重点从重视疾病和治疗转向重视解决残障问题。两种模式的共同点都是将残障视为非正常。如果对社会而言，正常是用两条腿行走，不能行走或借助轮椅的人就是不正常，就需要治疗或补救，这样他们才能够体验正常的乐趣。事实上，这两种情况中，我们都忽视了人，强调了残障(特殊学习和/或行为需求)。我们把行为、举止归咎于残障，于是最终对有特殊学习和/或行为需求(残障)的人群不抱有多少期望。当我们的期望得以实现时，我们的信念便得到了巩固，而问题却被复杂、甚至永久化了。

家长对专业人士的误解

在合作问题上，家长或家庭成员引起的障碍一样多。如同教育工作者一样，家长对于学校-家庭关系也持有不准确的认识和信念。卡特勒明确指出了家长持有的 3 种这样的错误信念：

- 教育工作者在自己的领域里是超级专家；
- 教育工作者的看法完全客观；
- 教育工作者是自由职业者(free agent)。(1993, p. 29)

正如卡特勒所指出，这些误区是对家长错误看法的真实反映；在许多方面，这些错误信念都损害了专业人士对家长的认识，同时也损害了家庭—学校关系/同盟。经过专门训练的教育工作者掌握了和有特殊学习和/或行为需求学生一起学习的技巧，能够解决不同难题和局面。同时，他们手中也有大量待处理的学生案例，他们的计划时间有限，他们对自己的非教学时间要求很高。许多专门教育工作者没有足够的时间与普通教育工作者合作，而这种情况直接导致了上述错误信念。

和家长一样，教育工作者也受到教育体制的限制，经常同样地或更多地感到烦恼，感到有备课和教学的压力及其责任之重大。然而，传统的观念一致认为，教育工作者是专家，具备所有的知识，这种看法一直得到校方的力挺，而且许多家长也乐于接受，不过，这种思维定式给教师增加了太多的负担，也使得家长和家庭成员对他们产生了不现实的期待。如果教师不能满足家长/家庭成员对自己提出的要求，这些不现实的期待便往往会演化为对教师时间的不合理要求及不公正的批评。

如果将家长看作过于感情用事、不客观或不切实际，那么家长就对教育过程毫无用处；教育工作者则感觉有必要保持客观，至少要维持这种形象。如今，有一个事实再次证实了这一观点：训练中，几乎所有的教育工作者都熟悉“职业上的距离”(professional distance)这一概念。一些职业，例如咨询行业，一直强调距离，保持绝对客观，认为这是成功的必要条件。在其他行业中，客观性也一直受到高度重视，目的为了防止职业倦怠(professional burnout)、对家庭问题的过分卷入(overinvolvement)和内化(internalization)。事实上，上述任何一例之中，将教师定性为完全客观是不公平的，就如同将家长总是定性为不客观一样。部分原因可能是人们希望教育工作者保持客观，所以他们尽力通过和家庭保持距离维持可靠性。毫无疑问，在这样的环境下，合作关系和可靠同盟关系不可能形成。

关于教育工作者，许多家长持有的最后一种错误信念就是教育工作者是自由职业者，卡特勒曾经作过如下描述：

> 许多家长会问：如果学校所有教职员工都认为需要开展一项计划，那他们为什么不干脆开展呢？因为学校的任务是教育全体有特殊学习和/或行为需求的学生，家长认为：学校的教职员工会做必要的工作。(1993, pp. 35—36)

家长所没有考虑到的是：教师和其他教育工作者，不是自由职业者或计划开发者，他们受限于一种体制，这种体制对变化反应缓慢或者没有回应，这种体制时间有限，预算有限，人员也有限。教师经常在移情(empathy)并支持家庭成员的意见和无情的现实之间进退两难，而无情的现实就是代表家长/家庭成员的意见就可能让他们看起来不是团队合作成员了，这一现实，在某些情况下，可能导致自己遭到排斥(ostracism)，生涯选择受到限制，而且可能因此丢掉自己的饭碗。此外，教育工作者发现自身面临着对有特殊学习和/或行为需求学生自认的责任及对家庭的责任之间的冲突。如果这些不同的责任引起内在冲突的话，毫无疑问，教师就会选择离开，不再去建立什么有效的家庭-专业人士合作伙伴关系了。

家长和家庭成员还在其他一些方面给有效的合作关系增添了障碍。所以许多专业人士在尝试与家庭成员合作时，深有挫败感，因为家庭只是在寻找一个愿意告诉自己所想听的内容的专业人士。专业人士的行为与家庭的期望碰巧不一致时，家庭成员（同时出于好意及恶意）自然认为，专业人士的意见或为合作做出的努力是无效的，这是常见的事情，这与诊断过程相关，人们典型地称之为“调查行情”。结果，家庭成员转而求助于另一个更能满足家庭愿望的专业人士。如果专业人士不愿意将自己的意见和期望拿到台面，家长/家庭成员也极有可能不赞成他们所提供的信息或建议。

如果有过和一个有特殊学习和/或行为需求儿童一起生活的经历，那么这种经历便常常与有些感觉和观点联系起来，而这些感觉和观点对专业人士和家庭成员之间的有效合作没有益处。如前所述，虽然我们避开家长的传统看法，但是我们不愿意将伴随着有特殊学习和/或行为需求孩子诞生的情感和感情以及这段经历对家庭系统功能的冲击视作毫无价值可言。事实是，与没有特殊学习和/或行为需求的儿童相比，许多有特殊学习和/或行为需求的儿童更需要家长/家庭成员倾注更多的时间和精力。在接受有特殊学习和/或行为需求儿童的传统概念里，存在着一些真理。在教育过程中的不同阶段，家长感到过梦想破灭、失望、害怕、受挫、孤独、脆弱、愧疚，就好像他们遭遇到了不公正对待似的。同时，他们也感受到义不容辞、快乐、激动、满怀希望、充满信心以及为他们有特殊学习和/或行为需求的学生所取得的成就和成绩感到骄傲。如果家庭成员支持有特殊学习和/或行为需求的家庭成员，那么，重视专业人士代表一方而忽略另一方就不公平。

然而，对于有些家长和兄弟姐妹来说，抚养或和有特殊学习和/或行为需求的孩子一起生活的经历往往让人感到非常压抑。同样，有些家长和兄弟姐妹则可能通过创造不现实的期待目标（要么过于积极，要么过于消极）或者通过否认某些缺陷来应对孩子的学习/行为需求。不过，对于一个有特殊学习和/或行为需求家庭成员的家长和兄弟姐妹而言，这些生活场面并不稀奇。压力以及不现实的期待可能导致家长在谈及自己的情感和期待时，对自己或专业人士不诚实。在家感到不知所措的家长兴许会发现，很难向专业人士启齿：他们不想，或者其时不能承担额外的责任，比如在家和有特殊学习和/或行为需求的孩子一起学习、工作或参加包括多种学科的小组讨论会或其他有意义的活动（Cutler，1993）。家长或家庭成员可能觉得自己的权威或正直受到专业人士意见的置疑，于是便采取了一种“没有人有资格告诉我该怎么办”的态度。最终，倍感压力的家长兴许反而过分依赖专业人士，要求对方付出不合理的关注和时间。这就可能造成一些不应有的困难，损害了相互关系、合作伙伴关系及家庭和专业人士间的统一战线。

家庭参与一个常见的障碍是：家长和教育工作者经常从不同时间取向出发处理问题或难题。教育工作者倾向于着重未来，看 1 年、5 年或 10 年之后发生的事，而家长，经常迫不得已，必须一次以一天为取向，因而不能或不愿意展望自己孩子的未来。许多教育工作者愿意和家庭成员一道讨论可能的成人生活及工作选择问题，他们认为每年的 IEP 会议上都要把这些想法拿出探讨和修改一番。当我们不得不考虑究竟会产生什么样的不良后果时，我们中多数人都会拖延下去。家长可能担心未来，对可能性产生误解，对长远目标不太感兴趣，因此采取一种"未来问题以后再解决"的态度。在太多的案例当中，医疗专业人士，有时包括教职员工，都认为孩子的未来可能性是唯一的，那就是不容乐观。甚至在 20 世纪 90 年代后期，一生下有特殊学习和/或行为需求的孩子时，就有人经常告诉孩子的家长：把孩子送进收容所是他们理智考虑后的最佳选择。这一断言基于这样一种观念：这完全是为了全家人的利益着想。可以理解，这种注定厄运的预言(doom-and-gloom prophecy)使得家长不愿意关注未来的结果。

其他导致家庭参与无效的障碍并非是由家庭或教育工作者引起的，而是合理的差异。在合作过程中，家长和教育工作者一样，很可能无形中感受到竞争的压力。家庭成员最了解孩子，因此会觉得自己是最有效的老师，而专业人士却觉得，自己具备良好的教育背景和专业知识，自己才是最好的教师。双方的说法均有合理之处，因此，这也表明，如果家庭—学校合作过程失败，指责一方或者让一方全力以赴都没有什么用处。很显然，在家校合作过程中，家庭和学校都应当不遗余力，这样，有特殊学习和/或行为需求的儿童才能得到最适当的服务。

家长—专业人士合作伙伴关系的策略

为了克服家庭参与的障碍，专业人士需要认识到：教育过程之中，家庭的作用已经发生变化且将继续发生变化。教育工作者的角色必须做出相应的改变以适应、配合这一变化，充分利用这一变化。麦克法登(McFadden)和伯克(Burke，1991)为人类服务确立了一个新的范式(paradigm)，包括本世纪的教育。这一范式"假设社会秩序内，大多数重要决定是在地方层次上做出的……这样人们就有权针对影响自己生活的问题形成解决办法"。(p. iii)这一范式中介绍的主题是赋予权(empowerment)、领导权、选择及灵活性。学校改革提议已经反映了这些主题。这一范式内部，决策过程中增加家庭成员的参与度成为专业人士的责任。麦克法登和伯克声明：

> 我们坚信：影响患有发展性残障的人群及其家人的生活质量体验的决定，最好应与消费者(即残障人及其家人)协商并有其参与下做出。(1991，p. iv)

教育工作者极少把学生及其家庭成员看作是"消费者"。"教师"和"学生"这两个术语暗示了一种远离消费者概念的关系，而消费者通过自身行为直接要求提供怎样的服务。师生关系更像是家长子女关系。为了建立真正的合作关系，教育工作者需要在自己多种身份(multiple identities)里再加上一个"使能者"(enabler)的角色；同时需要把教育计划、决策过程中把实现家庭和学生赋权(empowerment)自己其更大的作用视为自己的责任。这样做的话，他们就会为残障青年获得更为积极的成人结果提供舞台，同时也为自己成就成功的人生。

辛格和帕奥斯(1993)确认了几条家庭支持的基本原则，这些基本原则可以应用于授权家庭参与教育计划和决策过程。授权做法旨在提高团体意识以及家庭可靠的同盟意识(Turnbull& Turnbull,2001)。特殊教育一直是而且将继续是一个过程，通过该过程，学生和家庭成员从学校的主流中分离出来。我们已经为有特殊学习和/或行为需求的学生开辟了独立的途径。在此过程之中，我们将家庭从主流中移开，由此减少了他们在学校事务中的参与度。举个例来说，有特殊学习和/或行为需求学生的家长，不是通过家长教师协会(the Parent and Teacher Associations, PTA)与其他家长互动，而是参加特殊教育家长教师协会(SEPTA)。为了提高有特殊学习和/或行为需求青年家人的共同体感，教育工作者需要重视所有家庭及其成员的普通要求，致力于提高家庭和更大团体的联系以获得更广泛的支持。1997 年《残障人教育法》(IDEA)将这一原则定义为"了解家庭"(knowing families)。而 Turnbull 和 Turnbull(2001)则将其定义为"几项义务"——这样，在专业人士和家庭成员间打造可靠的同盟军便成了要求。这些可靠的同盟军能够为所有生态环境(学校、家庭和社区)下的合作关系保证机会。图 4.1 所示的要素构成了这一可靠同盟的成分。

合作伙伴关系的机会和可靠同盟的义务

合作伙伴关系的机会	↔	可靠同盟的义务
可靠同盟者之间的交流		认识自己
满足家庭成员的基本需要		了解家庭成员
推介并评价特殊教育		尊重文化多样性
为适当的教育实现个人化		确认并建立家庭优势
拓展家庭和社区内的学习		促进家庭选择
积极主动参加学校活动		鼓励提出更大期望
		实践积极的沟通技能
倡导改进教育制度		保证信任和尊重

图 4.1 合作伙伴关系的机会和可靠同盟的义务

选自《家庭、专业人士和特殊儿童：为授权而合作》(*Families, Professionals and Exceptionality: Collaborating for Empowerment*)，34 页，A. P. Turnbull & H. R. Turnbull，2001 出版，Upper Saddle River, NJ: Merrill/Prentice Hall，2001 年版权归培生教育有限公司所有。转载已获得授权。

家庭参与的另一个原则是更广泛的关注家庭的需求，不仅仅是关注以孩子为中心的个性化需求。这就意识到：有特殊学习和/或行为需求学生的成功直接和家庭的成功联系在一起。学校越来越成为提供以社区为基础的家庭服务中心。即使这样齐全的服务不存在，学校也能够提供推介服务（referral service）。

再者，学校必须鼓励共担责任、真诚合作。法律规定家长是平等的参与者，专业人士必须这样看待家长。正如辛格和帕奥斯（1993）曾经详细论述的那样，所有家庭皆有其优势；当一个家庭中发现问题时，如果有机会并有可利用的资源，家庭成员能够学会解决这些问题。实践者必须将种种假设和偏见搁置一边，让家庭成员能够体验有意义的管理和选择。

授权家庭的各种尝试必须认识、保护家庭单元的完整性。特布尔等（2001）的"了解家庭"理念是一种聚焦专业人士、家庭成员的途径，这种途径能够有助于加强家庭和学校之间的合作。美国是一个多元化、多样化社会，教育工作者必须尊重存在于有特殊学习和/或行为需求学生家庭内部的不同文化信仰和文化差异。辛格和帕奥斯（1993）也指出：专业人士必须尽可能地尊重家庭禁忌和隐私。许多特殊教育工作者至少暗示：家庭环境应该效仿学校环境。试举一例，教师可能会让家庭给自己的孩子一份工作表，使家庭内部活动自然有序地进行。事实上，很多发展前景、有教育意义的机会存在家庭之中，故此，可以恰当引导家庭利用这些机会作为学习体验（后面会提供一些 LCCE 轻度/中度课程具体细节）。布罗林（1997）报道说，LCCE 轻度/中度课程方法的一个关键因素是特殊教育工作者和家庭间的结盟。在发展有特殊学习和/或行为需求学生所需的生涯教育/衔接技能时，LCCE 轻度/中度课程方法包括了一个主要的家庭成分，以促使学生能在社区的生活和工作中像正常成人一样过日子。

如果教育工作者开展工作的前提是努力授权家庭，将重心放在有特殊学习和/或行为需求的个人身上，首先把他们看作人，就很有可能赢得这场战役。这样的态度表现在行为举止的变化中。为了鼓励家庭参与、反映上述取向的学校实践，弗拉克斯曼和英格（1991）提供了一些实用性的建议：

- 增强学校教职工对于家长时间有限的意识和敏感性，提前宣布召开交流会，留足充分时间让家长有备而来；
- 赋予家长权利可随时参观学校、参观教室，利用图书馆，与教师、管理人员沟通；
- 在学校、教堂等地建立家庭学习中心并给予支持，为想要帮助子女学习的家长提供帮助；
- 让各种社区团体有机会利用学校设备开展活动；
- 促使青少年、单亲、工作中的以及监护的家长之间交流，形成相互支持性小组；
- 提供儿童上课前照看服务，确保参加工作的家长能在上班前与教师会面；
- 举行晚会，照看孩子，关心孩子成长，以便让工作的家长参加；

● 举行傍晚大会，结识为学校作出贡献的学生和家长；

● 为家长建立双语热线。

● 以家庭的语言向家长传达信息，不仅包括常规通知，而且包括家长在家能做来帮助教育孩子的事情；

● 学校不要临到最后取消某项决定；

● 用学校里各个家庭所说的各种语言符号印制一些符号标记。（6 页）

桑农斯卡因（1981）指出：如果教育工作者认为所有家长皆有长处，并将家长视为可靠的同盟伙伴的话，他们将很快在相互信任、相互尊重的基础上，建立合作关系。她确认了这种良好关系表现的明显特征如下：

● 即时公开地分享信息、印象和评价结果；

● 合作者能够彼此坦诚地交流情感、需要以及优先考虑的事项，不用担心被对方轻视；

● 合作者能够彼此寻求帮助，且不用担心被认为是软弱、无能；能够坦率地说“我不知道”或“我不明白”，不用担心有损尊严或可信度；

● 努力做到避免使用术语或任何倾向于让对方感到自己是局外人的做法，高度重视实施有助于对话和平等管理意识的措施。（65 页）

辛克莱（Sinclair）和克里斯汀森（Christenson，1992）也认同上述特征，指出了有效、互相尊重的家长—专业人士可靠同盟关系的五大关键要素：（1）相互尊重彼此的技能和知识；（2）坦诚明确的沟通；（3）双方信息共享；（4）达成共同的追求目标；（5）共同计划和决策。和许多人一样，二位专业人士都强调沟通是合作的第一步。

衔接计划中的家庭关注

我们已经明确说明，有遭遇学校失败风险的或有特殊学习和/或行为需求的学生家庭（学生例外），在从学校到成人的衔接过程中，收获、损失都可能最大。尽管和以前相比，为数更多的已成人的子女依然和家长生活在一起，残障成年人的这些比率仍然超过全国平均值。总体而言，有特殊学习和/或行为需求的年轻人处于失业或没有充分就业状态，依靠家庭成员提供生活开支和居所，与社会脱节。大多数家庭在衔接计划中共同关注的一个主要问题就是：尽可能让自己的子女有能力独立生活。

许多家庭对自己在衔接计划中的作用没有底；子女离开公立学校后，他们不知道如何选择；多数情况下，避免思考这一结果。以前，只有教育工作者帮他们处理计划和决策过程中的问题；现在，成人服务提供者、职业康复顾问以及其他人士必须参与到衔接计划过程之中。有关如何运转教育制度的“内线”知识不能直接应用于这些其他系统，因此家长觉得自己似乎又得重新开始。得知一毕业之后，也没有一项资格型福利计划(entitlement program)规定保障个人就业或独立生活后,家长们往往惊讶万分。正是因为这些原因以及其他诸多原因,比起有特殊学习和/或行为需求子女的青少年期,衔接阶段可能更加有压力,更容易引起焦虑,更别说茫然了。

教育工作者能够采取很多措施减少这种担忧,促进衔接期家长和家庭的有效参与。他们能够向家长解释衔接期及衔接服务的概念,让家长了解 1990 年和 1997 年《残障人教育法》的内容,为他们提供跨过沟通障碍、顺利进入计划过程的知识。教师可以让家长意识到:他们有特殊学习和/或行为需求的子女正在体验学校阶段的衔接期及以社区为基础的活动。通过介绍积极的选择、介绍那些成功作为合格员工或社区参与者的有特殊学习和/或行为需求的学生形象,教师能够创造一个健康框架,允许家长超越以前固有的旧观念或期望。衔接期相关的目标应该是自小学教育以来,有特殊学习和/或行为需求学生的教育规划整体的一部分;不过,在青春期期间,这些目标才变得尤为重要(而且有法律规定)。家庭在经历了为有特殊学习和/或行为需求的子女设置贯穿其教育规划的衔接期目标以后,在孩子的青春期更加愿意、且有能力参与衔接计划过程之中。

协助家庭成员帮助他们有特殊学习和/或行为需求的子女培养积极的工作习惯和行为举止、成功必需的自我决策技能和自信心,是十分重要的。再者,这也不是什么教育工作者可以代替家庭做的事情。教育工作者应该成为同盟中的"使能者",必须为家庭提供独立完成上述行为所必要的支援和信息。为家庭促进子女形成独立能力和自我决策,戴维斯(Davis)和韦迈耶(Wehmeyer,1991)曾经提出了 10 个步骤,教育工作者可以向家长提供这样的信息:

1. 权衡保护和独立之间的关系,让孩子探索自己的世界。

2. 子女有必要了解:自己的所说所行非常重要,会影响他人,这也涉及冒险和探索。

3. 自我价值和自信心是培养自我决策的关键因素。以身作则,为你的孩子树立榜样,展示你积极的自尊感。

4. 关于孩子残障的差异问题,不要逃避。然而,这并不意味着关注残障状态的消极方面。应强调:每个人都是独立的个体,鼓励孩子发展自己独特的能力,帮助孩子接受无法避免的限制。

5. 认识达到目标是个过程,不只是追求结果。

6. 为不同年龄、不同背景孩子的互动安排机会。

7. 制订现实而有抱负的理想。

8. 让孩子为自己的行为(无论成功或失败)负责。

9. 不要把选择机会扔给偶然。

10. 提供诚实、积极的反馈意见。关注需要改善的行为、任务。

有些情况下,对于教育工作者而言,如果可能的话,很难做到看似和气、不傲慢地提供此类信息；这样，对教育工作者来说，充当推介人员将家庭和支持、倡导团体联系到一起可能不失为明智之举。大多数这样的团体都由家庭的成员和家长组成，而这些家庭的成员和家长又有相似的家庭经历，因而能够坦诚地、不居高临下地提供信息。联邦政府为提供多样信息和支持性服务的各州家长培训信息中心（Parent and Training Information Center）提供基金。专门支持残障的团体、倡导组织（advocacy group），诸如 Arc 组织，在全国各地都有州、地方分会，而这些分会管理着相应的支持性团体、提供信息和推介服务。衔接阶段可能还会存在不同家庭之间的互动和沟通，这些互动和沟通也提供了有价值的联系和信息。

让家庭参与 LCCE 的策略

LCCE 轻度/中度课程概念明确将家庭视为教育计划和决策过程中必不可少的一部分；同时，也把家庭纳入扩大以学校为基础的活动和以社区为基础的活动之中。LCCE 轻度/中度课程的一个特色就是：要求学校更紧密地与家庭和社区机构合作。大部分学习发生在学校之外。生涯教育/衔接期规划促进了家长和社区机构之间的合作和同盟，由此，工作领域重要的学习内容便在学校以外被传授。其间，家长和社区成员越来越了解，也越来越支持学校课程和目标（Brolin，1993a，p. 5）。

因为 LCCE 轻度/中度课程聚焦于生涯教育/衔接期规划，关注学生未来和业余爱好需求的完整性，因此，对于利用 LCCE 轻度/中度课程的实践者来说，确保基于稳固的学校—家庭合作关系上的家庭积极参与，显得尤为重要。Loyd 和 Brolin 强调指出：

> LCCE 轻度/中度课程计划应该鼓励家长参加自己子女的生涯发展规划。家长/家庭成员是角色模型（role model），所以他们能够提供与工作相关的责任意识。通过示范及实际的家庭、社区培训，家长能够负责教授基本的生活技能和态度；通过培养生活技能和态度，他们在子女的生涯发展过程中，发挥着启蒙、激发的作用。在学校、家庭和社区里，学校和家长/家庭成员的努力应该以充分重视学生的生涯发展为目的。（1989，p. 1）

多数针对 LCCE 每项能力的 LCCE 轻度/中度课程计划都包括具体的家庭活动，而这些家庭活动则拓展了以学校为中心的活动。这些活动包括详细的指导以及必需的设备，来帮助家长/家庭成员开展以家庭为中心的活动。另外，LCCE 轻度/中度课程的实践者，如果能超越仅仅是实施家庭活动的范围，该过程会更加有效。LCCE 能力及子能力涉及生涯教育的具体行为和态度领域，对从学校到工作到社区生活的成功衔接至关重要。这些技能和能力可以为学校和家庭之间开展对话提供基础。如果家庭成员明白他们和自己有特殊学习和/或行为需求的子女一起所做的切切实实的努力会产生实际有益的效果，那么他们会更愿意参与其中。然而，正如前面所论，这是双向的对话（two-way dialogue）。

当家庭成员理解了以家庭为中心活动的实用性，感受到作为决定小组不可或缺的成员的权利，他们便可能开展满足 LCCE 轻度/中度课程所确认的需要的活动，甚至超越原定的课程计划，而将这些重要目标引进其他生态环境。教师可以给家庭提供如下一些理念作为起点，帮助他们了解如何可以积极参与到 LCCE 轻度/中度课程过程之中：

- 经常在住宅周边提供身体锻炼或运动性活动机会，鼓励较幼小的有特殊学习和/或行为需求的子女参加大动作活动（gross motor activities）和精细动作活动（fine motor activities），这些活动包括所喜欢的休闲、娱乐性运动的精细动作活动。
- 为孩子提供动手的机会，培养他们某种与工作相关的活动概念。这些活动包括与家人一起整修房屋、维修普通工具活动；还可以包括在家使用电脑，参与经济计划和决策活动。
- 为学生安排具体的工作。这些职责应该在一定的时间范围内按照具体规定完成。对学生的另一个期望与他们完成工作的行动方案设计有关，这个方案包括日常生活有规律，作息时间稳定，将工具或日常用具放回指定地点。
- 识别社区中不同工作人员所做的不同工作；参观工作场所，在家中对这些工作场所展开详细讨论；主动让学生参与讨论并提出意见。这些讨论有助于学生表达个人见解，提出关于工作的问题；同时也有助于建立工作价值观、兴趣及长远的志向。
- 讨论家庭成员的工作、必要的培训、困难和报酬。如果条件许可，安排学生参观家长的工作地点或工作设备。这样做，可以增加学生的知识，进一步认识家庭在社区中所扮演的角色。
- 提供多种多样的家庭计划和活动，例如，户外野营、体育比赛、长途旅行、教堂礼拜等，以便让学生能建立自己的业余爱好、娱乐消遣和交际技能。这些家庭计划和户外活动也为残障学生提供了交流思想和情感的机会。多种类型的沟通对帮助学生树立正确的人生观、价值观以及自己在社会中的各种角色有重大意义。
- 坚持学生自己拿主意。加强决策过程意识，包括考量不同的选择和结果。对培养自我决策和独立能力来说，解决问题能力及决策能力不可或缺，而这两种能力都发轫于家庭中选择和做决定的体验。
- 通过成功的强化以及提供为家庭决定作出贡献的机会，帮助学生获得心理上的安全感。评价应该诚实，但不应该把重点放在学生身上，而应聚焦于任务本身。如果学生没有成功，关于如何纠正不足的积极反馈和如何提供支持才能确保成功都是行之有效的学习方法。
- 为实现与良好的成人生活密切相关的教育目的和目标，应和学校教职工紧密合作。依靠家庭合作全力支持并丰富某些课堂活动。举例来说，教师可以经常利用课堂活动来教育学生，让学生了解家长的工作。这些活动可以包括角色扮演、孩子与家长互相采访及全班实地参观家长的工作地点。班级的会议也支持家庭尝试建立诸如交流和解决问题的个人技能。

● 帮助学校教职工体验社区经历，例如实地考察、做客座演讲及工作经验等，以此拓宽课程机会。

● 鼓励学生积累兼职工作经验，参加社区工程及培养兴趣爱好来向不同的人展示自我以及自己的生涯。

● 参加校顾问委员会，关注课程设置、资源开发以及其他衔接/生涯教育问题。

很多教师已经认识到，家庭成员能影响学校的某些变化，而教师却不能。家庭成员可以成为教师最大的支持者，为诸如 LCCE 轻度/中度课程一类的社会参照课程的实施而呼吁，并确保充分的资源致力于此项事业。同样，家庭和学校的合作能够弥补教师活动的不足。试举一例，由于财政方面的限制，学校可能会限制每年参加社区活动的数量。然而，在从事课堂教学的教师的指导下，家长可以带孩子外出活动，参观工作活动中心。

IEP 以及衔接计划中能力的利用为专业人士和家长/家庭成员见面交流意见、形成计划/同盟提供了坚实的基础。在家中，家长不可能想出培养有特殊学习和/或行为需求子女的 22 项能力的措施，但是，他们应该能够更好地理解学校规划的方向，明确可以在家庭里立即实施的能力领域。有特殊学习和/或行为需求学生 22 项能力的获得能够成为衔接期计划中教师—家长互动的参照点。这使得教师和家庭能够在达成共识的基础上开始计划过程，理解哪些技能是衔接过程中必备的技能以及完成这一过程需要做哪些事情。围绕 LCCE 能力问题，科克斯基(Kokaska)和布罗林(Brolin，1985)曾经列举了几条关于行事、计划以及评价活动的建议：

● 根据本学年内能够掌握的能力，评价学生目前的位置。这一环节在教育背景中是标准做法，但在家庭环境下则较难进行。不能指望家庭成员像教师那样观察记录学生在各项活动中的进步。关于有特殊学习和/或行为需求学生在家庭活动中能力上的进步，家庭成员可以通过书面记录或学校给家庭的学校日志(家校练习簿)，向老师提供反馈信息。

● 开展旨在提高有特殊学习和/或行为需求学生能力的活动，尽可能让家庭成员更多参与活动计划和过程。很多有特殊学习和/或行为需求学生能力的培养，如日常生活技能和个人交际技巧的养成，都与同辈、兄弟姐妹或其他亲戚的参与分不开。这个过程保证了教育规划里能够获得为数最多的“老师”。然而，我们必须谨慎，不能不公平地去要求兄弟姐妹、表亲、堂亲、其他亲戚或同伴抛弃朋友、玩伴、照顾者的角色，充当制度化、系统化的“教师”的角色。再者，教育活动中的家庭参与需要在家庭环境中自然迸发，因此不能将诸如“教师”之类的角色强加在家庭成员身上。

● 强调衔接/生涯发展作为一个过程的重要性，这个过程从童年开始贯穿成年期。较幼小儿童的家长很难预测孩子的发展道路，他们也不必为此多虑。正常刚学走路的幼儿家庭很少会去规划孩子成年后的事。然而，只有继续关注衔接期/生涯发展及阶段性习得，家庭才能够顺利应付他们有特殊学习和/或行为需求子女意识发展的相应阶段。

● 鼓励家长提出问题，给出意见，谈出想法，说出目标。LCCE 课程计划中家长参与得越多，有特殊学习和/或行为需求的子女从该过程中所获得的收获就越大。

● 在计划过程中，对家庭要开诚布公、直言不讳，但这并不意味着诚实到残酷的地步(brutally honest)或者悲观到愚蠢的地步(unfairly pessimistic)。教育工作者应该认识到自己的偏见，认识到在 LCCE 轻度/中度课程方法中如何影响自己有特殊学习和/或行为需求的学生，影响他们如何正确看待自己的未来。合作应建立在信任和互相尊重的基础之上，而唯有开诚布公地沟通，才能建立愉快的合作。

● 制订家长能够遵守的且与课堂授课保持一致的常规活动表。活动安排应该具体考虑到有特殊学习和/或行为需求的学生个体和家庭条件。不过，这并不意味着教师要把自己的教案交给有特殊学习和/或行为需求的学生的家庭，让家长过目、批准。家长的活动表能帮助教师估计、评价课堂授课、日常家庭作业以及有特殊学习和/或行为需求的学生在家中应该完成的练习；也能帮助家庭提前计划家庭生活，识别可利用的资源并为活动做准备。

最后，洛依德和布罗林(1989)提供了一份更为实用的日常生活安排策略，教师可以用这些策略鼓励家庭参与到 LCCE 课程之中：

● 安排衔接/生涯发展会议，与家长见面协商教育规划。此会议应根据需要尽可能经常召开，且与 IEP 或衔接期计划会分开举行。如果合适的话，会议可以在校外召开。这就为家长提供了一个自由交流内心真实想法的平台，家长可以为衔接过程献计献策而且不必带上包裹远途跋涉。

● 参观有特殊学习和/或行为需求的学生的家。如果可能，就在家庭环境下进行教学，确保所学知识和技能的普遍性。至少，让家庭觉得教师愿意家访、重视家访。如果家庭成员不情愿，那就不要强人所难。

● 鼓励家庭成员直接参加 LCCE 轻度/中度课程活动，到课堂观察、参观。参观结束后，留足时间答疑，解释教学技巧，鼓励家长更加努力。

● 让家长参与学区内的讨论，商讨衔接与生涯发展。确定针对衔接过程重要问题的社区讨论会，并与家长一起出席这些会议。

● 关于 LCCE 课程的进程和规划，举办有组织的专场讨论会，以便让家长对 LCCE 课程有更全面的了解。同时，记住：这是非强制性的；关于 LCCE，不应指望家长跟老师一样具备同样丰富的经验。

● 举办聚餐会，其间提供照看孩子服务，以便家长能够放松，无拘无束地交谈

LCCE 计划、生涯发展以及从学校到工作和社区生活的衔接教育。

洛依德和布罗林(1989)也曾就 LCCE 轻度/中度课程能力培养问题列举了一些家长/家庭能作出的贡献。下面的实例表明家中可以如何重视和实践 LCCE 轻度/中度课程能力。

管理个人财务

家庭帮助有特殊学习和/或行为需求学生培养管理财务能力的最简单方法之一是：直接让其体验财务管理，正确认识钱币，允许学生单独进行购物并正确找零而回。依据有特殊学习和/或行为需求学生的能力水平，允许管理一周零用钱是一种可行的持续性财务管理活动。这些技能和理念与培养独立自主的能力碰巧相一致。

选择管理家庭事务

使用常用家用电器和工具是一项子能力，家庭能够经常提供直接指导。做家务通常是日常活动，有特殊学习和/或行为需求学生能够参加这种活动。给学生做示范也许有益，但是，直接参与更有助于这一能力的培养并最终让有特殊学习和/或行为需求的学生能够独立生活。

照顾个人需求

穿着得体是照顾个人需求这一能力中的子能力，这种能力可以在家中直接培养。教授孩子穿着技巧不是为他们挑选衣服，而是教他们如何正确选择合适的衣服。这一能力也包括基本卫生常识和梳洗打扮，这些方面都可以在家中通过各种方法培养。

抚养子女和承担婚姻责任

这些技能包括成功地模仿婚姻承担的责任和生活方式。家长可以强调履行这些责任的重要性。

购买、准备和消费食物

这一能力包括食物选择、食物购买和食物准备，这种能力很容易展示、解释和讨论，也很容易在家长直接监督下不断地实践。

参加公民活动

这一能力包括让有特殊学习和/或行为需求的学生了解法律、法规以及当地的社区规章制度，带领有特殊学习和/或行为需求的学生去熟悉不同的组织，并让其参加社区丰富多彩的活动。家长的参与能够直接鼓励、带动有特殊学习和/或行为需求的学生积极参加公民活动。

追求休闲娱乐

家长可以让有特殊学习和/或行为需求的学生熟悉娱乐设施和娱乐方式，度过自己的空闲时间，和他们一起参加休闲娱乐活动，鼓励他们根据自己的预算选择恰当的休闲娱乐生活方式。让有特殊学习和/或行为需求的学生参与计划家庭假期或出游有助于进一步培养自己的休闲娱乐兴趣(Loyd & Brolin，1989)。

以上这些策略仅仅是几种让家庭参与LCCE轻度/中度课程主要能力和子能力的培养方法，这些方法可以提供给他们有特殊学习和/或行为需求的子女。事实上，教育工作者和家庭成员一起合作，达到共同目标的能力和意愿可以创造一切可能性。

本章评论

在这一章里，我们强调了对于有失败危险的学生以及有特殊学习和/或行为需求的学生在教育计划和决策、衔接计划以及LCCE轻度/中度课程过程中，家庭参与的重要性。家庭参与反映了最近几十年教育领域的变化以及教育发展过程中人们对学习的理解。如果教育工作者想要获得成功，那他就必须在教育过程中向家庭成员和有特殊学习和/或行为需求的学生释放更大的权利，必须视家庭成员为真正平等的参与者，并与之一道携起手来，发展合作关系。在实践过程中，许多教育工作者需要检查自己对家庭及家庭在教育中的作用的观念，重新审视有特殊学习和/或行为需求的人群及其在社会中的作用。通过调整自己的实践适应这些变化，教育工作者就能保证，自己指导的有特殊学习和/或行为需求的学生能够获得更大的成功，同时，自己本人也能获得更大的事业满足感和成就感。

活动

1. 制订一个家长/家庭参与计划(a Parent/Family Involvement Plan)，框出你打算采取的步骤，以便让你的有特殊学习和/或行为需求的学生的家庭名副其实地参与到你的功能课程计划之中来。列举一组有说服力的理由，让大多数家长确信：在你的教育活动中，他们是重要的参与者。

2. 假定你的孩子家长愿意并且准备好参加你的课程活动，而你正在实施LCCE轻度/中度课程。回顾一下个人—社会领域或职业领域所需要的能力，然后开发一系列活动清单，让家长可能参与以帮助子女获得相关方面的能力。

第五章 机构、组织和信息资源

先行思考题

1. 指出有助于提高生涯发展和衔接服务的三个联邦政府机构，说一说它们特别的作用。

2. 确认六个或更多的地方社区机构和其他资源，你可以用来培养学生功能技能并为他们提供衔接服务。

3. 解释康复顾问在为教育工作者、在校学生以及离校学生提供服务中可能扮演的角色。

4. 你会怎样着手决定和学生一起获得哪些机构的参与，怎样获得这些机构的合作。

5. 什么是康复设施？教育规划中如何利用康复设施？

6. JTPA 是什么概念？它是如何在衔接/生涯发展中帮助有学习困难的学生的？

7. 中等教育毕业后，可以得到怎样的服务来传授学生实用的功能生活技能，以便他们获得令人满意的工作和社区独立生活的能力？

8. 哪些地方/专业组织能够为衔接/生涯发展需求，提供信息、指导以及直接服务？

9. 解释社区资源目录簿的构成和作用。

10. 找出三个特别有用的、能够促进衔接/生涯发展和衔接质量的全国性的信息系统或信息来源。

本章概述

生涯教育/衔接概念最主要的贡献之一是：成功地使众多社区机构和组织加入到学校为生涯发展和衔接努力工作的行列中来。除了能够利用学校环境中不易得到的许多专业知识外，让社区机构和组织参与进来，还有一些特别重要的原因。首先，这些机构和组织有资金、设备、合同，还有一批学校资源中没有的赞助者；其次，这些机构组织有助于改善学校的科目、保证设置；再者，在学校实施衔接/生涯教育过程中遇上财政吃紧需要时，这些机构组织有时能够伸出援助之手；最后，这些机构和组织参与衔接/生涯发展活动，能够消除公众对有特殊学习和/或行为需求个体的否定态度和错误想法。

许多市民的、专业的和私人非营利性组织以及政府机构多数都位于中等或较大的社区。关于衔接/生涯发展，除了许多地方性途径外，还有一些州和国家资源，地方人员也可用这些资源来获得额外信息、宣传资料、联系方式、可能性资金支持，在有些情况下甚至可以得到直接服务。学校教育工作者不要指望自己能够教会所有有特殊学习和/或行为需求的学生在自己社区中正常工作和生活所需的所有功能技能。前一章中，我们已经讨论了教育过程中家庭参与/同盟的重要性。这一章，我们着重指出并描述为学生提供生涯发展/衔接经历以及其他服务中教育工作者可以利用的几个重要资源。第一部分确认、解释教育工作者可获得帮助的重要联邦、州以及地方机构；第二部分就如何利用上述机构为生涯发展/衔接服务给出意见；第三部分确认并解释几个为生涯发展/衔接援助设立的重要联邦、州和地方组织；最后一部分描述了几个可获得有关生涯教育、功能技能和衔接规划的资料及参考书的主要信息系统。

本章瞭望

作者简介：阿登·史蒂文斯(Arden Stephens)，博士，哥伦比亚区职业中心(Columbia Area Vocational Center)公立学校行政助理。

开始实施衔接计划时，教师第一个可利用资源(resource)，也是最好的可利用资源便是学生。学生的兴趣、才能和需要，如果能够转变为成人生活目标，就会为学生未来环境提供一个愿景。对学生和未来环境要求的理解是决定达到目标所需资源的基础。在衔接计划里，家长是第二个最好的资源。当学生的长远目标和家长的长远目标刚好一致时，参与计划的所有人就可以为同样的结果一起奋斗。此时，衔接计划小组才能够为学生确定必要的机构、组织和教育资源，促使他们在自己选定的未来环境里获得成功。教育资源包括整个社区，而学校只是其中的一部分。

教师往往没有时间和所有与学生能联系到的机构和组织发展合作关系。多数情况下,这些关系通过某个学生的需要开始。衔接小组创造通往未来环境的途径,而小组成员(包括学生和家长)负责开拓必要的资源。教师为了满足一个学生的需要经常与一些机构和组织取得联系,这时,他们便建立资源目录簿以备将来使用。最常见可利用的资源是地方资源,包括州机构的地方办事处,包括职业康复(Vocational Rehabilitation)机构地方办事处和心理健康/发展性障碍(Mental Health/Developmental Disabilities)机构地方办事处等。教师在寻找各种可利用资源的同时,也发展和机构、组织个体的关系。对于合作计划来说,这些关系非常重要。一旦关系建立起来,下一个学生获得资源就容易多了。一些学区行政部门出版自己的地方资源目录簿,这种地方资源目录簿有助于教师向学生和家长解释哪些是可获得的资源。不过,教师与机构或组织中个人之间的关系在为学生获得及时服务方面是有帮助的。

衔接计划要求学校、家庭、社区及地方机构和组织互相依赖。寻求的适当服务包括国家数据库、州或国家机构以及向各行各业的专家征求意见。当衔接规划团队对用当地现有资源来满足学生需要没有把握时,这些办法非常有用。对于大多数学生来说,衔接计划会建立关系,会形成地方企业、机构和组织中个人一种稳定的相互依赖关系。

政府机构

这部分将确认并描写一些主要的负责有特殊学习和/或行为需求的个人和弱势群体的教育、生涯发展以及衔接规划的联邦、州和地方政府机构。第一批要讨论的机构是联邦级机构。读者可以参考表5.1,以便对即将要讨论的机构作一个整体了解。

表5.1 重要的联邦级残障人和其他学习困难者生涯发展机构

机　　构	美国部门/分部	机　　构	美国部门/分部
特殊教育、职业康复服务办公室	教育	儿童和家庭管理处	健康与人类服务部
特殊教育规划办公室		发展性残障管理处	
康复服务管理处		总统智障委员会	
国家康复研究所		国家残障理事会	独立机构
成人和职业办公室	教育	退伍军人管理处	退伍军人管理处

联邦机构

美国教育部负责为有特殊学习和/或行为需求的人提供教育及康复服务的主要机构有特殊教育计划办公室(the Office of Special Education Programs, OSEP)和康复服务管理署(the Rehabilitation Services Administration, RSA),而这两个机构都是更大的机构,即特殊教育和康复服务部办公室(the Office of Special Education and Rehabilitation Services, OSERS)的分支机构,特殊教育和康复服务部办公室还包括致力于技术成就、资金研究和示范工程研究的国家残障和康复研究所(the National Institute for Disability and Rehabilitation Research, NIDRR)。

特殊教育和康复服务部办公室(OSERS)及其分支机构负责贯彻执行 1997 年的《残障人教育法》和《康复法》(*Rehabilitation Act*),以确保特殊教育规划和服务明确地设计出来,满足有特殊学习和/或行为需求学生的需求以及充分开发有特殊学习和/或行为需要的学生的潜能;确保系统的康复服务项目能够减少人的依赖性,增强独立能力,充分发挥所有残障人的生产能力(productive capabilities)。服务项目包括支持各大学开展教师培训、康复咨询师(counselor)培训以及其他专业人士的培训;提供研究资助(grant);提供财政支持帮助各州机构开创、拓展和改善自己的可利用资源;提供传媒服务,例如为耳聋者或听力困难者上映加字幕电影(captioned films)。康复服务管理署(RSA)为区域办事处以及州机构提供资金,以便于这些机构能够按照既定规则实施服务规划。教育部中的另一个部门——职业和成人教育办公室(the Office of Vocational and Adult Education),管理职业教育资金,这些款项拨给各州机构以便实施学生(包括有特殊学习和/或行为需求的学生以及弱势群体学生)的各类计划。

美国健康与人类服务部(the US Department of Health and Human Services)的儿童和家庭管理处(he Administration for Children and Families)之下还设有发展性残障管理处(the Administration on Developmental Abilities, ADD),发展性残障管理处管理各州公式补贴(formula grants),供 22 岁以下患有发展性残障人使用,这个群体包括大约 300 万智障者、脑瘫痪者、癫痫症患者及孤独症患者。发展性残障管理处向有大学参加的或对全国性意义的项目提供资金资助;同时,也为这些人建立州一级保护和呼吁性服务机构。根据能源与商务委员会(the Committee on Energy and Commerce)的一篇报道(美国众议院,1993),相当比例的患有发展性残障的个人及其家庭没有途径得到来自一般或专门服务系统的适当支持和服务,并且一直处于无人服务或服务不足状态。这个机构的另一个分支机构——总统智障委员会(President's Committee on Mental Retardation),汇编各种信息,促进分析研究,给管理处提出意见,在涉及智障的各级机构(联邦级、州级、地方级和私人)之间起到联络站的作用。

在 1990 年的《美国残障人法案》(ADA)发展过程中,全国残障理事会(the National Council on Disability)起到了先锋作用。

全国残障理事会(NCD)是一个由 15 个成员组成的、独立的联邦机构,其中成员都是由美国总统任命,经国家参议院批准。全国残障理事会(NCD)成立于 1978 年,当时作为一个咨询委员会设在教育部内部。1984 年的《康复法修正案》将该委员会变成一个独立的机构。全国残障理事会的任务就是领导鉴别正在出现的、影响残障人生活的问题,向总统和国会提出和推介残障人政策。尽管很多政府机构也都是关注影响有特殊学习和/或行为需求人群的问题和项目,但是,全国残障理事会是唯一一个负责关注影响有特殊学习和/或行为需求人群的公共政策问题、分析这些问题并就这些问题提出建议的联邦级机构,不管年龄大小、残障类型、已体现的工作潜能、经济需求、具体的功能技能以及作为一个退伍军人或其他个体身份的地位。

近年来,全国残障理事会进行的活动包括召开各种听证会、论坛和会议,讨论相关的援助技术,ADA 研究,农村及美洲本土人(Native American)问题,健康保险,个人援助服务,少数民族问题,在国会面前论证不同种类的残障问题;为残障人就业总统委员会(the President's Committee on Employment of People with Disabilities)提供指导,向残障人、残障人家庭、残障人管理机构、国会及公众传播信息。

最后一个但也是很重要的联邦机构是退伍军人管理处(Veterans Administration, VA),退伍军人管理处提供广泛的服务规划,包括医疗、康复、教育、培训、收入保障以及其他符合条件的伤残老兵及其家属的补助费。其中的职业康复服务计划为伤残老兵提供评价、咨询、培训、就业以及其他康复服务;同时,也为牺牲士兵遗留下来的需要供养的家属,包括那些有特殊学习和/或行为需求的家属,提供各种服务。全国各地都设有退伍军人管理处地方办事处和医院。

州级机构

对于教育工作者而言,了解利用各种社区可得到的州机构资源,非常重要。具备这些资源知识应当视作一项主要的责任,因为只有这样,教育工作者才能更好地确保传授给有特殊学习和/或行为需求学生的相关知识最好,能够保证其实现从学校到就业、社区生活和活动参与的成功衔接。因为各州都有不同的复杂组织结构,所以确切地解释这些机构坐落在何处、内部管理究竟是怎样运行的也是不可能的。这就是实践者自己将不得不面对、去发现的东西。

这部分中,教育工作者在有特殊学习和/或行为需求的学生尚未离校时必须要打交道的,而且感觉起来最为重要的几个机构将被确认并扼要描述。这些机构有职业康复机构(Vocational Rehabilitation),包括支持性就业部(Supported Employment Component)、盲人办公署(the Bureau for the Blind)、发展性残障机构(Developmental

Disunities)、州就业服务机构(State Employment Services)以及《工作培训伙伴法》(*Job Training Partnership Act*, JTPA)规划处。对于这些机构和其他相关组织究竟负责为个人提供什么服务,如何让他们提供这些服务,要了解这些并顺利与之接触、合作尚需时日;然而,最终的结果会证明:付出的努力是非常值得的。下面我们将逐一讨论上述机构。

职业康复

州职业康复(VR)规划是一种联邦政府和州政府间的合作项目。大约投资规划的80%的资金来源于联邦财政,州职业康复规划的作用是提供有计划安排的个性化系列服务,其目的旨在帮助有特殊学习和/或行为需求的个人实现就业目标。为了有资格获得这些服务,要求个人(1)必须有身体障碍和/或精神障碍,实质上导致影响就业;(2)必须切实能够从职业康复服务中的职业努力受益,最后得到工作。通过职业康复规划能够得到的各项服务如图 5.1 所示。

职业咨询和指导;
职业评估;
职业培训和其他培训服务;
参加康复计划时引起的额外支出补助;
提供与职业康复服务相关的交通运输;
如果必要,给残障人家庭成员提供服务以便残障人的调适与康复;
给失聪者提供解说服务和笔录服务,给聋盲者提供手语解释服务;
针对盲人设置的导读服务、康复教学服务、笔录服务以及定向行动服务;
通讯、感觉及其他技术帮助和设备;
工作安置服务,包括职业寻找协助、安排协助、工作保留服务及个人援助服务;
保持获得服务所必需的跟踪服务以及具体的职后服务;
就业执照、工具、设备、首批货及必需品;
旨在提高或促进完成长期康复目标和中期康复目标的衔接服务;
残障人接受职业康复服务期间享受的工作中或其他相关的个人援助服务;
旨在帮助残障人通过合作协议从其他相关机构获得所需援助服务、推介服务及其他服务;
给严重残障患者或传统上尚未出现的竞争职业者提供的支持性就业服务;
职业康复技术服务;
让残障人获得雇佣所必需的货物和服务。

图 5.1 从州职业康复机构可获得的各项服务

图 5.1 所列举的有些服务是不收费的,而其他服务则需要有特殊学习和/或行为需求的个人需要和资源以及相关机构的政策而定。教育工作者应该熟悉该机构的各种资源和政策,这样才能正确利用这些资源和政策,为有特殊学习和/或行为需求的学生和家长出谋划策。

1992 年的《康复法修正案》中有一个重要的变化是：除非州机构出具“明确、令人信服的证据”，否则都认定有特殊学习和/或行为需求的个体能够从职业康复服务中获益。州职业康复机构不再不经过充分评价（来证明无法雇佣）就断言某残障人没有资格接受服务。而且，用短语“决定资格和职业康复（VR）需要的评估”（assessment for determining eligibility and VR needs）代替了“康复潜能评价”（evaluation of rehabilitation potential）。

随着《残障人教育法案》（IDEA）的通过，州职业康复机构在学生从学校到就业的衔接过程中发挥着更大的作用。

数十年来，各机构之间需要更加协调、协作提供服务，对这一点的重要性已经达成共识。1977 年，联邦 VR 机构和当时的美国教育署（the US Office of Education）之间发布了具有历史意义的“理解备忘录”（memorandum of understanding），作为两大服务提供系统对追求实现更好的合作及提供补充性的服务的承诺。两大机构的委员们将备忘录转发给各州相关负责人，要求他们为有特殊学习和/或行为需求的个人提供协调的服务。

历史性备忘录颁布后的几年里，在实现更好的合作方面确实取得了一些进步。有些州里，更加紧密的工作关系发展了起来；当有特殊学习和/或行为需求的学生仍在接受教育规划时，康复顾问就已经成为重要的合作者。不幸的是，基于不同的原因，许多州或地方康复机构，依据学生的学习或行为需求，选择等待学生毕业或更晚些时候提供服务。

康复咨询现在是一项相关的特殊教育服务。

1990 年，随着《残障人教育法》（IDEA）立法的通过，康复咨询（rehabilitation counseling）对特殊教育实践的重要性提高了，1990 年的《残障人教育法》包括将康复咨询视为一项针对有特殊学习和/或行为需求学生的相关服务，尤其是与衔接相联系的服务。这一立法的重要性在于它批准学校为衔接规划聘请康复顾问。

康复顾问应该尽早参与有特殊学习和/或行为需求学生的教育规划；在那些职业康复机构愿意提前参与的州里，可以早到小学阶段。这些专家具备丰富的劳动力市场及不同残障人就业潜能的知识；关于学习早年应该强调的各种技能和行为，他们能够给家长和教育工作者提供建议，让有特殊学习和/或行为需求的学生准备好在中学阶段更好地从高水准的功能技能和职业指导中有所收获。不仅如此，这些顾问还是有相关社区培训机会有价值的信息来源，因为和不同的雇主以及和诸如就业服务和康复机构这样的其他机构和组织的多种联系，他们有助于开启紧闭着的就业大门。然而，正如在亚拉巴马州调查康复顾问的一项研究（Browning & Brechin，1993）所揭示的那样，如果要让有特殊学习和/或行为需求的学生接受到更好的衔接服务，特殊教育和康复规划之间必须更好地协调、理解和合作。

对于重度残障人的职业准备和就业而言，“支持性就业”方案无异于让他们有久旱逢甘露的感觉。

“支持性就业”(supported employment)计划始于1986年《康复法修正案》，已经成为学校衔接规划的重要推动力。1992年的修正案声明：符合服务条件的是患有严重残障的人，由于自己特殊学习和/或行为需求的特点和严重性，他们需要获得广泛的支持性就业帮助才能跨入或保住竞争性职业。

“支持性就业”服务包括“限时”(time-limited)的不间断支持性服务和其他个人所需要的适合服务，比如：

- 一体化的工作环境下，给有特殊学习和/或行为需求的个人安排可以接受的最长工作时间；
- 提供现场强化工作技能培训以及其他由熟练职业培训员、合作技工和其他合格的有特殊学习和/或行为需求的个人提供的培训；
- 跟踪服务，包括定期与雇主、学员、家长、监护人或其他学员代表联系，让工作稳定下来。

一个成功的“支持性就业”安排并不对每周的工作时数作具体要求，而是根据有特殊学习和/或行为需求个人的专长、精力、爱好、兴趣和能力等，尽可能安排最长工作时间。

盲人办公署或委员会

盲人办公署或委员会(the bureau or commission for the blind)属于VR机构，要么是更大的州VR机构的分部，要么是一个独立委员会(25个州有这样的机构)。康复顾问都受过培训，他们帮助有特殊学习和/或行为需求的客户学习日常生活技能、运动技能，完成工作申请表并满足其他需要。该机构同时也为患有视力障碍的大学生的导读服务(reader services)提供资金。

发展性障碍

特殊教育中的许多学生可以被归类为发展性障碍患者。联邦政府提供资金支持医疗援助、职业培训及其他社会服务。这些服务由一个特殊的州机构管理。举例来说，在密苏里州，该机构设在心理健康部(the Department of Mental Health)的发展性障碍科下。近几年来，州机构的作用已经发生巨大变化，现在可能包括各机构和以社区为中心的弃权机构(community-based waivers)之间医疗补贴(Medicaid)的协调以及指定拨给发展性障碍患者的州资金的协调，包括成人日间看护计划(adult day program)、大家之家服务(group home services)、所受庇护的工作计划以及提供代言服务(advocacy services)。所提供的服务各州各社区有很大不同。比如，在北达科他州，来自机构的社会工作者(caseworkers)和学校的教职员工紧密合作，为 14 岁以上的残障人提供远程衔接服务(long-range transition services)。

1990 年的《发展性残障人援助及权利法案修正案》(*the 1990 Amendments to the Developmental Disabilities Assistance and Bill of Right Act*)将发展性残障(developmental disability)定义为 5 岁或 5 岁以上个人严重患有下列特征的长期残障：

- 可归于精神障碍、身体障碍或精神障碍和身体障碍两者兼有；
- 达到 22 岁之前开始明显；
- 可能无限持续下去；
- 导致以下三个或更多领域里的实质性功能限制：自理、语言接收和语言表达、学习、运动(mobility)、自我向导(self-direction)、独立生活能力以及经济自给自足；
- 反映个人需要个性化服务和协调特殊服务。

对于从出生到 5 岁的婴幼儿来说，患有实质上的发育迟缓或先天性(congenital)、获得性疾病(acquired conditions)，如果得不到及时治疗，患有发展性残障的可能性较高。

每个州都设有一个发展性障碍理事会(Developmental Disabilities Council)，通过系统变化，理事会按照立法规定促进能力建构、代言、以消费者和家庭为中心的综合系统、一系列针对患有发展性障碍个人及其家庭的协调服务、支持和其他援助。这个理事会在促进教育、州机构、私人机构以及社区间的服务提供和交流协调方面起着领导作用。

州就业服务聘请一名专家专门研究残障患者或有特殊学习和/或行为需求的个人。

州就业服务

全美有 2 000 多家地方就业服务机构(state employment services 或 state job services)，这些就业服务机构既负责帮助雇主找雇工也负责帮助工人找工作。按照法律，每家机构聘请一位能和有特殊学习和/或行为需求者一起工作训练有素的专家。州就业服务机构对于有特殊学习和/或行为需求的学生和弱势群体来说，是非常有价值的信息资源中心。该机构能为学校的教职工提供大量的信息，这些信息都与社区劳动力市场需求以及有特殊学习和/或行为需求的学生必须具备的就业技能有关。此外，州就业服务机构还能为许多有特殊学习和/或行为需求的学生提供下列服务：

- 评估确定职业能力和兴趣；
- 旨在提高求职技能的求职协助研讨班(job search assistance workshops)；
- 提高学生衔接能力的青年计划；
- 职业指导和咨询。

该机构帮助雇佣、培训有特殊学习和/或行为需求的个人以及其他某类人员的雇主获得特定职业的税赋优惠(the Targeted Jobs Tax Credit, TJTC)服务，同时也为个人提供成为稳定雇员的机会。

就业服务中经常被忽视的一项服务是研究计划。学生可利用的信息资源库之一是州培训规划清单(the State Training Inventory, STI)，这个清单是一种计算机化的州与地方培训资源目录清单，帮助使用者认识当地学校、学院、培训规划以及所提供的培训类型。每个州通过自己的劳动部(Department of Labor)、人力资源部(Department of Manpower)或州职业信息统筹委员会(State Occupational Information Coordinating Committee, SOICC)出版一份培训规划目录清单(STI)。1992年的培训规划目录清单资料库收录17 500所学校以及20万个培训计划项目。这一信息不需要费用或者花费不多就可以获得，而且其中的信息不断拓展、不断更新。

每个州还不断开展职业工作统计(Occupational Employment Statistics)调查，至少覆盖了750多个职业。州中的所有县都展开这一调查，调查内容包括：

- 从每个行业与行业整体雇佣中的职业就业比来看，每个行业典型的或平均的全体职业模式；
- 人们工作的行业及其雇佣情况；
- 职业就业预测(occupational employment projections)。

《职业分类大辞典》(*The Dictionary of Occupational Titles*)、《职业展望手册》(*Occupational Outlook Handbook*)和《职业展望季刊》(*Occupational Outlook Quarterly*)都是衔接/生涯教育规划重要的工具。

美国劳动部将各州的资料汇集、整理成全国的劳动统计资料和预测，美国政府印刷署(the US Government Printing Office)会出版有助于个人规划未来的手册。《职业分类大辞典》(DOT;204. 245. 136. 2/lidot. html/)的开发是为了回应为支持就业安排活动对标准化职业信息的需要。信息的使用从择业申请到各种职业咨询、职业和生涯指导以及劳动力市场信息服务。《职业展望手册》(stats. bls, gov/ocohome. html)每两年更新一次，《职业展望手册》详细地描述了大约250种职业；覆盖了全国大约87%的职业，因而被视作职业描述的参考书使用，《职业展望手册》具体描述包括工作内容、教育和培训需要、升迁可能性、工资待遇、职业展望以及就业预测。《职业展望季刊》每三个月提供一次更新的生涯介绍。

教育工作者对未来的期待目标影响着他们关于课程、有特殊学习和/或行为需求学生个性化教育计划(IEP)以及他们的衔接规划所做出的决定。鉴于工作对于每个学生的人生都如此重要，在做出决定时，各州或国家劳动部所提供的信息就可能起着非常重要的作用。

《工作培训伙伴法》规划

《工作培训伙伴法》(*Job Training Partnership Act*，*JTPA*)规划的创立旨在培训有特殊学习和/或行为需求的青年以及没有技术的成年人加入劳动力大军；同时，也为经济贫困的个人以及其他面临严重就业障碍的人(这些人特别需要获得有效就业的培训)提供职业培训。JTPA提供的6项主要服务如下：

- 评估个人长处和能力；
- 提供求职技能及保住工作技能的职前培训；
- 进行试验性雇佣——前125个小时替提供试验性就业和长期就业的雇主付工资；
- 工作人员接受在职培训(on-the-job training)期间，在职培训工人将工资的50%返还给雇主；
- 在职业技术学校和社区学院接受反复技能培训；
- 夏季青年雇佣及培训计划，借此年轻人能拥有获得劳动报酬的体验并培养自己的工作经验(Steele，Burrows，Kiburz & Sitlington，1990)。

许多人都有资格接受《工作培训伙伴法》(JTPA)服务，全国有几所学校计划让自己有特殊学习和/或行为需求的学生参加JTPA规划。感兴趣的读者可和当地州就业服务机构或市长办公室取得联系获取自己所在地规划的具体信息。

除了前面提到的各种提供地方服务的机构外，各种提供特殊教育和职业特殊需求的部门和分部在也在为学校服务提供资金方面扮演着重要的角色。各州特殊教育机构管理着特殊儿童教育的州机构，为各学区和规划提供技术支持，举办各种学术研讨班和研讨会，传播信息交流思想，从事学生定位(student identification)和需要研究，促进专业服务开发以及推动、制订并实施立法。

职业教育/特殊需求规划管理联邦/州与弱势群体或残障人(也称有特殊学习和/或行为需求的个人)的职业教育有关的立法，推动中学教育及后中学教育背景下的发展及资金投入计划，与各大学紧密合作致力于开发员工培训计划，实施特殊工程，研发并传播资料，以及举办其他衔接/生涯发展的活动。

> 1997年的《残障人教育法》声明：个性化教育计划(IEP)应该包含相关声明，这些声明明确学生完成学业之前每个公共参与机构的职责或关联(或两者兼而有之)，包括机构的承诺。

地方机构和规划

下面描述的每一个州机构提供的地方服务。每一个州在许多城市都设有区域性办事处和地方办事处。来自农村地区的人们得知道最近的办事处设在何处。除了在这些机构之外，也可以获得一些其他重要的规划和服务。图 5.2 表明：许多社区可以获得各种各样的社区资源。下面将描述一些具体规划。

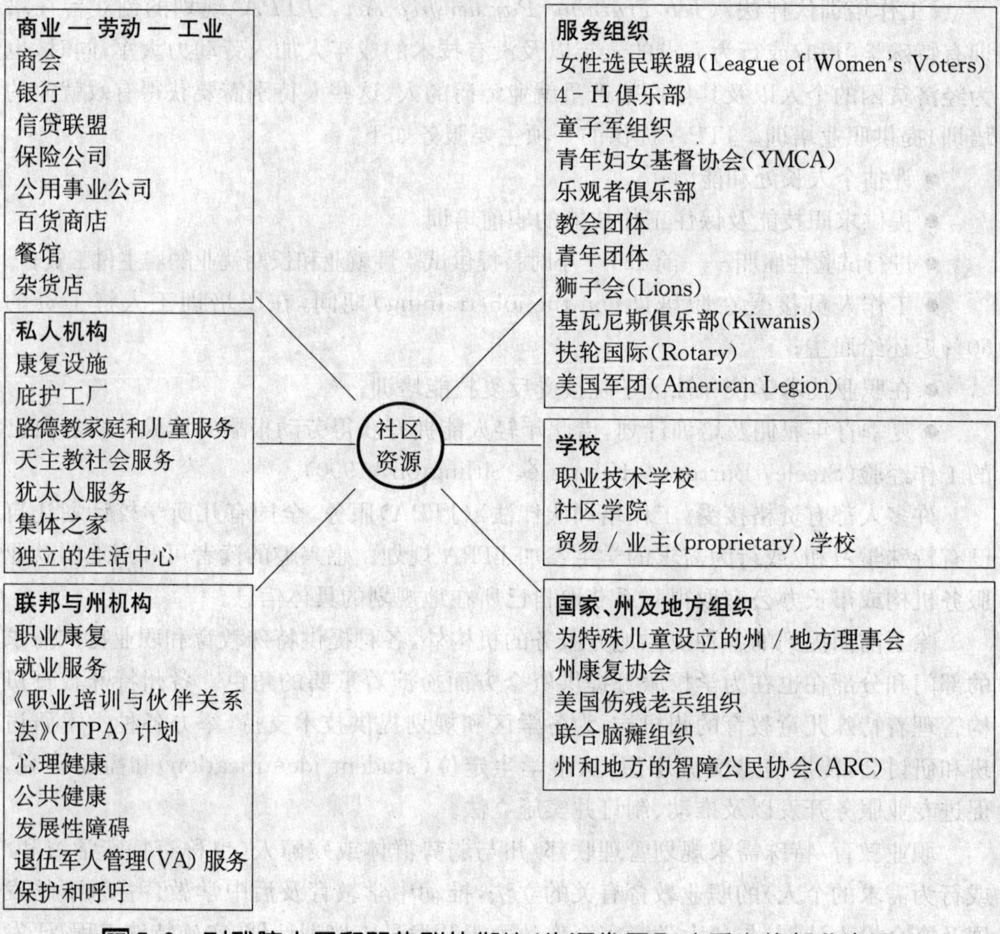

图 5.2 对残障人员和弱势群体衔接/生涯发展影响重大的部分资源

社区康复规划

1992 年的《康复法案修正案》将以前的术语“康复设施”(rehabilitation facility)修改成“社区康复规划”(community rehabilitation program)。每个州的 VR 机构都要求为支持社区康复规划而制订一个州计划(State Plan)，州计划中包括所在州所有可获得的康复规划清单、每种规划使用方法描述，此类规划需求的确定以及为达到州目标正在实行的一系列方案介绍。

大多数社区康复规划或康复设施都是私营、非营利机构，这些机构为客户提供接受综合职业评估的机会、工作习惯和工作技能培训、职业指导、独立生活技能培训以及就业安置服务。先进的设施并非将客户封闭在一所建筑物之内，而是充分利用可观的社区经历，不过利用的程度取决于接受服务者的具体特点。

社区康复规划和设施依据机构的大小和性质聘请评估专家、指导人员、工作监督人员、职业培训师、咨询师、项目经理（case manager）、就业安排专家以及其他专业人士。这些设施大部分的资金源于州职业康复机构和其他人员的推荐，这些人会为获得带来个人就业的各种各样服务支付费用。对于那些需要安排此类有人监督的工作的个人来说，最后的就业安置可能是从事支持性就业工作。

在给需要更多的强化训练和专门功能技能训练的学生提供生涯发展/衔接服务时，教育工作者应该考虑康复设施。这种考虑至少在有严重特殊学习和/或行为需求的学生二年级期间就应该涉及。在为有特殊学习和/或行为需求的学生计划生涯发展/衔接活动和服务时，设施的员工兴许能够提供实质性的帮助。少数农村地区也可以很容易获得这样的服务；然而，学生教育规划要结束时或者结束不久之后，如果职业康复机构认为学生的就业目标可行，职业康复机构就可以为毕业后的服务安排提供资助。这也是有特殊学习和/或行为需求学生在校期间职业康复机构参与非常需要的另一原因。

职业技术教育学校及社区学院

在许多州，负责后中等教育的社区学院和职业技术学校为有特殊学习和/或行为需求的学生以及弱势群体提供选择的机会，让他们能够学习就业技能和日常生活技能。

这是一个充满挑战的领域，由于在这里工作的一些工作人员的抵制而另一些工作人员又缺乏充分的技能，这些学校一直没有发展好，因此尚不能满足大多数有特殊学习和/或行为需求学生的需要。故此，上这些学校一直是个充满争议的话题，尽管这些群体中多数个人有着继续学习的迫切需要和就业打算，因为虽然他们已经中学毕业，但是他们还没有准备好，还不能到社区生活和就业（事实上大多数都没有准备好）。

一些职业学校和社区学院承担了为有特殊学习和/或行为需求的学生提供富有意义和高质量的毕业后计划。他们已经建立了职业评估和职业安置服务，以确保有特殊学习和/或行为需求的学生的成功。在特别设计的环境里，或以社区为中心的有雇主和其他人员参与的培训环境里，常规校内设施和资源也提供特殊指导。由于职业教育指导者拥有特定领域的专业知识及其在商业界的关系，他们无疑是非常重要的可利用资源。一般说来，这些计划资金的提供方为职业教育/特殊需求部门以及州特殊教育机构。

其他机构和社区服务

每个州都有一个所有发展性障碍者保护和宣传机构，发展性障碍患者以及其家长难以获得及时的社区服务时，可以向他们寻求帮助。一些社区中，诸如基督教派家庭儿童服务（Lutheran Family and Children Services）、天主教家庭服务（Catholic Family

Services)和犹太教服务(Jewish Services)这些私人社会服务机构能够帮助家庭和个人解决个人调适问题、人际冲突以及社会和情感难题。训练有素的社会工作者,运用个人和集体方法,帮助有特殊学习和/或行为需求的学生寻找满足个人—社会需求的途径。拥有来自州机构的资金支持的集体之家和居住规划是一些社区另外一个极好的可利用资源。这些场所在居民接受职业培训和其他生涯发展/衔接服务时提供监督管理。其中一些场所提供日常生活技能和个人—社会发展方面的实质性培训,尤其是当这些场所不附属另一个康复规划时。总体上说来,这些机构也为个人、集体咨询提供有限的工作人员。部分资金由 VR 资助的独立生活中心/规划是另外一个社区资源;这些场所为身体残障或有其他方面有特殊学习和/或行为需求者提供广泛的服务,诸如代言与意识培养、护理(attendant care)、咨询、信息服务和推荐等。

在各州的不同社区里,服务于有特殊学习和/或行为需求者的机构数量和类型是充足的。尽管大多数小型农村镇子没有此类服务机构,但是,只要居民愿意被送去,他们一样可以获得相关服务;可以联系 VR 之类机构的工作人员就能办到这点,他们会做适当安排。由于目前强调要让学生实现从学校到毕业后服务最终再到就业的衔接计划,各机构之间的合作计划对于确保服务畅通、服务平等至关重要。后面我们对跨机构之间的合作将做些介绍。

利用机构途径

为了为有特殊学习和/或行为需求的或其他弱势群体提供重要的服务,众多家长、支持性团体、专业人士及政要都一直携手努力,致力于实现相关立法、保证资金提供及人员配备。因此,如何了解这些资源以及如何为了学生或客户的利益利用这些资源便成了和有特殊学习和/或行为需求的个体一道工作的专家们不可推卸的责任。下面的部分将就如何处理这一问题提供几点建议。

如何利用机构的步骤

1. 开发或获取一份社区资源目录簿,目录簿确定所有可能满足学生需求的帮助来源。

除了查看本书提到的这类资源信息以及查询更多有关你所在的州更具体的信息外,另一个好的信息来源便是地方电话号码簿(directory)。例如,乔治亚州的萨凡纳(Savannah)市的电话号码簿中人类服务(human services)类别下,列举了五页可利用的资源。这些资源又进一步分为不同的类别,例如,虐待成人、虐待儿童、酗酒、吸毒、儿童早期服务、咨询服务、危机介入、残障人服务、就业服务、健康服务、法律援助以及志愿者服务和机会。向这些机构进行电话咨询或跟它们通信联系会获取相关服务及适当联系人的信息。图 5.3 便是一份社区资源资料表和工作表,学校用它们来实施 LCCE 轻度/中度课程。

教育水平：______
LCCE 社区资源：______
与 LCCE 课程相关的领域：______
- 日常生活技能
- 个人—社会技能
- 就业指导和准备

资源联系人姓名：______
地址：______
电话：______
相关生涯教育阶段：
- 意识
- 准备
- 探索
- 同化（安置/跟踪）

资源类型：
- 实地考查
- 指导材料
- 演讲者
- 工作经历
- 课堂顾问
- 培训基地
- 学生导师
- 其他

资源详细描述：______

社区资源工作表

LCCE 能力	社区资源	方 法	备 注

图 5.3 社区资源数据表格和工作表

2. 搞清你的学生哪些需求在学校得不到充分满足。

这些需要可能是职业评估、工作适应培训、职业咨询和指导、个人咨询、行为改进、医疗服务、日常生活技能培训、社会技能培训、社区工作经历、家庭咨询/服务、金融服务(financial services)、代言、口译、阅读服务、交通、支持性就业、特殊设备以及职业安置。个体学生的需求应该在当年的IEP计划或衔接计划中详细说明。对学生的个体需求,学校系统为什么不能满足,应把其根本原因是什么记录下来,这样所联系的机构就可能明确说自己参与的理由。

3. 利用你的可利用资源目录簿上的信息,联系能满足自己需要的机构代表。

在决定联系哪些机构时,一定要确保你自己已经看过了资格要求,这些资格要求与能够接受服务的残障、年龄、财政需求测试等有关。你越熟悉机构的要求和服务,成功的机会就越大。所以,我们建议你应该邀请机构的社会工作者来学校会见教师,见见有特殊学习和/或行为需求的学生,从而让他们熟悉你的需求。你也许还记得,IDEA的规定现在要求一个有众多机构参与的衔接计划,而且法律也规定大多数机构在衔接计划期间要与学校合作。记住:是法律规定要这些机构为有特殊学习和/或行为需求的个人提供服务的,因此,他们如果拒绝提供你认为他们应提供的服务时必须拿出充分的理由。很显然,在服务学生和家长的时候,你想要发展的是一种合作伙伴关系,而不是威胁性的、彼此厌恶的关系。

4. 附加的建议。

在发展和社区机构的合作关系时,可能还得提出一些深入的建议和告诫。第一,记住:这些社区机构服务的是一个广泛的有特殊学习和/或行为需求的群体,而不仅仅是学龄儿童。第二,如你一样,他们确实资金有限,因此他们必须谨慎地使用手头的资金,不能重复他人能够提供的服务。第三,对于涉及特殊教育学生的多种残障、特点及学习问题,大多数社会工作者并非总是很熟悉。故此,他们应当进一步了解和欣赏这些有特殊学习和/或行为需求的学生。第四,文人相轻及互相竞争确实存在,而且,遗憾的是,保护各自的领地几乎是所有人类服务领域中常见的现象。这样,可能需要花相当多的时间来为彼此的努力营造一种相互信任和相互尊重的氛围。第五,总是存在一些顽固不化的社会工作者,他们对教育工作者的需要麻木不仁。在这些情况下,教育工作者应该联系学监(supervisor),获得需要的帮助。

跨机构间的协定

由地方教育机构发起的跨机构间的相互协定,为提高社区机构的合作,更加积极地参与学区生涯发展/衔接活动开辟了一条新途径。尽管签订书面协定也保证不了各机构间的合作就能如同所想象的那样顺利,但是大家依然偏爱书面协定。

包括爱荷华州、堪萨斯州以及明尼苏达州在内的几个州,已经创立了几个给人印象深刻的跨机构组织(interagency venture),这些跨机构组织建立的目的是为了让不同的机构更加紧密地合作,提供相关衔接服务。正如埃文森(Everson)和麦克纳尔蒂(McNulty)(1992)所指出:跨机构组织关注的焦点是确定、创造并保证有特殊学习和/或行为需求的学生所需要的服务和支持,而不是随意打发他们,临时填补一下空缺的岗位,敷衍了事。

在发起跨机构间的合作协定方面,明尼苏达州一直充当领头羊角色。1982年,特殊教育、职业教育和职业康复机构彼此之间达成了协定。不久之后,州衔接教育跨机构委员会(State Transition Interagency Committee)成立。后者为地方教育机构提供信息和技术支持,帮助社区达成跨机构协定,举办衔接教育跨机构计划研讨会(明尼苏达州教育部,日期缺)。

如果有人对研究地方层面、更为正式化的跨机构协议感兴趣,看调查州级机构间签订了哪些协定,这样就能对相关情况以及影响有所了解。附录A提供了一个州机构间/合作协议的样本。

组织

众多致力于为有特殊学习和/或行为需求的群体提供衔接支持服务的私人、非营利、无偿的、专业组织以及其他组织,在许许多多大小不一的社区都可以找到。这些组织中许多都是由家长团体和其他关注该问题的市民率先发起的,因为他们认为这些有特殊需求的领域需要予以特别关注。一些城市会有州、国家组织的地方分部,比如,Arc(the Association for Retarded Citizens,全国性智障组织——原先称"智障公民协会")、联合脑瘫组织(United Cerebral Palsy)。这些家长/志愿者组织接受大量来自州和国家组织的指导和协助,执行自己的政策和目标;他们经常支持或者开办日间托儿所、庇护工场(sheltered workshops)、集体之家(group homes)或其他地方层面直接的服务项目。

现在,我们知道,致力于服务和提高残障人生活质量组织的数目相当可观。那么,有人不禁要问:既然在过去的几十年当中,政府和社会投入了大量的资金、开发了各种各样服务,那么,有特殊学习和/或行为需求的个人为何还得不到或不能充分得到服务?专业工作人员手中确实拥有大量可利用的资源,我们所要做的就是努力去确认并利用它们。附录B提供了一份表,此表列出了一些对衔接/生涯发展服务特别重要的组织,供读者参考。

对于那些参与实施生涯教育和衔接服务的人来说,生涯发展和衔接部是一个重要的专业组织。

专业组织也是非常重要的资源,它们致力于提高给有特殊学习和/或行为需求者以及弱势群体提供的服务。对生涯发展工作来说,有一个组织尤为重要,这就是特殊儿童理事会(CEC)的生涯发展和衔接部。生涯发展和衔接部曾经几次发表过了立场声明(position papers),这一点我们在前面有关章节中已谈过。自 1976 年成立以来,生涯发展和衔接部每两年召开一次国际会议,同时,该组织还在特殊儿童理事会年会上多次举办关于衔接/生涯发展的会议,而且该组织还主办区域和州级会议,让其成员及时了解主要的立法新动向。该组织公开出版一份专业杂志,名为《特殊个人生涯发展》,以让其成员了解最新的研究活动、典型规划及生涯发展和衔接计划的重大问题;该组织还发行一份有关立法、工程项目、资源材料以及实施策略等方面最新信息的时事通讯。

另外一个相关的、旨在为有特殊学习和/或行为需求者、弱势群体以及英语学习能力有限者促进生涯发展/衔接教育的组织是全国职业教育特殊需要人士协会(the National Association of Vocational Education Special Needs Personnel,NAVESNP),隶属于美国职业协会(the American Vocational Association,AVA)的特殊需要部(the Special Needs Division)。NAVESNP 发行《职业特殊需求教育杂志》(*The Journal for Vocational Special Needs Education*)及一份时事通讯,也举办会议和研讨会,敦促立法。

另外两个关怀有特殊学习和/或行为需求学生(包括弱势群体)的生涯教育/衔接规划的组织分别是美国生涯教育协会(the American Association for Career Education,AACE)和全国生涯发展协会(the National Career Development Association,NCDA)。这两个专业组织也都举办会议,出版时事通讯,使其会员了解该领域最新发展动态。这些组织还和 DCDT 合作举行重要的全国会议。

正如前面的图 5.2 所示,许多服务组织能够并且已经协助开发了切实可行的生涯教育/衔接规划。

工业、劳动力及商业资源(第六章将详细论述)能够给有特殊学习和/或行为需求的学生提供社区工作经验及观察资料;协助开发生涯导向课程;帮助安排就业工作;为学校输送志愿者;在整个社区呼吁支持生涯教育/衔接规划。许多社区资源,诸如银行、信贷联盟、保险公司、公用设施公司、百货商店、餐馆及杂货店,都可以为有特殊学习和/或行为需求的学生提供日常生活技能领域的信息和经历;同时,这些资源也能产生重大影响,帮助从政府部门和私营企业(private sector)获得必要的补充资金。

服务组织和其他民事团体能协助开发切实可行的生涯教育/衔接规划。女性选举人联盟(the League of Women Voters)、教会团体、青年团体、国际狮子会(Lions International)及其他组织通常期待有利于社区和有特殊学习和/或行为需求的个人的工程;这些组织也为学校和机构贡献自己成员的智慧。《扶轮国际杂志》(*Rotary International Magazine*)有教育和职业关系特色专栏。美国军团(The American Legion,实为"美国退伍军人组织")将生涯教育/衔接规划作为一项优先事项,继续强调各成员协助学校生涯发展/衔接活动的方法。

可以用来实施生涯发展/衔接工作的社区、州和国家资源数量众多、无穷无尽。由于篇幅有限,我们不可能对所有的重要资源都一一明确。如果个人对获取有关这些或其他残障人国家、州、地方组织及服务感兴趣,我们这里至少有几个极好的资源可供他们支配。这些资源包括:HEATH 资源中心(HEATH Resource Center)、国家职业教育研究中心(the National Center for Research in Vocational Education)/TASPP 和特殊儿童理事会信息服务部(the CEC Information Services)。下面我们将分别进行讨论。

信息资源

这一部分将确定并描述若干国家信息中心,以便让教育工作者能够获得有助于提高他们为有特殊学习和/或行为需求学生做出的工作的额外信息。同样,由于篇幅有限,表 5.2 只列举了部分可迅速利用的资源,下面几段进行相关描述。

表 5.2 为满足有特殊学习需求者生涯发展的材料信息系统

组织	地点
残障人及天才儿童教育的 ERIC 信息交流中心	弗吉尼亚 Reston 市
成人、生涯教育与职业教育的 ERIC 信息交流中心	俄亥俄州立大学
健康资源中心	华盛顿哥伦比亚特区
全国康复培训资源交流中心(NCHRTM)	俄克拉荷马州立大学
特殊儿童理事会信息服务部	弗吉尼亚阿林顿市
全国实践改善中心(NCIP)	马塞诸塞州牛顿市
国家残障青年中心	明尼苏达大学
教育和工作中心	威斯康星-麦迪逊大学
特殊群体技术援助	伊利诺伊大学
全国职业教育研究中心	加利福尼亚大学
衔接研究所	伊利诺伊大学
残障人就业总统委员会	华盛顿哥伦比亚特区

全国信息交流中心

下面要介绍的最重要的资源是 5 个为教师、学生、咨询师、决策者、家长、残障人关爱者及残障人提供专门信息的信息交流中心(clearinghouse)。

残障人和天才教育 ERIC 信息交流中心

残障人和天才教育信息交流中心(the Clearinghouse on Disabilities and Gifted Children)是联邦政府主办的教育资源信息中心(Educational Resource Information Center, ERIC)之一,由弗吉尼亚阿林顿的特殊儿童理事会管理运行。特殊儿童理事会从专业文献中遴选了十万多个摘要,建立了特殊儿童教育资源(Exceptional Child

Education Resources，ECER)资料库。特殊儿童理事会的季刊《特殊儿童教育资源》(*Exceptional Child Education Resources*)为ECER资源库提供最新出版物的摘要和索引；ECER资料库独一无二的贡献就是收录了《特殊儿童教育资源》杂志没有收录的书籍、学位论文以及许多期刊文章。特殊儿童理事会既能够提供ERIC－CEC产品也能提供数据库搜索。产品包括书籍、专著或报告等出版物，当前话题摘要、文摘、研究简讯及微型参考文献以及各类研究规划目录。自定义计算机搜索是完整的CD－ROM或在线ERIC、ECER以及相关的数据库，这些数据库专门为了满足特殊使用者需求。感兴趣者可以拨打1－800－328－0272。

ERIC/ACVE：成人、生涯和事业教育信息交流中心

ERIC/ACVE信息交流中心(the Clearing House of Adult, Career and Vocational Education)位于俄亥俄州哥伦布市肯尼迪路1900号俄亥俄州大学的职业教育与培训中心(the Center for Education and Training for Employment)，邮政编码：46210－1090，联系电话：1－800－848－4815。ERIC信息交流中心关注的焦点是各级正式、非正式生涯教育/衔接教育，包括态度、自我认识、决策技能、普通知识和职业知识以及特殊职业技能，与职业、家庭、娱乐、公民、组织及退休角色有关的正式、非正式成人教育和继续教育，以及包括针对残障人的新的初级领域、工业艺术、职业康复的职业教育及技术教育。该中心有若干衔接/生涯发展的参考书目及信息分析论文。

HEATH资源中心：有关全国残障人中学毕业后教育的信息交流中心

HEATH资源中心(the HEATH Resource Center)是美国教育理事会的一个项目。具体地址和联系电话为：One Dupont Circle, Suite 800, Washington, DC 20036－1193 (1－800－544－3284)。HEATH资源中心按照国会规定运行，在后中等教育系统中搜集并传播有关残障的信息。该中心由美国教育部投入资金，旨在增加关于教育支持服务、政策及与有特殊学习和/或行为需求者高中毕业后相关的教育和培训的信息流动。更为具体地说，HEATH资源中心有如下功能：

- 确定并描述教育与培训机会；
- 提高膳宿条件，令残障人能够充分参加后中等教育特殊规划和普通规划；
- 推荐鼓励参加个人最少限制环境和最高效率环境的策略。

HEATH资源中心一年出版三期时事通讯并免费向会员提供。该通讯提供有关校园项目和立法的信息，评论新的出版物和各类媒体产品。由于残障问题出现在大学校园、职业技术培训学校、成人教育规划、独立生活中心以及其他社区本位培训项目之中，该中心发行与残障问题有关的情况说明书(fact sheets)、资源论文、指南及目录簿。免费咨询电话是1－800－544－3284(华盛顿哥伦比亚特区，地方电话是202－939－9320)。

国家康复培训资料信息交流中心

国家康复培训资料信息交流中心(the National Clearinghouse of Rehabilitation Training Materials, NCHRTM)由康复服务管理处(the Rehabilitation Services Administration)提供资金资助,具体地址和联系电话为:Oklahoma State University, 816 West Sixth Street, Stillwater, OK 74078 (800-223-5219)。NCHRTM 传播职业康复信息,主要关注在职人员培训,搜集来自特殊教育的资料,作为对处于教育和就业阶段有特殊学习和/或行为需求者衔接需求的回应;该资源覆盖了传统资源不涵盖的印刷和媒体信息。出版季刊《NCHRTM 备忘录》,刊物中列出可以得到的资料及其价格。

教育信息/服务中心

下面介绍这一领域几个其他信息资源,这些信息资源不视作信息交流中心,但它们同样为衔接/生涯发展规划提供有价值的可以使用的资源信息。下面我们来介绍一下这些资源。

特殊儿童信息/服务委员会

作为特殊个人教育中的主要专业性组织,CEC 公开出版印刷或非印刷格式的资料,促进各项服务的不断改进。主要产品如下:

- 特殊儿童教育资源(ECER)。该资源包括八万多份已出版的专业文献摘要,覆盖了残障或天才个体教育与发展。ECER 提供印刷格式和 CD-ROM 格式。
- 基于 ECER 参考书目的标题目录。
- 关于教育方法和素材、管理程序和项目、职员培训、立法和立法程序以及残障或天才个体教育与培训中反映的变化的专业书籍和非印刷媒体。
- 由 CEC 及其分部出版的期刊和时事通讯。两大知名的期刊为《特殊儿童》(*Exceptional Children*)及《特殊儿童教育》(*TEACHING Exceptional Children*)。
- 根据需要使用计算机搜索 ERIC 和 ECER 数据库。
- 写信给特殊儿童理事会:the CEC, 1110 North Glebe Road, Suite 300, Arlington, VA 22201)。

国家实践改善中心

国家提高实践中心(the National Center to Improve Practice, NCIP)是一个相对新成立的中心,位于教育发展中心公司(the Education Development Center, Inc., EDC)内。具体地址和联系电话为:55 Chapel Street, Newton, MA 02158-1060

(800－225－44276)。NCIP是EDC和波士顿公共电视台的WGBH教育基金会合办的机构，该机构致力于通过帮助实践者有效利用技术、媒体和材料促进教学、改善有特殊学习和/或行为需求学生的学校成效。因为知识本身不能促进变化，NCIP为知识的利用设计了一个名为“变化动态教学法”(the Dynamic Approach to Change)的程序。通过这一教学法，NCIP寻求支持变化的代理人(agents)，即，那些向管理者、实践者和家长提供支持的学校或学区，这些学校或学区为他们提供自己欢迎的知识、资源和培训并开拓性利用现代技术、媒体及材料。NCIP教学法是动态的，因为NCIP教学法整合了各种各样的媒体，包括各类时事通讯、电子资源图书馆、公告栏和电视会议；通过书面指导、网络支持及培训机构为变化代理人提供技术帮助；通过电子网络对话和电视会议鼓励沟通和资源共享；并且通过行动研究夯实知识基础。

国家残障青年中心

国家残障青年中心(the National Center for Youth with Disabilities)是一项青少年健康项目(Adolescent Health Program)，位于明尼苏达州大学。具体地址和联系电话为：D124 Mayo Memorial Building，Box 721，Harvard Street at East River Road，Minneapolis，MN 55455(800－333－NCYD)。该中心关注患有慢性疾病和残障的青少年以及围绕他们向成人生活的衔接教育问题；目标是在服务规划和提供中培养机构、专业人士、家庭和青年间的协调与合作，提高学生对健康和社会需求的意识和反应。该中心设有国家资源图书馆，馆中拥有一个包括分类文献、项目、培训/教育及技术支持文件的资料库；举办州级和全国性会议和研讨会，支持青年及其家庭的州与社区规划的设计和执行；出版关于青少年及残障等重大问题的专著、参考书目和时事通讯；也提供技术帮助。

教育和职业中心

教育和职业中心(the Center foe Education and Work)位于威斯康星—麦迪逊大学。具体地址和联系电话为：964 Educational Sciences Building，1025，West Johnson Street，Madison，WI 53706－1796 (800－446－0399)。国家、州、地方合同及基金均支持该中心；职员从事研究，开发教学及在职材料，提供技术帮助，在世界范围内传播产品。中心的专门知识涉及各个方面，包括职业教育、技术教育、就业教育、职业公平(vocational equity)、工商业培训需求、劳动力市场信息、衔接/生涯发展、有特殊学习和/或行为需求的学生及学困生(at-risk students)、计划评价、纠错和管理。从该中心可以获得有关以下几个主题的产品：课程开发，典范的中等教育、后中等教育规划，旨在帮助学习能力欠缺的学生进行高效康复实践，机构间的关联(linkage)，技术准备，ADA的执行以及残障人工商业重复性工作。

特殊群体技术援助规划

特殊群体技术援助规划(the Technical Assistance for Special Populations Program, TASPP)是加利福尼亚大学伯克利分校的国家职业教育研究中心(the National Center for Research in Vocational Education)的附属资源,位于伊利诺伊州大学职业技术教育系,具体地址和联系电话为:345 Education Building, 1310 S. Sixth Street, Champaign, IL, 61820 (217 - 333 - 0807)。TASPP是一个向与特殊需求群体有关的、职业教育(包括中等教育和后中等教育)领域工作的实践者、研究者和决策者提供的资源和推介资源。其他的目标是发起并支持服务特殊需求学生的专业网络,对于所选择的主题或对提供给特殊群体的职业教育课程的质量改进至关重要的问题提供技术援助。TASPP开展学术研讨会,就关键问题和政策选择出版时事通讯季刊,并开发全国发行的资料。

中等教育衔接干预效果研究所

中等教育衔接干预效果研究所(the Secondary Education Transition Intervention Effectiveness Institute)位于伊利诺伊州大学教育学院。具体地址和联系电话为:110 Education Building, 1310 S. Sixth Street, Champaign, IL, 61820 (217 - 333 - 2325)。该研究所的目的是运行一个能够提高衔接服务效果的研究模式;研究所关注与有特殊学习和/或行为需求青年衔接需求有关的理论问题和实际问题,旨在通过干预、评价、技术援助、发展和实施更为合适的政策来寻求解决途径。自1985年成立以来,该研究所的职员已经出版了一系列给人印象深刻的技术研究报告。

残障人就业总统委员会

总统管辖的残障人就业委员会(President's Committee on Employment of People with Disabilities, PCEPD)是一个信息来源机构。其具体地址和联系电话为:1111 20th Street, N. W. Suite 636, Washington, D. C., DC20036 (202 - 653 - 5044)。该委员会是一个全国性的残障人就业问题的信息和援助来源机构。该机构举办残障人就业年会、研讨班以及一系列聚焦就业问题的学术研讨会;负责出版多种刊物;主办工作适应网络(the Job Accommodation Network),工作适应网络是为雇主研发的信息系统,其目的旨在交换自己为使残障人适应工作环境采取的实用性措施。该机构位于西弗吉尼亚州摩根城西弗吉尼亚大学康复研究与培训中心。每个州都有一个残障人就业委员会,这个机构同样也是一个极好的信息来源机构。

其他一些重要的信息来源,此处将不再详细描述但有必要略作提及,其他重要的信息来源有苹果电脑特殊教育计划苹果办公室(the Apple Office of Special Education

Programs)、IBM残障人国家支持中心(the IBM National Support Center for Persons with Disabilities)及西华盛顿大学的国家乡村发展研究所资源中心(the National Rural Development Institute's Resource Center)。另外,欲获更为详细的信息,请与前面有关章节提供的信息来源联系。

本章评论

读完该章后,看到有数字如此可观的机构、组织和信息资源可以为学校的课程设置提供充实的衔接/生涯发展和功能技能,读者一定很受鼓舞。

社区关注与参与生涯教育/衔接规划并非新鲜之事。正如霍伊特多年前所指出的,"询问教育系统是否愿意在衔接/生涯教育中与更广泛的社区合作,似乎比询问社区是否愿意和正式的教育系统合作更为合理"(1976, p. 25)。

有些人认为:生涯教育/衔接规划缺少资源及社区支持,这种看法有失偏颇。如果你愿意付出时间和精力,发展必要的联系人、建立必要的关系并使用恰当的方法,你会发现资源就在你身边。在资源有限的社区里,州和国家组织可能更为重要。如果为了相关的目的与这些组织联系,会得到有关帮助。这些协会和组织提供的无偿技术援助、资料及推荐的其他有益信息来源往往数量很多,不计其数。许许多多的不同组织都乐于呼吁为有特殊需求的个人服务,同时,他们也极其愿意为社区职员提供服务。

生涯教育/衔接规划要求学校全体员工与教育系统机构之外的机构展开合作,要求某些个人采取配合的姿态(如果所有必要的资源都得适当协调的话)。尽管这项工作并非易事,但是,对于为有特殊需求的人来说,如果我们要给他们提供相关的综合性课程,这项工作就非常必要。

看到有这么多这方面的文章、项目、书籍、报告、指南及教学资料的相继问世,确实令人鼓舞。如果你熟悉了本章介绍的资源以及本书后面的附录,应该能够为你的工作确定并获得有用的信息和工具。

活动

1. 在你所在的社区,有一些机构、组织和其他资源,它们可能成为你们学校服务的生涯教育/衔接计划的重要合作伙伴,请针对它们搞一次职业调查。确保获取适当联系人的姓名以及所在机构的地址和电话号码,了解他们可能作出的贡献。

2. 参考图3.4中的LCCE轻度/中度课程矩阵分析,决定你所找出的哪一种资源对LCCE轻度课程97项子能力及LCCE中度课程75项子能力的教学工作贡献最大。

第六章 工商业的参与

先行思考题

1. 为什么说现在是美国历史上为有特殊行为需要的学生创立更为实在的衔接、职业培训、安排就业服务最恰当的时机？

2.《美国残障人法案》(ADA)的主要条款中，哪些条款有助于教育工作者为有特殊行为需求的学生拓宽衔接/就业机会？

3. 确定雇主所采用的、能够为学校生涯教育/衔接课程作出贡献的方法。

4. 通常使用的、重要的职业报道的来源有哪些？

5. 未充分利用的职业报道的来源有哪些？

6. 在为有特殊行为需要的学生提供教育/衔接规划所需的工作经历时，需要考虑哪些情况？

7. 教育规划中有哪些有意义的方式，能够让工商业人员参与到生涯教育/衔接规划之中？

8. 确定一些在为有特殊需求者提供培训和就业机会时开发出了接触的政策和程序的大企业。

9. 为了提高有特殊行为需要者及经济困难人员就业潜力和日常生活技能潜力，在开发计算机及其他辅助性技术和特殊培训规划中，什么样的大企业一直是领头雁？

10. 在为患有严重残障者提供就业安排时，应该坚持考虑哪些内容？

本章概述

在新的世纪，美国劳动力市场一直经历着翻天覆地、日新月异的变化。大公司和大企业正在缩小员工规模，以便在激烈的市场竞争中生存，达到高效率、高产出。公司之间不断合并，因此，它们也做出调整，减少合并之后的员工总数。这样，大量以前有工作的美国人面临失业，不得不重新寻找工作或接受再就业培训，接着接受一份往往薪水比前份工作低的职业。尽管已经通过了旨在为美国失业人员提供培训和就业机会的、新的联邦就业立法，但是，在当前竞争高度激烈的、技术含量要求更高的工作场所里，那些缺乏经验及技能者，依然很难获得高工资的工作。

对于有特殊行为需要的个人、残障人及其他可能已经辍学的学生来说，就业可能性意味着什么？他们是否将进一步受到冷遇而从事构成所谓的“二级/剩余劳动力市场”(secondary/surplus labor market)，那些没有出头之日(dead-end)、收入低且没有激励机制的工作？这些公民的失业率会不会提高？只有时间可以回答此类问题；但是，与此同时，教育工作者及康复工作人员一定要振作起来，介入其中，迎接下一个艰苦的挑战。这就比以前更加需要与工商业紧密接触。否则，特殊教育需要就不会受到关注，而那些有特殊行为需要的个人也会被人遗忘在社会的边缘。

聚焦于教学生产性工作行为及其他功能技能的生涯教育/衔接方法，为跨越学校和雇主之间的鸿沟提供了一种机制。对雇主来说，生涯教育/衔接课程很有道理，因为生涯教育/衔接课程强调基础学业技能、整体就业技能、工作态度和行为、个人—社会关系(诸如建立自信和人际技能)。事实上，有证据表明：雇主相信员工的自信心或许是成功工作所需的众多技能中最重要的技能(O' Leary，1989)。

本章从进一步讨论第一章中已作过介绍的《美国残障人法》(ADA)开始。《美国残障人法》充分说明：工商业界必须认识到利用有特殊行为需要的个人潜能的重要性，认识到从现在开始就要对就业需求做出更及时的回应。然后，本章介绍了教育-工业的合作伙伴关系；讨论了工商业对衔接规划的具体贡献；对教育工作者如何与工商业界取得联系、如何让他们参与提出了具体方法；同时，指明了雇主和教育工作者双方都可以利用来提高员工个人就业能力的资源；制订了面试接见个人的指导方针。最后一节涉及如何将患有严重残障的学生安排就业要考量的一些重要问题。

本章瞭望

作者简介： 肯尼斯·霍伊特(Kenneth B. Hoyt)，堪萨斯州大学知名教授，美国生涯教育办公室前任也是唯一的主任；霍伊特现为全国生涯教育领域最杰出的专家及领军人物。

当今,美国正迈向以信息为导向、高科技职业社会,因此,对所有进入并参与这种社会生活的个人来说,越来越有必要获取各种各样的职业技能。很长时间以来,许多年轻人中等学校毕业后,少有甚至根本没有什么值得推销的职业技能;结果,他们在二级劳动力市场徘徊十到十二年,而在二级劳动力市场中,他们几乎不可能获得更为积极的生涯发展经历。

很明显,对于今天几乎所有的年轻人来说,高中毕业后的问题不再是"我应该上大学还是就业?"现在的问题一定是"我应该上四年制的大学还是读一些其他类型的后中等教育学院,以获得参与正在兴起的职业社会所需的职业技能?"

如果年轻人获得了这些技能,那么,找到愿意忽略他们的年轻、容许他们进入一级劳动力市场(the primary labor market)的雇主便非常重要。多年以来,在雇用过程中,雇主对年轻人的偏见一直广泛流行。人们都希望雇主能够克服这一偏见。雇主的另一个主要的责任是对自己的员工进行继续教育。在同一行业中,要想跟其他发达国家的雇主并驾齐驱,美国还有许多地方需要做出努力。

以生存为中心的生涯教育(LCCE)方法是一种自然且行之有效的、建立良好雇主/教育关系的途径。如果我们要提升所有学生(包括那些有特殊学习需求学生)就业能力的潜能,我们必须继续发展这些良好的关系并贯彻实施这样的教育方法。由于我们整个教育系统的努力,所有学生都有权找到满意的工作,过上体面的生活。

1900 年《美国残障人法案》

美国国会在 20 世纪 90 年代制订了许多法案来帮助残障人应对歧视和其他不公正的做法。当今大多数教育改革提议都呼吁教育机构和工商业部门之间应建立更加紧密的工作关系。举例来说,1900 年的《柏金斯职业应用技术教育法》(*Carl D. Perkins Vocational Education Act of 1984*)(即《公共法 101—392 号》)鼓励但没有规定商业与教育结成合作伙伴关系,这种做法旨在为学校增加新资源及提升教育规划的一种手段。

1990 年的《ADA 法案》的颁布旨在整合力量,以便对残障人来说,让一部真正系统全面的平等法案在全国上下成为现实。关于就业,法案的第一部分(Title Ⅰ)论述了待就业歧视做法,并具体说明:在就业申请程序、雇用、升迁、解聘、员工赔偿、职业培训或其他任何雇用条款或条件方面,任何一个涉及的实体都不得歧视合格的残障人(qualified individuals with a disability)。"合格的残障人"的定义如下:

合格的残障人指，无论有没有适当的设施，都能够完成工作岗位的实质工作的残障人。

《ADA法》的残障人定义指患有实质上限制了一项或多项主要生活活动的身体障碍或精神障碍者。生活活动包括行走、说话、呼吸，工作、完成体力劳动、看、听、学习及照顾自己。智力障碍(mental impairment)的定义指任何形式的精神或心理错乱，例如智力迟钝(mental retardation)、器质性大脑综合征(organic brain syndrome)、情感或精神疾病以及特殊的学习障碍。身体障碍(mental impairment)包括各种身体疾病和医疗导致的疾病。

必须通过确定一份工作的基本职能(essential functions)来了解该残障人是否能够胜任某项工作。

确定某项功能是否是一项基本职能时，《ADA法案》的规定中列举了需要考虑的下面几种类型的证据：

- 雇主的判断；
- 在为一份工作做广告或给申请人面试前准备的书面职业描述；
- 履行该功能需要的时间；
- 不要求担任此项工作岗位上的人完成此项功能的后果；
- 过去曾从事此项工作的人的工作经历以及当前从事类似工作的人的工作经历。

关于是否是某项工作的基本职能问题，雇主的评价是重要的考量因素。

针对你的客户的职业安排，其他需要了解的主要术语是“适当的设施”(reasonable accommodation)和“过分的困难”(undue hardship)。除非能够证明，所要求的设施给雇主招致了过分的困难，否则雇主必须为有特殊行为需要的合格的申请人或雇员提供适当的设施。适当的设施可以包括：使现存的各项设备能够通过添加斜坡、拓宽入口和过道(aisle)方便轮椅进出等，以便较容易地为这些有特殊行为需要的人接近和利用；适当的设施还包括重新调整工作任务，改进工作日程，重新分配个人填补空缺岗位，将活动移至可出入方便的地方，购置专门设备和工具，或者改善现存的设备等。无论个人的残障或工作何时发生变化，提供适当的设施是雇主的一项义务，它适用于就业的方方面面。

对合格的申请人或员工来说，雇主不能够因为需要提供适当的设施而拒绝予以提供工作岗位，除非会造成过分的困难。“过分的困难”包括诸如提供的设施性质和代价、机构全部的财政资源以及其他实体运行类型方面(美国教育部，特殊教育和康复服务部，1992)。

要如休曼·米勒(Human Miller)公司所做的那样，组织一个ADA任务实施工作组。

1992年五月/六月号以及1993年十一月/十二月号的《设备管理杂志》(*Facility Management Journal*)描述了Human Miller公司(Human Miller Corporation)中法律执行情况。杂志就这家家具制造商如何超出法律文字将《ADA法案》付之行动，来全面达到法律的精神要求，为残障人提供便利和平等的机会。该公司组织了一个由

12 人组成的 ADA 任务实施工作组(ADA Implementation Task Force),这 12 人分别代表市场营销、公民服务、调研、企业关系(corporate relations)、公司运转和设备管理部门。工作组的专门小组之一修改工作描述仅涵盖"基本职责"以及运用"更为包容的语言"(more inclusive language)。举例来说,职业描述可能这样陈述:一个人有"搬动"而非"举起"箱子的能力。他们也为员工设计一个正式和非正式的程序来对所需的设施提出要求;然后,所提出的要求通过康复服务小组组长及残障管理小组来处理(如果必要的话)。员工可以通过获得衔接工作中心的帮助,重返工作岗位。衔接工作中心专门小组也教育不同工作组的组长重视申请人的能力而非残障;他们将"非残障人士"(the nondisabled person)称作"当下有劳动能力的人"(the temporarily able-bodied,TAB)。公司成立若干小组解决使设备和产品便于接近与利用,并开发多样的沟通方法(例如,时事通讯文章、录像和资源代表人物等)来对员工和其他人开展关于 ADA 及其要求的教育。该规划在提高 ADA 立法意识水平以及真正实现其精神方面获得了巨大的成功(Hauser, 1993)。

另一个公司是美国密歇根州大激流市(Grand Rapids)的 Steelcase 有限公司(Steelcase, Inc.),很大程度上由于鲍勃·马勒(Bob Muller)的不懈努力,该公司多年以来在为残障人提供设施及工作方面一直处于领先位置。在该公司的公司杂志的第一版中,他们批注道:

> 自《美国残障人法》通过以来,关于以何种方式为残障人提供设施的问题已经出版了大量的信息。不幸的是,许多信息都是过过场而已。(Steelcase, 日期缺,p. 28)

该公司注意到,许多办公室为有特殊行为需要者做出的变动,费用廉价(例如,搁脚架,降低的电话台,或可调整高度的工作台面)。为了真正使有特殊行为需要者能够各司其职,文章介绍了两种为工作站提供帮助的方法。文章还指出,"在确保数百万合格人员加入劳动大军的同时,拥护法律精神的企业也获得了所需的人力资源"(Steelcase, 日期缺,第 29 页)。在提高残障人的人权及就业权利方面,Steelcase 有限公司已经成了领头雁,他们的员工手册为与 ADA 立法相关的雇员提供信息及指导。图 6.1 介绍了他们在为员工及有潜力的员工提供适当的设施方面的一些指导性原则。

> "经过我们的共同努力,我们已经开始改变了美国的残障政策:从排斥到包容,从依赖到独立,从家长式管理到授权管理……我们没有浪费一个人力资源。"
>
> 克林顿总统(1993 年 10 月 6 日,白宫新闻发布会)

适当的设施

所谓"适当的设施"指不会给工作单位带来"过分的困难"的设施改造。如果一名残障人有能力承担一份工作的基本职能，你必须决定：为了让他来完成工作，是否必须提供某些设施。

实　例	设　　施
使现有设施便于利用	改善工作间和公共厕所；改动员工会议室的进/出口和大门；重新调整员工休息室/餐厅；修改应急程序。
职业重新调整	将非基本工作职能重新分配给其他员工。
兼职或工作日表修改	为了便于员工治疗疾病、利用交通和进行休息，使工作日程表变得灵活或对其进行调整。
空缺位置的再安排	应该为无法完成自己基本工作职责的雇员(添加了合理设施也不能使该雇员完成工作)提供填补其他空缺位置的机会，以便让他在这个新岗位上发挥自身作用。
设备、器材的获得或改进	电子视觉辅助设施；Braille 盲文材料；有声计算器；高度对比计算机屏幕；放大器；录音设备；电话扩音器；为耳聋者配备的电讯设施；机械翻页器；抬升或降低的办公用具。
检查、培训资料或政策的修改	取消获得一份工作对驾驶执照的要求，如果该工作的基本工作职责并不包括驾驶；提供闭路字幕的录像培训材料。
合格的读者或口译者	如果不引起过分困难的条件下，考虑提供兼职的读者、口译者或服务人员。

常见 ADA 术语

术　语	ADA　定　义
可获得的	能够很容易、很方便地为残障人接近、进入及使用的设施。
合格的个人	具有必不可少的技能、经验、教育水平以及其他与工作岗位相关能力的残障人；无论是否有适当的设施，他们都能够完成这一工作岗位的基本职责。
残障	有身体障碍或智力障碍，这种障碍实质上限制了一项或多项主要的生活活动；有过这种障碍记录或被他人看作患有这种障碍。 ADA 特别把以下几种类型的问题排除在残障之外：同性恋、双性恋、异性装扮癖、易性癖、恋童癖、裸露癖、窥淫癖、非身体障碍导致的性别身份混乱以及其他性行为混乱、赌博癖、盗窃癖或放火癖、由于当前非法使用毒品引起的影响心理状态的物质使用混乱。
基本工作职责	基础的、非边缘的工作职责。工作描述应该详细说明一份具体职业的基本职责，并且能起到该具体工作的基本职责的证据作用。
容易实现的	"不需多大周折或开展便容易完成的"，具体指的是：(1) 涉及行动的性质及成本；(2) 涉及设备或各类设施的资源(例如，银行)，在此类设施工作的人员数量，对开支和资源的影响，行动对此类设施使用产生的影响；(3) 公司实体的全部财政资源(例如，控股公司)，根据员工数量所得到的全部商业规模，各类设施的数量、类型和位置；(4) 所涉及实体的运行类型。
适当的设施	适合的、不会引起过分困难的设施。
过分的困难	引起困难或多余开支的行为。

图6.1　合理设施

注：摘自 Steelcase 有限公司的《员工手册》(*Employee Handbook*)，4 页，转载已获授权。

克林顿总统作了如下声明：

> 我们国家还负担不起浪费这一巨大的、仅仅部分开发了的知识、技能及人才资源……这种人力的浪费不能用我们个人的尊严、独立自主或赋权传统格格不入。我祝贺那些小工商业领袖、劳工及各行各业的社区领袖，因为是他们一道工作、致力实施《ADA法案》及《康复法》。我们不断的进步证明我们自由企业制度的根本活力及包容性，证明我们恪守对所有人公民权利做出的承诺。(1993年10月6日，白宫新闻发布会)

很显然，在激励如何对我们有特殊行为需要的公民的就业需要做出更积极的回应方面，《ADA法》有其巨大的影响力。《ADA法》为那些致力于且有能力发展有效合作规划的教育工作者进一步打开了工商业的大门，这些合作规划有助于促进大多数人相信：我们的学校迫切需要教育改革。

教育合作伙伴关系

20世纪70年代早期引入教育合作伙伴关系(Partnerships with Education)以后，美国商会(the US Chamber of Commerce)、全国工商业主联盟(the National Alliance of Businessmen)、通用汽车公司(General Motors Cooperation)、加利福尼亚工业教育理事会(the Industry Education Council of California)、通用电器公司(General Electric Company)、纽约人生保险公司(New York Life Insurance Company)、贝尔系统(the Bell System)以及许多其他大型全国公司和协会开始加强同学校系统的合作，发展生涯教育/衔接服务。自那时起，许多其他公司也都尝试为各自社区和年轻人提供所需的帮助，开始同各自的学区建立合作伙伴关系。

尽管早期教育系统和工商业之间努力建立合作关系，毕业生仍然没有准备好，满足不了雇主的需要，而且学生获得的技能和可获得的工作岗位需求间的差异仍然在不断扩大(Tindall, 1992)。正如廷德尔(Tindall)所指出，由于当前要为工商业输送更多的合格工人，

> "特殊教育工作者应该意识到：学校的整顿和改革是不可避免的……我们必须确保特殊教育学生是修改计划中的不可缺少的一部分……改革计划必须包括特殊教育学生。"(1992，p. 333)

霍伊特(Hoyt，1993)在近期一次由36个组织联合主办的"青年见习—美国风格"(Youth Apprenticeship-American Style)全国会议上指出，没有一个特殊教育或职业

康复组织参加,而且,会议的出版物也缺少对特殊教育学生的关注。

"我国的四千三百万残障人想和其他人一样,参与并贡献自己的一份力量。我诚恳呼吁大大小小的工商业执行总裁(CEO)加入这一敬业的群体。这有益于美国,也有益于商业。"

全国残障人组织副主席詹姆斯·布雷迪(James Brady)(全国残障人组织,1993)

美国教育部的《美国 2000 年教育策略》(*America 2000: An Education Strategy*, 1991)呼吁每个美国企业参与各自社区的学校改革之中(Phelps & Maddy-Bernstein, 1992)。根据里根总统的前新闻秘书詹姆斯·布雷迪(James Brady)(曾在里根总统遇刺中致残)所言,工商业界正在组织起来,且更加热心于为残障人拓宽就业机会的这个国家奋斗目标。现在,数百家公司参加了残障人 2000－CEO 理事会(the Disability 2000－CEO Council),承诺要对这个重要事业予以支持。

如果教育系统要和工商业界建立甚至更有意义、更实质性的合作伙伴关系,那么现在提供了一次绝好的机会。学校已经播下了和工商业界建立更好的、更实质性的合作伙伴关系的种子以让工商业人士参与其课程设置。正如 Phelps 和 Maddy-Bernstein 所指出,"大多数当前要求改革的呼声直接、有力地证明了努力让教育系统和商业团体团结起来的任务迫在眉睫"。他们引用了几个在为问题学生(at-risk students)建立模范商业-教育合作方面颇有效果的合作伙伴关系。这些合作伙伴关系包括加利福尼亚半岛学院联盟(the California Peninsula Academies),联盟教师共同努力、贯彻协调的课程,这种课程将理论、技术学习和导师、夏季就业和工作影子计划(job shadowing)等整合在一起;还包括波特兰投资计划,该计划利用了商业、学校、市政府以及城市联盟(the Urban League)等的代表组成的跨机构计划小组。

应该注意到的是:全国工商业主联盟(the National Alliance of Businessmen)促进了有效的学校-商业合作伙伴关系的发展,并发现有必要建立一个高效的多组织和多部门联盟,同时也发现有必要建立一个中间组织来处理日常工作(Phelps & Maddy-Bernstein,1992)。

克拉克(D. H. Clark,1993)在佛罗里达奥兰多市瓦伦西亚社区学院(Valencia Community College)残障人高科技培训中心(the Center for High-Tech Training for the Disabled)报道过另一个满足有特殊需求学生需要的例子。一个由来自工业界领袖及各合作机构的代表组成的商业咨询理事会(Business Advisory Council)指导了该中心提供的计算机程序设计和计算机辅助设计方面的规划项目。这一措施在满足有特殊行为需要的受训者培训需要的同时,确保了培训也对佛罗里达中部工商部门的需要做出了回应。

很明显，全国范围内建立合作伙伴关系的机制正在建立。通常，教育工作者必须首先采取行动；而且，如果这样的话，工商界才有可能积极回应。

雇主的贡献

工商业内部的资源和人员非常丰富的，教育工作者必须理解合作的目的和方法。在接触工商业部门成员之前，教育工作者应该明确目的和可能的结合点；同时，应该广泛听取这些成员的意见。换句话说，教育工作者在接触工商业人员时，应该怀有开明的思想，向对方表示："关于有特殊行为需要者的生涯发展/衔接服务方面，我们可以进行合作，这只是我的一个想法。你有什么建议要补充吗？"假如只提出这样一个问题，"我们应该怎样合作？"这显然与刚才的说法形成了鲜明的对比，因为这样一说只能使工商业人员觉得教育工作者没有做好自己的本职工作。

本节讨论了工商业部门可以协助教育规划的若干种方法。关于在主要部门之间建立生涯发展和衔接规划的合作关系问题，下面的清单提供了一些建议：

- 明确经济发展趋势；
- 进一步与工商业部门联系；
- 成为支持者；
- 充当课堂资源；
- 提供规划项目协商；
- 提供工作经历；
- 参加讨论会及研讨班；
- 提供教育及资源材料。

经济发展趋势

教育工作者总是对决定今后几年招生趋势怀有极大的兴趣。教育工作者必须关注劳动力市场整体的供求变化，关注为自己有特殊行为需要学生提供机会的、特殊就业范畴内部的人才缺编情况。虽然可以通过一些政府机构获得按类别、年龄组和产业分类的就业报道，但是劳动部主要负责为公众提供持续的劳动形势评估。举例来说，劳动部预测，自 2000 年起，服务行业的增长率将达到 38%；占美国劳动力市场最大份额的办事员（clerical workers）预测会增长 30%。对像木工、汽车技工及模具工人（tool-and-die worker）这样的技术工人和有熟练技能的劳动者的需求也有所增加。零售业、制造业及批发业等销售行业的工作也增长了 32%。那些增长缓慢或没有增长的工作类别包括生产工人（装配流水线上的工人）、没有一技之长的工人（例如，搬运工和仓库管理员）和农场工人。这类信息经常出现在诸如《每月劳工评论》（*Monthly Labor Review*）及《就业展望季刊》（*Occupational Outlook Quarterly*）等政府出版刊物上。通过劳动统计局下的劳动部的区域办事处，可以获得特殊的报道和选刊。

工商业部门成员能够根据经济和劳动力市场发展前景，预测针对有特殊行为需要的个体职业发展及培训这样行动的潜在效果。因为新机器或新的工作惯例的引进及地方经济的增长或衰退，商业人士经常能够确认对有某种特殊技能工人需求的激增、职业分类的变化以及技能要求的变动情况。所有这些因素都影响了培训、就业安排以及各种类型工作的就业规划情况。

我们不能期待，与生涯发展/衔接规划几方面有关的教师、咨询师、就业安排人员及其他教育工作者熟悉通信技术或快餐行业内每一台机器和日常工作。然而，他们对劳动力市场供求、工业内部对工作的总体要求以及市场的当前环境的了解程度将促进教育工作者和地方工商业部门领袖之间的沟通；同时也为理解工商业人士关于教育团体内部的程序及实践变化做出的观察和评价打下基础。

与工商业部门的联系

自立意识(self-reliance)是美国人集体个性的主要特征。大多数美国人坚信：一个人不管是白领还是蓝领，其自身的努力能决定自己的成败。在描述一些个人利用手段而非工作技能(就像“重要的是你认识的人，而不是你知道的东西”这种说法一样，这些词眼并非局限于工作领域。)在组织上迅速得到提升或实现一个目标时，往往使用像 clout(门路)、influence(势力)及 pull(拉拢)这样的贬义词眼(这里仅举几个例子)。

在接触工商业人员时，教育工作者如果没有想到跟他联系的目的就是为了保持稳固的关系，而且，这也是培养自己学生相关就业机会的必要方法，那么他们就是在自欺欺人。美国工人可能相信他们工作方面的成功是由于自己个人的努力及能力；不过，有特殊行为需要的个人已经声明过，他们首先想要的是获得就业的机会。

如果某一行业或职业(教育和康复)的个人要进入另一个部门的门槛，必须要有一块敲门砖，原因很简单，因为职业目标的正常培训和追求并没有让一个部门的成员和其他部门的成员经常联系。银行家大多数工作日和社会生活都涉及彼此，所有银行家彼此之间往往熟悉而不熟悉教师。因此，现在的问题就是：教育工作者如何接触有助于培训或雇用他们有特殊行为需要的学生的工商业界个人？答案之一是利用所有可能的重要报道及工商业部门内部的联系方式。

教育工作者能够利用职业康复、就业服务、康复设施、青年培训规划等资源，以及任何与工商业部门有联系的组织。这些联系非常重要，因为它们：

1. 节省教育工作者的时间和精力，以便完成其他职责；
2. 为雇主面试提供一个支持要素。

教育工作者可以独立联系雇主，为规划获得切实利益。然而，如果就业安排人员是另一位工商业人士推荐的或担保的，那么，成功的可能性会提高。

在广泛地考察残障人的康复和就业安排过程之中，赞尼(Zadny)和詹姆斯(James)(1976)区分了正规渠道和非正规渠道的招工报道。与工商业界人员(雇主)取得联系属于非正规渠道，具有赞尼和詹姆斯指出的"没有充分利用"的特色。这些没有充分利用的渠道可能提供更好的结果，理由很简单，因为通常利用的资源所服务的求职者数量过于庞大。表 6.1 提供了两种不同种类的来源。

表 6.1 常用和未充分利用的招工报道来源

常用资源	未充分利用的资源
报纸招聘公告	以前的雇主
州就业服务	以前的客户
私人就业机构	咨询师的熟人
招聘标记	雇用客户的雇主推荐的其他雇主
黄页电话查号簿	咨询师的合作过人员
贸易书刊	服务人员
联盟	客户的家庭和朋友
文职公告	雇用客户的商业雇员
报纸的商业版	
雇用客户的雇主	

注：选自 J. J Zadny 和 L. F. James 写的文章《1976 年最佳安置另类观点》(Another View on Placement: State of the Art 1976)，刊载于《安置专著研究》(*Studies in Placement Monograph*)杂志 1976 年 1 期 29 页，由波特兰州立大学波特兰俄勒冈社会工作学院(Portland Oregon School of Social Work)出版。1976 年版权属于波特兰州立大学。转载已获得授权。

专业人员可以利用表 6.1 中的信息来安排自己的客户、有特殊行为需要的学生或普通的求职者。未充分利用的信息来源可以分类为专业人士、工作人员和有可能成为未来雇主的工商业人士的联系方式。当衔接规划人士和社区组织、咨询团体、工商业界人士形成更紧密的联系时，他们就可以充分利用那些未充分利用的信息渠道，避免和其他职业申请人形成不必要的竞争。

残障人支持者

许多大公司相信有特殊行为需要的个人有能力成为杰出的、富有成效的雇员，热心的向公众宣传他们的想法。各种各样的刊物上的言论都反映了这点，实例如下：

我们同残障人的接触和交往一直富有成效。

Bruce Carswell

GTE 公司资深副总裁

很明显，雇用和培训患有残障的男女员工，无论是对公司，对乐于帮助自己的人，还是对整个社会的经济发展，都有好处。

Colby H. Chandler

伊士曼柯达(Eastman Kodak)公司董事长兼总经理

成功只能通过充分利用所有的资源来获得，而最重要的资源就是人。

J. J. Albenze

Westinghouse 公司管理员

除了这些以外，还有许多其他类似支持雇用残障人的言辞，都可以在 1987 年版的《工作中的美国残障人》(1987，残障人就业总统委员会)上找到。这本出版物是由几家公司与 Dole 基金会以及残障人就业总统委员会合作出版，可以从美国政府印刷处获得。这本刊物刊登了一些提供部分残障雇员信息的公司名单，表 6.2 有所呈现。应该强调的是，表 6.2 中列举的公司清单只是成千上万支持、雇用残障人和弱势群体中大小公司的一部分。

表 6.2 特别关注残障人雇用的公司和企业实例

部门	公司
化学工业	陶氏(Dow)化学公司
	Stauffer 化学公司
	格雷斯公司(W. R. Grace & Co.)
通信行业	通用电话电器公司(GTE)
	美国电报电话公司(AT&T)
	新英格兰电话公司
计算机和电子学	霍尼韦尔公司(Honeywell)
	斯佩里公司(Sperry)
计算机产品和服务	菲力普·莫里斯公司(Philip Morris)
	米勒酿酒公司(Miller Brewing Company)
	伊士曼柯达(Eastman Kodak) 公司
	Sears 公司
	大陆罐头公司
	动画设计公司
	宝洁公司(Proctor & Gamble)

续 表

部 门	公 司
计算机产品和服务	联合航空公司(United Airlines)
	通用磨坊食品公司(General Mills)
能源和设备	华盛顿水力公司
	巴尔的摩煤气和电器公司
	宾夕法尼亚电力照明公司
	蒙大拿电力公司
	Texaco 公司
	杜克电力(Duke Power)公司
	爱迪生电器研究所
金融、银行和保险	Aetna 人寿保险(Aetna Life and Casualty)
	好事达(Allstate)公司
	美国运通公司(American Express)
	蓝十字/蓝盾健康保险公司(Blue Cross，Blue Shield)
	奥马哈互助保险公司(Mutual of Omaha)
	谨慎(Prudential)保险公司
卫生和医疗	Abbott 实验室
	默克公司(Merck & Co.)
	美国医院联合公司(Hospital Corporation of America)
重工业	Westinghouse 公司
	罗克韦尔国际公司(Rockwell International)
	通用动力公司(General Dynamics)
	E. I. L. 器械公司
	通用汽车公司(General Motors)
	创新概念(Innovative Concepts)
	Phifer 电线产品有限公司
	美国罐头(American Can)公司
	设计与经济成本控制(Decc)公司
	Steelcase 钢铁公司
	雷神(Raytheon)公司
餐馆和医院	汉堡王(Burger King)公司
	瓦伦丁餐馆(Valentino's Restaurant)
	庇护所(Refuge)餐馆
	Marquette & the Northstar 旅馆
	Marriott 公司
	麦当劳

注：摘自 1987 年版、残障人就业总统委员会主编的《工作中的美国残障人》，华盛顿特区，美国政府印刷署。

部分原因由于 ADA 立法的颁布，雇用有特殊行为需要者的势头在 20 世纪 90 年代持续增长。事实上，许多美国工商业公司一直以来都有支持这一群体的传统。毫无疑问，调查一下你所在社区的资源，你就会发现许许多多工商业公司为了有特殊行为需要者的个人利益，投身于许多重要的支持活动。

课堂资源

工商业部门为学校提供了大量的教学规划和资料，帮助教师了解许多像生态这样重要的课题。事实上，一些工商业部门甚至训练教师使用他们自己的规划项目。因为大多数教师没有时间寻找自己可使用的信息来为有特殊行为需要的学生提供合理的社团资料，所以许多公司会协助教师进一步获取相关信息。

工商业部门成员也帮助教师选择材料、培训手册或教育指南。例如，就业安排人员可以检查求职申请表，为如何培训有特殊行为需要的学生参加面试提供合理的建议。工厂管理者能够建议培训程序，教师在学校或工场可以利用这些程序来培训有特殊行为需要的学生，为将来的实际工作做准备。尽管职业教育工作者通常非常熟悉选定的工业部门的变化和更改，但是，来自不同公司的成员依旧会对培训规划中涉及的材料、机器或日常工作的变动给出建议。

每当教育工作者向工商业部门邀请一个代表充当有特殊行为需要的学生、学校教职员工或家长的演讲者、咨询人员或旅游向导时，应该把“周密准备”(prepare your resource person)的规则牢记心中。准备应该包括与规划人员面谈、介绍有关特殊人员的生涯发展中资源人的角色和重要性的书面或视觉信息；同时应该使资源人意识到：他们需要提供什么服务，他们如何才能高效地利用自己的时间和资源。这一信息会影响资源人关于持续接触学校系统的决定。

规划项目协商

包括职业培训和就业安排的生涯发展/衔接规划内容要求教育工作者自己必须具备若干种技能。对于组成规划的各部分，比如，学生评价、项目评价、资源管理及成本分析来说，这些技能都至关重要。而且，可以利用这些技能解决与最低工资法、工作学习任务、学校系统和其他机构间的合作协议以及以前有特殊行为需要的学生及其雇主的就业安排评价等具体问题。

工商业部门人员的意见可以帮助教育工作者找到解决相互问题的途径。这种合作有助于形成更加合适的生涯发展/衔接规划项目。

工商业部门代表也能够针对教师或其他人员认为的、学生应付今后的求职市场所需具备的能力，对规划的指导者提出建议。工作、技能和工作角色不断变化，这就要求负责指导有特殊行为需要的学生进入求职市场的人们也必须具备某些能力。

工作体验

如果说全国各地工商业部门和教育系统间存在某种显著的联系，那么这种联系就是在为有特殊行为需要的学生提供工作体验或学习工作任务（实习）规划中的合作。在发展实地体验（field experience）、学生实习、夏季就业和在职培训合作方面，工商业部门一直以来都很积极。这些规划项目为有特殊行为需要的学生提供了动手机会，这种机会能够检验他们对某一特殊工作的兴趣；为监督人员提供评价来源；训练有特殊行为需要的学生使用工具以及完成工作任务；同时对他们在经验积累过程中投入的精力给予一定的报酬。尽管“经验是最好的老师”这句话也许是老掉牙的陈词滥调，但几乎所有针对学生的重要规划项目都涉及工作体验。衔接研究表明：对于有特殊行为需要的成人而言，上学期间系统的工作经验积累是今后工作获得成功的最重要因素。

在为学生设计、建立一系列合理的工作经验积累方案时，规划人员应该考虑下面两个重要方面：

第一，**应该让个人获得连续的经历**，从而使接受小学一直到成人教育的个人都能够参与到适当的工作，满足成长、兴趣和能力发展的水平。工作体验并不是培训规划的终极发展阶段。理想的情况是，工作体验是培训规划整体中的一个不可分割的要素，在学生生涯发展/衔接规划的不同阶段都可以获得。这样积累的一系列经历能为个人和规划人员提供几个与理想的、未来职业角色相关的评价形式；同时，也让有特殊行为需要的学生有机会尝试不同的工作角色，为今后适应可能有的职业变动做准备，这一点会对今后整个生涯角色发展的不同阶段大有益处。

工作体验并不是培训规划的终极发展阶段。

第二，**工作体验是决定个人强项和弱项的工作调适性培训策略**。如果规划人员将有特殊行为需要的学生永远放在工作学习的位置上，那么，他们就失去了这个对于其他有特殊行为需要的学生来说非常重要的工作调适培训的场所。在场所管理者（supervisor）表示某一岗位有空缺时，我们都非常清楚有种诱惑力试图将学生固定在某一岗位上；这样一来，我们就失去了这个可作为其他学生接受培训机会的岗位。但是，工作经验真正的价值在于：许多学生可以循环体验不同的岗位，获得一系列工作调适机会；这样管理者和教育工作者就能明确他们的工作技能并做出更为客观的评价。这种知识成为衡量、培训其他学生的标准。丢掉一个培训基地或系列工作体验，则迫使教育工作者再次马不停蹄、千辛万苦地寻求另外一个商业合作伙伴，和管理者建立联系，付出时间建立更多的、用以帮助学生就业或提供工作调适培训的实习基地。

关于工作经验的一个变量涉及教职人员参加类似工作现场的在职日常工作活动。

例如，加利福尼亚贝克菲尔德(Bakersfield)肯恩(Kern)高中学区为职业指导教师安排进所获得的社区工商业的学习工作基地提供资金资助。由于这些指导教师在把有特殊行为需要的学生安置到社区工作岗位之前，要先对学生进行培训，所以学区必须确保给有特殊行为需要的学生讲授有关日常工作和任务的知识的教师有能力让他们在实习工作中能获得成功。对学校教职员工的在职培训允许教师对某一职业进行研究，以便他们能够更好地组织自己的教学，更好地培养有特殊行为需要的学生适应工作需要。

大多数有特殊行为需要的学生在中学期间就找到了工作。一般来说，这些工作是学生的家庭、朋友或他们自己找到的。如果想要培养学生在从学校到社区培训、生活和工作的衔接中追求更有意义的工作，教育工作者应该关注有特殊行为需要的学生是否正在从学校教育中获益，是否更加直接地接触真实的工作领域，而不是单纯的报酬。哈尔彭(Halpern)、多勒斯(Dorenz)和本兹(Benz,1993)建议，教育工作者应该考虑鼓励学生谢绝或减少在高中期间的某些类型雇用(如果是这种工作不利于学生适应更为适当的职业学习)。学校需要改善自己与工商业界的联系，这样雇主和学校管理者就能够把实习经历建设成对有特殊行为需要的学生有益的生涯发展经验。他们注意到应该考虑新的职业培训项目，例如在欧洲工作调适系统中盛行的学徒期规划(apprenticeship program)。这些项目现在在美国也正在流行，因为青年学徒期规划和以工作为基础的学习规划对于我们高中阶段常规班级的学生来说更为重要。很可能，特殊行为需要规划涉及的学生也可能获得同等的机会、获得井井有条的工作调适体验。正如我们所注意到，已经证明，对于培养有特殊行为需要的学生胜任将来的工作方面来说，这些井井有条的工作极具价值。

衔接会议和研讨班

衔接会议和研讨班让人们聚在一起，就有特殊行为需要者的生涯发展/衔接相关的主题、难题和行动展开讨论。可以用这些活动来探索以下所关注的焦点：

- 工商业部门和教育系统的合作伙伴关系；
- 为适应千变万化的就业市场应做的准备；
- 教育对于在岗残障人保住工作时的作用；
- 立法的强制要求。

工商业界内部的不同专业组织及私人公司都为美国青年和工人主办估评会议和研讨班。早在1977年，白宫残障人大会(the White House Conference on Handicapped Individuals)建议在为伤残人士开展的生涯发展/衔接规划领域中，工商业部门要和教育系统扩大合作。一些代表建议为联合会议及研讨班提供新的课题。残障人就业总统委员会做了如下建议：

● 应该开发全国公民意识计划，认识雇用残障人的雇主；

● 对管理者的培训应该强调对残障员工的雇用；

● 应该开发衔接就业规划(例如，为精神康复者成立的心理咨询中心和为智力有缺陷者成立的职业培训中心)；

● 职业学校、庇护工场以及其他培训场所应该重视教授真正能满足当地雇主需求的技能。

教育及资源材料

长期以来，在培养有特殊行为需要的学生适应工作角色过程中，工商业部门和教育系统一直彼此合作。除了提供在职培训和举办特殊研讨会之外，他们还给学校、有特殊行为需要的学生及其家庭提供信息资源。

我们没有必要对各类组织和公司提供的与生涯教育/衔接到真实的工作阶段有关的材料进行详尽阐述，时过境迁，材料在不断变化，因此，等我们描述好了材料之后，材料马上便可能已经过时。需要谨记的重要一点是：只要工商业部门参与美国工人的生涯发展/衔接计划，这些从学校到工作的衔接材料就会长期存在。

让工商业参与进来

前一小节明确了工商业部门成员对从学校到工作的后中等教育课程及就业的生涯发展/衔接计划的潜在贡献。本节讨论在使整个社区获益的生涯发展/衔接规划中，教育工作者如何联系工商业部门，使之参与有利于整个社区的各项活动。下面为建立对工商业部门的支持提供了几点建议：

● 邀请工商业部门到社区顾问委员会(Community Advisory Committee)任职；

● 为公民组织/社会团体进行表演；

● 出版与规划有关的刊物(例如，手册、报道和新闻稿)；

● 在商业出版物中登广告；

● 组织招聘会、研讨会及各类协会。

社区衔接顾问委员会

社区衔接顾问委员会的作用，就像早期克拉克描述的那样，可以成为决定一个学校生涯发展/衔接规划成功与否的重要因素。如果学校教职人员期望社区接受有特殊行为需要的个人并支持学校规划，衔接顾问委员会(TAC)就不能敷衍了事，必须踏踏实实干点实事，委员会的成员的名头要有利于提高整个规划负责者的名声。坎贝尔(Campbell)、托德(Todd)和鲁尔克(O' Rourke，1971)以及费尔普斯(Phelps，1976)指出，衔接顾问委员会可以通过以下渠道提供有价值的服务：

1. 检查衔接规划要素，例如，教育资料、设施、设备和合作培训协议；

2. 确认社区衔接成绩、资源以及公共关系有效措施；

3. 开发衔接规划所包含的评价设计。

关于TAC需要多少成员或者他们应该任职多长时间，并没有硬性规定(hard and fast rule)。TAC成员最有可能包括主要企业的代表，这些企业部门可能雇用衔接规划的毕业生。然而，学校教职人员不应该这样认为，或者给人这样的印象：TAC成员有义务为有特殊行为需要的学生找工作或雇用一定数量衔接规划的毕业生。成员的主要作用是帮助衔接规划协调以及在社区大力支持有特殊行为需要的学生。下面列举的TAC成员代表对学生的成功感兴趣或能够直接影响衔接程序的主要团体间相互交叉的一部分：

1. 人事经理或招工经理，他们能够就申请表、面试程序及就业趋势等问题给教育工作者建议的；

2. 管理员，他们与有特殊行为需要的雇员直接打交道且能够明确他们在工作环境中可能遇到的潜在难题；

3. 公司董事或经理，他们的公司雇用大量有特殊行为需要的员工，他们会和工商界人士介绍自己的公司在学校的衔接规划中为学生提供职业或必要设施方面成功的经历；

4. 家长组织的成员，他们对生涯发展/衔接工作尤其感兴趣，他们能够通过组成家长和有特殊行为需要的员工间的联盟来支持学校规划；

5. 社区机构成员，他们参与培训和就业安排活动，能够提供有关有特殊行为需要的成个人所面临的挑战方面的信息；

6. 保险公司成员，他们熟悉雇用有特殊行为需要工人的各行各业的具体做法和比例；

7. 有特殊行为需要的个人，他们在工作世界的岗位上获得了成功，对规划的培训和就业安排贵工作有独到的见解。

即使TAC成员在特殊领域可能有专业知识，教育工作者也不应该想当然地认为这些成员熟悉涉及有特殊行为需要个人的生涯发展/衔接阶段的所有问题和困难。这些成员应该参加一系列的衔接信息会议，因为这些会议能够给他们提供学校衔接规划、社区衔接工作及全国范围内的为衔接所作的努力等方面的信息。有时，TAC成员可以主持这些会议。但是，学校教职人员必须从一开始就计划整体大方向，直到TAC成员有时间明确自己在具体衔接领域中的兴趣和所需信息，以便让他们的专业知识更好地发挥应有的作用。

公民组织/社会团体

术语“公民组织/社会团体/民间团体”(Civic Organizations)使用非常广泛，它包括所有对提高自己社区成员福利感兴趣的团体。这些组织为联系社区商业界人士提供了肥沃的土壤，原因十分简单，因为教育工作者和商人都有一个共同愿望，那就是提高社区全体成员的生活质量。这种相互尊重为教育工作者提供了介绍衔接培训和就业安排规划的好处以及实现工商业部门更加积极参与的目的。几个衔接规划项目的董事都曾指出：他们对一个社会团体作了介绍之后，便和一些感兴趣的社区商业领袖及代表进行了接触，接着引进了几个鼎力支持的单位和职业介绍报刊。

衔接协调员应该把向社会团体作介绍当作是一项主要的公共关系工程。演讲者应该了解向社会团体传播信息的最佳方法，利用语言艺术和各类出版物最有效地向听众传达信息并让听众参与进来。

1. 演讲应该强调要点，这样听众便不至于在太多的数据和细节中感到"茫然"。

2. 演讲者应该让听众参与进来，提出有关从学校到工作、生涯发展、培训及就业安排信息的问题，同时穿插着讲一些社区中地方工商企业工作成功的故事。

3. 应当提供些材料，以给希望在闲暇时间有机会阅读或联系其他信息资源的公民提供便利。

4. 演讲中应该提到以前或当前的学生，从而消除听众对有特殊行为需要者能力可能产生的误解。

衔接规划出版物

教育工作者应该总是努力把社区的注意力引导到学生的目标和成绩上来。通过正如前一小节描述的个人演讲、介绍，与社团领袖的接触以及和工商业部门及家长的访谈，能够达到这一点。然而，在没有教育工作者指导的时候，专业出版物可以被用作现成的参考资源，也可以被分发给公众和工商业部门人员来凸显衔接规划的特色和成就。衔接协调员可以利用几种出版物来为衔接规划/生涯发展做宣传，鼓励工商业部门人员参与。这些出版物可能包括：

1. 提供规划的概述、目的及规划能够给读者带来的利益的精美宣传手册。

这本手册能够帮助教育工作者和不同的雇主取得联系并进行访谈。手册可以提供工作中的学生照片，以给人这样的感觉：生涯发展的一个目标和成果是成功就业。

2. 提供有关规划的"铁的数据"(hard data)的几种报道。

这些信息对于论证开支的合理性十分必要；对于管理者、教师、TAC成员及社区成员来说也很有价值，因为他们都希望了解自己所纳的税金是如何被合理地消费以把有特殊行为需要的学生培养成为合格的雇员以及纳税公民的。这些报道涉及的最常见的话题是：成功安排的工作种类、雇用学生的工商业公司的认可、以前有特殊行为需要的学生一段时间内所挣工资，以及有特殊行为需要的学生回报社区的税收总额。

3. 当地传媒直接使用的选印本或直接广播稿或被可用作"专题报道"(feature

story)的新闻稿。

这些新闻稿能够宣传合格工人的能力,比如"求职"(Work Wanted)广告。广告可以包括学生独特的成就,例如,完成了成为机械师或电脑操作员的培训课程。

商业出版物也可以用来宣传学校为衔接和生涯发展所作的努力以及与工商业部门的参与。几家工业部门和公司就出版了自己的材料。任何曾光临过医务室和牙医诊所的人可能都有过翻阅该行业期刊的经历,在这类杂志中的很多刊物中就有可能读到关于有特殊行为需要的工作人员的文章。所以,地方或州负责衔接规划的人员应该意识到这样的期刊有助于宣传和联系潜在的关注学校衔接/生涯发展规划的雇主。

人才招聘会、研讨会及各类协会

几个组织(家长组织、有特殊行为需要的个人组成的协会和政府机构)都尝试过教育雇主和其他工商业人员,让他们了解有特殊行为需要的工人的优良品质。这些组织联合了彼此的才智、关系资源以及努力达到以下的目标:

1. 让雇主了解扶助弱势群体的法律(affirmative action laws)的变化,了解应以何种方式迎接这些变化和雇用有特殊行为的员工;

2. 展示其他雇用有特殊行为需要者的雇主所取得的成就;

3. 提供见面地点,以便让雇主能够接见今后可能成为自己员工的有特殊行为需要者;

4. 为雇主和有特殊行为需要者提供讨论常见问题的平台;

5. 讨论当地的或地域性的岗位空缺以及预测劳动力供求中的变化;

6. 提高雇主对有关尚未利用的、有特殊行为需要的劳动力的能力和技术的认识。

可以通过地方电视台或教育电视频道介绍这些工作,组织召开传统的会议或当前越来越流行的职业招聘会。职业招聘会是一个主要的信息集中地,在这儿来自工商业的代表接见不同的求职者;由于在一个地方就能提供几次面试机会,所以职业招聘对有特殊行为需要者非常有益。

本节关注了这样一个问题,即在生涯发展/衔接活动中教育工作者应采取何种方式联系工商业代表并让他们参与到生涯发展/衔接活动之中去。下面提供了多种可供考虑的重要方法:

- **尽早让工商业成员参与到你的衔接规划中**。之所以大力推荐这种做法,有以下几点理由。第一,如果在规划或工程的形成阶段就主动联系工商业成员,而非只把他们视为象征性的代表,那么他们就会积极合作并鼎力支持。第二,**如果衔接规划还在起步阶段,他们就可能针对重要的变化或获得支持的方式提出意见。**如果衔接规划包括提供与工商业部门的合作,这一点便非常关键。一些衔接协调员曾花大量的时间计划一项工程,培养有特殊行为需要的员工和学生,确认培训的经历及适合的工业部门,然后怀着雇主、管理者、经理及商业人士会配合他们计划的期待，积极联系工商业部门。我们认为这种办法不可取。

● 与工商业部门人士沟通过程中，要保持前后连贯性。企业部门经理习惯于严守时刻，而管理者也喜欢精确。如果让同一规划或工程的几个不同代表跟他们相继联系，他们都会感到特别失望。设想一下：你在办公时，同一企业的不同推销员接二连三给你打电话，你的反应会是如何呢？正如衔接顾问委员会的讨论意见中所强调：一旦有特殊行为需要的个人参与某一规划，沟通的连贯性也非常重要。

● 尽可能宣传工商业部门和教育工作者之间的联系。当然，宣传的各种努力应该得到参与衔接规划的主要机构的批准。一旦得到批准，教育工作者应该在社区、本地、所在的州、区域和国家内利用尽可能多的资源。信息的连续阶段包括与公众沟通的通讯方法。举例来说，社区可能有一个小型街区或地方报纸和广播站。大都市的传媒可以覆盖更大的地区。一个州会有各种各样由立法成员制订的官方出版物或载入官方会议录中的演讲。一个区域也可能有各种与特殊行业有关的专业出版物。国家可能通过与有特殊行为需要的个人的衔接教育和就业有关的联邦机构公布信息。有关工商业部门和教育系统间的现有合作的报道有助于拓展衔接规划，同时也有助于提高有特殊需求的个人就业的可能性，这点下面会具体论述。

● 通过利用尽可能多的资源，鼓励工商业部门的参与。前面有关章节中，有关出版物和衔接顾问委员会成员的讨论包括接触社区内部和能够大力支持衔接培训规划的众多机构。无论是公民组织/社会团体、家长组织还是有影响力的公民，这些支持者都需要全体特殊教育、职业教育以及普通教育工作者的信赖和鼓励。而且，所有的教育工作者必须意识到整个社区参与的潜在可能性，意识到应该在生涯教育/衔接规划目标的指导下协调各种活动。

雇主资源

因为有特殊学习和/或行为需要者知识或经验的缺乏，因为误解、担忧、对他们的保留态度或他们早先贫乏的经历；或是因为种种其他的理由（愿意和他们紧密工作的专家能够解决这些理由），许多雇主不愿意考虑雇用这一群体。而潜在的雇主需要了解：在衔接阶段，受训者和雇主在培训、咨询以及成功就业需要的其他服务方面，可以得到特殊教育工作者以及康复人员的帮助。专业人员能够帮助雇主的主要方法之一是：提供有关可以获得的资源的信息，这些信息可以帮助他们为有特殊行为需要的员工提供必要的设施。下面我们来简单地明确并描述一些方法：

● 爱博资源中心（ABLEDATA database）为消费者咨询服务资源，它包括向残障人提供 18 000 多项可调节设施；它对有特殊学习需求的个人和雇主要求获得的信息做出回应。其具体地址为：8455 Colesville Road，#935，Silver Springs，MD 20910；

电话：(800)227－0216，配备语音设备及耳聋者通信设备(V/TDD)。

● 残障人通道贷款(Disabled Access Credit)（IRS 法案第 44 章)通过提供每年高达 5 000 美元的课税扣除(tax credit)，鼓励小企业执行 ADA 政策。雇主或小企业者可以扣除“合格通道开支”(eligible access expenditure，约为 250 美元到 10 000 美元之间)的 50%。欲知详情，请与当地的 IRS 办公室联系。

● 只要有特殊行为需要的个人工作满至少 90 天或 120 个小时，目标就业课税扣除(the Targeted Jobs Tax Credit，TJTC，见 IRS 法案第 51 章)就提供每个雇员首次所赚的 6 000 美元的 40%的课税扣除。雇主可以不要求 TJTC 和在职培训支付同样的工资。欲知详情，请参阅 IRS907 号文件或从州职业服务处(the State Job Service)或职业康复办事处(Vocational Rehabilitation Office)获得更多的信息。

● 根据建筑和交通障碍排除减税政策(Architectural and Transportation Barrier Removal Tax Reduction)(IRS 法案第 190 节)，对于给有特殊行为需要的雇员提供必要的设施和公共交通工具的雇主提供 15 000 美元的课税扣除。所有的调整必须满足财政部标准。

● 工作便利网(Job Accommodation Network，JAN)是一个供雇主利用的信息网络。在残障人就业总统委员会管理下，工作便利网是一个包含有特殊/学习缺陷的个人如何完成个人任务等具体信息的资料库。它提供 ADA 方面的免费咨询服务，并为有特殊行为需要的员工适应工作提供设备、器械和方法。JAN 为不同的雇主提供了交流提供有效设施的平台。联系电话：(800)ADA－WORD(V/TDD)。

● Arc 全国在职培训机构(the Arc National On-the-Job Training)已经运转了几十年。该项规划由美国劳动部提供资金资助。资金主要用来培训工商业部门患有智力残障/发展性残障的个人；培训和雇用有特殊行为需要的个人的雇主将会一段规定时间内获得资金补偿。如果对具体信息感兴趣，可以与 Arc 机构的全国总部联系，具体地址：500 E. Border Street，Suite 300，Arlington，TX 76010。联系电话：(817)277－3491。

● 作为咨询顾问和技术指导，产业—劳工理事会的国家就业和残障人中心(the Industry-Labor Council's National Center on Employment and Disability)给有特殊行为需要的个人提供就业帮助；同时，也提供无障碍访问(accessibility)、拓展(outreach)、招聘新成员(recruiting)、适当的设施、立法和特殊行为需要管理等相关信息的交换。该中心为产业部门提供多种形式的培训，给提供大量相关的就业信息资料。联系地址：the Human Resources Center，201 I. U. Willets Rd，W.，Albertson，NY 11507－1599。联系电话：(516)747－6323。

● 工业工程(Projects with Industry)是一项由私人产业和康复机构管理的规划项目。该衔接规划的焦点是就业安排、工作调适、技能培训和/或工商业联系；这样，康复服务更能及时响应雇主的需要。对此有兴趣者可以联系就近的职业康复机构办事处。

大批协会和其他组织可以帮助寻求雇用有特殊行为需要者或弱势群体的雇主提供信息和建议。关于这方面信息的一个很好资源是《协会百科全书》(*The Encyclopedia of Associations*)。

IBM 为提高残障人的生活质量作出了重要贡献。

几十年来,通过利用技术(辅助性技术),IBM 在提高有行为需要者的生活质量和就业率方面一直是先锋。1985 年,他们建立了特殊需求信息和咨询中心(Special Needs Information and Referral Center,SNIRC)。SNIRC 支持一个相当大的信息资料库,内有可供购买到的产品和可联系到的供应商及机构。IBM 支持示范设施,为其内外行政主管举行认知研讨会。这些研讨会的召开增加了对有特殊行为需要者的就业能力以及当前的辅助性技术的认识和了解。

而且,IBM 为提高有特殊行为需要者和弱势群体的衔接/生涯发展提供几项其他服务。通过残障人援助网络(Disabilities Assistance Network),IBM 为全国联邦提供资金资助的残障人支持中心无偿提供计算机和软件。此外,IBM 还协助建立了 53 个全国性的中心,其目的是培训有特殊行为需要者从事通讯/信息产业处理方面的职业。而且,IBM 赞助了 100 多个囊中羞涩的职业培训中心,主要在文字处理方面;为没有技能参加职业培训的个人,建立基础技能/读写能力支持规划(Basic Skills/Literacy Support Program)。1993 年,IBM 在阿林顿建立了自己的职业培训和技能中心(Job Training and Competency Center),借以展示私营企业是如何与为有特殊行为需要者和弱势群体服务的社区组织成功合作以及如何提供管理、员工发展和培训。

该中心也展示了 IBM 为旨在通过技术帮助有视觉障碍者、身体障碍者、语言障碍者及听觉障碍者获得更大的个人及职业独立性而设计的系列产品——IBM 独立系列产品(IBM Independence Series)。当前有八个产品有供应,其中五项产品旨在提高日常活动无障碍性。

- 屏幕阅读器(Screen Reader),供视觉障碍者使用,是一种文本到语言的屏幕转换工具,它能同等迅速地获取电脑信息。
- 电话交流器(Phone Communicator),供有听觉障碍者或语言障碍者使用,它通过触摸语音电话与另一个人进行电话交流;在用 Baudot 和 ASCII TDDs 交流时,能够为双方展示全屏对话场面。任何电话中的对话都可以用文字形式保存、打印。
- 语音识别程序(Voice Type),供身体障碍者使用,它是一个灵活的能识别语音的程序,该程序可通过说话控制键盘选择。
- DOS 存取设备(Access DOS)是一个可供前面讨论的每个程序的 IBM DOS 用户提高键盘可及性的有用工具。
- 键盘守卫(KeyGuard)是一个能够提高键盘输入准确性的模板,目的是为了可以从任何角度摆放键盘;这样,有行动障碍的人使用起来很方便。

IBM同时也开发了一系列的输入设备、阅读器、语音合成器、盲文打印机以及和前面提到的系统相互作用的屏幕放大软件。而且，IBM推出了名为语音阅读器(Speech Viewer)的程序，用以提高语言障碍矫正、第二代语音阅读器(Speech Viewer Ⅱ)的效率，从而帮助客户在与交流和日常生活技能相关的四大核心领域练习思考技能。

先前的讨论表明在雇用残障人和其他学习有困难者方面工商业部门的明显进步。残障人就业总统委员会(1993)为雇主出版了有特殊行为需要个人面试时的指导方针，具体有以下几方面：

● 保证行动不便，或有视觉、听觉、认知障碍的申请人能够方便地进入公司的就业办公室和面试地点。

● 愿意提供适当、适当的设施，使有特殊行为需要的申请人展现自己的最佳状态。例如，在填写就业申请表时，为有视力障碍或双手有残障的申请人提供帮助，为有听力或语言障碍的申请人提供翻译，为有认知障碍的申请人提供具体或详细的指导。

● 除非申请人要求，否则不让康复顾问、社会工作者或第三方人士积极参加或列席面试。

● 确保你已经深入了解申请人申请的岗位的基本工作职责以及完成每项工作或操作的原因、方式、地点、时间和人选的详情。这样的话，你就能够更好地安排面试，确保所提的问题都与该岗位相关。

● 保持放松，同时设法让申请人放松。不要畏惧犯错误。同时，记住：一定要让申请人(尤其是申请专业岗位的那些申请人)感到，对于实现彼此的满意沟通，双方负有同样的责任。

● 不要怀疑或试图设想：如果你和申请人一样有特殊学习和/或行为需要，你将如何完成一项具体的工作。很可能，有特殊行为需要的个人已经掌握了替代性技能以及生活和工作技能。如果必要的话，你应该要求申请人描述他/她是如何完成某一工作职责的。

● 应该关注的是有特殊行为需要者的技术和专业知识、技能、能力、经历以及兴趣，而非他/她的特殊学习和/或行为需要。记住：你不能以面试、雇用或管理一个残障人的态度面对他们，你所面试、雇用或管理的是和你一样的人。

● 如果申请人在技术或专业方面不胜任该工作岗位，那么就结束面试。如果申请人是有资格的，那么你就该以开诚布公、直言不讳的态度自由地向申请人提问：他/她将计划如何完成具体的工作职责以及为了完成工作他/她需要什么辅助性设备。记住：所有的问题应该和工作密切相关，且应该以开放、自由的形式与申请人交流。

表6.2是由Steelcase有限公司制订的，该表介绍了另一套指导方针，描述了雇主的看法。

面试和雇用残障人的指导方针	
招聘新成员	仔细研究职业描述或任何其他描绘基本工作职责的文件。如果利用就业机构的话，必须保证招聘及选择政策公平，不对合格的残障人歧视。关注能够让残障人获得信息的宣传方式。
面试之前	确保你的测试、身体检查和申请步骤，没有将只要提供适当的设施就可能完成相应工作任务的残障人排除在外。 如果必要的话，调整测试程序为残障人提供方便。 检查你为选择候选人制订的录用标准。
面试	公平地对待申请任何一份工作的残障候选人。 不要让候选人感到不自在。 保持目光交流。 如果求职者要求任何特别的协助，积极配合、提供帮助。 维持一个专业的氛围。 重视工作任务和候选人完成任务的能力。
讨论个人残障	为个人提供机会，讨论其残障对其完成工作职责能力的影响。一旦个人开始讨论他/她完成工作职责的限制，保持关注实际工作职责的完成情况。 突出任何障碍（无论身体还是心理上的）。 确定哪些障碍通过提供适当的设施能加以克服。 注意将非基本的工作职责重新分配给其他雇员。
将残障人纳入劳动人口中	培养与残障人一起工作的合作者。 提供必要的培训。 公开讨论和残障人共同合作者可能有的担忧。 集体讨论克服障碍的想法。 使用高瞻远瞩的方法预设解决问题的办法。 开始的几周，指定合作者与残障个人密切合作。
和新雇用的残障员工一起工作	和欢迎其他新员工一样热烈欢迎新雇用的残障员工。 提供环境介绍，熟悉新环境。 确保新雇主在工作环境中感到自在，除了你之外，也让同事了解可能出现的问题。 首先关注个人的能力，这是你雇用他/她的理由。

图6.2 面试和雇用残障人的指导方针

注：摘自 Steelcase 有限公司制订的《雇员手册》（第 6 页）。转载已获得许可。

先前讨论的以及图 6.2 中介绍的指导方针，也给在中学期间为有特殊行为需要的学生和安排实习地点的工作人员提出了意见。这些方针有助于教育工作者或衔接专家指导有潜在的雇主作好面试有特殊行为和学习需求学生的准备，以便将他们整合到工作环境之中。

患有严重残障的学生

和许多有轻微特殊行为需要的个人不同，大多数患有严重发展性残障的个人需要得到特定人的帮助和支持，比如代表患有严重残障者的利益和雇主联系的职业开发者(job developer)或就业安排者(Hagner & Daning, 1993)。支持性就业计划在培养患有严重残障的个人适应竞争激烈的工作环境方面效果非常明显。

衔接协调员/职业开发者和其他参与衔接和就业安排过程者怎样以最适合的方式接触雇主？关于如何解决这一问题，Hagner & Daning(1993)曾经进行了尝试，他采访了来自一个州的26个组织的49位职业开发者。调查者发现：使用的技能和方法各种各样，但是，只有在与四五个雇主联系之后，这些方法一般才明显奏效。对于获得职业来说，最为重要的是，雇员需要个人接触、令人信赖的人际关系以及和雇主一起工作的能力，而不是看到招聘广告有岗位空缺才予以回应。另一个重要的发现是：在讨论的早期阶段，谈论个人的特殊行为需要应采取谨慎的态度。

与那些有轻微特殊学习和/或行为需要的人相比，患有严重残障的学生通常要求更多的设施。雇主需要了解，一旦患有严重行为需要的个人成功地安置提就业并获得了必要的设施，他们就会成为忠实、可靠的员工。有些人(虽然不是全部)会满足于被安排的工作任务，而这些工作，其他的雇员可能会觉得厌恶或者枯燥，但是许多其他残障人能够克服身体、感觉、行为或学习上的缺陷，出色地完成更富有挑战性和复杂的任务。

努力将患有严重行为需要学生安排在工商业部门就业的衔接协调员需要遵循下面几个重要的原则：

1. 安置那些已经为从事该工作做准备的学生。这就要求对学生的职业兴趣、能力和需求进行充分评估，认真考虑，将他们安置到社区最合适的岗位。当然，那些患有严重行为需要的学生必须愿意服从第一次就业安排计划。

2. 让雇主确信这些学生具有了适应某一岗位的工作习惯、行为、兴趣及能力。这就要求：在安排患有严重行为需要的学生就业之前，衔接规划得给他们提供就业技能培训以及充分的定位，提供适应某一工作的针对性指导；不过，在此领域接受进一步培训也是这次工作体验的主要目标。

3. 提供能够让员工熟悉学生并能在对方需要的时候，及时到位提供帮助的职业教练(job coach)或扶持人员(support person)。在培训的初期阶段，这样的工作人员至关重要；随着学生逐渐适应工作，能够正常发挥职能，他们的作用开始减弱。学生需要更加广泛的培训、监督或遇到问题需要帮助时，职业教练或培训者应该在不同时间经常提供帮助。

4. 与学生的管理员和同事保持联系，密切关注学生的进步和需求。对于学生来说，获得尽可能多的工作经验和人际交往经验一样重要。教育工作者应该保证正确对待患有严重行为需要的学生；像对待任何新雇员一样，对他们一视同仁；期待他们能够完成职业教练/培训者设定为重要培训目标的、合理的工作职责。另外，还可以充分利用工作表现评价表和工作任务表，从学生的管理员和与其合作的工作人员那里得到有关学生的相关信息，来决定患有严重学习、行为需要学生的工作表现、行为发挥的作用及需求。

目前，许多工商业部门正在为患有严重行为需要的个人提供职业培训和就业机会。明尼阿波利斯市的两家旅馆——马凯特旅馆（the Marquette）和北极星旅馆（the Northstar），因为它们首创雇用和培训患有严重行为需要个人的规划，已经获得国际社会的承认。它们的管理部门120个员工中有100多个有较为严重的学习需求，而且这两家旅馆把自己的年度人员更替率从同行业的平均值150%降低到11%。

马凯特公司（Marquette Corporation）是另一家主要雇用有特殊行为需要者的私人企业，这里有特殊行为需要的员工在全国范围内占整个公司的5%。该公司在其下属的许多分公司提供在职培训，与众多学校系统和专业组织紧密合作，雇用有特殊行为需要的个人，包括那些患有发展性残障/严重行为需要的个人。其结果既能令人感到愉快，也能令人感到满足感，不仅有严重行为需要的雇员感觉如此，那些为他们提供机会证明自己有能力、很忠诚的雇主也有同感。

“文化多样性既是我们面对的现实，也是我们的未来。”

——麦当劳公司

麦当劳公司继续关注有严重行为需要个人的能力并作出积极回应。该公司已经开发了一项综合实地培训规划，提供适应性训练——包括破除常见的误解，展示有严重行为需要者的事实以及为其雇员提供训练，旨在促进员工理解有特殊行为需要者的需要给自己所带来的不便。35年来，在雇用有特殊行为需要个人方面，麦当劳公司一直是先锋；在为有轻微或严重特殊行为需要者提供机会、使其成为有生产能力的公民和雇员方面做出了卓越贡献，麦当劳公司为大公司树立了榜样。

本章评论

对于教育工作者而言，结成甚至更加有意义、实质性的合作伙伴关系，现在的机会前所未有。1990年《ADA法案》的颁布十分有利于扩大这种机会；在很大程度上，工商业部门一直响应该法案，积极为有特殊行为需要的个人提供必要的设施，让他们有机会成为合格、有生产能力的雇员。现如今，教育/衔接系统的责任不仅在于结成有意义的合作伙伴关系/同盟，而且在于和社区机构同心协力，把有特殊行为需要的学生培养成才，让他们更加适应将来的工作和社会生活。

衔接规划必须满足社区和本区学生目前的、复杂的需要，现在已经开发了一些提供这种规划所需的方法和材料。现在，学区需要重新调整其总体课程设置以便把这些功能方法和材料有效地整合进去。把有特殊行为需要的学生培养成人以适应将来的独立生活是一项艰巨的任务，同时也是一个现实的目标。功能课程应该建立一个范围、一套顺序（K－12）并在其中反复加强学生的自我意识、自尊观念以及培养将来在社会上独立工作、生活所需的成人生活技能的工作个性。

如果教育系统不能有效地培养有特殊行为需要的学生，让他们具备当今劳动力市场接受培训并成功就业要求的所有重要的基础功能技能(例如，理论、日常生活、个人—社交以及职业技能)，结果注定是失败的，而有特殊行为需要的个人将继续不为社会所接受，继续不被视为值得敬重的有生产能力者。既然多数工商业部门已经接受了挑战，承担了成为衔接教育工作者的责任，现在学校在生涯发展/衔接/以社区为基础的经历设计中就应当更加积极，因为这些经历会真正让学生成功地实现从学校到工作/后中等教育培训及社区生活的衔接。

活动

1. 对你所在的社区可能成为有特殊行为需要学生的工作实习基地或是将来的雇主的工商业企业进行一次调查。获取适当联系人的姓名，访谈其中一些个人、弄清他们在生涯教育/衔接规划中与学校合作的意识和接受程度。

2. 参考 LCCE 轻度/中度课程矩阵列表(见表 3.4)，确定你所指定的哪些资源能够为有轻度或严重学习和行为需要学生的培训需求作出贡献。

第三部分

衔接教育

第七章 功能衔接评价

本章作者：Robert J. Loyd 和 Stephen W. Thomas

先行思考题

1. 常模参照测试(norm-referenced test)与标准参照测试(criterion-referenced test)有何不同？

2. 什么是功能衔接评价(functional transition assessment)、生涯评价(career assessment)和职业评价(vocational assessment)？

3. 当前要求教育工作者使用功能衔接评价措施的法律规定有哪些？

4. 使用功能衔接评价方法有哪些重要的利弊？

5. 什么是功能职业分析？

6. 确认一些对生涯发展和衔接计划特别有用的功能衔接评价手段。

7. 什么是基于课程的职业评价(CBVA)？

8. 解释功能衔接评价。

9. 认识和描述业已形成的以生活为中心的生涯教育轻度/中度基于课程的教学规划和衔接规划手段。

10. 列举一些组织，可以联系这些组织，获得功能衔接评价的各种方法的信息。

本章概述

评价是教育过程中重要而且是必要的组成部分之一，因为它从各种渠道向教育工作者提供信息，这样教育工作者就能代表有特殊学习和/或行为需要的学生做出明智的个性化决策(informed personalized decisions),从而做出有利于学生发展的决策。就生涯教育和衔接计划而言,功能衔接评价方法(包括生涯评价/考核和职业评价/考核这两个同义术语)尤为关键,因为功能衔接评价方法能帮助学生发现自己在必要的技能方面的自身优势和劣势,以及自己在教学中对这些技能的需要,这些技能的掌握对于个人成人期间的成功发展、社会生活和就业都必不可少。

功能衔接评价包括两个主要评价方法:常模参照测试(norm-referenced test)与标准参照测试(criterion-referenced test)。常模参照测试是把个体在学业、反应性、倾向性、兴趣、智力等方面的表现和其他个体相比。标准参照测试是以一些绝对的标准来评估个体的表现,而这个标准则与其他个体的表现无关。这种评价关注个体知道什么、能做什么,这样就能发现具体的优势、劣势。

虽然两种评价方法在进行功能衔接评价时都非常重要,特别当评价客体是有特殊学习和/或行为需要的个体或社会弱势群体,许多专家相信,标准参照评价方法会为教学计划的制订(尤其是有特殊学习和/或行为需要的学生的衔接计划的制订)提供最相关的数据(如,Brown, Browning & Dunn, 1992; Halpern, Lehmann, Irvin, & Heiry, 1982)。正如布朗宁(Browning)、邓恩(Dunn)和布朗(Brown)所指出,功能评价必须贯穿整个衔接期间,而不仅仅是作为一时的数据资料,因为所需的各种生涯/职业评价信息会随着衔接期间的不同阶段而发生变化(1993,p. 179)。

功能衔接评价并不缺少评价工具。德斯特弗欧(DeStefano)、林(Linn)和马克沃德(Markward,1987)进行的一项研究发现,在各种衔接计划中共使用了144种不同的功能衔接评价方法,这一发现促使布朗宁(Browning)和布里金(Brechin,1993)建议教育工作者必须给功能衔接评价下定义,这样他们才能使用恰当的衔接评价方法。两位作者还指出,在接受中学教育期间,如果社区中给有特殊学习和/或行为需要的学生提供更多的工作体验以及社区生活训练体验,那么,基于社区背景的生态功能衔接评价也就成了非常重要的评价方法。Browning 和 Brechin 还建议,评价应该是一个合作性的、个性化的项目,是由有特殊学习和/或行为需要的学生、他们的家长以及所有参与衔接教育过程中的主要服务提供者共同制订、认可。

本章首先要讨论功能衔接评价方法,接着认识和描述更具体的功能衔接评价方法,包括常模参照评价方法和标准参照评价方法,接下来的章节解释和说明为实现这个目的而建立的许多以生活为中心的生涯教育轻度/中度课程(LCCE Mild/Moderate Curriculum)评价方法,最后,通过一个案例来说明两种以生活中心的生涯教育轻度/中度课程的评价方法。

本章瞭望

作者简介: 史蒂文·托马斯(Stephen W. Thomas),北卡罗来纳州格林维尔市东卡罗来纳大学康复研究部职业教育研究生课程主任教授。

每个有效的教育和衔接计划都要求对于生涯和生活目标相关的学生能力、需要和潜力进行全面的评价。要建立这些个人的功能档案，需要收集以成绩为基础的信息，这些信息都是关于学生的能力和不足以及用来克服各种背景下不足所需要的修改方案和服务。修改方案非常关键，不仅对于提高课堂的成绩如此，而且对于确保在《美国残障人法》保护之下成功就业也是如此。

档案信息可以通过各种各样的方法和技巧收集，包括但不局限于常模参照测试和标准参照测试、功能测试调查、工作样本、职业评价制度、课程本位评价、情景评价以及社区本位评价。可以根据残障轻重程度采用多种测试方法和测试技术，比如，编辑(staffing)、查阅档案(file review)、访谈和行为观察。尽管有的学生兴许从使用标准化测试和工作样本中受益，另一些学生或许用情景技能和社区技能测试才更为合适，因为不同的能力和不同的目标要求测试过程呈多样性。

近年来，工作样本已经在某些教育和康复背景中落伍了，然而，这种情况常常是对测试方法误解和使用不当的结果。如果使用得很有创意，工作样本就有可能有助于减少偏见(经常与标准化测试结合)，提高生涯探索和决策，并给能够改进学习和学习成绩、尝试各种修改过的方法提供机会。如果社区本策略无法实现的话，工作样本可以作为绝好的观察和解决行为和成绩问题亲身体验任务。这就需要用户(consumer)和实践者(practioner)在策略应用和解释时采用灵活的态度。

职业评价过程不再局限于培养职业培训和定位的潜力，职业评价过程已经有了扩展，包括更广泛的个人、社会和独立生活因素，因为这些因素对于融合教育和生活成果质量都有相当的影响。构建起有用的衔接信息对职业评价者和职业评价专家的创造性才能提出了挑战，同时，它也给广大学生和消费者提供了参与收集评价信息以及方向规划决策提供了机会。这种参与过程确保了学生的主动权，并给他们提供自己以做出明智的选择所需的信息。这种决策技能评价和学会如何做出适当决定的能力(自我决策必须具备能力)，正越来越成为评估过程中更为关键的部分。

我们需要做好更好的计划，以便实现衔接目标，这就要求获得从广泛的职业评价和评估过程中能够收集来的信息。如果没有全面的评估，那么规划信息的准确性就可能下降，学生就不能获得做出有意义的教育决策和人生决策所必须的信息，优化参与所需要的主人翁感就会减低。

通过评估和评价收集的信息非常意义重大，不仅对于康复专家和教育专家来说是如此，而且对于体验衔接计划成果的学生而言也是如此。

功能衔接评价

教育和康复专家一直在寻找综合的、有效的，而且准确的方法评价他们所服务的有特殊学习和/或行为需要的人的优点和了解他们的需要，然而，由于这些人的背景、数量、目标的巨大差异，实践者们很难找到合理的、既快又简单的而且能被广泛应用的标准化测评手段。与功能衔接评估和评价相关的标准化测试和工作样本并不总能随手可得，再者，如果使用者没有经验的话，也并不总是产生令人信服的结果。对于一些老师来说，基于课程的评价往往太耗时间，而且由于缺乏标准，也降低了它们的准确性。

因此，基于第一轮的衔接检查和计划的目的，目前已经形成了大量的功能衔接评价和评估形式(rating forms)。“功能评价”(functional assessment)这一概念是从最初想知道个体在各种情境和环境中学习、表现如何这个想法发展起来的，因为实践者希望了解一下现实中的具体信息。对于社会中的有特殊学习和/或行为需要的成人来说，支持性就业政策、基于社区的服务提供模式、特殊教育和康复中的衔接法令，以及《美国残障人法》都越来越强调独立/相互依赖的生活和工作中的“功能衔接”方面能力。

功能衔接评价界定

在生涯/衔接模式中，功能衔接评价(functional transition assessment)定义非常重要，因此我们本节要介绍三个关键的功能衔接评价概念。第一个定义的焦点是本书的主题，即，终身衔接，这个终身衔接涵盖各个年龄段、各种发展阶段，以及各种有特殊学习和/或行为需要的人的类型和各种严重程度。克拉克(Clark，1998 年)对功能衔接评价定义如下：

> 衔接评价是一种有计划的、不间断的过程，这个过程获取、整理并利用各种信息帮助各种年龄的残障人员及其家庭使得学生生活中所有的关键过度行为都既自如又令人满意。

克拉克的定义侧重于有特殊学习和/或行为需要的人的生涯发展/毕生发展(life span development)。正如这个定义所暗示，学校必须重视人生中另外三分之二时间的成人生活，必须为之做准备。因此，这个定义要求学校要负起功能衔接评价的责任，要从小学起就要重视走出学校后的贯穿整个人生的社会生活以及工作阶段的所有关键衔接阶段。

另一方面，这个定义强调了衔接规划中有特殊学习和/或行为需要的学生本人及其家庭参与的重要性。描述这种功能衔接评价过程时，克拉克将有特殊学习和/或行为需要的学生及其家庭与学校合作涵盖其中，强调了以下功能衔接评价领域：兴趣、喜好(preferences)、身体健康和身体素质(physical fitness)、技能(motor skills)、说话能力和语言、认知发展情况和表现、适应性行为(adaptive behavior)、情感发展和心理健康(mental health)、独立生活和相互依存生活技能(interdependent living skills)、休闲技能(leisure skills)、就业准备技能(pre-employability)、就业技能(employability)、职业技能、选择技能(choice-making)、自我决策技能/能力(self-determination)、社区参与技能(community participation)、今后垂直衔接(vertical transition)所需的技能和信息、所需的家庭支持和其他支持,以及支持服务机构的必要联系。

第二个定义来源于《功能衔接明细手册》(*Functional Transition Inventory Manual*):

> "简而言之,功能评价是系统地列举出与职业关联的优、缺点"(Crewe, Athelstan, & University of Minnesota, 1984, p. 3)。

这个定义包括了几个关键方面:第一,它提到了系统的列举。要想在管理上提高效率,确保覆盖到所有的功能衔接领域,那么就必须要有一个系统、组织有条理的过程。这包括一个系统、统一的程序来确保每一次功能衔接的评价都真实有效。一旦所有的功能衔接领域都评价过且打了分,那么就可以建立一个功能的衔接优缺点档案(profile of strengths and weaknesses),该档案将列出需要注意的各种功能的衔接期缺陷。然后,将所建立的功能衔接档案系统地和课程、社区训练、工作及衔接环境等的功能衔接要求相一致,如此一来,才能对一个人的人生成功进行定位,并在岗位上获得成功。

这个定义中的第二个重要的方面是"与职业关联",它勾勒了功能衔接技能评价和应用的背景。尽管这个定义强调了职业因素,克鲁等(1984)也提到了在功能衔接评价中所覆盖的"个性化"(personalized)方面。《功能衔接调查手册》设计出来主要是用来评价在职业康复人员身上的与职业关联的功能衔接技能,不过,评价手段中所覆盖的功能衔接领域设计范围更广。

第三个方面,也是最后一个方面,即"优缺点"。"优缺点"为评定功能衔接能力提供了基础。同样,功能衔接能力档案详细说明采取哪些类型服务或者采取哪些必要的调整措施以便克服不足,或者最大限度减少其影响。衔接档案还可以用来让个体的功能衔接能力与具有不同社区培训、生活和工作背景下的功能衔接要求相一致。

我们要考察的第三个定义概念是由哈尔彭(Halpern)和富尔(Fuhrer)提出的:

> 功能评价是对与环境互动中有目的的行为的检测方法(measurement),而环境则是根据评价想要达到的用途来进行阐述的。(1984, p. 3)

这个定义强调了环境的重要性,以及环境对行为的影响,但不是针对某一具体环境或目的。"这是对那些往往通过功能评价程序收集到的各种各样信息而言的"

(Thomas,1992,pp.4－5)。生态评价(ecological assessment)往往与支持性就业以及社区本位就业相关,它要求对于有特殊学习和/或行为需要的个体在其所遇到的各种环境(包括课堂)如何生活具有敏感性。

功能评价的优点与不足

功能评价具有一些明显的优点,因此这些主要优点促进了它的广泛应用。功能评价的优点如下:

● 功能评价为我们提供了一个对个体生存技能快捷而又全面的了解手段,它具有易操作、成本低、可以被任何人使用等特点,即使被评价者本人也可以使用此法(如自我评价过程)。

● 可以建立功能档案来指导服务和提供计划,这些功能档案可以用来作为表现和行为的基准(baseline),可与特定环境相联系的功能目标进行比较。功能水平上的不同将会为修改计划和服务提供方法,以便在目的环境中取得成功。

● 标准化调查(standardized inventories)、评分手段(rating instruments)以及测试都可以提供评价前、评价后机会,来评估在实现具体功能目标中所提供服务的等级和效果。

● 功能评价容易解释,而且,由于功能评价与基本的功能活动相关,就很容易向参与者及其家人解释,并很容易变成计划。

● 如果知道具体功能要求的话,那么所得到的档案便可以用来与环境匹配。

功能评价也有一些明显的缺陷,这些主要缺陷令其使用的有效性受到了限制:

● 许多调查并不是标准化调查,因而它们的有用性和准确性(如信度和效度)鲜为人知。

● 如果评估者(rater)未接受过培训,或者评价过程掺入主观过程,那么评估就有可能出现偏见和失误。

● 拥有功能技能不等于有能力完成一项复杂的任务,或一组由一系列能力(function)组合而成的任务。功能档案只能表明个体的潜能,并不能保证其在课堂、工作场所或社会上取得成功。

● 如果各项能力进行的是单独评价,人们就不一定好理解这些能力如何能够应用到需要更复杂多变的综合能力应对的环境中。

● 在功能评价的内容、分类、手段的使用等方面缺少统一性,在评价的发展、标准和手段的使用上没有指导准则。由于背景、种族以及目标的不同,标准很难统一。

● 在能力的发展中,很难找出能力优点和不足之间的确切界限,这常常是受环境因素支配的。

虽然功能衔接评价方法有其不足,但它们起着重要的作用,功能衔接评价方法指导如何系统地收集信息，因为这些信息能够帮助我们决定，是否需要更综合的评估，或者计划是否可行。功能衔接评价方法提供了一种快速的筛选方法，不过，我们不能将它们视作评价的定论(the final word)。

功能评价的法令及用途

一些早期的功能评价立法出现在职业康复中，许多州康复机构根据功能缺陷方面的数量和程度(比如，行走、站立、语言、记忆)确定是否收录，残障的严重程度通常基于两项或两项以上的功能缺陷确定。随着支持性就业和基于社区提供服务(service-delivery)模式的出现，功能衔接评价项目迅速获得广泛的传播。

在医学康复模式中，功能衔接评价(通常指功能能力评估)的焦点为力量、忍耐性、可动性及(mobility)动作的幅度(range of motion)等身体功能活动中，康复医院和工作强化中心(work-hardening centers)的职业治疗专家和理疗专家(physical therapists)通常为工伤受害者使用这些评价，来决定他们是否具有重返岗位的潜力。现在，功能衔接评价已经被用于职业康复、基于社区的教育或者衔接背景之中，不过，在更专业化方面，功能衔接评价还有更多的用武之地。

随着新的衔接语言纳入 1997 年《残障人教育法》(IDEA)之中，学校需要一个综合、系统的方法来评价有特殊学习和/或行为需要的学生在校内外遇到的各种衔接环境中的功能性技能。像工作、独立生活、个人/社会/家庭、需要各种综合功能性技能的娱乐等衔接领域都需要深入的评价(在立法中通常称作“功能职业评价”)。成果本位(outcome-based)教育运动侧重有特殊学习和/或行为需要的学生功能技能，以及成人社会生活和工作中所应具备的具体内容范围和能力，因为这些方面都是学生顺利升入大学殿堂应掌握的功能性技能。许多州教育局启用了能力指导手册，这些手册具体规定了课堂上的功能要求，这为开发功能衔接评价策略勾画了一幅蓝图。

关于规定功能衔接性技能评价，最近最重要的立法是《美国残障人法案》(*The Americans with Disabilities Act*, *ADA*)(公平就业机会委员会- Equal Employment Opportunity Commission，1991 年)。这个法案第一条下面的就业条款把残障人定义为“a physical or mental impairment that substantially limits one or more of the major life activities of such an individual. ”(一种很大程度上限制一个人的一项或一项以上主要生活活动的身体或智力上缺陷。)这个定义有两个重要的词语，即“很大程度上限制”(substantially limits)和“主要生活活动”(major life activities)。这两个词语都与功能衔接评价过程有直接关系。“主要生活活动”指诸如“生活自理、动手能力、行走、视听、言语、呼吸、学习、工作等能力”。“很大程度上”指：

1. 不能做大众群体中普通人都能做的一项主要生活活动；
2. 在条件、方式和持续时间方面相同的情况下，如果个体从事某一特定主要生活活动的话，那么，与大众群体中普通人相比，明显受到限制。

就工作这项主要的生活活动而言，"很大程度上限制"意味着"无论是做同一类工作，还是做各种工作，与接受过同样训练，技能和能力相当的普通人相比，残障人在行使能力上受到了很大的限制"。

对于那些在《ADA法案》中享有受雇资格的个体而言，他们必须有一个明显的生活方面或工作方面的技能缺陷，必须给有残障的个体提供合理的调适，使他们能够行使工作的基本职能。

如果职业培训的目的旨在让学生有效地掌握特定职业的基本能力的话，那么就会要求学校在课堂中做相应的调整。基于ADA为基础的成功的职业评价，关键在于准确地识别功能优势和劣势，决定采取相应的调适使劣势最小化，或消除劣势。

《ADA法案》雇用法规中有一项耐人寻味的条款，这项条款要求申请者要能够向潜在的雇主说明他们将如何有效地承担自己所申请的工作。法规详细说明了雇主可以和未来的有特殊学习和/或行为需要的雇员讨论如何调适等问题：法规规定如下：

> 为了确定调适是否适当、是否合理，兴许必须就相关方面开展一次非正式的、面对面的交流，这样就可以和合乎条件的需要调适(accommodation)残障人员互动一次。这个过程应当确切地识别残障所带来的不足，勾画出潜在的合理调适方法，以便克服这些不足。

功能衔接评估的结果应回馈给受测者，这样他们才能有效地参与访谈之中。评价的信息也极其有促进作用，只有当受测者见到了合理的评价结果，他们才能够作出明智的决定，并在计划自己的衔接目标时，积极参与团队活动。我们可以教给我们所服务的有特殊学习和/或行为需要者一个极其有效的方法，那就是，如何成功地向雇主说明自己所掌握的功能性技能，以及如何做出调适，让自己完全胜任这项工作的基本要求。评价有特殊学习和/或行为需要的学生的这种潜力，能够帮助他们认定自己是否具有了足够的决策技能，是否能清楚地理解和说明结果。那些能够清楚说出具体工作的方法及需做出哪些调整的有特殊学习和/或行为需要的学生并不需要我们通过多少帮助，而那些不知道或者说不出自己功能衔接技能优势或劣势的有特殊学习和/或行为需要的却不是如此。在这种情况下，就需授权某人来代表有特殊学习和/或行为需要的学生，这个授权过程牵涉到与学生分享功能衔接强项和不足的个人档案，和他讨论自己对其个人档案的理解并达成一致意见(Thomas，1992)。

尽管功能衔接评价是一种快速、简便的技巧，产生于一种广泛收集个人优缺点的信息需要，但是，立法对其认可和持续接受的影响却是不容忽视的。随着对功能衔接评价如何使用不断出台的法律规定，功能衔接评价手段的标准化问题就显得越来越重要了。

功能评价手段

功能评价的手段(instrumentation)有多种形式,包括评价量表(rating scales),调查表(inventories)、标准化测试和系列测试(test batteries)等。评价量表和调查表是最常见的两种功能衔接评价手段,这样的衔接调查表可以买到或自制或根据可以买到的调查表进行修改而成。信息是通过查阅档案、编辑(staffing)、访谈、观察、测试与工作样本管理、情境评价(situational assessment)、基于课程的评价等方式收集,信息也可以回答量表中的问题,这种类型的衔接调查表是由一系列功能性条目组成(如学习能力、视觉、手的使用等),这些条目代表了一系列综合的功能类别(如身体的、认知的、个人的、社会的),而每个条目都包括一系列描述性语言来评价功能性能力。比如,在有关"换钱"这个条目中,可以要求评定人从下面句子中选择一个最能准确描述功能衔接能力:

一、能找 20 或 20 美元以上的零钱;

二、能找 10 美元的零钱;

三、能找 5 美元的零钱;

四、不会找零钱。

从严格意义上来说,这些形式本身并不是衔接评价工具,它们只是信息收集时为系统地记录、评价和总结功能衔接信息提供了方法,评价的准确性取决于衔接方法和技能的准确性,而衔接方法和技能则是用来收集所需信息并将其记录在表格之中。

评价量表/调查表

评价形式(rating form)的第一个例子就是功能评价调查表(the Functional Assessment Inventory,Crewe,1984)。功能评价调查表由两个评价表格组成,这两个评价表格中一共有 30 条功能性条目,每个条目包括 4 个描述性的选项。功能性条目的例子如学习能力、记忆力、听力、动手能力、速度等。条目中也包括了一些旨在解决辅助性问题的条目,如条件的稳定性、对工作的兴趣、经济奖励以及家庭和朋友的支持等。功能评价调查表最后的 10 个条目都是关于就业优势方面提供评价的条目(如相貌、个性、技能、动机)。

第一张表格便是功能评价调查表(the Functional Assessment Inventory),这张表是由专家填写,而第二张表格则叫个人能力调查表(the Personal Capacities Questionnaire),该表是由受测者完成。这两张表格里包含的条目主要有以下几个主要功能区域:就业、日常生活技能、自我决策、交流和人际关系。可以对这两张表格的反馈进行比较,可以和受测者及其家庭进行讨论,进而促进受测者及其家庭的参与到这个过程之中。功能评价调查表最初是为职业康复者设计的,指导手册中有基于这部分人群的信度研究(reliability)和效度(validity)研究。

第二个评价形式的例子是客户就业检测表格(the Consumer Employment Screening Form, CESF)(Moon, Goodall, Barcus, & Brooke, 1986)。尽管CESF在评价程序上与功能评价调查表有些相似,但是,CESF上的条目往往更基本(如独立工作水平、独立有序地完成自己的工作职责、对变化的适应、时间观念和独立过街能力)。虽然CESF没有需要由有特殊学习和/或行为需要的受测者完成的表格,但确实有一个可以用来对功能工作进行分析的表格,这就能使专家有针对性地解决某项工作或某一具体职业群的功能要求。与功能评价调查表一样,CESF覆盖了一些旨在解决支持性就业的评价领域,如管理需要(supervision needs)、经济奖励、必要的利益和家庭的参与。每条后面都留有评论的地方,调查表最初设计的目的是供在支持性就业中使用,现已成为提供支持性就业服务的综合性训练手册的一部分。据报道,在CESF的手册中,目前还没有有关标准化的研究。

支持性就业技能帮助计划(the Supported Employment Technical Assistance, 1989)为那些有脑外伤的人修改了客户就业检测表格,增加一些条目,并对原有一些条目进行了修改,突出了一些脑伤中常见的功能衔接问题。形式上所做的最值得注意的变化就是纳入了一些扩展性条目,留出了记录和描述尝试的调适对功能所产生作用的空间。

布里根斯(Brigance)系统提供了两种评价手段,这两种评价手段对评价重要的功能学习技能和生活技能特别行之有效,《就业技能明细表》(*the Employment Skills Inventory, 1999*)涵盖了阅读/语言艺术、数学和学习技能等学习领域。《就业技能调查表》包含了大约1 400个条目,涉及6个二级测试(subtests):职业意识和职业理解、找工作以及相关知识、阅读技能、听说技能、职前写作、数学技能和数学概念。选择性辅助评价量表测评量表包括:自我概念、衣食住行、理财技能(money and finance)以及交流和电话沟通技能等领域的生活技能评估。

评价量表测量健康与态度、责任心与自律(self-discipline)、职业面试准备、沟通、安全驾驶(auto safety)等应用技能。学生记录本显示能力水平,并确立教学目标,1999年的《就业技能明细表》(*the Employment Skills Inventory*)是一个标准参照模式评价手段,这个调查表设计出来是用来评价听、说、读、写、理解以及计算等技能。这些技能体现在9个生活技能领域中。这9个领域分别是:听说技能、功能写作技能、理解常见图标和警告标记能力(words on common signs and warning labels)、打电话技能、理财技能、衣、食、健康、旅行和交通。这个评价表也可以作为课程指南,为功能生活技能循序渐进教学提供参考。

标准化评价量表

许多标准化行为评价量表评价各种功能性技能,如《职前评价与课程指南》(*the*

Pre-vocational Assessment and Curriculum Guide)、《职业评价与课程指南》(*the Vocational Assessment and Curriculum Guide*)、《Vineland 适应性行为量表》(*the Vineland Adaptive Behavior Scale*)和《AAMD 适应性行为量表：学校版》(修订版)(*the Adaptive Behavior Evaluation Scale: School Version, revised, 1993* 年)。这些评价方法有信度研究和效度研究，而且是常模参照性模式。

《职前评价和课程指南》(PACG)(*Mithaug, Mar, & Stewart, 1978*)包括 9 个领域中的 46 个具体的学校与工作期待指标，如出勤率/忍耐性(attendance/endurance)、独立性、生产性、学习、行为交际能力、社会技能、梳妆打扮(grooming)和就餐技能、厕所卫生技能(toileting skills)等。调查表后附有课程指南以帮助确定衔接目标。

《职业评价和课程指南》(*VACG*)是对《职前评价和课程指南》(*PACG*)的拓展(Rusch, Schutz, Mithaug, Mar, & Stewart, 1982)。结构和使用方法上，《职业评价和课程指南》与《职前评价和课程指南》一样。《职业评价和课程指南》也是以服务业和工业雇员为对象，适合轻工业、食品服务、门卫(janitorial)和其他服务行业的入职测评，《VACG 调查表和课程指南》主要旨在解决职业背景中的工作调节活动(adjustment functioning)。

目前，《Vineland 适应性行为量表》(*Sparrow, Balla, & Cicchetti, 1985*)有三个版本：调查形式的访谈版(the Interview Edition, Survey Form, 297 条)、扩展形式的更综合型访谈版(the more comprehensive Interview Edition, the Expanded Form, 577 条)、课堂版本(the Questionnaire Edition, 244 条)。访谈的对象是家长和监护人，课堂版由教师来完成。《Vineland 适应性行为量表》以交际、日常生活技能、社会技能和运动技能(motor skills)这四个领域为主，下分 11 个二级领域(sub-domains)。

其他一些标准化调查表，如《AAMD 适应行为量表》(学校版 2)(*the Adaptive Behavior Scale-school 2*，简称 ABS－S2)(Nihira, Foster, Shellhaas, & Leland, 1993)提供了相关软件，能够打分和概括，并提供了教学计划手册。ABS－S2 调查表包含两个部分，考量 5 个方面主要因素(个人自足、社区自足、个人社会责任、社会适应和个人适应)。这些主要因素评价了以下 16 个主要方面(第一部分评价 9 个方面，第二部分评价 7 个方面)：独立活动(independent functioning)、体格发展、经济发展、语言发展、数量与时间、职前和职业活动、自我引导、责任、社会化、社会行为、顺从(conformity)、可信赖(trustworthiness)、固定不变的(stereotyped)和异常活跃的(hyperactive)行为、社会参与和令人担忧的人际行为。有人认为，与前几版相比，修订版有明显的进步(Salvia & Ysseldyke, 1998 年)。标准制订的更复杂了，而且更具有代表性。尽管量表中关于信度和效度的信息似乎更广泛了，但是对于有智力障碍的个人来说，ABS－S2 调查表极具可信度。

后来，适应行为评价又添了一个新版本，这就是《适应行为评价量表学校版》(修订版)(*the Adaptive Behaviour Evaluation Scale: School Version, Revised*，简称

ASES,S-R)(McCarney,1995)。《适应行为评价量表学校版》旨在评价年龄在5到18岁之间儿童和青少年的行为。该表有104个条目,这104个条目是按照AAMR1992年定义中列出的十个适应技能范围排列的。这一新调查表似乎与其他适应方法相关并且的确对人口中任意抽样的个人进行了区分。无论选择哪种标准化调查表,调查表所涵盖的功能技能必须全面,行为在评价和解释过程中必须可以描述。

标准化测试中的基本技能评价

由于许多功能评价调查表缺乏标准性和客观性,一些专家更倾向于依靠功能技能的标准化测试。对于大多数无时间限制的标准化测试,受测者要回答知识方面的特定问题,在这种情况下,这种具体知识就成了功能技能。一些较短的测试更集中于功能技能和衔接技能,比如适应性行为(the Adaptive Behaviour):如《街道生存技能调查问卷》(*The Street Survival Skills Questionnaire*)、《社会和职前系列调查表》(*the Social and Pre-vocational Inventory Battery*)(表R与表T),《日常生活测试》(the Tests for Everyday Living),还有一些更耗费时间代价更昂贵的基于成绩的评价体系,如《系列职前准备测试》(*the Pre-vocational Readiness Battery*)(VALPAR 17)为行为观察、学习风格评价、适应能力探索等方面提供了机会。

适应性行为:《街道生存技能调查问卷》(*Linkehoker & McCarron, 1983*)是一个不受时间限制、可以根据个人具体情况执行的测试,这个测试包括9个子测试:基本概念、功能标记、工具、国内产品(domestics)、健康与安全、公共服务、时间、金钱和度量衡测量(measurements)。主测者提出一个问题,受测者从所给的四个图片中选出正确的答案或说出相对应的字母(A、B、C或D)。9个量表不必个个都要用,不过,单独进行的量表得不出一个总的功能技能分数。许多功能评价方法中的小测试都可以单独进行,并分别予以解释,但是,这样做有碍于得出一个完整的衔接档案答案。《街道生存技能调查问卷》的每个小测试都有24个问题,答案可以用手工或电脑打分,这样缺陷就可以用来指导课程安排。

《社会和职前信息系列调查表》(*the Social and Pre-vocational Information Battery*)(Halpern, Raffled, Irvin, Link, & Munkers, 1986)目前有两种形式:"R"组适用于有轻微智障的学生,"T"组适用于中度智障者。这是个不受时间限定的纸笔测试,可以口述对个人或团体进行测试,该测试共有277道小题,测试为9个领域提供了评价:找工作技能、与工作有关的行为、银行业务、预算、购物、理家、身体健康、个人卫生和梳洗打扮、功能标记。还有一组学习活动测试表以识别学习方面的缺陷。

《日常生活测试》(*Halpern, Irvin, & Landman*, 1979)是一种衔接评估,这种评估考量了七个主要功能领域的成绩:理家、购物习惯、预算、银行业务、健康与保健(wealth care)、找工作技能以及与工作相关的行为。尽管这个测试的设计是用来个人卫生和梳洗打扮、功能测试初中学生中功能一般或者偏差的学生，但是也可以用来测试高中有特殊学习和/或行为需要的学生。

职业/衔接评价方法

多年来，职业/衔接评价一直是衔接/生涯教育的一个重要组成部分，同时，也是一种功能评价方法。过去的 20 多年里开发了许多商业性评价体系，而且这些评价体系已经被许多学校应用，这些评价体系中最值得注意的有：McCarron-Dial 工作评价体系（the McCarron-Dial Evaluation System）（联系地址：P. O. Box 45628，Dallas，TX75275），职业研究院评价（the Vocational Research Institute Assessment）（联系地址：Suite 1502，1528 Walnut St.，Philadelphia，PA19102），特别是 APTICOM（电脑化性向综合测验系统）和职业全顺（Vocational Transit），和才能评价公司（Talent Assessment，Inc.）开发的《TAP 系统》和相关评价方法（联系地址：P. O. Box 5078，Jacksonville，FL32207）。每个评价系统都提供了电脑软件，以便快速发展和扩大容量将衔接评价的发现与具体的培训和工作相结合，以便让培训或工作在个体能力力所能及范围之内。

例如，《TAP 系统》是对几个工作样本或任务的亲身体验的评价，这些评价测量了一些功能技能，如大肌肉动作（gross motor）及精细动作（fine motor）的灵活性（dexterity），颜色识别（colour discrimination）和手指辨别力，空间能力（spatial aptitude），以及其他对于各种工作都很重要的能力。评价可以在几个小时之内完成，用苹果公司的 Mac 机或 IBM 电脑操作一下，再对结果进行分析，就可以得出个人具体工作可能性的报告。《TAP 系统》由其他几个评价方法支持，如，评价职业兴趣的 PIC 方法，评价学习方式和个性风格的重要方法，以及提供有关与职业相匹配的资格和兴趣方面信息的 M. DOT 职业匹配系统（job-matching system）方法。

阿肯色大学职业康复研究与培训中心（联系地址：P. O. Box 1328，Hot Springs Rehabilitation Center，Hot Springs，AR71902）开发了“就业能力评价材料”（Employability Assessment Materials），这是一系列功能评价方法，已经在许多学校和康复机构成功使用。工作个性档案（The Work Personality Profile，WPP）是一种工作行为评价手段，它评价 58 个方面，这 58 个方面对获得和保住适合的工作非常重要。经过为期一周的观察之后，WPP 需要 5—10 分钟就能完成。与 WPP 平行的还有一个自我评价表，工作表现评价（The Work Performance Assessment，WPA）是一种工作模拟程序，这个程序旨在评价个体对典型职业管理行为的反应。就业成熟性访谈（The Employability Maturity Interview）是一个由 10 个问题组成的、持续 15 分钟的访谈，通过关注个体的内在自知水平和职业信息水平来评价个体对职业计划的准备程度。找工作能力评价（The Job-seeking Skills Assessment）是评价个体填写职业申请表格以及在面试中展示自我的能力。这些评价以及中心开发的其他评价经过了广泛的实地检测,统计分析,证明效度很好。

德克萨斯—奥斯丁大学(Texas-Austin University)的兰迪·帕克(Randy Parker)教授(1999a,1999b)设计了《职业倾向性和兴趣调查表 2》(*the Occupational Aptitude Survey and Interest Schedule 2*)(简称 OASIS-2),这是一个对职业倾向性和兴趣评价的标准化例子,设计得非常好。这种评价方法用来帮助青年人进行职业自我探索,这样他们才能更好地获得职业自我理解,增强决策性,明确目标,并最终获得一个自己称心的职业。OASIS-2 由两个测试组成:《能力倾向调查》(*the Aptitude Survey*)和《兴趣调查表》(*the Interest Schedule*),两者都是基于全国 1505 名 8 到 12 年级学生的样本的规范化结果。这种测试可由教师、顾问和其他专家来搞,目的是促进所有学生的生涯发展,包括有特殊学习和/或行为需要的学生和弱势群体家庭的学生。《能力倾向调查》由 5 个小测试组成,检测 6 个倾向性,分别是:一般能力、语言、数学、空间、知觉和操作灵敏性。这 6 个倾向性与《职业分类词典》(*The Dictionary of Occupational Titles*,1977)中所列的 2 万多个职业所需求的技能和能力直接相关。《兴趣调查表》测量 12 种兴趣因素,这 12 种兴趣因素都与《职业探索指南》(*The Guide to Occupational Exploration*)(Harrington & O'Shea,1984)中所列的职业直接相关,测试的信度和效度都相当不错。

最近在评价领域的另一个进展就是基于课程的职业评价(curriculum-based vocational assessment,CBVA)这个概念,即在学生学习职业/衔接教育课程期间不间断收集数据的过程(Stodden, Ianacone, Boone, & Bisconer, 1987)。斯托登(Stodden)与扬努科恩(Ianacone)是开发这种方法的杰出先驱,这种方法可以在初中和高中开展。

斯威舍(Swisher)和克拉克(Clark,1991)描述了一个 CBVA 课程例子。这两人把生涯意识(career awareness)和职业探索(career exploration)中的衔接/生涯教育概念融进了 CBVA 的基本概念之中。斯威舍和克拉克深信,如果学生在中学阶段通过 CBVA 监控方法获得了足够的中学意识/初中意识和探索经验,那么 14 岁和 14 岁之后就能对他们提供更合适的职业/衔接建议。为了发展他们典型的基于课程的评价和探索计划,斯威舍和克拉克与教师们一起分析了商业、家庭经济、贸易和工业技术课堂的本质,以便让老师找到自己认为的一般性职业技能。然后,他们给学生设计一套多达 90 小时,由 150 份工作样本组成的活动,这种努力的成果就是"实践艺术评价系统(Practical Arts Evaluation System,PAES)",这个系统已经成为"有特殊需要的学生教育和衔接规划中的极具价值的评价手段"(Swisher & Clark,1991,p. 14)。

前面的功能/衔接评价方法和材料的例子只是目前可获得的一个样本。尽管基本技能测试(如上面所提到的)可以评价衔接技能,但是,最近从功能技能标准化测试方面的发展上来看,主要集中在衔接计划所需要的信息方面,属于这一类的一个主要的功能技能评价系统方案就是为有轻微特殊学习和/或行为需要的学生开发的以生活为中心的生涯教育(LCCE)课程评价体系(Brolin,1992a),目前正在为有更严重特殊学习和/或行为需要的学生开发LCCE轻度/中度课程(the LCCE Mild/Moderate Curriculum)。如果《LCCE轻度/中度课程评估系列》(*the LCCE Mild/Moderate Assessment Batteries*)用作《LCCE轻度/中度课程》版本的一个组成部分时,衔接评价、规划以及教学的连续性便可能被优化。功能评价内容与教育/衔接能力越接近,确定有特殊学习和/或行为需要的学生的需要或兴趣方面的准确性就越大。下一节我们将详细阐述LCCE课程评价系统(the LCCE Curriculum Assessment Systems)。

衔接/生涯评价和LCCE课程评价方法

衔接/生涯评价

衔接/生涯教育的概念范围比职业教育更广泛。同时,衔接/生涯教育职业评价范围也更广,因为衔接/生涯教育注重个人的兴趣、需要、倾向以及与个人在家庭和社区中所从事的职业和非职业活动相关的各种类型生产活动的能力。

衔接/生涯教育评价是从学前开始贯穿成人一生的发展性过程。关于这一问题,特殊儿童理事会生涯发展和衔接分会(the Council for Exceptional Children's Division on Career Development and Transition)曾在一份声明中把这个过程描述为:

> 与生涯教育的所有方面都相关,不仅包括就业准备,也包括为了扮演各种合格的角色进行准备,如家庭成员、公民以及休闲、娱乐和业余活动的参加者等角色。生涯评价过程应当是从幼儿园到成人阶段的个性化方案规划及衔接计划的基础。这个过程应当目标明确,即为在生涯教育计划的各个方面作出决定提供所需的信息做准备。这些决定可能和制订个性化计划相关联,或者决定学习者需要哪些帮助,以便在当前的计划中获得成功。(Sitlington, Brolin, Clark, & Vacanti, 1985)

以生活为中心的生涯教育课程中固有的衔接/生涯评价方法是一种以课程为中心的评价方法,也就是说,把需要学习的材料(或相似的材料)作为评价学习者学习或掌握程度的基础。在衔接/生涯教育领域中,职业教育领域有一个同样的说法(本章前面曾经介绍过),就是CBVA(基于课程的职业评价),来了解职业教学的需要,Sitington指出:"为了在生涯教育领域中获得两种评价概念的最大应用性,我们必须做以下两件事情:一、把课程定义为学习者参与过的所有经验(包括以社区为基础的经验);二、给生涯教育课程下定义"(1991,p.2)。

西特林顿(Sitlington)认为,以生活为中心的生涯教育轻度/中度课程符合第二条标准,因为它:

提供了一系列可以形成一个人衔接/生涯教育计划基础的能力，也可以被调节用来满足个人计划/学习者的需要。应用最广泛的以“生活为中心的生涯教育知识测试表”(the LCCE Knowledge Battery)和“以生活为中心的生涯教育能力测试表”(the LCCE Performance Battery)为专家应用以课程为中心的评价和以课程为中心的职业评价概念提供了工具。不能单独用它们来判定学习者的优点、兴趣以及教学需求，但是，它们将提供一个强有力的框架，在此框架上才能建立行之有效的生涯/职业评价，它们也可以使专家们扩展以课程为基础的评价和以课程为中心的职业评价的应用范围，以便包含衔接/生涯教育内容。

以生活为中心的生涯教育(LCCE)轻度课程评价系统

4种LCCE轻度/中度课程评价方法可以用来评价为有特殊学习和/或行为需要的学生设置的LCCE轻度课程中包含的衔接/生涯教育能力。每一种评价方法都有一系列截然不同的选择，因而教育者可以根据学生自身的情况和需要从四种方法中选择所适合的方法。另外，应当鼓励教育者使用其他方法(例如那些前面描写到的方法)，以便为衔接规划提供最全面、最适合的生涯/功能评价。

4种LCCE轻度课程评价方法，均由特殊儿童委员会(CEC)出版，下文中我们将对其做详细阐述，每一种方法都会提供一些例子。

LCCE轻度课程能力评价量表

LCCE轻度课程能力评价量表(competency rating scale，CRS)是围绕组成LCCE轻度的课程中22种能力和97种子能力而建立的。这些子能力及其目标则是CRS的实际条目。附录LCCE轻度课程指南(the LCCE Mild Curriculum Guide)的一个手册中(Life-Centered Career Education：A Competency-Based Approach，Brolin，1997)提供了评价学生对每个子能力掌握程度的具体行为标准/目标。这些标准接近LCCE轻度课程指南之中每一个子能力所包含的行为/教学目标。

CRS的开发基于一种哲学理念，即，如果给予与学生联系紧密的教师有效的帮助和恰当的指导，那么他们就可以相对准确地评估学生的能力水平。CRS手册还有一个有价值的用途，那就是，它能给有特殊学习和/或行为需要的学生及其家长或者监护人提供一次机会可以对自己的功能能力进行一次评价。

CRS书册提供了这些指导，指出谁应该评价，以及什么时候评价，并且为评价提供标准，评价答案确定了评价等级的分值，还有一个CRS记录表(CRS Record Form)用来记录总结评价结果和人员信息(demographic information)。

CRS的使用者用3分制Likert量表(Likert Scale)来评价自己学生、自己或儿童的子能力：0分：不胜任；1分：部分胜任；2分：胜任。有的学生年龄太小，有的学生则可能没有评价某些子能力准备，因此就会有一个："不评价"的结果。评价者应当将评价结果记录在一张CRS记录表上并予以总结，因而学生的优缺点档案就会创建出来，这个档案包括：一、97种子能力；二、22种能力；三、三个课程领域（日常生活、个人与社会、职业导航和准备）获得的总分数。

CRS提供了一个成本低而又快捷的以课程为基础的评价方式。CRS可以适用于任何一个年级以及任何一种类型的学生，在基础教育阶段，CRS特别有用，因为，在这个阶段里，与衔接相关的功能技能的评价手段非常有限。图7.1展示了一页CRS作为实例。

LCCE轻度课程知识评价表（KB）

第二种评价表叫做《LCCE轻度课程知识评价表》（*the LCCE Mild Curriculum Knowledge Battery*，*KB*），此表的开发旨在为《LCCE轻度课程》使用者评价学生能力成就方面提供一种更为客观的方法。KB是一种功能衔接标准参照评价，这种评价包含200个多项选择问题，内容覆盖3个《LCCE轻度课程》领域，其中，有10个问题涵盖了LCCE轻度课程中的前20种能力。最后两种能力，即身体操作技能（physical-manual skills）和特种职业技能（specific occupational skills），则不包括在知识评价之内。

和CRS一样，《LCCE轻度课程》有400多种功能教学目标，这些教学目标被用作发展KB测试项目的基础，因为它们都明确了课程中重要功能领域。每种能力的问题又分成许多子能力，这些子能力构成了能力和功能教学目标。KB包括2种形式，（A和B），完成这项测试要根据学生的具体情况，一般在2到4个小时之间。

KB是在一些学校人士的协助下历时几年发展起来的，很多有经验的教育工作者参与编写评价适当的条目，这些条目都是通过全国范围内数百名有特殊学习和/或行为需要的学生对不同版本现场测试后三番五次修订而成。现在还可以看到一份详细描述这种方法的广泛发展和效度评价的技术报告。

以生活为中心的生涯教育
能力测试表
记 录 表
日常生活技能

学生姓名：Susan 出生日期：1—10 性别：F
学 校：Progressive 城 市：Columbia 州：MO

说明：请根据学生对下列测试方法每一条的掌握程度对学生进行打分，在测定阶段的具体日期下的竖行中打出具体分值。如果有的条目不能打分的话，就用 NR 表示。对于在最终测试时子能力得分为 0 或 1 的条目，在是或否一行里面的适当地方打一个勾号表明该生在社会的帮助下能够具备这一子能力。如果要解释打分的方法，描写每一个子能力的行为标准以及解释是否一栏的话，请参照 CRS 手册。

成绩标准：0＝不胜任 1＝ 部分胜任 2＝胜任 NR＝不评价

学生对下列子能力的掌握程度：

子 能 力								是/否
测评人	初中	初中						
年级/水平	7	8						
测评日期	5/25/93	5/25/94						
日常生活技能领域								
1. 管理自己的钱财								
1. 认识钱并能正确找零	2	2	—	—	—	—	—	— —
2. 开支合理	1	1	—	—	—	—	—	— —
3. 做基本的理财记录	0	1	—	—	—	—	—	— —
4. 计算并支出税款	0	0	—	—	—	—	—	— —
5. 合理使用个人信用	0	1	—	—	—	—	—	— —
6. 使用银行业务	0	2	—	—	—	—	—	— —
2. 选择和管理家庭								
7. 家庭室内外维修	1	1	—	—	—	—	—	— —
8. 使用家用电器和工具	1	1	—	—	—	—	—	— —
9. 选择适当的房屋	0	1	—	—	—	—	—	— —
10. 建立家庭	0	1	—	—	—	—	—	— —
11. 地面维修	1	1	—	—	—	—	—	— —
3. 个人需要的关注								
12. 显示健美、营养和体重方面的知识	1	1	—	—	—	—	—	— —
13. 展现适当的梳洗和卫生知识	1	2	—	—	—	—	—	— —
14. 着装得体	0	0	—	—	—	—	—	— —
15. 展示常见疾病以及防御和治疗方面知识	0	1	—	—	—	—	—	— —
16. 个人安全知识								

图 7.1 《以课程为本位的生涯教育评价：CRS 量表》中的一页样本

注：选自《以生活为中心的生涯教育：能力本位方法》(第 4 版，140 页)，D. E. Brolin 著，1993 年，弗吉尼亚阿灵顿(Arlington)：特殊儿童理事会。1993 年版权为特殊儿童理事会所有。转载已获得许可。

尽管KB当初是为从7年级到12年级内有轻度智障和特殊学习障碍的学生而设计的，许多使用者发现，这个评价对于更广泛的有特殊学习和/或行为需要的学生来说依然有用，然而，建议不能不顾其发展及有效性便草率地解释它的结果。有一点很重要，需要铭记，那就是，和其他评价法一样，《以生活为中心的生涯教育轻度课程知识评价表》仅仅是基础知识的一个样本而已。没有任何一种方法可以揭示出每个学生的实际功能能力，更确切地说，这些评价方法都只是非常有用的筛选方法(screening devices)，可以帮助特殊教育工作者来制订教学/衔接计划。

图7.2展示了一个KB的具体例子。

个人—社会技能问题

多项选择题
如果有人对你好，这会使你
a. 恼火　b. 失望　c. 高兴　d. 难过

在最佳答案的字母上画圈
91. 为了能够活着，你的身体**最**需要的东西是什么？
a. 衣服　b. 氧气　c. 住处　d. 睡眠
92. 自我感觉良好的一个重要方面是什么？
a. 对自己所做的东西感到满意　b. 赚钱
c. 告诉别人你多么好　d. 希望自己是别人
93. 下面哪一种情况对能力的要求**最**高？
a. 放磁带　b. 打电话　c. 打一封信　d. 看电视
94. 你的兴趣应当
a. 和别人一样　b. 和朋友一样　c. 和父母一样　d. 自己喜欢的东西

图7.2 《生涯教育能力客观评价：LCCE知识系列表》中的一页样本

注：选自《以生活为中心的生涯教育：能力评价知识系列表》(56页)，D. E. Brolin著，1992年，弗吉尼亚阿灵顿(Arlington)：特殊儿童理事会。1992年版权为特殊儿童理事会所有。转载已获得许可。

LCCE轻度课程能力评价(PB)

第三种评价方法为LCCE轻度课程能力评价(the LCCE Mild Curriculum Performance Battery，简称PB)，这种评价为LCCE轻度课程内的能力提供了一种更功能的真实生活的评价方法。这种功能的成绩评价针对LCCE轻度课程中的前21种能力，之所以没有对第22种能力进行评价，是因为对这种能力的评价取决于具体职业训练场所，所以每个有特殊学习和/或行为需要的学生要在具体职业中受到指导时接受评价方可。

PB是一个非标准化的标准参照评价方式，它包含无标准答案的问题(open-ended questions)、角色表演场面、卡片分类，以及几个需要有特殊学习和/或行为需要的学生动手的(hands-on)活动，例如，做饭、查找电话号码以及填写信用卡申请表。鉴于在某些 LCCE 轻度课程能力领域内评价学生的实际表现所需的时间太长，许多难度大的知识或认知条目就被运用到一些能力评价之中来，这种评价主要由三类条目构成：能力、模仿能力(simulated performance)以及与能力相关的知识。

和 CRS 与 KB 一样，PB 也用《以生活为中心的生涯教育：能力本位方法》(*The Life-Centered Career Education: A Competency-Based Approach*, *Brolin*, *1997* 年)中的子能力和功能教学目标来确定和设计测试项目。KB 的评测结果更客观，而 PB 则为评价有特殊学习和/或行为需要的学生的实际能力和行为提供了更为现实的方式。有特殊学习和/或行为需要的学生必须完成一项功能活动，活动本身反映其是否适当掌握了 LCCE 中所要求的能力和子能力。所有的子能力都在 PB 测试中有所反映。每一种 PB 能力测试都有 5 个题目，PB 手册中提供了详细的说明，说明如何进行操作、评分和结果汇报。PB 方法的一个特点就是，PB 在打分时非常灵活，因为 PB 允许测试者根据地区及文化差异，对有悖于参考答案的结果酌情计分。

PB 有 A 和 B 两种表格，因为在小范围有特殊学习和/或行为需要的学生的群体内完成 PB 测试需要 30 多小时，所以，一般来说，使用者通常根据 CRS 和 KB 的测试结果，选用一个或多个 PB 测试。通常，这些测试是在有特殊学习和/或行为需要的学生接受 LCCE 一项能力指导之前和之后进行。许多教师都喜欢 PB 法，因为 PB 是测量有特殊学习和/或行为需要的学生功能/衔接能力最自然也是最现实的方法。

图 7.3 呈现的是 LCCE 轻度课程能力测试(能力 17)的前两页。附件 C 中提供了能力 17 整套测试题(包括其他问题、计分单以及工作表)，以供对该测试框架整体特点感兴趣的读者参考。

LCCE 能力测试 17

表 A

认知和探索职业可能性(职业指导和准备)

复印材料

测试问题 1：职业报酬
测试问题 2：职业信息
测试问题 3：职业价值
测试问题 4：职业类别
测试问题 5：调查职业机会
招聘广告传单
记分单

所需材料

电话号码簿

说明

本测试可以在大约一堂课之内的时间中完成，回答可以采用书面形式，也可以采用口头形式，但是必须要注意的是，要防止其他学生无意中听到别人的答案。对于某些学生来说，测试中所使用的有些说明和词汇或许太难了，因此可能需要进一步解释一下。本测试评价学生在以下方面的能力：

续 表

1. 确定工作的报酬情况；
2. 找出提供职业信息和培训信息的地方；
3. 确定通过工作所达到的个人价值；
4. 将工作按职业类别分类；
5. 调查地方职业和培训机会。

打分程序

如果学生以前进行过该测试，在记分单上圈出第几次。

对于一些可能会有几种可以接受答案的条目，记分单上提供了适当的答案。有些问题可能只有一个可接受的答案，对于需要表演或角色扮演的问题，评价人必须做出打分的决定。下面将呈现进一步的指导方针。

书面回答：在记分单上圈出学生确认的例子。如果学生给出的例子看起来合适，但是记分单上却没有列出把答案记下来，请在相应的横线上将该回答记录下来，然后再记录学生的分数。

口头回答：如果测试问题的答案由学生口头给出而不是以书面的形式给出，请在记分单上把学生的成绩在横线上记下来，并且给予打分。

观察到的反应：对需要学生表演或角色扮演的测试题来说，一旦学生做出了反应立即把这种反应记录下来。如果表演得不适当，在相应的地方把理由记下。

每个问题(包括小问题)的分值都是两分。学生必须获得 8—10 分的总分才能算掌握。在《学生能力测试记录》中记下最后成绩。

阅读下一个问题之前，允许学生对每个提问先做出回应。

问题 1：职业报酬(小组进行)

致测试员：就职业报酬的不同问题，学生必须提供自己的解释并且说明为什么有人从事报酬低的工作。同样，学生必须回答关于工资扣款的各类问题。把测试题 1 分发下去。

向学生阅读：请看测试题 1 并跟我一起阅读。由于人们从事的工作不同，人们所获得的报酬数额也就不同。律师和医生赚的钱比洗碗人员和食品服务人员赚的多。1. 说说为什么会如此？给出一条理由。2. 既然有的工作的报酬高得多，那么请解释一下为什么人们接受报酬低的工作？3. 想到自己在一份工作中所赚的钱的时候，必须在得到一份工作前也要考虑扣款情况，比如会扣一些钱作为退休金，再举出两个可能扣款的情况。

问题 2：工作信息(小组进行)

致测试员：学生应当利用电话号码簿举出四个能够获得职业信息的地方(除了学校之外)。分发测试题 2 以及电话号码簿。

向学生阅读：请看测试题 2 并跟我一起阅读。有很多地方能够获得工作信息。请使用电话号码簿，在你所居住的城市或者地方找出四个能够获得工作或者职业信息的地方(除了学校之外)并且把这四个地方写到相应的地方。

问题 3：工作的价值(小组进行)

致测试员：学生应当确定通过工作所实现的个人价值，分发测试题 3。

向学生阅读：请看测试题 3 并跟我一起阅读。人从一份工作中可以获得多种价值或者说收获，那么你认为公共汽车驾驶员从自己的工作中能够获得哪些价值呢？除了钱之外，下边的这些职员从自己的工作之中还能够获得什么收获？

表 7.3 《LCCE 能力测试系列》样本：能力 17

注：选自《以生活为中心的生涯教育：能力评价知识系列表》(531—532 页)，布罗林著，1992 年，弗吉尼亚阿灵顿(Arlington)：特殊儿童理事会。1992 年版权为特殊儿童理事会所有。转载已获得授权。

LCCE 自我决策量表(SDS)

Arc(一个全国性智障组织)与 D. E. Brolin 和 M. L. Mehmeyer(1995)合作,利用了联邦资金对 LCCE 轻度课程评价系统做了补充,研发出 LCCE 自我决策量表(the LCCE Self-Determination Scale,简称 SDS)。1995 年春天,LCCE 自我决策量表(SDS)由特殊儿童理事会出版,SDS 是一个包含 40 个项目的自评报告表,学生需要根据自己的感觉和信念从表中提供的三个答案(不是、可能、是)中选出一个关于自我决策概念方面的问题。

Arc 成员认为,4 个 LCCE 轻度课程中的个人与社会能力非常接近专家们所认为的自我决策这个概念,这 4 个能力为:能力 10,自我意识;能力,11 自信;能力 14,独立;以及能力 15,做出恰当的决定。这些能力以及它们的 17 个子能力被人为代表了 Arc 所认为的自我决策的四个方面:自我意识(self-awareness)、自信(self-confidence)、决策与选择技能(choice and decision-making)、目标实现行为(goal attainment behaviors)。

SDS 的设计补充 LCCE 轻度课程 KB 和 PB 中的评价方法。和 KB 及 PB 所不同的是,SDS 是一种自评报告方式,另外,它们评价的尺度也有所不同:KB 提供的是学生掌握的有关自我决策有关的能力领域方面的知识信息,而 PB 则评价学生把知识应用到实践中的能力。SDS 则是评价学生自己的自我信念,以及自己在这方面的技能,因此,这么一来,我们就可以得出一幅完整的与自我决策有关的学生能力和态度的画面。

四种 LCCE 轻度课程测评和其他评价法及生态评价法为衔接/生涯计划提供了很有价值的评价数据,为教育工作者提供了一整套(armamentarium)全面的评价资源,有了这套资源可以为每个学生的整个人生的教育/衔接计划制订出合适的有理有据的教学决策。下面一节我们将呈现一个个案研究来说明 LCCE 轻度课程评价方法。

姓名:________

你认为下面哪一个答案对你的描述最合适?请在相应的答案上画圈。答案没有对和错。你只需要选出你认为最适合你的每个问题的答案即可。

1. 我知道我能把工作做好。	不对	可能	对
2. 我是个重要人物。	不对	可能	对
3. 我为我自己辩护。	不对	可能	对
4. 我能根据自己当时的感觉做出决定。	不对	可能	对
5. 我会从事我想做的休闲活动。	不对	可能	对

图 7.4　LCCE 自我决策量表中的 5 个方面

注:选自《以生活为中心的生涯教育:自我决策量表》(第 1 页),D. E. Brolin 和 M. L. Mehmeyer 著,1995 年,弗吉尼亚阿灵顿(Arlington):特殊儿童理事会。1995 年版权为特殊儿童理事会所有。转载已获得许可。

个案研究

萨姆(Sam)几乎准备好开始自己高三的学习。萨姆的 LCCE KB 和 PB 成绩已经呈现在表 7.5 当中,而这些成绩都记录在学生能力评价记录(the Student Competency Assessment Record,简称 SCAR)之中。这些分数是萨姆九年级和十二年级在这些方面的入学时成绩。萨姆四年级和七年级时就完成了能力评价量表(CRS)。

学生能力评价记录
LCCE 调查表

学生姓名: Sam 年 龄: 18 年 级: 12
学 校: Anytown 测试员: Smith

知识测试表				能力测试表			掌握程度		
LCCE 能力	项目	A 表 分数	B 表 分数	LCCE 能力 项目	A 表 分数	B 表 分数	完全	部分	没有
Ⅰ. 日常生活技能		日期4/92	日期4/95		日期	日期			
1. 个人理财	10	3	⑨	10	/	6 4/95		√	
2. 家庭管理	10	6	⑧	10	/	⑧ 4/95	√		
3. 个人需要	10	⑧	⑨	10	⑧ 5/92	/	√		
4. 家庭生活	10	4	⑧	10	/	7 5/95		√	
5. 食品	10	⑨	7	10	6 5/92	/			√
6. 服装	10	5	7	10	/	/			√
7. 公民权	10	7	⑩	10	/	5 5/95		√	
8. 娱乐/休闲	10	⑧	⑩	10	⑧ 5/92	7 5/95		√	
9. 社会流动性	10	6	⑧	10	/	⑧ 5/95	√		
总 分	90	56/62 %	76/84 %				3	4	2
Ⅱ. 日常生活技能		日期4/92	日期4/95		日期	日期			
10. 自我意识	10	7	⑨	10	/	⑧ 4/95	√		
11. 自信心	10	6	1	10	/	/			√
12. 负责任行为	10	6	5	10	/	/			√
13. 人际技能	10	5	6	10	/	/			√
14. 独立性	10	7	6	10	/	/			√
15. 决策	10	4	7	10	/	/			√
16. 交流	10	1	⑧	10	/	⑧ 5/95	√		
总 分	70	35/51 %	42/60 %				2	0	5

续 表

知识测试表				能力测试表			掌握程度		
LCCE 能力	项目	A 表 分数	B 表 分数	LCCE 能力 项目	A 表 分数	B 表 分数	完全	部分	没有
Ⅲ. 职业技能		日期4/92	日期4/95		日期	日期			
17. 职业可能	10	7	⑨	10	/	6 4/95		√	
18. 职业选择	10	⑧	⑨	10	5 5/92	⑨ 5/95	√		
19. 工作行为	10	6	5	10	/	/			√
20. 找到工作	10	2	2	10	/	/			√
21. 身体操作	10	—		10	2 5/92	⑨ 5/95	√		
22. 职业技能	10	—		10	/	/		√	(CRS)
总 分	60	23/58%	25/63%				2	2	2
累计总分	200	115/58%	143/72%				7	6	9

图 7.5 学生萨姆的能力评价记录，此记录记录了该生 LCCE 知识测试和行为测试的成绩。

注：在最右栏(掌握程度)中，如果学生的知识测试和行为测试能力总分达到 8 分或 8 分以上(8 分为达标)，则在完全上方打√，如果只有一个达到标准，则在部分上方打√，如果没有一个达到标准，则在没有上方打√。

注：选自《以生活为中心的生涯教育职业发展行动手册》(*LCCE Professional Development Activity Book*，第 398 页)，布罗林著，1993 年，弗吉尼亚阿灵顿(Arlington)：特殊儿童理事会。1993 年版权为特殊儿童理事会所有，转载已获许可。

调查萨姆九年级之前的 KB 成绩表明，萨姆在三个日常生活技能领域，个人—社会技能领域以及一个职业领域的基本知识已经达到掌握的水平(8 分以上)。对他进行这四个能力领域的 PB 测试可以进一步确定他在这些领域的能力。注意，他在四个领域中有两个领域的分数达到了掌握的水平，因此，只要注意到测试前的总体注意事项，《LCCE 轻度课程》评价方法就产生了基本令人满意的功能水平，这表明萨姆能够关注自己的个人需要，能够从事有意义的休闲和娱乐活动。因此，在最右边的一个栏目中打上"完全掌握"这个字样。注意，这一栏目里面的学生能力评价记录的评价也包括了十二年级的评价。通常，过一段时间，一个学生完成几张 SCAR 表，如果必要的话，也可以用其他方法来确认萨姆在这些领域里的能力。

根据评价结果、萨姆的性格、以前实施的功能技能教学方法以及可以获得的资源，教学小组决定：为了在十年级能够启动适当的生涯规划，九年级侧重以下几种《LCCE

轻度课程》能力：个人理财(1)、家庭生活(4)、人际技能(13)、决策(15)、沟通技能(16)和职业技能(17)。根据这些结果，其他一些需要更好学习的技能将在十年级和十一年级涉及，在十年级和十一年级期间，有关人员利用CRS获得老师对萨姆在这些能力领域的评价。(注：如果必要的话，可以经常进行KB测试。)

在高中三年级开始前，有关人员又对萨姆的KB(表B)进行评价。同时，也对能力领域KB进行重新测试，安排或重新安排PB测试，因为KB的分数表明可能的知识水平的掌握。调查萨姆的SCAR档案表明：萨姆在日常生活技能领域的进步相当明显，但是在其他两个领域收获不大。在KB的7个个人—社会能力中，萨姆只在两个方面达到了掌握的成绩，而两次PB测试中，萨姆都达到了掌握的水平，所以，很明显，沟通技能学习的教学衔接重点非常有效。然而，萨姆的自信能力(11)却明显下降，而且，在其他个人—社会能力方面分数也相对较低。

萨姆在职业方面的成绩表明他对工作(17)世界的知识有的方面了解得很好，而且在做出职业选择(18)这个过程甚至学得更好，KB测试和PB测试都达到了掌握的程度，此外，他的PB方面和动手技能(21)也被评为达到掌握的标准。他对特殊职业技能(22)的理解也被评达到了掌握的程度(这个能力没有用KB或PB评价)。然而，工作习惯与行为(19)以及找工作，找到工作和保持就业能力(20)都很差。

根据萨姆的档案可知，在几个《LCCE轻度课程》能力方面，萨姆存在着几个严重的缺陷，而这些缺陷正带入高三。如果早期对这些能力领域予以强调的话，或许萨姆就不会有那么多缺陷了。教学/衔接小组必须做出艰难的决定，必须把最后一年的重点放在萨姆有很大学习潜力的那些能力方面，必须注意另外一个重要的评价信息。回顾一下，萨姆再次接受重新测试时，他的自信能力(11)急剧下降了，而给萨姆进行的LCCE SDS也进一步证明了这一点，这一方面将成为萨姆真正有问题的方面。萨姆的自评报告档案表明他明显缺乏自信心，因此，在教学/衔接规划中，需要在建议和成功经验提供方面特别加把劲，这一点对萨姆说来很重要。在一个《LCCE轻度课程》研究中，人们发现：自信心是评论《LCCE轻度课程》能力命题的雇主最看中的的能力。

和其他学业以及功能技能方法一样，《LCCE轻度课程》评价方法能够帮助教育者将教学的中心放在最需要的领域，从而有助于避免无谓的努力。本章只把这个话题介绍给读者，如果想了解详细的信息并对整个评估方法的评述有更详细的了解的话，建议读者参考西特林顿、克拉克等主编的《残障青少年的衔接教育与服务》(*Transition Education and Services for Adolescents with Disabilities*)(2000年)以及克罗宁和巴顿编著的《有特殊需要的学生的生活技能教育》(*Life Skills Instruction for All Students with Special Needs*)(1993)这两部书。如果读者想进一步了解相关信息或者想系统了解一下LCCE的方法，可以与特殊儿童理事会联系(联系地址：1110 North Glebe Road, Suite 300, Arlington, VA22201)。此外，关于其他功能测试方法也可以与一些组织机构联系，本书附件D中便提供了一些相关组织的清单。

LCCE 中度课程评价系统

《LCCE 中度课程》(*the LCCE Moderate Curriculum*)评价系统现在有三个《LCCE 中度课程》评价方法正在准备当中。本书发表之后不久这些测试方法就能面世。这些方法(如为《LCCE 轻度课程》设计的方法)的设计旨在评价衔接/生涯教育能力,这些能力都包含在为有严重学习/行为需要的学生设计的《LCCE 中度课程》设计之中。每一种测试方法都提供了一系列不同的评价选择,所以教育工作者可以根据自己学生的自身情况和需要从这四种方法中选出一种方法。此外,我们也鼓励教育工作者使用诸如前面描写到的其他方法,以便为衔接计划提供最全面、最适当的生涯/功能评价。

三个《LCCE 中度课程》方法将由特殊儿童理事会出版。下面我们会简单描述一下我们对每个方法提供的一个例子。

LCCE 中度课程能力测试量表

《LCCE 中度课程能力测试量表》(*the LCCE Moderate Curriculum Competency Rating Scale-M*,简称 CRS-M)建立在大约 20 种能力和 75 种子能力之上,而这些能力便构成了《LCCE 中度课程》。子能力以及子能力的目标就是实际的 CRS 条目,附录《LCCE 中度课程指南》(《以生活为中心的生涯教育:为中度残障人员修订的课程》,Loyd & Brolin, 1997)中包含一个手册,这个手册呈现了具体的行为标准和目标,以便据此评价学生对每个二级目标掌握的程度。这些标准接近了《LCCE 中度课程指南》中每一个二级目标下的行为/教学目标。

CRS-M 的开发过程中带着这样一个理念:如果给予适当的帮助和指导,与学生密切配合的老师可以较为准确地评价学生的能力水平。这个方法的另一个重要用途就是,它能给有特殊学习和/或行为需要的学生及其家长/监护人提供一个解决该学生功能能力的机会。

CRS-M 手册就提供这些指导,明确了谁应当做测试,何时进行测试。它为测试提供了标准,一个定义数据测试价值的标准,一张记录和总结测试和人员信息的 CRS-M 记录表。CRS-M 的一个使用者根据一个三分制的量表评价自己、自己的学生或者儿童。评价方法根据每一个子能力,或是不胜任(0),或是部分胜任(1),或是胜任(2)。年轻的学生可能年龄太小和功能比较差的学生或许还不能进行某些子能力的测试,因此,应当给他们打一个 NR(没有评价),测试员应当将测试成绩记录下来并在 CRS-M 记录表上进行总结,这样就可能创造出一个该学生优缺点档案,这些优缺点涉及以下几个方面:一、75 种子能力;二、20 种能力;三、一个总分。该总分涉及三个课程领域的每一个方面:日常生活,人际—社会,以及职业指导和准备。

CRS-M 提供了一种快捷而成本不高的课程本位测试方法,这种方法可用于任何年级的任何学生,这种方法对小学水平尤为有用,因为小学阶段的功能技能测试法非常有限，而且也买不到。图 7.6 呈现了 CRS－M 一页作为例子。

以生活为中心的生涯教育
能力测试量表修订版
记 录 表
日常生活技能

学生姓名：__________出生日期：__________性 别：__________
学 校：__________所在城市：__________所在州：__________

使用说明：请根据学生对下列测试方法每一条的掌握程度对学生进行打分，在测定阶段的具体日期下的竖行中打出具体分值。如果有的条目不能打分的话，就用 NR 表示。对于在最终测试时子能力得分为 0 或 1 的条目，在是或否一行里面的适当地方打一个勾号，表明该生在社会的帮助下能够具备这一子能力。如果要解释打分的方法，描写每一个子能力的行为标准以及解释是否一栏的话，请参照 CRS 手册。

成绩标准：0＝不胜任 1＝ 部分胜任 2＝胜任 NR＝不评价

学生对下列子能力的掌握程度如何？

子能力										
	测评员									
	年级/程度									
	测评日期									
日常生活技能领域									是	否
1. 管理自己的钱财										
1. 数钱		—	—	—	—	—	—	—	—	—
2. 购物		—	—	—	—	—	—	—	—	—
3. 使用售货机		—	—	—	—	—	—	—	—	—
4. 开支预算		—	—	—	—	—	—	—	—	—
5. 使用银行业务技能		—	—	—	—	—	—	—	—	—
2. 选择和维护日常生活环境										
6. 选择适当的社区生活环境		—	—	—	—	—	—	—	—	—
7. 维护生活环境		—	—	—	—	—	—	—	—	—
8. 使用常用的家用电器和工具		—	—	—	—	—	—	—	—	—
9. 建立个人生活空间		—	—	—	—	—	—	—	—	—
3. 关心个人健康										
10. 展现适当的梳妆和卫生知识		—	—	—	—	—	—	—	—	—
11. 衣着得体		—	—	—	—	—	—	—	—	—
12. 保持身体健康		—	—	—	—	—	—	—	—	—
13. 了解疾病并求助治病		—	—	—	—	—	—	—	—	—
14. 学习基本的急救知识		—	—	—	—	—	—	—	—	—
15. 个人安全知识		—	—	—	—	—	—	—	—	—

图 7.6 能力测试表中度量表样表

注：选自《以生活为中心的生涯教育：中度残障人员修改版》(83 页)，洛依德和布罗林著，1997 年，弗吉尼亚阿灵顿(Arlington)：特殊儿童理事会。1997 年版权为特殊儿童理事会所有，转载已获得许可。

LCCE 中度图片知识测试表

第二种方法是《LCCE 中度图片知识测试表》(简称 PKB),该表的开发只在为《LCCE 中度课程》使用者提供一个更为客观的方法以评估学生能力掌握的情况。PKB 是一种不需要阅读的功能型衔接标准参照评价方法,该评价方法含有 150 个多项选择问题,问题内容涉及三个《LCCE 中度课程》领域,覆盖了《LCCE 中度课程》前 18 种能力,最后两种能力(覆盖身体操作技能和具体职业技能)不参与知识评价。

正如 CRS 一样,《LCCE 中度课程》的 200 多种功能教学目标被作为开发 PKB 测试项目的基础,因为这些目标是课程的重要功能领域,每一个能力的问题都被分散在构成该能力及其功能教学目标的子能力之中,PKB 由两个表组成(及表 A 和表 B),根据学生的具体情况,PKB 历时两到四个小时。

PKB 是在一些学校人士的协助下历时几年发展起来的,很多有经验的特殊教育工作者参与编写评价适合的条目,这些条目都是通过全国范围内数百名有特殊学习和/或行为需要的学生对不同版本现场测试后三番五次修订而成。现在还可以看到一份详细描述这种方法的广泛发展和效度评价的技术报告。

尽管 PKB 当初是为有严重学习/行为需要的学生而设计的,许多使用者发现,这个评价对于更广泛的没有或者没有多少阅读能力的学生来说相当有用。不过,建议不能不顾其发展及有效性便草率地解释它的结果。有一点很重要,需要铭记,那就是,和其他评价法一样,《以生活为中心的生涯教育中度课程图片知识评价表》(*the LCCE PKB*)仅仅是基础知识的一个样本而已。没有任何一种方法可以揭示出每个学生的实际功能能力,更确切地说,这些评价方法都只是非常有用的筛选方法(screening devices),可以帮助特殊教育工作者来制订教学/衔接计划。

图 7.7 呈现了 PKB 表一页作为例子。

能力 10

81. 在下列图中圈出或指出一种在家时饭后或吃过零食后你会从事的活动:

a. 把垃圾丢在地板上

b. 把衣服丢在地板上

c. 洗碗碟

续图表

82. 在下列图中圈出或指出一种在家时你会从事的活动：

a. 打扫卫生

b. 把衣服丢在地板上

c. 把衣服挂到衣橱中

83. 在下列图中圈出或指出一种工作中你会从事的活动：

a. 用自动计时钟记录上班时间

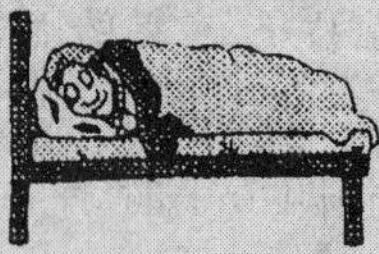

b. 睡觉

c. 跟同事讲话

图 7.7 图片知识测试样表

注：选自《LCCE 中度图片知识测试表：LCCE－M PKB》，R. J. Loyd 和 D. E. Brolin 著，弗吉尼亚阿灵顿(Arlington)：特殊儿童理事会。转载已获得许可。

LCCE 中度课程能力评价(PAB)

第三种评价方法为 LCCE 中度课程能力评价测试(the LCCE Moderate Curriculum Performance Assessment Battery，简称 PAB)，这种评价为 LCCE 中度课程内的能力提供了一种更具功能性、真实生活的评价方法。这种功能性能力评价针对 LCCE 中度课程中的前 19 种能力，之所以没有对第 20 种能力进行评价，是因为对这种能力的评价取决于具体职业训练场所，所以每个有特殊学习和/或行为需要的学生要在具体职业中受到指导时接受评价方可。

PAB 是一个非标准化、无须阅读的标准参照评价方式，它包含一系列无标准答案的问题、角色表演场面、卡片分类，以及几个需要学生动手的活动，例如，做饭、使用售货机(vending machine)以及需要时求助。鉴于在某些 LCCE 中度课程能力领域内评价学生的实际表现所需的时间太长，许多难度大的知识或认知条目就被运用到一些能力评价之中来，这种评价主要由三类条目构成：能力、模仿能力(simulated performance)以及与能力相关的知识。

和 CRS－M 与 KKB 一样，PAB 也用《以生活为中心的生涯教育：中度残障人员修改课程》(*Life-Centered Career Education: Modified Curriculum for Individuals with Moderate Disabilities*, *Loyd & Brolin*, 1997 年)中的子能力和功能教学目标来确定和设计测试项目。虽然 PKB 的评测结果更客观,但是则为评价有特殊学习和/或行为需要的学生的实际能力和行为提供了更为现实的方式。有严重特殊学习和/或行为需要的学生必须完成一项功能活动,且活动本身反映其是否适当掌握了 LCCE 中所要求的能力和子能力。所有的子能力都在 PAB 测试中有所反映。每一种 PAB 能力测试都有 5 个题目,PAB 手册中提供了详细的说明,说明如何进行操作、评分和结果汇报。PAB 方法的一个特色就是,PAB 在打分时非常灵活,因为 PAB 允许测试员根据地区及文化差异,对有悖于参考答案的结果酌情计分。

PAB 有 A 和 B 两种表,因为在小范围的有严重特殊学习和/或行为需要的学生的群体内完成 PAB 系列测试需要 30 多小时,所以,一般来说,使用者通常根据 CRS-M 和 PKB 的测试结果,选用一个或多个 PAB 测试。通常,这些测试是在有严重特殊学习和/或行为需要的学生接受 LCCE 一项能力指导之前和之后进行。许多教师都喜欢 PAB 系列测试法,因为 PAB 系列测试是测量有严重特殊学习和/或行为需要的学生功能/衔接能力最自然也是最现实的方法。

图 7.8 呈现的是 LCCE 中度课程能力测试的前两页。附件 C 中提供了整套测试题(包括其他问题、计分单以及工作表),以供对该测试框架整体特点感兴趣的读者参考。

LCCE 行为 能力 1

管理钱币(日常生活技能)

复印材料

测试题 5 工作表

计分单

所需材料:

各种一美分(penny)、五美分(nickel)、一角(dime)、二角五(quarter)和五十美分(half dollars)的钱币;杂志

使用说明:

本测试可以在大约一堂课内完成,答案可以演示出来或者口头表达出来。本测试中的一些说明和词汇可能对于某些学生来说太难,因而可能需要进一步解释。这个能力测试表测试学生以下方面的能力:

1. 数钱;
2. 买东西;
3. 使用购货机购货;
4. 对钱进行预算;
5. 使用银行服务技能。

打分步骤:

如果该测试曾预先对某学生进行过,那么在记分单上圈出测试过的次数。对于那些有几种可接受答案的项目,记分单上提供了一些适当回答的例子。有些问题可能仅有一个可接受的答案。对于那些需要实地示范或角色扮演的问题,测试员必须对打分做出判断,更多的说明将在下文予以介绍。

续 表

书面答案 在记分单上圈出学生已经确认的例子。假如某学生举出的例子看起来是合理的，但是在记分单上却没有列举到，在提供的横线上记录下该答案。然后记录下学生的分数。

口头答案 对于那些学生口头作答而非书面作答的测试题，在记分单上记录下学生的回答，并给该回答打分。

观察到的答案 对于那些需要通过学生实地示范或角色扮演来作答的测试题，在学生作答之后，应立即记录下答案。如果任务完成得不太恰当，在提供的横线上记录下失分的原因。每个问题，包括附加问题，都高达 2 分，学生必须取得总分 8—10 分才算掌握。在学生能力评价记录(SCAR)上记录下最后得分。

问题 1：数钱

对于测试员：学生将能够从面值不同的钱币中识别出一美分(penny)、五美分(nickel)、一角(dime)、二角五分(quarter)和五十美分(half dollars)的钱币。

读给学生：请大家看这些分值不等的硬币，当我说出每一个硬币时，请大家仔细听，我说出哪一种硬币的名字，你们就指出我所报出的硬币：指出五分的硬币，指出二角五的硬币，指出一美分的硬币，指出五十美分的硬币，指出一角的硬币。

问题 2：购物

对于测试员：学生要能够在杂志中找出需要购买的商品的图片，现场提供一摞杂志，杂志中有各种各样可供购买的商品以供做出适当的选择。

读给学生：请看下面可以购买的商品的图片，请选出哪一个是香波，选出哪一个是橙汁，选出哪一个是纸巾，选出哪一个是西红柿。

问题 3：使用自动售货机

对于测试员：学生将学会用四个两角五分的硬币方式，从自动售货机购买出一个选定的产品。该学生将把两角五分的硬币投入机器之中，每投入一枚，就按一下键，直至取到自己所购的商品。

读给学生听：我想让你买一瓶你所喜欢的苏打水，并用这里所提供的硬币所购买。

问题 4：对钱进行预算

对于测试员：学生将要能够识别出自己的每周个人收入(假定他有一份工作的话)。

读给学生：我打算给你看一看一系列工人收入，并且把每一笔收入读给你听，我想让你告诉我哪一笔个人收入是你自己的收入。

问题 5：能够使用银行服务技能

对于测试员：学生要能够在银行账户申请表上打印出自己的全名、地址、出生日期、电话号码以及证明人以备用。

读给学生听：我打算让你们在一张工作表上打印出下列信息，打印出你的全名，打印出你的地址，打印出你的出生日期，打印出你的电话号码，打印出你的证明人的姓名。

图 7.8 能力评价测试表样表

注：选自《LCCE 中度能力评价测试表：LCCE - M PAB》洛依德和布罗林著，弗吉尼亚阿灵顿(Arlington)：特殊儿童理事会。转载已获特殊儿童理事会许可。

本章评论

评价不同于测试，评价是一种建立在多渠道信息基础上的系统过程。因而教育者和其他有影响的人员可以做出有关自己学生的明智决定，面对瞬息万变的当今和未来和要求日益提高的社会，人们已经普遍认识到：必须加强对学生所需的关键功能技能教学评价活动，确保学生能够掌握自己所需的技能。

建议使用标准参照评价方法，而不是常模参照评价方法，这是因为标准参照评价更有利于辨别学生的熟练水平，有利于个性化教育计划和个性化写作康复计划（IWRP）的制订，虽然可供选择的标准化或非标准化的评价方法有许多，但是，大多数评价方法与学生的课程不直接相关。

运用标准和内容参考的方法，如 LCCE 轻度和中度课程（the LCCE Mild and Moderate Curriculum）评价方法，能够更具体地关注学生的需要，这样就可以确定并合理地实施衔接计划的教学目的。如果专家们认为其他正式或非正式评价方法也很重要，那么这样的方法可以用来对上述的评价进行补充。

在第八章里，将呈现在制订学生个性化教育计划和个性化衔接计划时进一步参考评价的用法问题。

活动

1. 讨论一下在你们的学区从小学一直到中学要进行功能生涯的评价计划，你觉得这样的计划将如何建立，如何进行；何时进行这样的评估，你将使用何种评估策略；这些评估策略何时实施，怎样实施。

2. 参照萨姆的这个案例，假如你知道他的 SCAR 档案，关于他三年级教学课程的重点，你会做出什么建议？你还会采用哪些其他评价方法来确认并设计他的主要教学需要？你在进行教学决策时，主要考虑哪些内容呢？

第八章 衔接计划

先行思考题

1. 1997 年,《残障人教育法》(IDEA)是如何推动重大政策转变,给有特殊学习和/或行为需要的学生提供功能课程和衔接服务的?

2. 成功实施衔接教育的关键内容有哪些?

3. 在成功实施衔接教育服务及计划方面有哪些障碍?

4. 个性化教育计划和个性化衔接计划(ITP)在目的上究竟有什么不同?

5. 将个性化衔接计划中所包含的学生需求归类。

6. 跨机构协定指的是什么? 应由谁来实施这些协定?

7. 你认为机构、父母及他人应在衔接计划和准备过程中担当什么角色和责任?

8. 应进行哪些评价以便为衔接计划提供方向?

9. 为什么以生活为中心的生涯教育轻度/中度课程制订者认定该课程有资格充当全面的衔接模式?

10. 为了充分地应对有特殊学习和/或行为需要的学生的衔接需求,你认为大多数学区应采取哪些措施?

本章概述

近年来,特殊教育工作者愈来愈意识到向学生提供生涯教育和生涯信息以有利于学生从学校环境向成人环境过渡的必要性。1997 年的《残障人教育法》，原先是由 1975 年残障儿童教育法发展起来的。《残障人教育法》要求为所有 14 岁及以下年龄的学生提供衔接服务。这种转换服务当惠及所有不小于 16 岁的同学。与 20 世纪 70 年代及 80 年代早期的生涯教育运动相比，这项运动更激起了全国各学区对学生生涯教育需求的关注，而生涯教育则是联邦更新的衔接法令的先导。

需要联邦立法来强调应当更加关注有特殊学习和/或行为需要的学生的生涯发展和功能性技能的需要，这样的局面既是一种不幸又是一种幸事。虽然现在断言最近立法强调应当更加关注学生生涯发展需要究竟会有多大影响尚为时过早，但是，重要的是，二、三十年前颁布的法律现在终于有机会融入教育制度了。正如哈洛伦(Halloran)指出的：

> 《残障人教育法》的衔接条款代表了政策的重大转变，即从允许提供这样的服务到立法要求提供这样的服务。这个政策转变使得衔接服务与 20 世纪 60 年代、70 年代及 80 年代的运动有区别，那些运动鼓励改善服务以取得教育成果，但是没有清楚地说明这是残障年轻人应当享有的权利(1993 年 12 月)。

本章集中讨论了个性化学生衔接计划，我们将讨论衔接教育概念，个性化教育计划和个性化衔接计划，然后，我们力图描述如何利用 LCCE 轻度/中度课程及其个性化教育计划方案来解决有特殊学习和/或行为需要的学生的衔接需求。

本章瞭望

作者简介： 让 · N. 波士顿 (Jean N. Boston)，弗吉尼亚阿灵顿特殊儿童理事会出版物前主管。

根据 1997 年的《残障儿童教育法》的规定，每个残障学生都必须有一个个性化教育方案，为适应学校环境之外的生活需要，这个方案包括一个衔接计划来帮助学生。决定哪些技能是具体学生最需要的技能，继而选择一个适当的课程来实施这些技能的教学确实是极具挑战性的任务。幸运的是，特殊儿童理事会提供的一套 LCCE 课程和系列评价测试(Brolin, 1992a,1992b)可以提供帮助。25 年来，老师们一直用 Brolin 的《以生活为中心的生涯教育：能力本位方法》作为框架来选择个体学生所需要的日常生活技能、个人—社会技能以及职业技能。1992 年，该课程扩充版面试，扩充版为老师提供了 1 100 多种课程计划，这些课程计划都是在班级中经过测试的，经过实践检验的，人们认为这些课程计划非常有效，有利于发展学生个性化教育计划中确定的功能技能。现在,教那些学习/行为需要比较严重的学生的老师有了 LCCE 课程修改版,修改版为这些学生提供了功能技能准备。

尽管《以生活为中心的生涯教育课程》针对的是 22 个轻度能力领域和 20 个中度能力领域,具体学生总会需要一些该课程中没有涉及的特殊技能,而这个 LCCE 方法的好处就在于使用 LCCE 课程格式时,老师很容易添加新的能力。比如说,每个课程计划包含一个正在解决的、LCCE 目标确立的具体能力,一个清楚阐明学生成果的课程目标,以及一系列上课所需要的教学资源。课堂计划之后便是介绍该课堂的一些引言,一个在何处开课的说明(比如学校、家等),还有完成该课程所花的课时数。然后,呈现实际教学任务中的步骤。最后,提供一个描写一个活动和行为标准的课程计划评价方法。如果有一个清晰简单的框架来准备教学材料,那么事情就等于不止做了一半。

如果有的老师需要开发一些 LCCE 课程中目前还没有涵盖的课程的话,他们可以参照其他出版社或者教学资源信息中心(the Educational Resources Information Center, ERIC)的数据库获得更多的理念。ERIC 是由联邦资助的信息系统,30 多年来,该系统收集了大量的教育信息,中心数据库拥有 44 万多个杂志注解和 34 万多个与教育相关的文件摘要。在许多图书馆中,利用 CD-ROM 或者个人电脑上网就可以获得 ERIC 数据。通过许多数据库卖主,包括 DIALOG(1-800-3DIALOG)和 Maxwell On-line(1-800-955-0906),就可以获得在线服务。ERIC 数据很容易搜索,而且这个数据库包含了许多奇思妙想,这些奇思妙想可用来建构各种各样技能领域的课程计划。许多 ERIC 文件都是以研究为基础的,其中所描写的策略都经过了有效性测试和分析。只要稍微付点钱,通过 ERIC 残障和天才教育信息交流中心(the ERIC Clearinghouse on Disabilities and Gifted Education)就可以获得一些计算机搜索数据。为了启动搜索,请拨打 1-800-328-0727,联系 ERIC-CEC。

为了真正理解如何利用 LCCE 系统为残障学生服务,教师以及其他学校团队人员可以参加一次特殊儿童理事会提供的地方培训工作坊。对于每个参加培训的人来说,可以提供一整套培训套餐,该套餐包含 10 小时录像带、一本培训手册和职业开发活动手册(Professional Development Activity Books)。如果你要想进一步了解这些资料,请拨打 703-620-3660 与特殊儿童理事会联系。

衔接概念

虽然制订周密的计划,使学生成功地从学校走向后中等教育培训以及走向工作岗位的理念在文献中出现已有几十年,但也就是近几年,才要求服务提供者严肃地考察、拓展、发展彼此间的合作努力,以促进所谓的衔接(Wehman 等, 1989 年;Will,1984b 年;Gemmel & Peterson, 1989 年)。

衔接是一个结果取向过程,衔接包含大量的为就业(以及其他生活角色)而提供的高质量的服务和体验。

衔接这一概念最早是由美国特殊教育和康复服务办公室助理主任(the US Office of Education and Rehabilitative Services)梅德林 · 威尔(Madelyn Will)及其同事于1984 年提出的,衔接主要关注学生从高中到工作的转换(如图 8.1 所示)。

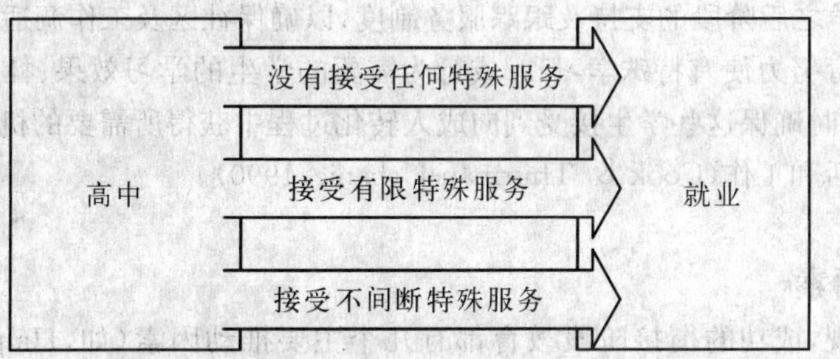

图 8.1　衔接过程的主要分类(OSERS 模式)

注:选自《OSERS 残障青年衔接方案:学校到工作生涯的桥梁》(*OSERS Programming for Transition of Youth with Disabilities: Bridges from School to Working Life*),威尔著,1984 年,华盛顿哥伦比亚特区:美国教育部美国特殊教育和康复服务办公室,残障信息办公室。

自从 Will 和其同事引入了衔接概念,衔接这一概念几经扩展,除了包括许多社区生活目标之外,还包括许多其他成人成果目标。图表 8.2 展示了一种扩展后的衔接观(Brolin, 1993a),这种衔接观代表了该领域许多专家的思想,这种思想使用了大家所熟悉的桥梁模式。桥梁模式认为,衔接工作在中小学中都存在。如图所示,三座桥梁

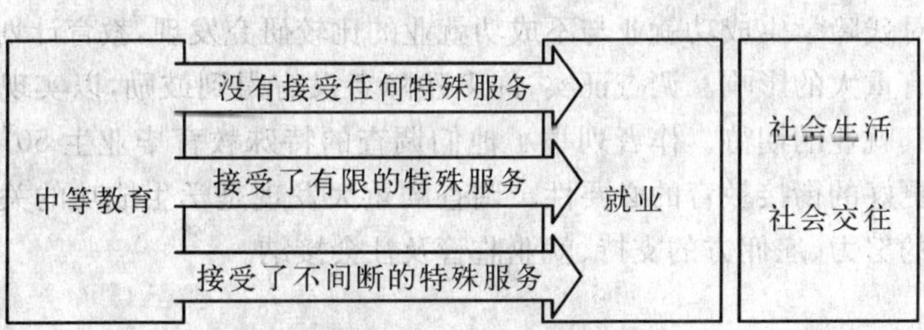

图 8.2　衔接扩展观

注:选自《LCCE 职业发展获得手册》(*The LCCE Professional Development Activity Book*),布罗林著(399 页),1993,弗吉尼亚阿灵顿(Arlington):特殊儿童理事会。1993 年版权归特殊儿童理事会。转载已获得许可。

将小学生和中学生不仅连接到就业，而且关联到社会生活、社会融合和社会交往。

成功的衔接教育需要许多关键因素，才能顺利进行：

- 机构之间的合作
- 个性化衔接教育计划
- 雇主的激励
- 支持性就业（对某些个人）
- 功能生涯课程
- 与雇主、机构和家长携手合作
- 对中学之后阶段的支持及跟踪服务制度，以确保社区及工作调适。

衔接教育努力使有特殊学习和/或行为需要的学生的学习效果、社会参与和独立性最大化，同时确保这些学生接受到向成人转化过程中获得所需要的机会与服务以便适应社会生活和工作（Cook & Thurman-Urbanic，1990）。

衔接推动因素

研究发现，成功的衔接阶段教育都有几个主要推动因素（如，Halpern，1985 年；Higgins，Fowler & Chandler，1988；D. Johnson，Bruininks，& Thurlow，1987），调查似乎一致表明，下面的要求对成功的衔接教育服务来说至关重要：

- 团队成员合力探索所有可能满足学生需求的办法
- 敬业精神
- 机构间联系的拓展
- 机构间思想与策略共享
- 有利于学生的社区环境和就业氛围
- 减少重复服务和重叠服务
- 建立选送学生进入最合适机构的推荐机制

一项针对残障学生成功就业与不成功就业的比较研究发现，教育计划本身对训练及就业过程有重大的影响。调查证实，许多残障者没有得到鼓励，以实现经济独立及满足社会对其就业的期待。作者列举了他们调查的特殊教育毕业生 50%的就业率，并证实提供更好的衔接教育的必要性。调查的重大发现是学生成功的关键在于强大的衔接团队的努力、雇佣方的支持、就业监管及社会接纳。

衔接教育的裨益

在离校前，提供早期衔接计划，帮助学生就业的好处，曾由韦迈（Wehmam）和他的同事报告过（1989）。他们列举了让学生获得早期衔接计划的如下益处：

- 必要的课程改变（教学与计划）有利于更好的促进

- 教师能切实带领同学们走进社区,并摸清不同雇主的具体需求
- 教师能给在校学生提供衔接的支持与帮助
- 对机构、雇主及家长们提供更好的持续服务
- 从校园到成人服务方面更好的个案管理
- 家长的支持

韦迈(Wehmam)和他的同事们提倡毕业前的职业安置,以防止毕业后将得不到衔接服务,从而通过这种在校时已获得工作的方式降低残障学生的高失业率。

成功衔接的障碍

许多阻碍衔接教育计划开展的障碍已得到确认(Beck, 1988;Bellamy, 1985;Didley, 1987;Halpern, 1985;Naylor, 1985;Ward & Halloran, 1989),最常引用的如下:

- 由教育机构和服务单位提供方造成的服务项目的重复
- 残障学生进入常规教学班融合性的缺乏
- 没有开设职业教育
- 计划间的连接性差及成人服务不足
- 学校与机构间数据管理与转移做得不好
- 缺乏家长参与
- 社会存在偏见与歧视

最大的衔接障碍似乎是学生需要更好地提升社会技能(Beck, 1988;Neubert & Tilson,1987;Rose, Friend, & Farnum, 1988;Wehman, 1981;Wehmam & Hill, 1989)。该研究同时揭示:处于衔接阶段工作岗位上的人经历过的绝大多数问题都与不适合的工作和社会行为有关,而不是工作本身所带来的挑战。

教育/衔接计划中更富有挑战性的任务之一在于发展学生在工作中成功所必需的社会技能。如果基于社区的培训及就业努力想成功的话,那么教育者应更加重视这个方面(Wehman & Hill, 1989)。

小结

从理论上说,以上所讨论的有关衔接计划的建议都是可行的;然而,实际上,不能指望这些建议一夜之间被采纳。不幸的是,尽管主管人员以及政策制订者努力决策美国的未来衔接教育,但是,许多学生、家长、教育工作者和雇佣方都对衔接课程教学体系的不足深感不满。特殊儿童理事会(CEC)的生涯发展与衔接部(Division on Career Development & Transition)公布的题为“小学中残障学生的生涯发展”的声明中写道:

> 生涯发展处由一些专家组成,这些专家们都致力于这样一个目标,那

就是：所有残障学生都能接受到侧重于生活/生涯发展以及衔接需要的教育指导。

衔接贯穿于人的一生，衔接包括有偿的工作角色以及学生、家庭支柱或家庭成员、志愿者、离退休者，还有娱乐休闲活动等角色。在角色转换时许多人都会遇到种种困难，衔接阶段的成年人，尤其是许多身患残障的人，有时变得非常迷茫，这时他们需要特殊帮助，才能解决自身难题，做出明智的决定。"从校园到工作岗位之间的过渡"理念与生涯发展理念是不可分割的。多年来，这种理念已在不同教育背景和机构背景下理论化，并付诸实践。

(Brolin & Schatzman，1989，pp. 22—23)

个性化教育和个性化衔接教育计划

个性化教育计划(IEP)

IEP是一种总结学生教育计划的书面文件。IEP可以早在小学时便制订。IEP所提出的目标的内容建立在对学生的优缺点的分析基础之上。IEP不仅确立了目标，同时确定了在达到这些目标方面地方教育机构(LEA)应提供的帮助。IEP同时促进家长与学校人士之间必要的交流(Polloway，Patton，Payne，& Payne，1989)。

从传统角度而言，特殊教育工作者应对那些有特殊教育服务需要的人负有责任，这一点《公共法94—142号》(即1975年的《残障人教育法》，*Education for All Handicapped Children Act*)已作了明确规定。图8.3展示的是一般鉴定(identification)和编班测验(placement)采用的过程。法律规定，IEP面向所有学生，IEP通常包含以下内容：

- 当前表现水平；
- 年度目标；
- 短期目标；
- 特殊教育及相关服务；
- 普通教育课堂外活动的参与程度；
- 服务启动日期及期限；
- 客观评价标准、评价程序及短期目标评价计划。

这些规定的服务伴随着1990年和1997年的《残障人教育法》(IDEA)的通过而得到拓展。如前所述，1997年的IDEA要求，IEP方案应当包含一条新条款：必须包含一份必要的衔接服务声明；必须包含一份衔接服务机构间的责任和协调声明(如果这些服务是州或地方教育机构的责任而不是负责教育的学校的责任的话)。

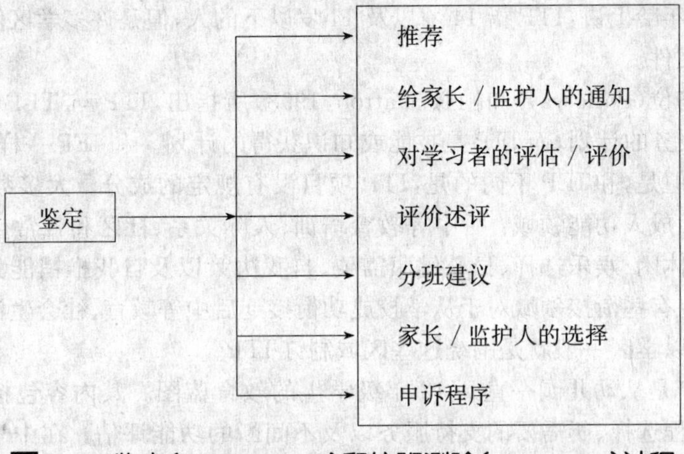

图8.3 鉴定(identification)和编班测验(placement)过程

注：选自《衔接手册：TRIAD电讯工程》(*Transition Manual: TRIAD Telecommunication Project Book*,39页),I. D. Cook和M. Thurman-Urbanic著,1990年,西弗吉尼亚研究所,西弗吉尼亚：西弗吉尼亚研究学院(the West Virginia Graduate College,该校1997年并入Marshall University)。1990年版权归西弗吉尼亚研究学院所有,转载已获得授权。

1997年的IDEA扩大了个性化教育计划方案的团队,鼓励普通教育人员以及其他机构的参与。除了学生个人之外,1997年的IDEA明确规定：学生的普通教育老师、特殊教育老师、家长、地方教育机构代表以及其他任何提供和为衔接服务支付费用的专业人员都必须参与到IEP制订之中。他们必须出席会议。相关立法,如《美国残障人法案》(ADA)、康复法(Rehabilitation Act)以及1984年《卡尔·德·帕金斯职业教育法》(*The Carl D. Perkins Vocational Education Act of 1984*),都为广大学生提供了从学校向社会及工作岗位的衔接支持与服务。

传统上而言,IEP曾经一直作为每一个明确的特殊教育学生教育计划的基础。这个基础的核心曾经一直集中在普通文化知识上。然而,时间和研究表明：还有一个需要更为迫切,即,衔接/生涯教育。因此,正如目前联邦法案规定的那样,现在给广大残障学生提供了更多有效的衔接教育服务。立法法令还引入一个IEP的伙伴策略——ITP(个性化衔接方案)。

个性化衔接方案策略

ITP(个性化衔接方案)是对学生后中等教育培训、就业和其他社会生活目标这些长期目标和需求的书面记录,ITP同时还具体说明了如何实现这些目标。ITP应当概括出学生的个性化衔接过程中的兴趣、需求和未来机会的轮廓,应当包含确切的目标和活动;应当包含家长、普通教育工作者和特殊教育工作者以及成人服务提供者的投入(input);应当是纵向的(longitudinal)(Didley,1987)。总体而言,ITP是IEP中的一个部分，从年龄上讲，ITP 指 14 岁以及 14 岁以下的人，但是许多学区倾向于将 ITP 单列为一个文件。

正如波洛位(Polloway)和帕滕(Patton,1993)所指出，ITP 与 TEP 的目的不同，ITP 是衔接服务的计划，而 IEP 是技能或知识获得的计划。和 IEP 一样，ITP 也没有固定的模式，但是，和 IEP 不同的是，ITP 项目没有规定的成分。大多数 ITP 强调以下几个关键性成人功能领域：后中等教育培训、人际关系、社区和日常生活、工作(培训和/就业)、休闲/娱乐选择、身心健康需要、自我决策以及自我推销能力。因为 ITP 制订团队认定有些衔接领域对于从学校成功衔接到后中等教育、社会生活和工作来说非常关键，所以学区一般就是围绕这些区域制订 ITP。

IEP/ITP 是从幼儿园一直到 12 年级学生的教育蓝图。其内容包括学生的当前表现水平，课程选择、所需要的支持服务以及不间断的功能评估。在中学和中等教育阶段，要制订衔接计划以帮助学生掌握主要的功能能力，以便顺利适应成人生活，如：参加职业教育、找到工作并保住工作，作为家庭一分子参与家庭活动，参与娱乐/休闲活动选择，以及作为富有成效的公民参与社会活动。

尽管在衔接规划中，有特殊学习和/或行为需要的学生是最重要的人物，不过动员所有的其他人参与衔接计划的制订也非常重要，因为，在有特殊学习和/或行为需要的学生的相关衔接活动决策中，这些人能很可能提供有价值的建议，当然，中学教育、中等职业教育和后中等教育培训的参与者有可能并不相同。不管年龄多大或年级多少，有特殊学习和/或行为需要的学生以及学生家长/监护人/主要监管人都应处于计划制订过程的中心。和有特殊学习和/或行为需要的学生一样，有的人，诸如衔接协调员，应当协调衔接教育规划以确保信息在不同机构间始终畅通。图 8.4 是一个实例，例子列出了中学教育、中等教育和后中等教育培训中衔接计划制订中可能的参与者(Cook & Thurman-Urbanic,1990)。

IEP/ITP 计划应当包括制订一份有特殊学习和/或行为需要的学生离校前各机构间责任和联系的书面声明，原因在于虽然地方教育机构负有推行衔接教育计划的责任，但地方教育机构必须和地方成人服务提供者(如，职业康复机构、后中等教育机构、社会保障部门、爱心呼吁机构以及成人服务机构)合作才能顺利将 IEP/ITP 计划付诸实施。

当有特殊学习和/或行为需要的学生进入毕业一年时，ITP 计划便给学生提供从学校到后中等教育、走向社会以及踏入就业岗位的规划框架了。ITP 计划反映了有特殊学习和/或行为需要的学生不断变化的兴趣和需求，勾画出重大目标的轮廓，包括后中等教育培训、职业培训、住处的选择、社区服务、健康服务和经济支持服务等。为达到这些确定的目标，IEP/ITP 计划应包括有特殊学习和/或行为需要的学生所采取的具体步骤和活动，一个采取这些具体步骤和活动的时间规划，一个完成相应目标的时间安排，以及最后完成的日期。ITP 计划应当勾画出有特殊学习和/或行为需要的学

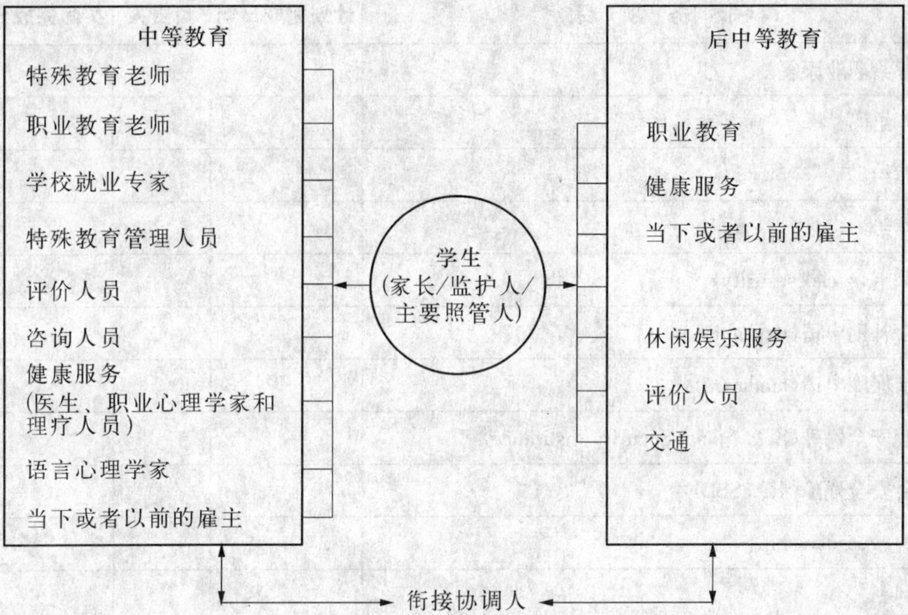

图 8.4 衔接计划参与人员

注：选自《衔接手册：TRIAD 电讯工程》(*Transition Manual: TRIAD Telecommunication Project Book*, p. 76)，1990 年，西弗吉尼亚研究所，西弗吉尼亚：西弗吉尼亚研究学院(the West Virginia Graduate College，该校 1997 年并入 Marshall University)。1990 年版权归西弗吉尼亚研究学院所有，转载已获得授权。

生、其家人、学校工作人员以及相关机构必须采取合理的步骤，以便为有特殊学习和/或行为需要的学生能够成功地获得适当的后中等教育、成人服务和就业。图 8.5 呈现的是一张服务参照表(referral checklist)，这张表可以作为有特殊学习和/或行为需要的学生选择具体服务时的指南。

1997 年的《残障人教育法》再次强调了衔接规划个性化特点的重要性，"有特殊学习和/或行为需要的学生所得到的服务应当建立在个人的兴趣和需要基础之上，而不是当下可以得到的课程和服务(Whetstone，1993 年)。"为有特殊学习和/或行为需要的学生设计的个性化方案不是建立在现存的方案或者服务基础之上，而是倡导制订有特殊学习和/或行为需要的学生的个人衔接方案，以实现个性化服务的衔接目标。

机构间的协议

为了衔接计划有效果，需要签订正式的书面跨机构合作协议，法律要求各州教育部和职业康复部门之间有合作协议，这些协议为地方教育机构(LEA)提供了一个重

服 务 项 目	计划完成日期	负责人	实际完成日期
推荐给职业康复			
推荐给			
推荐给			
推荐给			
社保卡(social security)			
医疗补助申请(mediaid)			
医疗保障申请(medicare)			
社会安全保障(SSI, Social Security insurance)			
社会安全残障保障(SSDI)			
监护(guardianship)			
福利			
食品券(food stamps)			
体检			
心理检查			
社会背景			
教育概况			
特殊交通方式(special transportation)			
住宅服务(residential services)			
集体家庭(group home)			
家庭支持			
呵护(foster care)			
暂居照顾服务(respite services)			
咨询			
自动放弃最低能力测试(waiver for minimum competency test)			

图 8.5 服务参照表

注：选自《从学校到工作》94 页，1988 年，巴尔的摩：Paul H. Brookes 出版社。1988 年版权归 Paul H. Brookes 出版社所有，转载已获得授权。

点以确保每个有特殊学习和/或行为需要的学生都能被识别并接受适当的服务，包括衔接规划。有些合作协议根据学生的不同年龄阶段明确划分各机构所承担的有特殊学习和/或行为需要的学生的教育和职业训练责任。本书第五章谈到了机构间的协定，附件 A 中便呈现了一个州级（弗吉尼亚州）协定。

机构间协定中还可以包含一张服务责任图以将所提供的服务具体化，图 8.6 就是这样的图表，这张图表是西弗吉尼亚州教育部和康复服务处之间签订的协定，图表廓清了学前服务、普通教育、特殊教育、职业教育以及康复机构的责任。

必须给所有残障学生/人提供服务。下列的活动通常由专门机构提供。如果有服务重叠之处或者重复之处，那么“有谁启动服务”以及“有谁实施服务”这个问题便由地方教育机构解决，最好在 PAC(Parent As Coach，教练型家长课程)/IEP 会议上解决。

连续性服务	学前学校提供	特殊教育提供 (5—21 岁)	职业教育提供	康复服务提供
A. 推荐	意识 儿童发现 审查 评价参考	意识 儿童发现 审查 评价参考	意识 评价参考 评价参考(吸纳)	意识(个案发现) 审查(发展参考)
B. 评价	(正式/非正式) 发展过程中的数据 心理的或行为的	(正式/非正式) 发展过程中的数据 心理的或行为的	(正式/非正式) 职前探索课程 职业和生涯发展/特殊需要	(正式) 目前总体身体状态和特殊检查 职业评价(符合条件的) a. 预期诊断研究 b. 通过诊断研究决定服务的特点和范围(职业目标/优势，功能不足) 符合条件的学生，14 岁或者 14 岁以上的在校和不在校的学生

续 图

连续性服务	学前学校提供	特殊教育提供(5—21岁)	职业教育提供	康复服务提供
C. 个性化方案	个性化教育方案	个性化教育方案(年龄在5—21岁之间)	职业教育计划(仅对中等教育学生而言) 四年教育计划	所有合格的学生的个性化写作康复计划(IWRP)。 由使用人和顾问联合制订;如果适合的话,监护人参与PAC制订,学校相关人员参与计划制订(IWRP和IEP中包括的服务、目的和目标应当是褒奖性的)。 IEP/IWRP个性化写作康复计划
D. 课程方案和活动实施	家庭协商	生涯教育 娱乐教育 职前评估 特殊(单独的)职业教育 大学准备教育	生涯/职前教育 常规职业教育 修改过的常规职业教育 特殊职业教育 成人课程	普通职业教育/工作调适(OJT,选择的培训体验,合作和相关课程);调整性常规课程(特别设计的职业教育和工作调适);工作体验;B部分明确的职业评价服务;特殊(单独的);职业教育和工作调适;职业培训和其他培训(包括个人和职业调适、书本、工具以及其他培训资料)。所有服务均根据个人具体需要向符合条件者提供(个人拥有)。

续 图

连续性服务	学前学校提供	特殊教育提供(5—21岁)	职业教育提供	康复服务提供
E. 包括相关服务的服务提供体系	特殊工具、方法、设备(学生租借) 教学修改 特殊支持人员(助手、辅导老师和辅助专职人员) 相关服务(职业疗法OT、理疗PT和语言疗法) 课程修改和开发 特殊交通需求 监控服务和学生进展 家长培训	解释者,记录者,给盲人提供阅读服务,特殊工具、方法、设备(学生租用) 教学修改 特殊支持人员(助手、辅导老师和辅助专职人员) 相关服务(OT、PT和语言疗法) 课程修改和开发 特殊交通需求 监控服务和学生进展 职业指导和咨询 家庭协商 工作经验/工作研究 正式职业评估 职业发展和工作就业 支持性就业 庇护工场	解释者,记录者,给盲人提供阅读服务,特殊工具、方法、设备(学生租用) 教学修改 特殊教育指导者 特殊支持人员(助手、辅导老师和辅助专职人员) 相关服务 课程修改和开发 监控服务和学生进展 职业指导和咨询 家庭协商 合作教育计划(OJT) 职前探索课程 正式职业评估 职业发展和工作就业 工作体验 支持性就业(任务分析)	解释者,记录者,给盲人提供阅读服务,从事计划中工作安排的工具、材料(个人拥有);特殊工具、方法、设备(个人拥有);关于修改与支持性就业方面的技术帮助;监控服务和学生进展;职业指导和咨询;需要为工作就业和支持性就业提供的总体医疗协调: a. 协助地方培训站; b. 改善工作环境; c. 自适应设备; d. 雇主补偿。 身体恢复和精神恢复;正式职业评估(工作评价和功能评估);提供适当的额外服务;支持性就业;工作就业。
F. 方法	以中心为基础的食宿供应	公立学校食宿 工作培训地点食宿	公立学校食宿 工作培训地点食宿	个人/家中食宿 工作培训地点食宿
G. 出口	衔接	衔接	衔接	衔接

图8.6 服务责任表

注:选自《西弗吉尼亚教育部和衔接康复服务处合作协定手册:TRIAD电讯工程》(*Cooperative Agreement by West Virginia Department of Education and the Division of Rehabilitation Services in Transition Manual: TRIAD Telecommunication Project*,39页),1990年,西弗吉尼亚研究所,西弗吉尼亚:西弗吉尼亚研究学院。1990年版权归西弗吉尼亚研究学院所有,转载已获得授权。

迪德利(Didley,1987)认为,只有当学区开发的模式基于当地的现实需要和服务时,机构间的协作才能行之有效。迪德利进一步提议,地方学区应开发衔接服务的资源指南,以有利于促进合作,全面地保障容许社区提供高质量的衔接服务。迪德利认为合作衔接教育模式有一个重要目标，那就是，呼吁社会公众接纳有特殊学习和/或行为需要的学生并参与帮助这些人实现就业。有特殊学习和/或行为需要的学生本人及其家人的参与也被看成这一合作中不可或缺的一个组成一部分(Cook & Thurman-Urbanic，1990)。

确定个案管理人或衔接教育协调员对衔接教育规划和实施这些机构间合作协定都是非常重要的考量。图 8.7 呈现了我们关于从小学到后中等教育中个案管理人责任的一些建议。

一级：初级(K—8 年级)
衔接协调人：特殊教育老师
责任：
- 对学生的普通文化知识和生涯发展成绩进行不间断的评价；
- 利用项目发展和实施方面的评价数据；
- 用未来的视野为学生制订 IEP；
- 开发基本普通文化知识技能，将其与人际社会、日常生活以及职业指导和准备技能相融合；
- 鼓励家长参与生涯教育能力的规划与开发；
- 对个体学生的个人档案不断更新；
- 与常规教育工作者、家长、成人服务提供者以及工商企业代表形成伙伴关系；
- 与接受环境(如中等教职员工)共享学生个人档案(优点、缺点、兴趣等)。

二级：中级(8—12 年级)
衔接协调人：中等特殊教育老师
责任：
- 在学年的开始确立学生的衔接规划；
- 收集并分析评价数据，并将学生个人档案不断更新；
- 根据需要协调评价并改进课程；
- 以便让学生顺利地步入成人生活；
- 明确并熟悉后学校的选择，包括职业/教育、住宅、社区、健康以及金融支持服务；
- 和成人以及商业企业代表结成伙伴关系；
- 组织并举行个人衔接规划会议；
- 在 ITP 的制订过程中其领头作用；
- 确保学生、教师、家长、成人教育机构以及以前或当下的雇主的参与；
- 根据需要向行政管理人员呼吁教育方法改革，将课堂为基础的模式改成以社会为教学基础的体制；
- 协调衔接方案的实施。

三级：(最后一年)
衔接协调人/个案经理人：中等特殊教育老师/职业教育
责任：特殊教育工作者(与二级中相同)/职业教育。
- 参加 ITP 会议并就适合的职业目标提供咨询；
- 保证残障学生能够平等地接受职业教育；
- 在第 9 年级已开始，便就职业教育向学生和家长提供咨询；
- 收集并分析职业评价数据；
- 确认职业培训和就业方面的社区合作机构；
- 在学生在校的最后一年期间，协助他们进行职业就业工作现场培训以及后中等职业准备。

续 图

四级：后中等教育到成人阶段 衔接协调人：个案经理人：职业康复/社区机构/家长/监护人 责任： ● 继续监控和评价职业培训的进展以及就业活动； ● 确保支持性就业（如医疗、心理、治疗、金融管理以及住宅地选择）到位； ● 确保职业就业高度独立； ● 解决高品质生活（比如通过广泛的参与休闲和社区活动确保行使公民权利，履行公民义务）的需求。

图8.7 衔接协调人/个案经理人的衔接准备责职

注：选自《衔接手册：TRIAD电讯工程》(*Transition Manual: TRIAD Telecommunication Project Book*)，99—101页，1990年，西弗吉尼亚研究所，西弗吉尼亚：西弗吉尼亚研究学院（the West Virginia Graduate College，该校1997年并入Marshall University）。1990年版权归西弗吉尼亚研究学院所有，转载已获得授权。

学校管理者必须认识到：从时机上和地点上而言，提供适当的功能课程和服务时，工作人员要有灵活性。研究表明，对有特殊学习和/或行为需要的学生的衔接教育来说，校园外的工作实践远比在课堂上的模拟工作实践有价值（Cook & Thurman-Urbanic，1990）。

衔接/生涯评估

IEP和ITP开发出来之前，一项全面的生涯/职业评估应作为整个评估和评价体系一部分而完成。正如第七章所言，特殊教育理事会中的生涯发展和衔接教育处（DCDT）对生涯/衔接评估作如下描述："生涯/衔接评估不仅涵盖职业领域，还涵盖了业余爱好及日常生活技能领域，而且将后者视作从幼儿到成人阶段的个性化教育规划和衔接计划必要的基础。"

从我们的视野而言，图8.8呈现了全面的衔接/生涯评估相关方面。图中也可以看出提供这些数据的可能性人员。这些生涯/衔接评价的结果为IEP和ITP的开发提供了参考数据（Cook & Thurman-Urbanic，1990）。

小结

衔接规划中有4个关键因素必须解决：

1. 系统的生涯/职业培训始终贯穿着早期、初中和中等教育；
2. 各合作团体和机构之间有效的合作；
3. 家长、本人及雇佣方在衔接规划中的积极参与；
4. 提供多样化的就业岗位、社区和专业意识以及支持。

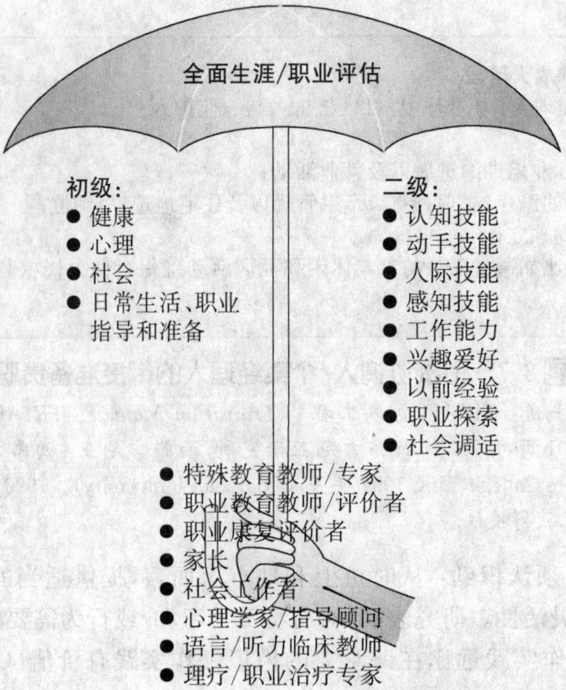

图8.8 全面生涯/职业评估构成

注：选自《衔接手册：TRIAD 电讯工程》(*Transition Manual: TRIAD Telecommunication Project Book*)，45 页。1990 年，西弗吉尼亚研究所，西弗吉尼亚：西弗吉尼亚研究学院(the West Virginia Graduate College，该校 1997 年并入 Marshall University)。1990 年版权归西弗吉尼亚研究学院所有，转载已获得授权。

针对有特殊学习和/或行为需要的学生的教育应重视上述各个方面，以便为其以后接受后中等教育做准备，增强其就业竞争力，以及为其提供支持性的就业岗位。因此，学校系统不能仅注目于衔接教育本身，而无视基础性服务的内容和质量(包括中小学教育准备以及社区机构提供的职业就业机会和后中等教育培训机会)。

在教育和培训有特殊学习和/或行为需要的学生时，我们的主要目标应是把他们培养成具有独立性的成年人。显而易见，生涯/衔接教育和培训为学生从学校走向后中等教育培训，走向社会生活及走向工作岗位提供了重要基础。从我们讨论的联邦主要立法上可以看出，采取机构合作的模式，已成为衔接服务最强有力的后盾和衔接服务提供的理念。

合作是衔接教育过程中的关键因素。通过合作，年轻人能接受有计划的、合适的、不重复的服务。许多人愿意参加衔接教育服务，包括负责谁需要衔接帮助的鉴别人员、教育工作者、本人、家庭以及服务提供人员。

(Chadsey，Rusch，& Phelps，1989，p. 232)

LCCE 中的 IEP 和 ITP

衔接教育理念与生涯发展理念不可分割，而生涯发展理念已经理论化，并在各种教育系统及教育背景下实施了多年(Brolin & Schatzman,1989)。正如 CEC 的 DCDT“小学残障学生的生涯发展”(Career Development for Students with Disabilities in the Elementary Schools)(G. M. Clark 等，1991)文件所指出，不采用功能性课程，便休想顺利实现衔接教育。

LCCE 轻度/中度课程及其功能性技能本身就提供了一套全面的教学计划(从幼儿园到中学后)，为有特殊学习和/或行为需要的学生顺利实现衔接做了准备，使他们能从学校走向自己社区的后中等教育/职业培训，走向丰富的生活和工作环境。关于如何使用 LCCE 轻度/中度课程作为一种衔接模式，第三章已经作了说明。图 8.9 说明了如何在三个功能 LCCE 轻度/中度课程/教学领域(日常生活、个人社会和职业技能)的最初三个生涯发展/学习阶段的每个阶段中进行课程规划，以便提供一系列合理的、顺应发展过程的活动，这些活动分别涉及了能力测试领域的每一个领域。

对应用 LCCE 轻度/中度课程方法的教育者来说，整合了 ITP 的 LCCE 轻度/中度课程衔接教育方案(IEP)已经建构了出来。LCCE 轻度/中度课程衔接教育方案(IEP)模式包含 10 方面内容，以符合《公共法 94—142 号》及 1997 年 IDEA 的立法要求。因为学区或州的 IEP 模式对大多数学区有约束力，因此 LCCE 轻度/中度课程衔接教育方案可作为对各学区法定模式的补充形式。图 8.10 提供了一套整合了 ITP 的 LCCE 轻度/中度课程衔接教育方案，并假定 8 年级有个叫苏珊的学生作为例子。

在采用具体的生涯模式开发衔接基础时，如果 LCCE 模式中所包含的方法确实与课程材料一起使用的话，那么，进行连续的课程本位评估是很有用的。

(Cook & Thurman-Urbanic,1990)

第七课描述过一些以课程为基础的评价方法，如《LCCE 能力评价量表》(CRS 和 CRS - M)，《LCCE 知识评价系列表》(*the LCCE Knowledge Battery* 或 PKB)，《LCCE 能力评价系列表》(*the LCCE Performance Battery* 或 PAB)和《LCCE 自我决策量表》(*the LCCE Self-Determination Scale*)，所有这些评价方法都为 IEP 内容的发展和评价提供了必要的数据。其余方法也可使用，取决于功能评价团队的导向和需要。

LCCE 轻度/中度课程 IEP 模式提供了附带功能性技能及衔接教育内容的文件，这些内容可通过 LCCE 轻度/中度课程能力块建构，并至少可部分由 LCCE 轻度/中度课程评价方法来进行评价。在开发 LCCE 的 IEP 模式过程中，建议年度目标从其轻度课程/中度课程的 22/20 个能力领域中选择，短期目标则从其 97/95 个子能力领域中选择。因此，教育者能建立目标、成功标准及记录必要的个性化计划的方法，然

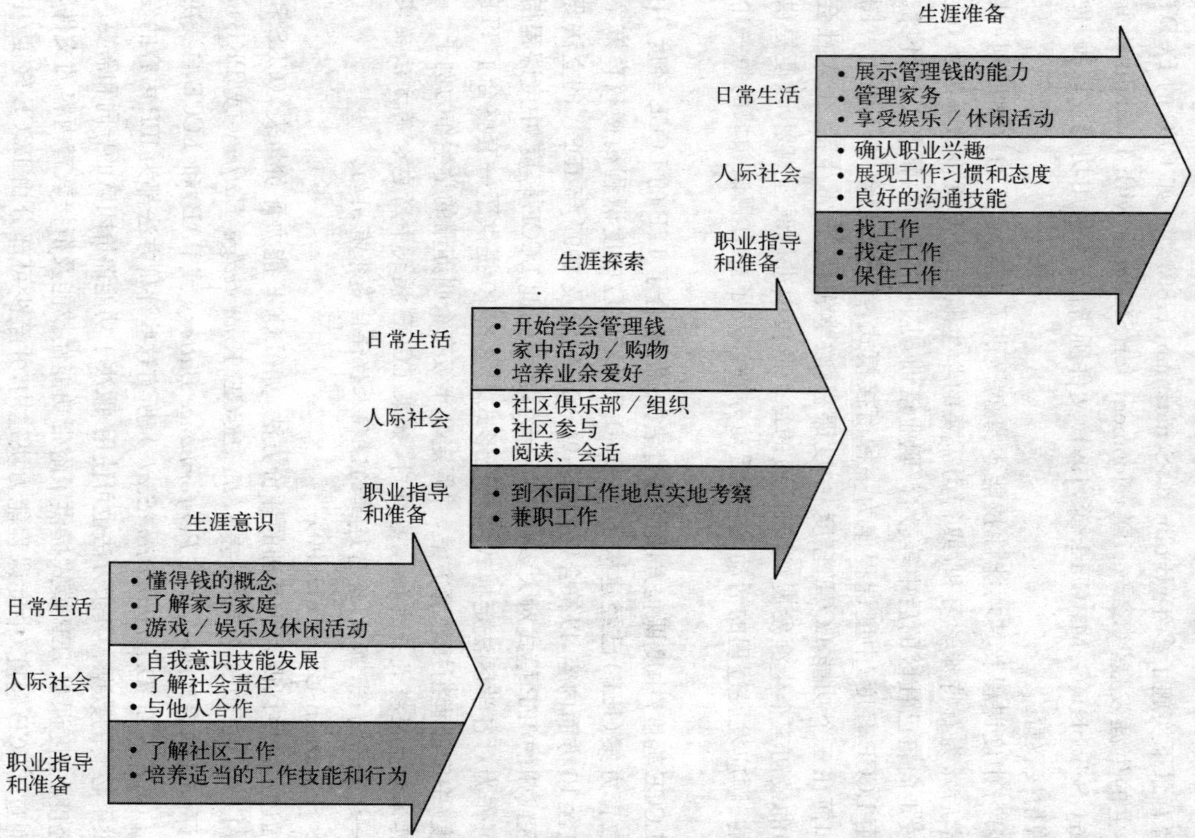

图 8.9 全面基于 LCCE 和生涯发展各阶段课程规划概况

注：选自《衔接手册：TRIAD 电讯工程》(*Transition Manual: TRIAD Telecommunication Project Book*)，49 页，I. D. Cook 和 M. Thurman-Urbanic 著，1990 年，西弗吉尼亚研究所，西弗吉尼亚：西弗吉尼亚研究学院。1990 年版权归西弗吉尼亚研究学院所有，转载已获得授权。原文节选自《以生活为中心的生涯教育》(第 3 版)布罗林著，1989 年，弗吉尼亚阿灵顿(Arlington)：特殊儿童理事会。

以生涯为中心的生涯教育
个性化教育计划方案表格
（视每个学生需要可添附件）

学生姓名：Susan 所在学校：Progressive 年级：8 日期：6/3/1995

第一部分：目前教育表现水平

阅读水平：3.3(CAT) 数学水平 2.3(CAT)

CRS 分数：DLS(0.59)PSS(0.61) OGP(0.21)(最大值为 2.0)

KB 分数：DLS(40%)PSS(43%) OGP(25%)TOT(38%)

PB 分数：已经掌握(能力 8) 没有掌握(能力 3、5、18 和 21)

第二部分：年度目标

A. 学业目标(见附件)

B. 衔接准备 LCCE 功能技能(在适合选项上打勾)

该生将逐步获得下列能力区域的功能行为(在适合年度目标上打勾)

× 1. 个人理财
___ 2. 选择管理家政
___ 3. 关心个人需要
× 4. 养育子女完成婚姻责任
___ 5. 购买、准备和消费食品
___ 6. 购买衣服，保护衣服
___ 7. 展现公民责任
___ 8. 利用娱乐设备进行休闲
___ 9. 参与社区活动
___ 10. 实现自我意识
___ 11. 获得自信心
___ 12. 行为对社会负责
___ 13. 保持良好的人际技能
___ 14. 获得独立能力
___ 15. 做出合理的决策
× 16. 与别人沟通
× 17. 了解并探索职业可能
___ 18. 选择规划职业方向
___ 19. 展现适当的工作习惯和行为
___ 20. 找工作、找到并保持住自己的工作
___ 21. 展现充分的四肢操作技能
___ 22. 获得专门职业技能

C. 其他衔接/支持服务目标(在适合选项上打勾)

___ 1. 金融资助/收入支持
___ 2. 法律宣传服务
___ 3. 医疗
___ 4. 保险
___ 5. 交通
___ 6. 其他________
___ 7. 其他________
___ 8. 其他________

第三部分：必要的特殊教育服务

目标和子能力序号	所需的特殊服务	特殊媒介/材料以及设备	个人执行者
A	（见附件）		
B1(3,5,6)	工作见习经历(银行、信用机构)；模拟商业活动；演讲者和家庭作业。	银行信用表和其他表；LCCE 课程计划；建立模拟银行、商店材料；交通。	特殊教育/数学/商业教育教师；银行和信用公司员工；家长；同伴。
B4(17,18)	参观公共卫生部门以及日托中心；学生角色扮演活动；社区支持。	各种健康图表；温度计；浴盆，药瓶；交通。	特殊教育/健康教育教师；校医；大众健康护士；幼儿园工作人员；儿童指导中心人员。
B16(68,69)	小组活动；角色扮演(如电视秀)。	录像带；电影；电话；录音机。	特殊教育/演讲/语言艺术教师；家长；同伴；电视或广播记者。
B17(71,72,73)	实地考察；角色扮演活动/模拟；家庭作业。	告示牌；职业资料；杂志；报纸。	特殊教育教师；从工作到学习教师；生涯顾问人员；雇主；商会；虚拟实境顾问(VR counselor)。

图 8.10 为学生准备的 LCCE IEP 表格(待续)

注：选自《以生涯为中心的生涯教育：能力本位方法》(*Life Centered Career Education: A Competency Approach*)，第 4 版，146—149 页，布罗林著，1993 年，弗吉尼亚阿灵顿(Arlington)：特殊儿童理事会。1990 年版权归特殊儿童理事会所有，转载已获得授权。1993 年版原文中的 IIA、III、IVA 和 ICV 部分这里没有收录。

个性化教育方案表格

第四部分：短期个人目标

A. 学业目标(见附件)

B. 衔接准备 LCCE 功能技能(在适合选项上打勾)

____ 1. 认识钱并且会兑换零钱(1)
____ 2. 支持合理(1)
_×_ 3. 记录基本账务(1)
____ 4. 计算并付税(1)
_×_ 5. 合理使用信用(1)
_×_ 6. 使用银行服务(1)
____ 7. 保持室内外整洁(2)
____ 8. 使用常用电器和工具(2)
____ 9. 选择适当的住宅(2)
____10. 建立家庭(2)
____11. 保持庭院卫生(2)
____12. 展示健康、营养和体重知识(3)
____13. 适当的梳洗和卫生(3)
____14. 穿着得体(3)
____15. 展示适当的常见病以及预防治疗(3)
____16. 注意个人安全(3)
_×_17. 展示关心子女(4)
_×_18. 展示养儿育女心理知识(4)
____19. 表现婚姻责任(4)
____20. 购买食品(5)
____21. 打扫食物准备区(5)
____22. 储藏食物(5)
____23. 准备一日三餐(5)
____24. 得体的饮食习惯(5)
____25. 饮食的计划与平衡(5)
____26. 洗衣服(6)
____27. 购买衣服(6)
____28. 熨衣服、补衣服和收拾衣服(6)
____29. 展示民事权利及责任方面知识(7)
____30. 了解地方、州及联邦的性质(7)
____31. 展示法律以及守法的能力(7)
____32. 展示公民权利及责任方面知识(7)
____33. 展示可利用的社区资源知识(8)
____34. 活动选择与计划(8)
____35. 展示娱乐价值知识(8)
____36. 参与团体与个人活动(8)
____37. 规划假期时间(8)
____38. 展示交通安全及规则知识(9)
____39. 展示各种交通工具以及使用知识(9)
____40. 在社区能自由出行(9)
____41. 开车(9)
____42. 识别身体需要和心理需要(10)
____43. 鉴别兴趣和能力(10)
____44. 识别情感(10)
____45. 展现自我身体知识(10)
____46. 表达自我价值感觉(11)
____47. 描写别人自我感觉(11)
____48. 接受表演和表演别人(11)
____49. 接受批评和提出批评(11)
____50. 建立自信心(11)
____51. 展示对别人的权利和财产的尊重(12)
____52. 识别权威并听从指导(12)
____53. 公共场所举止适当(12)
____54. 懂得重要的个性特色(12)
____55. 确认个人角色(12)
____56. 展示倾听和回应技能(13)
____57. 建立并保持密切关系(13)
____58. 建立和保持友谊(13)
____59. 努力实现自我(14)
____60. 展示自我组织能力(14)
____61. 展示自己行为如何对他人产生影响的意识(14)
____62. 对帮助资源定位和利用(15)
____63. 结果预料能力(15)
____64. 挖掘并评价选择(15)
____65. 识别问题的性质(15)
____66. 养成追求目标行为(15)
____67. 识别紧急情况以及应急(16)
_×_68. 理解性沟通(16)
_×_69. 理解沟通的微妙之处(16)
_×_70. 识别工作的报酬情况(17)
____71. 找出职业和培训信息资源(17)
_×_72. 确认通过工作所实现的个人价值(17)
_×_73. 确认通过工作所实现的社会价值(17)
____74. 将工作进行职业分类(17)

图 8.10(续)

个性化教育方案表格

____75. 调查地方职业和培训机会(17)
____76. 做出现实的职业选择(18)
____77. 确定适当及可获得的工作要求(18)
____78. 确定职业倾向(18)
____79. 确定主要职业兴趣(18)
____80. 确定主要职业需要(18)
____81. 遵守规章制度(19)
____82. 认识到不旷工和按时上班的重要性(19)
____83. 认识监督的重要性(19)
____84. 展示职业安全技能(19)
____85. 与他人携手工作(19)
____86. 达到高质量工作要求(19)
____87. 以令人满意的速度工作(19)
____88. 找工作(20)
____89. 申请工作(20)
____90. 参加工作面试(20)
____91. 了解如何保持后中等教育的职业调适(20)
____92. 展示竞争标准知识(20)
____93. 懂得如何调整自己适应职业变化(20)
____94. 展现耐力和毅力(21)
____95. 展示令人满意的平衡与协调(21)
____96. 展示动手灵巧(21)
____97. 展示感觉辨别(21)

C. 其他衔接和支持服务目标(见附件)

第五部分：与该生所需的具体职业相关的数据和时间期限

目标序号	起始日期	结束日期	目标序号	起始日期	结束日期
B1(3,5,6)	1995-9-1	1995-12-15			
B4(17,18)	1995-9-1	1995-12-15			
B16(68,69)	1996-10-1	1996-5-20			
B17(71,72,73)	1996-10-1	1996-5-20			

第六部分：描述该生将要参加的普通教育课程程度

	时间百分比	叙述性描写/反应
语言艺术	15 %	培养更好的沟通技能
数学	10 %	利用日常现实情景和材料
科学	____ %	
社会科学	____ %	
职业(商业)和工作学习	15 %	有限的打印及文书技能(需要资源室)
体育	5 %	没有身体条件限制
(其他)健康	10 %	提供支持和一些共同教学课程
(其他)演说	5 %	自我表达有问题;害羞

个性化教育方案表格

第七部分：说出将该生安排接受某类型教育的理由

叙述性描述/反应

LCCE SCAR/KB/PB衡量方法表明这些都是主要的需要，它们都与当时该生的兴趣爱好有关。目前，在这些领域提供的教育还不够，因此，觉得对此有所侧重能使该生受益。

图8.10(续)

第八部分：对个性化教育方案及衔接服务实施承担责任的个人

名称	角色/责任
特殊教育、职业教育、数学、健康、B中提到的工作—学习及语言艺术老师。	参与协助苏珊学习第四部分子能力。
银行、信用公司、幼儿园、电视及电台记者、生涯顾问、商会工作人员、职业康复、指导中心及公共健康工作人员。	
家长/家庭、同伴	

第九部分：客观评价标准、评价程序及评价短期目标的计划

客观评价标准可以从LCCE CRS、LCCE知识测试(KB)与LCCE能力测试(PB)中找到。所列的评价标准反映了本表第四部分B中所检查的短期个人目标。

评价程序由对能力评价量表、知识测试和能力测试手册进行评价的IEP委员会决定。

评价时间表应包含具体时间、日期、频率和地点等。

在教学前进行PB预测试，而完成后进行后测试。KB测试则在一年后重新进行。

第十部分：预计下一次IEP委员会评估会议的日期、地点和时间

1995年11月1日 上午10点 初级中学 100室

图8.10(续)

后，评价其结果。虽然这些都设计为单独使用，但LCCE轻度课程/中度课程的IEP，LCCE能力单元(教学课程计划)、《LCCE能力评价量表》(轻度或中度)、《LCCE知识评价系列表》或LCCE PKB、《LCCE能力评价表》(the LCCE Performance Battery或PAB)和《LCCE自我决策量表》(the LCCE Self-Determination Scale)组合在一起，可以看成是一个完整的规划、教学及评价套餐(Brolin，1997；Loyd & Brolin，2005)。

密歇根的马斯基根中间学区(Muskegon Intermediate School District)应用LCCE轻度课程体系中的前21能力模块，开发了一套衔接教育规划的指导表，以确认在对每一能力模块有哪些计划可以选择，以及哪些机构可以给每一个具体能力领域提供衔接支持。该指导表的职业指导和准备内容详见图8.11，该表说明了学区如何组织可以牵涉到学生整个衔接/生涯发展的资源。此外，马斯基根个人衔接服务方案的第1页同样使用了LCCE轻度课程、能力以及子能力模块，基于如何记录衔接规划活动，详见图8.12。

小结

LCCE轻度/中度课程方法为实施IEP衔接教育的教育者提供了一种方法以及相关材料，这个IEP将满足学生的功能技能需求及联邦立法要求的提供适合的教育规划和衔接规划。第七章列举的LCCE轻度/中度课程评估手段，图8.10展示的IEP表格，以及LCCE轻度/中度课程教学能力单元课程计划为教育者提供了一套全面衔接评价、规划及教学体系。

衔接规划指导表(职业指导与准备)

年度目标	目标/能力	计划选择	机构支持
		职前培训	
17. 认知并探索职业可能	70. 识别工作的报酬情况; 71. 找出职业和培训信息资源; 72. 确认通过工作所实现的个人价值; 73. 确认通过工作所实现的社会价值; 74. 将工作进行职业分类; 75. 调查地方职业和培训机会;	课堂课程 地方学校课程 社区为基础的课程	JTPA 技能中心 密执安康复服务(MRS) MEGA
		评　估	
18. 职业选择和规划	76. 做出现实的职业选择; 77. 确定适当及可获得的工作要求; 78. 确定职业倾向; 79. 确定主要职业兴趣。	地方课程本位评估 MAISD评估	Goodwill MEGA
		职业培训	
19. 展现出适当的习惯和工作行为	80. 确定主要职业需要; 81. 遵守规章制度; 82. 认识到不旷工和按时上班的重要性; 83. 认识监督的重要性; 84. 展示职业安全知识; 85. 与他人携手工作; 86. 达到高质量工作要求; 87. 以令人满意的速度工作。	常规职业培训 Muskegon Consortium Newaygo 职业技术中心 改进职业培训/支持 社区为基础的基地/MAISD 社区为基础的基地/LOCAL 个性化职业培训 工作学习	MRS JTPA MEGA MOKA
21. 展现出充分的操作动手技能	94. 展现耐力和毅力; 95. 展示令人满意的平衡与协调; 96. 展示动手灵巧; 97. 展示感觉辨别。		
		就　业	
20. 找工作、找到工作并保持工作	88. 找工作; 89. 申请工作, 90. 参加工作面试; 91. 了解如何保持后学校教育的职业调适; 92. 展示竞争标准知识; 93. 懂得如何调整自己适应职业变化。	竞争性 竞争性/支持 支持性就业 飞地(Enclave) 庇护性工作坊 志愿者	密执安康复服务 竞争性 竞争性支持 支持性就业 飞地(Enclave) 庇护性工作坊 HGA GTPA

图8.11　衔接规划指南样表

注:源自密执安地区 Muskegon 中等学区(Muskegon,Michigan Area Intermediate School District)。

个人衔接服务方案　　共____页本页为第____页

姓名：__________日期：__________学校：__________衔接方案号(画圈)：(初级)(2)(3)(4)(5)

(1) 成果

在需要解决的衔接区打勾：(必要时可添加附页)

(　)日常生活技能 成果________________	(　)个人—社会技能 成果________________
(　)职业指导/准备 成果________________	(　)后中等教育/培训选择 成果________________

(2) 目标

(必要时可添加附页)

年度目标	年度目标/能力	实现目标所采取的行动	负责人	评价过程时间表

(3) 机构

(必要的帮助和参与)

机　构	目　的	负责人/联系人	完成的日期联系方式
(　)MRS (　)CMH (　)其他____ __________			

(4) 签字

学生：	日期：	教师/衔接协调人：	日期：	其他人：	日期：
家长：	日期：	机构代理人：	日期：	其他人：	日期：

图 8.12　个人衔接服务方案设计样表

注：源自密执安地区 Muskegon 中等学区。

既然特殊教育中的衔接的终端产品为成功地顺应社会生活(这与以前的接受特殊教育的学生没有两样),那么,成人调适(adult adjustment)便可以视作特殊教育课程有效实施的一般衡量标准。

(Weisenstein & Elrod,1987, p. 39)

本章评论

伴随着全纳/整合教育的兴起,越来越多的有特殊学习和/或行为需要的学生走入了普通学校,以便最大限度地接受普通教育,走进融合教育社区学校,并走入社区环境,因此,社区支持对进行成功的衔接教育显得越来越重要。关于全纳教育(也称融合教育),CEC 的政策文件(1994)指出:"为帮助学生在全纳环境中担当起建设性角色,地方政府和企业之间必须制订机构间的协定并展开机构间的合作。"因此,系统的合作型的衔接规划对成功的全纳教育至关重要,而且必须获得社会的鼎力支持。

第三章呈现的 LCCE 课程(轻度/中度)衔接教育模式,是迄今为止最全面的模式,该模式的三大模块分别整合了 22/20 项能力、三大教学环境(学校、家庭、社区)及四个生涯发展阶段,为教育者提供了一个从幼儿园直至中学阶段总的范围和顺序方法。该功能方法提供一个极好的框架,这个框架首先保证了有特殊学习和/或行为需要的学生及其家庭成员能够从一个整体方案中受益,满足衔接成功和成人阶段的调适所需要的所有教学需求。

活动

1. 如果你制订的 IEP 中包含了 ITP 成分,那么你想让其涵盖哪些衔接领域?如果不同年级层次有区别的话,那么其区别又是什么?

2. 参看图 8.11 展示的 LCCE IEP 并完成下面一个问题:

a) 写一个说明,为你的地方教育机构在其 IEP/ITP 规划中采用这种模式的合理性进行辩护。

b) 写一个说明,解释一下你的地方教育机构需要采取的一些变化。

c) 提交一个模式,并且为其 IEP/ITP 规划的合理性进行辩护。

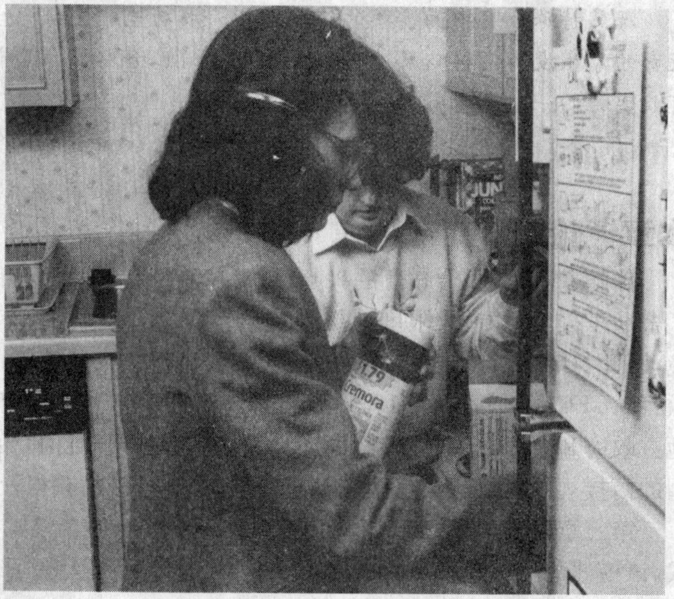

第九章 功能衔接材料和资源

先行思考题

1. 在利用功能材料/资源进行为中心的生涯教育时应当考虑采用什么标准?

2. 对于有特殊学习和/或行为需要的学生来说,应当使用轻度/中度课程计划(Mild/Moderate Curriculum Programs)能力/子能力吗?

3. 检验某一模式和方法,目的是使功能教学材料适应学习者个性化的需要,并且讨论此方法的意义。

4. 图 9.1 是一张让材料/资源适应学习者个性化需要的库克任务分析模式功能材料模式表(Cook's Task Analysis Model of Matching Materials/Resources to the Student's Personalized Needs),你如何应用此模式为不同背景下的有特殊学习和/或行为需要的学生完成学生功能教学规划个人教学档案?

5. 为了将材料与 LCCE 轻度/中度课程计划联系起来,为什么采用图 9.2 中的功能材料/资源联系表(the Functional Materials/Resource Correlation Chart)非常重要?

6. 如果有人要求和你的同事一起分享你自制的功能教学材料的简要书面描述,那么你的功能材料/资源指导原则中会包含些什么内容?

7. 为了满足有特殊学习和/或行为需要的学生的个性化功能需求,在选择合适的功能材料/资源时,关于该生的信息哪些对你来说是有用的?

8. 如果你要搜寻与 LCCE 轻度/中度课程计划有关的合适功能材料/资源,你会选取哪些资源?

9. 不管有特殊学习和/或行为需要的学生是在全纳教育班级还是在特殊教育班级接受教育,你会采用什么方法来促进所有残障学生的课程规划?

10. 对于各种有特殊学习和/或行为需要的学生来说,选择功能材料/资源有何教育意义?

11. 怎样才能把 LCCE 轻度/中度课程目标运用到每一类有特殊学习和/或行为需要的学生身上?

12. 怎样才能把 LCCE 轻度/中度课程计划与州标准/结果联系起来?

本章概述

有人曾经给生涯教育下过这样的定义:"一种整体体验。通过这种体验,个体了解工作,准备把从事工作作为自己人生生活一部分的一种经历。"(Hoyt,1975,p. 4)如今,生涯教育被看作是一种生活经历计划,这个计划教给有特殊学习和/或行为需要的学生必要的技能,以便让学生能够顺利地过渡,从学校走向后中等教育,走向社会和工作岗位。生涯教育这种定义包含了衔接,所以,两种定义都意味着,许多代表不同机构的专业人士都应对传授衔接/生涯教育理念负有责任,而且,这些能力应融合到学校总体课程之中。正如勒夫特格(Luftig)指出:

> 快速浏览 LCCE 课程后可以看出,并不是所有的课程都与学校直接有关,也就是说,虽然许多能力都和学校的学科有直接联系,但是,还有一些能力则最好在其他机构和群体中(诸如家庭和社区中)教授方可,因此,全面的生涯教育课程应该包括学校、家庭和社区等环境下挖掘出的材料。(1987,p. 367)

LCCE 轻度/中度课程给教师提供了一个清晰的必要功能性技能理念,这些技能让有特殊学习和/或行为需要的学生适应各种衔接阶段。以课程为参照标准的 LCCE 轻度/中度课程计划能力评价量表(CRS)、知识测试(Knowledge Battery)和表现测试表(Performance Battery)(Brolin,1992a,1992b)提供了一些信息,帮助教师挑选能力(22 或 20)或子能力(97 或 75)并把这些能力教给有特殊学习和/或行为需要的个体学生。从其他功能评价中获得的学生的个性特征知识可用来做出衔接过程中的决定。教师必须认真分析这些材料并制订教学目标和目的,以便为撰写个性化教育计划

(IEP)和个性化衔接计划(ITP)做准备。LCCE 轻度/中度课程能力可以作为目标(goals)写入计划之中,子能力则作为具体目标(objectives)写入计划之中。从小学到成人的学习过程中,这些目标和具体目标决定着教学过程之中的衔接材料/资源的选择顺序和安排。能够把课程目标和具体目标传达给有特殊学习和/或行为需要的学生所需要的功能材料/资源可以在各种环境中找到。

通过功能教学的 LCCE 轻度/中度课程教学单元是 LCCE 轻度/中度课程计划的组成部分。目前有 1 000 多个课程计划,分 21 个能力单元,而这 21 个能力单元包含了许多功能材料/资源。各种商业功能材料/资源也可以作为补充,以促进课程计划。

本章列举了一个衔接教学模式,这个模式将有特殊学习和/或行为需要的学生的衔接目标与合适的 LCCE 轻度/中度课程联系起来。本章也描述了使用这个模式的具体步骤。

本章瞭望

作者简介: 帕特里夏·勃奇(Patricia Koppeis Burch),密苏里州北圣弗朗西斯县 R-1 高级中学的特殊教育教师和衔接协调员,目前她是特殊儿童理事会培训师(Master Trainer),已经使用 LCCE 课程计划超过了 15 年。

我在密苏里州的北圣弗朗西斯县 R-1 学区担任特殊教育教师业已 30 年了,在这 30 年间,我一直致力于教学并为我的学生提供教育,以确保他们能够在当下以及今后获得成功。讲授以生活为中心的生涯教育课程(the LCCE Curriculum)是一种非常有效、非常有益的经历,不仅对我的学生和学生家长来说如此,对我来说也是如此,这一点现在已经得到了证明。

有些教育工作者经常问我为什么相信生涯教育课程很有价值,以及我的学生的成功秘诀是什么。对于这些问题有许多种答案,但是,最重要的答案是,讲授以生活为中心的生涯教育课程能够使得我的学生毕业时掌握了日常生活、个人社会以及职业领域必备的功能技能。我的学生总是通过各种机构和企业接触社区。这些能力和经验融合起来使得学生能够充分发挥自己的潜能,成为了社会有效的一员。学生毕业时就掌握了必要的技能和知识,最重要的是,学生毕业时非常自信,既有尊严,又能够尊重他人。

LCCE 课程包括了学校、学生、家长以及社区之间的合作,因而给学生提供了有机连贯的教育,这样生活的方方面面都得到了重视。我的学生掌握了成为成功的员工、市民和家庭成员的技能。这是一种完全以人为本的教育方法。

LCCE 课程指南以及能力单元中的大量课程教案合理而又井井有条地给学生提供了能力教学范围，减轻了我的负担，使我免于疲于劳累去寻找合适的材料以及课程教案。按照提供的课程教案，我感到非常自信，因为我不必担心会漏掉自己学生成功所必需的重要课程或者概念。

通过 LCCE 课程，家长、家庭成员以及以前的毕业生都能以小组成员身份和课堂内的特邀演讲人（guest speaker）身份参与教学并提供信息以及分享的经验。这不仅为我的学生提供了有价值的建设性资源，而且能够提高学生和家长的自信心。我的学生以及家长很有受到尊重的感觉以及成就感。他们为自己所取得的成就而感到自豪，因此能够乐观地建设性地看待自己的未来。

LCCE 评估有助于学生明确自己的优缺点。如果要写一个好的衔接教案，我坚信这个教案必须建立在挖掘学生的优点之上而非一味强调学生的缺点。大多数学生能够学会生活、学会工作，成为我们社会上的一名有贡献的成员而非是失败者。LCCE 课程使得我能够重新重视特殊教育，将课堂变为富有成效的、有意义的学习体验环境。我不再强调学生不能做什么，而是寄希望于学生能做好什么。我经常在琢磨要让家长只听到他们所爱的人的优点是何等不容易；但是，这也是一件迫不得已的事。有特殊学习和/或行为需要的人要想成功谈何容易，不过，他们往往失败了，因为他们有时自己就放弃了。如果真是这样的话，那么，我深信，作为教育工作者，那是因为我们没有能够按照 LCCE 这样的建设性的（positive）功能课程去解决他们的需求。

所有这些因素都十分重要，但是，有一个原因则最为重要，那就是，我所教的学生并非仅仅是我的学生，也不仅仅是“个人教育”，或者“衔接计划”。他们都是真实的活生生的人。他们都是我的邻居和朋友。我们生活在同一社区，到同样的教堂，在同样的商店买东西并且属于同样的组织。我想帮助他们能够充分开发出自己的潜力去生活和工作。如果我不通过 LCCE 课程交给他们至关重要的技能，帮助他们成为建设性的、能够适应社会需要的公民，那么我就失败了。如此一来，不仅他们自己及自己家庭倒霉，他们还很可能在余下的生命中成为依赖由税收支持的方案的人。

由于有了 LCCE 课程，我的学生衔接目标便成为了现实。我对自己的学生都很满意，不管他们想干的是哪一行，因为他们都将成为建设性的市民，能够相当独立地生活在我们的社区之中/之外。我对 LCCE 课程及其给我的学生带来的好处非常自豪。

在此，我特向已故的多恩·布罗林博士，以及鲍勃·洛依德博士表示真挚的感谢，感谢他们的辛勤研究，感谢他们的奉献，感谢他们的毅力，正是这些原因，他们才能给我一个真正能够改变我的有特殊需要的学生及其家庭的生活的课程。

衔接材料/资源选择及教学

有效的衔接/生涯教育教学要求对有特殊学习和/或行为需要的学生采用现行特殊教育课本中通常明确的最有效的许多"最佳做法"，如，《全纳教育课堂：有效教学策略》(*The Inclusive Classroom: Strategies: for Effective Instruction*)(Mastropieri & Scruggs, 2000)、《对有学习困难的学生的教学》(*Teaching Students with Learning Problems*)(Mercer & Mercer, 2001)和《在普通教育课堂中教育特殊学生》(*Teaching Special Students in General Education Classroom*)(Lewis & Doorlag, 2002)等。大多数最佳做法都在本书中得到了推介并进行了讨论，这些最佳做法包括：a. 利用年轻人的投射过程(young adult projection process)；b. 宣传并推行个性化计划；c. 传授自我决策；d. 在所有支持人员之间建立可靠的联系；e. 在所有融合背景之中创立学习型社会；f. 运用生态分析/行为分析评价技能；g. 实施合作/团队提供教学服务方法；h. 教授学习技巧；i. 根据个人学习风格实施个性化教育；j. 利用技术教学和技术帮助；k. 利用区别性教学；l. 应用功能教学技能和衔接材料/资源。

衔接材料/资源选择

特殊教育哲学的产生和理论发轫于差异教学(differentiated instruction)的应用。差异教学不能低估，差异教学的最佳效果体现在将真实生活/功能情况和材料整合进普通学业内容之中。衔接材料/资源的选择和应用可以成功地放入普通教育和以社区为基础的教学环境之中实施。

合适的功能/衔接材料的选择应一直建立在有特殊学习和/或行为需要的学生的个性化目标基础之上，但是，如果能够多接触真实现实生活场景和功能教学，大多数学生都能从中受益。为有特殊学习和/或行为需要的学生选择材料/资源时，教育工作者应当始终不忘考虑一下材料是否合适。至于如何确保衔接材料/资源是否合适可以通过回答以下这些问题来确定：

- 衔接材料/资源是否适合于有特殊学习和/或行为需要的学生的年龄？
- 对于有特殊学习和/或行为需要的学生来说，所选的衔接材料/资源是否包括有效的社会技能？
- 对于有特殊学习和/或行为需要的学生来说，所选的衔接材料/资源是否包括有效的社区生活技能？

● 对于有特殊学习和/或行为需要的学生的衔接目标/具体目标来说，所选的衔接材料/资源是否能够满足其需要？

● 对于有特殊学习和/或行为需要的年轻人的发展倾向来说，所选择的衔接材料/资源是否能够满足他们的需要？

● 普通教育学生是否可以使用所选择的衔接材料/资源？

● 所选择的衔接材料/资源是否可以毫不费力地融入普通教育内容领域/课堂？

● 特殊教育工作者能否将所选择的衔接材料/资源与课程的主要学业材料/资源结合起来进行教学？

● 为了利用所选择的衔接材料/资源，普通教育老师应当获得多少支持，接受多少培训？

尽管所列的问题绝对不可能很详尽，但是，这些问题能够指导教育工作者选择自己的衔接材料/资源。

衔接材料/资源教学

一旦采集了衔接材料/资源，学生就可以利用各种各样服务手段接受这种功能教学。功能教学往往忽视基本技能/核心能力(core competencies)，关于这一点有些教育工作者已经呼吁人们予以关注。为了应对这种批评，大多数特殊教育工作者认为，不管一个学生选择什么样的生涯道路，所有的学生都必须接受功能教育才能够成为成功的成年人。图 9.1 清楚地表示了 Cronin 和 Patton(1993)的观点，他们认为，衔接材料/资源教学话题与基本技能是密切相关的。

克罗宁(Cronin)和巴顿(Patton，1993)确立了衔接材料/资源教学实施的三种合理有序的方法。第一种方法也是最流行的方法，即为全纳教育(融合教育)方法，此方法要求基于所选择的衔接材料/资源开发一门独立的课程。所有的学生都将接受衔接材料/资源教学，而且，如果必要的话，可向学生提供个性化教学，这样学生兴许能从额外的功能教学实践中受益。这种方法的例子如设计“每天用数学”、“成人世界的写作”、“健康与我的安全”以及“为社区生活与工作而阅读”这样的课程。第二种向融入的有特殊学习和/或行为需要的学生提供衔接材料/资源的方法是将其整合到目前普通教育内容课程之中去。关于如何操作，我们这里有一个例子，那就是按照图 9.1 列的话题/技能进行整合的主题单元(integrated thematic units)开发和教学。最后一种方法是向学生提供以社区为基础的个性化教学。有特殊学习和/或行为需要的学生对衔接目标的需要将促进适当的衔接材料/资源的选择。

有特殊学习和/或行为需要的学生及其衔接团队应当决定究竟何种方法更适合每一个学生。通过通力合作，可以建立起个性化衔接课程并对每一位有特殊学习和/或行为需要的学生实施。下一节将描述一种如何根据有特殊学习和/或行为需要的学生的特点和学习风格采用相应的衔接材料/资源的功能方法。

	就业/教育	家与家庭	休闲	社区参与	情感/身体健康	个人责任/关系
阅读	阅读分类招聘广告	解释账单	在报纸上找出并理解电影信息	遵循税收表说明行事	理解药物说明	阅读朋友来信
写作	写工作申请表	开支票	写出要去参观城市的信息	填写选举人登记表	在表格中填写个人病史	邮寄感谢信
听力	理解程序变化的口头说明	理解宴会准备的口头说明	了解准备户外活动的天气预报	懂得运动广告	听有关心理压力的讲座	轮流讲话
说话	要求老板给自己提工资	跟家人一道讨论早晨惯例	打听音乐会门票情况	在校董事会上说出自己的意见	向医生描述自己病情症状	朋友购买光盘予以反馈
数学应用	理解净工资与毛工资的区别	算出洗衣房洗衣费用与在家洗衣费用	算出外出宴会费用与在家宴会费用	获得建设许可证信息	使用温度计	规划一次约会的支出
解决问题	解决与同事之间的矛盾	决定花费多少钱租房子的预算	在各种地方举止得体扮演不同角色	如果自己受到欺诈知道如何应对	选择医生	决定如何邀请他人约会
生存技能	利用已经准备好的生涯计划信息包	列出应急时用的电话号码	利用购物中心的电话簿	在日历上画出重要日期(如翻修、收垃圾等)	使用一种方法提醒服用维生素	研究出一种方法记住生日日期
个人—社会	运用适当的访谈技巧	帮助孩子完成作业	了解街道游泳池规则	找到完善自我的课堂	每年进行一次体检	会在跳蚤市场讨价还价

图9.1 中等矩阵(secondary matrix):基本技能/社会技能与成人领域的关系

注:选自《有特殊需要学生的生活技能教育:将真实生活内容融合于课程之中的实践指南》第33页,克罗宁和巴顿著,1993年,得克萨斯州,奥斯汀:Pro-Ed. 转载已获得授权。

库克的让衔接材料/资源符合学生个性化需要的任务分析模式

如图9.2所示,库克(Cook,1974)确认了让功能材料/资源符合有特殊学习和/或行为需要的学生个性化需要的特点时需要考虑的主要步骤。本节主要讨论如何开始定位并获取功能材料/资源。

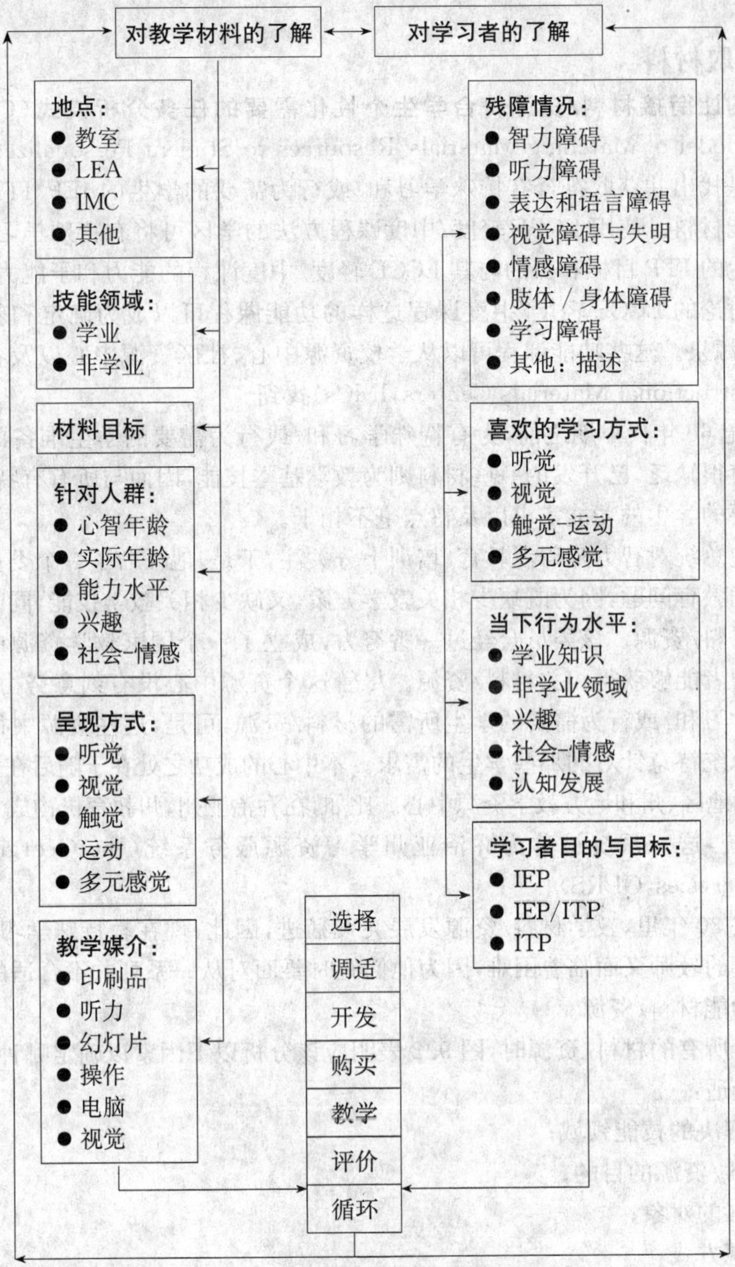

图9.2 库克的按学习者特点配相应材料任务分析(Task Analysis of Matching Materials to Characteristics of the Learner)

注：选自 I. D. Cook 著《材料手册》，1974 年，西弗吉尼亚研究所，西弗吉尼亚：西弗吉尼亚研究学院(the West Virginia Graduate College)。1974 年版权归西弗吉尼亚研究学院所有，转载已获得授权。

确定并获取材料

库克的让衔接材料/资源符合学生个性化需要的任务分析模式(Cook's Task Analysis Model of Matching Materials/Resources to Student Personalized Needs)的第一步就是找出并获取符合有特殊学习和/或行为需要的学生的 IEP/ITP 教学目标和目的功能材料。使用 LCCE 轻度/中度课程方法的学区可将有特殊学习和/或行为需要的学生的 ITP 目标和目的与其 LCCE 轻度/中度课程的能力和子能力联系起来。第五章所讨论的 LCCE 轻度/中度课程这样的功能课程可以成为确定和获取功能材料/资源的源泉。这些功能课程可以从学校资源中心、社区资源中心以及各州教学资源中心(Instructional Materials Centers, IMCs)找到。

20 世纪 60 年代早期之前,为有特殊学习和/或行为需要的学生准备的适合的功能材料一直很缺乏,已开发的一些材料则为教学基本技能,因而与所有有特殊学习和/或行为需要的学生的功能需求以及特点毫不相干。

肯尼迪总统对智力障碍者教育/培训十分关注,于是,他任命了一个委员会专门研究这类人的教育问题,因为既缺少相关教学方案,又缺少相关教学技能,同时也缺少适合的功能材料/资源。该委员会经过一番努力,成立了一个国家教学资源中心(IMC)以确保学习者能够获得相关材料/资源。尽管这个资源中心没有刻意努力,确立那些没有特殊学习和/或行为需要的学生所需的材料/资源,可是,这些资源中很少资源符合肯尼迪总统特意针对的那些学生的需求。本中心的成功之处在于随后在全国范围成立了类似的地区、州和地方教学资源中心。比如,在乔治亚州,州教育机构成立了地区级的 IMC 系统,这一系统被称为乔治亚州学习资源服务系统(the Georgia Learning Resource Services, GLRS)。

在过去 30 年里,教学材料/资源发展突飞猛进,因此,现在教特殊学习和/或行为需要的学生的教师又面临着困难,因为他们有时要面对从一系列并不合适的材料中选择合适的功能材料/资源。

在评价所有的材料/资源时,图 9.2 表明应该分析以下因素以确定哪种功能材料/资源比较合适:

1. 所解决的技能领域;
2. 材料/资源的目的;
3. 材料的对象;
4. 呈现方式;
5. 教学媒介/技术。

技能领域

这一分析也评价所选的材料/资源是否能够解决有特殊学习和/或行为需要的

学生学业或者功能技能需求。判断学生的学术和非学术的需要能否满足。以能力为基础的 LCCE 课程方案并非打算削弱基础知识和非学业教学的重要性，而是旨在将其融入到其他内容/技能之中。需要回答的一个问题是，*这些材料/资源是为哪些技能而设计的？* 比如说，是否打算将这些材料/资源用于数学概念或功能数学概念教学？

材料的目的

这个模式下一步就是决定这些材料/资源解决的是哪些目的/技能以及是否与这些目的/技能和 LCCE 轻度/中度课程方案和其他功能课程的能力、子能力相关联。如果技能领域是数学，这些材料/资源是否能够用来教第一个能力之下所有或者部分子能力？比如，是管理个人钱财（轻度）还是管理钱财（中度）？

目标人群

选择功能材料/资源的一个重要考量就是决定所选择的功能材料/资源合适的目标人群，应该注意的是，要看所选材料是否与年龄相适应，是否与所检查的有特殊学习和/或行为需要的学生的发展水平相适应。

Schloss 等（1990）列举了中等教育教师和有特殊学习和/或行为需要的学生所获得的功能材料/资源中存在的两类问题：其一，教学材料/资源或许本来打算给有特殊学习和/或行为需要的小学生使用的；其次，有些材料/资源原本是为接受普通教育的中等教育学生设计的（p. 14）。正如 Langone 指出，教师应考虑许多种可能的方法和方案，决定哪些个别性方案或方案的整合能够最好地符合学生的需要（1990，p. 233）。

呈现方式

学习和教学的关键是这样一个理念，即，功能材料/资源的选择应考虑到学生的学习风格。由于学生们在听觉、视觉以及运动感方面优缺点的不同，不同的学生就需要不同的适合各自学习风格的方案（Langonc，1990，p. 233）。克拉克和科尔斯透对此理念进行进一步拓展，指出有必要“考量与左右脑功能相关的逻辑和分析风格”（1990，p. 199）。

教学媒介/技术

如前所述，对一些有特殊学习和/或行为需要的学生来说，强调的方式十分重要，这就引出了一些重要问题，即，功能材料/资源利用的媒介和技术选择方法是否合适？材料是否应以印刷品为主，还是以听力为主？印刷品有配套磁带支持吗？或有其他一些刺激—反应(stimulus-response)整合材料支持(比如，录像带、光盘、以计算机为基础的整合材料)?

图 9.3 呈现了一张功能材料/资源关联表，此表将曾经评价过的功能材料/资源与 LCCE 轻度/中度课程的能力和子能力贯通起来(Cook，1993，p. 207)：第一栏用来明确 LCCE 轻度/中度课程能力和子能力要融入的主题内容领域；第二栏列出了与 LCCE 轻度/中度课程相关的能力和子能力(这些能力均与所检查过的功能材料/资源相关)；第三栏确认商业功能材料/资源，第三栏中还说明教育制度水平；最后一栏中记录了呈现的方式。

一旦总体选择的材料/资源获得确认和记录之后，第二个教学决策的主要步骤就是对学习者特点进行全面评估。

对学习者的了解

对有特殊学习和/或行为需要的学生的了解将会为个性化功能教学以材料/资源的选择提供良好的基础，这些了解包括个人的兴趣爱好、个人的学习风格和个人的表现水平以及 IEP/ITP 目标和目的。在此部分，我们将把上述四个步骤整合成一个整体，同时我们将列举几个有不同特殊学习和/或行为需要的学生作为例子。

在残障人(individuals with disabilities)这个词中，《公共法 101—476 号》(IDEA 1997)包括智力障碍者、听力障碍者(包括耳聋)、语言障碍者、视觉障碍者(包括盲人)，还包括严重心理障碍者、畸形(orthopedic)、孤独症(autism)、脑创伤者(traumatic brain injury)和其他健康受损者以及特殊学习障碍者。这有特殊学习和/或行为需要的个体的教育/功能需要可通过许多选择来实现，包括普通或特殊教育课堂。1993 年，特殊儿童理事会(CEC)发布的一个全纳政策，扩大了安顿选择范围和状态：

> CEC 认为，全纳概念是一个我们学校和社区所追求的很有意义的目标。而且，CEC 相信，只要有可能，有残障的儿童、青年和成人理应在全纳街道学校或社区环境下接受普通教育。应该根据个体儿童的需要，通过整合受过特殊培训的职员和其他适当的支持性做法使这样的环境得到加强和支持。

对功能课程和材料/资源的决策以及教师的配备模式来说，政策中所提倡的全纳教育概念决定意义深远。个人备课的特点限制了普通教育工作者和特殊教育工作者之间开展教学计划合作的有效性。这项政策表明，只要可能，残障学生就应在普通教

LCCE 领域：__________

主　题	LCCE 能力/子能力	商业性材料	学生水平			呈现方式
			K－4	5－8	9－12	

图 9.3　功能材料/资源关联图表

注：选自布罗林所著的 Life Centered Career Education：Professional Development Activity Book 中的 Task Analysis of Matching Materials to Characteristics of the Learner，267 页，1993 年，弗吉尼亚阿灵顿（Arlington）：特殊儿童理事会。1993 年版权归特殊儿童理事会。转载已获得授权。

育课堂、邻近学校及社区环境下接受教育，而且应有受过特殊教育培训的人员支持进行教育。这就意味着，除了安排了特殊教育之外，分设班级（separate classes）、特殊学校、校园以外的环境以及普通教育学校业余班，所有的残障个人都有进入普通学校接受完全的融合教育的选择权。这种政策变化要求普通教育工作者和特殊教育工作者应做好准备，携起手来，有效地在课程是否适合、材料/资源的使用以及在最小限制环境（LRE）下开展教学等方面共同作出决定。

在每个有特殊学习和/或行为需要的学生入校伊始，为他们准备简单的学习特点个人档案并不断更新其 LCCE 轻度/中度课程材料/资源关联表，将有利于所有残障学生：无论他们是在全纳学校，还是在特殊班级里，他们的功能课程方案将变得更适合自己。课程和教学工具，比如课本、方法、材料和技术等，都必须慎重地选择，这样，我们才能帮助这些残障生最大限度地发挥自己的能力，顺利实现从学校到社区以及到工作的过渡。

库克（Cook，1993）提供了一系列制订学习者特点档案的方法，这些情况在图 9.4 和图9.5中均有说明，这些表格将引导材料/资源的选择和应用，以便在不同环境下教年龄不同的有特殊学习和/或行为需要千差万别的学生。当我们发现学生的能力和有特殊学习和/或行为需要的不同时，功能材料/资源选择的含义也就各不相同。

下面几节包含一些有特殊学习和/或行为需要的学生的个案研究，这些个案研究说明了本章前面以及前几章中描写材料/资源的选择时决策的原则和意义。

智力障碍

智力障碍学生（students with mental impairments）是指那些明显地低于普通人平均智力水平的学生，这样的结果造成了发展阶段能力上明显出现适应性缺陷。轻度智力障碍（the mildly mentally impaired）指那些只需要接受特殊的教学、基本的学业技能和实践技能就能具有充分的社会、个人和职业能力，足以自理（self-maintenance）的学生。中度智力障碍（the moderately mentally impaired）指需要在基本交流方面接受特殊教育，在感觉运动（sensory motor）、自理、独立生活技能和职业方面接受培训，以便在就业/支持性职业和社区生活/看护下的社区生活中正常生活的人。重度智力障碍（the severely mentally impaired）是指在自理能力方面需要接受系统教育，在其他方方面面（比如在可能为其指定的特定工作岗位的工作环境下）通过帮助能在常规社会交往中正常生活的人。这些学生的问题是医疗问题和功能行为紊乱问题。特严重智力障碍（the profoundly mentally impaired）是指那些在发展的各个方面都能力有限，完全依靠他人而生活的人。

学生姓名：______________________ 日期：______________________

学习特点*	对材料/资源的意义*	LCCE 能力**	材料*
例如：记忆力缺陷	材料应当提供渐近式步骤以及反复学习		

注*：由特殊教育教师完成。

**：由普通教育/特殊教育教师完成。

图9.4 学生个人档案表(供融入学生使用)

注：选自布罗林著的 *Life Centered Career Education: Professional Development Activity Book* 中的 *Task Analysis of Matching Materials to Characteristics of the Learner*，271 页，1993 年，弗吉尼亚阿灵顿(Arlington)：特殊儿童理事会。1993 年版权归特殊儿童理事会。转载已获得许可。

学生姓名：________		日期：________	
学 习 特 点*	对材料/资源的意义*	LCCE 能力*	材 料*
例如：记忆力缺陷	材料应当提供渐近式步骤以及反复学习		

注：*：由特殊教育教师完成。

图 9.5 学生个人档案表(单独编班)

注：选自布罗林著的 *Life Centered Career Education: Professional Development Activity Book* 中的 *Task Analysis of Matching Materials to Characteristics of the Learner*，273 页，1993 年，弗吉尼亚阿灵顿(Arlington)：特殊儿童理事会。1993 年版权归特殊儿童理事会。转载已获得许可。

阿莫斯(Amos)

阿莫斯是个12岁的小男孩,他寡言少语,心神不定,经常需要反复指导。阿莫斯很容易分心,常常从一个活动跳到另外一个活动。阿莫斯妈妈生下他时年方17岁。阿莫斯出生期间,由于脐带绕在脖子上,所以一段时间缺氧,因而大脑受到了损伤。阿莫斯有两个同胞兄妹:一个哥哥,一个妹妹。认知能力测试表明:阿莫斯的两个兄妹智力正常。阿莫斯除了患有正常孩子所患的病之外,身体很好,而其他方面也没有什么病史。

阿莫斯的社会经济背景较差,他生活在农村,他的家庭在接受人类服务机构的子女补助(Aid to Dependent Children)。尽管如此,孩子在一般情况下穿着整洁。

阿莫斯被认定为有轻微智力障碍,他上普通教育的体育课、健康课、音乐课、艺术课。阿莫斯常到资源教室看书,上语言课、数学课、科学课以及社会课。在教室里,如果活动用到视觉运动功能的话,他学习效果最好。他的书法尚可,所完成的作业通常很整洁。他的弱点有:记忆力弱、阅读能力差,而且特别缺乏自信心。一年级时留了级,现在不时地接受语言治疗。

教育启示

教育智力障碍学生的工作人员的主要目的是帮助智力障碍学生获得必要的功能行为,以便当自己角色转换从学校走向社会和工作岗位时,能够承担起成人的角色和责任。为轻度智力障碍者提供的课程一般包括学业知识、交流、功能职业知识,个人—社会知识、自我决策/说服能力、和社会生活技能等。为那些中度智力障碍的学生开设的课程包括功能性学业课程,基本交流、感觉运动、社区资源利用、自我决策/说服能力和职业技能。对那些重度智力障碍学生来说,所开设的课程一般包括自理、休闲、行为管理计划、交流技能、社会和职业技能、常规生活以及自我保护培训(self-care training)。对那些特别严重智力障碍的学生来说,开设课程包括培养基本的自理、交流/辩论、感官运动训练和社会反应能力。

对于智力障碍学生来说,他们在适应性行为方面遇到的问题要比在智力低下功能领域面临的问题要多。这就需要智力障碍者本人以及其他个人提供资助者明确必要的支持度,以便能够在各种生态环境下正常生活。

LCCE 轻度/中度课程的应用

LCCE 轻度/中度课程给智力障碍者提供了充分的机会,促进他们培养起适应性行为,以下三个领域(日常生活、个人—社会、职业指导与准备)中的能力/子能力,是所有为智力障碍学生开设课程中的关键内容。这些能力和子能力可以融合安排到普通教育课程之中去。第一手观察资料表明：许多有智力障碍的成人每天都被这三方面的能力所困扰。如果我们能早一点识别智力障碍学生的个性化需要，并利用适当的功能材料/资源为他们提供适当的功能性教学的话，所有利益主体（stakeholders），如学生、家长、教师以及机构工作人员等，就能更好地为他们的将来做好准备，使他们能够顺利地从学校走上工作岗位，走向社会生活。不管智力障碍是轻度还是重度，LCCE轻度/中度课程的能力和子能力针对的就是这些学生的需要，而且，正如对待大多数其他特殊儿童一样，LCCE轻度/中度课程强调动手能力，强调真实生活情境下的学习活动，而不是过去所强调的那种令许多人沮丧的学业学习方法。

对功能材料和资源的启示

大量的研究（Denny，1966；Ellis，1970；Fisher & Zeaman，1973；Spitz，1973；Zeaman & House，1963；Zigler，1966）都勾勒出智力障碍儿童的特点以及教学中应注意的方面。这些研究的主要结论如下：其一，智力障碍人短期记忆方面欠缺，其原因可能源于联系策略不够恰当；其二，组织的投入不够；其三，在选择和注意相关领域方面有困难；最后，无意学习（incidental learning）能力差。教学启示有如下几点（Mercer & Snell，1977）：

1. 鼓励学生在语言培养或想象力活动方面进行反复训练；
2. 材料输入时要进行分类，如注意输入的冗余（redundancy）和间隔（spacing）；
3. 减少不相关的概念数目。

有智力障碍缺陷的人一般很难理解抽象的概念，因此应避免使用抽象的概念，或尽量在操作性、动手环境中呈现抽象的概念（Luftig，1987）。学习必须有一定的先后顺序，学习内容要反复操练。智力障碍儿童的心智年龄（mental age）普遍低于其实际年龄（chronological age），因此教学策略、教学材料必须要能引起他们的兴趣，并且内容不大的词汇量。所教授的概念必须与之相关，且要和其年龄相适应。如果必要的话，印刷品材料应有配套视听材料或有其他技术支持。对于那些完成学习任务有困难的学生，应将学习内容和实践活动分解成小块进行教学而非一股脑儿地硬塞了事。

由于轻度智力障碍学生受认知能力局限，引入概念时应在多种环境之下进行，并利用各种各样的材料/资源。这些材料应当控制在这些学生的兴趣和能力范围之内，因此，教师可以选择一个基本的课本，但依然向学生提供补充书籍、教师准备的材料、录像、录音以及以电脑为基础的课程。作为学校活动的补充，衔接演讲嘉宾以及社区学习经历都不可或缺。但是，不要让学生重复某种活动到厌倦的地步。可以使用人们推荐的大量的补充材料/资源。

听力障碍

耳聋或听力受损、听力困难的学生是指听觉敏感性差，影响了语言的培养和语言技能的发展，从而对能力培养和教育产生了负面影响。耳聋学生则指听力严重丧失或完全丧失，以至于语言信息加工时（无论声音有没有经过扩音）受到了障碍，因此，这些学生需要接受指定的特殊教育。听力障碍学生是指听觉功能性损失，有些是永久性的，有些是暂时性的，但是，这样的听力受损导致了语言上的缺陷，因此也需要接受指定的特殊的教育。

斯蒂法妮(Stephanie)是位年仅12岁的小女孩。她的右耳的听力损失为72 Db(听力级)，左耳听力损失为80 Db(听力级)，这样她便加入了聋子的行列之中。在普通学业课程上，她落后了自己的伙伴四个年级，不过她的智力很正常。由于沟通能力有限，社会交往方面还没有成熟。目前，她被安置在一个特殊班级(self-contained classroom)。

教育启示

和其他有特殊学习和/或行为需要的学生一样，听力受损的学生也如同其同伴一样需要接受同样的功能性课程。有听力障碍的学生的教师的主要目标是语言教学和传授交流的方法。教师对这些学生唯一需要做出调整的就是教学内容和教学呈现的方式。教师必须懂得手势，懂得辅助性技术，懂得必要的语言服务和病理服务(pathology services)，并懂得和这些听力障碍的学生进行有效交流的策略。比如，应让学生坐在教师正对面，教师要面对这些有听力障碍的学生，让学生能够看到自己的口形，读自己的唇语。要先呈现书面提纲或者针对所学的视听材料摘录，然后再进行视听呈现。功能性课程强调了有听力障碍的学生的一个关键问题，那就是动机问题。

LCCE的应用

通过传授有限的阅读能力并让学生参与到动手的、以生活为中心的学习活动之中，LCCE轻度/中度课程方案给有听力障碍的学生提供了适应生活动机的考量。和其他有特殊学习和/或行为需要的学生一样，患有听力障碍的学生也需要真实的功能情境，否则他们就会变得厌倦，或者丧失动机。LCCE轻度/中度课程方案能力教学单元提供了真实的功能学习活动，因此，对于某些耳聋或者有听力障碍的学生来说，阅读能力低无碍于他们参与到活动之中。

对材料和资源的启示

听力障碍学生最常应用的是一些声音放大装置，如听力训练设备和助听器

(Bigge,1988,p. 117)。通过翻译用手语解释也是一种方法。此外,利用图形来传达,也是一种选择,这种方式要求教师选择好材料,这样概念便可以通过符号、图表或其他视觉形式得到传递。

现在,对于听力障碍学生来说,毕业后就业的机会比以前更多一些。因此,公立学校应教 LCCE 轻度/中度课程计划中概括的内容,这一点十分重要,重点是选择适合语言水平的材料/资源。开发或改造材料/资源以补充和代替现有的出售的材料/资源也非常重要。教师制作的教学材料包括照片、图表和草图等。对有耳聋和听力障碍的学生来说,个体技术应用的发展主要集中于传感不足(sensory deficit)所造成的交际和教育困难。

《仔细想一想》(*Think It Through*)(Nugent & Stone,1981)是由一项听力障碍者媒介开发工程(the Media Development Project for the Hearing Impaired)人员研发的以录像片为基础的三级水平程序。这些程序有助于听力障碍者培养独立思考能力。录像带向学生呈现一些问题情境,学生们必须界定问题并解决问题(98 页)。这个项目针对的是社会技能领域中第 15 项能力,表明了应用新兴技术来帮助教育工作者达到向耳聋学生或者有听力障碍学生提供与自己的同伴同样的功能技能发展机会。

> 我们社会中耳聋成年人所面临的大多数问题均与工作有关。由于他们英语能力有限,受到的教育和职业培训较差,加之雇主的偏见,他们要找到适当的工作相当不容易。耳聋成年人的就业不足和低水平就业使得这些人雪上加霜,不仅身体有残障而且经济有障碍。
>
> (Kirk & Gallagher,1989,p. 342)

表达和语言障碍

有交流障碍的学生是指那些明显有语言、发音、流利性和嗓音阻碍的人,这些因素对教育行为产生负面作用,包括影响到学校环境内的交际能力和社会情感的培养,有语言障碍的学生会表现为发展偏差或发展滞后(deviant or delayed development)、甚至发展丧失(loss following development)。障碍包括语言形式(语义)或语言功能(语用)上的困难,发音困难的学生可能会用一个音素(语音分类)代替另一种音素,读错某些音素或添加某些音素,音节结构错误或者出现发音顺序错误。流畅性方面有缺陷的学生在正常语流下可能出现混乱(disruption),而且这种现象经常出现且非常明显,其具体特征如:重复、语音或语言符号拉长、停顿、结巴、修正、句子不完整以及辅助性动作(表明紧张和困难)等。其声音的特点为:嗓音不当或音质不当、音高不当、响度不当。这些都源于病理条件、心因(psychogenic)或者由发音器官使用不当造成的。

特拉维斯(Travis)

特拉维斯是位 14 岁小男孩,他既有语言缺陷,又有中度发音障碍。在要求有语言介入的科目之中,他的成绩远远低于同级学生的水平。说话时,他明显有表达障碍这就令他与同样年龄的同伴疏远,但是同伴的接纳又十分重要。

教育启示

通常,人们对语言障碍习以为常,因而人们对语言障碍的重视不及其他方面的障碍,然而,在有特殊学习和/或行为需要的学生的教育中,教育工作者尽早识别这些缺陷,这一点非常重要。早期对有表达和语言障碍的学生进行介入将有利于促进学生的成功,让他们被自己的同伴及社会接受。许多衔接/生涯教育课程方案都包括深入社区以及与潜在雇主(potential employer)见面。人们一般认为,交流存在问题的人的智力和能力低于那些没有交流问题的伙伴。因此,针对语言、发音、流畅性和语音紊乱等问题的活动课程应尽早实施。在所有有特殊学习和/或行为需要的群体之中,交流障碍的儿童饱受个人—社会交往调适方面的折磨。对于这些儿童来说,尽早确认问题并采取相应常规矫正治疗措施,将更有效地帮助这些孩子解决个人与个人—社会的调适问题。

LCCE 的应用

对有交流障碍的学生来说,LCCE 轻度/中度课程计划也同样适合。个人—社会技能下的轻度与人沟通能力强调了交流的细微之处(子能力 69,轻度)以及展现倾听和回应技能(子能力 53,中度),这种技能对有表达和语言障碍的学生来说异常重要。人们认为,理解交流的细微之处(subtleties)以及展现倾听和回应技能是成人生活和工作的至关重要的功能技能。能力 11—轻度—能够获得自信心,和能力 9—中度—能够获得自我认同(self-identity)也都针对这些有交流问题的学生的功能需求。比如,如果有特殊学习和/或行为需要的学生要想能够在成人生涯角色中正常生活,下面 LCCE 轻度课程的一些子能力都至关重要,如:子能力 46 要求能够表达自我价值的感受,子能力 47 要求能够描述别人对自己的看法,子能力 48 要求能够接受别人的表扬以及表扬别人,子能力 49 要求能够接受别人批评和批评他人,子能力 50 要求能够建立自信心。同时,如果有特殊学习和/或行为需要的学生要想能够在成人生涯角色中有效生活的话,下列 LCCE 中度课程子能力也很重要,如:子能力 33 要求能够展示个人兴趣和能力,子能力 34 能够展示对情绪的得体反应,子能力 35 要求能够展示自信心和自我价值,还有子能力 36 要求能够接受别人的表扬以及表扬别人。

正如上面提过的,按照许多专业人员的观点,上述领域对于有特殊学习和/或行为需要的学生来说最为重要。

对功能材料和资源的启示

交流能力是学习的基础语言，也是顺利实现成人目标的关键，因此，既然有特殊学习和/或行为需要的学生在交流方面存在不足，这就需要在表达/语言方面进行强化治疗，这就要求要选择适当的学业知识以及功能学业材料/资源。“对特殊教育教师来说，在考量改进所选材料之前，先行的挑战就是弄清学生的反应方式或者访问活动(access activities)。”(Bigge，1988，p. 67)

> 有主要表达障碍的儿童对常规教育课程的反应的特点是，必须得到额外的帮助才能达到自己的特殊交流目的。
>
> (Kirk & Gallagher，1989，p. 284)

视觉障碍和全盲

全盲学生和部分失明的学生是指那些即使借助眼镜或矫正器也只能看到有限的视线范围的学生。这种学生需要对教学方法和材料进行调整和改进，才能获得正常学生通过视觉或者听觉阅读纸质印刷品就能获得的信息。

被确认是失明和部分失明的学生包括那些由器质性障碍导致视力丧失或视力受到限制，即使经过矫正，也需要特殊的教育服务和教学材料的学生。眼盲学生较好的一只眼经过矫正，中心视力达到 20/200 左右或更少；视力范围弧度 20 度左右或更低。部分失明学生经过矫正视力准确性高于 20/200 但是低于 20/70。

> **亚历山德拉(Alexandra)**
>
> 亚历山德拉，女孩，现年 16 岁。由于药物使用问题，亚历山德拉一岁时失明。亚历山德拉为人机警聪慧，共有兄弟姐妹 7 人。12 岁之前，她一直上盲人学校，后来她进入了普通公立学校学习。过去四年里，学校为她得到了社会的支持，为她提供了一名巡回教师(itinerant teacher)以及一名定位和流动训练(orientation and mobility training)专家。亚历山德拉渴望成为一名作家。

教育启示

与其他任何群体相比，有视觉障碍的学生知识和技能的获得都更依赖于自己的能力以及团队对辅助性技术的评价和应用，他们希望能够用一种有意义的方法接触自己的学业知识和功能学业材料/资源。跟自己的同龄人一样，有视觉障碍的学生也需要同样的课程/功能课程。但是，这种课程必须经过改进，以其他方法循环将概念传递给他们。例如，在黑板上、屏幕上或其他媒介上呈现书面信息不适合有视觉障碍的学生。教师必须保证，将所有的书写材料或通过口述，或运用某种最恰当的辅助性技术进行呈现。

LCCE 的应用

训练有视觉障碍的学生的时候，学会日常生活技能是一种主要考量，因此，LCCE 轻度/中度课程计划对于有视觉障碍的学生的功能训练和教育需要来说相当适合。同样，正如前面指出过，与其他有特殊学习和/或行为需要的学生一样，有视觉障碍的学生在个人—社会调适方面存在着明显的困难，所以个人—社会技能领域正好充分地解决他们的需要。职业指导和准备领域为有视觉障碍的学生提供了一个架构，这个架构旨在帮助他们担任找工作和保持工作的具有挑战意义的生涯角色。以下是职业领域包含的 LCCE 轻度课程能力，这些能力为他们提供了取得关键成人目标的功能技能：

能力 17——了解和探索职业的可能性；

能力 18——选择规划职业方向；

能力 19——展现适当的工作习惯和行为；

能力 20——寻找、获得并保持工作；

能力 21——展现充分的四肢操作技能。

不管使用何种功能课程，有视觉障碍的学生必须要将功能课程整合入自己的个性化计划之中，这一点十分关键。这些功能材料/资源可以口头呈现，也可以转换成盲文，也可以通过其他辅助技术呈现。

对功能材料和资源的启示

如果学生个人及团队制订了适当的个性化调整，有视觉障碍的学生便能充分参与普通教育或功能课程，可选择的呈现方式包括盲文、有声音输出的电脑程序、电子阅读器(electronic readers)、朗读机(auditory readers)和信息转换器(transcribers)等。

目前的复印机都能给予教师方便，因为它们能够将印刷品的字放大，这对视力较低的儿童和青年非常有利。电脑也很有能力，可以将写作格式呈现材料的界面放大。呈现信息，比如介绍新词汇时，可以用投影仪(head projector)或者幻灯机(slide show medium)放大投影，而不是用常规的放大印刷课本的方法。

布莱叶文(通译“盲文”，Braille)是盲人用来阅读时所使用的主要触觉系统。印刷盲文读物(hard-copy)提供了一种永久的记录，而无纸盲文提供及时反馈，可以编辑。现在，许多电脑程序可以将印刷文字翻译或者打印成盲文。

其他一些技术进步也可以用于打印。视触转换仪(Optacon，也译作“盲文阅读器”或“盲人摸读机”)是一种深受欢迎的选择,是盲文技术上的一大进步。视触转换仪可以“把视觉文本变成突起的、波动的、可感触到的印刷品,这种印刷品不是盲文,却是可以触到的视觉符号”(Lindsey,1993, p.186)。

关于技术发展,安娜·亨特(Anna L. Hunt)在接受采访时候曾经说道:

> 对有视觉障碍的学习者来说,其他一些满足交流需要的方法有助听器,如,有声书籍(recorded books)、备忘和作业录音仪以及“语言大师”特别版(the Language Master Special Edition)。语言大师是一种有声仪器(speaking device),内含拼写检查(spellcheck)、词典、同类词汇编词典、语法指南和单词游戏。单词游戏是一种与LCCE能力8相联系的活动:休闲娱乐。Kurzweil电脑产品公司(Kurzweil Computer Products)生产的Kurzweil阅读器(the Kurzweil Reading Machine)可以用合成的语言阅读任何印刷材料。(1993年10月Anna L. Hunt接受I. D. Cook访谈时的一番话)

触觉图形显示器(the Tactile Graphics Display)是一种学习辅助电子产品,价格低廉,能产生结构性线条和形状,这些都有助于学习历史、地理、数学和地图。能够阅读地图促进交往和出行能力(LCCE轻度课程能力9与16,LCCE中度课程能力8与14)。“语音合成器”(speech synthesizer)是一种学习工具,可以让有视觉障碍者接触很多电脑软件,这些软件可以将文字译成语言。

视障学生通常需要的4种功能技能领域为:打字、听力、日常生活、方向感和出行能力。IEP/ITP应当针对视障者的这些个性化衔接需求,因此,在早期制订视障学生的教育/衔接计划时应当讨论是否将功能课程纳入,这个功能课程应针对以下内容:日常生活技能、个人—社会交往技能、职业指导和准备。

> 甚至就是近些年来,有些本可能很能干、很聪明的视障人员一直依赖他人生活,他们要么一直没有工作,要么高中或者大学毕业之后回到自己的父母亲身边,而其原因是因为他们没有接受过特殊职业技能培训。
>
> (N. G. Haring,1982,p.286)

情感/行为障碍

情感/行为障碍(emotional/behavior disturbance, EBD)的学生是指某个现状影响了自己的教育成绩的学生,患有情感/行为障碍的学生长时期有以下一个或者多个特点并达到了明显的程度:

- 无学习能力(无法用智力、感觉和身体健康因素来解释);

- 不能与同伴和教师建立和保持良好的人际关系；
- 在正常环境下不适当的行为举止和内心感受；
- 被一种压抑、过分不快乐情绪所包围，采用逃避方法，反映存在情感问题；
- 在处理个人或学校问题时，往往生理上表现出害怕或其他生理症状；
- 或者表现出一种精神分裂症状。

情感/行为障碍的学生不包括那些社会适应能力差的儿童，除非这些儿童也满足上述特征。

斯蒂芬(Stephen)

斯蒂芬是一位 16 岁男孩，他不能与自己的同伴和教师建立和保持良好的人际关系。在大多数普通教育课堂中，斯蒂芬注意力不集中且不能完成课堂作业，这样便导致学业成绩不佳。斯蒂芬的阅读和数学成绩正常，都是 8 年级水平。有时斯蒂芬显得郁闷和不快乐，其在课堂中以及在非学业的环境下的行为往往既不适当也不成熟。

教育启示

普通/特殊教育工作者应该认识到，情感/行为障碍的学生必须得到有条理的课程的帮助和指导，这样他们才能够形成并展现正常的行为。这些功能行为课程还应当集中力量帮助情感/行为障碍的学生发展积极的人际关系，帮助他们继续在课堂环境中进行有效的学习。为了帮助行为障碍学生实现自己的目标，可以利用下列有效教学策略：应用行为管理课程，解决孩子的情感和社会需要的情感教育，以及促进学生生涯角色的发展的衔接/生涯教育。总体目标是给学生提供一种环境，这种环境帮助他们调节自己的行为，提高学生的自我价值感，有利于适当学习活动的顺利开展。

LCCE 的应用

LCCE 轻度/中度课程中个人—社会技能下的能力和子能力有效地针对了行为障碍学生的需要，其他许多忠于社会道德准则的(prosocial)技能已经得到了开发，其目的也旨在帮助情感/行为障碍的学生能够在校内外获得更大的成功，同时帮助他们为未来做准备，能在未来过上正常的成人生活并有效地工作。

LCCE 轻度/中度课程简洁地解决了情感/行为障碍的学生个人—社会生活中的关键领域。普通教育课程有时不能对情感/行为障碍的学生起到激励作用，然而，LCCE 轻度/中度课程则与普通教育课程不同，因为 LCCE 轻度/中度课程确确实实能够吸引住情感/行为障碍的学生的注意力，因为许多人指出：LCCE 是真实生活，是情境，因而能够吸引大家切实参与其中。如果有其他功能类型课程能够满足情感/行为障碍的学生的个性化需要的话，那么，上述说法也适用于这些课程。

对功能材料和资源的启示

对于教室课堂漫不经心的观察者来说，情感/行为障碍的学生似乎与教室里其他学生一样正学习同样的或者类似的材料/资源。通常来说，这也是真的，但是，如果细看的话，那么呈现的就不是这么回事了，这些材料/资源已经经过个性化处理或者修改，因此已经将这些学生的学习/社会情感特征考虑在内了(Meyen，1990)。

伍德(Wood，1986)提出了为情感/行为障碍的学生选择适当的材料/资源时必须实用的选择原则，这原则包括：1. 所选择的材料/资源必须有亮点、必须能够引起学生的注意；2. 所选择的材料/资源必须同时针对几个目标；3. 所选择的材料/资源必须能够吸引大家积极参与；4. 所选择的材料/资源必须适应性强，符合个体学生的发展水平；5. 所选择的材料/资源能够产生一个有效的成果。

对于大多数情感/行为障碍的学生来说，教育/功能的优先事项是教育他们如何有效地进行个人—社会调适，如果解决了这一事项，个人的互动就不会影响到学校和社会的生活。情感/行为障碍的学生经常表现出来的特征有：注意力持续时间短，缺少动力，抗挫折能力差，自我概念差，经常容易分散注意力。所选择的材料/资源必须与之相关、趣味性强，而且要适合他们的年龄和教学水平。这些材料/资源必须结构性很强并能吸引学生认真参与进来。

> 学校导致学生行为不当率或者逃学率提高的一种方法为向学生提供没有真实用途、也没有想象用途的教学。这样的教学不仅不能吸引学生的注意力，而且浪费了学生的宝贵时间，因为这样的教学用鸡毛蒜皮的信息代替那些让学生追求有益活动的知识，因此，这样的教学还阻碍了学生的社会适应能力(social adaptation)。
>
> (Kaufman，1985，pp. 159—160)

> 适当的课程内容也许是教育有行为障碍的学生的主要方法之一。合理编班(placement)以及适当的课程教材有利于消除早期行为问题，而且，通过课程的介入可以大大地丰富儿童行为领域(behaviour repertoire)的反应数量。
>
> (Graubard，1973，p. 271)

肢体障碍

肢体障碍(orthopedic/physical impairments)，是指由先天或事故及疾病造成的身体上永久的、暂时的或间歇的残障。因此,课程内容、教学策略和相关服务需要调整,以适应这些残障的需要。服务提供的种类、范围以及持续时间长短则视学生个人的残障情况而决定。身体残障(physical disabilities)包括肢体障碍,肢体障碍可分为以下几个方面:

- 由先天畸形造成的残障(脊椎分裂、先天肢体不全、骨骼发育不全);
- 由其他一些疾病造成的残障(截肢、脑瘫、营养不良、器官萎缩和其他一些造成萎缩的疾病);
- 因长期或急性健康问题,如心脏病、急性关节风湿病、哮喘病、贫血、血友病、癫痫病、胆囊纤维病、癌症、糖尿病等和其他一些疾病造成的体力不支、精力不支或注意力不能集中病症。

Bea(比)

比是个6岁小女孩,心理年龄3岁11个月,生理年龄为6岁3个月。比生来就不能使用右臂和右腿,直到5岁时才找到有效的补救措施,她到一所施里纳医院(a Shriner's Hospital)实施了腿部和臀部手术。经过无数次到医院并三次住院(每次长达数月)之后,比现在已经能够走路,只是有点吃力。本月她还将继续接受检查。目前,她的右臂已经打上石膏,尚不能动,而且她几乎无法控制自己的右臂。

比的妈妈称,比出生后不久生过好几次病并一直服用安神药到2周大,出现过这几次早期发病后,她没有服用过防止侵袭药物(anti-seizure medication),也没有发过病。

比的总体健康状况良好。每年冬天,她大约感冒一次,而且感冒时有时伴随着耳朵痛。比的睡眠很好,但是胃口不好。比直到5岁接受了手术之后才可以走路。比的妈妈称,纪律不是问题,因为比是个真正的好孩子。比的妈妈还注意到,比不喜欢与他人分享玩具,而且有时脾气也不好。比对使用的纪律方法比较模糊,但是她确实提到了特权的保持问题。

斯坦福—比内测试(Stanford-Binet test)反映了比在纯视觉行为方面的优势。她明显在有细微的运动行为要求方面有困难,虽然通过了3岁级的图片词汇项目测试,但是4岁级的没有通过。目前测试表明她的生活能力的心理年龄为3岁11个月,故此智商结果属于轻度智力障碍范围。

文兰社会成熟量表(the Vineland Social Maturity Scale)的分数(raw scale)为2分,相当于0—3岁年龄均分。比画的人物画(human figure drawing)只有明显长着眼睛、鼻子和嘴巴的脸。

观察到的认知因素(cognitive factors)包括斯坦福—比内测试所测出的

Bea的学业潜能，结果表明，目前，她的学业潜能在所有儿童中属于最后的1%之中。然而，这种情况是否是其认知缺陷(cognitive deficits)的结果还是与其生理残障巧合的发育迟缓(developmental delays)的结果，尚不知晓。不过，不管属于两者中的哪一种情况，如果将她编入同龄人的普通教育班级之中，她的处境将极为不利。显然，比的视野(vision)和听力都一般，但是估计入学的第一个月期间还要对她进行常规的甄别测试。

比似乎是个快乐的阳光女孩，但是似乎习惯了我行我素。如果把她放到一个能够充分发挥出自己能力的有利的环境之下，似乎没有什么不能与同龄人合群的理由。老师应当和家长通力合作，坚定而温和地执行纪律：强调自己独立做事的能力，同时坚持从事挑战自我的活动。

教育启示

每个身体残障的学生都有自己的具体特点，所以，课程安排就应当考量各种教学策略、程序、环境、教学设备、材料/资源、学习活动、技能掌握顺序和教育成绩成功的标准。部分要考虑的领域为残障学生的身体调适、心理调适和情感调适。在设计和实施计划时还要考虑的其他问题包括：理疗/职业疗法、医疗保障/疾病治疗、假肢(prosthetic devices)和矫形器材(orthotic devices)的使用、衣、食、梳妆(toileting)、身体行动能力(physical mobility)、个人卫生、交流技能以及辅助器材的使用。

特殊教育工作者要关心的不是残障的病因，而是残障如何影响了孩子的特殊学习和/或行为需要。除非孩子的残障的类型和严重程度影响或阻碍孩子在普通教育课堂的学习，否则残障学生就没有必要接受特殊的教学或教学策略。

LCCE的应用

LCCE轻度/中度课程及其三个领域强调了身体残障学生的基本需要，本书第四章讨论了其他功能课程计划，同时也强调了身体残障学生的基本需要。

对功能材料和资源的启示

克拉克和科尔斯多(Clark & Kolstoe)曾指出："我们还没有充分的证据证明身体或健康残障人与其他残障人及正常人在总体适应能力上有什么不同。"(1990，p. 68)如果一个学生的残障情况不影响其在普通教育课堂的学习活动，那么就不能将其确定为残障学生，并将其排除普通教育课堂之外。

正如雷诺兹和伯奇(Reynolds & Birch)(1982)所指出的，学校管理者和教师日常工作包括根据学生的教育需要组织教学内容，根据学生相应的认识水平、学习风格、当下和预期的学习成绩设计相应的教学，并让技术为师生服务。

身体残障的学生如果行动有困难，有一种方法或许对残障学生有帮助，那就是通过计算机技术进行教学。

> 使用计算机技术设计课程时，必须考虑三个重要因素：1. 呈现方式；2. 学生的实际年龄(chronological age)；3. 所要发展的教育或者生活功能区域。(Lindsey，1993，pp. 172—173)

电脑可以用于教学之中，也可以用于家庭中的娱乐游戏和预算之中以及在社区使用(比如工作中和银行中)(Lindsey，1993)。电脑游戏可以让残障学生独立地进行娱乐休闲活动。随着许多辅助性器材或适应性装置(adaptive devices)的出现和应用，身体残障学生在学校期间或者长大成人之后可以参与(充分或部分地)到许多生态环境之中。

如果必须为身体残障人员调整或者开发出相应的教学材料，这些材料要尽可能与正常学生使用的材料相接近。

> 患有残障的儿童和年轻人往往经历到与环境控制、行动、精力和获助等有关问题，而这些问题就使得早期便实施持续性生涯和职业指导、鼓励以及训练尤为必要。(Reynolds & Birch，1982，p. 298)

学习障碍

学习障碍(leaning disabilities，LD)指一项或多项基本心理过程方面的异常，这种过程涉及语言的理解和使用(包括口语和书写方面)，具体可能表现为听、说、读、写、思维、拼写以及进行数学计算方面能力欠缺。学习障碍不包括由于视觉残障或行动障碍、智力障碍(mental retardation)、情感障碍，或者环境或文化差异、经济拮据(economic disadvantage)等原因造成的学习问题。

> **塞巴斯蒂安(Sebastian)**
>
> 塞巴斯蒂安是个有学习障碍的八年级学生，他的智力测试高于平均水平，所以大多数东西学得都比较轻松、比较快。塞巴斯蒂安口语交流能力很好，但是基本阅读、书写、拼写以及书面表达技能比较吃力。塞巴斯蒂安阅读五年级水平的材料单词与理解都没有问题，但是他的拼写和数学是四年级水平。

教育启示

解决学习障碍的计划主要目标是使学生在整体化、有序化和发展性的方式上实现个性化目标。对于有学习障碍的学生来说，有效的学习策略一般集中在以下四个课程领域：

1. 学业指导；
2. 社会/情感技能；
3. 条理化的学习技能；
4. 衔接/生涯教育。

和这些学生在一起时，特殊教育工作者必须特别有条理。一个成功的教师总是努力用最灵活、最简单的呈现方式来引导残障学生。教师应当通过询问或者评估残障学生的方式，熟悉每位学生所喜欢的学习风格（比如，视觉、听觉、触觉或者运动方式）并使用与之适应的方式教学。最后，早期的干预介入也是最有效的策略之一，早期介入可以帮助这些残障学生克服并有效地应对自己的学习困难。

有学习障碍的学生是构成需要接受特殊教育学生中最大的群体（50%）。许多有学习障碍的学生缺乏人际交往技能（工作习惯和态度、社会交流技能），缺乏与工作有关的学业知识技能以及具体的职业技能，因而他们仅仅能够掌握基本的个人服务性工作。这就使他们处于非常困难的境地：他们有正常甚至高于常人的智力水平，但是，由于他们在相关领域中缺乏技能，人们往往认为他们缺乏学习能力。不过，如果能够获得适当的学习支持，这些有学习障碍的学生能够和任何正常学生一样获得成功。目前，许多有学习障碍的学生中学阶段学习效果非常好，他们现在已经逐渐成了接受后中等教育中非传统人群的主力军。一旦设计了个性化方案并使用了适当的学习策略，许多有学习障碍的学生便能像其他成人一样过上正常的生活和顺利地工作。

LCCE 的应用

LCCE 轻度课程方法非常实用，因而受到有学习障碍的学生的广泛好评，因为他们看到了所学技能在真实生活中的应用，这种课程为他们提供了足够的身体活动，以满足他们的身体需要。对于有特殊学习和/或行为需要的学生来说，第五章所讨论的其他功能课程也适合，可以使用。通常，大多数获得这些功能课程方案中技能的有特殊学习和/或行为需要的学生在社会生活和工作领域能够表现得很出色。这种方式的功能性很适合这些残障生，为他们提供机会，扩展他们的日常生活领域，也满足了他们的情感需要。

一般而言，有学习障碍的学生都在学业上经历过很多次挫折，因此，LCCE 轻度课程以及其他功能课程给他们提供了一个更好的选择，有利于满足他们的个人—社会的需要。作为一个课程方式，与仅仅强调学业成绩的课程相比，衔接/功能方法要高出一筹。

默瑟（Mercer，1983）强调，需要给有学习障碍的学生提供生涯和职业选择机会，并且强调要采取相应的调整以适应他们的需要。

对功能材料和资源的启示

与其他特殊学生一样，学习障碍生也有着各种学习需要，这也意味着必须调整学习材料/资源以满足其个性化需要。庖娄威(Polloway)等(1989)提过一些建议,这些建议扼要地总结了研究残障学生学习所得出的结论。首先,在开始教学时,要有具体的、有意义的内容,"具体的概念要依靠直接的观察(这也是为什么叫具体的缘故),往往包括一些具体事物,也包括一些可观察到的行为和事件(Carpignano & Bigge,1983,p.223)"。

庖娄威等(1989)的第二个建议是"确保通过多次学习/反复学习掌握新材料"。Gearheart 也建议:"信息经过重复可以保存在人的意识里,而深入的理解还需要刺激来丰富和详细的解释(1985,p.122)。"为防止厌倦,需要重复概念时,必须用到各种各样的材料/资源。

第三,庖娄威等(1989)建议,必须向有学习障碍的学生提供学习、回忆及问题解决的语言思考方法和策略。解决问题的一个例子就是理解和学习社区所需的规则(LCCE 轻度能力 9 和 LCCE 中度能力 8)并独立地应用这些概念。

第四,庖娄威等(1989)提到了提高参与技能(attending skills)的必要性,讨论了几种提高参与的方法:"另外还有两种能够提高注意力并且充分发挥学生学习能力的合理有效的方法,一种是教学材料/资源选择要新颖多样,这样才能成为有效的刺激,另一种是通过强化提高学习动机。"

第五,庖娄威等(1989)建议确保学习/个人—社会发展成功。确保成功的方法之一就是选择、修改或调适材料和资源以适应学生的能力。图 9.4 和图 9.5 的学生个人档案表就是用来说明学生特点和主要能力的表格,这些表可以用作主要的手段来规划学生所能完成的任务。

庖娄威等(1989)还提出了其他一些建议,诸如提供奖励,教学安排由易到难,学业以及功能学业方法和材料/资源多种多样。

> 当然,对于患轻度智力障碍、学习障碍和行为障碍的个人的就业可能的种类来说,在高科技社会里,这些种类肯定与给他们设计的课程质量有直接关系。随着专业人员越来越能够有效地提高有意义的教学以及长期服务,这些人的获得工作的状况一定会随之改进。
>
> (Langone,1990,p.374)

学习者—材料/资源的匹配

最后,该是学习者-材料/资源的匹配问题了,材料/资源可以进行筛选、调整,或者如果必要的话,开发或购买一些所需的新材料,以把课程内容呈现给学生。过程如下:

1. 查看 LCCE 材料关联表,所列的材料和学生的 IEP/ITP 上的目标相关吗?
2. 材料果真合适吗? 或是否需要根据具体学生的具体学习特点进行改编后再使用?

3. 有没有必要开发或者购买其他功能材料?

学习任务是不变的。LCCE 轻度/中度课程适合所有接受一般和特殊教育的学生,但是,如果学生通过现有的材料和资源获得技能和信息有困难,那么首先就要对教学材料和活动进行改造。针对不同的特殊儿童的特点,可能需要对材料做出适当的调整,有的调整可能大些,有的可能小些。图 9.3 和图 9.4 呈现的学生个人档案可用于指导材料的修订和改进。

材料开发

在学习者—材料匹配过程中,最后的一种选择是材料开发。在将残障儿童纳入普通教育课程之中或者说全纳入教育的理念下,教师面对个性化教学问题,这样,教师自己构建材料比以前更为重要。

通常,合适的材料难求。而对于学生来说,商业化的材料步骤难以理解,难以掌握,故此可能需要开发中等水平的材料。如果有必要替代或者补充商业化材料,那么,需要传授的技能、学生的发展水平和材料成本应该是材料开发的焦点。可以开发下面一些形式的材料,如学习中心、学习信息包(learning packcts)、游戏、模拟(simulations)、课题(如艺术课题等)、多媒体、图表、海报和展板(Bulletin Board)等等。图 9.6 呈现的是一张描写教师自编材料的表格。

制表人:

题目:

中心领域:

学习方法:

描述:

近期目标:

内容:

使用程序:

费用:

所需设备:

评价:

图 9.6 描述教师自己研发的材料提纲

注:选自布罗林著的 *Life Centered Career Education: Professional Development Activity Book* 中的 *Outline for Describing Teacher Developed Materials*, 279 页, 1993 年, 弗吉尼亚阿灵顿(Arlington): 特殊儿童理事会。1993 年版权归特殊儿童理事会。转载已获得授权。

小结

本模式的目标是减少障碍，使 LCCE 轻度/中度课程或其他功能性课程适合不同年龄段的有特殊学习和/或行为需要的学生。为了实现此目标，教师必须了解可获得的材料/资源以及学生学习特点。如果材料/资源已经和 LCCE 轻度/中度课程能力关联的话，那么教学决策上的第二步就是对学习者的特点进行全面评估，而评估结果随后将用于个性化 IEP/ITP 的制订之中。了解了具体残障的具体特点，具体残障学生的学习风格，表现水平以及学习者的目的和目标(IEP/ITP)就会给一个重要决策提供基础，这个决策就是根据学习者的具体需要选择最适当的教学方式和教材。

与 LCCE 轻度/中度课程计划关联的州标准

本章前面提到，人们对功能技能与州基本技能/标准的匹配的困难表现出极大的关注。目前，已经有不少州(如北达科他州、南卡罗林纳州、佛罗里达州、亚拉巴马州和密西西比州等)成功地把 LCCE 轻度/中度课程能力与州标准打通。图 9.7 表明：南卡罗林纳州业已开发了一张表，此表确立了 LCCE 课程的能力是如何与州标准相匹配的。图 9.7 说明了具体的例子，解释了英语/阅读/语言艺术和数学标准与 LCCE 轻度课程规定的相通。

州部门人员发现，LCCE 很容易与州标准一致，因此便可以达到毕业标准或用来制订 IEP 远期目标和近期目标。

学习领域	课程标准目的	LCCE 行为目的	K	1	2	3	4	5	6	7	8	9	10	11	12
阅读/文学	识别一般标识	9.38.1	×												
		9.38.3													
	使用数字词汇	1.6.3	×												
	阅读各种文本，诸如故事、诗歌、各种指南、报纸、图表	17.74.1		×	×	×				×					
		17.75.1													
		17.75.2													
	阅读技术及生涯相关材料	17.71.1								×	×				
		17.71.2													
		17.71.4													
		17.74.1													
		17.74.3													
		17.74.6													
		17.75.1													

续 图

学习领域	课程标准目的	LCCE 行为目的	K	1	2	3	4	5	6	7	8	9	10	11	12
		17.75.2													
		17.75.4													
		18.76.2													
	阅读各种表格，诸如故事、诗	18.76.2									×				
	歌、剧本、报告以及其他跨														
	课程技术写作	19.81.2										×			×
	阅读并遵照说明行事	20.89.1										×	×	×	
	完成工作申请表/大学入学	20.89.2													
	申请表	20.89.3													
	确认设备操作的关键信息	2.8.2											×		
计量	说出时间	19.82.1	×	×	×	×		×							
	识别/选出适当的测量长度/	3.14.1	×			×	×	×	×		×	×	×	×	×
	重量/时间/体积/温度的工具	5.23.2													
		6.27.2													
		8.34.2													
		8.37.5													
		19.82.1													
	用标准/非标准的单位测量	5.23.3		×	×	×	×	×	×	×	×	×	×	×	×
	长度/重量/时间/体积/	5.23.5													
	温度的工具	6.27.2													
	识别/数硬币	1.1.1	×	×	×	×	×								
		1.1.2													
	找零(分币或元)	1.1.1	×	×	×	×									
		1.1.2													
		1.2.2													
		1.2.6													
	读出温度计读数并能将摄氏	3.14.1				×									
	温度和华氏温度互相转换	5.22.1													
		5.22.2													
		5.23.1													
		5.23.3													
		8.33.2													
	估计/计算/说出购物所需	1.1.1				×	×								
	钱数	1.1.2													
		1.2.1													

续 图

学习领域	课程标准目的	LCCE 行为目的	K	1	2	3	4	5	6	7	8	9	10	11	12
		1.2.2													
		1.2.3													
		1.2.4													
		1.2.5													
		1.3.1													
		5.20.1													
		6.27.4													
		8.34.2													
		8.37.5													

图 9.7 南卡罗琳纳州阅读/英语语言艺术课程标准与 LCCE 相关材料 (LCCE Correlation to South Carolina Reading/English Language Arts Curriculum Standards)

本章评论

很明显，市场上充斥着各种应对 LCCE 轻度/中度课程计划所包含的概念的衔接材料/资源，所以，现在的问题不在于缺乏材料，而是要保证材料能够有效地促进学习。因为我们会为个体学生量身定做、设计教学方法，因此，就可能有必要运用到本章讨论的各种方法：筛选、改编和开发材料。教学之后，如果学生仍不能达到标准或者仍然没有实现 LCCE 轻度/中度课程提出的能力/子能力标准，那么就应按照图 9.2 框出的模式那样采取阶段循环方式。附录 F 中附有和 LCCE 轻度/中度课程相关的能力和子能力教学材料样本，这个样本很有限，而且，这个目录也不能说已包罗了万象。材料关联单子上的许多子能力是相互参照的(cross-referenced)。例如，如果某个材料对两个能力都适用，那么这个材料在一个能力下所列的材料出现过后还可能会在另一个能力下出现。

单子上所列的材料范围包括从幼儿到成人，应对 LCCE 轻度/中度课程的各种能力。材料的呈现特点也多种多样，标题、作者、出版机构、内容简述、阅读水平、兴趣水平也都包括在内。除此之外，还附了一份出版商清单。除了所列举的这些材料外，LCCE 轻度/中度课程还提供了教学单元/课程计划，这些计划中包括容易获得的非商业性材料和功能性活动。

活动

1. 针对本章描述的每一个学生，用简短的叙述方法总结一些你打算采取的应对

措施,目标是为了确保能够获得适当的材料/资源以帮助这些学生学习 LCCE 轻度/中度课程所概括出的概念:

阿莫斯(Amos)

应对措施:

斯蒂法妮(Stephanie)

应对措施:

特拉维斯(Travis)

应对措施:

亚历山大(Alexandra)

应对措施:

斯蒂芬(Stephen)

应对措施:

塞巴斯蒂安(Sebastian)

应对措施:

2. 根据下图(图 9.8)中,扼要地叙述一学期打算教的任何主题内容、想要融合的生涯教育内容以及你想建议另行教学的内容。在矩阵图上方指出每一个方面内容,在教学单元中将要用的活动和材料融入。材料可从附表 F 所包含的清单以及其他来源选择。

方面 主题	日常生活	个人—社会	职业
阅读			
语言艺术			
数学			
社会			
其他			

图 9.8 课程矩阵图

注:选自 Developing Learning Activities 的第四部分 *Curriculum Methods and Materials for the Handicapped in Career/Vocational Education*,1979 年,西弗吉尼亚研究所,西弗吉尼亚:西弗吉尼亚研究学院(the West Virginia Graduate College,该校 1997 年并入 Marshall University)。1979 年版权归西弗吉尼亚研究学院所有,转载已获得授权。

第十章 自我决策

先行思考题

1. 给"自我决策"(self-determination)定义并解释其与LCCE轻度/中度课程中个人—社会技能领域的关系及其重要性。

2. 明确菲尔德(Field)和霍夫曼(Hoffman)为有特殊学习和/或行为需要的学生开发并提供"自我决策"指导的概念模式(conceptual model)。

3. 厘清米歇尔·威默尔(Michael Wehmeyer)为有特殊学习和/或行为需要的学生开发并提供"自我决策"指导的概念模式。

4. 说明如何利用LCCE轻度/中度课程为有特殊学习和/或行为需要的学生提供"自我决策"指导。

5. 讨论个性化衔接决策对于有特殊学习和/或行为需要的学生的重要性。

6. 指出并讨论利用"小大人定位"(young adult projection)过程的重要性。

本章概述

20世纪80年代后期，美国联邦政府为衔接时期开发示范典型和人事准备项目提供了足够的资金。美国教育部的特殊教育和康复服务办公室(OSERS)为特殊教育项目提供大量资金,用于创新型衔接模式、材料和人事预备方案的开发。许多基本的衔接研究起源于这次重要的联邦倡议,衔接研究也成为衔接培养令颁布的基础,这项衔接培养法令包括 1990 年的《残障人教育法案》(*Individuals with Disabilities Education Acts*)和 1997 年的《残障人教育法案修正案》。

衔接研究中意义最为重大的成果之一是认识到为有特殊学习和/或行为需要的学生建立和贯彻"自我决策"的模式、材料和方案的重要性。米歇尔·威默尔(Michael Wehmeyer)(2001)指出,大多数从事特殊教育的老师仍然在为这些有特殊学习和/或行为需要的学生做出关键性的衔接抉择,尽管 20 世纪 80 年代和 90 年代,各种衔接模式得到充分的开发,但大多数没有影响人们对个性化自我抉择重要性的重视程度。米歇尔·威默尔(Michael Wehmeyer)和其他衔接领域研究人员(Agran, Snow & Swaner,1999;Field,1996)认为,"自我决策"是一项极其重要并常常受到忽视的衔接项目,而这一衔接项目针对有特殊学习和/或行为需要的学生。

我们也认为"自我决策"是衔接/生涯教育的一个重要组成部分,并专门用一个章节来讨论其在衔接计划中所起的作用。自从 1978 年最早的版本以来,LCCE 轻度/中度教程(Life-Centered Career Education Mild/Moderate Curriculum)一直强调有特殊学习和/或行为需要的学生掌握和展示"自我决策"决策能力的重要性。

下面一节将讨论"自我决策"的话题,并将讨论这个领域的领军人物近期的一些工作和理念。这一节也将解释如何将 LCCE 轻度/中度教程中的个人—社会能力融入到由美国智障协会(ARC)开发的"自我决策"课程之中。

本章瞭望(Chapter Outlook)

作者简介: 米歇尔·威默尔博士(DR. Michael Webmeyer),堪萨斯大学特殊教育系副教授,并任堪萨斯大学发展残障中心(Kansas University Center on Developmental Disabilities)主任。

生涯教育和衔接服务有一个基本原则,这个基本原则就是支持患有残障的学生并为让他们未来过上成功的成年人生活做准备。本文提供了许多策略,这些策略能够让教育工作者和其他工作人员按照此原则行事。然而,也许没有哪一种策略比提高和促进残障青少年儿童的"自我决策"能力来得更为重要。

什么是"自我决策"? 尽管定义这一概念的方式有许多种,但是,从根本上来说,提高"自我决策"能力牵涉到让这些年轻人成为自己生活中的主人。具有"自我决策"能力的人是自己生活的参与者,决定着事情的发生,是自己生活的主人

(causal agents)。更确切地说,“自我决策”者会根据自己的兴趣、爱好和能力为自己树立目标,解决前进道路上可能遇到的种种障碍,做出将对自己的生活质量产生重大影响的决定,为自己以及别人做宣传,并且为达到这些目标而对自己的行为进行自我管理和自我调节。

为什么“自我决策”能力会如此重要呢？这是因为,首先,从根本上来说,社会是以我们为自己生活承担责任的程度以及自我控制的程度为标准来衡量我们是否达到成年。如果学生无法为诸如作决定、树立目标以及解决问题等事情承担起更大的责任或者他们拒绝承担责任,他们便无法担任成年人这一社会角色。作为一个成年人生活在社会或其他群体中,就要求人们能解决日常生活中大大小小的事情。如果学生没有这种准备,那么,即使他们事先已经获得了职业技能、社交技能以及其他必要的技能,他们仍然无法独立行事。其次,所有人都很重视能够控制自身生活的经历和体验。无论是我们给自己定位,还是别人给我们定位,其根据都是以我们自主和自我决策能力的程度作为标准的。也有研究表明,越具有自主能力的学生越能更好地达成教育相关的目标。

促进学生的自主能力之所以成为残障青少年衔接服务的焦点,其部分原因来源于《残障人教育法案》(IDEA)衔接法规中个人参与的声音。这一法案规定,在研讨衔接问题时,应当邀请残障学生本人参加自己的IEP(个性化教育方案)会议。人们都有这样的共识:如果学生能积极地参与制订自己未来计划的目标,他们将更有可能以主人翁的姿态出现,并朝着这些目标努力,因此,上述规定引起了人们对提高学生在衔接计划中的参与度问题方面极大的关注。现在有许多方法、资料和策略供教育者参考,以提高学生自主能力和参与度。

教育者如果不教育学生为自己设立目标、解决问题、做出决定、展示自我和自我引导自己的学习意志,那么,这些学生最终将缺乏作为一个成人获得成功的基本知识和基本技能。作为教育者,我们只有致力于这一原则才能不辱使命,让残障学生能够取得作为成年人应取得的成功。

自我决策(Self-determination)

作为有特殊学习和/或行为需要的群体的重要指导需要,“自我决策”的观念近来已经获得了普遍认可。关系到这些有特殊学习和/或行为需要的人的需要,这一节将进一步讨论这一观点。

基本概念

个人做出衔接决策、制订目标的能力和后来为此做出的不断努力是衔接/生涯教育的关键。对于有特殊学习和/或行为需要的学生来说，自我概念(self-concept)是成功学习和行为的极其重要因素。自我概念或自我形象是一种习得的现象，这种概念会根据新的学习和个人社会经验的变化而变化。一个人的自我概念将影响到他从经验中所学到的知识，并且当他要做出对衔接计划起关键作用的决定时，自我概念将影响他的最终行为。自我概念同时会受到其他重要因素的影响，如：父母、家庭成员、老师、同学和其他留心促进一个人转变自我概念的人。因此教育计划特别是功能课程能对有特殊学习和/或行为需要的每一个学生的自我概念形成产生重要影响。在我们的教育/衔接计划中强调对自我决策的关注，这直接与强调特殊需要群体本身积极的自我概念相关。在下面的两节中，将展示出两种基本的自我概念模型，因为这两种模型与 LCCE 轻度/中度课程能力和子能力的个人社会课程领域技能相关。

> “显然，我们州尚处在衔接期的年轻人需要不断地发掘他们自我决策的权力，因为正是通过自我权力的赋予，他们作为人的尊严、自豪感和自我价值意识才会得到提高，也将由此提高，并由此提高他们的生活质量。”(Browning，1994)

菲尔德和霍夫曼的“自我决策”模式

作为一项重要的教学焦点，“自我决策”迅速引起了普遍关注，并且被广泛接受。不管是普通教育工作者还是特殊教育工作者，如果想让有特殊学习和/或行为需要的学生成功地实现从学校到成年人的衔接，他们都必须更加强调这一原则。菲尔德和霍夫曼(Field & Hoffman，1994)把“自我决策”这一概念定义为：

> 根据自我认识和自我评价为基础而为自己确定目标并达到目标的能力。这种能力会受到内在因素(价值观、知识和技能等)和外在因素(做出选择的机会和其他人的态度等)的影响，或得到鼓励或受到削弱。(p. 162)

他们开发出一项关注内在因素的“自我决策”模式，这种模式旨在用于指导一系列策略和材料的开发，这些策略和材料可以有效地提高一个人更好地进行“自我决策”所需要的知识、技能并有助于树立正确的价值观。这一自我决策模式包括六个主要组成部分：能够使其他五个因素发生的生态环境，自我认识、自我评价、计划、行事，以及体验结果并从中学习。模式具体情况请参见图 10.1。

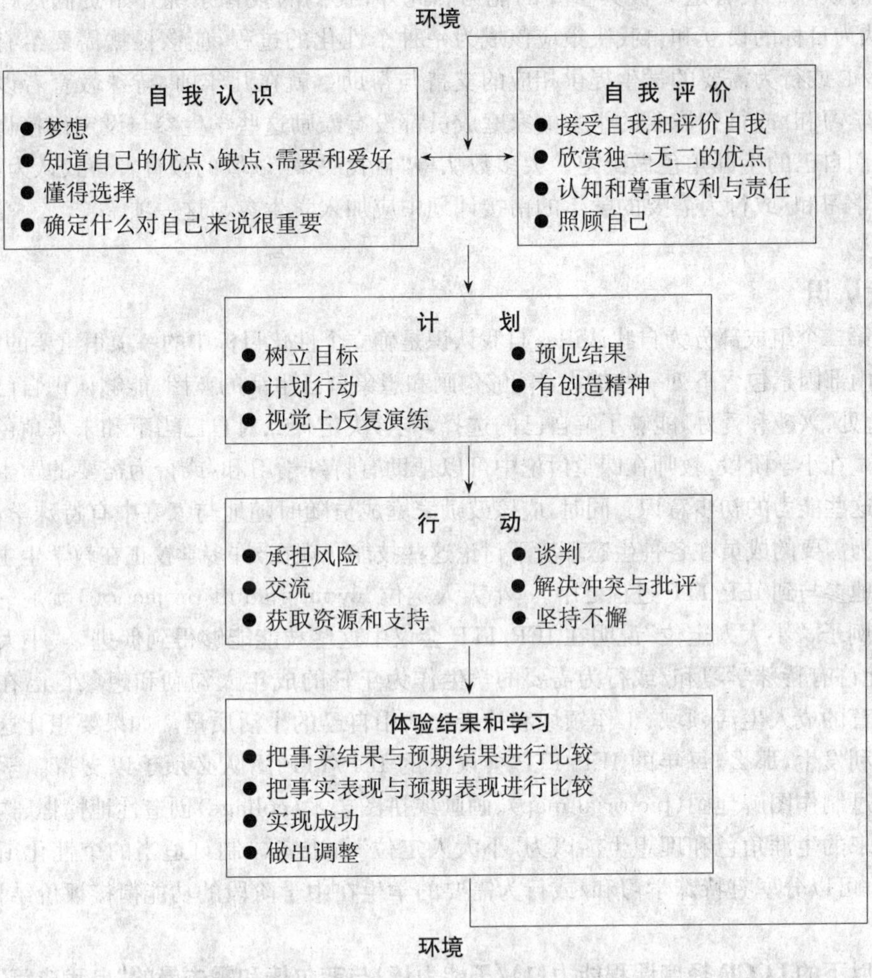

图 10.1 自我决策的模式

注释：选自菲尔德(Field)和霍夫曼(Hoffman)的《一种自我决策模式的培养》,1994,《特殊个体的职业培养》(Career Development for Exceptional,p165.)。

环境

这一模式是基于有特殊学习和/或行为需要的群体把“自我决策”运用于履行自己生涯角色各种环境中的能力。有特殊学习和/或行为需要的群体应当展示自我决策的一些至关重要的生态环境包括：学校、家庭、工作场所和社会。在日常生活中，所有个人都要能够制订目标并做出决定，并且能在各种生态环境中实现这些目标。很多人都学会了这些技能，但是，我们许多有特殊学习和/或行为需要的学生在离开我们的教育系统时候却不具备这一极其重要的能力。此外，我们的教育系统开始赞同这样的观点，认为目标的设立和自我决策应该成为一种个性化的过程，应该根据需要给有特殊学习和/或行为需要的学生提供相应的支持与帮助。就在几年前，特殊教育者以及有特殊学习和/或行为需要的学生的家庭成员都没有鼓励这些学生参与设定衔接目标并为他们自己的生涯角色做决定。大多数从事"自我决策"领域的教育者一致认为，在有特殊学习和/或行为需要的学生的衔接计划中应加入学生参与这一项。

自我认识

第二个组成部分为自我认识。自我认识是确立个性化目标中的一项很重要的能力。这一内部因素包含下列一些能力：能够勾画和想象自己生活的蓝图，能够认识自己的长处、短处、兴趣和爱好，能够了解自己的选择，能够决定什么对自己当下和未来角色非常重要。在小学阶段，教师在课堂讨论中可以帮助有特殊学习和/或行为需要的学生获得关于这些能力的初步意识。同时，应该鼓励家庭成员随时随地与家庭中有特殊学习和/或行为需要的成员在各种生态环境下讨论这些技能。现在，许多学校正在教学生主导或更多地参与到 IEP/ITP 过程之中。"小大人定位"(young adult projection)就是一个很好的例子，"小大人定位"说明在 IEP/ITP 会议中这些技能能够得到促进。"小大人定位"允许有特殊学习和/或行为需要的学生作为年轻的成年人勾勒和想象自己在后中等教育的成人生活领域、工作领域和社会生活中自己的生活质量。如果要想让这一过程顺利发生，那么，每年的 IEP/ITP 会议上的 IEP/ITP 团队必须予以支持。学生可以通过制作图解地图(pictorial map)、画画或拼图艺术(collage)创造性地憧憬、构想自己未来的生涯角色和理想生活以为"小大人定位"做准备。制订适当的个性化衔接计划时，可以分享有特殊学习和/或行为需要的学生在中学阶段的功能衔接评价结果。

以下的 LCCE 轻度课程能力(1)/子能力(2)与菲尔德和霍夫曼的"自我决策"模式中的这个第二个组成部分相关。

10.42 明确身体和心理需要

确定需要的技能涉及身体、心理和社会领域。对于身体方面的需要来说，尚有一些最低标准，但是，要描述最基本的心理或社会方面的需要就难得多了。如何去衡量安全感、自我价值、尊严和爱呢？决定此项问题答案的方式之一是让这些学生明确自己的需求，让他们尽情地谈论自己的这些需要，刻画这些需要，收集自己生活中这些需要的实例，并考察别人是用什么方式满足自己的需求的。各种与日常生活必需品相关的课堂活动能让这些有特殊学习和/或行为需要的学生接触并认识到哪些东西对自己的生活意义重大。

10.45 展示关于身体自我的知识

了解身体自我(physical self)包括明确个人性别角色等具体功能目标。与此相关的活动应该让有特殊学习和/或行为需要的学生认识到两性在人体结构和功能上的异同点。这些活动材料之所以能得到来自研究人员、父母、消费群体和出版行业越来越多的关注,主要是因为长期以来人们一直讳谈智障者或残障者的个体性别角色。教师应该认识到,如果他们鼓励学生参与班级或小组讨论并提出问题,自己应当首先有充分准备为智障者或残障者提供相关信息。具体目标涉及明确身体的一般系统(general systems),列举并描述身体特征,明确身体的主要部位。

11.50 培养自信心

有特殊学习和/或行为需要的学生应该认识到自己内在的人格尊严。有时候,他们也许不得不行使自己的权利,以维护这种人格尊严。这些行为建立在他们对自身能够实现的功能目标的能力的信任(trust)之上。信任首先产生于幼时所完成的第一项工作之中,尔后,在个人为实现更为艰难的功能目标所付出的努力中,这种自信会得到强化。通常,为工作付出努力的行为能增强一个人对自身的信任感。树立起自信心之后,个人就能开始形成目标,并在自己力所能及的范围内,找到合适的方式实现自己的目标。

有些个性因素有助于让有特殊学习和/或行为需要的学生参与到能产生积极对待他人的态度的群体环境中,因此,有特殊学习和/或行为需要的学生应该熟悉这些个性特征。积极特征是指哪些呢?合作精神、生性乐观和值得信赖是其坚实的基础,而且这些特点也是工作场合不可或缺的东西。当然,还有其他积极特征,而每个有特殊学习和/或行为需要的学生都应该自己去发现自己的积极特征。在这个过程中,能发现别人的经验和对别人进行观察都是促进个人变化的重要因素。能够用批判的眼光看待自己并非是那些拥有高学历者具有的专利。能够用批判的眼光看待自己这种能力来自于家庭和班级中鼓励的实践。老师可以让有特殊学习和/或行为需要的学生自己选择某个人,并对自己所选择的人进行采访,列举出其突出的优点,通过这种方式,教授能够帮助有特殊学习和/或行为需要的学生培养自己的观察能力。这些个性特点一旦获得确认,老师就可以把它们转化为有特殊学习和/或行为需要的学生应该努力尝试实现的行为。老师还可以和有特殊学习和/或行为需要的学生共同做出一项实践计划并汇报所观察到的行为。对于在实践这些可接受的行为过程中遇到困难的学生,老师可以构建一套系统,在这套系统中有意识地调整相关行为以实现预先设定的目标。另一个功能目标是明确不可接受的品质的特征。

18.76 做出现实的职业选择

前面子能力的经历将有助于有特殊学习和/或行为需要的学生发现这样一个事

实,即,许多工作实际上与自己的职业要求、兴趣或能力并不相符。为了选出真正适合自己的工作,学生需要进行第二次筛选,选出自己最喜欢的工作。在这一层次的选择中,对职业的要求、所需要的教育以及培训,还有其他因素都非常重要。有特殊学习和/或行为需要的学生应当努力把握某个职业所提供的学习机会,认识到哪些职业自己能够胜任,这都是走向职业成功的阶梯。这些暂时的个性化职业选择应该基于对整个人的全面分析,并且应该主要由有特殊学习和/或行为需要的学生本人及其父母、雇主和学校人事部门有计划有步骤地决定。这一子能力中,专业职业指导和咨询十分重要。另一个要努力达到的功能目标是,个人应能够搞定具体的工作场所,能够让学生获得在自己所选择的工作中实习的机会。

18.77 明确合适而且可获得的工作的具体要求

有了各种职业信息来源方面的知识(子能力 17.2)以及自己对主要职业的要求、兴趣和能力,学生应该愿意考量合适而且可获得的工作的具体要求和特点。各种出版物,如《职业名称大辞典》(*Dictionary of Occupational Titles*)的出版,对个人和集体都非常有用。这部辞典由劳动部出版,辞典汇总了两万多种职业,代表了我们这个国家的主要职业类别。这些活动可以在十年级认真进行,因为这些活动将激励学生独立寻找工作,做出自我决策。正如社区资源人员能针对具体工作的特点提出深入的分析意见一样,职业评定也为实际决策和计划的制订增加了重要的砝码。许多商业游戏、资料和套餐都能为学生所利用。另一个应当尝试的功能目标是帮助学生从可供选择的相关职业中遴选出自己最能胜任的职业。

18.78 确定职业倾向

运用广泛的职业评定技术能帮助有特殊学习和/或行为需要的学生认识到自己的职业潜能和具体才能。在正式进行职业评定之前,有特殊学习和/或行为需要的学生往往已经有了自己觉得可以成功习得和从事的工作范围。应该明确以下几方面的倾向和能力:语言感知能力、数字感知能力、空间想象能力、形状字感知能力(form perception)、文字能力、动作协调能力(motor coordination)、手动灵巧度、手工熟练(manual dexterity)和机械操作。美国就业服务处(the Employment Service)的普通能力倾向成套测验(the General Aptitude Test Battery,简称 GATB)是确定有特殊学习和/或行为需要的学生的优点和弱点的手段之一。对于其他人,工作系列抽样测试比其他标准化考试系列如"普通能力倾向成套测验"(General Aptitude Test Battery)来得更有利,并且能更好地提供能力倾向迹象,因为有些人认为"普通能力倾向成套测验"(GATB)因歧视少数民族而克扣这些学生的得分。现在,有许多新的职业评估系统上市,这些职业评估系统将在职业指导技能有关章节中展开更为详细的讨论。另一个与此子能力相关的目标是，应当帮助有特殊学习和/或行为需要的学生找到适当的方式来培养自己职业兴趣所需的相关才能。

18.79　明确主要的职业兴趣

到九年级或十年级前，大多数学生应该对自己感兴趣的职业领域有一个基本概念。这些决定更多地关系到他们认为自己想要做的事，比如说“在医院作为一个助手或护理员帮助人们”，而不去考虑这项工作是否能够满足自己对职业的所有或大部分要求以及这项工作是否与自己的所有或大部分才能相符。如果有特殊学习和/或行为需要的学生所确定的工作不在自己能力范围或需要之内，以后他可以发掘相关的且更适合自己的工作。重要的是，这些有特殊学习和/或行为需要的学生正开始基于自己对职业的认识和对自己的了解去关注相关的职业领域或者工作。有些情况下，兴趣量表(Interest Inventories)兴许很有价值，但是，在大多数情况下，兴趣是在工作场所中慢慢产生和发掘出来的。虽然每个人都有独一无二的职业兴趣，然而，通过参与集体交往活动，有特殊学习和/或行为需要的学生可以了解其他人是如何做出这些决定的。对于那些阅读能力差或根本不去阅读的学生，可以利用图片兴趣量表，发掘他们的兴趣。与这项子能力相关的其他目标是帮助有特殊学习和/或行为需要的学生明确，哪些职业有利于他们追求自己的兴趣，以及哪些工作能够满足自己对这些职业的需要。

18.80　确定主要的职业需要

在有特殊学习和/或行为需要的学生习得自我意识、自信、负责任的社会行为、人际交往技能、独立性和解决问题的能力等的个人—社会技能过程中，他们应当能够时刻准备着为自己确定哪些主要的职业要求刚好目前是自己职业性格当中不可或缺的一部分，他们应当确定诸如丰厚的报酬、独立性、成功、赞誉、责任、权力、能力和才能的发挥、晋升、安全、社会服务、多样性以及社会地位这些方面在自己今后的工作生活中是否非常重要。针对这个话题，我们应该组织集体讨论，让各行各业的在职人员发表自己的看法，通过这种方式，有特殊学习和/或行为需要的学生可以决定出适合自己的工作环境(如室内还是室外，静态还是动态，城市还是乡村)。这些讨论是作为下一步更为实际、更为深入的讨论的基础。老师还可以竭力帮助有特殊学习和/或行为需要的学生明确他们所关注的那些职业要求，了解这方面在职人员的情况。

以下的 LCCE 中度课程能力(1)/子能力(2)与菲尔德和霍夫曼“自我决策”模式的第二部分内容相关。

9.33　展示个人兴趣的知识

有特殊学习和/或行为需要的学生通过自己的兴趣发现自己的才能。如果没有办法激发孩子对自己所从事的事情的兴趣，那么，我们又怎么能指望孩子有什么成就呢？难道儿童时期的爱好不是一种通过兴趣培养自信心的方式吗？如果有特殊学习和/或行为需要的个体想要通过自己的能力实现独立，就必须有过无数次做自己感兴趣的事情的体验。有自己能够做的事，而且如果予以充分的支持，他们就会努力地去尝试做一件事。有了各种支持，有特殊学习和/或行为需要的个体就能在不断的尝试和错误中认识到自己身体和精神上的潜能。这对于那些原来有健全的身体，但由于某种事故、意外伤害或手术等不幸成为残障者的人来说尤其重要。对于这些人来说，重新适应生活的过程意味着提供有力的支持帮助他们找到与自己现有的能力相符合的兴趣，老师们应计划组织一些活动，要求有特殊学习和/或行为需要的学生认识大多数人都熟知的兴趣和能力。同时，老师们应当让自己的有特殊学习和/或行为需要的学生参与到有助于他们确定自己的兴趣和能力，确立将来的目标，并帮助他们设计措施实现这些目标的活动中去。

9.34 对情感的适当反应

在班上，老师可以开展一些处理情感的活动，创造一种自由的氛围，让学生(不管是成人还是孩子)自由地谈论自己的情感而不加评论。小学阶段的学生应该识别诸如快乐、伤感和气愤这样的情感，而且早在进入学校之前就一定会遇到这些情感。大一些的有特殊学习和/或行为需要的儿童应该开始学习用各种方法处理表达情感的过程中出现的问题。有特殊学习和/或行为需要的学生应该能参与到角色扮演情境中去，或将自己所观察到的各种情感迹象，如体态语言、面部表情和语音语调，向大家汇报一下。教师还有另一个主要功能目标，这就是培养有特殊学习和/或行为需要的学生的能力，让他们识别情感给别人带来的各种不同后果，尤其是给自己带来的各种不同后果。例如，同样是发怒，老板发怒所导致的后果和员工发怒所导致的后果兴许是不一样的。老板可能可以用这种方式出出气，但员工要是这么做就可能因此丢掉饭碗。最后，老师应该确定一种方法，让有特殊学习和/或行为需要的学生适当地宣泄自己的感情。每个人都有适合自己的感情表达方式。老师和家长都应该付出时间和努力建立起信任的基础，这种信任将鼓励学生们去发掘自己的情感，并找到适当的方式宣泄这些情感。另一个功能目标是识别情感影响行为的方式。

9.35 展示自信和自我价值

当个人从父母、老师和朋友那里体验到表扬的时候，个人就开始感觉到自身的价值。对于有特殊学习和/或行为需要的学生来说，也许很难出现对他们公开赞扬的情况。在我们的社会中，一个人拥有的价值感是以与他人的比较为依据的。在一个嘉奖力争上游的个体的文化中，对比性评论屡见不鲜。现在的问题在于，“做得更好”的比较往往取决于其他人。如果总是用这种"比别人好"的模式去衡量一个人的能力的话,有特殊学习和/或行为需要的人就可能发现自己总是处于极其不利的局面。如果有特殊学习和/或行为需要的人总是在竞争中失败的话,他们就有可能认为自己不如别人,而这种想法又会反过来令其失去自我价值感。处理这种潜在困境的关键是父母和老师的能力,他们应当帮助有特殊学习和/或行为需要的孩子充分发挥出自己所具有的才能。他们必须从"你与他们相比"的情景中跳出来,转移到"我能行"的经历中。通过强调"我能",父母和老师的观念就会发生改变,也就相应地影响着学生的态度和价值观。在这个社会中,"我能"是一种积极的价值观宣言。我们曾无数次地听到这样的故事:已经被告知绝对无法再走路、无法再跑或无法再跳舞的人最终恰恰做出某一成就,甚至还更上一层楼。诸如"特殊奥运会"(the Special Olympics)和"轮椅上的比赛"(Wheelchair Games)这样的赛事的出现和成功表明了残障人有一种强烈的愿望,他们希望通过展示身体上的成功证明自身的价值,不管他们要跑过的距离要花多长时间。老师和家长应该为有特殊学习和/或行为需要的学生提供机会,让他们体验成功,感受成功和成就。什么样的经历让学生能够感觉良好,什么样的经历能让他们感觉到自己的价值,并对自己所取得的成就感到满意?什么样的经历让他们产生挫败感?这些表达方式可以给专家们提供机遇,更好地为这些学生策划以后的活动,提高他们获得成功经历的质量和数量。另外一个功能目标是识别他人对个人自我价值感的影响。

10.38 明确现在和将来的个人角色

不少角色是通过跨能力而确定的。这些角色包括职员、公民、家长、亲戚和朋友等。有特殊学习和/或行为需要的学生应该能够扮演某一角色,向有特定角色的个人(老板、家长和孩子等)和群体(工会、乘客和俱乐部等)描述和展示有责任感的行为。LCCE 轻度课程要求有特殊行为和/或学习需要的学生能够积极地参与到每个角色当中去,这样他们就能充分领悟这些角色的真正意义。比如,一个有特殊学习和/或行为需要的孩子可能一出生就是某个家庭中的一个成员,但实际上并非如此。家长应该让孩子尽可能多地参与家庭活动和决策之中,特别在有特殊学习和/或行为需要的学生选择了将来要担任家长或配偶的角色的时候。老师们应该把这些有特殊行为和/或学习需要的学生放到一定的情景中去,让他们理解他人对某一特定角色的希望。例如,社会人士,如警察、消防人员和雇主,应该讨论自己对这些学生作为公民和职员角色的行为和责任的期待。另一个功能目标是识别所有可能的未来角色。自尊心的成长将会融入个人和社会能力之中。

16.58 展示职业兴趣的相关知识

到九、十年级,大多数学生应该对会让自己感兴趣的职业有个基本的概念和想法。

这些决定更多地关系到他们自己认为自己想要做的事，比如说"在医院作为一个助手或护理员帮助人们"，而不去考虑这项工作是否能够满足自己对职业的所有或大部分要求以及这项工作是否与自己的所有或大部分才能相符。如果有特殊学习和/或行为需要的学生所确定的工作不在自己能力范围或需要之内，以后他可以发掘相关且更适合自己的工作。重要的是，这些有特殊学习和/或行为需要的学生正开始基于自己对职业的认识和对自己的了解去关注相关的职业领域或者工作。有些情况下，兴趣明细表(Interest Inventories)兴许很有价值，但是，在更多数情况下，兴趣是在工作场所中慢慢产生和发掘出来的。虽然每个人都自己独一无二的职业兴趣，然而，通过参与集体交往活动，有特殊学习和/或行为需要的学生可以了解其他人是如何做出这些决定的。对于那些阅读能力差或根本不去阅读的学生，可以利用图片兴趣量表，发掘他们的兴趣。与这项子能力相关的其他目标是帮助有特殊学习和/或行为需要的学生明确，哪些职业有利于他们追求自己的兴趣，以及哪些工作能够满足自己对这些职业的需要。

16.59 展示职业方面的优点和缺点的知识

运用广泛的职业评定技术能帮助有特殊学习和/或行为需要的学生认识到自己的职业潜能和具体才能。在正式进行职业评定之前，有特殊学习和/或行为需要的学生往往已经有了自己觉得可以成功习得和从事的工作范围。应该明确以下几方面的倾向和能力：语言感知能力、数字感知能力、空间想象能力、形状字感知能力(form perception)、文字能力、动作协调能力(motor coordination)、手动灵巧度、手工熟练(manual dexterity)和机械操作。美国就业服务处(the Employment Service)的普通能力倾向成套测验(the General Aptitude Test Battery，简称 GATB)是确定有特殊学习和/或行为需要的学生的优点和弱点手段之一。对于其他人，工作系列抽样测试比其他标准化考试系列如"普通能力倾向成套测验"(General Aptitude Test Battery)来得更有利，并且能更好地提供能力倾向迹象，因为有些人认为"普通能力倾向成套测验"(GATB)歧视少数民族而克扣这些学生的得分。现在，有许多新的职业评估系统上市，这些职业评估系统将在职业指导技能有关章节中展开更为详细的讨论。另一个与此子能力相关的目标是，应当帮助有特殊学习和/或行为需要的学生找到适当的方式培养自己职业兴趣所需的相关才能。

16.60 识别可能的和可行的并且相匹配的兴趣和能力

学生应很早就该认识到，许多个人需要和价值都可以通过工作得以实现，而且，对个人来说，工作也可能成为自己生命中非常有意义的一部分。同时，他们也有必要认识到，有些个人需要和价值追求需要通过休闲活动和其他追求而得到满足。老师的主要目标之一就是帮助有特殊学习和/或行为需要的学生明确并选择一套对自己具有意义的工作价值观，这套价值观能激发他们做一个对社会有用之人的愿望。诸如充实感、自我满足感、个人价值感、积极的自我认识、成就感、自强自立、得到他人接受、满意的社会关系、独立性以及金钱满足感等价值观都是学生能通过工作实现的需要。社会的体验和班级访问能为小学阶段的有特殊学习和/或行为需要的学生提供与各种职业人员接触交往的机会，并且能让他们了解从事这些工作的人满足个人需求和培养个人价值观的方式。有特殊学习和/或行为需要的学生可以开始厘清自己目前所拥有的个人价值观，并且可以构想如何通过工作实现自己的需求。

集体讨论可以给有特殊学习和/或行为需要的学生提供机会，让他们了解他人是如何做出自己的各种决定的。家长们可以讨论自己的工作的积极面以及自己想换工作的方方面面(如：更多的责任、不单调和身体活动)。家长们应该解释自己在不工作的时候是如何满足这些缺失的价值和需求。中学阶段已经在工作岗位实习的有特殊学习和/或行为需要的学生以及以前的校友也可以参与讨论自己的工作的多方面特征。成人学员可以说明自己在担任各种工作岗位的过程中哪些价值得到了实现，哪些价值没有实现。与这项子能力相关的另一个功能目标是帮助有特殊学习和/或行为需要的学生认识到工作对经济运行的重要性，以及工作对建立自尊的重要意义。

在有特殊学习和/或行为需要的学生习得自我意识、自信、负责任的社会行为、人际交往技能、独立性和解决问题的能力等个人—社会技能过程中，他们应当能够时刻准备着为自己确定哪些主要的职业要求刚好目前是自己职业性格当中不可或缺的一部分，他们应当确定诸如丰厚的报酬、独立性、成功、赞誉、责任、权力、能力和才能的发挥、晋升、安全、社会服务、多样性以及社会地位这些方面在自己今后的工作生活中是否非常重要。针对这个话题，我们应该组织集体讨论，让各行各业的在职人员发表自己的看法，通过这种方式，有特殊学习和/或行为需要的学生可以决定出适合自己的工作环境(如室内还是室外，静态还是动态，城市还是乡村)。这些讨论是作为下一步更为实际、更为深入的讨论的基础。老师还可以竭力帮助有特殊学习和/或行为需要的学生明确他们所关注的那些职业要求，了解这方面在职人员的情况。

16.61 制订切实可行的职业培训计划并做出工作定位

前面的子能力中的经历将会帮助有特殊学习和/或行为需要的学生发现，许多工作实际上与自己的职业追求、兴趣和能力倾向并不相符。为了选出真正适合自己的工作，学生需要再进行一次工作选择，选出最适合自己的工作。在这一层次的选择中，职业的要求、所需要的教育和培训以及其他因素都十分重要。有特殊学习和/或行为需要的学生应当努力把握工作岗位所提供的学习机会，并且要逐步认识到自己可能能胜任何种职业，这都是走向职业成功的阶梯。这些暂时的个性化职业选择应该基于对整个人的深入分析，并且应该主要由学生本人及其父母、雇主和学校人事部门协调决定。在这一子能力中，专业职业指导和咨询非常重要。另一个要努力达到的功能目标是明确一个具体工作地点，这个工作地点应当有工作机会并让学生有体验自己所选择的工作的机会。

评价自己(Value yourself)

作为第三个因素，评价你自己在设定个性化目标时是一个重要的能力。这一内部因素包括下列几个技能：能够评价和接纳自我，欣赏属于你独一无二的优点(强势)，认可并尊重权利和责任，照顾你自己。在小学，教师可以帮助那些有特殊学习和/或行为需要的学生在课堂讨论中获得关于这些技能的意识。同时，要鼓励家庭成员同那些有特殊学习和/或行为需要的成员在各种生态环境下讨论这些技能。目前，许多学校都在教有特殊学习和/或行为需要的学生更多地参与到 IEP/ITP 的过程中。

下面的 LCCE 轻度课程能力/子能力均与菲尔德和霍夫曼的自我决策模式的第三个组成部分相关。

3.12　展示关于身体健康、营养和体重方面的知识

智障个体在公立学校和高等教育机构里很少接受到或压根没有接受任何体育和娱乐教育，这一事实催生了特殊奥运会(the Special Olympics)。特殊奥运会有助于彰显这样的事实，即，所有的个体都有体育才能，合适的身体照料和身体的发展对满足每天的体格需求至关重要。有特殊学习和/或行为需要的学生应该展示主要身体部位的相关知识，并从事有利于身体发展的运动或者锻炼。随着有特殊学习和/或行为需要的学生形成关于基本食物群、营养和体重控制的知识，教师应该争取体育、娱乐和家政经济学专业人士的密切合作。有特殊学习和/或行为需要的学生可以通过记录成熟期、饮食习惯或运动游戏来保持自己的健康。其他功能目标包括做一些保持适当身体健康的运动，展示有助于营养适当的饮食习惯。

3.13　展示合适的梳妆和卫生(Exhibit proper grooming and hygiene)

那些有特殊学习和/或行为需要的学生应该展示如下能力：刷牙、洗手、洗脸；使用手帕、毛巾和餐巾；保持外表清洁。教师从初中开始一直到成人教育阶段都应该帮助有特殊学习和/或行为需要的学生培养这些能力，拓展适合男性和女性的个人卫生和打扮习惯的意识。这是 LCCE 轻度课程中最重要的子能力之一，因为一个个体要获得同伴、成人和雇主的认可通常基于个体的外在形象。另一个功能目标应该包括展示对合适健康和打扮工具的使用。

3.15　展示普通疾病的预防和治疗知识

展示普通疾病预防和治疗方法的知识是 LCCE 轻度课程中最复杂的子能力之

一。这一领域包括关于疾病和基本症状、发生在家庭里时对健康的危害、基本急救技术和获得对不同类型的医学难题帮助的信息。关于疾病的课程对个体意义重大，这些个体必须预防在环境中出现的危险，因为这种环境可能使最初的残障复杂化，例如，身体残障的人出现呼吸道感染，或是聋哑人出现的眼睑红肿发炎现象。有特殊学习和/或行为需要的学生在小学阶段应该开始学习能够预防疾病或意外伤害的基本健康措施。有特殊学习和/或行为需要的学生的经历将提供大量的学科内容，而教师应该提供大量要求学生在生病或者遇到意外伤害的情况下联系急救机构的实践课程。随着指导内容包括急救、安全照顾、健康设施和专业人士，内容的范围也相应增加。地方公共健康设施或机构能够提供示范和视听工具来帮助对这些能力的教学。

3.16 练习人身安全措施

关于练习人身安全这一子能力的功能目标的关注焦点为家庭安全、人身攻击和自卫技术。随着现代社会中暴力和犯罪的增加，这一功能领域变得极其重要。父母、法律执行官、自卫专家和社区服务部门(比如煤气和电力公司)的全力参与，可以帮助有特殊学习和/或行为需要的学生学习安全措施以及预防潜在的危险。角色扮演活动将会增强指导效果，这一指导应该在小学阶段便开始。

7.29 展示公民权利和义务的知识

子能力 7.29 包括两方面的知识，一是被法律官员询问时公民权利的知识，二是法律援助资源的知识，这种知识可以用来帮助个体回答问题。教师无法轻而易举地帮助有特殊学习和/或行为需要的学生形成这些综合技能。有特殊学习和/或行为需要的学生应该角色扮演自己面对官员时的情景。法律执行官或法律救助协会的成员也可以做一些有关在审讯时出现的违法和公民反应这方面的现场报告。学生在 18 岁时应该注册成为选征兵受征级别(selective service classification)中的成员。在有些情况下，服兵役也许是一种不错的职业选择。另一个功能目标是确定选征兵所需要的登记信息。

7.32 展示公民权利和义务的知识

在整个小学阶段，选举的原因理应得到充分强调。很多有机会注册和参加选举的中学生会参加培训项目。这种情况为老师提供了实践课程计划的机会，这一计划是依据学生在注册和选举过程中获得的经验。其他功能目标应该是确定日期、重大问题、在即将到来的大选中选出的职务以及找出要告诉全班同学的信息源。

11.46 表达自我价值的情感

当个人从父母、老师和朋友那里体验到自己被重视的时候，他们就开始感觉到自身的价值。对于有特殊学习和/或行为需要的学生来说,也许这种价值宣言是很难阐述清楚的。在我们的这个社会中,一个人拥有的价值是建立在与其他人的比较基础上体现出来的。在一个奖励那些拥有追求卓越的动机的文化氛围中,对比性评论是很正常的。问题在于,"做得更好"往往取决于跟其他人的比较。如果总是用这种"比别人好"的模式去衡量一个人的能力的话,那么,有特殊学习和/或行为需要的人就会发现自己总是处于极端不利的局面。如果有特殊学习和/或行为需要的人总是在竞争中失败的话,他们就会认为自己不如别人,而这种想法又会反过来令其失去自我价值意识。解决这一两难困境的关键在于父母和老师帮助有特殊学习和/或行为需要的学生充分发挥自己水平的能力。所以,父母和老师必须从"你与他们对比"的情景中跳出来,转到"我能行"的经历中。通过对"我能"的强调,父母和老师的观念发生转变,从而相应地影响了学生的态度和价值观。在这个社会里,"我能"是一种积极的价值宣言。我们曾无数次地听到这样的故事:那些已经被告知无法再走、无法再跑或无法再跳舞的人最终成就了那些不可思议的事情、甚至还不止如此。诸如"残障人奥运会"和"轮椅上运动会"这样事件的出现和成功表明了残障人有一种强烈的愿望,他们想通过身体的成功证明自身的价值,尽管跑完特定的距离要花费他们很长的时间。老师和家长应该为这些有特殊学习和/或行为需要的学生提供机会,让他们表达一下对自己的成绩和失败的感受。是什么样的经历让学生能够感觉良好、能让他们感觉到自己的价值并对自己的成就感到满意?是什么样的经历让他们感到沮丧?这些表述可以给专家们提供机遇,为这些学生计划后续活动,从而提高他们获得成功经历的质量和数量。另外一个功能目标是确定他人对个人价值感受的影响。

11.47 描述他人对自己的看法

有特殊学习和/或行为需要的学生应该能够描述别人明确的观点和微妙的暗示。大多数人对和自己相关的信息都比较敏感,因此他们往往对别人的行为注入自己的理解。如果有着健康或身体缺陷的个体不知道别人对自己作出的回应究竟是针对自己的个性还是自己身体的残障,此时他就会遇到特别令人困惑的情境。假如某人没有邀请她去参加晚会,那么,其原因是她的行为不得体还是因为她有假肢?兴许她永远得不到答案,然而,这些模糊不清的情况重复出现就会损害个人的自信心。别人对我们的看法会影响我们对自己的态度,而这些态度是做进一步判断的基础。父母和老师不能控制他人的态度,因为,在某些情况下,他们自己的态度有可能便是一个巨大的挑战,但是,他们可以指导那些有特殊学习和/或行为需要的学生外显和隐含的反应,这些反应体现他们或积极或消极的态度。许多交际方面的课程(参照能力 16)包括诸如此类的反应,这些反应承载着怜悯、厌恶和屈尊等态度。然而,课程应该强调体现个人自尊的积极反应。他们必须预防社会上其他成员会将某些反应看作自己愚蠢行为的正当理由。另一个功能目标是建构他人对自己的观念。

12.54 了解性格特征

有特殊学习和/或行为需要的学生应十分熟悉一些个性因素，因为这些因素一般让他们参与群体活动，而这些群体活动会让自己对他人产生积极的看法。那么，这些积极特征有哪些呢？合作、乐观和可靠形成了坚实的基础，同时也构成就业时的必要特质。还有其他一些特点，但是每个有特殊学习和/或行为需要的学生必须自己去发掘。经验和对他人的观察在帮助个体改变中是重要的因素。以批评的眼光审视自我并非那些高学历的人的专利，这种能力来源于实践，来源于在家庭和课堂上的鼓励。通过分配课题，教师可以帮助那些有特殊学习和/或行为需要的学生加强他们的观察技能，这些课题要求学生采访自己选出的某个人或考虑选择自己选出的某个人并列出这个人的显著特征。一旦这些特征确定了，教师就可以将它们转换成有特殊学习和/或行为需要的学生尝试达到的行为。有特殊学习和/或行为需要的学生应该和老师一起制订计划，练习和报告行为。对那些在执行行为过程中遇到问题的学生，教师可以构建一个系统，这个系统可以通过有意识的努力调适自己的行为从而达到预期的目标。另外一个功能目标是识别那些有碍于被接纳的性格特征。

12.55 识别个人的角色

不少角色是通过跨能力而确定的。这些角色包括职员、公民、家长、亲戚和朋友等。有特殊学习和/或行为需要的学生应该能够扮演某一角色，向有特定角色的个人（老板、家长和孩子等）和群体（工会、乘客和俱乐部等）描述和展示有责任感的行为。LCCE 轻度课程要求有特殊行为和/或学习需要的学生能够积极地参与到每个角色当中去，这样他们才能充分领悟这些角色的真正意义。比如，一个有特殊学习和/或行为需要的孩子兴许一出生就是某个家庭中的一个成员，但实际上并非如此。家长应该让孩子尽可能多地参与到家庭活动和决策之中，特别在有特殊学习和/或行为需要的学生选择了将来要担任家长或配偶的角色的时候。老师们应该把这些有特殊行为和/或学习需要的学生放到一定的情景中去，让他们理解他人对某一特定角色的希望。例如，社会人士，如警察、消防人员和雇主，应该讨论自己对这些学生作为公民和职员角色的行为和责任的期待。另一个功能目标是确定所有未来可能的角色。

下面的 LCCE 中度课程能力/子能力与菲尔德和霍夫曼的自我决策模型的第三个组成部分相关。

3.12 保持身体健康

智障个体在公立学校和高等教育机构中的体育课上没有接受到多少或根本没有

接受任何指导，这一事实催生了特殊奥运会。特殊奥运会彰显了这样一个事实，即，所有的个体都具有体育才能，合适的身体照料和身体的发展对满足每天的体格需求至关重要。有特殊学习和/或行为需要的学生应该展示关于身体主要部位的知识，并从事有利于身体发展的运动或锻炼。随着有特殊学习和/或行为需要的学生形成关于基本食物群、营养和体重控制的知识，教师应该争取体育、娱乐和家政经济学专业人士的密切合作。有特殊学习和/或行为需要的学生可以通过记录成熟期、饮食习惯或运动游戏来保持自己的健康图表。其他功能目标包括做一些保持适当身体健康的运动，展示有助于营养适当的饮食习惯。

3.13 认识疾病并寻求帮助

展示疾病预防和治疗方法的知识是 LCCE 课程中最复杂的子能力之一。这一领域包括疾病和基本症状的信息，发生在家庭里对健康的危害，基本急救技能和如何获得不同类型医学难题的帮助。疾病的课程对个体意义重大，个体必须预防在环境中出现的危险，因为这些危险能够使最初的残障复杂化，例如，身体残障的人出现的呼吸道感染，或是聋哑人出现的眼睑红肿发炎现象。有特殊学习和/或行为需要的学生在小学阶段应该学习可以预防疾病或意外伤害的基本健康措施。有特殊学习和/或行为需要的学生的经历将提供大量的课程内容，教师应该提供大量的要求学生在遇到疾病和意外伤害时联系急救的机构的实践课堂。随着指导包括急救、安全照顾、健康设施和专业人士，课程内容的范围也相应增加。地方公共健康设施或机构能够提供示范和视听工具来帮助这些能力的指导。

3.14 练习基本急救措施

所有有特殊学习和/或行为需要的成年人都需要了解如何执行基本急救的流程。实例包括清洗伤口和正确包扎伤口。小学生就应该讨论这种急救情况以及如何联系急救机构。中学生应该展示如何遵循急救程序。另一个功能目标是在需要时寻求紧急援助。

3.15 练习个人安全

练习人身安全子能力的功能目标的关注焦点为家庭安全、人身攻击和自卫技术。随着现代社会中暴力和犯罪的增加，这一功能技能领域变得极其重要。父母、法律执行官、自卫专家和社区服务部门（比如煤气和电力公司）的全力参与可以帮助那些有特殊学习和/或行为需要的学生学会安全预防措施以及潜在的危险。角色扮演活动将会提高指导效果，而这一指导应该在小学水平开始。另一功能目标是面对陌生人时理解和练习预防措施。

9.35　展示自信和自我价值

详见本书 290 页对这一能力/子能力的描述。

10.39　展示对他人的权利和财产的尊重

形成对他人权利和财产的尊重涉及一个国家立国之本之一。这是一个在电视、广播和报纸的报道中都一直感兴趣的话题,因此为父母和老师提供了充分的机会去强调尊重他人的权利和财产的原因。在这一能力中,父母是首要关键的联系纽带。他们要教会孩子区分什么属于自己,什么属于他人。教师强化这些基本课程,毫无疑问,所有权的事例将发生在教室之中。随着个体长大,并开始运用自己的观念和权力去掌握财产时,尊重他人权利会变得更为复杂。这要求教师开设一些课程并借助学生的经历,来强调法律、所有权和社会保护之间的关系。

10.40　展示对权威的尊重

所有的成年人都经常会面临权威人物。有特殊学习和/或行为需要的学生应该了解权威人物的角色并表现出适当的尊重。另一功能目标是了解不尊重权威人物所造成的后果。

计划

第四个组成部分——计划,是设定个性化目标时的一种重要能力。这一内部因素包含以下的技能:设定目标、计划为达到目标的行动、预见结果、富有创造性和想象性地演练。在小学阶段,教师可以通过课堂讨论帮助有特殊学习和/或行为需要的学生获得这些技能的意识。同时,要鼓励家庭成员在各种生态环境中同家中有特殊学习和/或行为需要的家庭成员讨论这些技能。许多学校现在正在教学生更多地参与到IEP/ITP 过程之中。"小大人定位"(young adult projection)就是一个很好的例子,这个例子说明如何在 IEP/ITP 会议中促进这些技能。"小大人定位"(young adult projection)允许有特殊学习和/或行为需要的学生在高中后教育、工作和社会生活中的成人功能领域中勾勒和设想"小大人"想要的生活质量。每年的 IEP/ITP 会议上,这一过程应当得到 IEP/ITP 小组的支持。学生可以通过制作图片地图、画画或拼贴艺术创造性地构想自己未来的生涯角色,憧憬未来的生活等方式为"小大人定位"做准备。制订适当的个性化衔接计划时,可以分享有特殊学习和/或行为需要的学生在中学阶段的功能衔接评价结果。

以下是 LCCE 轻度课程能力/子能力和 Field 和 Hoffman 的自我决策模式相关的第四个组成部分。

15.63 预期结果

在检验问题解决过程中,预期一个决定的结果是最难的一个部分,也是最容易被忽视的成分。有特殊学习和/或行为需要的学生怎么能检验只能被预料的东西?在这个层面上,观察和咨询将对有特殊学习和/或行为需要的学生有极大的帮助。虽然有特殊学习和/或行为需要的学生没有多少(如果有的话)有关一系列行动带来的潜在的后果这方面的经验,但是,他们可以问他人怎么处理类似的问题以及其结果如何。所有的人每天都在做出决定,而其结果可以用来作为指南,这种指南可以供第一次检验相似问题和选择的人参考。

15.64 形成和评估选择

乍一看,一个问题看起来可能只有一两种可能的解决方案。很明显,如果有特殊学习和/或行为需要的学生接受明显的解决方案,这就会限制可选择路径的范围。与两极概念区分相关的练习可以使有特殊学习和/或行为需要的学生见识这样一种可能性的存在:其他的解决办法或立场也可以用来解决问题,因此他们也必须自己寻找可选择性路径。不管是神探福尔摩斯(Sherlock Holmes)还是南茜·德鲁(Nancy Drew),科幻小说之所以深深吸引着读者,其原因是:主人公都拒绝接受很容易获得的答案,而另行寻找其他解决谜团的方案。这一原则应当适用于人类关系中。有特殊学习和/或行为需要的学生应展示寻找信息并对涉及个体和群体关系的可选择性内容进行考量的能力。

下面的LCCE轻度课程阐述了子能力15.64,这一子能力与个人目标计划选项形成相关。课程计划属于生涯准备层次,涵盖了所有的生涯角色。鼓励家庭参与到课程之中,学生活页练习题不包含在解释说明中。

课程计划 6

LCCE 目标 15.64.2 列举个人目标的可能性选择。

课程目标: 培养学生在生活不同领域中的个人目标的选择能力。

教学资源:《个人目标选择》、《目标流程图》、《家庭中的个人目标》和《你的目标流程图》等。

课程介绍: 如果不知道自己的目标是什么或者不知道自己将被领到哪里,你们中有多少人会开始一次旅行?你的生活也是如此。有目标,你知道你被领到哪里。但是,你可能发现你无法实现自己的目标。或许,你需要更多的时间——或许这个目标对你来说已经不再重要。有时候,你需要形成"B计划",作为可供自己选择的目标。

学校活动

任务:

1. 提供六个人们可能会设定个人目标的领域:
金钱(财政的);人(社会的);身体(身体的);

学校(教育的);信仰(精神的);工作(职业的)。

2. 厘清可供选择的"B计划"概念——一个预备方案(防止无法实现原始方案)。

● 什么会导致一个计划不可实现?主要因素包括:没有充足的时间;目标不适合个体;环境的改变。

● 作为课堂练习,分发并完成作业单和《个人目标选择》。

3. 把学生分成几个小组,每组3—4个人,并分发《目标流程图》。

● 学生完成作业单,包括Barry和Alice的可选择的"B计划";

● 可选择的"B计划"包括任何设计好的生涯角色中的选择;

● 强调改变目标是可以的,改变目标并不意味着失败,只意味发展;

● 在班级中讨论作业单,评估各组版本的Barry和Alice的可选择的"B计划"。

家庭/学校活动

任务:

1. 每位学生请父母或其他成年人帮助自己完成《家庭中的个人目标》,确定可选择的"B计划"内容。

2. 引领班级讨论列在家庭作业单上的每位学生的目标和选择。

● 强调有些决定比其他决定可选择的机会更多且灵活性更大。他们可以用两种或更多方式引导。例如,决定高中毕业能够使你得到一份不错的工作或去读大学。退学就会限制你可能的选择。要与学生的个人选择相关。

● 解释没有做出选择这样一个事实实际也是一种决定——例如,如果你决定午饭什么都不吃,你实际上已经决定午饭不吃任何东西。要与学生的选择相关。

3. 用流程图阐明目标的实现。分发《目标流程图》这样的作业单,然后解释例子。

● 学生绘制出自己的目标流程图,确定个人目标并在任何生涯角色中确定备用的"B计划"的内容;

● 迅速完成的学生可以帮助那些做这项任务有困难的学生。

课程计划评估:

活动: 学生完成《目标流程图》的作业单。

标准: 学生能用八种合适的步骤中的六种完成作业单。

生涯角色: 家庭成员/主妇,雇主,公民/志愿者,业余爱好者。

职业阶段: 准备阶段。

注:选自布罗林所著的《以生活为中心的生涯教育个人—社会技能能力单元》,1015—1016页,1992年由弗吉尼亚阿灵顿的特殊儿童理事会出版,1992年版权归特殊儿童理事会,转载已经获得授权。

15.65 认清问题的实质

两极概念(bipolar concepts)包括这样的例子,比如:善和恶、积极和消极、赞成和反对。这些术语经常用在和问题及关系相关的场合。然而,往往情况并非如此,问题和关系并不截然一分为二。我们对一个问题可能有几种解决方案,对一个重大事件也可能有不同的立场。对个人及其价值观来说,备受青睐的解决方案最有利。有特殊学习和/或行为需要的学生应该展示如下能力:确认某个问题领域内的极端立场,寻找多种解决方案,且在解决过程中充分考虑到每一个可选择的方案的优势。在使用包括可能的方案、可选择的路径或方法的调整过程中,学生可以确定与问题实质相关的几个因素。另一个功能目标应该是考查和一个群体对理念、感情和行为的理解相关的各种各样立场。

15.66 养成寻求目标的行为

导致目标实现的行为是有特殊学习和/或行为需要的人获得成功的最强有力的因素之一。的确如此,获得目标成功的个体常常给其他残障人树立行为的榜样。如果也想向他们那样获得成功,有特殊学习和/或行为需要的学生应该能够确定目标并执行那些可以帮助他们达到确定的功能目标的适当行为。教师应该区分短期目标和长期目标、非现实目标和现实目标。有特殊学习和/或行为需要的学生应该践行目标的组织,列出自己实现那些目标将要实践的行为,并评估其结果。其他功能目标包括确定实现目标途中的障碍并找出有助于学生实现自己目标的资源。

以下是 LCCE 中度课程能力/子能力与菲尔德和霍夫曼的自我决策模式相关的第四个组成部分。

12.46 设定并达到个人目标

导致目标实现的行为是有特殊学习和/或行为需要的人获得成功的最强有力的因素之一。的确如此,获得目标成功的个体常常给其他残障人树立行为的榜样。如果也想向他们那样获得成功,有特殊学习和/或行为需要的学生应该能够确定目标并执行那些可以帮助他们达到确定的功能目标的适当行为。教师应该区分短期目标和长期目标、非现实目标和现实目标。有特殊学习和/或行为需要的学生应该践行目标的组织,列出自己实现那些目标将要实践的行为,并评估其结果。其他功能目标包括确定实现目标途中的障碍并找出有助于学生实现自己目标的资源。

行动

第五个部分——行动,是实现个性化目标的重要能力。这一内在因素包括如下一些技能:冒风险;沟通;获得资源和外部支持,协商,以及处理冲突和外部批评;以及坚持不懈。在小学,教师可以通过课堂讨论帮助有特殊学习和/或行为需要的学生获得这些技能的意识。同时,要鼓励家庭成员在各种生态环境中同家庭中有特殊学习和/或行为需要的成员讨论这些技能。目前,很多学校都教导那些学生更多地参与到 IEP/ITP 的过程中。"小大人定位"(young adult projection)就是这些技能在 IEP/ITP 会议中得到促进的范例。"小大人定位"允许有特殊学习和/或行为需要的学生作为年轻的成年人勾勒和想象自己在后中等教育的成人生活领域、工作领域和社会生活中自己的生活质量。如果要想让这一过程顺利发生,那么,每年的 IEP/ITP 会议上的

IEP/ITP 团队必须予以支持。学生可以通过制作图解地图(pictorial map)、画画或拼图艺术(collage)创造性地憧憬、构想自己未来的生涯角色和理想生活以为"小大人定位"做准备。制订适当的个性化衔接计划时,可以分享有特殊学习和/或行为需要的学生在中学阶段的功能衔接评价结果。

15.62 定位并利用可帮助的资源

在整个 LCCE 轻度课程子能力的讨论过程之中,我们一再提醒教师和父母:有特殊学习和/或行为需要的学生应该识别自己的社区资源,因为这些社区资源能够在个人和家庭决策时向自己提供帮助。这些资源应该是自己特定学科领域内的专家,他们应当在为社区成员提供建议方面有经验,而且他们应当能够把给定的主题内容的决策过程细分为若干连续的部分。有特殊学习和/或行为需要的学生应该知道在什么条件下使用这些资源以及会产生什么样的潜在结果。

15.63 期望结果

参见本书 300 页对这个能力/子能力的描述。

15.64 形成并评估可选择内容

参见本书 300 页对这个能力/子能力的描述。

15.65 认识问题的实质

参见本书 301 页对这个能力/子能力的描述。

16.68 在理解中交流

在一个高度重视口头表达技能(唱歌、表演、政治演讲和推销)的社会,有演讲障碍的或在语言表达流畅上存在问题的人会处于劣势。在日常生活问题处理过程中,语言有障碍的人会在与社会其他成员的交往中遭遇很多挫折,甚至那些有能力的人偶尔会有倒霉的日子:他们会叫错老板的名字;在面试中会铸成大错;或者在预期的约会时张口结舌。教师、父母、咨询师和治疗学家的任务非常艰巨:他们要培养学生精通基本语言技能,根据社交场合调整声音的强度技能,参与谈话的能力,以及用语言口头表达情感、信息和咨询。

16.69 了解沟通的微妙

教师应该探索这样一个领域:交流中的意义,与说了什么、签了什么和写了什么进行对比。换句话说,我们生活在一个意图的世界之中。有特殊学习和/或行为需要的学生应该意识到，有时候人们为了保护自己会掩饰自己真实的想法，他们可能会说出或暗示一些东西，这样他们就无须负责任。学龄儿童很快就认识到，只有他们说了什么或做了什么才需负责任。他们意识到交流可以通过多种渠道发生，交流可以在公开中进行也可以在隐晦中进行。商业广告或许是最大的、最容易获得的课程来源。广播、电视和印刷品中的大量广告使用了非言语成分进行交流——这很微妙——因为它们传递的信息不仅仅是所说的或者图片所展示的内容。有特殊学习和/或行为需要的学生应该有能力区分言语信息和非言语信息，这样就有助于他们提高沟通技能。他们应该意识到自己提供双重信息的情况（比如，一个层次是公认的符号，而另一个层次则是意图表达的意义）。另外一个功能目标是练习言语交流形式和非言语交流形式，交流形式要与个体的情感相吻合。

以下是LCCE中度课程能力/子能力与菲尔德和霍夫曼的自我决策模式相关的第五个组成部分。

12.48 展示自我决策能力

有特殊学习和/或行为需要的学生应该熟悉有些个性因素，因为这些个性因素通常允许自己参与个体和群体的活动，表达自己的要求和意愿。这些因素有哪些积极的特点？自信、兴趣的知识和沟通技能构成了自我决策的坚实基石，而这一点在就业方面也被视为不可或缺的特征。还有其他的特征，每个有特殊学习和/或行为需要的学生都必须自己发掘。经验和对他人的观察是帮助个体转变的重要因素。以批评的眼光审视自己的能力并非是那些有高等学位的人的专利，这种能力来源于实践，来源于在家庭和课堂上的鼓励。通过分配课题，让学生列出自己的基本要求、心愿以及在制订个性化决定时的需要，教师可以帮助有特殊学习和/或行为需要的学生提高自己的观察技能。有特殊学习和/或行为需要的学生应该和老师一道练习自我决策。对那些在执行行为过程中遇到问题的学生，教师可以构建一个系统，这个系统可以通过有意识地努力改变自己的行为从而达到预设的目标。

13.49 明确问题/冲突

两极概念(bipolar concepts)包括这样的例子，比如：善恶、积极和消极、赞成和反对。这些术语经常用在和问题及关系相关的场合。然而，往往情况并非如此，问题和关系并不截然一分为二。我们对一个问题可能有几种解决方案，对一重大事件也可能有不同的立场。对个人及其价值观来说，备受青睐的解决方案最有利。有特殊学习和/或行为需要的学生应该展示如下能力：确认某个问题领域内的极端立场，寻找多种解决方案，且在解决过程中充分考虑到每一个可选择的方案的优势。在使用包括可能的方案、可选择的路径或方法的调整过程中，学生可以确定与问题实质相关的几个因素。另一个功能目标应该是考查和一个群体对理念、感情和行为的理解相关的各种各样立场。

13.50 利用适当的资源帮助解决问题

在整个LCCE中度课程子能力的讨论过程之中，我们一再提醒教师和父母：有特殊学习和/或行为需要的学生应该识别自己的社区资源，因为这些社区资源能够在个人和家庭决策时给自己提供帮助。这些资源应该是自己特定学科领域内的专家，他们应当在为社区成员提供建议方面有经验，而且他们应当能够把给定的主题内容的决策过程细分为若干连续的部分。有特殊学习和/或行为需要的学生应该知道在什么条件下使用这些资源以及会产生什么样的潜在结果。

13.51 开发并选择最好的问题或冲突解决方案

乍一看，一个问题看起来可能只有一两种可能的解决方案。很明显，如果他们接受明显的解决方案，有特殊学习和/或行为需要的学生会限制可选择路径的范围。与两极概念区分相关的练习可以使那些学生认识到这样一种可能性：其他的解决办法或建议也可以用来解决问题，他们也必须自己寻找可选择性路径。不管是福尔摩斯(Sherlock Holmes)还是南茜·德鲁(Nancy Drew)，科幻小说之所以深深吸引着读者，其原因是：主人公都拒绝接受很容易获得的答案，而另行寻找其他解决谜团的方案。这一原则应当适用于人类关系中。有特殊学习和/或行为需要的学生应展示寻找信息并对涉及个体和群体关系的可选择性内容进行考量的能力。

13.52 展示决策

在检验问题解决过程中，预期一个决定的结果是一种十分关键的活动，然而有时也是此过程中最容易被忽视的成分。有特殊学习和/或行为需要的学生怎么能考量只能被预料的东西？在这个层面上，观察和咨询将对有特殊学习和/或行为需要的学生有极大的帮助。虽然有特殊学习和/或行为需要的学生没有多少(如果有的话)有关一系列行动带来的潜在的后果这方面的经验，但是，他们可以问他人怎么处理类似的问题以及其结果如何。人人都在做日常的决定，而其结果可以用来作为指南，这种指南可以供第一次检验相似问题和选择的人参考。

14.53 展示倾听和回答的技能

交流取决于人与人之间观点的交流或物体的正确互换。电脑可以通过编程来交流信息，但是，人类的交流要取决于信息的意义和言外之意。要想达到交流的目的，我们需要注意信息来源的同时，也要留意伴随信息出现的非言语线索。教师应该发展一些能力，这样学生就可以完成这一能力。有特殊学习和/或行为需要的学生可以通过利用各种可用的感官来留意信息；采用适当的回应方式，比如说话、打手势、交流平台，或者打字；确定信息的贴切含义（言语含义或非言语含义）；决定正确的回应方式。另外一个功能目标是确定不恰当的听和回答的消极方面。

14.54 展示有效的交流

在一个高度重视口头表达技能（唱歌、表演、政治演讲和推销）的社会，有演讲障碍的或在语言表达流畅上存在问题的人会处于劣势。在日常生活问题处理过程中，语言有障碍的人会在与社会其他成员的交往中遭遇很多挫折，甚至那些有能力的人偶尔会有倒霉的日子：他们会叫错老板的名字；在面试中会铸成大错；或者在预期的约会时张口结舌。教师、父母、咨询师和治疗学家的任务非常艰巨：他们要培养学生精通基本语言技能，根据社交场合调整声音的强度技能，参与谈话的能力，以及用语言口头表达情感、信息和咨询。

教师应该探索这样一个领域：交流中的意义，与说了什么、签了什么和写了什么进行对比。换而言之，我们生活在一个意图的世界之中。有特殊学习和/或行为需要的学生应该意识到，有时候人们为了保护自己会掩饰自己真实的想法，他们可能会说出或暗示一些东西，这样他们就无须负责任。学龄儿童很快就认识到，只有他们说了什么或做了什么才需负责任。他们意识到交流可以通过多种渠道发生，交流可以在公开中进行也可以在隐晦中进行。商业广告或许是最大的、最容易获得的课程来源。广播、电视和印刷品的大量广告使用了非言语成分进行交流——这很微妙—因为它们传递的信息不仅仅是所说的或者图片所展示的内容。有特殊学习和/或行为需要的学生应该有能力区分言语信息和非言语信息，这样就有助于他们提高沟通技能。他们应该意识到自己提供双重信息的情况（比如，一个层次是公认的符号，而另一个层次则是意图表达的意义）。另外一个功能目标是练习言语交流形式和非言语交流形式，交流形式要与个体的情感吻合。

经验与学习

作为最终决定因素，体验成果和学习是一种重要实现个性化目标的能力，但这种能力不仅体现在如何实现个人目标上，而是体现在根据个人具体情况而修正个人目标上，这种内在决定因素包括以下能力：把结果和自己的期望值做比较，实现成功和做调整。在小学，教师可以在课堂讨论中帮助有特殊学习和/或行为需要的学生培养这些技能的意识；同时，应该鼓励家庭成员尽可能在各种生态环境下随时随地与家庭中有特殊学习和/或行为需要的成员讨论这些技能。现在，许多学校正在教学生主导或更多地参与到 IEP/ITP 过程之中。“小大人定位”(young adult projection)就是一个很好的例子,“小大人定位”说明在 IEP/ITP 会议中这些技能能够得到促进。“小大人定位”允许有特殊学习和/或行为需要的学生作为年轻的成年人勾勒和想象自己在后中等教育的成人生活领域、工作领域和社会生活中自己的生活质量,容许他们确立目标,实现目标,不仅仅实现某些目标,而且包括修改目标。每年的 IEP/ITP 会议上,这一过程应当顺利得到 IEP/ITP 团队必须予以支持。学生可以通过制作图解地图(pictorial map)、画画或拼图艺术(collage)创造性地憧憬、构想自己未来的生涯角色和理想生活以为“小大人定位”做准备。制订适当的个性化衔接计划时,可以分享有特殊学习和/或行为需要的学生在中学阶段的功能衔接评价结果。

下面是与菲尔德和霍夫曼的自主模式最后一个因素相关的 LCCE 轻度课程能力/子能力。

15.64 形成和评估选择

参见本书 300 页对此能力/子能力的描述。

20.93 知道如何调整适应就业的变化

大部分人在一生的工作生涯中要换四五次工作,这种变换包括两种情况:其一,有些人由于各种与职场有关和无关的原因而失业;其二,有些人由于得到升迁或找到更好的工作而变换工作。有特殊学习和/或行为需要的学生需要了解决定工作调整成败的因素,并学会如何处理好这些因素。下面这个生涯培训课程计划的设计目的就是要帮助有特殊学习和/或行为需要的学生知道如何得体地辞职。

课程计划 5

LCCE 目标 20.93.4 识别导致就业终止的原因。

课程目标: 离职时,学生将遵照一定的程序。

指导资源:《辞职表》、《辞职信》、《如何写一封得体的辞职信》。

功课介绍: 工作中遇到的某种事情令你不安。你会对自己说“我要辞职!”你刚刚给自己提出了一个更大的难题了吗?今天,我们将探讨辞职牵涉到的有关内容。

学校活动: **时间:** 2 次会议

1. 学生们讨论辞职原因,例如:
- 找到一份更好的工作(经济原因);
- 家庭/配偶的重新安置;
- 生涯兴趣的改变;

● 工作单调；
● 工作条件差；
● 与上司不和。

2. 小组共同制订用于指导辞职时可接受的程序或指导原则，让小组成员将自己的指导原则列在黑板上。

3. 学生们回顾《辞职表》应该遵守的规则，并回答相关问题。结束时让大家开展反思性讨论。

4. 学生们研究《如何写一封得体的辞职信》，确定辞职信包括哪些部分。

5. 向学生解释家庭活动。让学生将《辞职信》带回家。

家庭/学校活动： **时间：**2 次会议

任务：

1. 学生们在家完成工作表。让学生们选择写信的一位雇主和具体工作。

2. 学生们向父母亲和/或朋友询问辞职时应该遵循哪些程序。

3. 学生们两人之间讨论辞职信。班级讨论自己的父母亲和/或朋友对于自己离职的反应。

课程计划评估

活动：学生们在校完成《辞职表》和家庭作业《辞职信》。

标准：学生们将能够以 80％准确率完成《辞职表》并写一封辞职信。

生涯角色：雇员

生涯阶段：准备期

注：选自《以生活为中心的生涯教育职业指导和准备能力单元》（第二卷，580—581 页），1992 年由弗吉尼亚阿灵顿特殊儿童理事会出版，1992 年版权归特殊儿童理事会，转载已经获得授权。

下面是与菲尔德和霍夫曼的自主模式最后一个因素相关的 LCCE 中度课程能力/子能力。

13.49 确定问题/冲突

参见本书 304 页对此项能力/子能力的描写。

13.50 利用适当的资源来帮助解决问题

参见本书 305 页对此项能力/子能力的描写。

13.51 开发和选择最好的解决问题和冲突的方法

参见本书 305 页对此项能力/子能力的描写。

13.52 展示决策

参见本书 305 页对此能力/子能力的描写。

17.65 调整以适应就业身份的变化

大部分人在一生的职业生涯中要经历四五次工作变化，这包括两种情况：其一，有些人由于与职场有关与无关的因素而失业；其二，有些人则由于得到升迁或者找到了更好的工作而不再从事原来的工作。有特殊学习和/或行为需要的学生应当掌握决定成功与否的因素并学会怎样去处理他们。本单元另一个重要的学习目标是知道如何认准和利用好晋升的机会。

小结

这是对这一优秀的自我决策模式的简短回顾，对此感兴趣并想得到更多信息的人可与位于密歇根州底特律市的威恩州立大学(Wayne State University)教育学院的作者联系。

我们希望读者认识到，现在已经开发出很多优秀的材料和方法来帮助实施这个模式。尽管 LCCE 轻度/中度课程计划已经积极地将自我决策的理念整合到各个能力和子能力之中，不过，我们前面所述的内容则是其中最能彰显自我决策的子能力明显例证。现在已经出现了很多能够提供更多自我决策能力信息的材料和模式。

下面部分将探讨米歇尔 · 威默尔(Michael Wehmeyer)开发出来的自我决策方法。

威默尔自我决策模式的基本特点

另外一个关于自主的很好的概念是威默尔(Wehmeyer)于 2001 年开发出来的(见图 10.2)。威默尔把自我决策模式定义如下：

> 自我决策模式的行动可通过如下 4 个特征进行确定：1. 此人行动自主；2. 其行为属于自我调节；3. 此人自主行事并对其他事件做出相应的反应；4. 此人在行动时有自知之明。自我决策模式出现的跨度可以从孩提时代一直到成年，其间人们学习必要的技能、态度和能力这种影响一个人生活的基本因素，并根据生活质量的改变而做出适当的选择和决定，而不受外界过度影响干扰。

处于自我决策模式的人能够控制自己的生活，独立自主地做决定，而不受到其他人的过度干扰。

他解释说，如果有特殊学习和/或行为需要的学生要想成为自己的主人，就必须相信自己能够控制自己的结果，做高效率的人，知道自己的能力和需要，建立积极的自我

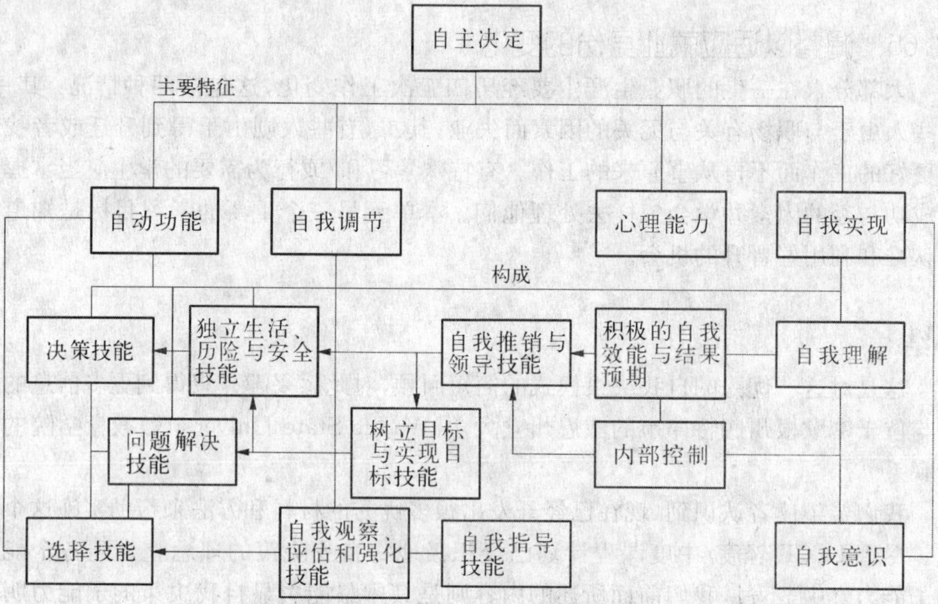

图 10.2 自我决策的主要特征及其构成【实线表示直接关系，箭头线段（原文为虚线，译文改为箭头线段）表示间接关系】

注：源自 M. L. 威默尔(M·L·Wehmeyer)、M·爱格兰(M. Agran)和 C·休斯(C. Hughes)等人所著的《向残障学生传授自我决策能力：成功衔接的基本技能》，1998 年出版，第 8 页，巴尔的摩市保罗·H. 布鲁克斯出版公司出版，转载已经获得许可。

概念和自尊。如果能够做到这一点，他们就能负责地去抉择，承担自己的责任，找到适合自己的工作并积极地推销自己。

按照威默尔(Wehmeyer，1992)的理念，教育方案必须给学生提供合适的功能课程，鼓励学生抉择的环境，与正常的同龄人多开展互动，接触学习的榜样，跟别人分享成功的经验，而在做出决定时能够控制自我。威默尔解释说，根据对此课题的有限研究发现：在多数情况下，有特殊学习和/或行为需要的学生在教室的环境里很少有表达自己喜好和抉择的机会，也没有为自己行为承担责任的机会。此外，对于有特殊学习和/或行为需要的学生来说，家庭和社会的环境也非常关键。这些因素与本书中已经提达到的那些因素相类似，而且这些因素对提供全面的生涯教育和功能技能训练也非常重要。

> 自我决策可提高人的动机，使人有更好的表现。而且，有人注意到，很多实验表明：直接决定并进行自控(自我抉择)的机会可以增加心理的悦纳和精神的康宁。(Browning，1994，p. 94)

有特殊学习需要的学生必须掌握在自己社区里独立工作和生活的行为和能力。因此，必须要求课程体现自我指导下的自我抉择这一重要能力，这种能力包括以下三个方面：树立目标、解决问题和寻求帮助(布朗宁，1994)。按照布朗宁的观点，我们的衔接教程缺乏使学生根据自己的兴趣来决定自己命运的内容，这些技能需要他们懂得自己如何选择、如何决策以及如何表达自己的兴趣和爱好。他们特别需要这些技能来提升自己的能力计划、管理和指导自己的生活，惟其如此他们才能更好地掌握自己未来的命运(1994, p. 102)。

目前，我们必须更加关注学生自我决策的需要并凸显其教育的重要性，这一点已经十分清楚。这一领域的需要显然属于个人—社会的课程领域。下面我们将利用LCCE轻度/中度课程来实现这一需要。

如果读者对学习威默尔的自我决策模式感兴趣的话，建议参考M. L. 威默尔(M. L. Wehmeyer)，M·爱格兰(M. Agran)和C·休斯(C. Hughes)等人一起撰写一部书名曰《向残障学生传授自我决策能力：成功衔接的基本技能》(*Teaching Self-Determination to Students with Disabilities: Basic Skills for Successful Transition*)，该书于2001年由巴尔的摩市保罗·H·布鲁克斯出版公司出版。

威默尔(Wehmeyer)自我决策模式和LCCE轻度/中度课程

残障公民协会(Arc，以前称 Association for Retarded Citizens 全国总部)的沙龙·戴维斯博士(Sharon Davis)和米歇尔·威默尔(Michael Wehmeyer)已经基于LCCE轻度课程的个人—社会课程领域的多种能力和课程计划而开发出的全面自我决策课程。在1990到1993年间，残障公民协会以联邦基金为依托开展了一项广泛的文献评论、讨论和调查，调查了轻度智障者的认知情况以明确：关于提高自己生活质量的抉择，这些轻度残障人究竟做得如何。其结果不出所料，这些残障人自我抉择的能力极其有限(Wehmeyer，1992)。

根据沙龙·戴维斯博士(Sharon Davis)和米歇尔·威默尔(Michael Wehmeyer)的研究成果，残障公民协会人士对各种被人们为有利于有特殊学习和/或行为需要的学生的自我决策培训课程进行了回顾。为了进一步提高自我决策课程的效率，他们对各种课程进行了整合和修改，然后设计了核心自我决策课程，这个自我决策能力核心课程主要包括以下4个领域：1. 自我意识；2. 自信；3. 选择和自主；4. 目标实现。

每一个领域都明确了一些已经被证实与自我决策这一结果有关的态度和能力。然后，课题研究人员就选择了LCCE轻度/中度课程作为最实用的课程框架，并且明确与这种课程模式结构匹配的4种LCCE能力和17种子能力。表10.1呈现的就是此种结构模式。

表 10.1　提高自我决策的 LCCE 能力和子能力

模式领域	LCCE 能力	LCCE 子能力
自我意识	10. 获得自我意识	42. 确定身体和生理的需要
		43 确定兴趣和能力
		44 确定情感
		45 呈现身体自我的相关知识
		61 意识行为如何影响他人
自信	11. 获得自信	46. 表达自我价值的情感
		47 描述其他人对自己的感觉
		48. 接受和给予表扬
		49. 接受和给予批评
		50. 形成自信
选择和决定	15. 做出适当的决定	62. 定位和使用帮助的资源
		63. 预测结果
		64. 开发和评估选择
实现目标	14. 取得独立	59. 努力自我实现
		60. 呈现自我组织
		65. 识别问题的本质
		66. 养成寻找目标的行为

研究人员对 500 多名 14 到 20 岁智障学生或学习障碍学生开展现场测试，这些学生经过了大约 350 个课时的由 LCCE 课程 17 种子能力构成的学习。这些课程开展得井然有序，他们先从培训自我意识(能力 10)入手，接着培训自信(能力 11)，然后开始培训选择、决策和树立目标(能力 14 和 15)。残障公民协会工作人员发现，LCCE 课程材料是一种综合性的培养自我决策能力的课程资源，他们隆重推荐：只要可能，正常学生也应该尽可能早地从 12 到 14 岁就开始学习该课程。

作为 LCCE 轻度/中度一揽子课程中不可或缺的一部分，现在自我决策课程很容易从特殊儿童理事会(CEC)获得(包括第七章所描述的《自我决策量表》)。

本章评论

如今，美国学校已形成了这样一种共识：对于包括有特殊学习和/或行为需要的学生在内的所有学生来说，拥有充分的自我决策能力异常重要。然而，威默尔(Wehmeyer，2001)指出，根据对有特殊学习和/或行为需要的学生的 IEP/ITP 会议的调查,IEP/ITP会议很少将提高自我决策能力列为自己的目标。

由于缺乏有特殊学习和/或行为需要的成年人工作和生活的成果例证,这就需要我们重新构建课程以提供这些人的自我决策能力。尽管现在明显有这样的需要,很多教师培训机构并没有在所有课程内容之中注入自我决策能力的内容引领我们未来的教师。

如果我们向有特殊学习和/或行为需要的学生传授LCCE轻度/中度课程中的个人—社会技能领域的能力以及自我决策能力,就可能出现这样一种局面:即有特殊学习和/或行为需要的学生会提高他们处理人际关系和解决问题的能力,而且,家庭生活、社区生活、娱乐休闲和工作场所都需要这些能力。本章列出了生活成功人士和有较强自我调整能力的人所需要的LCCE轻度/中度课程所培训的自我决策能力。个人对自己的先天能力和后天努力评价至关重要,因为这关系到个人生涯发展的成功。教育者必须提供机会,让学生们掌握和展现所有重要的社会亲和能力,这其中就包括与自我决策能力有关的那些能力,因为这些能力对于增强成年人的个人素质至关重要。

大部分学校特别需要的是更多地以生涯为导向的社会亲和能力教育。但是,教育者并非光靠自己的力量就能实现这一目标,他们必须让整个学区、要让家庭和社会资源均参与其中方可。随着普通和特殊教育服务被整合到更统一的教育体系之中,有特殊学习和/或行为需要的学生便更有机会融入学校课程之中,他们和广大师生互动的机会就会更多。比如,本章所推介的整合的自我决策技能教育就能够提高学生们的学习效率。

活动

1. ① 回顾菲尔德与霍夫曼的自我决策模式中所明确的LCCE轻度/中度课程的能力和子能力,然后判断:哪些普通和特殊教育课程最适合你用来对自己的学生教学自我决策?

② 确定一下:你会利用哪些LCCE轻度/中度课程的能力和子能力让家庭成员参与到学生自我决策的教学之中?

③ 确定一下:你会将哪些LCCE轻度/中度课程子能力用于以社区为基础的教学之中?

④ 最后,思考这样一个问题:你会利用哪些社区资源帮助自己进行LCCE轻度/中度课程的子能力的教学?

2. ① 回顾米歇尔·威默尔的自我决策模式中所明确的LCCE轻度/中度课程的能力和子能力,然后判断:哪些普通和特殊教育课程最适合你用来对自己的学生教学自我决策?

② 确定一下：你会利用哪些 LCCE 轻度/中度课程的能力和子能力让家庭成员参与到学生自我决策的教学之中？

③ 确定一下：你会将哪些 LCCE 轻度/中度课程子能力用于以社区为基础的教学之中？

④ 最后，思考这样一个问题：你会利用哪些社区资源帮助自己进行 LCCE 轻度/中度课程的子能力的教学？

3. 根据 LCCE 轻度课程的子能力设计一次自我决策模式教案。要求此教案对“自我决策”这个概念进行界定，同时要强调此教案适合哪个生涯发展阶段、哪种教育环境和哪种生涯角色。

4. 根据 LCCE 中度课程的子能力设计一次自我决策模式教案。要求此教案对“自我决策”这个概念进行界定，同时要强调此教案适合哪个生涯发展阶段、哪种教育环境和哪种生涯角色。

第四部分

衔接教学实施方法

第十一章 日常生活技能

先行思考题

1. 列出一份你认为有特殊学习和/或行为需求的学生离开学校前应该学会的所有日常技能。

2. 什么样的教学内容和特定课程适宜教授这些功能技能？

3. 列出你认为教授这些功能技能可使用的特别重要的指导策略。

4. 怎样使有特殊学习和/或行为需求学生的家庭积极配合，督促孩子学习这些技能？

5. 你怎样说服不情愿的家长积极参与这些技能培训领域？

6. 为什么基于社区的指导成为职业指导/衔接工作项目中的重要构成部分？

7. 你认为哪一项日常生活技能需要在基于社区的衔接工作项目构件中予以传授？

8. 怎样利用一些有特殊学习和/或行为需求的学生在某种生活技能中的兴趣和才能做好职业计划和安排？

9. 你会采用什么样的具有说服力的强势理由来说服普通教育工作者在其领域里传授日常生活技能？

10. 确保有特殊学习和/或行为需求的学生在不同阶段获得足够的日常生活技能训练，对此，谁应付主要责任？

本章概述

有特殊学习和/或行为需求的往届学生中，仅40%的人能够完成基本的日常生活技能及功能性思维技能，像查电话号码、使用电话、算零钱、告诉时间以及读出常见标志。这项调查结果来源于20世纪80年代末全国纵向衔接课题(National Longitudinal Transition Study)对诸多个体历时五年的跟踪研究(美国教育部，特殊教育计划办公室，1992)。这一全国性调查得出结论：对于有特殊学习和/或行为需求的学生来讲，指导日常生活技能是极为重要和必需的。如果这些人要达到在社区独立生存所必需的水准，学校应在课程设置方面给予更多的重视。

尽管传授日常生活技能的重要性得到了该领域众多作家的认可，比如，西特林顿、克拉克和科尔斯多(Sitlington，Clark， & Kolstoe，2000)；克罗宁和佩顿(Cronin & Patton，1993)；默塞尔和默塞尔(Mercer & Mercer，1993)，但通常教的还不够，因而很有必要在教学工作方面加强努力。证据清楚显示，大多数有特殊学习和/或行为需求者不该是偶尔学得这些技能。要使学生掌握并且达到令人满意的水平，必须提供直接的指导。

本章开始介绍性阐述一些想法及传授日常生活技能的技能，接着逐一讲述9个日常生活技能和涵盖以生活为中心的生涯教育轻度课程的41个子能力，并提出了教学目标和活动。点缀其中的几个活动小贴士(activity tip)和课堂设计样本(sample lesson plans)旨在说明生涯教育概念与材料怎样能够融入各种各样的课程内。接着一节逐一描述8个日常生活技能和涵盖以生活为中心的生涯教育中度课程的32个子能力，并提供了教学目标和活动。点缀其中的几个活动小贴士和课堂设计样本旨在说明生涯教育概念与材料怎样能够融入各种各样的课程内。

再下一节，任课教师介绍自己是怎样把以生活为中心的生涯教育轻度课程方法运用于小学及高中阶段的教学。接下来阐述的是为职业准备而进行日常生活技能指导的意义。这一部分还提供了一个例子：以生活为中心的生涯教育课程理念怎样融入一门休闲-科学的课程中。如前边几章，本章结尾是最后评论及对读者提出的活动建议。

本章瞭望

作者简介： 卡罗尔·埃林顿—品斯科(Carol Ellington-Pinske)，佛罗里达州普兰特市(Plant City)希尔斯伯勒学校(Hillsborough School)的一位前中学教师。

衔接/生涯教育是一个当今社会普遍关注的领域，这个领域包括我们这个与工作相关的社会中所有儿童、青少年以及有特殊学习和/或行为需求的成年人。这里我想处理的主要问题是：我们要通过合作努力，特别是通过学生、家长、教师和社区的努力，尽早在学生生活中开展衔接/生涯教育。

衔接生涯教育各要素，像日常生活技能、自我意识、工作态度、决策技能和就业能力技能(emlpoyability skills)必须在每位有特殊学习和/或行为需要的学生的早期学习生活中就予以应对。这种培训会提供有价值的开端，塑造每位有特殊学习和/或行为需要的学生对待工作世界和社区生活的态度和行为。

学校有责任将起始于家庭的衔接/生涯教育进程继续下去。当职业指导和咨询与功能学业教学和生存技能发展同时进行时，日常生活技能便非常适合这一计划。青年学生可以早开始准备，不仅为工作，而且为日常生存。

家长、教师、指导顾问、职业专家、有工作经验的教师、工商业界人士以及学生在制订和执行衔接/生涯教育方面均发挥着极其重要的作用。

教师可以利用教室作为学习场所帮助学生学习日常生活技能。例如，在教授就业技能时，教师扮演雇主，学生扮演雇员。或在某种情形下的代币(token money)，可以作为工资。可以建立课堂商店，学生用在教室活动中挣来的代币在此购买学习生活用品。使货币制度具体化这一观点促使人们建立教室银行体系、储蓄账户和贷款。由此，学生不仅学到了预期的课程，而且学会了如预算等生存技能。

学校的课程设置没有哪门课不与日常生活技能息息相关。数学(如，时间、金钱、度量衡)，英语(如阅读)，语言艺术(如写作技能)和社会研究(如识图技能)都包括传授生涯概念。

特殊教育教师应肩负起主要责任，帮助其他专业人士充分运用已有知识与技能教授有特殊学习和/或行为需要的学生。没有特殊教育工作者的牵头，几乎什么事都难以做成。只有特殊教育工作者最了解学生，因此特殊教育工作者应该帮助其他普通教育人士熟悉每位学生的优势、兴趣、癖好及其不足和对未来成就的潜在影响。

通过向学生展示这些技能在日常社区生活中的多重作用，衔接/生涯教育给基础学术技能的学习和实践赋予了新意。这种教育回答了人们常问的一些问题："我为什么要学这门课程？毕业后，这种学习会有用吗？"

日常生活技能教学方法各式各样、层出不穷，但是其基本原则就是要学生明白他们的学习与社区生活和工作息息相关，同时向学生传授良好的工作习惯、决策能力技能和基本经济知识教育等就业技能。如果你是个普通教育或特殊教育教师，想提高教育的关联度，那你就要激发学生的兴趣，增加对社区资源的使用，培养社区生活和工作的认识，将日常生活技能融入你的课程中。

教授以生活为中心的生涯教育轻度课程的日常生活技能(Teaching LCCE Mild Curriculum)

日常生活技能(daily living skills),有时也称独立技能或生存技能(independent skills or survival skills),要求独立处事或在家庭环境中独当一面。一些日常生活技能包括预算、存款、自理、清洁、购买生活必需品、烹调、开车、计划和准备均衡膳食、练习急救、使用公共交通以及从事有意义的娱乐活动等。这些技能是要成为有责任心的人在家庭、学校、社区和工作中所必需的。这些技能的传授依赖于特殊教育工作者、普通教育工作者、家长和同龄人的共同努力[威斯特(West)等,1992]。

这本书中自始至终强调了家庭、社区参与和合作伙伴关系的重要性。这一功能性领域成功的衔接/生涯教育完全依赖这些资源的参与。如果家庭成员愿意参与帮助满足有特殊学习和/或行为需求儿童的功能需要,功能课程领域里老师所强调的许多教学内容可以在家庭环境中得以强化和进一步拓展。而且,社区资源像杂货店、服装店、银行、娱乐中心、运输公司、政府机构和其他机构可以提供富有价值的支持。前几章已讨论了让这些资源参与的建议,此处不再赘述,而是将注意力主要针对这一功能课程领域教师的作用。要在现代社会顺利地独立生活和工作,日常生活技能必不可少。根据有特殊学习和/或行为需要的学生的特定能力、兴趣和个性化需求,获得这些技能还可以为他们开辟就业的可能性。这些功能技能必须系统地融入日常课程中,而不可以随意教授或完全忽略。教师需要先考虑有特殊学习和/或行为需要的学生的个性化功能需求,再制订功能目标和方法,并对有特殊学习和/或行为需要的学生的进展情况予以评价。这些工作有助于教师、特别是大多数有特殊学习和/或行为需要的学生注意到自己在日常生活技能方面的进步。这些技能包括维护个人形象、理财和在社区走动。

日常生活技能能够并应该在各种普通教育内容领域、以社区为基础的活动和家庭任务中传授。向有特殊学习和/或行为需要的学生充分传授这些功能技能显然会带来众多好处,而且,这种对功能的强调"可以提供实现学业技能、一般认知技能、语言交流技能以及社会技能的激动人心的现实活动"(Langone,1990)。

日常生活技能可以融入广泛的基础学科内容领域,例如,阅读、英语、数学、政治学、社会研究、科学、家政学、体育及卫生这些课程。通过课程规划过程(即决定对于大家公认的生活技能来说,应当教哪些主题以及什么层次主题),学校的衔接委员会或其他普通教育工作者要明确如何将这些功能技能融入学校的课程中。

这一功能课程领域对学生特别重要的一些教学方法或策略如下:

- 与工具和设备等实物联系的许多亲身经历;
- 利用学校资源,像自助餐厅、护理、办公室、运输、家政服务等部门,强调这些技能对学生个人发展和就业的重要性;

● 以社会为基本的经历如：旅游、工作观摩、工作培训和指导机会；

● 家长、社区成员等志愿者为学生展示这些技能并提供相应的课堂活动；

● 利用游戏、社区资源模拟、角色扮演、计算机和录像机，为这些技能开发提供有趣的、富有挑战性的活动和展示；

● 同龄人指导，邀请有特长又有热情辅导有特殊学习和/或行为需要的学生的同龄人；

● 合作式学习方法。

过去30年来，合作式学习方法得到了众多教育工作者的极大关注和运用。这是一种非常好的方法，它将有特殊学习和/或行为需要的学生与普通课堂学生整合起来。合作学习是按能力分组、补习或特别教育选拔计划的主要选择办法。它既能为特殊教育学生又能为问题学生提供与班上其他同学建立有意义的关系的机会。教师必须精心设计学习情景，以便全体学生都能对成功完成任务做出重要贡献。小组成员可以相互帮助学习各种材料，但每个人都有自己的责任以达到目标。对于有特殊学习和/或行为需要的学生来说，特别适合的学习方法是合作方式而非竞争性或个人方式。教授日常生活技能非常有益于合作式学习方式的培养。

团队教学是为有特殊学习和/或行为需要的学生接触正规课堂的另一个行之有效的方法。许多学校正在开设以生活为中心的生涯教育轻度/中度课程教学，配备一位特殊教育教师与普通课堂教师一起教授许多日常生活技能。比如，配备家政经济学教师，指导烹饪、服装制作、家政管理和个人护理方面的功能技能领域。难能可贵的是，在合作的气氛中，通过卓有成效的指导和努力，这些精心设计的团队教学方案往往能够让学生获得具体化而又重要的成果。

以社区为基础的教学(CBI)是全国许多学区中一个极其常见的功能方法。与实地考察相比，这种衔接方法一般会涉及经常出现的或者不只一次出现的个性化或小组经历。在获得教师必要的指导之下，CBI可为有特殊学习和/或行为需要的学生提供利用个人技能和功能问题解决策略的机会。正如贝克(J. Beck)等人所指出，“普通教育课程将信息分成不同内容区域，但在现实世界里，学生必须整合所有技能和知识，用于工作生活中并用功能的方法将它们有效利用起来”(1994，p. 45)。因此，以社区为基础的内容对于学生，尤其是对有特殊学习和/或行为需要的学生的成功教学非常重要。在以生活为中心的生涯教育轻度/中度能力介绍部分，我们提供了一些建议，将CBI具体化。

同伴相互辅导(peer tutoring)已沿用多年，并得到了广泛认可，因为它能有效地让所有有特殊学习和/或行为需要的学生进行日常生活和其他功能技能的学习。同伴相互辅导基本上是两个学生间的互动，辅导者帮助被辅导者学习有关材料。辅导者可能与被辅导者同岁或大点，辅导可以在全体学生在场的教室里进行，也可以在教室外，或者与一名或几名学生在离教室不远的地方进行。辅导者可以是专家，不过辅导者和被辅导者可以互换角色，让有问题的学生可以担当辅导者角色给能力通常强于自己的人辅导。一般而言，使用这种方法的教师对此持肯定观点。然而，若要成功，一定要给学生提供积极的反馈，适当监督，培训辅导者，并且经常使用这种技能让学生熟悉这种制度［瓦杰(Warger)，1991］。

在教授日常生活技能时，可以使用多种功能策略和方法。本节我们只谈了几种。为满足有特殊学习和/或行为需要的学生的需要，优秀的教师在设计功能经验和有效策略方面将会发挥其创造性、灵活性和合作精神。

以生活为中心的生涯教育轻度能力(LCCE Mild Curriculum Competencies)

生涯发展和衔接部(DCDT)出版物《让衔接计划融于IEP过程》(*Integrating Transition Planning into the IEP Process*)把以生活为中心的生涯教育轻度课程视作“综合功能课程的典范”(West 等，1992，p. 24)，因为该课程包括 Halpern 认定的离开学校后岁月中三个主要调适环境或调整领域中的生活技能：个人—社会网，日常生活和就业(1985，p. 24)。

除培养一般生活技能外，以生活为中心的生涯教育轻度课程的日常生活技能课重点论述本书所倡导的构成生涯发展理念四大生涯角色中的三个：家庭成员、公民/志愿者以及富有成效地从事休闲的业余活动者。日常生活技能教学在较小程度上也促进了职业发展和未来就业可能性的拓展。这一点将在本章后面部分涉及。

本节将阐述以生活为中心的生涯教育轻度课程中9种日常生活能力和41种子能力(如图11.1所示)。随后的讨论将对每一种能力加以介绍，介绍过程中将穿插几个活动小贴士和课堂设计样本，用以说明在这样的框架中怎样组织教学活动。课堂设计样本包括选自特殊儿童理事会(Brolin，1992b)出版的、编写更为详尽的以生活为中心的生涯教育能力单元课程材料。

1.0 个人理财

理财能力是每个成年人成功的关键因素，因此，教师应当提供大量活动，让有特殊学习和/或行为需要的学生做好准备担当自己钱财花费者、存储者和管理者的角色。这些活动应包括下列以生活为中心的生涯教育轻度课程子能力。

1.1 数钱并正确找零

以生活为中心的生涯教育轻度课程的子能力是成功识别几种形式的货币。有视觉障碍的学生可以通过熟悉金属硬币的大小和将不同面额的纸币从各种角度折叠来完成这种技能。可以用算术练习或游戏商店教小学生怎样数钱和怎样使用钱。

课程领域	能力	子能力：学生将能够：					
日常生活技能	1. 个人理财	1. 数钱并正确找零	2. 合理开支	3. 记录基本的财务开支	4. 计算并支付税收	5. 负责地使用信贷	6. 使用银行服务
	2. 挑选和管理房屋	7. 房屋室内外维修	8. 使用基本的设备和工具	9. 挑选合适的住房	10. 建立房舍	11. 庭院的维修与保养	
	3. 关心个人需求	12. 展示身体健康、营养和体重方面的知识	13. 表现适宜的整洁和卫生习惯	14. 衣着得体	15. 展示常见疾病预防与治疗的知识	16. 训练个人安全	
	4. 养育孩子——家庭生活	17. 展示养育孩子的身体护理知识	18. 了解养育孩子的心理知识	19. 展示婚姻责任			
	5. 购买和准备食物	20. 采购食物	21. 清洁食物准备区域	22. 储藏食物	23. 准备饭菜	24. 展示合适的就餐习惯	25. 计划/食用合理的膳食
	6. 购买和护理衣物	26. 清洗衣服	27. 购买衣物	28. 熨烫和存放衣服			
	7. 做有责任心的公民	29. 展示公民的权利和责任	30. 了解地方、州和联邦政府的性质	31. 展示法律知识和守法能力	32. 展示公民的权利与责任		
	8. 利用娱乐和休闲活动	33. 展示利用社区资源的知识	34. 选择和策划活动	35. 展示娱乐的价值	36. 参与小组和个体活动	37. 安排度假时间	
	9. 在社区走动	38. 展示交通规则和安全知识	39. 展示各种交通工具的知识和运用	40. 社区识途	41. 开车		

图 11.1 以生活为中心的生涯教育能力：日常生活技能课程

注：选自《以生活为中心的生涯教育：以能力为基础的方法》，第五版，12—13 页，布罗林著，1997 年，弗吉尼亚阿灵顿：特殊儿童理事会出版。1997 年版权归特殊儿童理事会所有。转载已获得授权。

有很多教学辅助手段和商业练习册可以帮助教师开展这项活动，让学生在各种不同场合正确找零和花钱。家长可以给子女零用钱，用于购买午餐或支付实地考察开支。与以生活为中心的生涯教育轻度课程技能相关的其他功能性目标应包括展示找零钱的能力和识别社会上钱的用途。

1.2 做出合理的开支

在一个通货膨胀、经济停滞与繁荣交替的社会，挑选商品与服务的能力很有价值。这一以生活为中心的生涯教育轻度课程子能力旨在将有特殊学习和/或行为需求的学生作为消费者加以培养，使其能够运用标签评价商品，判断打折商店的优缺点，并培养购买特价产品的策略。这些功能技能对于低收入者尤其有帮助。教师可以获取包括消费者教育方面的特殊练习在内的商业素材。然而，一般说来，教师应该指导进行一些课堂活动，要求有特殊学习和/或行为需要的学生比较不同商店或市场销售的产品，详细列出(itemize)一定时间内家庭购物情况，或者列个购物单，记录某商店相应物品的价格。这些任务可以在小学阶段开设进行，经验告诉我们，有特殊学习和/或行为需要的学生成年后一直经常使用这些技能。这些训练可以锻炼有特殊学习和/或行为需要的学生在使用何种产品与服务时的决策能力。

最后，所有消费者要留心常见的广告把戏和圈套。当地消费者保护机构和团体可以为学生提供相关材料和示范来进一步补充这部分课程内容。其他功能性目标应包括区分出重要货物与奢侈品，懂得购物货比三家等。

活动小贴士

有特殊学习和/或行为需求的学生可以记录、计算家长一周的开支或自己较长一段时期的开支情况。学生应把预算标题列在统一纸张的左面。月份、周等日期写在纸的上方。在预算标题后记上金额：房租，水电天然气等公用设施费，食物，交通，服装，医疗开支，保险，税收，娱乐，储蓄和其他。成绩好的学生可以计算出每一项预算开支的百分比。

1.3 记录基本的财务开支

成功人士能够保持最低数量的开支记录。然而，他们必须能够辨认哪些收据、银行对账单或火车季票应当保存用做预算、付账和退税。这些功能活动的目的就是帮助有特殊学习和/或行为需要的学生养成个人记账和归档的习惯。当学生养成包括组织活动或材料，如集邮、集图片和集泡泡糖卡片等业余爱好时，他们就渐渐知道合理的制度。一些商业出版商提供教学材料来解释银行程序以及如何记账和计算税款。教师最应关心的是，有特殊学习和/或行为需要的学生是否练习过和使用记账制度。一旦学生将记账制度融入日常生活之中，他们便学到了培养以生活为中心的生涯教育轻度课程子能力的必要功能技能。其他功能目标应包括建立一段时期的个人预算，记录较长时期的收入开支并经过一段时间平衡。

1.4 计算并支付税款

在真实环境中，只有在所挣收入达到地方、州和联邦政府纳税规定，有特殊学习和/或行为需要的学生才需要计算并支付税款。不过，指导教师可以通过组织课堂活动使有特殊学习和/或行为需要的学生了解检验影响自己收入与储蓄的各种税款（销售税、奢侈品税、天然气税）。这些活动能够帮助学生辨认哪些物品收税，应支付多少，以及税款是如何收集和如何使用的。中等教育课程应训练有特殊学习和/或行为需要的学生熟悉各种个人所得税表格，填写退税程序，以及提供税收帮助的机构。其他功能目标应包括展示填写税收表格的能力。

1.5 负责地使用信贷

以生活为中心的生涯教育轻度课程子能力包括利用贷款和信用卡。小学阶段可以开始让学生初步熟悉银行、储蓄账户、活期存款账户（checking accounts）、自动转账柜员机和存款之类活动。教师可以配合金钱使用练习设立课堂银行和账户。如在1.2节中讨论的子能力——购物，可以通过课堂存款使用支票、定期储蓄或赊账方式完成。所有这些练习取决于真正熟悉社区金融机构。虽然教师有机会走访银行，接触储蓄、贷款机构和信用合作社，家庭接触这些金融机构时间更长。教师应鼓励家长在与有特殊学习和/或行为需要的学生一起到银行存取款时，向孩子解释如何利用这些服务，怎样在银行存款和取款。教师也可邀请金融机构的代表为学生举办一些如何使用银行服务的讲座，来对这些活动加以补充。其他功能目的应包括正确使用信用卡，因为如果信用卡使用不明智，超出预算，会给有特殊学习和/或行为需要的学生带来很大的麻烦。

1.6 使用银行服务

有特殊学习和/或行为需要的学生务必学会如何管理活期存款账户和储蓄账户，以便能够支付账单和管理其他金融收支。为此，他们很有必要尽可能学习教学目的，这些目的关注下列活动：填写支票、存款、记录交易、使用自动柜员机存款与取款以及记录储蓄交易。下面的课堂设计说明了包括以生活为中心的生涯教育轻度课程子能力的一项教学目标是如何对处于生涯意识（career awreness）水平的中小学生讲授的。课堂设计中所包括的教学资源（即支票、支票事实清单、活期存款账户、银行对账单和会计工作表)未包括在样本中。该课堂设计选自 CEC 出版的日常生活技能能力单元手册[布罗林(Brolin),1992c]。

课堂设计 1 **1.6.1A:1**

以生活为中心的生涯教育目的 1.6.1 开立活期存款账户

课堂目的: 学生学习什么是活期存款账户,能够辨认与开立活期存款账户相关的基本词汇。

教学资源: 支票和活期存款账户情况表,支票和活期存款账户底稿,支票和银行对账单样单。

课堂导入: 同学们有多少人收到支票并兑换过支票? 今天我们将学习支票和活期存款账户。什么是支票? 为什么使用支票? 什么是活期存款账户?

学校活动: **时间:** 1 节

任务:

1. **提前准备:** 用支票样张为每一位学生开出一份支票。(在课程计划 8,9,10 中也使用这些支票)

2. 将支票分发给学生,询问学生为什么可能无法兑换支票。一定要包括诸如开支票者没有开立活期存款账户或无余额等观点。

3. 分发支票和活期存款账户情况表,运用学生支票来促进情况表的讨论。

4. 分发并讨论银行样张对账单,运用学生支票和情况表促进讨论。

5. 分发并阐释支票和活期存款账户情况表,学生应与搭档一起工作并在完成工作后与全班学生讨论反馈意见。

6. 让学生确认以家庭成员/家庭主妇、公民/志愿者、雇员人员身份或从事业余爱好活动开具支票或使用活期存款账户的时间。

课堂设计评价:

活动: 学生完成支票和活期存款账户工作表。

评价标准: 学生完成情况表,准确率应达到 80%。

生涯角色: 家庭成员/家庭主妇、公民/志愿者、雇员、从事业余爱好者。

生涯阶段: 生涯意识阶段。

注:选自《以生活为中心的生涯教育:日常生活技能能力单元》,第一卷,203 页,布罗林著,1992 年,弗吉尼亚阿灵顿:特殊儿童理事会出版。转载已获得授权。

2.0 挑选和管理房屋

普通人工资的主要部分花在购房和租房上,美国有些地区房子的月租费超过食物开支。有些租房费用超过普通工人的工资收入,这对普通工人维持独立性造成越来越大的压力。年轻人不得不与家人一起居住更长的时间,或者寻人合租以分担费用。这些情况要求有特殊学习和/或行为需求的人必须注意减少养房费用的途径。这种能力包含下面一些以生活为中心的生涯教育轻度课程子能力。

2.7 房屋室内外维修

虽然大多数成年人会租住公寓,他们应了解并掌握一些房屋室内外维修的技能。有特殊学习和/或行为需求的学生应学会使用家内外常用维修工具、物品和设备,有特殊学习和/或行为需求的学生还应学会参阅使用手册，观摩展示，学会安全操作程序，并学会使用各种令人满意的室内外维修工作所必需的物品材料。

2.8 使用基本的设备和工具

设备和工具可以用来清理和维修房舍。维修房舍需用诸如锤子、锯子、螺丝刀或者扳钳。教师的目的是培养有特殊学习和/或行为需要的学生能够使用家庭保洁设备和工具，确保门、窗和锁的正常使用。这意味着有特殊学习和/或行为需要的学生要懂得基本的房舍维修和保养，如：换纱窗或灯泡、拧紧螺丝或上紧螺栓、油漆门或墙面上涂料。特殊教育教师应在家政经济学教师和行业职业技术教师的支持下，计划好这些活动。其他目标包括设备和工具的安全使用程序。下面介绍的是一个课堂设计样本，是一位教师根据自己教授《以生活为中心的生涯教育轻度课程》子能力体会编写的。

课堂设计样本

作者：林·米勒(Lynn S. Miller)

阶段：小学 **情 况：**有多种残障的学生

课程：语言艺术 **时间长度：**一周

目标：子能力2.2：学生会辨认并展示使用家中常用工具和设备。

活动主题：到设备商店/五金商店实地考察

活动目的：学生赴当地工具店实地考察，辨认各种家用设备和工具。

活动过程：学生赴社区工具店实地考察。浏览商店时，每位学生要尽可能多地列出设备和工具。学生列购物单时可求助教师，他们应向店员索取有关房舍维修保养用的任何小册子或广告宣传材料，他们还应收集商业名片放入实地考察文件夹中。

活动主题：我的家用工具和设备笔记本

活动目的：学生汇编配有家用设备和工具图画的小册子。

活动过程：学生从杂志、报纸、目录单以及从工具店收到的小册子中收集各种家用设备和工具的图画。将这些图画粘贴在一张建设图纸上后，学生给每一个设备和工具贴上标签。把这些图片放在一个小册子表格上，冠以"我的家用设备和工具笔记本"。学生还要讨论每一件设备和工具的功能。

活动主题：你使用设备和工具的方法正确吗?

活动目的：学生熟悉使用各种家用工具和设备的安全程序。

活动过程：教师将几件家用设备和工具带入教室，讨论并展示安全使用这些工具的程序。在向学生展示如何使用每一件工具时，教师应讲明每一件设备或工具的用途。在有机会操作这些设备或工具之前，学生应清楚安全操作程序。学生在展示时应拍摄照片，他们要使用这些照片建一个公告栏，在每一幅照片上附上设备和工具名称并列出安全操作程序。

评价：学生在讨论设备工具店之行后，应就经历写出一句话或一篇短篇故事。他们还应与家长分享"我的家用设备和工具笔记本"，列出在家里找到的设备和工具。最后，他们还要讨论多种家用设备和工具的功能和安全操作程序。

相关子能力：

3.16 锻炼个人安全

12.53 在公众场合表现适当的操作行为

16.68 理解性交流

活动小贴士

有特殊学习和/或行为需求的学生和家长应该合作构建一张大型房屋或公寓图表。维修和清理房舍所需的各种代表性工具标志以及有特殊学习和/或行为需要的学生能够成功使用的工具标志应放在图的底端。学生可以创建自己的功能性标志,诸如扫地和擦灰尘标志。可以添加一个图示表明各功能和本周每日情况。该图有助于家长和教师跟踪有特殊学习和/或行为需要的学生的进展情况。两张图表都可以扩大以适合有特殊学习和/或行为需求的学生的能力。

2.9 挑选合适的住房

学生意识到家庭对居住空间和家用设施的需求起源于小学。有特殊学习和/或行为需求的学生可画出房屋或公寓,收集各种房间图片,并辨认房间每一部分的家用功能。这一基本探求引导他们对社区各类房屋的认识和了解。教师应强调每种房屋的优缺点,包括讨论空间、成本、公用事业设备和区位。在中学阶段,有特殊学习和/或行为需要的学生可以通过走访房地产经纪人、家庭成员和报纸广告商收集信息,他们还应该继续做些与租房、储蓄、租赁、承租人的权利和义务以及与社区代理相关的特别训练。社区代理可以就房屋买卖给个人提供更多的信息决策支持。另一个目标是在租房或购房过程中识别哪些问题需要重点考虑。

2.10 建立房舍

建立房舍要求有特殊学习和/或行为需要的学生学会怎样获得公用事业设备服务、基本的家庭物件、家具及设施。家长的经历和社会经验对这些课程至关重要。例如,家长可以与特殊子女讨论家用公用设施,出示账单记录和安装协议,带孩子到销售基本家用物件、家具和主要设备的商场参观。电话簿和报纸的利用对正确了解各项服务的利用及购买基本家用物件也很重要。

2.11 庭院维修与保养

名为以生活为中心的生涯教育轻度课程子能力的庭院维修与保养是对 2.7 节的扩展,它要求有特殊学习和/或行为需要的学生做好庭院的维修和保养,如剪草、油漆、修剪灌木之类的工作。从事这类行业的家长和个人应参与到学生的职业发展中来。

3.0 关心个人需求

充分的卫生、身体条件和保健对容易受伤、易患病或因这些障碍而容易生气的人来说特别重要。亲属也许会尽力帮助这些人学会如何料理个人需求，而教师的客观性可以帮助平衡亲戚对有特殊学习和/或行为需要的人的溺爱。该能力包括下面一些《以生活为中心的生涯教育轻度课程》子能力。

3.12 展示身体健康、营养和体重方面的知识

有智力障碍的人在公立学校或其他机构很少或没有接受过体育或娱乐方面的教育，这一现象促进了特殊奥林匹克运动会（the Special Olympics）的发展。特殊奥林匹克运动会有助于强调所有人都具有体育能力。合理关爱身体并进行适当运动是满足日常体力需求必不可少的。有特殊学习和/或行为需要的学生应能展示对身体主要部位的知识，完成有益于身体成长的体育训练和活动。在学生掌握基本食物链、营养和体重控制等基本知识时，教师应寻求体育、娱乐和家庭经济学方面专业人士的合作。有特殊学习和/或行为需要的学生可以通过记录个人的成长、饮食习惯、游戏和锻炼保持健康。其他功能性目标包括保持身体健康，展示有益于合理营养的饮食习惯。

3.13 表现适宜的整洁和卫生习惯

有特殊学习和/或行为需要的学生应能展示刷牙、洗脸、洗手，用手帕、毛巾、餐巾和保持干净外表的能力。中学及成人教育教师应继续帮助有特殊学习和/或行为需要的学生培养这些能力，使其进一步认识适于男性/女性个人卫生和整洁的习惯。这是以生活为中心的生涯教育轻度课程中最重要的子能力之一，因为个人能否被同伴、成人和雇主接受，通常取决于其外表。另一个功能性目标应包括展示正确使用卫生洁具。

活动小贴士

有特殊学习和/或行为需要的学生应制作一张可以放在钱夹中、便于携带的梳妆打扮卡。这张卡类似身份证，卡中包含对学生的关注内容进行提醒的信息（像发型、化妆品和眼镜的清洁）。教师、顾问和家长要定期检查这些整洁卡，对照学生做到了没有。

3.14 衣着得体

对男女着装的可接受程度社会标准已不太严格。但宽泛的接受标准给教师带来

了新负担，因为他们得指导学生什么天气、什么社会环境和工作情境穿戴什么款式的服装合适。有特殊学习和/或行为需要的特殊小学生可以制作公告栏，在上面展示主要服装款式。教师在制订与这一技能相关的活动时，应当注重健康与得体服装之间的联系，教师还可以运用角色扮演帮助有特殊学习和/或行为需要的青少年进一步了解意识到衣着场合得当所带来的积极社会结果。有特殊学习和/或行为需要的学生可以运用角色扮演所提供的反馈评价自己的着装的得体性。另一个功能性目标应包括展示挑选得体休闲服和工作装的能力。

3.15 展示常见疾病预防与治疗的知识

展示疾病预防和治疗相关知识是以生活为中心的生涯教育轻度课程子能力中最为复杂的一项。这一领域包括这些信息：疾病与基本症状，发生时对健康的危害，基本急救技能，取得各种医疗问题帮助。这些课程对学生非常重要，他们必须提防可能使初始疾病复杂化的危险，例如，残障人呼吸道感染，或听力失聪者眼睛发炎。小学各年级的有特殊学习和/或行为需要的学生应开始学习基本的健康措施以预防疾病或受伤。有特殊学习和/或行为需要学生的亲身经历都是丰富的题材。指导教师应提供大量的实践环节，让学生接触在生病或受伤时的急救设施。题材指导范围增加到包括急救、安全考虑、健康设施和专业人员。当地公共卫生部门或工作人员可以为学生展示具体做法并提供视听资料加强指导。

课堂设计样本

作者： 琳达·格拉斯科(Lynda Glascoe)

阶段： 初中　　**情　景：** 资源专家课程

课时： 4课时(包括家庭活动)　　**时间长度：** 一周

目的： 子能力3.15：学生分辨杂志电视上广告宣传的健康与不健康的产品。这些活动应在对营养和化学药品的滥用做过基本指导之后进行。

活动主题： 杂志广告刊登健康产品的广告吗？

活动目的： 学生根据产品是否适合健康评价杂志所刊登的广告。

活动过程： 教师指导学生讨论广告如何影响人的饮食习惯而这又如何影响人的健康，并提供各类杂志(女性的、青少年的以及体育的)。学生剪下可食用的产品广告或与健康相关的产品广告(如：食物、饮料、药品和香烟)，并将每幅广告单独贴在一张纸上，然后回答下列关于每种产品的问题(可以利用问卷调查表格或段落书写)。

1. 该产品对你有好处么？　　是　　不　　不知道
2. 你喜欢该产品么？　　是　　不　　不知道
3. 你会使用该产品么？

是，经常。
是，有时。
是，但只有大人同意才行。
不会。

活动主题： 电视广告宣传健康产品吗？

活动目标：学生评判电视广告中产品对健康的合适度

活动过程：学生在正常看电视时间观看电视，并记录观看时间和节目。由于该活动几乎总是在家里进行（除非教室里配备电视机），家长的参与很重要。教师应主动联系家长，解释活动目的，并鼓励他们给予支持。学生列出所有饮食广告产品后（包括药品），回答前面活动中提出的问题。这些活动与前面的广告剪贴一起放入同一文件夹里。

评估：学生列出杂志或电视上常看到的五种健康广告产品及五种有害产品。假定有五则广告，让学生说出该产品为什么有益或为什么有害。

相关子能力：15.64 注意选择
15.63 预测后果

3.16 训练个人安全

训练个人安全子能力的功能性目标集中在家庭安全、人身攻击和自卫技能上。随着社会上暴力犯罪增多，这一功能性技能越发重要。家长、执法人员、自卫专家以及社区服务部门像煤气、电力公司等，都能够帮助有特殊学习和/或行为需要的学生学习了解安全措施及潜在危险。角色扮演游戏会强化指导的效度，此项活动应从小学开始。

4.0 养育孩子——家庭生活

从成为家庭成员之日起，人们便开始学习养家糊口的能力了。教师应帮助有特殊学习和/或行为需要的学生观察家人、亲戚或邻居养育孩子的做法。掌握这些能力所要求的技能大多依赖于有特殊学习和/或行为需要的学生的观察和汇报技能。有特殊学习和/或行为需要的学生的观察有助于教师准备成功的子女——家长互动这一课。经验是最好的老师。当实验空间有限时，观察他人的经历可以避免不必要的试验和错误。中学和成人课程教师也可以为有特殊学习和/或行为需要的学生提供充足的机会答复养育孩子方面的问题，并且提供充足的信息源便于学生获取深度解答。这一能力包括下列以生活为中心的生涯教育轻度课程子能力。

4.17 展示养育孩子的身体护理知识

不同发育阶段的儿童有不同的需求。幼儿护理和喂养、接种疫苗、合理饮食、穿衣、锻炼和保护在其整个成长阶段都很重要。需求强度因人而异。有特殊学习和/或行为需要的学生可以结合每一题目，运用亲身生活体验来培养与未来孩子相处的恰当方法。这是教师对养育孩子过程应予以强调的一种方法，因为实际要考虑的话题是将来某个时候。其他功能性目标应包括展示孩子的正确护理和基本保护措施。

活动小贴士

给每位有特殊学习和/或行为需要的学生发一只鸡蛋和一个鞋盒。鸡蛋代表新生婴儿，鞋盒代表床或家。有特殊学习和/或行为需要的学生须制订程序表对“婴儿”进行护理，包括给“婴儿”洗澡、喂奶和更衣等等。课堂讨论可以包括育儿的艰辛和快乐。

4.18 了解养育孩子的心理知识

为使学生心理上做好准备承担婚姻和育儿责任，教师必须帮助有特殊学习和/或行为需要的学生了解一些基本的情感需求。对爱情、养家和接受的讨论能够探究有特殊学习和/或行为需要的学生的自我意识构架，确认其最基本的观念和态度。这些交流可能包括辨别作为孩子的需求，不同成长阶段的需求，对满足需求行为的反思以及家长为孩子提供这方面需求所起的作用。在理解儿童的心理需求时，有特殊学习和/或行为需要的学生可以解决影响个人成长的心理环境问题。其他功能性目的应包括识别潜在的家庭问题，识别为解决家庭问题提供支持的社会机构。

活动小贴士

教师或顾问将全班当成“家庭”。所有有特殊学习和/或行为需要的学生都是同一个家庭成员。每次上课集中讨论家庭面临的一件事情或问题(如做度假计划或送孩子参加夏令营)。教师应选择对全班特别重要的问题供大家讨论。有特殊学习和/或行为需要的学生可以向专业人士提问题以获得更为详细的内容，但必须提供可选方案、书面材料或其他反映个人和小组解决办法的创造性努力。

4.19 展示婚姻责任

课程应强调婚姻伴侣必须做出个人调整。有特殊学习和/或行为需要的学生自然可以观察家人做决定时的妥协。他们有过一些调整以适应兄弟姐妹、游戏伙伴、俱乐部成员或同龄人的经历。这样不断调整的情形将永远伴随着婚姻。然而，它们能够检测有特殊学习和/或行为需要的学生与他人合作计划的能力，表达观点的能力，培养有助于婚姻成功的其他基本技能。教师可以讨论婚姻中要求认真做决策的许多方面。

相互关心和尊重、分担家庭责任、挣钱糊口、料理家务、走亲访友、家庭计划生育只是讨论议题的几个方面。其他目的应包括：识别婚姻生活中必要的个人生活方式调整和共同生活方式调整。

5.0 购买和准备食物

能力5与采购、准备和消费食物相关。食物还有一个功能——奖励作用，因而常当作奖品鼓励学生课堂表现。食物既是生活必需品，又是对行为的奖励，这双重作用给教师带来了额外责任，必须培养学生区分二者的能力。下面以生活为中心的生涯教育轻度课程子能力绝不是计划、采购和准备食物时最无关紧要的，因此，教师应扩展这一领域以满足学生的特定需求和能力。这种能力包括下面以生活为中心的生涯教育轻度课程子能力。

5.20 采购食物

采购食物与以生活为中心的生涯教育轻度课程子能力1.2合理开支有关，为教师培训有特殊学习和/或行为需要的学生使用食物计量单位和计算成本提供了大量机会。遗憾的是，学生经常陷入食物广告世界中。购买好吃的东西可能成为每天安排任务的主题，这些任务包括在学校食堂买饭，计算袋装午餐的成本或计划课后快餐的未来开支。近年来，家政经济学指导者和社区消费者协会代表建议，应当给学生开设课程帮助辨认食物质量的优劣，不同类型的鱼和肉切片，普通销售和专营各自的优势。其他功能性目的应包括：识别有关食物价格的社区信息源，在预算内列购物单。

活动小贴士

教师为全班列出一份基本食物清单。有特殊学习和/或行为需要的学生到当地商店或超市给每种食物定价。这些价格构成下列活动的基础：要求有特殊学习和/或行为需要的学生比较食物的价格，计算一定量食物的成本，而后根据固定钱额挑选食物。该活动的复杂程度可以依据学生个体的能力加以调整。

5.21 清洁食物准备区域

教师应强调，清洗过程与食物的准备同等重要。毕竟，食物会消失，但不洁净的碟子下顿还会用。该项以生活为中心的生涯教育轻度课程子能力包括使用各种清洁措施和材料、处理和清除废品、存储厨房用具的技能。清洁工作是贯穿准备与整理过程始终、强调安全要素和措施的合适课程。

下一节提供的课堂设计是：以生活为中心的生涯教育轻度课程子能力中的两个目标是如何结合以社区为基础的实地经验传授的。注意这是一个生涯探索课堂设计，该设计针对的是以生活为中心的生涯教育的两种生涯角色：家庭成员/家庭主妇和雇员。

课堂设计 3 5.21.1E：3
5.21.2E：3

以生活为中心的生涯教育目的 5.21.1 认识食物准备区域个人卫生的重要性。

以生活为中心的生涯教育目的 5.21.2 列出食物准备结束后清洗工作区和整理物品的理由。

课堂目的： 学生了解与食物打交道时恪守清洁做法的重要性。

教学资源： 赴快餐店实地体验。

课堂导入： 对健康领域的最近研究发现，触摸比任何其他方式传播疾病都快。拿一个患有轻微感冒并对着自己的手咳嗽的人来说，如果此人给别人做了一块三明治并与另一个人握手，那么这两个人都容易患该感冒。感冒病菌通过触摸传染给其他人。难怪医院重视经常认真洗手这个简单道理，其目的是阻止疾病的传播。

社区/学校活动： **时间：** 2 课时

任务：

1. 赴快餐店实地体验，请快餐店经理向学生讲述清洁工作区程序及个人卫生的重要性，强调及时适当洗手。引导每一位学生留心自己认为重要的两种清洁做法，次日向全班报告。
2. 第二次课，让学生讨论快餐店实地体验感觉，报告两种观察到的清洁做法。
3. 将学生分组。

- 让每个学生想出一个例子，表明何时何地之后或之前洗手重要。
- 看哪个小组想出的例子多，让大家分享。
- 让学生讨论作为家庭成员和雇员来说，为什么洗手这么重要。

课堂设计评估：

活动： 学生赴快餐店实地体验。

标准： 学生向全班汇报在快餐店观察到的两种清洁实践活动。

生涯角色： 家庭成员/主妇、雇员。

生涯阶段： 探索。

注：选自《以生活为中心的生涯教育：日常生活技能能力单元》，第二卷，745 页，布罗林著，1992 年出版，弗吉尼亚阿灵顿：特殊儿童理事会出版。1992 年版权归特殊儿童理事会所有。转载已获得授权。

5.22 储藏食物

合理储藏食物是全面管理经济收入和家庭健康的有益手段。这一过程要求学生学习如何储藏食物，辨别什么时候食物已经变质。教师可以从消费者组织或生产储藏器皿的公司获得多种指导手段。另一个功能性目标应是展示储藏食物的技能。

5.23 准备饭菜

要准备一顿饭菜，有特殊学习和/或行为需要的学生需要知晓如何使用餐具、按照

培养食物准备技能是休闲娱乐活动中扮演四个生涯角色
(员工、家庭成员、公民和活动参与者)必备能力

说明书说明行事、确认各种形式的方案、清洗、切菜、准备食物以及如何使用厨具制作蛋糕和烹调。所有学校应通过直接操作或指导让有特殊学习和/或行为需要的学生具备膳食准备所需要的技能。当然,教师可以请家长参与到指导食物采购和准备之中。其他功能性目标应包括按照指令准备饭食,展示厨房安全措施。

5.24 展示合适的就餐习惯

社会形成了与他人共餐的行为标准,不论是在家庭或是在公共场合。这些礼仪标准对于有特殊学习和/或行为需要的学生只是略有改变。盲人吃蚕豆的技能与看得到蚕豆在盘中滚来滚去的同伴食用技能必须相同。不能遵从这些标准,甚至于略做变动迁就残障人都会引起社会其他成员的不满意和遭到拒绝的境地。因此,应让有特殊学习和/或行为需要的学生意识到这些标准,并且展示运用必要餐具和残障人辅助工具的能力。这些技能应当在小学各年级传授,在家中强化,并在社区特别设置的实习场所实践。另一个功能性目标是在餐馆或其他公共就餐场合展示这些能力。

5.25 计划/食用合理的膳食

从饮食适当到合理规划早餐、午餐和晚餐,其间确实有一定距离。规划并不需要包括饭食的实际准备工作。即使有特殊学习和/或行为需要的学生不能或不愿准备食物,他们应当知道食物的营养价值,以及食物、健康和成长之间的关系,以便能够选择出给自己提供最大好处的食物。许多人吃的是含糖量高、低蛋白质的"垃圾食品"

(junk foods)。这是有特殊学习和/或行为需要的学生必须避免的情形。其次,合理饮食对于有特殊学习和/或行为需要的学生非常重要,因为他们需要在饮食中增加营养成分,比如促进骨骼生长的钙质、各种各样的补品和针剂。这些补充成分与其他营养成分起平衡互补作用。如果有特殊学习和/或行为需要的学生对饮食马马虎虎,其智力和身体行为能力就会降低,健康就会面临风险。教师应当注意到,这种以生活为中心的生涯教育轻度课程子能力与身体健康、营养和体重(3.12)也有联系。其他功能性目标应包括开发有益于健康的食物清单并在明确的预算内规划一日三餐。

6.0 购买和护理衣服

虽然"人靠衣装"(Clothes make the man.)这一老说法有点改变,但依然是一种文化标准,是课堂中一个非常有影响的评判工具。无论是蓝牛仔装还是正式装,跑步鞋/通用运动鞋/竞走鞋还是高跟鞋,时装、发式及时尚物品,对从小学到成人教育各阶段的有特殊学习和/或行为需要的学生都有吸引力,因为衣装和身份和社会认同息息相关。正确选择或改变着装可以提升有特殊学习和/或行为需要的学生的形象,最大限度地弱化身体不足。这种能力包括下面一些以生活为中心的生涯教育轻度课程的子能力。

6.26 清洗衣服

以生活为中心的生涯教育轻度课程子能力的主要目的是教育有特殊学习和/或行为需要的学生如何护理服装。这种技能会改善学生的形象,提高其使用家用物品的能力。通过洗涤脏抹布、手帕和毛巾等,有特殊学习和/或行为需要的小学生可以熟悉各种洗涤剂的效果和水温。当有特殊学习和/或行为需要的学生开始洗自己的衣服时,他们需要一些指导,了解各类物品的洗涤常识、如何操作洗衣机以及如何使用甩干机。这些步骤需要家长的配合,因为家长更能评价这些功能技能的掌握情况。

6.27 购买衣物

在学习购买房子、健康保险、交通工具票、娱乐票等基本知识之前,有特殊学习和/或行为需要的学生需要有购买衣服食品的经验。观察敏锐的教师会回忆起无数孩子与家长一起在超市或服装店购物的情景。在试图阻止学生的冲动购买习惯时,同一教师或许会面临痛苦的斗争。如果成功,教师会让有特殊学习和/或行为需要的学生铭记:怎样挑选不同场合下穿的服装,平衡服装需求与现有可支配资金的关系,辨别精工制作与粗制滥造的服装,根据个人需求及经济状况的关系协调购物。其他功能性目的应包括记下自己的服装尺寸,明确衣柜里需要什么衣服,按照具体预算计划添置衣物。

6.28 熨烫和存放衣服

家政学教师可以帮助有特殊学习和/或行为需要的学生获得准备和熨烫各种衣服

的技能，并且为学生提供储存季节性服装的指导：为什么、什么时候、怎样存放以及放在哪儿。另外，应努力协调课堂教学与家庭指导之间的关系。该项子能力的技能包括搭配缝纫线颜色，学会初步计划技能，长针脚疏缝，简单手工缝补，机器缝纫以及针对不同撕裂缝选择不同的缝补方法技能。

活动小贴士

有特殊学习和/或行为需要的学生在学校及在家都应有针线包(clothing repair kit)。课堂教师或家政学教师布置具体的衣服修补任务，要求在课堂上完成，或者将家中的东西带到缝补课上完成。教师和家长可以根据每位有特殊学习和/或行为需要的学生的能力和态度，检查针线包里的材料、放置地方和使用情况。

7.0 做有责任心的公民

过去10年中，受一些群体成功做法的鼓舞，参与社区活动的有特殊学习和/或行为需求的人在稳定增长。这些群体论证并游说对确保住房、教育和就业的公平机会进行立法。一旦相关重要法令在当地、州和联邦得到通过，这些公民必须做好准备继续行使倡导者的角色以把立法和规章化为日常生活中的社会实践。

7.29 展示公民的权利和责任

子能力7.29包括会被司法官员质询的个人权利知识以及能够帮助回答这类问题的提供法律援助渠道的知识。教师无法帮助有特殊学习和/或行为需要的学生轻松学会这一综合技能。有特殊学习和/或行为需要的学生应开展角色扮演游戏，表演遇到官员质询时的情形。执法官员或法律援助协会成员也可到课堂上答疑。学生年满十八岁时应登记入选征兵。某些情况下，参军可能是一种职业选择。另一个功能性目标是确认兵役制登记所需要的信息。

7.30 了解地方、州和联邦政府的性质

教师应帮助学生了解法律、政府存在的基本原因以及政府官员的各种角色和责任。教师不要去强调违法的后果，而应阐明社区官员和公民怎样带来了法律的变革，现存法律怎样给大家带来益处。如传授前面以生活为中心的生涯教育轻度课程子能力一样，教师可以从优势角度解释更大的联邦机构。地方和联邦机构包括三个主要领

域——行政、立法和司法，以及一整套法令、法规和机构。有特殊学习和/或行为需要的学生应意识到联邦法律高于地方和州法律。另一个功能性目标是弄清宪法(the Constitution)和独立宣言(the Decaration of Independence)的合理成分。

7.31 展示法律知识和守法能力

公民的权利和义务是整个能力的主要成分。以生活为中心的生涯教育轻度课程子能力 7.31 涉及识别给予公民支持的法律，公民包括有特殊学习和/或行为需求的人。但每一项权利包含了公民的一份义务。有特殊学习和/或行为需要的学生应当意识到自己有遵守法律、支付税款以及对社会问题与事件知情的义务。另一个功能性目标是充分了解基本的法庭体系和程序。

7.32 展示公民的权利与责任

整个小学阶段都应强调选举投票的理由。许多有机会登记和选举的中学生会报名参加培训课程。这种情形给教师提供了利用学生登记和选举投票过程的经历制订实践课程计划的机会。其他功能性目标是识别在未来选举中有待确定的日期、议题和官职、寻找信息源向全班讲述。

活动小贴士

有特殊学习和/或行为需求的学生应当收集与自己权利相关的图片、文章和信息，制作《倡导记事本》。这些资料应反映个人在民事和社会功能中的放大角色。资料采集可取自报纸、杂志及实地考察得到的小册子，或课堂演讲者发放的活页。教师可以谋求热心社区事务的积极人士合作。

8.0 利用娱乐和休闲活动

随着每周平均工作时数的逐步减少，工人投入娱乐休闲的时间、精力及注意力大大增加。各种专业组织和家长协会极力强调体育、休闲、娱乐和艺术。拓展性项目、特别活动和会议有助于体能的增强和公众对个人参与社会的认可。这一能力的相关活动为这些人提供了另一方面的融合领域，因此，被认为是整个课程中明显的有价值的部分。融洽的娱乐和休闲活动也会为未来的就业提供机会，有特殊学习和/或行为需求的人展示出对这些能力的特别兴趣和技能，这种能力包括下列以生活为中心的生涯教育轻度课程的子能力。

8.33 展示利用社区资源的知识

教师可以开始向小学生讲解社区机构、学校、教堂的作用,其活动内容和设施。下一步需要教师、家长和娱乐活动的组织者共同努力,鼓励有特殊学习和/或行为需求的学生参加、观察这些活动。这样,有特殊学习和/或行为需要的学生知道自己能参与的娱乐活动类别,了解社区中所能利用的资源和设施。活动的重要目的是尽早使学生参与到家庭以外的娱乐活动中来。

8.34 选择和策划活动

以生活为中心的生涯教育轻度课程中许多与利用娱乐休闲设施相关的子能力要求现场体验。这些体验有助于有特殊学习和/或行为需要的学生策划娱乐活动。规划应包括诸如成本、场所、旅游、体能需求、器材使用和参与者的人数等要素。规划和决策应融入学生以前的活动经历,检测他们的自我意识(参见第十二章能力 10)。这一活动的重要功能性目的是使有特殊学习和/或行为需要的学生能够制订个人娱乐活动计划。

8.35 展示娱乐的价值

了解娱乐的价值与自我意识的发展密切相关。它包括有特殊学习和/或行为需要的学生了解娱乐在整个人生发展过程中所起的作用:娱乐能够调节学生在争取独立时遇到的日常压力。而只有通过有效利用休闲时间参与到休闲活动、俱乐部活动或爱好中来,有特殊学习和/或行为需要的学生才能深刻体会娱乐的价值。为此,家长、教师和娱乐工作者需要做出共同努力。

活动小贴士

教师、娱乐和体育界人士,家长和有特殊学习和/或行为需求的学生应构建一个休闲娱乐网。该网络列明对有特殊学习和/或行为需要的学生的要求:(1) 作为参与者;(2) 作为观察者;(3) 作为每一娱乐领域的员工。每一项体育运动、活动或爱好都为这类学生提供机会,记录他们对娱乐活动和雇佣能力的观察。可将图片、报刊杂志的文章和学生的论文添加到网络中。

8.36 参与小组和个体活动

充分参与群体活动部分取决于有特殊学习和/或行为需要的学生的身体健康状况和与小组其他成员的互动能力。为此,教师应该设计或调整有益于这两种目标的游戏和小组活动。有特殊学习和/或行为需要的学生的身体状况需要考虑,不过,我们有足够的事实——从盲人滑雪者到坐着轮椅的篮球队员——证明身体缺陷并不总是妨碍有特殊学习和/或行为需要的学生参加某些活动。其他功能性目的应包括展示正确使用维护活动器材,学习安全规则和运动道德。

8.37 安排度假时间

成年人发起度假活动,但可以让孩子参与到一些计划中。孩子会较真地问一些主要问题,如:"全家什么时间要去度假?我们去哪里?为什么去那里?到了那儿做什么?要花多少钱?我们的钱有这么多吗?"在整个提问过程中,教师和家长应提供几个问题帮助有特殊学习和/或行为需要的人明白:最终方案是由涉及家庭需求和资源等若干要素决定的。其他功能性目的应包括明确现有信息资源,这将有助于假期方案的制订和构建。

9.0 在社区走动(运动技能)

在一个崇尚迁徙,重视轿车、野营车、滑雪流行和乘坐飞机长途旅行的社会里,成年人和儿童都看重自由自在的运动能力,这毫不为怪。这种能力对于那些苦苦奔波于家和工作场所、娱乐场所和健康服务场所的人来说甚至更为重要。勤学苦练能帮助有视觉、身体和智力残障的人在社区里自由走动。这些残障人应当接受培训,学习如何使用导盲犬(guide dog)或拐杖,如何开车,如何使用轮椅或手推车,以及其他交通工具。下面以生活为中心的生涯教育轻度课程的子能力建立在这样的观点之上:无论有没有假肢、机械装置或声音传感器之类装置,人都可在社区走动。这种能力包括下面一些 LCCE 轻度课程子能力。

9.38 展示交通规则和安全知识

交通规则、信号、标志和声音等基本知识应当在小学传授,因为社区所有成员的安全都维系于此,足以显示其重要性。教师应利用海报、实地考察和多种视听辅助设备强调步行者和机动车驾驶员的责任。

9.39 展示各种交通工具的知识和运用

学生应熟悉社区现有的具体交通工具形式。教师应设计课程,强调各种交通工具的优缺点、费用、时刻表、可及性和方便之处。这些课程应包括学生怎样使用承运人提供的诸如车票或月票、路线图和说明书等工具的信息。其次,应向有特殊学习和/或行为需要的学生传授看地图和找到社区内地址的能力。最后,这些学生应能使用恰当的交通工具抵达学校、工作场地或娱乐场地。

活动小贴士

可以运用寻宝游戏(the treasure hunt game)来测试有特殊学习和/或行为需求的学生的运动技能。家长、朋友和其他教师最好支持寻宝游戏从教室或到家庭扩大到街道和大社区。游戏应强调有特殊学习和/或行为需要的学生可能运用的所有辅助手段以便最终抵达目的地,游戏还应帮助有特殊学习和/或行为需要的学生了解可以提供支持的各社区工作者的作用。

9.40 社区识途

以生活为中心的生涯教育轻度课程子能力 9.40 重点教授有特殊学习和/或行为需要的学生怎样找到特定地址,使得学生不仅能够找到朋友而且能够找到商业、娱乐和休闲场所。有特殊学习和/或行为需要的学生应该借助家庭成员的帮助,让自己获得以社区为基础的真实体验,学会使用城市和州地图。另一个功能性目标是帮助学生熟悉社区资源,熟悉社区活动中所遇到的日常符号和标志。

9.41 开车

大多数高中生的一个重要目标是开车。教师可以借此帮助有特殊学习和/或行为需要的学生培养以生活为中心的生涯教育轻度课程中的其他几种子能力以及一些功能性学业技能。教师应与其他指导者合作,协调学生的学车课程。如果教练负责培训驾驶员操作指南、州驾驶考试和实际训练,这一点就尤为重要,任课教师对教授驾驶理论知识同样可以起到帮助作用。教师可以用海报板或三夹板构建高速公路与街道交织的蓝图,容纳多种交通信号和标志。其他功能性目标应包括:确认出现交通事故后司机应采取哪些恰当步骤,展示对汽车小故障进行简易修理的能力。

为日常生活技能指导所提供的最后一个课堂设计与这个以生活为中心的生涯教育轻度课程最后一项子能力相关。该课堂设计是生涯准备阶段的指导,涉及学习道路标志、熟悉州驾驶员手册以及参加相关车辆安全标志测试。该课堂设计涉及表格最下边的所有生涯角色,这一课程的教学可能需要不止一节课。更多详细的、具体的指导目标和课堂设计活动可以通过索取《以生活为中心的生涯教育技能单元手册》(Brolin,1992a 到 1992d;Roessler & Brolin,1992)来获得。

课堂设计 11 **9.38.3P:11**
以生活为中心的生涯教育技能目标 9.38.3 确认驾驶员培训标志测试中的车辆安全标志。

课堂目标：学生从驾驶测试练习中成功识别车辆安全标志。

教学资源：事实清单道路标志、彩色铅笔或画图笔、州驾驶员手册、工作清单车辆安全标志测试。

课堂导入：今天我们将进行一次模拟测试，它同大家为获取驾照必须通过的车辆安全标志测试很相似。做完后，大家评价做得如何。

学校活动：

任务：

1. 分发事实清单复印件道路标志、彩色铅笔或画图笔。
   让学生将标志涂上颜色使其更真实。
   如需要，学生可参考事实清单和驾驶员手册。
2. 将全班分成对子，让学生操练，辨认标志及含义。
3. 学生满意地学会这些标志和含义后，发给他们练习册，指导车辆安全标志测试。
   做测试题时，学生可参考事实清单上的道路标志。
   建议按照所在州的实际测试要求，给班上每位同学相同做题时间完成测试。
4. 学生做完题后，教师读出正确答案，让学生批改自己的测试并讨论自己错误的答案。

课堂设计评价：

活动：学生完成练习册上的车辆安全标志测试。

标准：学生完成该测试时，15 个答案中应有 12 个是正确的。

生涯角色：家庭成员/家庭主妇、雇员、公民/志愿者、从事业余爱好者。

生涯阶段：准备。

注：选自弗吉尼亚州阿灵顿特殊儿童理事会出版的《以生活为中心的生涯教育：日常生活技能能力单元》，第三卷，1430 页，布罗林著，1992 年版。1992 年版权归特殊儿童理事会所有。转载已获得授权。

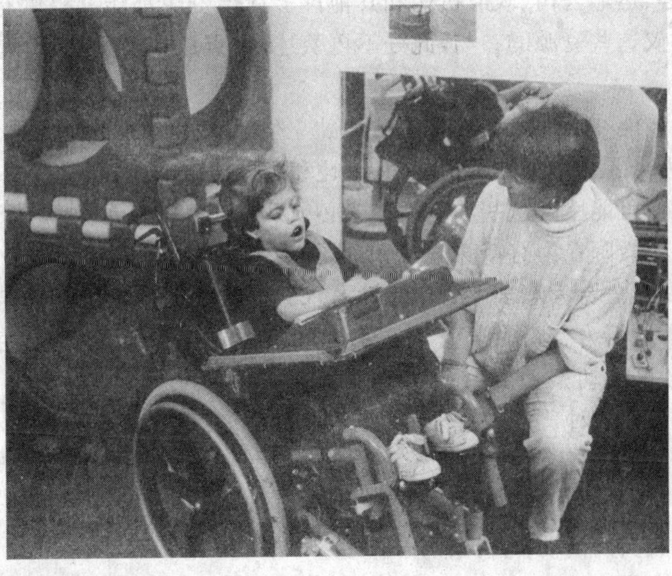

培养得体的交际能力对当前和将来生态环境的发展起关键作用

教授以生活为中心的生涯教育中度课程中的日常生活技能(Teaching LCCE Moderate Curriculum Daily Skills)

日常生活技能有时叫做独立生活技能或生存技能，是那些要求独立或半独立起作用的技能，或者在家庭环境中施展的技能。日常生活技能有：数钱、使用自动售货机、办理银行业务、衣着得体、保持身体健康、例行个人安全、准备膳食、操练基本急救知识、使用现有交通工具以及选择并参与集体旅游。这些技能都是在家庭、学校、社会和工作中成长为负责任的成年人所必需的。传授这些技能的责任落在特殊教育工作者、普通教育工作者、家长和同伴的身上(West 等，1992)。

大多数以生活为中心的生涯教育轻度课程教案选自《以生活为中心的生涯教育：日常生活技能能力单元》(布罗林著，弗吉尼亚阿灵顿特殊儿童理事会，1992)，可以加以修改，并运用于以生活为中心的生涯教育中度课程能力与子能力教学中。

全书强调了家庭、社会的参与和结成可以信赖的同盟的重要性。功能课程领域的成功衔接/生涯教育在很大程度上取决于这些资源的参与度。如果家庭成员愿意参与活动帮助满足有特殊学习和/或行为需要的学生的功能性需求，这样的话，教师重视的功能课程领域的许多内容就会在家庭环境中得到强化和拓展。此外，杂货店、服装店、银行、娱乐中心、运输公司、政府机构和其他许多社会资源都能够提供有价值的帮助。前几章谈过建议这些资源的参与，此处不再赘述，重点放在教师在这种功能课程领域中的作用。

日常生活技能在现代社会里是成功地独立生活和工作的必要条件。根据有特殊学习和/或行为需要的学生的特定能力、兴趣和个性化需求，获取这些功能性技能也会给他们创造职业可能性。这些功能性技能必须系统地融进日常教学中，不可以随意教授或完全忽略。教师在为有特殊学习和/或行为需要的学生设计功能性目标与方法、评价其进步之前，需要考虑学生的功能性需求。这些功能性工作有助于教师，尤其是有特殊学习和/或行为需要的学生，注意日常生活技能的提高，譬如：保持个人外表形象、理财和在社区活动。

可以并应该在各种普通教育环境、社区活动和家庭任务中教授日常生活技能。向有特殊学习和/或行为需要的学生大量传授这些技能会带来许许多多明显的好处，而且这一功能性技能的重心"能够为达到学习、一般认知、语言和交际以及社会技能等提供激动人心的真实的活动"(Langone，1990)。

可以将日常生活技能融入广泛的基础学习课程范围之中，例如：阅读、英语、数学、行政学、社会科学、自然以及家庭经济学、体育和健康这类课程之中。通过课程规划(即决定对于大家公认的生活技能来说,应当教哪些主题以及什么层次的主题,学校生涯衔接委员会和其他普通教育工作者应明确怎样将这些功能性技能融入学校课程设置中。

下面将给具有中度有特殊学习和/或行为需要的学生提供在这个功能性课程领域的一些特别重要的指导方法和策略:

- 对于实物材料,如工具与设备有大量的亲身操作体验;
- 利用学校资源,如自助餐厅、护理、办公室、运输、家政服务等部门,强调这些技能对学生个人发展和就业的重要性;
- 以社区为基础的经历,像旅游、模拟工作、单独指导和指导机会;
- 家长和社区成员等志愿者为学生提供这些技能领域的课堂展示和活动;
- 利用游戏、社区资源模拟、角色扮演、计算机和录像机,为这些技能开发提供有趣的、富有挑战性的活动和表演;
- 同伴辅导,要找有专长且热心的同龄人对有特殊需要的领域学生进行辅导;
- 合作学习方法。

以上这些重要的功能性指导策略都在前边的 LCCE 轻度课程能力和子能力的讨论中谈到过。

其他适合中度特殊学习和/或行为需要的学生的指导策略包括:利用适合年龄段的职业转变资料,提供充分的帮助和支持,指导利用自然支持,促进学校与社会的成功结合,对多种生态环境进行指导,指导必要时如何寻求帮助。

以生活为中心的生涯教育中度课程能力(LCCE Moderate Curriculum Competencies)

除了一般生活技能的培养之外,中度课程的日常生活领域主要围绕本书倡导的职业培养范畴中四个角色中的三个:家庭成员、公民/志愿者以及追求爱好与休闲的从业人员。日常生活技能指导在某种程度上也会促进职业的开发和未来就业的可能性。本章后面将对该领域进行探讨。

本节展示了以生活为中心的生涯教育中度课程的 8 项生活能力和 32 项子能力,如图 11.2 所示。下面将讨论每种能力,并提供几个活动小贴士。以生活为中心的生涯教育课程手册(Loyd 和 Brolin 著),类似于已开发的以生活为中心的生涯教育的轻度课程计划,将由特殊儿童理事会出版。

1.0 理财

理财能力(managing money)是每一个成年人取得成功的关键要素。因此,教师

课程领域	能　力	子能力：学生将能够					
日常生活技能	1. 理财	1. 数钱	2. 购物	3. 使用自动售货机	4. 预算	5. 利用银行服务技能	
	2. 选择和维护居住环境	6. 选择合适的社区居住环境	7. 维护居住环境	8. 使用基本家用电器和工具	9. 建立个人居住空间		
	3. 关心个人健康	10. 表现合适的整洁卫生习惯	11. 衣着得体	12. 保持身体健康	13. 认识疾病与生病求助	14. 练习基本急救	15. 练习个人安全措施
	4. 培养和保持适当的亲密关系	16. 展示人类基本性知识	17. 展示恰当的约会行为知识				
	5. 在家中和外面就餐	18. 规划平衡膳食	19. 购买食物	20. 烹饪	21. 展示合理的就餐习惯	22. 展示饭后清理和食物存放	23. 展示得体的餐厅用餐礼仪
	6. 清洗和选购服装	24. 清洗/烘干服装	25. 购买服装				
	7. 参与休闲娱乐活动	26. 识别现有的社区休闲/娱乐活动	27. 选择与安排休闲娱乐活动	28. 参与个人和集体休闲/娱乐活动	29. 选择及参与集体旅行		
	8. 在社区走动	30. 遵守交通规则和安全程序	31. 开发和遵循社区可利用路线	32. 利用现有的交通工具			

图 11.2　以生活为中心的生涯教育——中度课程：日常生活技能能力

注：选自《以生活为中心的生涯教育：中度残障修订课程》。洛依德和布罗林著，1997 年版，弗吉尼亚阿灵顿：特殊儿童理事会。1997 年版权归特殊儿童理事会所有。转载已获得授权。

和可靠同盟须提供多种活动，以使有中度学习和行为需求的学生做好准备担承开支者、储蓄者和理财经理的角色，不论有无帮助。虽然这些技能在 LCCE 轻度课程中的范围和活动次序有限，但许多低层次的理财技能应包括在中度残障学生的个人课程计划中。许多学生会积极参与社区活动，因此需要了解挣钱、存钱和花钱的概念。理财包括如下一些子能力：

1.1 数钱

可以教会中度残障的学生如何数钱。有些学生也许能算出买了多少东西用了多少钱。对于所有学生来说，辨认钱是这项子能力的初步技能。教师和家长应利用一切机会鼓励孩子学数钱。教师可以利用代币和查账/储蓄课程训练数硬币和钞票。家庭成员可以把兜里和钱夹里的钱拿出放在桌上，让孩子数出给自己需要拿的钱。

如在以生活为中心的生涯教育轻度课程中所述，可以购进简易教学工具和商业手册帮助教师开展活动，要求学生数多达 20 美元的硬币或钞票。

1.2 购物

对于所有中度以上残障的学生来说，能够完全独立或部分靠他人帮助完成购物是一项重要技能。教师可建立一个教室商店帮助中度以上残障的学生锻炼购物技能。社区经历，哪怕是小学阶段的，也会为学生提供从餐馆购午饭或从零售商店购买物品机会。学校小吃/供应店也会为学生锻炼购物提供机会。挑选最好价位的商品是学校或社区需要强化的另一项活动。

方便之时，家庭能够安排学生购物，为他们提供机会锻炼数钱和正确找零。家庭可以讨论如何挑选打折商品，怎样利用优惠券削价。学生需要清楚有提供打折卡的商店，弄清怎样挑选商店的打折商品或自己喜欢的牌子，以便节约总账单上的开支。

最后所有消费者要考虑的是认清向谁求助，然后需要时请求帮助。

活动小贴士

有中度特殊学习和/或行为需要的学生可以帮助家庭买杂货。杂货购物单可分成两个独立部分：长单子为家庭购物计划，短单子是为中度特殊学习和/或行为需要的学生设计的。卖场的宣传广告单能帮助挑选购买最合算的东西。在为家庭购买余下的物品之前，个人应该先把为自己购买东西的账结清。

1.3 使用自动售货机

成年人几乎每天都使用自动售货机购买食物或产品。以前，多数自动售货机操作类似，但现在很多机器的操作程序和付款选择变化很大。应当让有中度特殊学习和/或行为需要的学生尽可能多地接触各种机器，以便他们学会操作自动售货机的基本技能。再投一枚25美分硬币(quarter)付款技能是从自动售货机上购物的良策。有中度特殊学习和/或行为需要的学生到社区购物时应多带些25美分硬币给自己支配。有中度特殊学习和/或行为需要的学生还应学会如何操作接收美元钞票的自动售货机。另一项功能性活动是应当在购物收到货物后总是立即检查所找的零钱是否正确。

最后，所有消费者要考虑的是确定向谁求助，然后需要时请求帮助。

1.4 预算

有中度特殊学习和/或行为需要的学生需要学会预算收入的基本知识。教师应在教室为这些有中度特殊学习和/或行为需要的学生设立预算情境的实践课程。家庭成员可以为孩子生活方式着想设计并回顾家庭预算。如果有中度特殊学习和/或行为需要的学生每月都领工资，最好与其帮助者探讨如何制订每周详细购物单，以便做出月预算。不识字的孩子应使用配图的预算方案——每天的，每周的，每月的。这应包括对收入和支出的讨论。

最后所有消费者要考虑的是搞清向谁求助，然后需要时请求帮助。

1.5 利用银行服务技能

当今，大多数消费者都使用活期存款账户。这很方便，免得为每日、每周和每月的购物付款而被迫使用现金。因而，有中度特殊学习和/或行为需要的学生必须尽可能多地学会在有人帮助或没人帮助下从事银行交易，这一点非常重要。这一子能力涵盖行使个性化银行技能诸多方面，包括在有人帮助或没人帮助下开立、保持活期储蓄账户和存款账户。教师应安排时间进行社区为基础的体验接触银行设施。目前，借记卡(the debit card)或自动提款机卡(ATM card)是支付货款的一种便捷方式，与开支票一样需要记录过程。教师可以建立与用钱相关的教室银行和账户。教师应当鼓励家庭成员存取款时带残障孩子到银行并向孩子讲解如何使用这些设施。家庭能够在教授孩子如何利用银行服务方面发挥重要作用。教师还可以邀请银行工作人员向学生讲授如何使用这些服务设施来作为这些活动的补充。其他功能性目标应包括必要时能够向合适的银行官员寻求帮助。

2.0 选择和维护居住环境

对于大多数成年人来讲，一项正常化的目标就是社区生活。对于一些有中度特殊学习和/或行为需要的学生来说，可能尚需要一定的支持性的生活选择。住房开支通常是个人每月预算的一个主要部分。一些城市，不论是市中心还是外围、居住的公寓大还是小，这项开支都很高。尽管年轻人现在倾向于与家人多居住一些时间，选择和维护居住环境对于有中度特殊学习和/或行为需要的学生来说，依然非常关键。这一能力包括下列子能力。

2.6 选择合适的社区居住环境

尽管许多有中度特殊学习和/或行为需要的年轻人居住在家里或是有人提供帮助的公寓里，他们也应了解并操练挑选合适的居住环境的必要技能。教师应讨论下面的社区居住选择：提供帮助的居所、半独立的居所、集体居所、同可依赖的室友居住，以及提供紧急帮助服务的独身居所。教师需要强调每一种社区居住形式的优缺点，包括对居住空间、成本、设施和场所的讨论。有中度特殊学习和/或行为需要的中学生应继续进行一些与租房、储蓄、租赁、承租人的权利和义务以及提供居住服务的社区机构相关的特别训练。家人和其他可信赖的亲戚需要强化和讨论本社区的居住选择形式。另一个功能性目标就是确认遇到居住设施有问题时，同谁联系以及向谁求助。

2.7 维护居住环境

许多教师向有中度特殊学习和/或行为需要的学生提供如何维护生活环境的相关训练。尽管许多社区住房在房租中包括提供住房的外部修理，但室内的保养和维护是承租人的责任。有中度特殊学习和/或行为需要的学生应学会使用常见的工具和设施等进行室内维修，这包括明确常规的清洁工作和保持整个居住环境所必需的安全要素。学生在家时，家庭成员可以帮助他们学习这些清洁工作。而且，家庭成员应确保每天、每周的家中工作任务明确并且按时完成。其他功能性目标包括了解需要帮助或支持时向谁求助。

活动小贴士

有中度特殊学习和/或行为需要的学生与家人一起制作张贴画，在每个房间张贴：房间打扫时间、所需用品、工具和器材。还可以增设相关图表，表明每种工具的作用。学生和其他家庭成员可以对清洁工作的表现情况进行评估，对清扫不彻底的地方进行讨论并提出改进意见。开展这项活动可以辅以零花钱计划或储蓄活动计划。

2.8 使用基本家用电器和工具

维护居住环境需要学会安全使用清洁工具或对居住环境做简单的修修补补，后者包括锤子、锯子、起子和扳手之类的东西。教师要培养有中度特殊学习和/或行为需要的学生各种技能，使其能够熟练使用家用电器和工具，从而保持清洁卫生，确保门、窗和锁之类的东西正常起作用。这意味着中度特殊学习和/或行为需要的学生要学会一些基本的家庭维修，如换灯泡，拧紧螺丝、螺栓，油漆门窗，粉刷墙壁。这些活动可以独立完成，也可以借助他人的帮助。教师可以在家政经济师、行业巧匠和技师的协助下来安排这些活动。家庭成员可协助教学生如何安全使用家用电器和工具以及在家里进行小修小补。其他功能性目标应包括了解使用电器工具时该向谁请求支持和帮助。

2.9 建立个人居住空间

搬进社区居住，建立自己的家庭是最令人兴奋的一件事情。一些公寓楼虽已经过装潢，却不提供烧饭盛菜的器具设备。选择社区居住的学生需要知道如何获得基本家用物品、家具以及家用电器。教师可以让学生画出个人居住空间所需的基本物品张贴画。随着学生年龄的增长，家庭成员可以帮助挑选或赠送给学生个人居住空间所需的二手基本家用物品。

最后一个需要考虑的事情是需要时向谁求助。

3.0 关心个人健康

个人健康护理是确保人们保持高品质生活的一种重要技能。无论有没有别人的帮助，融入社区生活和工作的有中度特殊学习和/或行为需要的人都必须保持充分的个人清洁、身体健康和卫生。可靠的朋友会支持这些人学习如何关注这些个人需求。教师每年应与学生及其可靠朋友一起确定现存生态环境中最重要的个人卫生技能并进行指导。这项技能包括以下子能力。

3.10 表现合适的整洁卫生习惯

有中度特殊学习和/或行为需要的学生要学会如下技能以保持恰当的整洁和个人卫生：刷牙，洗澡，洗脸，洗手，使用手帕，面纸，浴巾和餐巾、着装合适。早在学前阶段开始，家庭成员和老师就要确定和培养学生学习这些能力，使其进一步认识符合每一年龄段的个人卫生和整洁习惯，无论有无别人的帮助。这是最重要的子能力之一，因为一个人是否被同辈、成人和雇主所接纳往往取决于他的外貌长相和个人卫生习惯。另一个功能性目标要涉及区分合适的清洁和卫生产品。

最后，所有学生都要考虑向谁请求帮助，在正确着装、个人卫生及购物时知道请求谁帮助。

> **活动小贴士**
>
> 每个有中度特殊学习和/或行为需求的学生都要制作一张配图清洁卡，可以放进钱夹或钱包中。这张卡类似于身份证，只是上面是符合学生需求的个人卫生和清洁方面的图片信息。教师、家长及其他可靠的人要每天检查卡片，监督其是否适当的执行。他们也可以向学生询问其购买产品的使用情况。

3.11 衣着得体

尽管绝大多数社区场合对穿着要求有所降低，但是我们仍然要遵守一些着装标准。在许多社交场合(例如晚会、婚礼、剧院等)男人穿外套戴领带，女人穿裙子已不再是必须的了。另一些活动，如参加葬礼、进行宗教活动，面试等依然要求穿着较正式的服装。虽然普通打扮比较容易被人接受，有中度特殊学习和/或行为需要的学生必须懂得如何正确着装参加社区活动。事实上，如今懂得在不同的社交场合合理着装比过去更加困难。现在种类繁多的服饰被人们所接受，给老师们造成新的负担，因为他们必须教学生在各种天气状况、社交场合和工作环境下如何搭配衣服。小学教师可以收集成箱的大号而被裁剪了的衣服，以便学生进行训练，选择适合不同场合的衣服。教师可用录像机播放学生从箱子里挑出合适的衣服的情景。教师还可利用扮演角色的方法帮助有中度特殊学习和/或行为需要的青少年更加注意不同场合穿着得体的社会健康细节。

最后，所有学生要考虑的是知道向谁请求帮助，然后在不同社交场合选择适当服饰时请求帮助。

3.12 保持身体健康

最近重新颁布的《残障人教育法》更强调将有中度特殊学习和/或行为需要的学生融入普通课堂，体育课也包括在内。当前，随着对文化课要求水准的提高，许多州存在取消或减少日常体育课的趋势。在《残障人教育法》生效之前，诸多公立学校的有特殊学习和/或行为需要的学生很少或几乎没有上过体育课，也没有上过改编的体育课。于是，为了让有特殊学习和/或行为需要的学生保持身体健康，许多学校已经启动了特殊奥林匹克计划。特殊奥林匹克计划有助于强调任何人都拥有体育潜能。为了满足日常生活对身体的要求,适当关爱和锻炼身体十分重要。有中度特殊学习和/或需求的学生需要掌握人体主要器官的知识,进行有利于健康和身体发展的体育运动。教师要寻求体育教师或改编体育教师的合作,安排有意义的活动,帮助有中度特殊学习和/或行为需要的学生了解一些基础知识,像基本食物分组、营养、健美、体重控制等。家庭成员可以通过记录体重、参加健身计划帮助有特殊学习和/或行为需要的人建立保持健康图表。

最后,所有学生都要认清该向谁求助,在增强体质、保持身体健美需要支持时懂得向谁求助。

3.13 认识疾病及生病求助

大多数学生每年都会患小疾,像感冒、流感、过敏等。教师和家人要帮助有中度特殊学习和/或行为需要的学生学会一些基本急救技能,了解何时获取帮助解决各种医疗问题。教师要帮助有中度特殊学习和/或需要的小学生学习预防生病受伤的基本健康措施。参观当地公共医疗机构或访问医疗工作者可以得到现场救助展示以及视听辅助材料手段,便于指导学生提高这方面的能力。学校护士或医生可以在课堂上讨论正确识别生病症状和寻求帮助的方法。

最后,所有学生都要考虑向谁请求帮助,当生病需要帮助时懂得向谁求助。

3.14 练习基本急救

无论有无支持,所有具有中度特殊学习和/或行为需要的成年人需要知道如何实施基本的急救程序。例如,正确地初步处理刀伤、擦伤和烧伤,然后正确涂上药物。家庭成员之间应相互讨论和展示正确的程序和药物,对发生在家中的轻微损伤进行急救。教师和/或护士可以讨论怎样正确护理发生在社区的轻微受伤,发生严重受伤时怎样联系紧急救助。中学生应当展示实施紧急救助的程序。

最后所有学生要考虑的是:认清向谁求助,遇到危急情况需要帮助时懂得向谁请求帮助。

3.15 练习个人安全措施

该子能力强调有中度特殊学习和/或行为需要的学生在家中、社区和工作中实施个人安全措施的重要性。其他功能目标注重遭受人身攻击时应采取的正确自卫方法和措施。随着社会暴力犯罪活动与日俱增,掌握这项技能非常重要。小学教师必须告知学生如何使生活环境远离危险,如何在社区和工作场合实施安全措施。家庭成员、执法官员和自卫专家可以一起讨论和传授安全生存和工作的方法。参观社区公共事业单位如燃气公司、电力公司有助于有中度特殊学习和/或需要的学生学习安全预防措施，了解生活中潜在的危险。教师应利用角色扮演活动加强指导。另一个功能目标是了解和练习对付陌生人的安全预防措施。

最后所有学生需要考虑的是：认清向谁求助，遇到紧急情况需要帮助时懂得向谁求助。

4.0 培养和保持适当的亲密关系

对于大多数有中度特殊学习和/或需求的成年人来说，培养和维持适当的亲密关系是一项重要而正常的活动。教师需帮助有中度特殊学习和/或需求的小学生了解与不同家庭成员、朋友以及约会朋友保持什么程度的亲密关系为合适。有特殊学习和/或行为需要的学生应扮演不同角色，反映恰当的密切关系。家庭成员、神职人员、中学及成人教育教师也可提供充足机会提问有特殊学习和/或行为需要的学生关于人际关系及合适亲密程度的问题。这一能力包括以下子能力。

4.16 展示人类基本性知识

展示对人类基本性知识的了解是有中度特殊学习和/或需要的学生的一项重要功能性技能。家庭成员经常讨论男性女性问题对有特殊学习和/或行为需要的学生理解性别差异有重要帮助。家庭成员或神职人员应讨论已婚夫妇组成家庭所涉及的过程。这些经历需包含认真讨论和提问婚姻责任及做家长的责任。对男性女性生理知识的基本了解涵盖具体到个人性别角色的功能目标。教师应安排一些认知活动帮助有中度特殊学习和/或需求的学生了解男性女性在解剖学及功能方面的相似处和不同点。尽管有些学校已经从课程表中取消了这个科目，家庭成员和其他专业人员应向学生提供人类性教育。有中度特殊学习和/或需要的学生必须先掌握性知识，再做出明智的保护性决定和进行适当的性活动。

最后所有学生需要考虑的是：确认向谁求助，而后向其咨询关于人类性需求及所关心的性知识。

4.17 展示恰当的约会行为知识

约会是所有年轻人正常的社交活动，需要纳入对有中度特殊学习和/或行为需要的学生的教育当中。在一些地方，人们认为家庭成员或社区宗教组织应负责提供这方面的信息。无论看法如何，关键是有中度特殊学习和/或行为需要的学生要了解约会过程、与约会双方相关的各种习俗及角色责任。家庭成员或教师可以处理“我什么时候开始约会？我应该和这种人约会吗？约会时我应该怎么做？我在哪约会？”之类重要问题。这几个问题向来是家庭及教室讨论、促膝谈心和个人成长过程中经久不衰的热门话题。其他功能目标包括：识别适合于发展约会关系的社区活动，识别表示约会愉快的方式。

家人可以培养发展亲密关系的技能。小孩子通过观察家长、与兄弟姐妹亲友互动,学习人际关系和尊重。在上小学之前,有中度特殊学习和/或行为需要的学生已经与家人、邻居、伙伴、专家发展了不同程度的关系。有中度特殊学习和/或行为需要的学生要确切回答如下问题:"亲密关系的特征是什么? 关系密切的人们是怎样相互沟通的? 它的功能又是什么?"通过寻找问题答案,学生可以意识到促使亲密关系形成的个人需求。另一功能性目标是有中度特殊学习和/或行为需要的学生要能识别与自己建立密切关系的人。

最后所有学生应考虑的是:认清向谁求助,然后询问关于约会行为和相关问题的知识。

活动小贴士

教师通过安排角色扮演场景,让有中度特殊学习和/或行为需求的学生操练邀请另一位同学约会。邀请方应定好具体的见面地点、时间和交通方式等。学生也应练习如何拒绝别人的邀请。另外,还应该讨论和练习群体约会活动。课堂讨论可包括约会的种种困难和乐趣。在年长女子的陪伴下青少年可参加双人约会活动。

5.0 在家中和外面就餐

除了在家中就餐以外,越来越多的人选择在外面就餐。这一能力涉及购买、准备和消费食物的不同程序。食物作为生活必需品和行为奖励的双重作用给老师和家人增添了负担,因为,基于健康方面的考虑,他们必须培养学生具备区分二者的能力。下面的子能力是关于计划、购买和准备食物,绝非不重要,教师应根据学生特别需要和能力发展这一领域。这项能力包括如下子能力。

5.18 规划平衡膳食

要使人觉得用餐是一种美好享受需要精心准备一日三餐。在实际准备工作中做好规划是第一步。即使有中度特殊学习和/或需要的学生不能或不打算准备食物,他们也需要了解食物的营养价值、食品与健康成长之间的关系,以便挑出最具营养价值的膳食。许多美国人吃的所谓快餐含糖量高,含碳水化合物高,含蛋白质却很低。这种类型是极不可取的。如果有特殊学习和/或行为需要的学生对饮食毫不在意,其精神及身体状态就会欠佳,健康会受到影响。家长和教师要注意这项子能力与保持身体健康和适当控制体重也是密切相关的(3.12)。其他功能目标包括规划有益健康的食谱,在具体的预算之内按照食物金字塔计划三餐。

最后,所有学生都要考虑向谁请求帮助,然后询问关于安排合理膳食的知识。

5.19 购买食物

无论有无别人的帮助,购买食品与负责任的购物子能力1.2相关,它为家长和教师训练有中度特殊学习和/或需求的学生挑选合适的食物量和计算价格提供了大量机会。然而,有中度特殊学习和/或需求的学生经常因满世界的广告而沉溺于快餐和垃圾食品之中。购买这种食品成为学生每天在学校食堂买饭、计算袋装午饭成本或者估算课后快餐费用的话题。随后的几年里,在家政学指导教师或社区消费者组织代表的建议和帮助下,应该让学生接触一些课程,以帮助他们区分食物的品质、肉和鱼的品种、肉切片、减价食品和专营店的优势等。其他功能目标包括确认有关食品价格、食品销售、购物券以及制作预算内购物单的社区信息渠道。

活动小贴士

在准备参观社区杂货店的过程中,教师应从食物金字塔中向学生提供带图的基本食品单。有中度特殊学习和/或需要的学生要填写图示单上本地杂货店或超市中每样食品的价格。学生在与家庭成员一起购物时可以比较同类产品。活动的复杂程度可以根据各个学生的不同能力进行调整。

5.20 烹饪

家长和教师应当强调烹饪与在食物金字塔中选择合适的食物同样重要。这项子能力还包括使用多种厨具和厨房电器的技能。要烧一顿营养均衡的饭菜,有中度特殊学习和/或需求的学生就要掌握如何使用炊具,如何根据菜谱(图形)说明做菜,识别不同种类的烹饪方法,了解洗、切之类的食物准备工作,如何使用烧烤工具。家庭成员应通过直接操作或指导的方式教会有特殊学习和/或行为需要的学生烧菜技能,这也应纳入课程表中。其他功能目标应包括根据指令进行烹调和展示厨房安全措施。

最后,所有学生都要考虑向谁请求帮助,然后询问关于烹饪的知识。

5.21 展示合理的饮食习惯

大多数成年人都知道为他人准备饭菜和与他人一起用餐应具备的行为规范。有中度特殊学习和/或需求的个人应学会如何正确地摆放桌子，端菜和用餐。因此，有中度特殊学习和/或行为需要的学生应了解这些行为规范并且展示使用必要餐具的能力。这些能力应在小学进行教育，在家中得到加强，到社区特定餐馆参观时予以实践。

最后，所有学生都要考虑向谁请求帮助，然后询问关于正确的饮食习惯的知识。

5.22 展示饭后清理和食物存放

饭后适时地打扫并清除垃圾、放好餐具同样重要。清理也是整个菜肴准备及清理过程中强调安全要素和方法的一个重要领域。正确存放食物有助于对家庭开支和家人健康的整体管理。许多人正是由于不恰当的食品存放而吃剩下的或变质的食物之后生病的。这个过程要求学生学习如何存放食物和识别食物是否变质何时变质。家长可以展示怎样存放食物和识别变质食物。教师可以从各种消费者组织或生产食物存储器皿的公司获得许多指导和建议。另一个功能目标是展示食物储存技能。

最后，所有学生都要考虑向谁请求帮助，然后询问关于清理饭菜和存储食物的知识。

5.23 展示得体的餐厅用餐礼仪

成年人要掌握在公众场合用餐的行为规范。若不能遵守这些规范，即使是略做变动来适应残障人的需要也会给这些人招徕社会其他成员的不认同和拒绝。因此，应使有中度特殊学习和/或行为需求的学生意识到这些标准，展示他们挑选食物、使用基本餐具的能力。家庭成员应在家教会学生这些技能并在小学时加以强化。而且，这些技能应在特定的各类社区餐馆中实践。

最后，所有学生都要考虑向谁请求帮助，然后询问关于在公共餐厅用餐的知识。

6.0 清洗和选购服装

传统文化标准依然要求服装要保持得体的款式、干净、整洁 。无论是蓝牛仔装还是正式装，跑鞋/通用运动鞋/竞走鞋/锻炼鞋还是高跟鞋，时装，新款以及其他最新的时髦物品，对从小学到成人教育各阶段的中度特殊学习和/或行为需求的学生都有吸引力。正确选择或改变着装可以提升有特殊学习和/或行为需要的学生的面貌，最大限度地弥补其身体缺陷。这种能力包括下面若干子能力。

6.24 清洗/烘干服装

清洗服装是子能力 6.24 中的重要目标。这种技能会改善有中度特殊学习和/或行为需求的学生的面貌以及无论有无别人的帮助的情况下，使用关键设备的能力。家庭成员可提前教小孩把衣服分类。教师可以通过帮助有中度特殊学习和/或行为需求的小学生清洗抹布、手帕和毛巾，让他们熟悉各种洗涤剂的效果和水温。当有中度特殊学习和/或行为需要的学生开始在家学习洗衣时,应给予关于各种物品洗涤以及正确使用洗衣机和烘干机的指导。这要求学生在洗衣店学习使用洗衣机。一些学校在教室安装了洗衣机和甩干机,便于指导学生基本的洗涤操作程序。这也可能要求他们学会使用商业自动洗衣店的这些设备,有些学校教室中也配备洗衣机和甩干机以便传授这些基本技能。

最后,所有学生应认准向谁求助,然后询问清洗和甩干衣服的有关知识。

6.25 购买服装

有时,家人在中度特殊学习和/或行为需要的学生学习购买健康保险、交通工具票和娱乐票基本训练之前,已给他们提供购买衣服食物的早期经验和影响力。老师可教授他们如何抵制购买冲动,无论有无帮助。如果成功,教师会让有中度特殊学习和/或行为需求的学生铭记:如何挑选不同场合适用的服装,怎样协调购买服装的需要与现有资金的关系,辨别精工制作和粗制滥造的服装,协调学生需求和经济状况的关系。其他功能性目标应包括记下某人的服装尺寸,识别衣柜里需要什么衣服,按照具体预算计划购买服装,无论有无帮助。

家政学教师可以帮助有中度特殊学习和/或行为需求的学生获取准备和熨烫各种衣服的技能,为学生提供为什么、何时、在何处存放不同季节的衣服方面的指导,而且,应努力来协调学校与家庭指导之间的关系。该子能力的技能包括搭配针线颜色,学会简单的手工缝纫和为不同形状的裂缝选择适当的缝合方式等技能,无论有没有人帮助。

最后,所有学生应认准向谁求助,然后询问购买和简单修补衣服的知识。

活动小贴士

家人和老师应提供必要的实践练习修补破衣服和提供针线包。任课教师或家政学教师可安排学生在家完成具体的修补任务。有中度特殊学习和/或行为需要的学生也可以把东西从家里带到缝补课上。老师和家长可根据有中度特殊学习和/或行为需要的学生的能力和天资来检查针线包的材料、存放位置和使用情况。

7.0 参与休闲娱乐活动

幸运的是,在过去 20 年里,受那些以游行游说方式争取立法从而确保住房、教育和工作就业机会均等人的鼓舞,全部或部分参与社区娱乐活动的中度特殊学习和/或行为需求的人大幅度增加。一旦相关重要法律在地方、州及联邦政府通过,这些公民须继续倡导者的角色,将法律法规付诸于日常社会行动。随着平均工作时间的稳步递减,工人有更多的时间精力和兴趣投身于休闲娱乐。各种各样专业的和家长倡导的组织也在大力强调体育、休闲、娱乐及艺术的重要性。扩展项目、特殊赛事以及大型会议都为身体能力的发展和公众接受参与正规化的社区活动做出了贡献。这些活动为涉足其他领域做好了准备,因此,可视作整体课程与生活质量中明显有价值的一部分。如果有中度特殊学习和/或行为需求的个体展示出在这些能力方面有特殊兴趣和技能,热情好客兼具娱乐性行业的生涯群体也为其未来就业提供机遇。这些能力包括以下子能力。

7.26 识别现有的社区休闲/娱乐活动

家人在帮助有中度特殊学习和/或行为需求的孩子识别参与社区休闲娱乐活动中起重要作用。教师可以开始传授给小学生社区、学校或教堂的功能,所举办的活动及配备的设施。下一步需要老师、家长及娱乐指导者通力合作,鼓励、接纳有中度特殊学习和/或行为需要的学生做参与者或观察者。基于成人鼓励,有中度特殊学习和/或行为需要的学生能够萌发这种意识:自己可以参加娱乐活动的范围,社区可供利用的设备资源。重要功能性目标是:大力鼓励尽可能地参与各种户外娱乐活动。

所有学生最后应考虑的是:弄清楚向谁求助,然后询问参与社区娱乐休闲活动的信息,无论有没有人帮助。

7.27 选择与安排休闲娱乐活动

许多休闲娱乐相关活动的参与需要利用社区现有设施。家庭成员可帮有中度特殊学习和/或行为需要的学生了解哪些活动需要借助社区设施,哪些则不需要。这些经历使有中度特殊学习和/或行为需要的学生能够自行安排休闲活动。计划时应该考虑的因素有:费用、地点、旅行、身体要求、所用设备及参与人数。计划与做决定将体现学生以前活动的经历,并且测验其自我意识(参考第十二章中能力10)。一个重要的功能性目标是:让每位有中度特殊学习和/或行为需要的学生拿出一套娱乐活动的个人计划。

所有学生最后应考虑的是:弄清楚向谁求助,然后询问选择与安排娱乐休闲活动的经验,无论有无帮助。

7.28 参与个人和集体休闲/娱乐活动

今天,参与各种个人或集体娱乐活动的机会有很多。理解娱乐价值与发展自我意识是密切相关的。活动的参与可以使有中度特殊学习和/或行为需要的学生理解娱乐在整个生活发展中所起的作用,娱乐可以平衡人们在努力争取独立过程中所遇到的日常压力。不过,有中度特殊学习和/或行为需要的学生只有通过做出选择、有效利用空闲时间、参与个体活动或俱乐部、追求兴趣爱好等,才能领略娱乐的意义。这需要家长、老师、活动组织者的共同努力。

充分参与集体活动部分取决于有中度特殊学习和/或行为需要的学生的身体状况和与集体成员交往的能力。因此,教师与特殊体育教师应该设计改编游戏和组织活动以便达到这两个目标。虽然有中度特殊学习和/或行为需要的学生的身体特点需考虑在内,但我们有充分证据——从盲人滑雪者到坐轮椅的篮球运动员——说明身体缺陷并不总是妨碍有特殊学习和/或行为需要的个体参与某些活动。其他功能性目标包括:示范正确养护设备的方法,学习安全规则及运动风尚。

所有学生最后应考虑的是:弄清楚向谁求助,然后询问参与个体或集体娱乐活动的知识。

7.29 选择及参与集体旅行

家长或其他成人通常是集体度假的发起者,不过,有中度特殊学习和/或行为需要的人也可以列入旅行之列。小孩可能会问:"什么时候度假?去哪?为什么要去那?去那做什么?要多少钱?我们有足够度假的钱吗?"在整个提问题过程中,教师和家长应该提供几个考虑方案,使得有中度特殊学习和/或行为需要的学生能够明白,最后计划的敲定取决于家庭需要、资源信息等几个因素。其他功能性目标应该包括:辨别有助于计划和构成集体旅行计划的现有信息来源。

所有学生最后应考虑的是:弄清楚向谁求助,然后咨询选择及参与集体旅行的知识。

活动小贴士

学生应该搜集有关集体旅行的图片文章信息,记录在笔记本里。材料需反映人们在各种旅程中所起的不同寻常的作用。材料收集可取自报纸杂志或宣传册,实地旅途收集的也可以,班上发言人发的也行。教师应该鼓励与旅行机构和/或计划有关的个人的合作。

8.0 在社区走动

我们处在一个流动的社会,时常要熟悉如何使用交通工具,如公交、火车、海岸至海岸航班等。对于那些忙着通勤于家与工作地、娱乐中心或健身场馆的来回奔波的人来说,这种能力甚至更为重要。刻苦训练能使视力障碍身体障碍或智力障碍的人在社区中活动自如。这些有中度特殊学习和/或行为需要的个人应该接受如何使用多种交通工具的培训。下边是基于这样的假设——有帮助也好,没有帮助也好,个人能在社区内行走的一些子能力。

8.30 遵守交通规则和安全程序

家长应尽早教育孩子安全出行程序。小学阶段孩子就应该知道基本的交通法规、交通标志、交通信号及声响。安全对于社区每个成员来说非常重要。教师应利用海报、社区经历及多种视听辅助手段来强调行人与驾车者的责任。

所有学生最后应考虑的是：弄清楚向谁求助，咨询安全出行的知识。

8.31 开发和遵循社区可利用路线(community access routes)

家人应该引导有中度特殊学习和/或行为需要的学生熟悉社区路线资源。本项子能力重点聚焦教育有中度特殊学习和/或行为需要的人如何找到具体地址，这样他们不仅能找到朋友的准确位置，又能找到商业区和娱乐场所。在家人的授意下，有中度特殊学习和/或行为需要的学生身临其境找地址，若有家人的指点，他们会学会如何利用城市地图或州地图。另一个功能性目标是，帮助学生了解社区资源，熟悉在社区范围走动中常见的路线符号标志。

所有学生最后应考虑的是：弄清楚向谁求助，咨询安全出行的知识。

8.32 利用现有的交通工具

有中度特殊学习和/或行为需要的学生应熟悉社区中现有的私人的或公共交通的具体形式。老师应在课堂上讲述各种交通方式的优缺点、费用、时刻表、可利用度及便利之处。课堂教学还应该包括学生如何利用辅助手段，像车票、月票、路线图以及各种运载工具所提供的插图。此外，课堂教学还应指导有中度特殊学习和/或行为需要的学生确定社区可利用的最佳交通工具，使得有特殊学习和/或行为需要的学生最终能利用适当的交通工具到达学校、工作地点及娱乐场所。

所有学生最后应考虑的是：弄清楚向谁求助，咨询可利用的社区交通知识。

活动小贴士

可利用“寻宝”(treasure hunt)游戏来测试有中度特殊学习和/或行为需要的学生的外出乘车技能。家长、朋友及老师可帮助搜寻，范围可以从教室或家扩展到邻里及较大的社区。寻宝活动应着重强调有特殊学习和/或行为需要的人可能借助以达到目的的各种交通方式及旅行辅助手段，并且，活动还应帮助孩子了解能够提供帮助的各社区工作人员的作用。

以生活为中心的生涯教育轻度/中度课程融合实例

初等教育阶段

1994年,贝克(J. Beck)等报道了在小学阶段运用以生活为中心的生涯教育轻度课程方法的实例。Beck研发并实施了一项生活技能项目,定位是成人针对有特殊学习和/或行为需要的学生自5岁起在融合环境下所取得的教育成果。这些教育学者指出,Brolin所概括的功能技能考试中,许多项目在正常学生的普通小学课程里也有传授,如时间、金钱、季节(适当衣着)和健康(保健)。当从事普通教育的教师和从事特殊教育的教师聚集一起计划适合年龄的课程时,这些功能技能便融进了课文或单元中(J・Beck et al,1994,p. 47)。编委们提到,纳入学生个性化教育方案的目标是以LCCE轻度课程能力/子能力为基础的,适用于课堂教学和CBI。

大急流市(Grand Rapids)的小学教师黛安娜・威斯纽斯基(Diane Wisniewski)讲述了她是如何在小学利用以生活为中心的生涯教育课程进行教学的:

> 我教授不同层次的有学习障碍的学生,对象为三、四年级学生,能力一到四级不等。他们中,有的有学习障碍,有的有情感障碍,还有的有语言障碍。我发现,所教学生都受益于以生活为中心的生涯教育任务和目标。我在课堂上采用的以生活为中心的生涯教育目标如下:
>
> 能力1理财:子能力1数钱与正确兑换零钱。在教室中央,学生开始根据名称和面值来区分不同的硬币和纸币。随着进程,我给他们工作表说:“找出34.16美元给我看”,“46美分,或者0.46美元”等。学生数出不同的数量。完成后,由同伴或工作人员检查数目是否正确。这也促进合作式学习。
>
> 再进一步,我们开办学校商店,由学生全权经营。他们制作海报搞宣传,创办商店,给商店取名,瓶瓶罐罐里装满了商品,清点销售总数,向顾客计算成本。另外,他们在工作人员的帮助下换零钱,并且一起算出盈利。这些覆盖了正规课程和以生活为中心的生涯教育目标。
>
> 我们让所有有特殊学习和/或行为需要的学生加入到商店经营过程中,而且把部分盈利返回集体。整个项目涉及以生活为中心的生涯教育其他能力和子能力,主要有能力5,子能力20、21;能力19,子能力81、85。
>
> 能力9在社区行走的子能力38展示交通规则及安全知识。在传授这些能力的课堂上,我引入了社会调查课,即所谓的“社区”。每堂课上,我展示一两个来自我们社区的新的方向标志。大家公开讨论每个标志,谈论其重要性、在哪里能看见和使用这些标志,然后请学生将标志画出来并展示给大家

看。在每个单元结束时，我会让学生用简笔画出社区并把标志放入准确的位置。此活动既可用于跨课程教学，又可在社区户外活动时得到加强。

黛安娜·威斯纽斯基和她的同事制作了课程图，将以生活为中心的生涯教育轻度课程技能(能力与子能力)进行分类，便于并入从幼儿园到十二年级范围和顺序中。他们还把技能细分成更小的单位，以满足所有有特殊学习和/或行为需要的学生的需求。

中等教育阶段

帕特·伯奇(Pat Burch)女士是一名来自密苏里州区圣弗朗西斯科县北部公立学校从事特殊教育的教师或衔接协调员，她多年来一直采用《以生活为中心的生涯教育轻度课程》授课。她提供了自己是如何将日常生活技能传授给学生的实例。

我很乐意与大家分享在传授日常生活技能4——养育孩子和承担婚姻责任——我们所使用的一些独特方法和教育策略。这是一项极具价值的生活技能，不能看作单靠有特殊学习和/或行为需要的学生自己将来能够单独获得的技能。我们许多有特殊学习和/或行为需要的学生毕业后还须建立人际关系，结婚和养家糊口。成功的婚姻、必要的知识技能和能力对他们的幸福和睦至关重要，因此，教育有特殊学习和/或行为需要的学生怎样表达爱、关心、理解、支持和分担婚姻责任是非常重要的。

在当今社会养家工作的压力是相当大的，尤其是对于有特殊学习和/或行为需要的学生而言。第四单元以生活为中心的生涯教育课堂设计就提供了如何正确对待这诸多压力。伴随独立而来的是责任。为了我们的学生能够发展成功的人际关系，他们的孩子能够在安全快乐且充满关爱的家庭中成长，传授生活技能这一点非常关键。我们学生的孩子们有权利和机会在安全祥和的家庭氛围中长大。教授LCCE能力4——养育孩子与承担婚姻责任，有助于确保快乐前景的实现。

在讲授以生活为中心的生涯教育第四单元时，教学策略与活动的成功实施不仅使这一单元活泼有趣，而且使得传授各种各样子能力过程于有特殊学习和/或行为需要的学生、家长及教师都是愉悦积极的学习经历。

以生活为中心的生涯教育轻度课程教学方法强调社区及机构的参与。我相信，在教第四单元和其他单元时，与各种机构打交道及获得其帮助的经历是很重要的。我们与县卫生部(the County Health Department)建立了工作关系。他们的员工很慷慨，为我们提供了信息丰富的宣传册、材料、录像带、样品和一包包材料。这些关于对待压力、产前照顾、儿童护理、免疫、安全、疾病等内容的材料与很多以生活为中心的生涯教育中度课程是紧密关联的。同时，我们向卫生部门的各个职员敞开教室大门，他们与我们的有特殊学习和/或行为需要的学生分享宝贵知识和专业知识，丰富了以生活为中心的生涯教育中度课程计划。

我们的有特殊学习和/或行为需要的学生以及其他社区成员有机会得到这些机构的帮助与许多服务，如照顾小孩、营养和免疫。遗憾的是，过去许多有特殊学习和/或行为需要的学生未能坚持到底，未能得到帮助，尽管在班上做过强调。我认为，有特殊学习和/或行为需要的学生的主要障碍来源于对未知世界的恐惧。他们不知道特别机构的具体地址，不知道一旦联系上，期望工作人员说些什么、做些什么。通过邀请特殊机构的职员访问教室，我们不仅帮助他们消除了障碍，还使得课堂延伸到社区甚至参观这些机构。我们发现，在特定条件下，一旦给学生参观这些机构的机会，他们的畏惧心理便会得到缓解。他们不仅知道了县卫生部的坐落位置，而且也熟悉了工作人员及所提供的服务。

在养育子女与承担婚姻责任技能传授方面，县卫生部门已经成为我校教育有特殊学习和/或行为需要的学生的极具价值的好帮手。

家长、家人及这个项目的往届毕业者作为特邀嘉宾走进教室。他们的发言，所提供的信息与经历，不止是带进课堂有意义的生活经历，而且提升了有特殊学习和/或行为需要的学生及其家长以及往届毕业生的自尊心。他们感受到一种难得的尊重及成就感。我们的有特殊学习和/或行为需要的学生为演讲者的成就而自豪，同时憧憬自己积极美好的未来。

我们总是尽力把以生活为中心的生涯教育课程与现实紧密联系。有特殊学习和/或行为需要的学生绝对更需要从真人真事中获取知识技能，而非仅仅在课堂上阅读讨论书面材料。我们尽可能取得并使用真实材料，不管是比较两种婴儿食品配方、喂养婴儿的正确方法，还是为财政预算特意现场考察，到当地商店的婴儿用品区为幼儿挑选必要而合适的衣物及用品。往届毕业生也曾带着他们的新生儿访问过我们的教室，让我们和一个真正婴儿在一起体验这些课程。所有这些机会都在特定条件下提供了生动的经历(伯奇，1994，个人交流)。

她大力支持以生活为中心的生涯教育课堂设计在她所在的学区一直非常有感染力，这个学区正在幼儿园到十二年级推行实施这一方法。另外，她也被邀请就其工作做了几百场演讲。她还被 CEC 聘为指导全国以生活为中心的生涯教育培训学会(LCCE Training Academies)的主要培训师。

学习怎样管理钱是一项关键的功能性技能

职业的可能性

日常生存技能的指导不仅能增强学生在家庭和社区的自理能力，而且能培养那些有特殊学习和/或行为需求的学生的职业兴趣和能力。表 11.1 列举了 9 种 LCCE 日常生存技能及其子能力，并给出了与每一种技能相关的职业可能性的例子。这只是众多可能职业中的少数几个例子。有特殊学习和/或行为需求的学生经过进一步培训，在以后的生活中有可能胜任一个或多个工作领域。

表 11.1 与职业可能性有关的日常生存技能

能力与子能力	职业可能性
1. 个人理财	
管理钱	职员
保存财务记录	售票员
银行业务和信贷	超市收银员
明智购物	簿记员
税收	
不忘付账	
2. 选择与管理房屋	
房舍维护	维修工
设备修理	管道工助手

续 表

能力与子能力	职业可能性
修理坏家具	电工助手
修理电器和下水道	场地管理员
租房或购房	油漆工
维护草坪和场地	泥水匠助手
3. 关心个人需求	
梳妆和卫生方法	化妆师
性教育	助理护士/护工
身体健康	牙医助手
	个人护理员
4. 抚养孩子与恪守婚姻责任	
制订目标	日托护理员
做决定	托儿所助手
选择生活方式	
管理现有资源	
扩大与控制家庭规模	
满足孩子与大人的需求	
保证全体家庭成员的安全和健康	
5. 购买、准备和消费食物	
计划一日三餐	餐饮服务员
购买·料理·储存食物	厨师
准备可口的菜肴	餐厅服务员助手
厨房的安全操作	饭店管理员
正确使用和保管厨具	
（如火炉、搅拌机、刀具等）	
6. 购买和护理服装	
购买合适的服装	衣服更改者
清洗熨烫缝补衣服	洗衣店员工
成衣习训	干洗店员工
缝制布帘、窗帘等	服装销售员
	室内设计工
	纺织工人

续 表

能力与子能力	职业可能性
7. 展示一名公民应尽的责任	
了解国家法律	夜间警卫员
了解自己的权利	保安
了解如何登记和选举	调度员
了解地方法律法规	县/市文书
了解其他与公民权相关的条款	
8. 利用娱乐和休闲设施	
了解并参加休闲活动	公园管理员
了解并利用休闲资源	游泳池管理员
从事业余兴趣和爱好	城市设施养护工
	体育器材修理工
9. 在社区走动(流动性)	
利用城市间或城市内部旅游资源	出租车司机
开车	公共汽车司机
遵守交通规则	叉车操作工
了解能够增强流动性的代理机构	拖拉机司机
总体了解如何有效行走于社区	

注：选自《以生活为中心的生涯教育：专业发展活动手册》，161—163页，布罗林著，1993年版，弗吉尼亚阿灵顿：特殊儿童理事会出版。1993年版权归特殊儿童理事会所有。转载已获得授权。

埃尔若德(Elrod)和吉利兰德(Gilliland)在1991—1992年做过报告，他们怎样将以生活为中心的生涯教育轻度课程方法运用于生涯发展。他们认为，通过功能性的应用方法可以将衔接或生涯教育理念融入一种寓教于乐的休闲学(leisure science)课程中，从而使那些轻度残障并且身处逆境的学生拓宽生涯选择视野。埃尔若德(Elrod)和吉利兰德(Gilliland)利用能力8的子能力，并利用娱乐与休闲开发了指导单元，展示新进步课程例子，他们称之为“折中功能主义”(eclectic functionalism)。意思是“融进了传统科目，但不按传统模式教学，尽可能强调体验式学习(experiential learning)”(1991—1992，P. 21)。有兴趣的读者可以参考他们发表在《全国特殊教育论坛杂志》(*the National Forum of Special Education Journal*)上的文章，以获得他们研究内容的具体信息。

本章评论

本章所提到的所有以生活为中心的生涯教育轻度/中度课程能力，对于那些有特殊学习和/或行为需求的个人来说非常重要。通过这些能力的学习，他们到成年时能成功地做好自己的工作。如果这些情况教师每天都遇到的话，那么教授日常生存技能的巨大挑战是将教育目标衔接成对个体学生可操作性的指导元素。重要的是，既要考虑教师的处境，又要考虑学生在班上独特的学习方式。由于当今更加强调融合教育，而所有教育工作者又要处理复杂的问题以满足有特殊学习和/或行为需要的学生个性化需求，因此这对所有教育工作者提出了更高的要求。

教师应该明确含有与日常生存技能能力相关的以生活为中心的生涯教育轻度/中度课程的领域。最理想的是，为培训以生活为中心的职业轻度/中度教育的每一项子能力而制订的课程计划符合有特殊学习和/或行为需要的学生的多种学习特点。由于这样一项工作需要数年来完成，所以我们为日常生活技能领域、个人—社会领域和职业领域各设计了一套详尽的以生活为中心的生涯教育课堂计划(Brolin, 1992b)。

如果有家庭和社区各界人士的帮助，日常生存技能是教育有特殊学习和/或行为需要的学生最容易的一组能力。虽然这一领域的大部分内容已经讲授了，许多方面做得还没有完全到位。本章旨在提供足够的信息和事例以帮助教师和家长找到这门重要课程领域的全面办法。

活动

1. 复习图 11.1 以生活为中心的生涯教育轻度课程中的日常生活技能，以及图 11.2 以生活为中心的生涯教育中度课程的日常生活技能，然后确定哪些普通教育课程和特殊教育课程最适合用来向有特殊学习和/或行为需要的学生传授每项子能力。然后，确认哪些子能力的培养需要学生家长的参与。最后，确认你打算把哪些子能力融入社区为基础的教学(CBI)之中，以及你打算利用哪些社区资源帮助传授这些子能力。

2. 围绕某一子能力开发一个教学目标，然后利用以生活为中心的生涯教育课堂设计模式(lesson paln format)为所教学生写一份课堂设计。该设计具有针对性，某一生涯阶段、教学环境和生涯角色都包括在内。以生活为中心的生涯教育课堂设计提纲参见附录 G。本章所提供的三个课堂设计也可以作为参考。注意出现在本章课堂设计右上角的代码。这种代码体系是用来确切识别要教的以生活为中心的生涯教育能力(competency)、子能力(subcompetency)、具体目标(objective)、生涯教育阶段(career education stage)以及课堂设计序号(lesson plan number)。例如，能力 1，个人理财，日常生活领域中的第一个课堂设计是 1.1.1 A：1。其中，第一个 1 代表能力序号、第二个 1 代表子能力序号、第三个 1 代表具体目标（确认价值不足或等于 100 美元的硬币和纸币），A 代表生涯意识阶段，最后一个 1 代表课堂设计 1。撰写课堂设计时也许你会用到这种编码系统。

第十二章 个人—社会技能

先行思考题

1. 为什么每所学校的衔接计划都会强调以生活为中心的生涯教育(LCCE)轻度/中度课程(Mild/Moderate Curriculum)当中的"个人—社会技能"?

2. 哪些是学校里应该教授的重要的"个人—社会技能"?

3. 尽可能多地识别利于教授"个人—社会技能"的指导策略。

4. 教授"个人—社会技能"的主要生态环境有哪些?

5. 以生活为中心的生涯教育轻度课程中的哪7项能力、以及中度课程中的哪6项能力构成了"个人—社会技能"课程领域?

6. 给出一个活动小贴士(activity tip)为例,以利于教授以生活为中心的生涯教育轻度课程中的子能力"确认情感"。

7. 给出一个活动小贴士为例,以利于教授以生活为中心的生涯教育中度课程中的子能力"对情感做出合理反应"。

8. 请阐述:在讲授以生活为中心的生涯教育轻度/中度课程的某一子能力时,你将怎样利用社区提供适当的功能和社会经历?

本章概述

暴力犯罪不断增多,越发成为美国学校的顽疾。很多学生将武器带到学校,成千上万的暴力犯罪发生在校园或学校周围。许多教师和学生每天在为生命担惊受怕,年轻人犯罪事件激增。在已报道的犯罪中，40%以上是年轻人所为，但是年轻人只占总人口的20%（Walker & Sylvester，1991）。其他与缺乏社会技能相关的问题有：种族歧视、打群架、中途辍学、高中毕业后没有工作、青少年未婚先孕、青少年自杀、嗜酒吸毒及其他不适应社会的普遍行为（Iannacone，Wienke & Cosden，1992）。

几乎所有的州教育委员会（State Board of Education）都列出了期望学生所能达到的特定能力与结果，并且向学生指出，个人—社会调适（personal-social adjustment）是最重要的领域之一（国家教育成果中心，1993）。唯有学业和功能读写成绩高些。然而，这一功能课程领域可能是最为人忽略的，对于教育工作者来说或许是最难对付的。因此，大多数学校的学生得不到有组织的、系统的、全面的、不间断的个人—社会技能发展培训。因此，社会亲和技能（prosocial skills，也译作“亲社会技能”）教学通常未被视作学校课程的重要组成部分。更严重的问题是，在教师培训项目中，几乎没有社会亲和教学策略训练，而这些未来教师将来就要教授有特殊学习和/或行为需求的学生。

谁来或者谁应该教有特殊学习和/或行为需要的学生恰当的个人—社会行为与技能？许多评论家认为学校不应当承担社会工作的职责，学校的责任是传授学术方面的基本技能。这不难理解，因为自从国家改革开始以来，对毕业生要求的标准越来越高，这使得州教育机构（SEAs）和地方教育机构（LEAs）感到了很大的压力。然而，因为学业上、人际关系上以及职业上的成功很大程度上取决于社会亲和能力，也因为很多家庭自身没有能力或者不愿意提供这方面的指导和教育，学校必须对此更加重视并将这一种功能性课程融入课堂教学课程之中。

本章重点讲述以生活为中心的生涯教育轻度课程中的7项个人—社会技能和中度课程中的6项个人—社会技能。第一节讨论传授个人与社会技能所建议的技能和策略，这一部分参考了在北卡罗莱纳州三角研究院（Research Triangle Institute）工作的琼尼·爱尔伯格（Joni Alberg）及其同事的大量工作。

本节还确认了一些使用中的社会亲和技能课程。下一节详细讲述了以生活为中心的生涯教育轻度课程的7个能力及其28项子能力，并附以供参考的指导目标、教学活动、活动小贴士、几个课堂设计样本，从而说明如何融入过渡或生涯教育的观念和教学内容。最后一节详细描述了以生活为中心的生涯教育中度课程中的6个能力以及21项子能力，并附以供参考的指导目标、教学活动、活动小贴士、几个课堂设计样本，从而说明如何融入过渡或生涯教育的观念和教学内容。

本章瞭望

作者简介：沙伦·菲尔德（Sharon Field），博士，密执安州底特律市Wayne州立大学副教授，曾任生涯发展与过渡部（DCDT）主任。

最近，在残障人相关领域里，包括特殊教育领域，讲求自我决策(self-determination)和生活质量的理念越来越强。当残障人和他们的家庭、教育工作者和服务提供者对经常给残障人套用的消极模式和角色提出质疑时，对残障人自我决策的关注就随之产生了。这些模式同成年人典型的期望值发生了直接冲突。据沃德(Ward)所说，"自我决策包括自我实现(self-actualiztion)、肯定(assertiveness)、创造力、自豪以及自我赏识(self-advocacy)，自我决策必须是生涯发展过程中不可或缺的一部分，而生涯发展过程始于儿童早期，贯穿整个成年时代"(1992, p. 389)。

除了自我决策，特殊教育也日益重视植根于生活质量中的准备工作。生活质量的定位(orientation)要求我们考虑一系列能够提高学生生活质量的变量，而不是采用狭隘的观点只关注更传统的结果，比如说：学术准备和工作准备。

按照以生活为中心的生涯教育的定义，个人—社会技能对一个人的自我决策和生活质量产生很大的影响，因此，就其本身而言，个人—社会技能的发展也是有价值的。对这种技能的掌握程度同样影响学业与就业技能的发展。普及化研究(generalization research)主张，重视在所有希望学生用到这些技能的环境中教授关键技能的重要性。个人—社会技能的重要性及促进普及的需要要求在家庭学校里传授强化这些技能。这些个人—社会技能太重要了，不能在孤立的环境中进行，而且它关系着学生未来满意而成功的生活。

传授以生活为中心的生涯教育轻度课程中的个人—社会技能

如同传授日常生活技能那样，个人—社会技能教学能够而且应当在各种领域，即社会活动以及家庭环境中进行。然而，令人惊讶的是，我们的学校却对个人—社会技能的教育缺乏足够的重视。目前，随着人们对这种技能重要性的认识加深，加上大量的商业用材料和教师开发的教学资料的使用，可以预期学校将做出更大的努力传授这些技能。

问题存在的原因只是来自猜测，比如：这些技能太难、不好教；由于要先满足其他要求，所以时间太少；人们觉得这些技能没想象的那么重要；或者教师认为这个工作应该由其他人做。诚然如前所述，证据显示：大部分有特殊学习和/或行为需要的学生没有经历合适的个人—社会技能及行为方式的训练。

教师运用诸多技能教授个人社会技能。第十一章里日常生活技能传授的许多策略和方法，像以社会为基础的经历、志愿者、游戏、角色扮演、录像和合作式学习等，都适用于个人—社会技能的培养。其他方法如下：

● 把各种小组活动纳入课程计划；

- 积极加强某些活动；
- 开展献计献策和达成共识活动；
- 组织有特殊学习和/或行为需要的学生与嘉宾辩论；或给出不同的情境，组织辩论小组讨论相关话题及得体的行为举止；
- 读书疗法，让有特殊学习和/或行为需要的学生接触文学作品，看书中有缺陷的主人公是怎样成功面对生活挑战的；
- 建立个性化学习中心，学生可以按自己的进度致力于完成具体任务；
- 定期课堂讨论覆盖本领域的话题；
- 辅导和仿效；
- 生活空间面谈帮助学生发现危机并且拿出解决方案，加强个人处理未来突发件的能力；
- 学习海龟技能，奋力前进之前，先后退，放松，而后集结力量卷土重来。

根据伊纳科恩(Iannacone)等人的观点(1992)，教师通常更喜欢将社会技能指导融入其他学术内容领域，在不相关联的领域中处理这种技能。很多优秀教师善于捕捉每一个社会亲和机会向单个学生或全体学生传授社会亲和技能。

清楚价值观是一个过程，这个过程重点放在学生做出决定的特别方式和其行为与目的的特别重要性。这种方法的优点在于它不倡导一套特别价值观来取代有特殊学习和/或行为需要的学生的价值观，这种方法关注的是过程，以便有特殊学习和/或行为需要的学生意识到个人价值及个人价值与其他价值观之间的联系；如果学生打算改变信仰，可以利用哪些基本的变化等方面。

清楚价值观的另一个优点是倡导者提供了许多建议性活动。这些活动适用于青少年班级和成人组，在小学生中也使用过。如果教师和顾问想让某些有特殊学习和/或行为需要的学生参与进来，建议仔细浏览这些活动，因为智力和情感因素在预期结果中存在变量(variable)。

活动小贴士

下面的游戏能够帮助学生弄清与就业和个人目标相关的价值观。以前有一个学生在甲公司有一份很舒适的工作，她得知新开的乙公司提供一个更有吸引力的工作。乙公司工资高，而且提供免费培训。但是，如果她接受乙公司的工作岗位，就必须赶更远的路上班。这个学生可以从现住处搬出以缩短行程，但是她的男友到时将会离她更远了。她的亲戚鼓励她获取这份新工作。而甲公司的一些朋友却劝她放弃，因为乙公司可能会关闭，而且，她们的运动队还需要她呢。她该怎么办呢？

艾尔博格(Alberg)、派特里(Petry)和艾勒尔(Eller)1994 年仔细浏览了这些文献,认为表 12.1 中所列的策略是讲授社会亲和技能非常具体可行的办法。如作者所述,这些方法可以单独运用或综合运用,应当能够调整以适应你的学习风格、你的有特殊学习和/或行为需要的学生的学习风格及其不同年龄成长阶段。由于教学目的和所有技能指导都是为了有特殊学习和/或行为需要的学生能将所学知识应用于真实世界的多种环境之中,所以不仅要把技能指导贯穿于课程的始终,而且要提供大量的以社会为基础的实践活动。这样,社会技能才能得到实践和保持。

表 12.1 社会技能教学指导策略

教学策略	描述
树立楷模	让目标学生对运用社交技能游刃有余的楷模进行现场录像录音。也可利用故事和课本。
练习或排练	在特定的环境下操练某一技能或一系列行为;这类似于通过角色扮演将理想的反应展示出来。
角色扮演与随机指导	扮演人际交往环境中的各种角色。 抓住白天自然出现的可教育机会而给予指导。
积极鼓励	奖励社交行为得当的学生(比如表扬、给予特权、赠奖品、加分)。学生刚开始学习这门技能时,更应当多鼓励。
提示	给学生提示,有助于激发出理想的行为。
训练	通过下列手段鼓励学生运用某一技能:(1) 明确指导学生做什么;(2) 允许学生实践这种技能;(3) 对正确的反应给予反馈。

注:摘自《社会技能计划指南》,2—13 页)。作者:艾尔博格(Alberg)、派特里(Petry)和艾勒尔(Eller),1994,科罗拉多州朗蒙特市(Longmont, Colorado) Sopris West 出版社。转载已获得授权。

卡特(Carter)和苏盖(Sugai)1989 年也研究了与培训技能及所设课程相关的社会亲和技能课程领域。他们说:"对某种策略或课程的选择取决于教师评价个体学生学习困难程度的能力,确定并实施最可行办法的能力,以及衡量所用策略对学生的影响的能力"[(Karter)&(Sugai),1989,36 页]。他们认为教师有很多可支配的策略,既可以单独使用,也可以结合其他策略使用。在表 12.2 中卡特(Carter)和苏盖 (Sugai)提供了一系列社会亲和技能教学方法,并说明了每一策略的优缺点。这些信息对那些冥思苦想如何教好社会亲和技能课程的教师应当是有帮助的。

教育工作者如何找到时间和空间把足够的社会亲和技能指导融入课程里呢? 为此,艾尔博格和她的同事(1993)采访了许多实践者。尽管被采访者说很难找出时间教授社会亲和技能,但因为坚信社会亲和技能对学生的全面教育非常重要,他们还是去

表 12.2 社会技能指导策略的说明及优缺点

指导策略	说明	优点	缺点
树立楷模	让目标学生接触社交亲和行为展示。	易于实行。	如单独使用不足以达到预期效果。
策略性安排	安排目标学生与展示社会亲和行为的学生在一起。	利用同龄人做改变角色，便于推广，成本低廉。	单独使用，研究数据无法让人信服。
理论指导	告诉学生怎样、为什么要这么做，告诉行为规则。	充分强调标准与期望值。	单独使用不足以达到预期效果。
应对法训练	积极鼓励学生准确报告自己的行为。	方便持续训练和推广，成本低。	有效性证明少。
排演或实践	有组织地练习具体社会亲和行为举止。	增强对技能的掌握。	单独使用时，不足改变行为。
积极鼓励或积极塑造	给予恰当的社会亲和行为或近似行为以褒奖。	研究证明其有效性充分。	奖励终止后能否坚持训练，不可预见。
敦促与训练	给学生提供额外的敦促/激励，诱引社会亲和行为。	习得并迁移到自然环境之中后，此法特别有效。	这种方法终止后能否坚持训练不可预料。
积极实践	让学员反复练习正确行为举止的重要策略。	可能会立竿见影提高社会亲和行为。	长期效果没有证明，开始应先使用限制性少的方法。
多重方法训练套餐	融进几种行为技能的多元素指导套餐。	有较大的治疗优势和持续时间长，适用于广大的学生和环境。	

注：摘自卡特和苏盖(J. Carter & G. Sugai)1989 年出版的《特殊儿童教育》(*Teaching Exceptional Children*)中的"社会技能课程分析"，22 卷(1)期，38 页。1989 年版权归特殊儿童理事会所有。转载已获得授权。

做了。参阅了诸多学校计划后，艾尔博格等注意到许多教师把技能指导纳入现存的课程以及学校日常工作的其他方面。他们还发现，各种各样教职员工的参与极大地促进了在不同场合、不同事务中推广与保持社会亲和技能的学习与训练。有兴趣深度了解社会亲和技能教学与课程选择的读者，建议您阅读艾尔博格等人 1994 年编写的《社会技能计划指南》(*The Social Skills Guide*)。该书由科罗拉多州朗蒙特市(Longmont, Colorado)Sopris West 出版社出版。

很多社会亲和技能课程及教学计划已开发出来，教育工作者可以购买到。艾尔博格和他的同事们于 1993 年对现有的社会亲和技能教学计划进行了一次广泛甄别，并从中挑选了 8 个供教育工作者做实地研究。作者还为学前班、小学、初中、高中、成人水平各选取了两门课程。

学前 《我和我的朋友》(戴韦斯,1988)America Guidance Service 出版社;
《游戏时间/社会时间》(范德尔贝儿特/明尼苏达社会互动工程 Vanderbilt/Minnesota Social Interaction Project,1993) Communicative Skills Builders 出版社;

小学 《小学儿童的分层次技能教育》(迈克基尼斯、古德斯坦、斯朴拉夫金和葛沙,1984)Research 出版社;
《部落:社会发展和合作学习过程》(吉布斯 Gibbs,1987)Center Source Pulications 出版社;

初中 《沃尔克社会技能课程》(沃尔克、涛蒂斯、赫尔姆斯和哈艾·赫顿,1988)支持教育(Pro-Ed)出版社;
《预备课程》(古德斯坦,1988)Research 出版社;

高中及中学后 《学会相处:针对发展性残障人的有效社会技能培训》(杰克逊、杰克逊、贝内特、毕努姆和法里纳,1991)Research 出版社;
《以生活为中心的生涯教育轻度课程》(布罗林,1992a,1992b,1993a,1997)特殊儿童理事会出版;
《以生活为中心的生涯教育中度课程》(罗依德,1997)特殊儿童理事会出版。

这些方面和其他社会技能课程的更多信息可以从前边提到的书籍《社会技能计划指导》(艾尔博格等,1994)中获得。有特殊学习和/或行为需要的学生应该有能力学会适当的社会亲和技能,这样便可以胜任四种主要生涯角色了。

艾尔科斯宁(Elksnin,1991)仔细浏览了为青少年设计的九种商业社会技能计划方案:

1.《途径》 沃克尔、陶蒂斯、霍尔姆斯和赫顿(1988,Pro-Ed 出版社);
2.《财富》 海淄尔、舒马歇尔、舍尔曼和舍尔顿-威尔哲(1981,Research 出版社);
3.《与他人相处》 杰克逊、杰克逊和摩恩劳尔(1983,Research 出版社);
4.《预备课程》 古德斯坦(1988,Research 出版社);
5.《青少年分层次技能教育》 古德斯坦、斯朴拉夫金、葛沙和克莱恩(1980,Research 出版社);
6.《小学分层次技能教育》 古德斯坦、斯朴拉夫金、葛沙和克莱恩(1980,Research 出版社);
7.《日常生活社会技能》 舒马歇尔、海淄和派德尔森(1988,America Guidance Service 出版社);
8.《教室里的社会技能》 史蒂芬森(1978,Cedars 出版社);

9.《维克斯曼社会技能课程》 维克斯曼和麦斯迈尔(1985,AIEP 教育出版社)。

艾尔科斯宁研究了这些方案,以确定其内容是否包含 20 个人际技能领域的教学。格林南(Greenan)1986 年认为这 20 个技能是重要的可普及的技能,职业培训计划与工作的成功离不了它们。艾尔科斯宁发现,各种方案中仅包含 15%到 70%的可普及的人际技能。这两位作者在古德斯坦、斯朴拉夫金、葛沙和克莱恩(1980,研究出版社)编著的《青少年分层次技能教育》一书中呼吁,为特别学生设立更多的与工作相关的社会技能指导。这个建议对教育工作者非常重要。该书提醒教育工作者在为学生提供社会亲和技能训练时一定要牢记教学努力的最终目的,即教育那些有特殊学习和/或行为需要的学生该怎样担承不同的生涯角色——家庭成员、公民、雇员以及成为社交娱乐活动中积极参与者和受欢迎者。

市场上有许许多多社会亲和技能课程,因而选用什么课程对于教育工作者来说很茫然。卡特和苏盖(1989)已开发了一种《社会技能分析核查表》(Social Skills Analysis Checklist),似乎为寻求这方面指导的教育工作者提供了希望。他们设置了几个"是"或"不是"问题,以供潜在的使用者对表 12.2 列出的指导策略进行提问。

课程使用下面策略吗?

1. 树立楷模;2. 策略性安排;3. 理论指导;4. 应对法训练(correspondence training);5. 排演或实践;6. 敦促与训练 7. 积极强化塑造;8. 积极实践。

接着,提出 6 个关于课程计划项目的问题:

> 1. 评估程序/手段包括在内吗? 2. 课程适应个性需要吗? 3. 教学课程可以用于小组学习吗? 4. 超出课程要求,没有经过专业训练的人员能够教授这种课程吗? 5. 实施的费用合理且可以承受得起吗? 6. 所包含的策略会促进技能的保持和普及吗? (38 页)

基于对这些问题的回答,教育工作者应当能够做出更为明智的决定。

如果有特殊学习和/或行为需要的学生能更好地理解教育计划的目的是帮助掌握必需的正确行为和技能,从而使他们快乐成功地找到工作,得到满意的友谊为他人所接受,成为独立的具有创造力的社会一员,那么,许多与社会极不协调的行为将大大减少,学校将会欣然拥抱这种成效显著、功能性、以生活为主、以学生为中心的教学方法。

"小学阶段的生涯教育主要包括工作、家庭以及社会调适方面的社会技能的发展,自我理解,基本交际技能的培养,对一般工作范围知识的介绍,以及对各种有意义生涯的探究。"

(Gillet,1980)

以生活为中心的生涯教育轻度课程能力

如前所述，本课程中的个人—社会技能课程领域包含为取得个人成就和满意的人际关系所必需的能力。如果说该课程的日常生活技能构建了个人能力的框架，那么其个人—社会技能就是推动个人走向成功的肌肉和血液。一个人的成就感决定了他的生活质量。因而，人们应当关注有特别学习和行为需要的人对其现状、潜能和与他人交往的看法。今天，“自我决策”(self-determination)这一术语是这一概念的常见参考词条，对此本书第十章有阐述。

一个人成功独立的生活潜力不能仅仅依据他的学业表现或能力评定来判断。

本节将介绍以生活为中心的生涯教育轻度课程中的7项个人—社会能力及28项子能力(如图12.1所示)，同时还将介绍各项能力的教学目标和教学课堂活动。本节还引用了活动小贴士和课堂设计样本来阐述该教学理念。这些小贴士和样本摘自于特殊儿童理事会出版的《以生活为中心的生涯教育轻度课程个人—社会技能指南》(D. E. Brolin，1997)。

10.0 获得自我意识

在美国，那些有特殊学习和/或行为需求的人已成为自由新观念的不可或缺的一部分。他们越来越成为电视纪录片、杂志文章以及报纸报道的主题。如今，法律已赋予他们享受交通、教育、住房和工作的平等权利。他们也比以往有更多机会融入社会主流。因此，要想让他们成为有贡献、有益的社会成员，培养他们的自我感知能力(自我意识，self-awareness)就势在必行。下面将介绍构成此项重要能力区的以生活为中心的生涯教育轻度课程的几项关键性子能力。

10.42 确认生理及心理需求

该技能包含确认生理、心理以及社会方面的需求。在物质生存方面可以有最低的需求，但一些生理和社会方面的最基本需求就很难描述了。怎样衡量安全、自我价值、尊重以及爱的量呢？决定答案的一种方法就是让学生确认自己的需求，讨论并引导出他们的需求，然后收集其事例并检查别人满足他们需求的方式。各种有关生活必需品的课堂活动就能引导有特殊学习和/或行为需求的学生意识到对生活必不可少的那些事情。

10.43 确认兴趣和能力

有特殊学习和/或行为需求的人通过兴趣发现自己的能力。如果一件事情不能引起孩子的兴趣，他怎会尝试去完成它呢？童年的爱好不就是通过兴趣建立自信的一种

课程领域	能力	子能力：学生将能：				
个人—社会技能	10. 获得自我意识	42. 确认生理及心理需求	43. 确认兴趣和能力	44. 确认情绪	45. 展示自己的生理知识	
	11. 获得自信	46. 表达自我价值感受	47. 描述他人对自己的看法	48. 接受表扬与给予表扬	49. 接受与给予批评	50. 建立自信
	12. 获得负责任的社会行为	51. 尊重他人权利和财产	52. 识别权威与遵从指令	53. 在公共场合展示得体举止	54. 了解性格特征	55. 识别个人角色
	13. 保持良好的人际技能	56. 展示倾听与反应技能	57. 建立与维持亲密关系	58. 结交朋友并保持友谊		
	14. 实现独立	59. 努力实现自我	60. 展示自我组织能力	61. 意识到个人行为对别人的影响		
	15. 做出恰当决定	62. 寻找并利用援助资源	63. 预见后果	64. 开发和评价可选方案	65. 认清问题的性质	66. 培养目标追求行为
	16. 得体地与人交流	67. 识别紧急情况并做出反应	68. 领悟式交流	69. 懂得交流的微妙		

图 12.1 以生活为中心的生涯教育能力：个人—社会技能课程

注：选自《以生活为中心的生涯教育：以能力为基础的方法》，第五版，12—13 页，布罗林著，1997 年，弗吉尼亚阿灵顿：特殊儿童理事会出版社。1997 年版权归特殊儿童理事会所有。转载已获得授权。

方法吗？如果这些特殊个体想通过称职行为来获得独立自主能力，就必须大量经历他们想做、能做并且将尝试做的事（如果得到足够支持的话）。在别人的支持下，反复试验法（trial and error）就能帮助他们培养生理和精神方面各项能力的自我意识。这对于那些原本身体强健但由于事故、受伤或手术而导致残障的人尤其重要。他们在康复过程中需要鼓励和支持，要帮助确认与他们已改变的能力相匹配的兴趣。教师应该设计一些能确认学生兴趣与能力的课堂活动，其实这些兴趣与能力对于大多数人都是很普通的。教师还应让这些有特殊学习和/或行为需要的学生融入活动中，帮助确认个人的兴趣和能力，设定未来目标，设计策略来推行并实现这些目标。

活动小贴士

当地报纸上的招聘广告可以提供大量素材帮助学员确认个人需求。人们刊登广告来寻求就业机会、卖家具或参加合伙用车活动（a car pool）。有特殊学习和/或行为需求的学生可以剪辑、粘贴广告并把广告放入不同类别的兴趣之中。

10.44 确认情绪

教师可以通过营造无需评判的课堂氛围，开展与表达情绪有关的课堂活动。在课堂活动上，学生（不论小孩还是成人）都能随心所欲地交流自己的感受。小学生应该确认高兴、悲伤、生气等诸如此类的情绪，他们也应该早在上学前就体验过这些情绪。那些有特殊学习和/或行为需求的年长些的孩子应该开始学会处理在辨别表达情绪的不同方式中所遇到的问题。学生应该参与角色扮演，讲述观察到的情况，特别是各种表达情绪的方式，如肢体语言、面部表情和语调。第二个主要功能目标是教师培养学生辨别他人情绪后果的能力，尤其是辨别自己情绪后果的能力。举个例子来说，老板表达生气的后果就可能和雇员表达生气的后果不一样。老板能释放压力，但雇员就可能因此丢掉工作。最后，教师应该确认学生有效释放情绪的方式。适当的表达情绪的方式对每个人都是独一无二的。教师和家长应该花大量时间和精力建立信任基础，鼓励学生探索情感，寻找适当的表达情绪方式。另一个功能性功能目标就是确认情绪影响行为的方式。

以下课堂设计就是一个示例。它教你如何把一个以生活为中心的生涯教育轻度课程子能力的功能性目标教给小学和中学处于生涯意识层次的学生。工作表不包含在内。该课堂设计摘自于由 CEC 出版的个人—社会技能指南能力单元（布罗林，1992d）。

活动小贴士

情绪布告栏(the Emotions Bulletin Board)绝对是好主意。学生可以相互拍照片,拍下对方"典型的"表情,或者从报纸杂志上剪下照片,然后把一张照片添加到另一张上,并加注他们自己的标题和引语。

课堂设计样本 17 **10.44.4A:17**

以生活为中心的生涯教育轻度课程目标 10.44.4 辨别自己和他人的特定情绪。

课堂目标: 学生能意识到特定情绪是怎样出现在自己和他人身上。

教学资源: 练习表:确认情绪

表演小组: 三四名来自社区话剧团、表演艺术公司或学校话剧班的演员或戏剧朗诵者。

课堂导入: 今天我们邀请到几位嘉宾。他们来自________。他们的名字是__________。他们将为大家展示演员如何在舞台上表演情绪。他们已同意扮演不同情绪和情感的人物。请观察他们表演的情绪,然后我们讨论。

学校活动: **时间:** 1 课时

任务:

1. 给下列词语下定义。

"语言提示"——演员通过语言表示情绪;

"非语言提示"——演员通过动作表示情绪。

2. 指导全班观察演员所表演的情绪,包括:生气、悲伤、害怕、高兴、幸福和惊奇。

3. 演员表演短剧,展示各种人类情绪。表演应反映不同的情境中的各种生涯角色,包括家庭、工作、社区生活以及休闲活动中的情境。

4. 表演四个短剧(或读四个),用前两个作示例。读完每个后,将学生观察到的情况记录在黑板上。

- 观察正在表演(或朗读)的人的各种情绪,并观察正在观察的人(学生)的情绪。
- 学生给各种情绪分类,分为语言提示和非语言提示。
- 学生确认表演者表演的生涯角色,并将他们的情绪与这些角色联系起来。

5. 分发确认情绪练习表,并讲解。

- 第三个表演结束后,学生独自在练习表上记录观察到的情绪,并写下每个情绪的类别(语言提示还是非语言提示);
- 以同样方式处理第四个表演。

6. 全班同学共同讨论记录结果;可能时,表演人员确认其反应。

课堂设计评估:

活动: 学生完成确认情绪练习表。

标准: 学生至少记录 6 个所观察到的情绪,确认其提示类型(语言提示还是非语言提示)。

生涯角色: 家庭成员/家庭主妇、公司员工、公民/志愿者和业余爱好从事者。

生涯发展阶段: 生涯意识。

注:摘自《以生活为中心的生涯教育:个人—社会技能能力单元》,第一卷,134—135 页,布罗林著,1992 年,弗吉尼亚阿灵顿特殊儿童理事会出版社。1992 年版权归特殊儿童理事会所有。转载已获得授权。

职业残障康复顾问能帮助学生建立自信心，为他们寻找工作做准备。

10.45 展示自己的生理知识

了解自己生理包括具体个体性别角色的功能目标。课堂活动要让这些有特殊学习和/或行为需要的学生意识到男女身体及其器官功能的相似之处与不同之处。主要由于长期以来有关智障者或身体残障者的性别角色讨论一直处于空白，所以该课题越来越多地受到研究人员、家长、消费者协会以及出版界的关注。教师应意识到，如果鼓励学生以班级或小组讨论或提问的话，一定要给学生准备材料。教学具体目标应包括识别人体的主要系统，列举描述生理特征，识别主要人体部位。

11.0 获得自信

通过找工作的准备活动，职业恢复顾问可以帮助有特殊学习和/或行为需求的学生树立自信。几世纪以来，在故事、寓言、艺术作品和流行语言(popular expressions)，中，那些有特殊学习和/或行为需求的人一直被描述成无能之辈。更有甚者，在有些例子中，他们甚至不被看作人类，而是邪恶的化身。这些思想一直延续到今天。他们绝大多数人都有同龄人侮辱或长辈可怜的经历。尽管存在着这些偏见性观点和态度，有特殊学习和/或行为需求的学生一定要树立自己是健全人的信念，这样才能成就个人目标，实现梦想。下面将介绍获得自信的各项子能力及其相应的功能目标。

11.46 表达自我价值感受

当得到教师、家长和朋友对自身价值的肯定时，人们会开始感觉到自己的价值。不过，这对于有特殊学习和/或行为需要的学生来说就比较困难，他们很难确切地表达自身的价值。在我们所处的社会，一个人感知自身价值是以与别人比较为基础的，各种用来比较的话语在一个奖励胜出者的文化中也是相当普遍的。问题是“做得更好”通常是通过与别人比较而得出的。如果经常置身于这种“要比别人好”的竞争中，那些有特殊学习和/或行为需求的人只能发现自己处于比别人更加不利的境地。如果有特殊学习和/或行为需求的学生输了比赛，他们就可能觉得自己低人一等，从而使得自己失去自我价值感。在这种困境下，老师和家长处置问题的能力就起关键作用了，老师和家长必须能够充分地凸显有特殊学习和/或行为需求的学生的长处。必须把形势从“你与他们对决”(you versus them)转变到“我能”(I can do)。通过强调“我能”，家长和教师的观点改变了，随即也影响了学生的态度和价值观。在社会上，“我能”是积极的价值观的表达。我们曾听说过多少不能走路、不能跑步或不能跳舞的人最终超越了自我，恰恰学会走路、跑步和跳舞这些心愿，甚至不止如此。这样的例子举不胜举。像特殊奥林匹克运动会(the Special Olympics)和轮椅运动会(Wheelchaire Games)这样的例子不已说明残障人有强烈的展示自我价值的渴望吗？不管跑一段赛程需要多少时间，他们通过自己体育成就(physical accomplishments)展示了自身的价值。教师和家长应该给有特殊学习和/或行为需求的学生机会，让他们表达出自身对成就、成功和失败的感受。什么样的经历使他们感觉良好，感觉有价值，或者感觉到成功后的喜悦？什么样的经历使他们灰心丧气？这就给专业人士提供很好的机会来计划随后的课堂活动，以便增加学生成功经历的数量，同时也提高其质量。另一个功能目标是确认其他人影响个人价值观的方式。

11.47 描述他人对自己的看法

有特殊学习和/或行为需要的学生应该能够描述出他人公开的言辞和一些细微的暗示。因为绝大多数人对有关自己的信息比较敏感，更加容易把自己臆测的想法掺杂于别人的行为中。如果一个健康状况不好或者身体有残缺的人在思考别人是否对他的人格或残缺有反应，那说明他已经陷入困惑的境地中。如果别人没有邀请他去参加晚会，他可能会想是不是因为自己表现不好，或者是由于他的假肢才没被邀请呢？他可能永远也得不到答案。如果这种模糊不清的事情屡屡发生就会摧毁个人的自信。别人对我们的看法影响着我们对自己的态度，而这种态度又是我们进行进一步判断的基础。教师和家长不能控制别人的态度，在某些情况下，控制他们自己的态度都是一个挑战。但是，他们可以指导有特殊学习和/或行为需求的学生观察别人的言行(无论是明言还是微妙的暗示)，指导观察这些言行折射的是积极态度还是消极态度。有关交流沟通的课程(能力16)应该囊括表达态度的各种反应，如同情、屈尊、反感和喜欢等。不过，课程应当强调反映学生自尊的积极反应，必须预防社会其他成员认为是合情合理的但实则是愚蠢的行为反应。另一个功能目标是根据别人对自己的看法建立个人观点。

活动小贴士

一种行之有效的练习是要求所有学生都谈某个学生的优点。全班同学可以围成一个圈或者坐在自己的座位上，而大家讨论的那个同学一定要面对大家。每个同学用15到20秒的时间说出他的一个优点，如“他帮助我们队赢得了比赛。他每天准时到校。他每周的测试答案都正确”。该活动不但可以帮助班级搞好团结，而且可以帮助学生树立信心。

11.48 接受表扬与给予表扬

残障人需要合理的经历赢得别人对自己行为的肯定和尊重。这些合理经历包括家庭、学校以及其他环境在内的日常活动，学生作为有贡献的成员参与进来。这样，学生就能从家庭成员、同龄人、老师及其他人那里得到尊重以及对自己所作贡献的认可。有特殊学习和/或行为需要的学生不仅需要对自己成绩的认可，而且需要对自己行为的支持以便最终取得成功。否则的话，有特殊学习和/或行为需要的学生仅仅因为成绩受到表扬，在家、在学校和在团队的全部努力却受到漠视，这不合适。经历多次不同形式的奖励后，学生就比较容易知道怎样接受表扬了。另一些功能目标应包括列举表扬对自己和他人的效果，展示给予别人表扬的能力。

课堂设计样本

作者：琳达·格拉斯科(Lynda Glascoe)

阶段：中学直至社区学院(community college)

情景：资源背景或者小组集会

时间：1课时

目标：接受表扬和批评后，学生能够做出恰当反应。

活动：这是分角色表演的活动，表演真正的工作场景。第一，一张卡片(3×5英寸)上描述了一个情境。每张卡片要包含足够的细节信息，既能让学生详细了解场景，也能让他们充分发挥创造力。第二，选两个或两个以上学生参加表演。学生读完卡片上场景、选好角色后，就要考虑如何表演，选用什么台词了。第三，全班讨论表演场景、表演效果以及其他可选择的表演情况。

事例：(1) 你最好的朋友失业了，而恰恰你被招聘来接替他的工作。一个星期后，老板表扬你的工作成绩，并开始述说你朋友工作中的问题。

(2) 你今天不想工作。你老板发现了，他说："赶快打起精神！否则的话，你就别指望长期能保住自己的饭碗！"

(3) 昨晚你加班一直到很晚，你上司对你说："相当不错了！但是，你应该做得更好些！"

评估：学生将能识别每一情形下的恰当反应。

相关子能力：11.48　接受表扬
11.49　接受批评
19.81　接受监督

11.49　接受与给予批评

若批评中肯且不失准则，会起到积极作用。而令人遗憾的是，批评往往被看作是挑毛病。批评使有特殊学习和/或行为需要的学生觉得不如人。这是中学和大学里的有特殊学习和/或行为需要的学生不喜欢对他们的任务完成情况进行批评性分析的原因之一。因害怕可能苛刻的评论，他们尽量少做事情。从某种意义上讲，他们在保护自己不受外界的评价。这样一来，当教师批评自己时，学生总是持一副冷漠的态度就毫不奇怪了。教师要做的艰巨任务是首先说服有特殊学习和/或行为需要的学生要积极面对批评；其次，帮助认识哪些情形下讲的批评无助于改变错误、不犯错误。教师可以在分析有特殊学习和/或行为需求的学生的作用时给予学生尊重从而达到这些目的。尊重性的批评有助于有特殊学习和/或行为需求的学生建立自信。如："你真了不起！"这样的话语向有特殊学习和/或行为需要的学生传递这么一个信息："你是个知错能改的好学生。"这样的改进就强化了这个过程中先前的步骤。另一个功能目标是辨清批评对自己与他人的正面和负面影响。

11.50　建立自信

有特殊学习和/或行为需要的学生应意识到自己内在的尊严。有时他们也许得行使捍卫尊严的权利。这些行动建立在相信自己有能力实现功能目标的基础之上。信任起始于婴幼儿完成的第一个任务，经过日后完成更多难度大的功能性任务的努力而得到培养。尝试一项任务常常会增强个人自信心。有了自信心，一个人就会树立目标，并寻求适合个人能力的途径去实现目标。

例如，电影《不方便的事情》(*A Matter of Inconvenience*)(Stanfield House 电影公司出品)讲述的是盲人和腿有残障者学习滑雪的故事。被战争夺去一条腿的退伍老兵穿着一只滑雪鞋，手撑两根顶端带有时尚滑雪装置的滑雪杖，练习滑雪。三样滑雪器械起着支撑作用，平衡拐弯时重心的移动。技术娴熟的滑雪者跟在失明女子后面，提供翻转、前进和突破等技能指导。他们享受着滑雪的乐趣。成绩自己评判，不跟奥林匹克运动员比较。这样的经历很有意义，因为这种方式适合有特殊学习和/或行为需求的群体，并达到了目标。可以肯定，这部分人的自信一定得到了提高，并且由于自信心的增强而愿意尝试其他工作。从某种意义上讲，他们在建立自己的信念。另一个功能目标是评价不同场合中的自己。

活动小贴士

教师组织班级搞一次角色扮演活动。教室当"工作环境"，一半学生当"雇主”,一半当“雇员”。“雇主们”花一天时间留心“雇员”的一些特征,例如:敏捷性,对指导的反应,态度,衣着得体和工作质量。一天结束前“雇主”和“雇员”交换意见。第二天“雇主”当“雇员”,而“雇员”则做“雇主”。

12.0 获得负责任的社会行为

社会是靠法规和理解凝聚在一起的,而这些法规和理解则与有特殊学习和/或行为需求的个体对待彼此的行为息息相关。这些法规逐渐扩增了对残障人的保护条款。不过,残障人是否为人们所接受更多取决于他们在各种社会情形中表现出的负责任的行为。下面讨论构成这种重要能力区的以生活为中心的生涯教育轻度课程中的一些关键子能力。

12.51 尊重他人的权利与财产

尊重他人的权利与财产是立国之本。这是电视、广播和报纸所关注的一个永久性话题,因此,它为教师和家长强调尊重他人权利和财产的理由提供了充足的机会。家长是这个技能至关重要的初始环节。因为教孩子区分自己与别人的东西是家长的义务,当所有权的事情发生在教室时,教师自然要强化这些常识。随着年龄的增长,人们开始施展自己的观点和权利占有东西时,尊重别人的权利就变得更加复杂。这便要求教师开办这门课,利用学生们的经历强调法规、所有权和社区保护之间的关系。

12.52 识别权威与遵从指令

有特殊学习和/或行为需要的学生在学校里所做的一切都是在教导下进行的。常规而单调的学校环境难以使教师的叮咛“职场是不一样的”给有特殊学习和/或行为需要的学生留下深刻印象。如果有特殊学习和/或行为需要的学生没留心或忘了老师的吩咐,惩罚也许是得重做作业、去见校长,或者扣分。这种事情经历多了,大家会习以为常。但倘若工作中出现这样的过错,面临的结局将是“你被解雇了!”对教师而言另一个难题是:判断有特殊学习和/或行为需要的学生是否具有完成某项任务的能力,或者是否缺乏遵从指令的技能。教师常常通过任务没完成来推断有特殊学习和/或行为需要的学生不会遵从指令。

例如,老师吩咐有特殊学习和/或行为需要的学生去家政经济学样板房里打扫卫生。他们要清扫和使用吸尘器。如果事先没有告诉如何使用吸尘器的话,他们也许完成不了任务。这时有老师会问:“难道你没有听到我说的话吗?”因而,应当鼓励有特殊学习和/或行为需要的学生做事之前问问题,搞明白不知道怎么做的事情该怎么做。

雇主们常说，智障员工往往容易相处，因为他们会告诉雇主哪些事情不明白。不过，情况并非都是如此。一些雇员缺乏自信或自我辩护(self-advocacy)技能，只会坐在一边干等进一步的信息，等着对不作为的肯定或者批评。另一些人则可能在工作中不懂装懂。

活动小贴士

"这是谁的?"是一个确定财产所有权的活动。学校发生的事情、报刊文章和学生的经历都可以提供讨论素材及写作素材。老师创设情景，设计问题。比如，一个男孩带一副潜水镜去游泳池游泳，他把潜水镜放在池边的长椅子上，然后去喝饮料了。回来后，他戴上潜水镜，而另一个游泳者却说这副潜水镜是他的。一副潜水镜，两个游泳者争，他们该怎么办?

12.53 在公共场合展示得体举止

有特殊学习和/或行为需要的学生应当能够识别饭馆、公交车上、教堂、娱乐场所和公众集会等场所得体的行为举止。有特殊学习和/或行为需要的学生通过模仿家人或同龄人习得这种正确行为。如果教师觉得有必要矫正某些行为，一定要有特殊学习和/或行为需要的学生、教师及家长三方都要达成共识。

在所有公共生态环境中，可接受的行为举止有着共同的标准。当有特殊学习和/或行为需要的学生在课堂角色扮演活动中报告与家人朋友一起或实地考察遭遇的一些事情时，或者对电视节目进行批评性评论时，教师应当注意得体举止的相似点。像运动员备战赛季大赛一样，学生的行为举止练习要有教师家长的监督指导。另一个功能目标是明白公共场所行为端庄的理由。

课堂设计样本 12.53
作者：保罗·佩伦契维奇(Paul Perencevic)
阶段：中学 **情况**：由行为缺陷学生组成的独立班
时间跨度：一学期
目标：学生能够在公共场所举止得当并学会遵从指令
活动：这是一个参观当地一家商场的实践活动。教师应向全班及个别学生讲清楚目标行为要求及应该遵守哪些具体程序，像挑选商品、排队、应对售货员的提问与评论。
比如：(1) 吩咐学生选好商品，然后在收银处排队等候结账。
(2) 给学生分发书面指导，告诉如何购买具体商品。从商场入口到出口听从指令。

评估：老师或辅助老师应观察活动前确认的目标行为。当学生置身于社会环境中时，教师可以迅速做出评价，并表扬可接受的行为举止。

相关活动：事先通过角色扮演活动在教室里操练恰当的行为举止。

12.54 了解性格特征

有特殊学习和/或行为需要的学生需要了解参加集体活动时哪些性格因素可以引起他人对自己的好感。积极的性格特点都有哪些呢？合作、快乐和值得信赖构成坚实的基础。这些特点也是职场所需要的。当然还有其他特点，需要有特殊学习和/或行为需要的学生去发掘。学习别人的经验和观察别人有助于个人的改变。以精益求精的眼光审视自己不止是程度高学生该做的事情。这种能力需要练习，需要来自家庭和学校的鼓励。老师可以通过给有特殊学习和/或行为需要的学生布置采访任务，或者让他们想想所佩服的人都有哪些出色的性格特点并列出这些特点，从而帮助建立观察技能。一旦好的性格特点确定了，教师就要协助将好的特点转化到有特殊学习和/或行为需要的学生的行为中去。然后，有特殊学习和/或行为需要的学生和老师应当共同制订一个联系和汇报行为的方案。如果有特殊学习和/或行为需要的学生的行为有问题，教师可构建一个体系去有意识矫正不恰当行为，以达到预设目标。另一个功能目标是了解哪些性格特点阻碍人们对个人的接受。

12.55 识别个人角色

有几个角色被确定跨越能力区，其中有雇员、公民、家长、亲戚和朋友。有特殊学习和/或行为需要的学生应该能够描述和展示作为个体(雇员、家长、小孩)负责任的行为有哪些，作为团体成员(工会、乘客、俱乐部)负责任的行为有哪些。以生活为中心的生涯教育轻度课程这一子能力要求有特殊学习和/或行为需要的学生积极与不同角色的人打交道，以便真正了解角色意义。例如，有特殊学习和/或行为需要的学生生来就可能是家庭成员，但实际上并未行使过家庭成员的权利。家长可以让孩子尽可能多地参与家庭活动与家庭决定，尤其当有特殊学习和/或行为需要的孩子选定将来的角色是做家长或配偶的时候。教师应当让有特殊学习和/或行为需要的学生置身于实际情景中，去理解他人对某一特定角色的期望。比如，请警官、消防员和雇主这样的社区工作人员讨论他们期望学生作为公民和雇员角色身份应承担的责任和持有的行为。另一个功能目标是确认将来所有可能的角色。

有7项个人—社会能力出现在22项能力中间绝非偶然。就有特殊学习和/或行为需要的学生而言，习得这些功能性技能对于成就自己的人生非常重要。一旦掌握了个人—社会技能，学习日常技能和职业技能并将其融入生活中就成了一件比较容易的事情。

自尊心的增强与个人—社会能力密切相连。自我了解(能力、兴趣、需求、欲望)和学会积极、妥当、有责任地互动会提升对个人价值的积极态度。

我们必须提供一种环境。在那里,随着个人—社会技能系统地融入有计划的连续的课程中,学生的自尊心得到呵护培养。如果课堂都是些孤立的教学内容和孤立的衔接/生涯教育,那么,这样零零碎碎的努力只能带来残缺不全的结果。本章重点为教育工作者提供了一个将各项能力编进教学计划的观点,有助于提升有特殊学习和/或行为需要的学生的自尊心。

13.0 保持良好的人际技能

能力13探讨的是建立和保持成功的人际关系所需的技能。它不包括所有技能,也不提供菜谱式的方法介绍书籍、杂志和报纸已给予足够关注的领域。它是与有特殊学习和/或行为需要的学生的自信心、独立感相互作用的技能,是事业成功的关键。对于教师、家长和学生来说,实践是获取这些技能的最为关键的因素。有特殊学习和/或行为需要的学生应该给予机会进行角色扮演,他们可以进行这些日常活动——倾听,提问题,提供信息,讲述故事和表达感情。下面探讨的是以生活为中心的生涯教育轻度课程子能力以及与这一能力有关的功能目标的意识。

13.56 展示倾听与反应技能

交流取决于人与人之间的想法和观点的正确理解。电脑靠编程交换信息,而人们靠表面意思和隐含意思交流信息。人们通过关注信息源及伴随的非言语提示(能力16)达到交流目的。教师应该培养学生多方面的技能,这样学生就能够获得倾听与反应技能了。有特殊学习和/或行为需要的学生应利用所有感官来读取信息,培养多种反应方式,如说话、打手势、利用交流板或打字等,从而确定信息的准确意思(包括语言的或非语言的),继而决定正确的反应方式。另一个功能目标是确认错听与反应不当的消极作用。

13.57 建立与维持亲密关系

有特殊学习和/或行为需要的学生应该明白约会的过程,约会情境中约会者不同的习俗,以及每个角色的责任。当家长和教师为年轻人提供咨询时,总会遇到许多棘手的问题。"我什么时候可以开始约会? 我可以和这种人约会吗? 约会的时候我应怎样做? 我到哪里去约会?"这些问题年复一年地成为课堂讨论、密谈和个人成长的热门话题。其他功能性目标包括:确认适合约会的社会活动,确认表达约会快乐的方式。

家庭是发展亲密关系的技能培训基地。孩子通过观察家长与兄弟姐妹亲戚交往来学习处理人与人的关系,学习什么是尊重。早在上小学之前,有特殊学习和/或行为需要的学生也许就发展了与家庭成员、邻居、游戏伙伴和矫正医生不同的亲疏关系。

教师可通过练习帮助学生分辨已经存在或者在家庭中能够观察到的不同关系。有特殊学习和/或行为需要的学生应对以下问题有一个明确的答复,如:"亲密关系的特征是什么? 关系亲密的人是怎样回应对方的? 亲密关系的作用是什么?"通过尝试寻找问题的答案,学生将萌发个人需求意识,为今后发展亲密关系打下基础。另一个功能目标是弄清有特殊学习和/或行为需要的学生与哪些人可以建立亲密关系。

下面的课堂设计为这一子能力整合了以生活为中心的生涯教育轻度课程中的两个目标。其中练习表未有图示说明。这一生涯探索课程设计适用于所有四个生涯角色。

课堂设计 11 13.57.4E: 11
13.57.5E: 11

以生活为中心的生涯教育目标 13.57.4 确认亲密关系的特征
以生活为中心的生涯教育目标 13.57.5 列出不同类型的亲密关系
课堂目标: 学生探索不同类型亲密关系的本质
教学资料来源: 练习表"我和谁最亲近?"
课堂引言: 亲密关系不是总保持不变的。你会发现,今年你与一些人的关系比去年近了。我们一直在结交新面孔,遗憾的是,有时我们会同以前亲近的人失去联系。今天,我们将谈论亲密关系这个话题,并且更仔细地审视现在与自己亲近的人。

课堂活动: **时间:** 1 课时

任务:

1. 指出亲密关系不会一直不变。今年与自己亲近的人未必与去年相同。请学生想想为什么?
2. 分发并解释练习表:"谁是我最亲近的人?"让学生分别单独完成。
3. 引导课堂讨论练习单上的结果。
- 让学生交流在亲密关系中他们最看重的性格特征。
- 在过去的一年里,学生的亲密关系变化如何?(与不同人之间的亲密关系是更多了还是更少了?)
4. 学生轮流向全班讲述自己拥有的一种亲密关系。
- 跟自己关系亲密的人有什么性格特征?
- 这样的亲密关系持续多久了?
- 该学生与对方畅所欲言吗?
5. 引导全班讨论这种关系以及为何自己觉得他们亲近。

课堂设计评估:
活动: 学生将探索自己拥有一种亲密关系的特点。
标准: 学生将就自己的关系回答任务 4 的三个问题
生涯角色: 家庭成员/家庭主妇、雇员、公民/志愿者和业余爱好从业者
生涯阶段: 生涯探索

注:选自《以生活为中心的生涯教育子能力:个人—社会技能》,第二卷,680 页,布罗林著,1992,弗吉尼亚阿灵顿特殊儿童理事会出版社。1992 年版权归特殊儿童理事会所有。转载已获得授权。

13.58 结交朋友并保持友谊

报纸杂志的"亲爱的艾比(Dear Abby)"专栏充满了没有朋友的人的悲痛之情。

“什么是朋友？有特殊学习和/或行为需要的学生想从友谊中得到什么呢？作为朋友，他们能为对方做些什么呢？如何才能遇上知心朋友？当朋友离开时，会发生什么事呢？随着年龄的增长，朋友也会随之变换吗？”这些都是可以在全年的个人及小组活动中用作话题的一部分。有特殊学习和/或行为需要的学生能够识别自己想从友情中得到什么，结识人和分享兴趣的不同途径，以及成为朋友所要肩负的责任感。教师应当帮助有特殊学习和/或行为需要的学生形成个性化解决问题的方法，因为在最终的分析中，“怎样交友并留住朋友”的公式对每个人来说都是独一无二的。另一个功能性目标就是确定能够与朋友共同参与的活动。

活动小贴士

教师可以利用学生生活中即将发生的事情帮助练习人际技能。例如，班级的一个成员被邀请参加一位亲戚举行的聚会。所有学生可以以参加聚会的不同角色模拟彩排恰当的问题及恰当的回答。这些预演适用于小学乃至成年时期，可以应用于各种社会情景。

14.0　实现独立

独立(independence)一词并没有什么魔力，但作为永远存在的目标几乎若隐若现于每个人的生活。生活融入了种种关系，从依赖经由独立，再到相互依赖。作家们为个人是否能够真正独立而争辩过。拥有一定自由的作家，会为概念而争辩；那些近期才被承认是一等公民的残障人，只想体验独立一下的感觉。

独立的人能以称职的方式承担工作及其他日常事物责任。下面讨论构成这一重要能力的以生活为中心的生涯教育轻度课程中的子能力。

14.59　努力实现自我

自我实现(self-actualization)是指个人最大限度地发挥出自己的潜能，意识到自己所取得的成就并体验满足感。这里强调的是基于现有的天分和能力，和个人感觉自己尽了最大努力。LCCE 轻度课程这项子能力能够提醒家长、顾问、教师和行为治疗专家自我实现在生活中所起的作用。教师可以通过强化有特殊学习和/或行为需要的学生的优点，教导学生能做什么比不能做什么更为重要，来创造一种有益于自我实现的氛围。自我实现并不是一种终极目标，而是一种来自许多事件结果的认识，认识到做这些事情可以达到满足并感到满足。

在人生的前20年，儿童和青少年在意自己身体上发生的变化，而且很在乎自己是否符合身体发育标准，而心理方面的变化在后期才被认识到。但是，它们的开端是在儿童们无暇意识的那些日子里确立的。家长和专业人员有责任播种发现的种子。其他功能目标应当包括明确满意的一天所必需的要素以及明确个人成长的重要特征。

14.60　展示自我组织能力

我们文化中的无数谚语表达这样一个概念：大的目标是靠一步一个脚印才能实现，自我组织的重要性存在于日常重复任务中（例如每天早晨都要穿衣），容易受到促进任务完成的行为模式的影响。重要的是，孩子的困惑传递了这个想法：组织，或者模式，牵涉到解决问题。孩子学会把难题串起来后，他们可以采用相同的步骤去再次完成任务，因为这一方法有效或者仅仅因为他们喜欢用这一特殊方式去解决问题。一旦学生培养了此项基本能力，能够创造性地并且重复地使用行为模式来解决问题，教师就可以给他们介绍问题的大概，让学生选择最佳的行动方案。换句话讲，学生要学会即时做决定。通勤、约会、购物是需要进一步审核、分析和组织的其他课程。另一个功能目标是能够展示组织日常活动的能力。

活动小贴士

至于学生所列的为人熟悉的每周"待做事情"清单，教师和家长可以有效合作。这些清单一则为学生提供了确立目标的机会，二则提醒学生完成这些功能目标需哪些资源。这些清单也可作为涉及日常事件和成就的课堂讨论资源。不妨请一些学生为每个课程题目组织这样一个清单。

14.61　意识到个人行为对别人的影响

个人独立的目标包含有特殊学习和/或行为需要的学生意识到哪些行为促进社会认同、哪些引起排斥。这个期望影响到家庭、社会以及职场人与人的互动。教师和家长希望有特殊学习和/或行为需要的学生能够理解和预见个人行为对他人产生的效果。小学教师可以从简单的练习开始，让学生明白一个人的行为会引起另外一个人什么反应。这任务不难，因为电视动画片《猫和老鼠》以喜剧的方式描写了这些因果关系。故事之所以吸引人是因为其情节符合观众的预期。孩子们知道将发生什么，而且果真如此。教师可以将同样原理用到课堂中。假定一个特殊举动，会有怎样反应呢？当然，举止和交流的微妙会随着孩子的成长而变得复杂，但在整个教育过程中应始终强调理解的后果。另一个功能目标是识别行为举止的几个方面,如:外表、态度、谈吐,确认这些举止对他人的影响。

15.0 做出适当的决定

做出适当决定与解决问题的过程是教育的本质。阅读、写作、计算与其他基本技能是学生做出适当决定的前提。解决问题的能力通常认为靠先前的课程和科学课程培养。不过,方法论的一些方面可适用于广泛的个人—社会技能,以帮助学生考量和改善与其他人的关系。下面讨论构成这一重要能力的以生活为中心的生涯教育轻度课程中的子能力。

15.62 寻找与利用援助资源

《以生活为中心的生涯教育轻度课程》子能力探讨的整个过程一直在提醒教师和家长,有特殊学习和/或行为需要的学生应当学会分辨能为个人和家庭做决策提供帮助的社会资源。这些资源应是某一具体课程领域的专家,具有为社区成员提供建议的经验,能够为某一具体课程内容将决策制订过程细化为连续的几部分。有特殊学习和/或行为需要的学生应学会在什么情况下利用这些人力资源,懂得利用这些资源后可能会出现什么结果。

15.63 预见后果

解决问题过程中,预见一个决定会产生什么样的结果是最难考量,也是最容易忽视的部分。有特殊学习和/或行为需要的学生怎样才能检测哪些是预期的结果呢?在这方面,观察与询问将给予有特殊学习和/或行为需要的学生最大的帮助。尽管有特殊学习和/或行为需要的学生没有或仅有少量经历预测行动后果,他们可以询问他人是如何处理类似问题的以及结果如何。人人天天都会做决定,由此产生的结果可为那些初次检测相似问题与可选方案者提供指南。

15.64 开发和评价可选方案

乍一看,一个问题似乎就只有一两个可能的解决方法。显然,如果仅接受看得见的方案,有特殊学习和/或行为需要的学生就限制了选择范围。两极化概念的辨识练习可以让学生接触用其他办法解决问题的可能性,并且意识到必须寻找其他办法。侦探小说的最大魅力,不管是福尔摩斯(Sherlock Holmes)还是南希·德鲁(Nancy Drew),都是主人公拒绝接受现成答案,而去寻求揭开谜团的其他解决途径。该原则也应该适用于人际关系。有特殊学习和/或行为需要的学生应该展示其寻求信息、检验牵涉个体和群体关系可选方案的能力。

如果要针对 15.64 子能力做一个课堂设计,使其关联到为个人目标制订开发选择方案，可参照第十章。

15.65　认清问题的性质

极端概念的事例很多，如：好与坏，积极与消极，赞成与反对。这些术语经常用于问题和人际关系。然而，多数时候，问题和人际关系不能截然一分为二。一个问题或许有几种解决途径或几种立场。最好的解决方法对个人及其价值观都有利。有特殊学习和/或行为需要的学生应该展示这些能力：辨别问题的极端立场，寻求诸多解决方法，相继使用每一个解决方法。在运用包括可能解决方案排序、可供选择方案这样的方法学时，学生可以确定问题固有的几个组成部分。另一个功能目标是考查小组成员对想法、感情和行为的不同诠释，继而产生的不同立场。

15.66　培养目标追求行为

通向目标实现的行为是有特殊学习和/或行为需要的个人获得成功的最有利因素之一。的确，那些多有不便而实现目标的成功个人都能作为残障人的角色榜样。明了能够像他们一样获得成功，有特殊学习和/或行为需要的学生就应该能够确立目标，采取适当的行为达到自己确立的功能性目标。老师应该辨别出他们的目标是长期的还是短期的，现实的还是不现实的。有特殊学习和/或行为需要的学生应当练习目标的组织，勾勒出实现目标所需的行为，继而实施行为，评定结果。其他功能目标包括明确目标实现过程中的潜在障碍，明确有助于目标实现的可利用资源。

16.0　得体地与人交流

如果没有有效的交流，有特殊学习和/或行为需要的个人就会孤立。无论一个人是否患有残障，没有人是座孤岛。如果个人不能向别人传达自己的思想与感情，那么他/她就很难实现成功。在这最后一项分析中，教育工作者应该集中精力帮助有特殊学习和/或行为需要的学生培养交流技能。有了这些技能，有特殊学习和/或行为需要的学生就能够得到保护、陪伴和理解。下面讨论构成这一重要能力的以生活为中心的生涯教育轻度课程中的子能力。

活动小贴士

周目标(Goal of the Week)活动表的就是要求学生明确完成功能目标的一系列步骤。功能目标应包括一系列课外活动，例如修理自行车、购买服装或参加学校活动。活动报告提供一周的成绩记录，以便强化目标追求行为。

16.67 识别紧急情况并做出反应

达利和拉他恩(Darley & Latane)1968年开发了决策树型图(the Decision Tree)来描述人们在紧急情形下的反应。对于危难之时伸出援助之手的人来说,这个旁观者必须:(1) 意识到正在发生的事情;(2) 把发生的事情理解成紧急情况;(3) 承担起紧急情况下一定的个人责任;(4) 干预。如果其中一个步骤没完成,就不能提供所需的帮助。这一系列过程为教师设计培训活动提供了框架。有特殊学习和/或行为需要的学生必须首先能够置身于突发事件的环境中去,要么有直接的紧急信号(火灾、地震),要么有可理解为危险信号的声响和举动(随着刺耳的汽车刹车声是"砰"一声巨响,或者一个人倒在餐厅里)。假设有特殊学习和/或行为需要的学生的确为自己的行动负责任(其实是对他们价值观的测试),他们必须能够以恰当方式与参与者交流("我能为你做些什么?"或者"你需要什么"?),并且与处理紧急事件的工作人员交流("我想报告一起事故"或者"我观察到了以下情况")。这样的技能可以和子能力3.4和4.4配合练习。另一个功能目标是为有特殊学习和/或行为需要的学生准备一张紧急事件信息单,随身携带。

16.68 领悟式交流

在一个重视语言技能(歌唱、表演、政治演讲术、推销术)的社会,有语言障碍或说话不流利者就会处于不利地位。存在语言问题的人在与其他社会成员日常相处中会经历许多挫折。即使是完全有语言能力的人也会偶尔遇到以下不快经历:读错老板的名字,面试时说话稀里糊涂犯了错,在一个期盼已久的约会中张口结舌。教师、家长、咨询师和治疗专家面临着一项很艰巨的任务,那就是为使得学生展示出基本的语言技能做准备。基本语言技能包括根据不同场合调整说话音量、参与谈话,以及口头表达感情信息和咨询的能力。

课堂设计样本

作者: 克里斯汀·休斯(Cristine Hughes)

课时: 第二节课

时间: 六周　　**情景:** 一间资源教室或特殊日子的班级背景

活动主题: 使用电话

目标: 能力16.2:学生能与其他人恰当交流,并能利用电话作为一种获得信息的工具。

活动目的: 学生利用教室电话学习中心表演并练习各种打电话技能。

活动: 接到书面申请,当地电话公司通常愿意提供旧的不再使用的电话机。想法获得几部这样的电话机,然后在教室里组织一个电话学习中心,以方便学生练习打电话技能。在不同的布告板上,创造性地描述一些情景供学生角色表演及练习。可采用下列学生应答例子或自己设计。

情景 1 打电话给一位朋友，交谈一会。

谈话内容："你今天过得怎么样?"
"你上周周末干什么了?"
"你这周周末打算干什么?"

情景 2 打电话给朋友制订出行计划。

谈话内容："你这周周末想去哪里?"
"我想去________。"
"我同意。我们应该去________。"

情景 3 给警察部门、消防部门或家庭医生打紧急电话。

谈话内容："我想报告一个小偷在________。"(给出地点)
"我想报告一起交通事故，在________与________的拐角处。"
"我想报告一起火灾，在________。"(给出地点)

情景 4 给某企业部门打电话，落实招聘会事宜。

谈话内容："贵公司最近有招聘会吗?"
"哪些职位空缺?"
"求职程序?"
"最近能为我安排一次面试吗?"

情景 5 练习记录留言。
"请问哪位?"
"要不要留言?"
"您的电话号码是多少?"

情景 6 打电话给家庭医生或牙医等预约。

谈话内容："我是________，我想就________与________医生在________(时间)做个预约。"

评价：让学生自选合作伙伴表演本周的情景对话。学生轮流打电话和接电话。告知家长课堂活动内容，请他们配合允许学生在家里打这种类型的电话。

活动主题：打电话获取信息

目标：能力 16.4：学生能与他人恰当交流，并利用电话作为一种获得信息的方式。

活动目的：在教师的指导下，学生将使用学校的电话获取简单信息。

活动：让学生在你的指导下利用学校电话打简单的电话。下面是可供参考的打电话内容。

1. 打电话为班级订购一份比萨。
2. 打电话为全班实地考察查询公交路线和时刻安排。
3. 打电话为全班实地考察查询目的地的工作时间。
4. 打电话查询一家当地银行或商店的营业时间。
5. 打电话为全班实地考察查询保龄球运动费用。
6. 打电话查询当地动物园、博物馆或游乐场的门票价格。
7. 打电话查询当地电影院正在上映的电影及门票价格。

帮助学生在打电话时书写便条。允许在打电话之前先练习几次。这可以单独练习或分小组练习。让学生从电话簿上查找号码拨打电话。如果号码没有列出，让学生拨打查询台。给学生提供技能清单以便打电话时记着。清单可以包括这几项：吐字清晰，说话带表情，求证正确信息，留言记录准确。

评价：只要需要，允许学生给任课教师或班级打电话。评价以清单为标准。告知家长课堂活动内容。请他们配合允许学生打类似电话。

16.69　懂得交流的微妙

教师师应该发掘交流中的实际含义与口头语、手势语以及书面语的不同之处。换句话讲,我们生活着的世界是一个暗含寓意的世界。有特殊学习和/或行为需要的学生应该能意识到有时人们伪装信息来保护自己。他们通过说话或暗示来避免承担责任。小学生很快就学会要对自己说的话(或者做的事)负责。他们意识到交流可以通过多种渠道,或直截了当的或含蓄的。商业信息可能是最大的、最容易获得的教学素材。大量广播电视报刊广告利用交流中的非语言方式——微妙——来传递信息,而非语言或图片说明。有特殊学习和/或行为需要的学生应该学会辨别语言信息和非语言信息,这样才能够提高交流技能。当他们传递双层含义信息时(一层是公认的信号,一层是真正含义),应事先知道这样的事例。另一个功能目标是练习与个人感觉一致的语言和非语言交流形式。

传授以生活为中心的生涯教育中度课程中的个人—社会技能

如同日常生活技能,个人—社会技能指导也应当在各种课程领域、社会活动或家庭环境中进行。令人吃惊的是,很多学校对个人—社会技能指导的重视程度极其有限。随着对这一技能重要性的广泛认可,大量商业教材的出现,以及教师用书的开发和使用,人们可预期会有更多的努力投入传授这门技能。问题存在原因可能有这几种猜测:教师觉得这门技能太难教,其他要求还没时间顾及达到,这技能没那么重要,或者该由其他人教。然而,如前所述,大量证据显示大批有特殊学习和/或行为需要的学生不具备正确的个人—社会技能和行为。

教师可以运用多种技能传授个人—社会技能。第十一章日常生活技能所确认的诸多策略和方法(如社区活动经历、志愿者活动、游戏、角色扮演、录像和互助学习)都适用于个人—社会技能。其他与此课程领域有关的技能如下:

- 在课程设计中编入形式多样的小组活动;
- 积极加强某些活动;
- 群策群力而后达成一致的活动;
- 组织辩论赛或专门小组,让有特殊学习和/或行为需要的学生和嘉宾讨论某些话题或讨论不同场景下的正确行为方式;
- 通过读书疗法,使有特殊学习和/或行为需要的学生接触文学作品中那些虽有缺陷却成功应对生活挑战的主人公;
- 建立个性化学习中心,让学生按自己的速度完成具体工作;
- 定期开展这方面的课堂讨论;
- 辅导和树立典范;
- 进行生活采访,帮助学生发现危机感;通过提高自我而找到应对未来事件的方法；

● 采取海龟技能：退避，放松，积蓄力量重新进发。

根据伊恩纳科恩（Iannacone）等人的观点（1992），教师通常喜欢将社会技能指导融入其他教学内容领域内，从而在不同的领域内处理这个技能。许多优秀教师利用一切教学机会对学生个体或全体进行社会亲和技能指导。

如果有特殊学习和/或行为需要的学生能更好地了解教学计划的目的是为了帮助他们获得必要的正确的行为和技能，以便将来成功而快乐地工作，获得满意的友情和别人的认可，成为独立的社会有用之人，那么学生中存在的许多与社会格格不入的行为将会大量减少。学校因此也会注重功能的、以生活为中心的和以学生为中心的教学方法。

以生活为中心的生涯教育中度课程能力

如前所述，以生活为中心的生涯教育轻度/中度课程中的个人—社会技能涉及获得个人成就和满意的人际关系中极为关键的能力。如果说日常生活技能和功能技能是个人社会生活和工作能力的结构的话，个人—社会技能便是推动个人实现自我和提高生活质量的生命血液。特殊个体对于自身地位、潜能以及与人沟通的观点也应考虑在内。现今，“自我决策力”这个术语是对这一概念的常见诠释，我们已在第十章予以探讨。

如果给予充分的支持、机会和指导，有中度特殊学习和/或行为需要的个人的未来就有可能比较顺利，他们将能够独立或半独立地生活和工作。

布罗林所著的《以生活为中心的生涯教育：个人—社会技能单元》（阿灵顿特殊儿童理事会，1992）轻度课程的大多数课程设计可加以修改，运用于以生活为中心的生涯教育中度课程能力和子能力教学中。

有6项个人—社会技能出现在20条能力中间决非偶然。学会这些技能对有中度特殊学习和/或行为需求的学生在社会生活和工作中取得成就至关重要；而且，这些人一旦掌握了社会技能，会更容易学会日常生活和职业能力，并将它们运用到生活中去。

自尊心的增强与个人—社会能力密切相关。自我了解（像能力、兴趣、需求、欲望）和学会积极、妥当、有责任的互动会强化对个人价值的积极态度。

我们必须在家庭、学校、社会环境中提供大量的活动。在活动中，随着个人—社会技能系统地融入有计划的连续课程中，学生的自尊心得到呵护和培养。孤立的课程以及零零碎碎的衔接/生涯教育，只能带来不完整的结果。本节重点讲述如何将各项能力编进课程，从而提升有中度特殊学习和/或行为需要的学生的自尊心。

有特殊学习和/或行为需要的学生应该能够辨别他人是态度鲜明还是含糊其辞。因为很多人对有关自己的话题比较敏感，他们经常会将自己的观点强加到他人身上。当不清楚别人是对其人格还是缺陷做出如此反应时，一个有健康缺陷或生理缺陷的人会遭遇困惑。如果没有被邀请参加另一个聚会，是因为她举止言行不妥当还是因为她圣餐(prothesis)准备不当？她也许永远也不会知道答案，然而，这些令人捉摸不透的问题屡屡出现就会让一个人失去自信。他人对我们的看法会影响到我们对自己的看法。这些看法常被用于更深层次的判断依据。家长和老师不能控制他人的看法，在某些情况下，他们已经首先质疑了自己的看法。但是他们能够督促有特殊学习和/或行为需要的学生去观察他人的看法，这些看法是态度鲜明还是含糊其辞，是肯定还是否定。很多关于交际的课程(指能力 14)应包括表达怜悯、厌恶和屈尊之类的反应。不管怎样，课程应该侧重呵护个人自尊的积极反应。一个有健康缺陷或生理缺陷的人必须防止其他社会成员将不良反应作为做蠢事的借口。另一个功能目标就是对他人对自己的看法树立正确的观点。

本节阐述了以生活为中心的生涯教育中度课程中的 6 种个人—社会能力和 21 种子能力。图 12.2 列有这些能力和子能力。本节附有供参考的各技能指导目标和活动安排以及几个生活小贴士。特殊儿童理事会即将出版以生活为中心的生涯教育能力单元课程手册(Loyd & Bronlin 著，正在印刷)，类似于 LCCE 轻度课程开发的能力单元课程手册。

9.0 认识自我身份

在个人—社会课程领域的所有技能中，展示自我身份比表现其他技能更为重要。由于公民权法的实行，越来越多的由有中度特殊学习和/或行为需要的个体构成的少数群体获得了新的自由意识并为美国生活活动所接纳。在这些法律生效之前，他们中许多人被送进收容所，完全或者部分剥夺了参加社会团体活动和工作的机会。现在的法律规定有中度特殊学习和/或行为需要的人有平等享受公共交通、教育、住房以及就业的权利。与以前相比，更多有中度特殊学习和/或行为需要的个体已融入社会生活的各个方面。因此，学会认识自我(自我意识)关系到成为对社会有贡献和有用之人。接下来我们将讨论构成这一能力区的 LCCE 中度课程的关键子能力。

9.33 展示个人兴趣知识

有中度特殊学习和/或行为需求的人可以通过认识自己的兴趣来发现个人的才能。有中度特殊学习和/或行为需求的学生应该在小学阶段得到更多的机会去发现自己的个人兴趣所在。我们知道，要想让孩子产生学习兴趣，必须激发他去尝试完成任务。童年时代的爱好不正是通过兴趣建立自信而形成的吗？如果有中度特殊学习和/或行为需求的个体通过适当的行为取得完全或部分独立，他们必须发现自己喜欢做的事、能够做的事、如果给予充分的支持愿意尝试的事。有了支持，试验和错误会帮助有中度特殊学习和/或行为需求的个体建立对体力和智力的意识。这对那些原本身体健全但因为意外事故、受伤、手术而沦为残障者来说尤其重要。对这类人来说，康复过程

课程区	能力	个人社会技能子能力：学生将能够						
日常生活技能	9. 认识自我身份	33. 展示个人兴趣知识	34. 对情感做出恰当反应	35. 建立自信与展示自我价值	36. 给予与接受赞扬和批评			
	10. 展示负责任的社会行为	37. 展示得体的行为举止	38. 明确目前和将来的个人角色	39. 尊重他人的权利和财产所有权	40. 尊重权威	41. 展示听从指令/指导的能力	42. 行使相应的公民权并承担责任	43. 明确个人行为会如何影响他人
	11. 发展并保持恰当的社会关系	44. 建立友谊	45. 保持友谊					
	12. 展示独立的行为举止	46. 设立个人目标并实现目标	47. 展示自我组织能力	48. 展示自我决断能力				
	13. 做出明智的决定	49. 确认问题/矛盾	50. 运用合适的资源帮助解决问题	51. 开发和选择最佳问题/矛盾解决方案	52. 展示做决策的能力			
	14. 与他人交流	53. 展示倾听和反应能力	54. 展示有效的交际能力	55. 紧急情形下的交流				

图 12.2 以生活为中心的生涯教育—中度课程(LCCE-M)：个人社会技能能力

注：选自《以生活为中心的生涯教育：为中度残障人修改的课程》，洛依德和布罗林著，1997 年，弗吉尼亚州阿灵顿：特殊儿童理事会出版社。

需要积极的支持以帮助辨别与变化了的能力相适应的兴趣。教师应该给有中度特殊学习和/或行为需求的个体安排一些活动，要求他们识别于大多数人而言非常普通的兴趣和能力。另外，让有中度特殊学习和/或行为需求的学生参加社区活动，帮助他们发现自己的兴趣和能力，树立理想并设立实施步骤，最后实现这些理想。很多技能可以通过社区活动来学得并掌握，不过，要确保学生意识到社区活动有意思并且方便参加。此外，邀请嘉宾或家庭成员向学生谈谈个人兴趣。习得这一子能力的关键在于要让学生接触大多数人感兴趣的各种社会生活和工作领域。

所有的学生最后都要考虑向谁寻求帮助，然后询问关于个人兴趣爱好的知识。

9.34 对情感做出恰当反应

教师在示范教授学生对情感做出正确反应时，教室环境起着关键的帮助作用。任何人在日常生活中都会遇到情绪激动的时刻，我们必须学会怎样正确处理。不合适的处理方式会伤害感情，失去朋友，或者因一时的冲动而丢掉工作。教师应该帮助小学生学会区分这类情感：高兴、悲伤或生气。家长应该早在入学前就帮助孩子学习有关情感的知识。年龄稍大的有中度特殊学习和/或行为需要的孩子应该开始去认识情感的多种表达方式。有中度特殊学习和/或行为需求的学生应该参加角色扮演活动，或者报告观察到的情感表达方式，像肢体语言、面部表情、音调。另一个重要的功能目标是教师训练有特殊学习和/或行为需要的学生判断情感对他人、尤其是对自己的影响的能力。比如，雇主发怒与员工发怒程度相似但结果不同。雇主发怒没关系，而员工发怒则可能失去工作。最后，教师应该帮助有中度特殊学习和/或行为需要的学生识别积极缓解情绪的方法。许多商业录像带非常有用，它们展示了合适及不合适的表达方法，并举例说明如何在激动状态下做出恰当的反应。恰当的情感表达法对于每个人都是独一无二的。教师和家长应该花大量时间和精力建立信任基础，鼓励学生探索情感并找到正确的表达方式。另一个功能目标便是确认情感影响行为的各种方式。

所有学生最后都要考虑向谁寻求帮助，然后询问不知道正确处理情感的方法时该怎样控制情绪。

活动小贴士

当地报纸刊登的商场广告提供了丰富的创意资源，帮助学生识别个人需求。广告提供了大量可谈论的领域，如社会生活、工作兴趣等。家庭可以利用周日报纸来强化家庭兴趣以及强调发现个人兴趣的重要性。有中度特殊学习和/或行为需要的学生可以把广告剪下来，粘在一起，按不同兴趣范畴分类，而后贴在公告板上和同学讨论。

9.35 建立自信与展示自我价值

当学龄前儿童在跟家人一起或者与家人和朋友一起参加社会活动受到家人表扬时，他们能够感受到自己有价值。而要让有中度特殊学习和/或行为需要的学生系统阐述价值的定义可能有点困难。社会是通过与他人比较来判断一个人的价值的。在奖励表现突出的个人的文化中，比较性语言十分普遍。问题是“做得更好”通常取决于同他人的比较。中度特殊学习和/或行为需要的学生会发现自己处于严重不利地位，如果个人能力总是被放在某种“要比别人好”的比赛中，一旦输了比赛，他们可能觉得自己不如人，从而导致失去自我价值感。家人和教师应该尽早帮助有中度特殊学习和/或行为需要的学生认识到自身存在的价值并好好利用这一价值。家人和教师需要扭转局面，强调“我能行”。通过强调“我能行”，带动有中度特殊学习和/或行为需要的个体态度和价值观的转变。“我能行”是肯定个人社会价值的积极说法。我们不是听说过无数这样的故事吗？很多被告知再也不能行走、不能跑步或不能跳舞的人最终超越自我，学会走路、跑步、跳舞，甚至更多。残障人奥林匹克运动会和轮椅比赛这类赛事的出现及成功不都说明了残障人有强烈的愿望想要通过体育活动来展现自身价值？他们不在乎花多长时间跑完赛程。家长和教师应该提供机会，让有中度特殊学习和/或行为需要的学生表达对个人爱好、成就、成功及失败的看法。凡是适合教学的时光，成功的或不成功的，都可以用来练习以下问题：什么样的经历会让学生感觉良好，觉得体现了自身价值并对个人成就感到满意？什么经历使他们受挫？学生的回答给专业人员和家长提供了一个计划日后活动的绝好机会，有助于提高成功经历的数量和质量。另一个功能目标是识别个人价值观是如何受到他人影响的。

有中度特殊学习和/或行为需要的学生应该意识到自己固有的尊严。有时，他们将不得不主张权利去捍卫自己的尊严。这些行动建立在相信自己有能力完成功能目标的基础上。这种信任起始于幼年完成的第一次任务，后来在实现难度大的目标的努力中得到了培养。尝试一项任务通常会增强对自己的信任。建立自信之后，个人就可以开始制订适合自己能力的目标，寻找实现目标的方法。

例如，电影《不方便的事情》(1974，Stanfield House电影公司出品)讲述的是盲人和腿有残障者学习滑雪的故事。被战争夺去一条腿的退伍老兵穿着一只滑雪鞋，手撑两根顶端带有时尚滑雪装置的滑雪杖，练习滑雪。三样滑雪器械起着支撑作用，平衡拐弯时重心的移动。技术娴熟的滑雪者跟在失明女子后面，提供翻转、前进和突破等技能指导。他们享受着滑雪的乐趣。成绩自己评判，不跟奥林匹克运动员比较。这样的经历很有意义，因为方式适合特殊群体，并达到了目标。可以肯定，这部分人的自信一定得到了提高，并且由于自信心的增强而愿意尝试其他工作。从某种意义上讲，他们在建立自信。

另一个功能目标是评价不同场合中的自己。所有学生最后都要考虑的是向谁寻求帮助,询问关于个人基本身份的知识,以便了解自我价值和信心。

活动小贴士

"情感公布栏"很受人欢迎。学生可以相互拍下具有典型表情的照片,或从报纸杂志上剪下照片,一张张粘起来,然后附上有趣的标题或格言。

表达不同情形下的"我能行"的图片有助于讨论展现自我价值的现在和未来的活动。角色扮演活动的优点是强化自我重要性——"我能行"。

9.36 给予与接受赞扬和批评

许多成年人觉得掌握这些技能有难度。有中度残障的个体需要正规的(legitimate)的生活经历,从中体验他人对自己行为的肯定和尊重。这些正规的经历可以是家庭、学校和社会等日常活动,学生是其中有贡献的一分子。学生因为自己的贡献而可能得到家人、同龄人、老师或其他人的尊重和认同。平时,教师有充足机会去表扬或建设性地批评某个学生,或者让学生练习赞扬或建设性地批评其他人的方式。有中度特殊学习和/或行为需要的学生所取得的成绩不仅应该得到认可,他们所付出的努力也应该得到认可。否则,有特殊学习和/或行为需要的学生只有取得了成绩才受到表扬,而在家里学校或团队中所做的全部努力一概被忽视,这样做不合适。在受过多次表扬之后,学生便会很容易知道该怎样去接受表扬。其他功能目标包括:列出表扬对自己及他人的影响,展现表扬他人的能力。

当谈到利于水平提高的聪明评价和建设性支持时,批评起积极作用。然而,批评通常被看作是挑毛病。遗憾的是,批评确实会让有特殊学习和/或行为的学生产生自卑。这便是为什么中学生讨厌对他们的功课进行批评性分析的原因之一。为了让学生改进,教师通常采用恐吓或讥笑的方式。一旦这种做法根深蒂固,将导致学生害怕可能更严厉的评论,从而表现更差。这一结果与教师的本来期望——学生将有更好表现——大相径庭。从某种意义上说,他们已经在努力保护自己不遭贬低。所以,难怪教师开始批评时有中度特殊学习和/或行为需要的学生会表现不耐烦。教师有两项艰巨的任务要做。一、说服中度特殊学习和/或行为需要的学生坦然接受批评;二、帮助认识哪些情况下的批评无助于改正错误。那么,建设性批评体现在哪呢?当分析有中度特殊学习和/或行为需要的学生的功课时,教师采取尊重学生的方式可以达到这些目的。

批评时伴着尊重,一般可以看到自信的建立。以尊重的口气告诉中度特殊学习和/或行为需要的学生"你真了不起",等于传递这样的信息——"你是知错能改的人"。话语的改进等于肯定了学生前边的努力。另一个功能目标是识别批评对自己及他人的正副作用。家人有很多机会将这类信息传达给学龄前儿童,帮助理解教师为什么要干预改变学生的行为。家长应与小学阶段的子女展开家庭讨论,讨论如何大大方方地接受表扬以及如何对来自社区其他人的建设性批评或批评做出反应。

所有学生最后都要考虑向谁寻求帮助,当不知如何接受和给予赞扬或批评时,懂得该向谁询问。

10.0 展示负责任的社会行为

任何人都必须学会正确的社会行为方式,这一学习贯穿生命的始终。我们的社会是由官方法则、社会法则以及对特殊群体的理解所支配。这些法则已经有了很大程度的发展,起着保护残障人权利的作用。随保护而来的是享有更多的自由。但人们必须正确对待这些自由。不管怎样,一个人能否为公众接受很大程度上取决于他在各种社会场景下展现负责任行为的能力。下面讨论构成这一重要技能领域的子能力。

10.37 展示得体的行为举止

多数学生在入学时已经习得了众多为人接受的社会行为,而一些发展迟缓的学生在入学时还没有学会某些学校和社会行为。所有中度特殊学习和/或行为需要的学生早在小学阶段就应该学会在下列场合——饭馆、公交车、教堂、娱乐场所和公众集会——适当的、为人接受的行为举止。通过仿效家人或同龄人,有中度特殊学习和/或行为需要的学生可以学到这些行为,有的则做不到。如果教师感到有必要矫正学生某些行为,一定要保证有中度特殊学习和/或行为需要的学生、任课教师和家人就习得功能性目标意见相同。

整个公共生态环境针对可接受的行为有统一的标准。当有特殊学习和/或行为需要的学生在教室里角色扮演不同遭遇时,表述他们和家人朋友在一起的经历、社区培训,以及评论电视节目时,教师应该检验其共同点。如同大赛开始前运动员集训一样,学生练习时要有教师和家人的监督。另一个功能目标是明白公共场合保持得体举止的理由。

所有学生最后应考虑的是:弄清楚该向谁寻求帮助,了解公共场合恰当举止的知识。

10.38 明确目前和将来的个人角色

以生活为中心的生涯教育(LCCE)中度课程确认,在所有能力领域中,雇员、公民、家长、亲戚以及朋友这些角色对于自己成功地在社会上生存和工作起着关键的作用。就某个特定角色而言，有中度特殊学习和/或行为需要的学生应该能够描述和展示该角色对于个人(雇员、家长、孩子)以及对于群体(工会、乘客、俱乐部)负责任的行为。这项LCCE中度课程子能力要求有中度特殊学习和/或行为需求的学生积极投入到每个角色当中，以便了解它的全部含义。家庭成员应该尽可能多地让孩子参与到家庭活动及决策中来，尤其是已经把将来的生涯角色定为雇员、公民、家庭成员和朋友的有中度特殊学习和/或行为需求的学生。教师应当使有中度特殊学习和/或行为需求的学生身历其境感受人们对不同角色的不同期望值，以加深理解。比如，请社区工作人员像警官、消防员和雇主谈论自己对学生行为的期望，以及对公民和雇员身份者的责任的期望。家庭成员应时常和有中度特殊学习和/或行为需求的个体讨论目前和将来潜在的生涯角色。另一个功能目标是：教师应该帮助有中度特殊学习和/或行为需求的个体识别将来所有可能的生涯角色。

所有学生最后应考虑的是确认向谁求助，获得有关个人角色的知识。

活动小贴士

一项有效的活动(围成圈的讨论组)是要求所有学生讲小组成员的好事。学生可以围成一个圈子或者坐在各自的座位上，而被讨论的同学必须面对大家。每个同学有15—20秒的时间说这样的话："他帮助我们队赢得了比赛；他每天准时到校；每周小测试他全对。"该活动既有助于班级团结，又建立了个人自信心。

10.39 尊重他人的权利和财产所有权

有兄弟姐妹的学龄前儿童应当懂得尊重兄弟姐妹权利和所有权的重要性。然而，有中度特殊学习和/或行为需求的学生未必总能够发现这些常识。培养对他人权利及财产所有权的尊重涉及一个国家立国的基本理念，并且一直是电视、收音机和报纸的热门话题，因此，教师和家人有足够的机会准确阐述尊重他人权利与财产所有权的理由。家长是传授这一知识的第一重要环节。他们有义务教孩子区分哪些东西属于自己，哪些属于其他人或者兄弟姐妹。毫无疑问，当所有权的争执发生在教室时，教师会强化"所有权"这个基础课程。当孩子们渐渐长大并开始运用自己的信念和力量行使所有权时，尊重他人的权利变得日趋复杂化。这就要求老师开设相关课程并引用学生的经历强调法律之间的关系、所有权之间的关系，以及保护社区的责任。

所有学生最后应考虑的是：确认向谁求助，然后咨询涉及他人权利和所有权时，采取什么样行为算合适。

10.40 尊重权威

成年人几乎每天都会遇到权威人物。有中度特殊学习和/或行为需要的学生应该了解权威的作用并表现出应有的尊重。家庭需要在孩子未上学时就开始进行教育，与孩子讨论尊重权威人物的重要性并示范尊重权威的做法。老师需要组织讨论权威人物是谁，应该相信和尊重谁。另一个功能目标是：了解不尊重权威人物所带来的后果。

所有学生最后应考虑的是：确认向谁求助，然后咨询尊重权威的行为的知识。

10.41 展示听从指令/指导的能力

所有学生在学龄前阶段以及在学校里需要学习并锻炼的一项基本技能就是听从指令。有中度特殊学习和/或行为需要的学生在学校里所做的一切几乎都是在教导下进行的。常规而单调的学校环境难以使教师的叮咛"职场是不一样的"给有中度特殊学习和/或行为需要的学生留下深刻印象。如果学生没留心或忘了老师的吩咐，惩罚也许是得重做作业，去见校长，或者扣分。这种事情经历多了，大家会习以为常。但倘若工作中出现这样的过错，面临的结局将是"你被解雇了！"对教师而言另一个难题是：判断有中度特殊学习和/或行为需要的学生是否具有完成某项任务的能力，或者是否缺乏遵从指令的技能。教师常常通过任务没完成来推断有中度特殊学习和/或行为需要的学生不会遵从指令。因而，应当鼓励有中度特殊学习和/或行为需要的学生在尝试一项新任务之前先寻求帮助，搞明白不知道怎么做的事情该怎么做。雇主们常说，智力迟钝的员工往往更容易相处，因为他们有什么不明白的地方就会告诉雇主。当然，也并非都是这样。有些雇员也许缺乏自信或自我辩护技能，坐在一边干等进一步的信息，等着对不作为的肯定或者批评。另一些人可能自始至终不懂装懂。

所有学生最后应考虑的是确认向谁求助，当不理解指令时懂得向谁询问。

活动小贴士

老师带领全班同学参加一个角色扮演活动。教室变成"工作场景"，一半同学扮演"雇主"，另一半同学扮演"雇员"。每一天，"雇主"做如下记录：应变能力，对指令的反应能力，态度，适当的着装和工作质量。"雇主"在一天快结束的时候分享各自的记录，第二天改扮"雇员"。

10.42 行使相应的公民权并承担责任

子能力 10.42 包括被法律人士提问的个人权利知识以及可用来帮助回答问题的

法律援助渠道的知识。教师不容易帮助有中度特殊学习和/或行为需要的学生培养这方面的综合技能。有中度特殊学习和/或行为需要的学生应当角色扮演遇到法律人士或其他权威人物提问的情景。执法人员或法律援助协会的成员也可以给学生做课堂报告,涉及受到询问时的义务以及公民应回应的知识。

所有学生最后应考虑的是确认向谁求助,咨询作为一名公民应享有的权利及应尽的义务。

10.43 明确个人行为会如何影响他人

获取个人独立的目标包含有特殊学习和/或行为需要的学生意识到哪些行为能够促进社会的接受或排斥。这种期望影响着家庭、社会或职场中人与人的相互沟通。教师和家长希望有特殊学习和/或行为需要的学生了解并能预见个人行为对他人所产生的影响。小学教师可以从一些简单的练习开始,让学生发现一个人的行为会对另一个人产生什么样的反响。这任务不难,因为电视动画片《猫和老鼠》以喜剧的形式描写了这些因果关系。这些故事的魅力蕴藏在观众的期待中。孩子们知道接下来要发生的事,而事实也如他们所料。教师可以将这个原理运用于课堂教学中。假定一种具体行为,会有什么反应?当然,伴随着孩子的不断成长,行为和交流的微妙变得越来越复杂,但教育自始至终应当强调行为后果。另一个功能目标是:识别行为的几个方面(例如:外表、举止和言谈)以及对他人的影响。

11.0 发展并保持恰当的社会关系

能力 11 探讨的是建立和保持成功的人际关系形式所需的功能技能。它不包含所有技能,也不提供食谱式方法介绍书籍、杂志、报纸给予充分关注的领域来充实生活。它是与有中度特殊学习和/或行为需要的学生自信心和独立感相互影响的一种技能,同时也是生涯成功的关键。对于教师、家长和孩子来说,实践是这些能力中最关键的元素。有中度特殊学习和/或行为需要的学生应当有机会角色表演对日常事务的预期行为和反应,例如:倾听别人的谈话,问问题,提供信息,讲故事或表达情感等等。下面介绍 LCCE 中度课程这一能力的子能力及与之相关的功能目标的含义。

11.44 建立友谊

对于许多人来说,建立真正的友谊是一项比较难的技能。许多成年人并不了解或练习做朋友的真正技能。家庭成员对帮助学龄前儿童了解友谊至关重要。而且,很多学生在开始上学以后并不知道怎样去交一个真正的朋友。因此,一些孩子感到封闭和孤独。报纸和杂志专栏“亲爱的埃比(Dear Abby)”充满了没有朋友的人的倾诉。“什么是朋友?有中度特殊学习和/或行为需要的学生想从友谊里得到什么?作为朋友,他们能为别人提供什么？他们该怎样结识那些有可能成为朋友的人？朋友离开了会发生什么？随着长大，朋友会变么？”这些仅仅是一年中可以用于个人和团体活动时的一小部分话题。有中度特殊学习和/或行为需要的学生从中可以明确想从友谊中获得什么，与人相识和分享兴趣爱好的种种方式，以及作为朋友的责任。

所有学生最后应考虑的是确认向谁求助，然后获得有关建立友谊的知识。

11.45 保持友谊

教师应该帮助有中度特殊学习和/或行为需要的学生形成对个人—社会问题的个性化解决方案，因为从最后的分析看得出，至于“怎样交朋友以及怎样去保持友谊”，各人有各人的方式。另一个功能目标应当是识别可以与朋友分享的活动。

有中度特殊学习和/或行为需要的学生应当了解约会的过程，约会中与个人相关的各种风俗，以及每个人的责任。当家长和老师为年轻人提供建议时，会遇到很多难题。“我什么时候可以开始约会？我可以和这类人约会吗？约会时，我应当怎样表现？我应该去哪里约会？”这几个问题是多年来课堂讨论、推心置腹交谈以及个人成长的热门话题。其他功能目标包括辨别适合约会的社区活动，辨别适合表示个人乐意约会的方法。

家庭可为建立亲密的关系培训这些技能。孩子通过观察家长以及与兄弟姐妹、亲戚的相处来学会处理人际关系和尊重他人。在开始上学之前，这些有中度特殊学习和/或行为需求的学生可能已经和家人、邻居、小伙伴或治疗医生建立了不同密切程度的关系。教师可以通过训练帮助学生确认家庭所在社区已经存在或可以观察到的不同类型的人际关系。有中度特殊学习和/或行为需要的学生应该准确回答此类问题，如“亲密关系的特征是什么？处于亲密关系中的人们会以何种方式相互做出反应？亲密关系的作用是什么？”通过尝试找出问题的答案，学生就能培养个人需求意识，从而引导他们建立亲密的人际关系。另外一个功能目标是确认有特殊学习和/或行为需要的学生能与之建立亲密人际关系的人。

最后所有学生都要考虑向谁请求帮助，然后寻求有关保持友谊的知识。

活动小贴士

角色扮演是一个很好的活动，可以锻炼保持友谊和约会的技能。教师可利用学生生活中即将发生的事情来帮助培养人际关系技能。例如：一名同学被邀请参加亲戚举办的晚会。所有的同学都可以加入角色扮演，扮演参加晚会的各种不同的人，提出适当的问题，准确的回答。这些角色扮演活动适合从小学到成年阶段的学生，而且适宜于各种交际场合。

12.0 展示独立的行为举止

比起以前任何时候，今天的社会更加认识到有中度特殊学习和/或行为需求的人无论有无帮助都能够独立。“独立”这两个字并没有什么魔力，但却是几乎每个人生活的永久目标。我们的生活融合了很多的关系，从依赖到独立再到相互依靠。已体验过自由的作家可以就这个概念发表看法，进行辩论。已经被认为是一级公民的中度残障者，希望有机会体会更加独立的感觉。

独立的人有能力肩负起工作及日常事物的责任，下边将讨论构成 LCCE 中度课程中这一重要能力的关键子能力。

12.46 设立个人目标并实现目标

通向实现目标的行为是有中度特殊学习和/或行为需要的学生成功的最有力的因素之一，尽管对于他们来说行为本身就是一项十分困难的技能。实际上，那些有残障而成功实现目标的人都能作为残障人成功的榜样。要想成功，有中度特殊学习和/或行为需要的学生就应该能够确立目标，并且以适当的行为实现其确立的目标。教师也应该辨别出他们的目标是长期的还是短期的，现实的还是不现实的。家庭成员或可靠盟友都应当参与，帮助确立并实现切实可行的目标。有中度特殊学习和/或行为需要的学生应当练习组织目标，列出达到目标所需的行为大纲，把行为付与实践，并最终评定结果。其他功能目标包括确认目标实现过程中的潜在困难以及可利用的资源。

所有学生最后要考虑的是确认向谁求助，然后向其咨询确立目标和保持目标方面的知识。

活动小贴士

每周活动表的目的是要求学生确立实现功能目标的一系列步骤。功能目标应当包括户外活动，如修理自行车、买衣服或者参加学校活动。活动报告需提供每周完成情况的记录以便加强其寻求目标的行为。

12.47 展示自我组织能力

每天，每个人都必须安排自己的生活来成功地满足社会生活和工作对各人的大量要求。我们文化中的无数谚语表达这样一个概念：大的目标是靠一次采取一个步骤实现的，自我组织的重要性存在于日常重复任务中（例如每天早晨都要穿衣），容易受到促进任务完成的行为模式的影响。重要的是，孩子的困惑传递了这个想法：组织——模式需要介入帮助解决问题。孩子学会把难题串起来后，他们可以用相同的步骤去再次完成任务，因为这一方法有效或者仅仅因为他们喜欢用这一特殊方式去解决问题。一旦学生发展了此项基本能力，能够形成并且重复地使用行为模式来解决问题，教师就可以给他们介绍问题的大概，让学生选择最佳的行动方案。换句话讲，学生要学会即时做决定。通勤、约会、购物是需要进一步审核、分析和组织的其他课程。另一个功能目标是能够展示组织日常活动的能力。

所有的学生最后要考虑的是确认向谁求助，然后向其咨询有关日常组织活动的知识。

12.48 展示自我决断能力

学会不受外界压力影响、完全自主做决定现在被认为是绝大多数有中度特殊学习和/或行为需要的个体能够展示的技能。有中度特殊学习和/或行为需要的学生应当熟悉一些个性因素，那些使他们通常能够参与到个体或团体活动中并主张自己愿望和需求的因素。正面因素有哪些呢？信心、兴趣和交流技能。它们是自我决断能力的坚实基础，又是工作情况下的必需。其他因素需要有特殊学习和/或行为需要的个体自己去发现。这里，阅历和观察他人就成了帮助个人改变的重要因素。以审视的目光看待自己并非为高程度的人所专有。通过在家里和学校的实践与鼓励，有中度特殊学习和/或行为需要的学生可以习得。通过让有中度特殊学习和/或行为需要的学生列出个人基本愿望和需求以做出个性化决定的方式，教师可以帮助有中度特殊学习和/或行为需要的学生发展观察能力。学生应当与教师一起练习自我决断能力。针对这一行为履行起来有困难的学生，教师可以构建一个系统方案，有意识地帮助学生修正行为，朝着预先安排的目标发展。

所有学生最后要考虑的是确认向谁求助，然后向其咨询有关怎样做出满足个人需求的个性化决定的知识。更多有关学习与练习自我决断能力的内容详见第十章。

13.0 做出明智的决定

做出恰当决定的过程及解决问题的过程是教育的本质。阅读、写作、计算以及其他基本技能是学生做出适当决定的基础。以前的课程区和科学科目通常认为是针对问题解决能力的，不过方法论有几个方面还是适用于个人—社会技能的广泛领域，利于学生检查和提高他们的人际关系。下面将讨论构成 LCCE 中度课程中这一重要能力的关键子能力。

13.49 确认问题/矛盾

早些意识到问题和矛盾并加以解决有助于所有成人在自己的生态环境中顺利生

活和工作。两极分化的概念，如，好与坏，积极与消极，正面与反面，常常用来形容问题和人际关系。而大多数时候，问题和人际关系不是截然一分为二的。解决一个问题可以有多种途径，同样，对待一个问题的立场也会有几种。最喜欢的解决方法对个体及其价值观都最有利。有中度特殊学习和/或行为需要的学生应该展示其确认问题、寻求合适解决方法、寻求最佳解决方法、并运用最佳方法解决生活中遇到的问题的能力。在运用方法论对可能的解决方案或选择进行排序时，学生可以确定问题本质的几个组成部分。另一个功能目标是检查小组成员解释某些想法、情感和行为时所持的不同立场观点。

所有学生最后要考虑的是确认向谁求助，然后向其请教有关识别问题和解决问题的知识。

13.50 运用合适的资源帮助解决问题

在讨论以生活为中心的生涯教育中度课程子能力的全过程中，我们一再提醒教师和家人：有中度特殊学习和/或行为需要的学生应该能够辨别社区里合适可靠的盟友或资源，能够确认谁能帮助他们做出明智的个人家庭决定。这些盟友或资源应该是某课题的专家，为社区成员提供建议富有经验，并且有能力把所给课题的决策过程细分为有序的几部分。学生应该懂得在什么情况下向合适资源求助，并了解因此会产生什么样的结果。

所有学生最后要考虑的是确认可以求助的人，并向其咨询怎样解决问题的知识。

13.51 开发和选择最佳问题/矛盾解决方案

乍一看，一个问题似乎只有一个解决方法。如果接受显而易见的方法，有中度特殊学习和/或行为需要的学生就明显地被限制了选择范围。区别两极化概念的练习促使学生意识到运用其他方法解决问题的可能性，并且意识到自己必须寻找其他方法。不管是福尔摩斯还是南希德鲁，他们侦探小说的最大魅力就是主人公拒绝接受明显的答案，而去寻求谜团的其他解决途径。该原则也应该适用于人际关系。有中度特殊学习和/或行为需要的学生应该展示其寻求信息的能力，以及涉及个人和团体关系的诸多问题解决选择方案的检验能力。

所有学生最后要考虑的是确认向谁求助，然后向其请教有关解决问题的知识。

13.52 展示做决策的能力

预见结果是做决策过程中一项非常关键的活动，有时又是最容易疏忽的部分。有中度特殊学习和/或行为需要的学生怎样能够检验预期内容呢？对于这一点，观察和询问对他们是最有帮助的。尽管有中度特殊学习和/或行为需要的学生很少或根本没有预见行动潜在结果的经历，他们可以向别人询问他们是怎样处理类似问题的，以及相应结果。每个人每天都在做决定，这些决定的结果可用来指导那些初次经历相似问题和选择的人。

活动小贴士

教师和家人可以支持利用学生所做的周任务列表画报。这些图画式列表不仅有助于学生确认目标，而且起到提醒作用，哪些资源可以帮助学生完成功能目标。周任务列表画报还可以作为课堂讨论日常事物和成就的素材。一些学生或许能够为课程中的每一课题做一个这样的列表。

14.0　与他人交流

笨拙的交流技能非常影响一个人顺利的社会生活和工作。交流不恰当，有中度特殊学习和/或行为需要的个体会被孤立起来，被人误解，不能达到很多人可以达到的成功。不管残障与否，没有人是座孤岛。一个不能向别人传达思想与感情的人很难实现成功。在这最后分析中，教育工作者应该集中精力培养有特殊学习和/或行为需要的学生掌握交流技能。掌握了这些技能，有中度特殊学习和/或行为需要的学生就能获得保护、陪伴和理解。以下将讨论构成 LCCE 中度课程这一重要能力的关键子能力。

14.53　展示倾听和反应能力

交流依赖于人与人之间的正确理解以及观点目的的一致。电脑靠编程交换信息，而人们靠表面意思和隐含意思交流信息。人们通过关注信息源及伴随的非言语提示达到交流目的。教师应该培养学生多方面的技能，这样学生就能够获得倾听与反应技能了。有特殊学习和/或行为需要的学生应利用所有感官来读取信息，培养多种反应方式，如说话、打手势、利用交流板、打字等，从而确定信息的准确意思（包括语言的或非语言的），继而确定正确的反应方式。另一个功能目标是确认错误聆听与反应的消极作用。家庭成员也可以帮助学生习得正确的聆听与反应技能。

所有学生最后要考虑的是确认向谁求助，然后向其请求重复或复述有中度特殊学习和/或行为需要的学生自己没听懂的话语。

14.54　展示有效的交际能力

在重视语言技能（如唱歌、表演、政治演讲、推销）的社会中，有语言表达障碍或说话并不流利的人会处于劣势。有语言障碍的人在日常交往中会遭遇许多挫折。即使语言能力强的人偶尔也会犯错误，像读错老板的名字、面试时说话时断时续、在热切盼望的约会中舌头打结。教师、家长、咨询师、治疗医生培训学生基本的语言能力还是一项相当艰巨的任务。根据不同场合调整说话音量，参与交谈的能力，口头表达情感、信息和请求的能力，这些都属于基本语言技能训练范畴。

老师应该发掘交流中的实际含义与口头语、手势语以及书面语的不同之处。换句话讲，我们生活着的世界是一个暗含寓意的世界。有中度特殊学习和/或行为需要的学生应该能意识到有时人们伪装信息来保护自己。他们通过说话或暗示来避免承担责任。小学生很快就学会要对自己说的话（或者做的事）负责。他们意识到交流可以通过多种渠道，公开的和秘密的。商业信息可能是最大的、最容易获得的教学素材。大量广播电视报刊广告利用交流中的非语言方式——微妙——来传递信息，而非语言或图片说明。有中度特殊学习和/或行为需要的学生应该学会辨别语言和非语言信息，这样才能够提高交流技能。当他们传递双层含义信息时（一层是公认的信号，一层是真正含义），应事先知道这样的事例。另一个功能目标是练习与个人感觉一致的语言和非语言交流形式。

所有学生最终需要考虑的是确认可以求助的人，然后向其咨询怎样改善现在和将来交流活动方面的知识。

14.55 紧急情形下的交流

达利和拉他恩（Darley & Latane）1968年开发了决策树型图（the Decision Tree）来描述人们在紧急情形下的反应。对于危难之时伸出援助之手的人来说，这个旁观者必须：（1）意识到正在发生的事情；（2）把发生的事情理解成紧急事情；（3）承担起紧急情况下一定的个人责任；（4）干预。如果其中一个步骤没完成，就不能提供所需的帮助。这一系列过程为教师设计培训活动提供了框架。有中度特殊学习和/或行为需要的学生必须首先能够置身于突发事件的环境中去，要么有直接的紧急信号（火灾、地震），要么有可理解为危险信号的声响和举动（随着刺耳的汽车刹车声是“砰”一声巨响，或者一个人倒在餐厅里）。假设有特殊学习和/或行为需要的学生的确为自己的行动负责任（其实是对他们价值观的测试），他们必须能够以恰当方式与参与者交流（“我能为你做些什么?”或者“你需要什么?”），并且与处理紧急事件的工作人员交流（“我想报告一起事故”或者“我观察到了以下情况”）。这样的能力可以和子能力3.4和4.4配合练习。另一个功能目标是为有特殊学习和/或行为需要的学生准备一张紧急事件信息单，随身携带。

所有学生最后需要考虑的是确认其可以寻求帮助的人，然后向其咨询在紧急情形下该怎样做。

本章评论

人们普遍认为,拥有恰当的社会亲和技能对所有美国学生(包括有特殊学习和/或行为需要的学生在内的所有学生)都极其重要。然而,正如伊恩那科恩(Inannacone)等所言:"几乎没有证据显示综合连续的社会技能课程和指导的存在。"(1992,p. 111)

随着吸毒成为学校第一大难题,当务之急是重组课程,提供更多更好的社会亲和技能培训,处理衔接/生涯发展问题变得更加明显而且更加重要。尽管明显存在这种需求,社会亲和技能指导却没被当作学校课程的重要组成部分,看来我们似乎迷失了教育制度最根本的目标之一:培养发展人际关系,帮助学生与社会上其他人和谐地生活和工作(全国教育协会,1938,1952)。

传授以生活为中心的生涯教育轻度/中度课程个人—社会技能领域的技能有可能提高有特殊学习和/或行为需求学生处理人际关系及解决问题的能力。家庭、社区、娱乐场所、工作环境都需要这些技能。那些生活质量较高、具有成人调节能力的人可以习得轻度/中度课程中的七项个人—社会技能:充分的自我意识、自信、对社会负责任的行为、良好的人际交往能力、独立、决策能力和沟通交流技能。

一个人对自己能力的看法以及为达到目标而付出的一系列努力对自己成功的生涯发展至关重要。教育工作者必须给学生提供学习和展示所有重要的社会亲和技能的机会,包括与自我决断能力相关的主要技能,这些都是成年人生活中所需要的技能。绝大多数学校迫切需要更多的以生涯为导向的社会亲和技能指导。单靠教育工作者的力量不能担当此任,所以教育工作者必须让整个学校、家庭成员和社会人力资源都参与其中。随着普通教育和特殊教育服务整合成更加统一的教育系统,有特殊学习和/或行为需要的学生将有更多的机会更好地融入整个学校计划中,为其他学生和教师所接受。综合的社会亲和技能指导,如本章所推荐的,可能有助于加速此过程。

活动

1. 复习图 12.1 个人—社会技能矩阵图,然后确定哪些普通教育课程和特殊教育课程最适合用于向自己的学生传授以生活为中心的生涯教育轻度课程的每项子能力。其次,确认你想让哪些家长参与以生活为中心的生涯教育轻度课程子能力/技能的培养。最后,确认哪些以生活为中心的生涯教育轻度课程子能力需要社会指导,以及你会利用哪些社区资源帮助自己传授以生活为中心的生涯教育轻度课程子能力。

2. 围绕以生活为中心的生涯教育轻度课程中的某一子能力制订一个教学功能目标,然后利用以生活为中心的生涯教育轻度课程课堂设计模式为学生写一份课堂计划。该计划具有针对性,某一生涯阶段、指导环境和生涯角色以及自我决断能力的概念都需包括在内。以生活为中心的生涯教育轻度课程课堂计划提纲见附录 G。

3. 复习图 12.2 个人—社会技能矩阵图，然后确定你认为哪些普通教育课程和特殊教育课程最适合用于向自己的学生传授以生活为中心的生涯教育中度课程的每项子能力。确认你想让哪些家长参与以生活为中心的生涯教育(LCCE)中度课程子能力/技能的培养。最后，确认哪些以生活为中心的生涯教育中度课程子能力需要社会指导，以及你会利用哪些社区资源帮助自己传授以生活为中心的生涯教育中度课程子能力。

4. 围绕以生活为中心的生涯教育中度课程中的某一子能力制订一个指导性功能目标，然后利用以生活为中心的生涯教育中度课程课堂设计模式为学生写一份课堂计划。该计划具有针对性，某一生涯阶段、指导环境、生涯角色以及自我决断能力的概念都要包括在内。以生活为中心的生涯教育中度课程课堂计划提纲见附录 H。

第十三章 职业指导和预备技能

先行思考题

1. 确认以生活为中心的生涯教育轻度/中度课程(LCCE Mild/Moderate)中哪些职业知识和技能你认为是有特殊行为需要的学生在离开中学教育之前应该习得的。

2. 哪些人应该参与这些有特殊行为需要的学生的以生活为中心的生涯教育轻度/中度课程就业指导和准备过程?

3. 何时开始进行以生活为中心的生涯教育轻度/中度课程功能技能方面的指导?在开始阶段应该注重什么?

4. 学校的顾问对那些有特殊行为需要的学生的生涯/衔接发展能做出何种贡献?

5. 目前有哪些职业信息系统能够帮助有特殊行为需要的学生明确现实的职业目标?

6. 鉴于有特殊行为需要的学生需要中学后期的职业培训,那么什么公共资源可以为他们提供进一步的培训?

7. 教育工作者如何避免违反与童工和补偿要求相关的《公平劳动标准法案》(*the Fair Labor Standards Act*, *FLSA*)?

8. 在重要的以生活为中心的生涯教育轻度/中度课程职业领域和行为举止方面,可以运用哪些促进就业策略的材料来评定和指导有特殊行为需要的学生?

9. 在为那些有特殊学习和/或行为需要的学生提供轻度/中度生涯教育发展课程就业指导方面,每个水平层次上的教育工作者应该担负什么责任?

10. 如果给有特殊学习和/或行为需要的学生提供了充分的就业指导和培训,他们中有多少人能成功就业?

本章概述

美国社会中的工作场所正发生戏剧性的变化。变化随着劳动力自身特点(年龄、性别、民族构成)而发生。立法规定:工作环境适应有特殊学习和/或行为需要的人,并且随着高端技术爆炸和步入交流信息时代(the Communication Information Age),保持有适合有特殊学习和/或行为需要的人做的工作。因为3/4的中学生将不能完成大学学业,各级政府和行业对此非常关注,他们在认真思考并着力解决如何让这大多数人获得称心又报酬丰厚的工作这一问题。

联邦政府正推行"学校到工作机会法案"(the School-to-Work Opportunties Act)来鼓励学校丰富并扩展现存的学校到工作计划,包括那些职业教育、青年学徒计划、技术准备教育、合作教育、生涯/功能学业(career/functional academics)和学校到学徒计划。这项法案有助于各州开发以工作为基础的学习,使学生在高中的最后两年能在所选领域内学会工作,有助于发展以学校教育为基础的学习机会,使学生能和顾问一起探索生涯机会并接受生涯专业指导;也提供后中等教育。

有特殊学习和/或行为困难的学生需要在哪些方面适应未来计划?答案尚不确定。不过,对专业人士和家长来说,很明显,学生需要尽早学习所需的基本学业技能、日常生活技能、个人—社会技能、职前技能和职业技能,因为这些技能符合新计划要求,也有益于学生。

本章第一节是职业指南,包括对诺曼·吉斯伯特(Norman C. Gysbers)教授开发的密苏里州综合指导系统(the Missouri Comprehensive Guidance System)的描述,因为全国众多学区(甚至超越全国范围)都采用这一系统。第二节是职业预备技能。第三节重点探讨以生活为中心的生涯教育轻度课程中的6种职业能力,包括学生获得职业成功必须学习的主要知识和技能。本节涉及每项能力和子能力,提供了课程计划样本(sample lesson plan),以及运用这些以生活为中心的生涯教育方法和材料的教师对这些方法和材料的解释。最后一节重点探讨以生活为中心的生涯教育中度课程中的六种职业能力,叙述了每项能力及子能力,并提供了课程计划样本。

本章瞭望

作者简介:理查德·柔斯勒博士(Dr. Richard T. Roessler),阿肯色费耶特维尔大学(University of Arkansas-Fayetteville)康复系康复学专业名誉教授。

他是1992年特殊儿童理事会出版的《以生活为中心的生涯教育就业指导和预备能力单元》的作者之一。

对残障学生进行功能技能指导——着重于选择工作(指导)和为工作做准备(预备)——是美国教育中一个极为重要而又常常被忽略的方面。虽然就业指导和预备对所有学生都重要,但是,对于身患残障的年轻人来说尤其重要,因为他们一生都得对付残障带来的影响。在整个职业生涯中,他们都需要职业技术培训所提供的基础。试想这种指导对下列三种情形下可能带来多大影响:

> 一个高三学生患发育残障,因而影响了自己的认知和行动功能,没有工作经历,从未和顾问或家长讨论过就业问题,也从未听说过职业康复分支部门(the Division of Vocational Rehabilitation)。
>
> 一个患有听力障碍的大学四年级下半学期学生,再过一个月就要毕业,还不清楚自己所学专业可找什么工作。
>
> 一个患有多种硬化症的年轻员工,记忆、工作日站立以及搬运沉重订单目录表都有困难,她既不熟悉《美国残障人法》的第一部分内容,也不熟悉工作场所应该提供便利设备的概念。

有了从幼儿园到十二年级的职业技能指导,每位特殊个体便能做好更充分的准备去解决与残障、获取工作以及保持工作相关的问题。因而,本章叙述的功能技能课程是一个人生涯发展所有阶段的课程。它帮助残障年轻人了解自己的能力、兴趣,并把能力和兴趣与职业角色的广阔领域联系起来。它涉及学生在家里、学校以及社会的实际工作经历,这些经历拓宽了人们借以谋生的各类工作知识和保持工作所必需的技能。它为学生接受寻觅工作的挑战做准备,例如安排工作搜索、书写求职信和进行面试等。最后,本章给学生介绍社区里许多就业资源,如职业康复部门、就业顾问以及专门负责职业培训和工作安置的其他机构。

当然,选择工作只是第一步。学生必须学会如何得到和保持一项工作。职业技能课程就涉及这3个重要步骤的每一个步骤——选择工作、得到工作和保持工作。事实上,第十三章让人想起一首标题略加修改的乡村流行歌曲《接受这份工作并保住这份工作》。

就业指导

全国商业联盟(the National Alliance of Business)对4170名中学校长和2675家

小企业做过一项调查，调查中，95％的校长说，他们愿意改变学校课程设置，将与具体生涯有关的课程包含进去；74％的雇主说，他们愿意花费时间和经费同校方和兼职人员工合作，以便雇到接受过更好培训的雇员；86％的校长说，他们愿意花费时间和经费与当地小企业合作，帮助学生为生涯做准备。

随着学校管理者更深刻地认识到需要构建更多的生涯/衔接发展元素，更乐意率先在这方面做出变革，为有特殊学习和/或行为需要的学生提高就业指导的前景比过去显得光明。许多人有能力在这些方面支持学生：学校顾问、康复顾问、职业顾问、雇主、教师、家庭成员、同伴和其他人。在帮助有自我意志的学生更多地了解工作潜能和诸多与自身独特的兴趣和能力相关的可能性方面，这些人都是极为重要的。

应该建立什么样的就业指导服务？就业指导不应仅仅是专业咨询尝试，还应该由各种课堂活动和社会经历构成。本节剩余部分提供了一些重要的服务和技能，可以用于有特殊学习和/或行为需要的学生；另外，还提供了一个综合指导计划范例——密苏里综合指导计划。该计划为很多州所采用，适合学校系统所有学生的需求。

咨询

具有讽刺意味的是，包括有特殊学习和/或行为需要的学生在内，学生所接受的绝大多数咨询和建议，不是来自经过培训的专业咨询人员，而主要来自家庭成员、朋友、同伴和一些教师。专业顾问抱怨咨询案例过重以及非咨询职责太多，这些非咨询职责超越他们所培训和受雇要做的范围。因此，许多学生接受的咨询并非总是基于专业人士所指的更科学、更博学的有利关系。然而，如果四分之三甚至更多的残障学生或有特殊学习和/或行为需要的学生要实现自己的就业潜能或成功地就业，那些在就业指导方面受过良好培训的学校顾问和其他人员就应当为这些个体进行更多的指导和咨询。

决策技能是衔接/生涯教育的基石。如果给个体提供适当的教育经历，他们应该能够做出更为有效的决定。咨询或许能帮助个人学会如何冒险、如何解决问题、如何做选择、如何根据现实世界职业可能性开发自己的潜力。咨询应该是各种提供帮助的专业人士的职责。对于身患残障的人、弱势群体或有特殊行为需要的人来说，专业咨询人士应该像对待其他人一样用相同的技能提供咨询。以下是成功提供这项重要服务的一些基本原则：

- 信任是咨询过程中最重要的因素之一；
- 人们可以学会做出符合逻辑的生涯选择及决定的办法；
- 为了建立信任，帮助者必须能够真正尊重、接受对方，要设身处地为对方考虑；
- 自我概念是生涯和个人发展中最重要的决定因素之一；
- 个体能学习新的行为和摒除不恰当的行为；
- 其他重要人物会影响个体的行为和决策；

● 一个人的心理需求、信仰、目标和价值观与职业决定及满意度密切相关；
● 帮助者应根据个体不同的性格和需求采取个性化、人性化、系统而又灵活的方法；
● 帮助者和咨询者之间的互惠沟通是必要的；
● 每个人都是独一无二的个体，因此可能需要不同的咨询方法。

职业咨询的主要目标是帮助个体了解工作世界；确认合适的经历、课程以及能够在生涯意识和探索活动方面提供支持的人选；挑选更具体的职业倾向、兴趣和需求；确定职业培训领域；掌握寻找工作和获得工作的技能。咨询顾问应该倾听客户谈论个人的兴趣、需要和能力。咨询顾问还应该考虑到下述方面：

1. 多数有特殊学习和/或行为需要的个体工作经历较少，因此，他们关于工作方面的概念相对狭窄。

2. 许多有特殊学习和/或行为需要的个体失败的历史长，被人拒绝的历史也长，因而可能低估自己的潜力和抱负。

3. 一些有特殊学习和/或行为需要的个体也许听明白比较复杂的语言交流有困难，因此会尽量掩饰，不说自己没听懂。

4. 许多有认知局限的个体可以从简短而又频繁的互动中受益，如果这些互动中布置了具体任务。

5. 视听设备、黑板、角色扮演和其他非说教式技能可以加强咨询效果。

有效的就业指导和咨询不仅给有特殊学习和/或行为需要的个体提供就业信息，而且给他们提供职业测试和职场经验。就业指导和咨询应成为一种学习导向性经历，训练有素的顾问或特殊教育工作者与个体之间是开放的私人关系。咨询顾问应该通过积极聆听以及设身处地考虑客户的情感和思想来鼓励个体挖掘个人兴趣、需要和能力。通过咨询，客户应该获得更多的自我认识，信心更足，相信自己能够对自己负起责任。顾问或教育工作者应该帮助客户学会自我做决断的技能，这样他们就能做出符合实际的职业选择和培训决策。咨询是一个过程，必须有目的地融入教育计划中，以便它能发展一段时间，并随着学生获得新信息和经验而不断变化。

工作分析

对就业指导来说，工作分析和任务分析看似不是必须的，但却是了解职业、具体工作和兴趣领域的有效途径。工作分析是观察工作的系统方式，以便确定职员在做什么，如何做，为什么这么做，以及工作牵涉到的技能。应该根据现存的情况分析工作，排除对临时性任务的分析。详细的工作描述应该包括有利于成功工作表现的所有任务和要求。任务分析是把一项任务分解成若干完成任务所必需的小步骤或技能。

对学生而言，工作分析是强有力的生涯意识和生涯探索工具。如果有特殊学习和/或行为需要的学生在各种工作场所参与社会实践时，他们应该填写一张常见的工作分析表，如图 13.1 所示，从而意识到各类工作的主要特点和要求。在学生把表格归入工作信息簿之前，全班学生和教师应该对每个工作分析进行评价。应该鼓励有特殊学习和/或行为需要的学生根据各自的分析互相提问。同龄人或教师也许需要帮助低能学生收集和报告恰当的信息。当有特殊学习和/或行为需要的学生对某一工作感兴趣时，就可以开始工作分析。这样，有特殊学习和/或行为需要的学生再一次亲自参与任务，通过自己和班级其他成员了解更多的工作实质。在小组咨询活动里，工作分析会成为讨论的焦点及活跃行动的重心。一旦有特殊学习和/或行为需要的学生在分析工作时变得更加清醒和有效，他们就能使用和了解职业文献和其他媒体。工作任务分析是就业指导计划的重要组成部分，理应属于小学和中学教育计划的一部分。它是对其他职业意识和探索技能的补充，有必要值得为所有学生投入努力。

图 13.1 工作分析表样本

工作名称：________ 文档标题：________
公司名称：________ 代　　码：________
分析日期：________ 分析者姓名：________
A. 工作任务描述：________
B. 工作要求。圈出工作所要求的号码，必要时作出评述。

1. 加法________	11. 使用电话________
2. 减法________	12. 举、搬、推、拉________
3. 乘法________	13. 行走、跑步、攀爬、平衡________
4. 除法________	14. 弯腰、跪蹲、蹲伏、爬行________
5. 找零________	15. 站或坐________
6. 使用测量设备________	16. 使用手工工具________
7. 阅读________	17. 操作机器________
8. 写作________	18. 其他________
9. 谈话________	19. 其他________
10. 服从指令________	20. 其他________

C. 工作环境。圈出描述工作环境的号码，必要时加以评述。

1. 非常热________	8. 光线好________
2. 非常冷________	9. 通风好________
3. 闷湿________	10. 紧张有压力________
4. 湿________	11. 令人注意力无法集中________
5. 干燥________	12. 危险________
6. 灰尘飞扬、脏兮兮的________	13. 与其他人一起________
7. 噪音大________	14. 其他________

D. 必要训练________
E. 薪水________
F. 工作时间________
G. 工作优点________
H. 工作缺点________

工商业模拟

在校内或校外建立一个模拟商店可以为学生提供亲身体验工作的机会，对就业指导及就业准备具有相当大的作用。有特殊学习和/或行为需要的学生承担不同程度的责任，利于他们更好地了解工作内涵。

伊利诺斯州昆西公立学校(the Quincy Public Schools)建立的生涯城(Career City)，便是一个创新的模拟例子。生涯城由坐落在小学资源中心的7座小型建筑物构成——玻璃暖房、杂货店、银行、面包店、照相馆、美容美发店和住宅楼。建筑物结构是5英尺长、5英尺宽。特殊教育的高中部学生负责粉刷、装饰、运送货物。生涯城的主要目标是通过提供实践机会对课堂知识进行补充。这种学习活动给小学生提供了大量的生涯意识和经历。有特殊学习和/或行为需要的学生学习如何存钱，如何在暖房中种植花草蔬菜，如何在摄影室使用照相机和显示器。每种生涯配备一个袋子，里面装着必要信息和设备，便于学生参与多种学习活动。很多非特殊教育学生也利用这种生涯意识的机会。所有学生在参加生涯城的生涯意识活动后似乎对每个生涯都有了更好的了解(Bocke &Price，1979)。

生产流水线操作模拟是帮助特殊小学生培养职业意识的另一个例子。当亲身体会到生产过程中工人相互合作、友好竞争的重要性，以及为高质量工作而自豪时，学生就了解了工业和制造业的职业信息。可以邀请流水线工人参观学校，也可以安排学生实地考察某些企业。

在明尼苏达州普莱恩维尤(Plainview)的一所小学，四至六年级有特殊学习和/或行为需要的学生经营着一所校办商店。他们创办企业的第一步就是从生涯教育公民顾问委员会(the Career Education Citizens'Advisory Board)获得批准和建议。该委员会建议有特殊学习和/或行为需要的学生就自己的学校商店计划与本地公司多接触，结果这个提议得到了大家全力支持。六年级的一个班级负责订购基本供给品——铅笔、蜡笔、笔记本和橡皮。学生还选举出一个董事会，为商店制订经营方针。董事会推举出一个商店经理及人事部经理，负责工作分配、职责确立、销售人员、库房人员和广告部。广告部由7个班级组成，大家相互竞争，看谁有最好的广告创意和推销技能。学校创立的第二个企业是音像店。学校请几个电台把过时不用的唱片储存下来。有特殊学习和/或行为需要的学生用现金从音像店购买唱片或用二手平装书交换。学校还开设了书店和旅行社等其他产业(J. Johnson，1976)。

哈林(Haring，1978)描述了亚利桑那州史柯斯戴尔(Scottsdale)高级中学一个经济学班任课教师设计的成功生涯教育计划。275位学生开办了自己的公司，成为"就业工程"生涯教育计划的一部分。学生成立了89个公司，为其他学生和社会成员提供产品、广告、产品推销和服务。一旦运作成功，公司以各种方式分配利润。一些公司是股份有限公司，给股东分红。另一些是合作企业和个体所有企业。他们向学生管理机构交纳适当的税收和办证费用。就业工程也在低年级设置了相对简单的工作。学生觉得这个工程使得他们更加清楚个人的兴趣和能力,改善了他们对学校和教师的态度并提高了他们的兴趣。

工作模拟在激励学生学习文化知识、了解更多的职业知识、发展职业兴趣和技能上是极其有效的。学校可以利用工作模拟让有特殊学习和/或行为需要的学生与普通学生一起融入企业管理活动中。只是由于创新不足、时间紧迫和财力有限才在一定程度上限制了这一技能的潜力。

社会体验和嘉宾讲座

有特殊学习和/或行为需要的学生应当参观各种工作场所,因为直接经历能强化学生的理解力和动力。教师应该将社会实践看作功能课程的一部分,并精心安排社会实践,使得能够代表社会上的各行各业。首要策划就是公司同意留出一定时间让有特殊学习和/或行为需要的学生观察记录相关的工作分析信息,并与从事各种工作的人交谈。被观察的工作一般是学生以后最有可能从事的工作。课堂讨论应当包括每种工作的重要性、特点和获取工作的机会。

嘉宾讲座是社会实践有价值的衔接。一些情况下,在社会实践之前先邀请商界人士给学生做讲座,继而分发信息,播放录像,回答问题,确定感兴趣的地方,解释有特殊学习和/或行为需要的学生即将看到的内容,这一做法非常有好处。另一些情况下,在社会实践活动结束后邀请演讲者去学校演讲可能更有益处。也可以邀请工人做报告。往届特殊毕业生的演讲也能有效地引起学生对企业和工作的兴趣与理解。

生涯信息中心和系统

生涯信息系统是近年来职业资源的一个重要发展。全国职业信息协调委员会(the National Occupational Information Coordinating Committtee, NOICC)是一个旨在促进教育、职业和劳动力市场信息开发和利用的联邦中介委员会。全国职业信息协调委员会和一个州职业信息协调委员会(the State Occupational Information Coordinating Committtee,SOICCs)网络一起工作,后者代表州职业信息的生产者及用户,比如,有职业康复、就业机构、职业培训委员会以及经济发展机构。全国职业信息协调委员会(NOICC)和州职业信息协调委员会(SOICCs)开发并利用现有职业信息系统、职业及教育数据的计算机化数据、生涯信息传输系统(career information delivery system,CIDSs)以及就业与培训机会的计算机化信息。生涯信息传输系统(CIDSs)能够在大约 45 个州使用(McDaniels & Gysbers,1992)。全国职业信息协调委员会和州立职业信息协调委员会的活动信息可以通过联系华盛顿哥伦比亚特区的全国职业信息协调委员会而获得。

一些商业性的生涯信息软件系统目前学校也可以利用。以下是有特殊学习和/或行为需要的学生工作中应考虑使用的一些系统:

● 由国家生涯信息系统(Career Information System,CIS)开发的生涯信息系统(俄勒冈州尤金市俄勒冈大学邮编：97403)。

● 协调职业信息网(Coordiante Occupational Information System,COIN),COIN生涯指导产品(地址：3361 Executive Parkway,Suite 302,Toledo, OH43606)。

● 指导信息系统(Guidance Information System, GIS)(地址：Houghton Mifflin Company,Education Software Divison, P. O. Box 863,Hanover,NH03755)。

● 堪萨斯州立大学教育学院的堪萨斯生涯(Kansas Careers)(地址：College of Education, Kansas State University, Bluemont Hall,Manhattan,KS66506)。

对于有极高评价的计算机辅助生涯指导系统有兴趣的读者可以获取一本《生涯发展》期刊(1990 年)。

生涯信息中心是职业指导传输系统不可分割的一部分。中心为有特殊学习和/或行为需要的学生提供一个场所收集职业信息以及与顾问一起规划自己的职业未来。这些学习和计划必须与有特殊学习和/或行为需要的学生课堂中的衔接/生涯相关活动有关。中心同时也应成为有特殊学习和/或行为需要的学生相互交流职业话题的场所。生涯中心应该有充足的资料,以便有特殊学习和/或行为需要的学生能够找到与衔接/生涯相关活动的答案。建立生涯信息中心的成本要较为合理。中心有来自商业、工业和各种组织的免费资料。

中心应当提供下列服务：为个人提供生涯咨询、生涯研讨会;为班级提供生涯信息、生涯指导资料、管理及能力、成就、兴趣测试的解释、资金帮助信息、军事信息、就业倾向、资格及赔偿信息、课程规划、全体教员、全体职员及家长的资源中心、学校与社区、企业及其他组织的联络。

一些重要的生涯方面的出版物、资源和互联网地址有：http：//www. onetcenter. org;《职业展望手册》——http：//www. stats. bls. gov;《职业分类词典》——http：//www. theodora. com;《职业探索指南》——http：//www. wois. org;《生涯百科全书》——http：//www. metabase. net,工作宣传册文档、一些区域性报纸、与生涯相关的图书馆书籍、就业机会信息,以及关于面试和求职技能的视听材料。设备和用品应该包括复印机、公告板、投影仪、投影屏、单片缩影胶片阅读器、会议桌、工作台、便于交谈的环境、展示架、书柜、文件夹以及桌椅。

帕特森和科尔(Patterson & Curl)1992 年曾对残障人或有特殊学习和/或行为需要的学生发出警告说,生涯/职业指导系统和出版物不能充分反映那些可利用的就业机会,例如,为符合特殊群体特点对办公设备的调整或改进。牢记这个警告,利用这些资源等于扩大残障人的职业选择余地而非限制他们。

由威斯康星—麦迪逊大学教育与工作中心开发的计算机化工作问答的计算机程序,是解决这种需求极其成功的一个例子。该软件程序通过企业和工作环境帮助残障人士探索工作和识别潜在的雇主。一套 5 卷就业问答系列丛书也可以从这个中心获取。

密苏里综合指导计划

如何采用综合指导计划满足在校所有学生的需求，一个成功示范是密苏里州综合指导计划模式(the Missouri Comprehensive Guidance Program Model)。该模式在密苏里州和以外的学校经历了多年的开发工作和实践测试。该计划是由顾问推动，有指导委员会及各个工作组协助的这样一个计划。如图 13.2 所示，该示范计划围绕 3 个主要方面展开：内容、组织结构、资源。

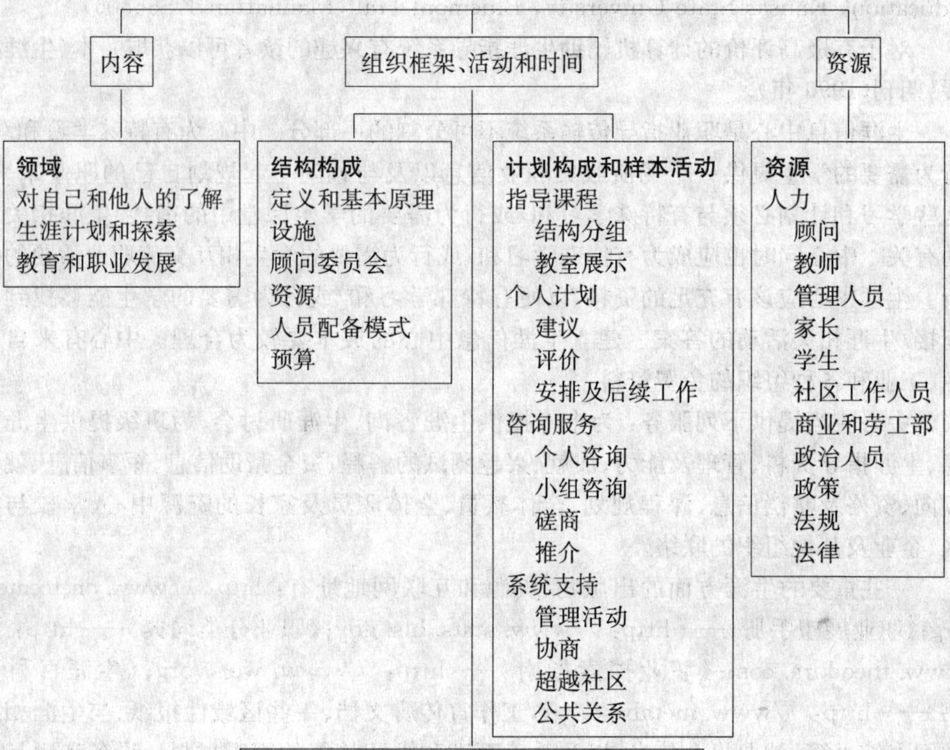

总指导时间分配参考

百分比率

	小学	初中	高中
指导课程	35—45	25—35	15—25
个人计划	5—10	15—25	25—35
咨询服务	30—40	30—40	25—35
系统支持	10—15	10—15	15—20
	100	100	100

图 13.2 密苏里综合指导计划构成

注：摘自《密苏里综合指导：计划发展执行和评价模式》，1993 年出版，密苏里杰斐逊市：密苏里中小学教育部。1993 年版权归 N. Gysbers 所有。转载已获得授权。

指导计划的第一个方面——内容——着重将学生的能力归类为三个领域：了解自己和他人、职业计划和探索、教育和职业发展。这部分最具价值的是一整套资源，其中包括范围很广的课堂设计类型及活动，可从三个方面给予学生指导。第二个方面是组织结构。该部分提供框架结构、计划活动、以及咨询者时间分配的建议。另外备有计划指南为计划发展提供详细指导。第三个方面是资源。该部分阐述了需要什么样的人员和政策来支持这一计划，详细的指导方针也涵盖其中(Starr & Gysbers, 1993)。

随着特殊教育和普通教育一体化的深入开展，密苏里综合指导计划模式提供了一个很好的载体，通过这一载体，有特殊学习和/或行为需要的学生可以被同化进学校正进行的指导服务。有兴趣获得密苏里模式详细信息的人可以和密苏里哥伦比亚大学 Norman Gysbers 博士联系，联系地址：310 Noves Hall, University of Missouri-Columbia, Columbia, MO65211；或者和密苏里杰菲逊市中小学教育部助理主任 Guidance/Special Needs Marion Starr 联系，联系地址：Guidance/Special Needs, Missouri Department of Elementary amd Secondary Education, P. O. Box 480, Jefferson City, MO65101。

有关学生咨询与指导以及计划发展的更多信息和观点，可参考下列出版物。

- Sitlington、Clark 和 Kolstoe2000 年出版的《残障青少年的衔接教育与服务》(*Transition Education and Services for Adolescents with Disabilities*)，第三版；
- McDaniels 和 Gysbers 1992 年出版的《生涯发展咨询》(*Counseling for Career Development*)；
- Gysbers 和 Henderson1994 年出版的《开发和管理你的学校指导计划》(*Developing and Managing Your School Guidance Program*)。

职业预备技能

除了一些特例，很多年来，很多有特殊学习和/或行为需要的学生、其他劣势学生、包括残障学生在内，一直被排除在实质性的职业教育之外。本兹(Benz)和哈尔彭(Halpern)(1993)对内华达州和俄勒冈州往届残障学生进行了广泛深入的后续研究，结果发现，残障青年中相当一部分人毕业后处于劣势，根源在高中。他们所需要的和实际所接受的职业和衔接职业服务不一致(1993, p. 209)。

所有学校应该为所有有特殊学习和/或行为需要的学生提供他们所盼望需要的而且是有意义的职业教育机会。这些年来，许多不同的生涯教育方法和选择方案已经开发出来，因此每个学生都能在职业领域方面接受充足的培训。本节提供了若干进一步的建议和技能，以指导不同年级段的学生。

小学生和中学生

职业预备必须尽早开始。小学阶段学习了适当的生涯意识和生涯探索，参加了就业前活动并且有了诸多就业前经历，可以为初中阶段接受要求更高的职业教育计划打下基础。然而这一点没有得到广泛实施。穆尔(Moore)、阿格雷(Agran)和(麦克斯温)(McSweyn)(1990)在对犹他州小学、初中、高中的100名特殊教育教师的调查中发现，他们很少为年幼的孩子提供职业培训和与职业相关的培训，不过是教些基本的职业词汇或观察不同的职业，尽管教育领导层认为这是重要的。

小学阶段是开始生涯意识和生涯探索的衔接/生涯教育过程的重要时期，有特殊学习和/或行为需要的学生开始获取第三章所描述的工作个性(work personality)。

从小学阶段开始，职业活动应该设计成系统的技能培养方式，职业预备训练综合多种方法。

工作任务和计划

教师可以从生涯发展的职业预备方面开始着手，给有特殊学习和/或行为需要的小学生分派各种任务，像保持黑板和黑板擦的清洁，张贴海报有序，保持公告栏整齐，收拾和放好东西，为各类课堂活动摆放椅子，清除招贴和教室杂物，以及许多其他就业前任务。另外，让有特殊学习和/或行为需要的学生全年参与各种工作，如制作拼贴画、圣诞贺卡、装饰物，为敬老院的长辈制作礼物，制作木制品，学习其他手艺，种植、收集、识别植物；为班级演出布置舞台，排练节目，装饰复活节彩蛋，建造模型商店，用木块制作产品出售。粉刷油漆也是一项特别有效的职业预备活动，能够帮助有特殊学习和/或行为需要的学生锻炼操作手工技能、工作习惯和行为，以及个人—社会能力。

这些活动多数可以在全体小学生和初中生中施行，对那些有残障或有特殊行为需要的学生尤其应当加以强调。如果教师强调了这些活动和工作领域之间的关系，有特殊学习和/或行为需要的学生将能判断他们在社会中承担不同工作的感受。这样，教育者可以制订与衔接教育目标相关的有目的的系列活动。

家长需要十分了解职业预备活动的每一个环节，并为了自己的有特殊学习和/或行为需要的人参与到活动中来。家长可以通过敦促孩子完成家庭作业来辅助学校。教师应当鼓励家长和孩子共同工作完成学校计划，在学校或家里都行，以确保学生当学校不能提供这些帮助时能继续追求特殊兴趣和爱好。合作将使得学校职员与家庭成员的关系更加密切，相互欣赏，从长远看，利于促进有特殊学习和/或行为需要的学生的衔接/生涯发展。

工商业模拟

在职业指南部分提到的工商业模拟也是一种颇具特色的职业预备技能。商业模拟中，学生在生涯城的经历和所做的工作分析有助于他们对工作以及适合自己的工作形成一个相对准确的想法。这样，学生可以被“雇佣”担任生涯城里各种工作角色。虽然生涯城的创立或商业模拟需要相当大的创造力、创意、时间、配合及金钱，但是这些活动的确吸引有特殊学习和/或行为需要的学生并使其从中受益，同时为学生从学校走向社会开拓出一条新的有效的教育技能。工商业可以提供技术支持和资料，家长和学校职员可以运用自己的专业知识帮助学生发展所需技能，从而在生涯城胜任各项工作。

校园培训

学校的自助餐厅、图书馆、体育馆、学区仓库、家政管理、办事处和场地管理部门都是教师在为有特殊学习和/或行为需要的学生进行各种职业预备时可以利用的资源。工作岗位安排通常根据有特殊学习和/或行为需要的学生的兴趣和能力而定。在很多情况下，工作承载了职业预备或生涯探索体验。但是如果能在工作场所提供足够的监督和公正，这些工作安排对确认有特殊学习和/或行为需要的学生的兴趣及培训潜力具有帮助价值。必须确保有特殊学习和/或行为需要的学生接触到工作的方方面面，而不是主要承担别人不愿做的工作。

另外，这一层面上所运用的其他两个职业预备技能是工作观摩和家庭作业。前者指有特殊学习和/或行为需要的学生跟随工作人员观察了解工作，后者指与特殊职业任务相关的活动。帮助有特殊学习和/或行为需要的学生建立工作个性越早越好。

中等教育阶段学生

当前，以社会为基础的就业指导和支持性工作安排对残障程度或行为需要比较严重的学生来说变得更加重要。本节讨论几个值得中等教育水平的教师考虑使用的职业预备技能，这些技能对有轻微学习障碍及行为需要的学生和有比较严重的学习障碍及行为需要的学生都适用。

基于工作经验的衔接教育

基于工作经验的衔接教育是20世纪80年代的典型，这一模式今天已不常见。然而，它为有特殊学习和/或行为需要的学生提供的有意义的生涯探索经历的方法值得采纳，但要做些必要的修正。在基于工作经验的衔接教育中有个基于社区的方法，有特殊学习和/或行为需要的学生在学习协调者的帮助下，在所在社区探索了许多工作场所。有特殊学习和/或行为需要的学生获得了工作世界的亲身体验，但没有获得报酬。在步入技能准备阶段以前，这些体验是他们对工作领域的初次接触。有特殊学习和/或行为需要的学生在工作场地完成了数学、英语和其他课程任务。这些任务的完成说明工人是如何运用所学课程内容去完成一项具体工作的。这一计划是成功的。

它帮助有特殊学习和/或行为需要的学生培养了积极的自我概念，不冒风险地探索了几种职业，养成了良好的工作习惯和行为，培养了兴趣，并且把文化课与工作世界有机联系起来。

爱荷华州许多学校普遍采用了这种方法。工作观摩是以工作经验为基础的衔接教育的一种形式，虽然其过程不如以工作经验为基础的衔接教育方法那么彻底、有条理。

工作现场生涯/职业培训计划

工作现场生涯/职业培训计划给有特殊学习和/或行为需要的学生提供了在各种社会工商业企业工作体验和锻炼。一名特殊教育工作者或职业教育工作者通常督导学生的所有准备工作、工作安排，及监督工作。维斯尼斯凯、阿尔法和斯库鲁丝(Wisniewski，Alper，& Schloss，1991)注意到在现场培训有两种主要方式：先培训，后现场实习；或者先现场实习，然后接受培训。两种方式都要求工作安置准备工作花些时间。不过，先培训后现场实习的模式期望有特殊学习和/或行为需要的学生拥有取得最后成功所需的多数能力。采取先现场实习后培训的模式，学生是在对分配任务进行工作分析的基础上，接受工作培训。工作学习和工作实践计划可归类为这种生涯/职业培训计划。另一相似计划的名称是以社会为基础的生涯教育。

以社会为基础的职业培训应该尽早开始，并依据学生的个体水平和特殊行为需要而定。教师应依据有特殊学习和/或行为需要的学生的职业评价和教育背景，制订合理的个性化的决策，分配恰当的工作场所和工作岗位。职业计划应系统化，必须符合学生的特殊行为需要。教师和顾问必须仔细考察工作现场，对有特殊学习和/或行为需要的学生了如指掌，而且清楚哪些学生在同一职场有互动关系。教师必须分析和建构衔接/生涯发展要求和工作现场要求，必须列出提纲——对有特殊学习和/或行为需要的学生的期望值以及达到个性化目标的步骤，与工作督导讨论。

> “教育工作者了解这点是很重要的，只要残障学生从事的是职业探索、评价和培训，他们就不是企业的雇员，学校和企业就不会违背公平劳动标准法案有关最低工资、加班费、工作记录保留和童工的规定。因此，学校应该毫不犹豫地建立和扩展以社会为基础的职业衔接计划。”
>
> (Simon，Bourexis，& Norman，1993)

许多工作安置人员认为有特殊学习和/或行为需要的学生的校外工作应该获得报酬。尽管这可能很合心意，但会使有特殊学习和/或行为需要的学生认为他们工作实践的主要目的仅仅是为了挣钱。他们会着重从挣钱角度而非从内在工作探索和预备价值选择某些工作。假如金钱变得比工作实践的价值更重要，吃亏的终将是有特殊学习和/或行为需要的学生。最好将工作安置看作是有特殊学习和/或行为需要的学生在学习一门职业/衔接教育技能培养课程。如果过一段时间，学生变得称职能干了，可以考虑金钱利益。设计工作实践计划时，教师应考虑到这一有争议的问题。

支持性就业

支持性就业（supported employment）是中学和后中学计划的另一种培训选择。它通常是用于有严重行为残障或需求的成人。这种方法的重要特征是工作教练或职业培训专家在工作现场提供持续不断的支持，以确保有特殊学习和/或行为需要的学生学会（完成）任务，得到其他必需的服务从而尽可能地获得独立。这种方法已经发展的模式：

- 个性化安排模式（Individualized Placement Model）：提供现场培训和支持。
- 国中之国模式（Enclave Model）：六至八人接受培训并获得连续监督以便他们能在一个公司内工作，而该公司以固定的代价获得有保障的生产量。
- 流动工作队伍模式（Mobile Crew Model）：一小组人作为一个企业的成员，来提供按照合同规定的服务（如门卫）。一名专家提供督导。
- 工作长台模式（Benchwork Model）：确定获得工作合同，个人得到流水线式工作任务的传授。

所有这些模式的终极目标是通过培训尽可能使学生就业有竞争力，生活方式与普通人融为一体（Wisnesiewski，1991）。支持性就业在 1986 年的康复法修正案以及 1992 年的再度修订中被确定为恰当的职业成果。

支持性就业是一个以社会为基础的综合方法。事实证明，它比传统的康复机构或受庇护的工作车间更有效，尽管这两个服务机构现在一般也有了支持性就业成分。支持性就业易于深入到所有训练中，因为它着重为个体提供综合性训练和工作，而非脱离的训练方法。

康复机构（社会康复中心）

为了符合这一运动趋势，在自然环境下而非在受限制或保护的环境中提供功能评价和培训，传统的康复机构或工作坊模式这些年来一直在发生变化。对一些有特殊学习和/或行为需要的个体而言，这种机构内部的服务是有特殊学习和/或行为需要的人接受校外培训的第一步。这种属性的机构和工厂通常有很好的人员配备，提供职业/功能评价、咨询、生涯教育、工作安置培训和资格认证专业人员。这些机构通常以生产企业形式建立起来，提供分包工作或制造自己的产品。这样，康复机构可以给一些残障学生和有特殊学习和/或行为需要的学生提供职业训练的重要机会，应该被视作他们最后个人、社会和职业成功的重要贡献者。

"设想一下,学校课程和学生的未来目标息息相关,因而纪律问题大大减少;在传统课堂中从未成功过的少年对学习变得关注并兴趣盎然;教师发现他们的工作实际上充满快乐并富有成效——恰如他们当初选择这一职业时所想象的那样!"

(Williamson,1994,p. 11)

职业教育

发表在《密苏里学校》(*Missouri Schools*)3 月/4 月号上的威廉姆森(Williamson)的报告,说明了假如这些计划在全国得以执行,衔接/生涯教育以及新近批准的技术准备计划(tech-prep program)的支持者相信将会产生什么结果。随着技术准备计划的引进,一些有特殊学习和/或行为需要的学生有了职业教育新选择。这些学生可以从两年制的大学中获益。技术准备扩展了职业教育,"将应用理论与技术培训予以整合,这在某种程度上对有特殊学习和/或行为需要的学生有意义。通过工作经历和生涯道路选择相结合,技术准备计划为学生尽早与潜在的雇主接触提供了机会"(Williamson,1994,p. 12)。

技术准备的概念源于戴尔·帕内尔(Dale Parnell)博士,他曾经任过学监、大学校长、美国社区学院和专科学院协会(the American Association of Community and Junior Colleges)会长(也是 20 世纪 70 年代以来生涯/衔接教育运动颇具影响力的发言人)。技术准备计划意在解决"被忽略的大多数"(the neglected majority)的需求,这一大群学生占中学生人数的大多数,在他们毕业或离开高中时尚未获得相关的自立技能。技术准备计划与衔接/生涯教育理念极其相似,因此它完全适合处理构成这一概念的职业生涯角色。正如一名职业技术学校的技术准备协调者所言:"要使技术准备计划在高中真正有效,我们就该从小学高年级和初中开始进行很多的生涯意识活动,这样,教师、家长和学生就会了解发生在工作场所的变化(Williamson 引用 Kirkpatrick 话语,1994,p. 13)。"

所有技术准备计划必须为特殊群体的每位成员提供获取全方位技术准备计划的均等机会,包括开发适应于特殊个体需求的服务。在为相当一部分残障学生以及其他有特殊行为需要的学生提供充分的职业培训机会时,技术准备计划的影响力可见一斑。看样子,技术准备计划极有希望为执行学校到工作的最新立法意图及本书倡导的衔接/生涯教育方法而提供重要的机制。

值得一提的最后一个计划是 1998 年《卡尔·帕金斯法案》(*the Carl D. Perkins Act*)中关于生涯教育灯塔学校条款(Vocational Education Lighthouse Schools)。依照条款,中学和地方职业学校可以申请获准建立并运行高质量示范职业计划。划拨基金可用于发展和传播示范方法，以满足少数民族、弱势群体、残障人和英语水平有限学生的培训需求和生涯咨询需要。这仅仅是教育工作者为学生构建高质量的职业预备计划所使用的众多机制的又一个事例。

后中等教育阶段学生

许多中学阶段可行的服务可以应用并扩展到中学后的服务中。职业技术学校的技术准备计划、一些社区学院、康复机构和《工作培训伙伴法案》(Job Training Partnership Act)计划都一些最为杰出的服务。特殊教育工作者需要与这些机构建立联系，以便提供恰当的职业衔接服务和长期跟踪服务，确保有特殊学习和/或行为需要的学生最后成功。

部分职业培训资料实例

许多商业用材料已开发出来，可以为教育工作者提供有用的就业指导和技能开发工具。下边做一介绍。

就业促进策略

位于阿肯色—菲也特维尔大学(University of Arkansas-Fayetteville)职业康复处的阿肯色研究培训中心(the Arkansas Research and Trianing Center)已开发出评价和指导资料，能够帮助教育工作者更好地培训社会/人际交往技能、职业选择决策技能、职业处理技能和寻找工作技能。他们开发的每一种资料简要描述如下：

社会/人际交往技能(social/interpersonal skills)。会话评价表(the Conversation Rating Forms,CRF)测量学生在角色扮演场景中运用具体会话技能的能力。会话技能培训(Conversation Skills Training,CST)传授诸如问候、最初提问题和表示感兴趣等技能。

职业选择技能(vocational choice-making skills)。能够就业成熟度面试(the Employability Maturity Interview,EMI)按照真正面试格式进行，提供职业计划准备状况的测试。准备测试分数低的人要接受职业选择策略(the Occupational Choice Strategy, OCS)方面的培训，如在职业选择环境中如何解决问题、如何做决定。

职业处理技能(vocational coping skills)。评价与课程相互合作来处理工作保持的产品有：工作个性概况(Work Personality Profile,WPP,一张有 58 项行为测评表)、工作环境的行为管理(Behavior Management in Working Settings,BMWS)、工作绩效评估(the Work Performance Assessment,WPA)(有一个小时的工作模拟，测试学生对常见监督命令的反应)和职业处理培训(Vocational Coping Training, VCT)。

工作寻找技能(job-seeking skills)。寻找工作技能评估(the Job-Seeking Skills

Assessment,JSSA)测试学生成功完成就业申请和面试的能力。下边两套培训计划分别传授任务完成的能力：工作申请培训(Job Application Training,JAT)和通过面试训练获得工作(Getting Employment Through Interview Training,GETTIT)。这些材料可轻松融入以生活为中心的生涯教育这样的职业课程之中,而且是教育工作者实施有效策略帮助学生成功谋生的极具价值的工具。

才能评估公司

如第七章所示,才能评估公司(Talent Assessment, Inc.)专攻功能/生涯评估资料。不过,他们的一些产品也提供重要的职业培训。实用评估探索系统(the Practical Assessment Exploration System,PAES)让学生置身于教室改装的模拟工作环境中,进行包括三个主要方面的连续活动：商业、消费者/家政学和工业技术。实用评估探索系统的组成部分包括完整的课程材料、商业活动单元、消费者/家政学单元、操作单元、所有数据收集表格、计算机评价表和软件以及现场培训。另一个产品,扩展视野计划(*the Expanding Horizon Program*)是个颇具讽刺意味的项目。这个项目让学生经历了一回真实的工作世界,从第一次工作面试到辞职全过程。这七个单元指导者可以灵活运用,用于个体或大组活动都行。

一天的生活计划

宾夕法尼亚州立大学 1993 年开发出一个特别有意思、具有划时代意义的计算机编程软件,目的是将各种工作技能融入中学计划之中。该软件已由课程联合公司(Curriculum Associates, Inc.)发行。

"一天的生活计划"(A Day in the Life),据其发行者讲,"是对传统指导的高度背离"。它是通过在五个工作领域——饮食服务、保健、维修、零售和办公室工作——构建基础技能、生活技能、批判性思维技能和问题解决技能。学习者通过与工作相关的问题解决活动发展、实践和应用各种文化技能,这些对能够就业和工作成功十分关键。

"一天的生活计划"以真实情景再现入门水平的雇员如何综合阅读、写作、计算、批判性思维技能来解决问题和达到目标。计算机教学课程直接与身边事相关。在计算机软件提供文化指导的同时,学习者也完成了一个工人一天生活中会遇到的实际计划。这个计划有助于有特殊学习和/或行为需要的学生习得顺利工作所必需的基本技能。

近期,许多优秀职业培训材料已开发出来,很容易从教育工作者所收到的众多书目和广告中识别出来。另外,下列教科书就职业预备技能与方法为读者提供更具体的信息：鲁希(Rusch)1986 年所著《竞争性就业问题和策略》(*Competitive Employment Issues and Strategies*)；鲁希、德斯特法农(Destafano)等人 1992 年所著《从学校生活到成人生活的转变——楷模、连接和政策》(*Transition From School to Adult Life: Models, Linkages, and Policies*);盖洛德—罗思(Gaylor-Ross)1988 年所著《残障人职业教育》(*Vocational Education for Persons with Disabilities*);克拉克和科尔斯多(Clark & Kolstoe)1990 年编写的教材也常常供人参考。此外,两部优秀的康复咨询书籍对就业指导及预备技能颇具参考价值。一部是帕克和西曼斯基(Parker & Szymanski)1992 年所著的《康复咨询:基础及拓展》(*Rehabilitation Counseling: Basics and Beyond*),一部是柔斯勒和鲁宾 1992 年编写的《案例管理和康复咨询》(*Case Management and Rehabilitation Counseling*)。

以生活为中心的生涯教育轻度课程能力

前两节集中介绍了独立谋生的许多关键技能。日常生活技能和个人—社会能力对职业成功也十分重要。事实上,以生活为中心的生涯教育轻度课程中的所有能力都关联到功能作用以及令人满意的社会生活,无论是个人卫生、交流、独立方面还是行走于社区方面。

本节将介绍以生活为中心的生涯教育轻度课程中的 6 个职业能力和 28 项子能力。图 13.3 列举了这些能力和子能力。前三个能力包括就业指导活动,后三个能力特别涉及了职业预备。注意能力 22 没有具体的子能力,因为功能技能的传授因学生而异。因此,当确定了具体培训领域时,用户可以补写这一块的子能力。选自特殊儿童理事会出版的(Roessler & Brolin,1992)以生活为中心的生涯教育能力单元课程材料中的活动小贴士和课程计划样本阐明了这些内容。

17.0 了解和探索职业可能性

个人在选择满意而又现实的职业之前,对工作领域要有一个广泛的认识。这项能力与生涯意识及衔接或生涯教育的探索阶段有密切关系。有特殊学习和/或行为需要的学生从开始上学之日起就应该着手对工作领域和特殊职业的探索。对各类工作的强化价值了解得越多,学生越有可能产生动力,越有可能欣赏工作尊严,并认同职业领域。学校员工应协同学生家长和社区人力资源提供大量的了解和探索职业的机会(例如:实地考察,嘉宾演讲,文学,暑假工作,角色扮演),以供有特殊学习和/或行为需要的学生了解和探索各种职业可能性。

各个个体,尤其是学生自己,应该主动帮助有特殊学习和/或行为需要的学生意识到职业可能性。小学教师可以把各门课程内容与工作信息联系起来,也可以争取有特殊学习和/或行为需要的学生的家长以及在不同社会环境里工作的雇主和雇员的支持,也可以使用小册子和其他媒体。随着有特殊学习和/或行为需要的学生对职业可能性认识的提高,就可在学校、家里、社会环境中提供工作兴趣方面的探索。理想的做

课程领域	能力	子能力：学生将能够：						
就业指导和预备	17. 了解和探索职业可能性	70. 识别有偿工作的方方面面	71. 找出职业和培训信息资源	72. 确认通过工作可实现个人价值	73. 确认工作可实现社会价值	74. 对工作进行职业归类	75. 调查当地就业和培训机会	
	18. 挑选和计划职业选择	76. 做出现实的职业选择	77. 确认恰当现有的工作要求	78. 确认职业能力	79. 确认主要职业兴趣	80. 确认主要职业需求		
	19. 展示恰当的工作习惯和行为	81. 听从指令并遵守规章	82. 认识出勤和准时的重要性	83. 认识监督管理的重要性	84. 展示职业安全知识	85. 与他人共事	86. 达到工作质量要求	87. 以令人满意的速度工作
	20. 寻找、得到和保持工作	88. 寻找工作	89. 申请工作	90. 工作面试	91. 知道如何保持毕业后的职业调适	92. 展示竞争标准方面知识	93. 了解如何应对职业变化	
	21. 展示有效的身体和手工技能	94. 展示体力和耐力	95. 展示平衡和协调	96. 展示手工灵敏度	97. 展示感观辨别力			
	22. 获得特定职业技能			没有特别的子能力，因其依赖于所教技能。				

图 13.3 以生活为中心的生涯教育能力：就业指导和准备课程

注：选自《以生活为中心的生涯教育：以能力为基础的方法》，第四版，12—13 页，布罗林著，1993 年，弗吉尼亚阿灵顿：特殊儿童理事会出版。1993 年版权归特殊儿童理事会所有。转载已获得授权。

法是，参加认知活动的有特殊学习和/或行为需要的学生能帮助其他有特殊学习和/或行为需要的学生探索亲身经历和特别感兴趣的领域。图13.4显示，可以提供哪些学校、家庭和社会阅历帮助有特殊学习和/或行为需要的学生习得能力17——了解和探索各种职业可能性——下属的各种子能力。对成人学习者来说，州就业服务中心、职业康复机构、社区学院、职业学校和报纸广告都是重要的资源。下面将讨论构成这一能力的关键子能力。

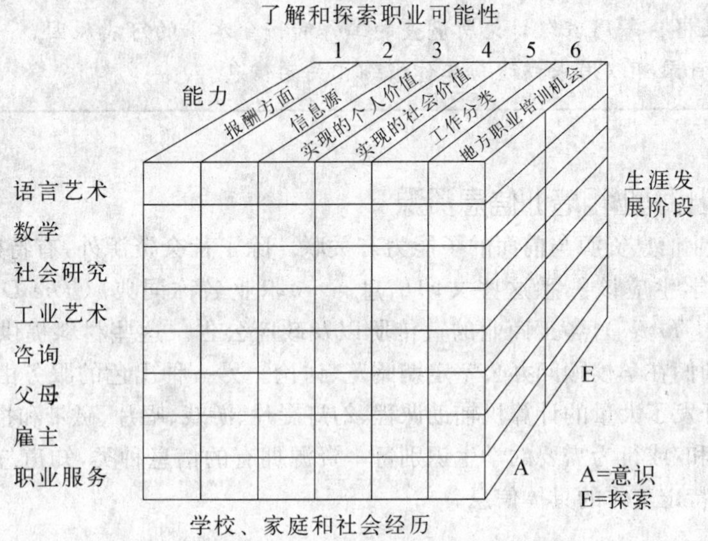

图13.4　与了解和探索职业可能性经历相关的例子

17.70　识别有偿工作的方方面面

通常，有特殊学习和/或行为需要的小学生很少考虑工作报酬的差别。随着年龄渐长，个人需求日趋明确，这一子能力开始有了更多的意义。学生应明白报酬的差别取决于这几个因素：工作对劳动力的需求和供给关系，社会对劳动力所提供的服务和产品的需求，学生完成工作所需完成的培训技能和正规教育。有特殊学习和/或行为需要的学生需要懂得为什么人们工作拿报酬，为什么工作不同报酬也不同。这一理解涉及与能力1(个人理财)相关的几项子能力，可以帮助有特殊学习和/或行为需要的学生计算从自己从事的感兴趣中的工作能拿到多少钱，并把这一信息与明智消费和交个人所得税联系起来。其他功能目标应包括鉴别不同种类工资(如，计件工资、计时工资、周工资和月薪)，以及哪些个人需求可以得到满足，如果做的是感兴趣的工作，工资有望获得的话。

活动小贴士

要求每个学生针对感兴趣的一样工作每学期连续几周每周都获取信息。学生应该建立和保存工作信息单。在记录单的左侧，记录所调查的每项工作名称。每项工作记录如下信息：公司、薪水、培训要求、工作时间和工作职责（如果用得着，这些信息可以从图13.1中的工作分析表中获得）。家长可以帮助学生调查工作，完成表格。每周班级讨论所调查的工作和薪金水平的可能原因。一份完整的社会工作目录可以用来描述与工作报酬相关的信息。

17.71 找出职业和培训信息资源

鉴别职业信息资源与前面的子能力有关联。除了社会资源外，有特殊学习和/或行为需要的学生应该熟悉这些文印信息——《职业名称词典》(*The Dictionary of Occupational Titles*)、各工商业的宣传册以及政府公告。这些材料提供了丰富的信息，可供教师们在学校顾问办公室定期阅览、讨论。另一种出色的服务由商业出版者提供，他们开发了大量的计算机辅助课程、幻灯影片、游戏、唱片、磁带和指南等。要求有特殊学习和/或行为需要的学生识别每一资源拥有的信息种类，知道怎样利用这些资源以获得特定工作的具体信息。

17.72 确认通过工作可实现个人价值

学生应该很早就懂得许多个人需求和价值可以通过工作实现，工作可以成为个人生活中很有意义的一部分。同时，他们也应知道一些个人需求和价值可以通过休闲活动和其他追求来满足。教师的一个重要目标是帮助有特殊学习和/或行为需要的学生认识和选择一套个性化有意义的工作价值观，培养学生成为社会有用成员的愿望。满足感、自给自足、个人价值、积极的自我观念、成功、自己养活自己、被他人接受、满意的社会关系、独立和金钱的回报，这些价值是学生通过工作可以满足的。社会实践与教室访问可以为特殊小学生提供与各种工作类型雇员接触的机会，孩子们从中了解工人是怎样满足个人需求并发展个人价值的。有特殊学习和/或行为需要的学生可以开始确认当前个人所拥有的价值观类型，并设想怎样通过工作满足个人需求。

小组讨论使得有特殊学习和/或行为需要的学生有机会听取别人是如何做决定的。家长可以讨论工作的积极方面和想更换工作的理由（例如，更大责任，更多变化，更多体力劳动）。家长还应解释业余时间自己怎样弥补缺失的价值和需求。在工作现场的特殊中学生和已参加工作的往届学生也可以讨论各自工作的众多特征。成年学习者可以确认在不同岗位工作时哪些个人价值已经实现,哪些还没有实现。与这一子功能相关的其他功能目标是帮助有特殊学习和/或行为需要的学生认识工作的经济意义,建立自我尊重。

17.73 确认工作可实现社会价值

应该给学生介绍劳动者影响社会的种种途径。教学活动重点宜放在各行各业从业人员以怎样方式为社会完善做贡献的(如,警察、消防员、饮食服务人员、门卫、农民、计算机操作者、流水线工人、办公室职员和护士)。技能和培训要求量各不相同的工作,课堂上应多加覆盖。这样有特殊学习和/或行为需要的学生明白,一个人不管做什么,都是对社会有所贡献的。每周的社会实践、演讲和课堂讨论可以突出一项或多项工作对社会的贡献。工会、企业、政府、商会的代表以及家长都应该广泛参与。与这一子能力相关的其他功能目标是探索从事不同工作的职员工作相互合作的方法,了解不同职业的报酬。

17.74 对工作进行职业归类

小学阶段,有特殊学习和/或行为需要的学生应该能够辨别主要工作范畴的初步分类,尤其是跟自己兴趣相关的职业分类。首先,工作可以主要分为白领或蓝领、技术性或非技术性,根据工作类型分为需要培训或要求一定教育程度的。中学阶段和成人教育的有特殊学习和/或行为需要的学生可使用《职业名称词典》、《职业展望手册》、《职业探索指南》(*Guide for Occupational Exploration*)及其他指导手册关于工作和职业群的信息于学习活动中。教师应邀请当地就业服务部门的代表阐释有特殊学习和/或行为需要的学生可能用到的主要工作分类和主要标准。有特殊学习和/或行为需要的学生应该和雇员一起组织参加一天工作计划活动。教师应该利用公告栏、报纸和其他媒介说明不同职业体系。与这一子能力相关的其他功能目标是辨别与各种职业范畴相关的教育、培训和报酬。

17.75 调查当地就业和培训机会

学生应了解所在社区的各种工作。在确定了职业信息的来源后,他们应该锁定某一信息渠道一段时间,记下信息,将其张贴在宣传栏上,向班级展示。互联网、报纸广告、电台广播、传单、社会工作调查都是信息渠道。这样的练习使得学生在了解工作及有无空缺的同时,懂得利用所有就业信息资源。有特殊学习和/或行为需要的学生应早点学习这一子能力。比如,接受言语矫正的学生在学习每个社区工作正确发音时,脑子里能形成相应职业概念。矫正医生和教师可以借助各种有趣的游戏、角色模仿练习等活动提高学生学习动力。仔细审核现有工作可以使有特殊学习和/或行为需要的学生更多地了解工作领域、工作差异和要求。与这一子能力相关的功能目标是学生识别合适的就业信息源，确定获取和利用这些信息的正确方法。

下边是一个课堂设计样本，示范如何针对子能力 17.75、综合以生活为中心的生涯教育轻度课程中的三个指导性目标，讲授生涯意识课。这一课堂设计还包括一个家庭活动和学校活动，生涯角色是雇员。

课堂设计 1 **17.75.1A: 1**
17.75.3A: 1
17.75.4A: 1

以生活为中心的生涯教育目标 17.75.1 从黄页中选择职业范围，找到本地雇主。

以生活为中心的生涯教育目标 17.75.3 利用职业信息资源。

以生活为中心的生涯教育目标 17.75.4 找到职业信息资源。

课堂目标： 学生迅速识别发布当地就业机会的、且可迅速获得的资源。

指导资源： 报纸招聘广告，地方顾客信息报，其他当地工作信息重要报道。

课堂导入： 了解社会工作机会是很重要的。你必须知道从何处获取所需信息。

学校活动： **时间：** 1 学时

任务：

1. 预备：收集当前社区工作报道的信息源。
2. 学生讨论工作机会信息源。在黑板上列出这些信息源。
3. 提供当前工作机会信息源，例如，报纸招聘广告，顾客信息报刊登的招聘信息，公司文献，贸易杂志，报纸商业版面的宣传，自助洗衣店或餐馆公告栏发布的信息。课堂上传阅每个信息源样本。
4. 小组评论各种信息源，然后每组列出一个单子，写上 5 个工作机会，利用黄页将相应的招聘地址和电话号码写上。
5. 向学生解释布置家庭活动。要求把黑板上列的工作信息源抄到一张纸上。

家庭/学校活动： **时间：** 1 学时

任务：

1. 学生与成人朋友共享职业机会信息源，并问他们是否知道其他提供工作机会的途径。在下次课开始的时候，让学生把新的工作机会资源添加到课堂备用纸上。
2. 学生与全班共享新的工作机会信息源。
3. 志愿者主动收集新的工作招聘信息源，并带到课堂上。
4. 在适当的时候，学生分享新材料。

课堂设计评价：

活动： 学生收集本地工作机会的信息，和成人朋友交谈工作的前景。

标准： 学生列出了解本地工作机会的三种方法，并列出三种当前可得到的社区工作。

生涯角色： 雇员

生涯阶段： 意识

注：摘自《以生活为中心的生涯教育能力单元：就业指导和准备》，第一卷，145 页，1992 年出版，弗吉尼亚阿灵顿：特殊儿童理事会。1992 年版权归特殊儿童理事会所有。转载已获得授权。

18.0 挑选和计划职业选择

随着对职业领域的广泛认识和积极的工作价值观的形成，有特殊学习和/或行为需要的学生可以开始做出初步的试验性的职业选择。作为生涯发展的一部分，小学生会公布职业志向，不过，教师应该认真地尝试指引有特殊学习和/或行为需要的中学生做出恰当的相关职业选择。许多专业人士担心，鼓励有特殊学习和/或行为需要的学生做出职业选择为时过早，不恰当的工作角色选择会禁锢学生思想。然而，九年级时，有特殊学习和/或行为需要的青少年已经探索了职业可能性并发展了个人—社会技能，他们做好了准备去认真思考自己的未来。应考虑到这一阶段的个性化选择会随着有特殊学习和/或行为需要的学生阅历增多变得成熟而有所改变。通过展示一个人对社会可以有作为，孩子可以行使成年人职权，做职业选择赋予有特殊学习和/或行为需要的学生衔接课程的更多意义。就成年学习者而言，有可能会出现相当长时间的失业或失败。因而，也许要经过相当长一段时间，有特殊学习和/或行为需要的学生才能做出职业决定。

18.76 做出现实的职业选择

学习前边的子能力有助于有特殊学习和/或行为需要的学生发现许多工作的确不符合他们的职业需求、兴趣或能力。要想工作行得通，他们需要对比较喜欢的工作做出第二次决定。工作、学历、培训等其他要求在二次决定时是很重要的。有特殊学习和/或行为需要的学生应该了解这项工作提供的晋升阶梯和自己能胜任的工作。这些尝试性的个性化职业选择应该以对个人全面分析为基础，主要由有特殊学习和/或行为需要的学生及其家长、雇主和学校职员共同做出决定。专业性的指导和咨询对这一子能力而言非常重要。另一个需尝试的功能目标是：个体能识别所选定可得到的工作的具体地址，并加以尝试。

18.77 确认恰当现有的工作要求

了解了就业信息源（子能力 17.2）以及个人主要的工作需求、兴趣和能力，学生可以认真浏览合适而又存在的工作的具体要求和特征了。出版物如《职业名称词典》，应该对个人和小组有用。劳动部出版的这个词典，涵盖了 20 000 多种职业，代表了美国的大多数工作。这些活动可以在十年级正式开始，并且将成为独立寻找工作和做出决定的刺激因素。职业评价犹如可以对工作特点进行深入的个人分析的社区资源工作者，为做出符合实际的决策与计划增添了一把重要尺度。学生需要广泛的商业游戏、资料和配套服务。另一个要尝试的功能性目标是帮助学生识别他们最胜任的、可选的相关职业。

18.78 确认职业能力

广泛运用职业评价技能有助于有特殊学习和/或行为需要的学生了解自己的职业潜能和具体能力。在进行正式的职业评价前,有特殊学习和/或行为需要的学生会表露出一些迹象:有些工作他们不但能学会,而且能够圆满完成。应该确定他们在下列领域的能力:口头、数字、空间、形体认知、文书、运动协调性、手指协调性、手工协调性、机械。美国就业服务中心(the US Employment Service)的普通能力倾向系列测试(The General Aptitude Test Battery,GATB)是用来鉴定一些有特殊学习和/或行为需要的学生优缺点的一种方法。有些人认为,工作系列测试样本特别有帮助,比起类似 GATB 标准系列测试,更能准确地显示被测者能力。有人声称标准系列测试打出的分数对少数人有歧视。市场上新出现了大量的职业评价系统,我们将在就业指导技能部分予以讨论。与这一子能力相关的其他功能性目标是帮助有特殊学习和/或行为需要的学生识别哪些方法有助于发展感兴趣工作所需的能力。

18.79 明确主要的职业兴趣

到九年级或十年级前,大多数学生应该对自己感兴趣的职业领域有一个基本概念。这些决定更多地关系到他们认为自己想要做的事,比如说"在医院作为一个助手或护理员帮助人们",而不去考虑这项工作是否能够满足自己对职业的所有或大部分要求以及这项工作是否与自己的所有或大部分才能相符。如果有特殊学习和/或行为需要的学生所确定的工作不在自己能力范围或需要之内,以后他可以发掘相关且更适合自己的工作。重要的是,这些有特殊学习和/或行为需要的学生正开始基于自己对职业的认识和对自己的了解去关注相关的职业领域或者工作。有些情况下,兴趣量表(Interest Inventories)兴许很有价值,但是,在大多数情况下,兴趣是在工作场所中慢慢产生和发掘出来的。虽然每个人都自己独一无二的职业兴趣,然而,通过参与集体交往活动,有特殊学习和/或行为需要的学生可以了解其他人是如何做出这些决定的。对于那些阅读能力差或根本不去阅读的学生,可以利用图片兴趣量表,发掘他们的兴趣。与这项子能力相关的其他目标是帮助有特殊学习和/或行为需要的学生明确,哪些职业有利于他们追求自己的兴趣,以及哪些工作能够满足自己对这些职业的需要。

18.80 确认主要职业需求

随着自信、自我意识、社会责任行为、人际关系技能、独立以及解决问题这些个人—社会技能的获得,有特殊学习和/或行为需要的学生应该能够鉴别工作个性不可或缺的一部分——主要职业需求。此外,学生应该能够确定哪些需求在未来工作生涯中占重要位置，如：高薪、独立、成就、表扬、责任、权威、天分和能力的使用、提升、安全、社会服务、多样化和社会地位。应该提供这一主题分小组讨论，并由各职场工作人员介绍补充，以便有特殊学习和/或行为需要的学生就适当的工作环境做出决定和选择(比如，户内工作还是户外工作，久坐的工作还是活动的工作，城市工作还是农村工作)。这些讨论可以起到生动的心灵探询作用。教师也可以试着让有特殊学习和/或行为需要的学生确认他们有兴趣的工作对其从业人员倾向什么样的职业需求。

活动小贴士

让班级建立一个职业需求表。要求班级每个成员说明并讨论每种需求。在学生识别所有可能的需求之后，教师应该列一个工作需求详细目录并分发给学生。所有学生要检查哪个需求自己感觉高或是低了。在评价以前，要重新解释每一需求。接下来，学生要判别六个最重要的职业需求。稍后当学生开始检验个人的职业兴趣和能力时，将使用这一列表。《明尼苏达重要性问卷调查(*the Minnesota Importance Questionaire*)》是这一活动很好的辅助工具。相关信息可以从明尼苏达大学心理系获得。

19.0 展示恰当的工作习惯和行为

能力 19：展示恰当的工作习惯和行为，超出了从小学到成人的整个教育链，可以由任何负责个体生涯发展的人来教授。尽管工作习惯和学习习惯有很多相似之处，但工作习惯更重要。学校职员应该强调培养工作习惯和行为的必要性，以便学生将来对工作负责。有时，教师应该在学校模拟工作环境来阐明雇主对称职员工的各种期望。社会经历、课堂演讲者和家长都能在帮助有特殊学习和/或行为需要的学生培养这一能力的子能力方面起重要作用。

19.81 听从指令并遵守规章

雇主希望员工准确听从指令。这些指令可以是口头的也可以是书面的，从很简单的一个步骤到复杂的几个步骤不等，员工必须记住和完成。玩游戏和角色扮演在帮助培养有特殊学习和/或行为需要的学生这些技能方面特别有效。练习必须早开始，在各个年级阶段不间断地重复，从而使有特殊学习和/或行为需要的学生，尤其是这方面能力较低的学生能学会并保持这些技能。学会了较低级的步骤后，他们要逐渐学习如何听从更加复杂的指令。另一个目标是有特殊学习和/或行为需要的学生在家里能根据由简单到复杂的书面指示来完成一系列任务。

19.82 认识出勤和准时的重要性

可以在教室强调工作场所出勤和准时的重要性。上课时钟是促进这一概念形成的一种途径。有特殊学习和/或行为需要的学生应该懂得出勤和准时对雇员的重要性(例如：生产时间、利润、会议最后期限的丧失)，应该懂得哪些迟到和缺席行为是可以接受的，哪些是不能接受的，迟到和缺席会带来什么样的后果。学校还可以邀请不同企业的雇主和员工讲亲身体会及公司政策来有效地做到这一点。要求学生完成的另一目标是：假如要迟到或缺席，知道采取哪些行为是恰当的。

19.83 认识监督管理的重要性

尽管接受监督与先前的子能力相关，具体到监督手段、工作场所不同，监督方法也各异。监督管理从偶尔、间接、频繁到直接不等。监督可以是建设性的、批评性的、不公正性的。对有特殊学习和/或行为需要的学生来说，了解不同形式的监督和在不同情况下如何应对监督是重要的。角色扮演在向学生展示不同情况和不同类型监督方面是可行的方法，通过角色扮演他们能学会适当的反应方法。角色扮演活动可以被安排在以不同反应为主题的小组讨论后，从而帮助有特殊学习和/或行为需要的学生发展处理这些情况的其他方法。教师也能应用各种监督课堂成员的方法，然后对这一方法作出反应。对有特殊学习和/或行为需要的学生来说，其他可以尝试的目标是：让有特殊学习和/或行为需要的学生观察讨论几个工作场所的监督管理手段，鉴别对待不同形式的监督做法所起的不同反应。

19.84 展示范职业安全知识

许多雇主害怕雇佣残障和有特殊学习和/或行为需要的人，因为认为这些人会出现更多的意外事故。因此，教师应该强调职业安全技能，以尽量减少可能导致特殊个体失业的潜在事故的数量。音像制品、社会实践、角色扮演和课堂讨论在帮助有特殊学习和/或行为需要的学生了解潜在安全危险、学习必要预防措施避免不必要事故发生方面尤为重要。在接受工作前，有特殊学习和/或行为需要的学生应该全面准备好处理想象得出的在工作场所可能发生的事故。这一子能力在学校学习计划的各个阶段都应被传授，从而使有特殊学习和/或行为需要的学生离校时对安全措施很精通。与这一子能力相联系的其他目标是要求有特殊学习和/或行为需要的学生了解工作场所维持安全的主要原因和不同类型职业中存在的安全隐患。

19.85 与他人共事

不擅长与同事和监督管理者友好相处是人们工作失败的最常见原因之一。有特殊学习和/或行为需要的学生必须了解工作期望值，学校可成为传授互动合作技能的宝地。通过鼓励学生练习与他人交往与合作，教师可以创造一个促进诸多工作技能发展的氛围。社会实践、角色扮演和小组讨论之类活动有助于说明与他人共事的理由，激发对个人在协同努力中重要性的讨论，利于有特殊学习和/或行为需要的学生识别共同工作的积极方面和消极方面。另一目标是模拟真实工作环境，开发一些项目，要求有特殊学习和/或行为需要的学生在完成一项具体任务前与他人互动合作。

活动小贴士

在社区产业工人的帮助下建立一条生产流水线工程。工程要尽可能接近现实。让工人们讲解怎样工作，特别是工作跟能力相关部分。让学生开始工作，评估有特殊学习和/或行为需要的学生与人合作、接受监督、掌握与这一能力子能力的情况。一些有特殊学习和/或行为需要的学生担当监督管理者，或承担与工作相关的其他角色。这天即将结束时，班级要讨论小组成绩和未来努力方向。对每个学生做出工作习惯和行为方面的评价，并提供个人反馈，以便有特殊学习和/或行为需要的学生对个人强项和需要提高的方面有所了解。（与这一活动相关的更多讨论和阐述将在后面章节中提到。）

19.86 达到工作质量要求

有特殊学习和/或行为需要的学生需要知道不同种类工作的质量标准，特别是自己感兴趣的工作。他们应达到工作任务要求的标准，明白什么时候、为什么没有达到标准，并坚持不懈直到达到标准为止，或直到教师认定学生达到那个水平就算完成工作。可以分派有特殊学习和/或行为需要的小学生当检验员，检查工作是否达到了要求，并且参加有组织的讨论，指出问题所在。有特殊学习和/或行为需要的学生的工作探索和试验建立了预期标准，这些标准可用来评价他们的表现。这一子能力的另一个目标是使有特殊学习和/或行为需要的学生在最低质量标准上完成模拟的工作任务。

19.87 以令人满意的速度工作

有特殊学习和/或行为需要的学生应明白人们是被雇佣给雇主挣钱的，这很重要。这要求有特殊学习和/或行为需要的学生知道如何正确并有效率地工作。教师应要求有特殊学习和/或行为需要的学生在特定时间内完成一定的工作，从而使学生既学会了概念，又形成了习惯。校内外各项工作都要制订时间标准，教师应画图说明有特殊学习和/或行为需要的学生的进步情况，直到达到标准。应该允许有特殊学习和/或行为需要的学生参与设立合理的时间标准，以便他们能够理解怎样按时间支付工资或按件计酬和为什么这么做。雇主和雇员在传达这一子能力的重要性时会很有用，特别是当这些技能可以帮助有特殊学习和/或行为需要的学生挣钱时。与这一子能力相联系的其他目标是，帮助有特殊学习和/或行为需要的学生识别令人满意的工作速度和必须以一定的速度完成工作的理由。

下面是密苏里州尼克萨镇(Nixa)的一位特殊教育工作者特蕾·切斯庭(Terri Chasteen)的描述，关于她和她的同事如何实施以生活为中心的生涯教育方法和如何用她的课堂设计来教育有特殊学习和/或行为需要的学生学习19.86子能力。

我给一个由6个有轻度智力障碍、学习障碍或行为失调的学生组成的工作-学习班上课。当地学区管理部门的支持使得特殊教育教师能够安排两个教室来满足这些学生的课程需要。一个教室涉及生活技能区域，配有完整的厨房，里面有洗碗机和烘干机，还有生活区域；教室的另一部分包括内置的带书架的工作台和授课区域。另一个教室不光是传统意义上的教室，它还包括几个工作台，展示办公技能(文件归档、包扎书、校勘和邮寄)和木工手艺(粘贴、装配、油漆和完工)。

这个班目前在全力学习以生活为中心的生涯教育就业指导单元81——"听从指令并遵守规章"。开始讲授每一新单元时，告诉学生本单元的目标和目的。这样利于学生了解每个单元结束后期待有什么收获。每堂课开始时仔细浏览这些目的。每天以各种各样方式要求学生听从指令。这一单元允许学生探索提高听从指令技能的方法，并且向学生引入了这样的理念：无论在日常事务中还是任何所选择的生涯里，遵循指导都是一项重要技能。

第一次课是反思，让学生回顾过去他们遵循指导的方法，并联系个人情况。(这些学生爱发言，问题是如何使他们停止。)让学生描述一次经历，什么时候被要求遵循指导和结果如何。让学生独立写出一段话，描述遵循指导的一次经历，包括结果和指导所起的作用。

第二次课是关于口头指令。先让学生讨论听从含糊、冗长、复杂或者难以理解的口头指令带来的问题。而后让学生写出一个提示目录，用来提高他们听从口头指令方面的技能。最后将完整的提示目录誊到"对口头指令的反应"工作单上，夹在学生生活技能笔记本里。

在从事以生活为中心的生涯教育工作中，我所做的改变是让学生记生活技能笔记。这一笔记本包括将来他们可能需要的信息。例如：简历、信息目录(供参考用的姓名、地址、个人电话号码)，还有以生活为中心的生涯教育课程情况说明单的复印件。

第三次课给学生机会练习对口头指导的反应。让全班学生编写一个对话，指令模糊不清，听者做出的恰当反应（例如：请求写出指令、请求讲清楚等等）。学生角色扮演对话时拍下录像带。要进行更多练习，可让学生做指令游戏（the Directions Game）。

这一游戏由教师指导。每个学生得完成一系列口头布置的简单任务。每次加一个任务直到出错，游戏继续进行。优胜者是能记住和完成任务最多且不出错的学生。这一游戏不仅锻炼了学生运用听从指令的策略，而且提高了短期记忆能力。

再下次课介绍这一单元的下半部分——听从书面指令。这是颇受欢迎的课，因为学生有机会课外练习这门技能。课程要求学生写一个指令——在学校范围内寻找一个地方，但不能写出具体名称。大家互相交换指令，笑话便开始了。

我们超越课程计划，拿着书面指令寻找地点。如果指令不清楚、没有逻辑性或顺序不对，学生看到问题发生是非常有趣的。回到教室，学生讨论提高书写指令的方法，和能遵循漂亮指令的积极方面。

最后一个目标要几个学时完成。要求学生根据书面指令执行一系列任务。这复学习这种技能很重要。让学生知道生活中很多时候必须准确遵循指令也很重要。让学生收集日常生活中家里、工作场所和休闲时间常用到的书面指令。接下来，全班按以下几个方面练习遵循指令：操作食谱，遵循书面指令完成订货单，按图示完成手玩绳游戏，观看表演来做动物玩具气球。这一单元的评价包括遵循3个口头、3个书面指令以及完成“不同类型指令的比较”工作表。

学生们喜欢以生活为中心的生涯教育课程所提供的学习经历。推荐的课堂设计样本容易操作，丰富的活动和想法都有利于编制计划。并且，课本编写方式使教师能够自由地根据所指导学生的水平采纳教学内容。这样减少了学生受挫的机率。学生也对亲历活动、实地考察和嘉宾演讲反应良好。

20.0 寻找、得到和保持工作

离开正规教育制度后，许多有特殊学习和/或行为需要的学生在寻找、得到和保持工作中遇到难题。显然，传授这一能力的种种努力未能使有特殊学习和/或行为需要的学生过一段时间记住这种知识和能力。这是这些人在社会上失败的主要原因，而对于接受过扩展教育的培训者来说如此结果尤其令人遗憾。教育工作者应至少在十年级开始向有特殊学习和/或行为需要的学生教授这一技能，并且此后每学期继续提供这方面的指导。也许专业人士想编写自己的资料，实际上有许多现成的商业用资料可以用来教授这一技能。

20.88 寻找工作

培养一步步逻辑周密的寻找工作方法是关键的一个子能力。首先要知晓如何探索工作需求信息渠道。借助公告栏明示有特殊学习和/或行为需要的学生找工作、探索各种信息渠道需要采取哪些步骤，教师可以帮助学生学会这一子能力。访问社区就业服务中心、角色扮演、游戏和嘉宾演讲之类活动都有助于学生获得新认识。另外，生活中有现成的工作描述、公告、广告以及求职技能商业用资料。与该子能力相关的其他目标包括：根据工作招聘报道，确认寻找工作、研究具体工作及坚持到底的步骤。

下面的课堂设计来自以生活为中心的中度教育能力单元手册中关于就业指导和职业预备部分，示范如何在教室讲授生涯探索阶段子能力 20.87。与该课堂设计相关的工作单未包括在内。

课堂设计 9

以生活为中心的生涯教育目标 20.88.3E:9 安排一次真实或模拟工作面试。

课堂目标：学生学习如何运用合适的打电话技能与雇主联系。

教学资源：工作清单："给未来雇主打电话"、招聘广告、电话公司特意提供的电话学习机。

课堂导入：利用电话、信函或亲自拜访可以与雇主就招聘工作取得联系。今天的课堂重点放在电话联系上。

学校活动： **时间：**2 节课

任务：

1. 讨论招聘广告中所建议的与雇主联系的方法，例如，给雇主写信或打电话。
2. 学生两两一组确认三种希望了解更多信息的工作。然后将这三种工作记录在工作需求文档里，以备在课堂设计"10"中使用。
3. 每个小组向全班陈述他们的工作需求报道以及与雇主联系方式。
4. 确认电话联系是从雇主那里收集工作报道信息的一种方法。描述工作清单"给未来雇主打电话"上所列的电话联系行为。
5. 通过扮演求职者角色示范工作清单上的行为。请学生自愿扮演雇主角色。
   - 选取工作名称和雇主名字。
   - 让学生以雇主名义假想的确有这样一个工作在招聘。
   - 让学生按照自己作为雇主时间可能要求回答的问题。
   - 角色扮演工作清单上的 12 种行为。
6. 其他学生运用工作清单（指导者展示）中的评估单评估指导者（雇员）的表现。
7. 遵循指导者展示，给雇主打电话时强调下列要点：
   - 在私下安静的地方打电话。
   - 知道寻求和给出的信息。
   - 手边备有铅笔和纸，以随时记录雇主的话。
   - 回话时声音愉悦有礼貌，聆听时专心。
8. 第二节课，四人一组角色扮演与雇主联系。大家轮流扮演求职者、雇主和观察者角色。观察者应运用清单评估求职者表现。
9. 记录两名观察者给予每位求职者的表现评价信息。

课堂设计评价:
活动: 学生练习联系雇主。
标准: 根据观察者的信息,学生要展示联系雇主所要求的12种行为中的10种。
生涯角色: 雇员
生涯阶段: 探索

注:选自《以生活为中心的生涯教育:就业指导和职业预备能力单元》,第一卷,229—230页,1992年,弗吉尼亚州阿灵顿:特殊儿童理事会出版。1992年版权归特殊儿童理事会所有。转载已获得授权。

20.89 申请工作

职业计划的一个重要目的是使有特殊学习和/或行为需要的学生做好准备申请工作。掌握这项子能力是学生职业功能能力和独立的另一个标记。为展示这一点,有特殊学习和/或行为需要的学生必须熟悉工作申请表格及申请工作的相关程序。至少在十年级时,有特殊学习和/或行为需要的学生要熟悉求职表格和面试中常用词汇。有特殊学习和/或行为需要的学生应花大量时间复习、填写求职表格,学习工作词汇,搞好角色扮演,收集申请工作所需的个人资料。要求有特殊学习和/或行为需要的学生达到的另一个目标是:确认申请工作时对自己重要的因素。

20.90 工作面试

面试技能与其他子能力密不可分,应当得到教育工作者的密切关注。雇主、雇员和其他社会力量可帮助有特殊学习和/或行为需要的学生准备面试。有特殊学习和/或行为需要的学生必须了解并学会确保面试的步骤,电话里或面对面时该做些什么或者说些什么,在实际情景中如何应对。我们极力推荐角色扮演、小组讨论、录像、演讲与示范、游戏、商业用资料、录像带等技能。为有特殊学习和/或行为需要的学生设定的其他目标是:在一个真实的企业单位完成一次工作面试模拟活动,训练学生面试时的着装及交通工具利用。

20.91 知道如何保持毕业后的职业调适

职业调适技能(occupational adjustment skills)涉及往届毕业生得到一份工作后是如何解决可能遇到的问题的。往届学生是一个丰富的信息源,他们能够描述有特殊学习和/或行为需要的学生在工作环境中可能需要做出哪些最为重要的调适。披露问题领域的角色扮演是教师可以用来展示有效行为的可荐技能。有特殊学习和/或行为需要的学生应将这些技能记录到笔记本上,以供将来使用。高中后期应多加强调这一子能力训练。另一个目标是有特殊学习和/或行为需要的学生不能亲自解决问题时,学会识别求助渠道。

20.92 展示竞争标准方面知识

获得一份工作后，学生必须按照对其他员工的要求标准做事。如果忽略了对竞争标准的调整适应，往届学生可能会因误解对员工的期望值和如何升迁加薪而失去工作。学校可以请雇主和雇员讲解这一方面的知识，并让学生走访各种工作场所，以便观察不同工作岗位雇主对雇员有何要求，以及如何达到这一要求。为这些学生设定的其他目标是学生能够识别感兴趣的工作，他们的期望标准是什么以及个人怎样能够达到期望标准。

活动小贴士

有特殊学习和/或行为需要的学生应该邀请往届学生回到母校讨论他们的工作(或工作缺失)，并且设计一套与毕业后职业调整相关的问题。讨论应包括往届学生遇到哪些问题，他们是如何处理的，他们认为要想成功必须具备哪些条件，影响他们目前衔接/生涯功能(transition/career functioning)的因素是什么。之后，有特殊学习和/或行为需要的学生应有机会观察往届学生在实际工作岗位上的工作情况。应鼓励往届学生把帮助过他们调适的人士请来。一些往届学生可能不愿意配合这些活动，因为不希望再与过去有任何联系。

20.93 了解如何应对职业变化

大多数人一生工作生涯中更换四五次工作岗位。一些人因各种职业或非职业原因失去工作，一些人得到高升或找到更好的工作。有特殊学习和/或行为需要的学生要学习决定工作调适成功与否的因素，以及如何应对。本单元学习的另一个重要目标是了解如何确认并申请升迁机会。参考本书第十章生涯预备课堂设计，帮助有特殊学习和/或行为需要的学生学习如何恰当地辞去工作。

21.0 展示有效的身体和手工技能

大多数残障学生获得的工作要求体力好、耐力强、协调性好、力量足以及灵巧度高。对多数残障学生而言，现有的空缺工作要求总体运动相当敏捷灵活，有相当好的站立、拉力、推力、抓举及搬运能力。充分的体力-手工技能开发应在学生入学后不久就开始进行。教师可以设计课堂活动来促进这些技能的运用和发展，这将有助于有特殊学习和/或行为需要的学生体验大量的个人成功、自豪和满足。这里将集中论述。

21.94 展示体力和耐力

绝大多数工作需要一定量的体力、脑力和耐力。体育教师或教练可以在设计特别方案开发有特殊学习和/或行为需要的学生技能方面发挥重要作用。有特殊学习和/或行为需要的学生应制作简图标示自己在朝着标准努力时取得的进步情况。这类方案可在家中使用,也可设计一些与其他子能力相关的有目的的家庭任务和责任。有几个现成的商业用方案适合锻炼这种子能力,但如果校方人员在校内外能够挖掘促进这些技能发展的渠道和活动,就不必采用这些商业用方案。融入这种子能力的其他目标是:要求有特殊学习和/或行为需要的学生识别体力耐力都绝对重要的工作,找到符合个人的技能训练方法。

21.95 展示平衡和协调

体育教师可以在评估与设计具体个体活动过程中承担主要责任、以提高每位有特殊学习和/或行为需要的学生的体能。教师可向注册职业治疗师咨询,因为他们能够设计具体任务来衡量和开发待矫正残障学生的平衡和协调技能。有特殊学习和/或行为需要的学生应当累积记录各种活动中的个人表现情况。这样一则见证自己的进步情况,二则帮助自己瞄准新目标。通过吸引学生对这些技能重要性的注意,竞争性游戏和图表可能会激发有特殊学习和/或行为需要的学生的提高欲望。其他目标是让有特殊学习和/或行为需要的学生识别平衡协调跟工作领域、工作表现及各种工作要求的关系。

21.96 展示手工灵敏度

许多手工灵敏度测试(manual dexterity tests)会帮助人们指导开发有特殊学习和/或行为需要的学生的手工技能。普渡木钉板测验[1](the Purdue Pegboard)(普渡研究基金,1968),明尼苏达手部操作测验(Minnesota Rate of Manipulation Test)(明尼苏达就业稳定研究院,1969)、广泛就业抽样测试(Wide Range Employment Sample Test)(Jastak & Jastak,1973)以及宾西法尼亚双手艺灵巧测试(Pennsylvania Bi-Manual Dexterity Test)(Roberts,1945)都是评估开发有特殊学习和/或行为需要的学生手技的标准化手段的典范。对有特殊学习和/或行为需要的学生的评估应尽早开始,并以此为基础确定什么样的工作任务符合学生的身体能力。其他目标是:帮助学生确认要求相当大程度手工灵敏度的职业利益所在,培养职业和社会生活所需的充分

[1] 普渡木钉板测验(the Purdue Pegboard):这个测验同时测量手和手的大小动作运动及手指敏捷性两个方面的能力,不使用工具。第一部分要求被试用右手、左手和两手把钉子插到孔中;第二部分要求把钉子、铜圈一起放在孔中,可以同时用两手。

手工灵敏度的理由。

活动小贴士

可以运用普渡木钉板测验(the Purdue Pegboard)结合另一个灵巧度测试来评估激励学生开发手工操作技能。学生个人简图及小组简图可以说明有特殊学习和/或行为需要的学生在每一测试阶段的进展情况。要用非威胁式的、游戏方式指导测试,尽量以鼓励方式向有特殊学习和/或行为需要的学生提出挑战。给有特殊学习和/或行为需要的学生三次尝试机会来提高测试成绩,并且在记录左右手、双手及装配得分(assembly scores)后,允许学生保留测试单。测试应每月一次,可借助计划体力活动来增强学生身体和手工操作技能(工作抽查和其他测试可以相似方式进行。)。

21.97 展示感观辨别力

许多工作要求区别声音、形状、尺寸和颜色的能力。能力评估计划(the Talent Assessment Program,简称 TAP,能力评估)是将感官辨别力与职业潜力联系在一起的一系列工作抽样/任务测试。许多教师也利用日常物品设计自己的方法。对这些技能的评估应尽早在学校进行。其他目标要求有特殊学习和/或行为需要的学生能够确认工作对感官辨别力的需求和他们感兴趣的工作可能需要的感官辨别力。

22.0 获得特定职业技能

许多专业人士坚信,有特殊学习和/或行为需要的学生不必离开正规教育体系时就拥有将自己推销出去的入门功能技能。理由是培训最好将来提供,当前要学的知识种类太多了,有特殊学习和/或行为需要的中等教育学生年纪太小不适合接受具体职业培训。这些论点也许有几分道理,但残障学生和其他行为困难者在离开中等学校前需要获取一种技能。理由如下:

- 中等教育外大多数培训机构都不具备足够的专家,因而无法有效满足特殊个体的需求。
- 许多中等学校后课程单调,缺乏人性化,或者太冗长,而课程要求却往往很严,没必要。
- 如果有特殊学习和/或行为需要的学生在离开中学前能够习得一门特别功能技能,有特殊学习和/或行为需要的学生自己、家长、教师、雇主及其他重要人员对他学会一门将自己推销出去的技能就更有信心。

● 特殊功能技能培训会带动其他技能的发展和提高(如,自信心、社会责任行为、人际交往技能、独立、解决问题技能、交流技能、职业意识、工作习惯和行为,以及身体-手工技能)。

● 一些有特殊学习和/或行为需要的学生比其他人可能需要更精心的技能培训。

● 培训有利于强调课程的意义,使得其他教学与之相关,有现实基础。

● 培训为残障学生提供与其他学生竞争同等岗位的额外优势。

● 获得一项功能技能表明,在学完中学课程后,有特殊学习和/或行为需要的学生可以追求更高级潜能。

● 培训有助于早点排除不切合实际的职业选择,使得有特殊学习和/或行为需要的学生能够接受更符合个体需求和能力的培训。

尽管一些有特殊学习和/或行为需要的学生可能在中学后接受培训,他们应尽量在高中时期获得一门特别功能技能。除了对工作个性成长至关重要的其他日常生活技能、个人社会技能和功能技能之外,学生应选择一个促进个人职业兴趣和意识的培训领域。选择应是一个精心设计的职业发展过程,主要由学生做出,辅以家长、教师和其他重要人士的帮助。

日常生活课程领域的指导可显示对文书、保养、个人护理、餐饮服务、计算机、服务、休闲娱乐或者交通领域职业的特别兴趣和能力。个人社会课程领域应为个体展示最适合的工作环境(即,热闹、镇定、有压力、互动、灵活、受限制、严格监督、常规、强化和非个人的)。职业课程领域还应反映有特殊学习和/或行为需要的学生的工作价值观、需求、兴趣、选择、工作习惯和行为以及体能。工作个性的出现与形成意味着可以确定合理的培训选择。

以生活为中心的生涯教育中度课程能力

前两章集中讨论了对顺利独立的生活起关键作用的许多技能。日常生活技能和个人—社会技能对事业成功也至关重要。实际上,以生活为中心的生涯教育中度课程的所有能力均与职业功能以及满意的社区生活相关,不管是在个人卫生、交流、独立方面,还是在社区活动方面。

本节介绍以生活为中心的生涯教育中度课程中的 6 个能力和 20 项子能力。图 13.5 显示这些能力和子能力。前三项能力是关于就业指导活动的,后三种与职业预备特别相关。注意:能力 20 没有具体的子能力,因为职业能力的传授因学生的不同而有所变化。因此,当具体的个性化培训领域确定下来后,使用者可以写上子能力领域的内容。下面将介绍每一项能力,并提供几个活动小贴士。特殊儿童理事会将出版以生活为中心的生涯教育能力单元课程手册(Royd & Brolin),类似于为以生活为中心的生涯教育轻度课程计划所开发的那些手册。

课程区	能　力	子能力					
就业指导和准备	15. 探索找出职业培训及工作安置	56. 识别工作报酬	57. 找出职业培训和工作安排可能性				
	16. 做出职业的工作定位选择	58. 展示对职业兴趣的知识	59. 展示对职业优势和劣势的认知	60. 确认可能的和现有的与职业相符的兴趣与优势	61. 计划并做出切合实际的职业培训及工作安排决策	62. 为职业选择开展培训计划	
	17. 申请和保持职业培训和工作安排	63. 申请职业培训和工作安排	64. 职业培训和工作安排面试	65. 对就业状况的变化做出调适			
	18. 培养并维持适当的工作技能和行为	66. 按工作指令和工作要求做事	67. 保持良好的出勤和准时	68. 对监督做出合理的反应	69. 展示工作安全知识	70. 与他人合作	71. 符合工作质量与数量标准
	19. 使身体手工技能与职业培训及就业一致	72. 在职业培训和工作安置时展示精细动作运动敏捷性	73. 在职业培训和工作安置时展示大肌肉运动敏捷性	74. 在职业培训和工作安排时展示感觉识别力	75. 展示体力和耐力		
	20. 培训和职业选择			由于子能力的确定取决于所选的具体职业培训，故此处未列具体的子能力			

图 13.5　以生活为中心的生涯教育中度课程：就业指导和预备技能能力

注：选自《以生活为中心的生涯教育》，洛依德和布罗林著，1997 年，弗吉尼亚州阿灵顿：特殊儿童理事会出版。

大部分以生活为中心的生涯教育轻度课程课堂设计取自《以生活为中心的生涯教育：就业指导和预备技能能力单元》(D. E. Brolin 著，弗吉尼亚阿灵顿特别儿童委员会出版社，1992)，可加以修改，供在以生活为中心的生涯教育中度课程能力和子能力中使用。

15.0 探索找出职业培训及工作安置

在做出满意又实际的职业选择之前，个人必须对工作领域和生涯道路有广泛的认识。这项能力与生涯意识、衔接/生涯教育探索阶段紧密相关。有中度特殊学习和/或行为需要的学生理应在入校前后开始探索工作领域和特别职业。有中度特殊学习和/或行为需要的学生意识到各种工作的强化价值越多，越有可能产生动力，培养对工作尊严的欣赏并且认同工作领域。学校员工应该协同家庭和社区资源，提供大量的职业意识及探索机会(即基于社区的教学经验、嘉宾演讲、文学书籍、暑假工作、角色扮演)，以便为有中度特殊学习和/或行为需要的学生的知识和探索提供职业可能性。

各种各样的人，尤其是学生自己，应当参与到使中度有特殊学习和/或行为需要的学生了解职业可能性的活动中来。小学教师可以将多种课程与生涯道路、具体工作信息联系起来。教师还可以寻求整个社区不同工作背景的家庭成员、雇主和雇员的支持与帮助，利用众多宣传册和其他视听媒介。随着中度特殊学习和/或行为需要的学生对工作可能性意识的增强，可以向学生提供在学校、家庭和社区实际探索感兴趣工作的机会。多数参与生涯意识活动的中度特殊学习和/或行为需要的学生最好帮助那些有行为需要的学生去探索第一手经验和特别感兴趣的领域。对成年学习者来讲，州就业服务部、职业康复机构、社区学院、职业学校、互联网和报纸广告都是重要资源。下面将探讨构成这一能力的以生活为中心的生涯教育中度课程关键子能力。

15.56 识别工作报酬

大多数中等程度的小学生很少考虑与报酬有关的工作之间的差异。他们对工作的考虑多是与家人、朋友、演员或运动员的工作紧密联系起来。随着成长，他们的需求变得愈发清晰明确，识别工作报酬这一子能力开始显得重要。人们固有的理解是，报酬常常由这些因素决定：工人于工作的供求状况，社会对工人提供的商品与劳务的需求，学生可能需要做好工作而接受的培训或正式教育技能。有中度特殊学习和/或行为需要的学生必须明白为什么工作有报酬，为什么岗位不同报酬也不同。这类问题的领悟与能力 1 理财的几项子能力相关。理财有助于学生计算从事自己感兴趣的工作将获得多少报酬，促使了解这一信息，而且有利于他们做出明智和理性的消费。其他功能目标应包括识别不同的工资类别(如，记件付酬，按小时、按周或按月支付报酬)，明白从事感兴趣的工作而获得的预期工资将能满足哪些个人需求。

学生理应知道工作人员对社会的影响方式。教学活动可集中在各行各业的人们为社会作贡献的具体方式上(如,餐饮业员工、管理员、农民、计算机操作员、流水线工人、园艺师)。教师提到的每项工作要覆盖不同量技能和培训要求。这样,有中度特殊学习和/或行为需要的学生好明白:不管干什么,大家都在为社会做有意义的事情。每周的社会实践、演讲或课堂讨论可以突出一项或多项工作对社会的贡献。工会企业代表、政府部门代表、商会代表、小公司代表、学生家长,都应当广泛参与到这个活动中来。其他与此项子能力相关的功能目标是:探讨不同工作岗位的雇员工作上是怎样相互依赖的,识别不同职业的报酬。

最后,所有学生要考虑的一项内容是:确认向谁请求帮助,而后向其询问与学生的个性化兴趣相关的生涯道路的各种工作的知识。

活动小贴士

要求学生每学期连续几周每周都针对一份感兴趣的工作搜集信息。学生需剪下人们工作时的图片,将其粘贴在张贴栏上。每项工作可以用下列信息描述:公司,工资,培训要求,工作时数,工作职责。(需要时,可从图13.1工作分析表择取这些信息。)家庭成员和教师可以帮助学生完成调查和张贴工作。每周的课堂讨论应包括已调查的工作以及学生对这一工作感兴趣的可能理由。可以列一份总的社区工作清单,描述与报酬及其他重要方面相关的信息。

15.57　找出职业培训和工作安排可能性

鉴别职业信息资源与前面的子能力密切关联。除了社会资源外,有特殊学习和/或行为需要的学生应该熟悉这些文印信息——《职业名称词典》、《职业展望手册》,各工商业产业的宣传册、政府公告。这些材料提供了丰富的信息,可供教师们在学校顾问办公室定期阅览、讨论和利用。另一种出色的服务由商业出版者提供,他们开发了大量的计算机辅助课程、幻灯影片、游戏、唱片、磁带和指南等。要求有中度特殊学习和/或行为需要的学生识别每一资源拥有的信息种类,知道怎样利用这些资源获得具体生涯道路方面的特定工作的具体信息。

最后,所有学生要考虑的是,在寻找职业培训和工作安排可能性时知道向谁求助。

16.0　做出职业的工作定位选择

随着对工作领域及各职业途径和生涯道路的广泛认识,以及一整套积极的工作价值观的培养,有中度特殊学习和/或行为需要的学生可以开始初步试探性地从生涯道路中选择职业。作为职业发展的一部分，尽管小学生会公开自己生涯发展向往的职业，教师则应该认真确认和引导有中度特殊学习和/或行为需要的中学生做相关职业的选择。许多专业人士担心：鼓励学生选择职业太早了，认为学生会因为选择工作不当耽误前途。然而，已经探讨过职业的可能性并且发展了个人—社会技能、又有这方面需求的青少年，在大约七年级时就做好了充分准备审慎思考自己的未来。须知，随着有中度特殊学习和/或行为需要的学生社会阅历的增多成熟起来，这一阶段的个性化选择会发生变化。做出职业选择给接受衔接计划教育的有中度特殊学习和/或行为需要的学生展示的重大意义是：他们可以像成年人一样行使权利，并为社会作贡献。对于成年学习者而言，可能会出现相当长的失业或失败阶段。因而，有可能经过很长一段时间他们才做出职业抉择。

活动小贴士

有中度特殊学习和/或行为需要的学生应邀请校友回母校讨论工作情况，并设计一套与毕业后职业调适相关的问题。讨论应包括往届学生遇到的问题，他们是如何处理的，他们认为有特殊学习和/或行为需要的学生要想成功必须具备哪些条件，以及影响他们目前衔接/生涯功能的因素。之后，有特殊行为需要的学生应找机会观察校友们实际工作情况，鼓励校友把曾帮助过他们进行调适的良师益友(可信赖的人)请进学校。一些往届学生可能不希望他人知道自己的过去而不配合这些活动。

16.58 展示对职业兴趣的知识

到六、七年级，多数学生对感兴趣的职业领域有个基本看法。这些看法较大程度上与愿望相关(如，“作医院的助手或护工”)，而不考虑这份工作是否符合职业需求及个人能力。如果有中度特殊学习和/或行为需要的学生认清这些工作超出了个人能力及工作需求结构，以后他们可以探索相关的较适合的工作。重要的是每个学生根据对职业和自我认知开始关注具体职业领域。有时候，阅读免费的带插图的兴趣目录单也颇有价值。而多数情况下，兴趣起源于工作场合的社会经历和探索。尽管每人的职业兴趣各不相同，通过小组互动，有中度特殊学习和/或行为需要的学生会学会他人是如何做决定的。与这一子能力相关的其他目标是帮助学生识别哪些工作允许追求个性化兴趣且又满足职业需求。

所有学生应考虑的最后一项内容是明确向谁寻求帮助，咨询关于学生职业兴趣方面的知识。

16.59 展示对职业优势和劣势的认知

为有中度特殊学习和/或行为需要的学生提供广泛的职业评估体验有助于他们了解个人职业潜能和具体能力。在正式职业评估前，学生应该已流露出一些迹象：哪些工作能学好并能干好。下面几种潜能或能力应当予以确认：口头、数字、空间、形状认知、文书、运动协调性、手指灵巧度、手工灵活度、机械。美国就业服务中心开发的普通能力倾向系列测试(the General Aptitude Test Battery，GATB)是一种可用以识别部分有中度特殊学习和/或行为需要的学生的优势与不足的工具。而对于另外一部分学生而言，商业性的或开发出来的工作抽样系列测试比起标准化能力倾向系列测试更优越，如 GATB，可以提供更精确的能力测试指标。有人说，普通能力倾向系列测试(GATB)的限定分数对少数群体有歧视行为。许多职业评估体系刚刚上市，我们将在就业指导技能一节做较为详细的讨论。与这一子能力相连的另一个目标是：帮助有中度特殊学习和/或行为需要的学生确认开发职业兴趣所需能力的途径。

所有学生最后应考虑的是明确向谁寻求帮助，咨询如何发现个人职业优势和劣势方面的知识。

16.60 确认可能的和现有的与职业相符的兴趣与优势

随着补充财务课程的启动，一些人采取这样的态度：工作不是必须。这一观点为不工作提供了理论基础。学生应尽早知道，许多个人需求和价值可以通过工作来实现，工作是人生中对个人很有意义的一部分。同时，学生还应了解一些个人需求和价值可以通过休闲活动和其他方面的追求来满足。教师的一个主要目标是帮助有中度特殊学习和/或行为需要的学生识别并选择一套对个人有意义的工作价值，培养他们成为社会有用的工作人员的愿望。工作价值诸如成就感、自立、个人价值、积极的自我认知、成功、自助、被人接受、社会关系的满足、独立性、金钱的满足是学生通过工作可以满足需求的例证。社会阅历和教室访问活动可以为有这些需求的小学生提供与各类工作人员互动的机会，使学生亲身感受工作人员个人需求得以满足的快乐及他们为之奋斗、培养工作价值的方式方法。这样，这些学生还可以开始确定他们现有的个人价值，想象怎样通过工作来满足。争取众多机构支持也很重要，因为比起单纯补习课程，它们更能帮助家庭学生了解工作所提供的种种内在好处。

小组讨论可以使有中度特殊学习和/或行为需要的学生有机会学习别人是如何做决定的。家长可以讨论所从事工作的积极方面以及自己想变换工作的原因(如，更大的责任、工作多样性、体力活动)。家长有必要解释非工作时间自己是怎样满足缺失的价值和需求的。到过工作现场的有中度特殊学习和/或行为需要的学生和从业校友也可以讨论工作特点。成年学习者可以辨别过去从事不同工作时哪些个人价值得到体现，哪些还没有。与这种子能力相关的其他功能性目标是：帮助有特殊学习和/或行为需要的学生认识到工作的经济意义及在工作中建立自尊的重要性。

随着有特殊学习和/或行为需要的学生习得个人社会技能，诸如自我意识、自信心、社会责任行为、人际技能、独立和问题解决能力等，他们应该做好准备辨别不久将属于他们工作个性一部分的主要职业需求。其次，他们还应该确定这些因素是否在自己未来的职业生涯中非常重要，诸如薪水级别、独立、成就、赞誉、责任、权威、能力的运用、升迁、安全、社会服务、多样性及社会地位等。为了有这方面需求的学生能够做出与适当工作环境的决定和选择（如：户外与室内工作，静与动，城市与乡村等环境），应该就这一话题组织小组讨论，并邀请各行各业的人士作报告。讨论可起到生动的心灵探询作用。教师可以试着让学生确认自己感兴趣的工作的从业人员所倾向的职业需求。

所有学生最后应考虑的是明确向谁寻求帮助，学习如何使个性化兴趣和能力与感兴趣的生涯道路方面的各种工作一致。

16.61 计划并做出切合实际的职业培训及工作安排决策

学习前面的子能力有助于有中度特殊学习和/或行为需要的学生发现许多工作并不真正符合自己的职业需求、兴趣和能力。要想干工作，就必须再次做决定，从比较喜欢的工作中挑选。职业要求、所需教育和培训以及其他要素在这个阶段都很重要。有中度特殊学习和/或行为需要的学生应了解职业所提供的生涯阶梯以及自己可能胜任的其他工作。这些尝试性个性化职业选择应建立在对个人全面分析基础之上，主要通过系统地综合学生、家庭、雇主、学校职员和小组可信赖盟友各方面的意见。专业指导及咨询对这一子能力非常重要。另外一个应当尝试的功能目标是：个人能够识别工作地点并试做这份工作。

所有学生最后应考虑的是向谁寻求帮助，在做切合实际的职业选择时，懂得寻求援助。

16.62 为职业选择开展培训计划

对于有中度特殊学习和/或行为需要的学生来说，小学教育经验的最关键部分是给他们提供生涯意识机会。学生需要了解社会上各种各样的工作。明确了社会职业信息源后，他们应在一段时间内锁定某一信息渠道去获得信息，然后与家人和教师讨论，把信息用图示方式张贴在公告栏里，在课堂上发言。互联网、报纸广告、无线电广播、广告单和社会工作一览表都是信息源。这种练习使学生在了解工作及需求量时懂得利用所有职业信息的社会资源。在校期间学生应尽早学会这一子能力。例如，接受言语治疗的学生在学习各个语音时应将不同社会职业概念化。治疗专家和教师可以提供各种有趣游戏、角色扮演练习及其他活动来激励学生学习。仔细检查可得到的工作也能帮助学生了解工作范围、工作差别和工作要求。与这一子能力相连的其他功能目标是：让学生识别合适的职业信息源，确定恰当办法来取得并利用这些信息。

小学时，有中度特殊学习和/或行为需要的学生应该能够辨别主要工作/生涯道路种类的基本知识，尤其是那些与自己具体兴趣相关的工作。首先，工作可基本分为白领或蓝领，熟练工或非熟练工；还可按工作类别、培训或所需要的教育分。接受中等和成人教育计划的有特殊学习和/或行为需要的学生可以运用工作和职业簇信息。它们包含在《职业名称词典》、《职业展望手册》、《职业探讨指南》和其他对学习活动有益的指南中。教师应该邀请当地就业服务部门的代表讲解有特殊学习和/或行为需要的学生如何使用主要的工作类别和工作标准。学生应当与雇主一道组织参与一天的生涯计划。教师可以使用公告栏、报纸和其他媒体说明不同的职业体系。与这一子能力相关的功能目标是辨别与各种职业类别相关的教育、培训和报酬。

了解了就业信息源（子能力 17.2）、主要工作需求、兴趣和能力倾向，学生应该可以评论切实可行的工作的具体要求和特点。出版物如《职业名称词典》，应该对个人和小组活动有用。这部劳动部出版的词典，涵盖了 20 000 多种职业，体现了我国大多数工作。这些活动可以在八年级正式开始接触，并将成为独立寻找工作和做出决定的刺激因素。职业评估好比可以对工作特点进行深入个人分析的社会资源工作者，为实际决策与计划增加了一个重要尺度。学生需要广泛的商业游戏、资料和建议。另一个要尝试的目标是帮助有特殊学习和/或行为需要的学生识别他们最胜任的可选的相关职业。

所有学生最后应考虑的是向谁求助，在做个性化职业选择培训计划时要寻求支持。

17.0 申请和保持职业培训和工作安排

离开正规教育体系之后，许多有中度特殊学习和/或行为需要的学生难以寻求、得到并保持竞争性强的工作。显然，为传授这些技能所做的种种努力没能使许多学生长期保持这些知识和技能，这是他们在社会上不能取得成功的主要因素。而对于那些全程接受了以生活为中心的生涯教育中度课程更深入的教育和衔接培训的人来说尤为不幸。教育工作者应该至少在八年级开始传授这种技能，并且应该在之后的每学期都进行。尽管专业人士欲编写自己的相关资料，仍然可以利用许多现成的商业资料来传授这种技能，但是传授这种技能的现成的商业材料也不少。

17.63 申请职业培训和工作安排

几乎所有成年人都经历过工作申请这一过程。该过程涉及许多步骤，因此，很多人感到很难做得尽善尽美。合理地逐步地培养寻找工作的方法和能力是一项关键子能力，不妨从如何探索未来可能的工作信息源入手，培养学生这方面的能力。教师可以利用图示报栏描述各种步骤，供有中度特殊学习和/或行为需要的学生寻找工作和探讨各种信息源，从而帮助学生掌握这种子能力。走访社区帮助就业机构、角色扮演、游戏和嘉宾演讲，都能帮助学生获得这方面的新视野。职业描述、就业公告广告以及关于求职技能的商业资料都找得到。与这一子能力相关的其他目标包括：确认求职、研究某具体工作和将工作报道坚持到底所包含的步骤。

职业/衔接计划的一个重要目的是让有中度特殊学习和/或行为需要的学生为申请工作做好准备。熟练掌握这项子能力是显示有中度特殊学习和/或行为需要的学生履行职业作用能力和独立的一个标志。鉴于此，有中度特殊学习和/或行为需要的学生必须熟悉工作申请表格和申请过程。至少从八年级开始，有中度特殊学习和/或行为需要的学生应学会读懂申请表和面试中常用词汇。有中度特殊学习和/或行为需要的学生应留出大量的时间仔细浏览、填写申请表，学习工作词汇，搞角色扮演，以及收集工作申请所需的个人资料。个别有特殊学习和/或行为需要的学生也许会发现，有一种推销式文件夹可以为展示适合工作的个性化条件提供额外信息资料。要求有特殊学习和/或行为需要的学生达到的另一个目标是，确认在申请工作时他们认为哪些因素对自己重要。

最后，所有学生应考虑的是向谁寻求帮助，懂得在准备应聘感兴趣的合适工作时寻求帮助。

17.64　职业培训和工作安排面试

第十二章强调了培养得体的交流技能对于成年人顺利生活工作的重要性。有中度特殊学习和/或行为需要的学生在校期间必须有充足的机会培养得体有力的交流技能，以便运用于社会生活和工作。面试技能与其他子能力密不可分，应受到教育工作者的特别关注。雇主、工人和其他社会人员可以帮助学生做好面试准备。有这方面需求的学生需明白学会确保面试的每个步骤，在电话里或当面要求面试时该怎么做、怎么说，如何展示自己的求职文件夹，真正面试时如何展现自己。为此，我们大力推荐角色扮演、小组讨论、录像、演讲、示范、游戏、商业资料、录像带等技能。为有特殊学习和/或行为需要的学生制订的其他目标是：在一个真实的商业机构完成一次工作模拟面试，练习面试时的着装，弄清乘坐什么交通工具到达面试地点。观看录像也是一个好方法，可以使有中度特殊学习和/或行为需要的学生回顾并评论自己的工作表现。

所有学生最后应考虑的是向谁寻求帮助，懂得在准备个性化职业选择面试时寻求帮助。

17.65　对就业状况的变化做出调适

大多数人一生中更换约四五次工作。一些人因为各种各样工作或非工作原因失去工作，主要原因之一是不能够在各种工作环境中表现得体的个人社会技能。而另一些人得到提升或找到更好的工作。有中度特殊学习和/或行为需要的学生必须了解工作调整成功与否的决定性因素，以及如何处理这些问题。本单元的另一个重要目标就是知道怎样辨识和申请提升机会。

所有学生最后应考虑的是向谁寻求帮助，在因下岗需要更换工作或谋求不同的个性化职业选择时懂得寻求帮助。

18.0 培养并维持适当的工作技能和行为

能力18——培养并维持适当的工作技能和行为，超越从小学到成年整个教育链，每位对个体生涯发展有责任心的人都可以教授这项技能。工作习惯比学习习惯更为重要，虽然二者有许多相似之处。学校和家庭应重点培养孩子良好的工作习惯和行为举止，因为这是所有有中度特殊学习和/或行为需要的学生开始负责任的工作所必需的。有时，教师可以在学校模拟工作环境，展示雇主对称职工人的种种期望。在帮助培养有特殊学习和/或行为需要的学生这一能力的子能力时，社会经历、课堂演讲者和家庭成员可以发挥重要作用。

18.66 按工作指令和工作要求做事

雇员准确听从指令并按工作要求做事是雇主的主要期望。这些指令或要求的发出可以是口头、图示或书面形式，从非常简单的单一指令到复杂指令不等，雇员须牢记并完成。游戏和角色扮演技能在帮助有中度特殊学习和/或行为需要的学生培养这些技能方面特别有效。练习宜从早开始，并且在所有学习阶段持续下去，才能使有中度特殊学习和/或行为需要的学生，尤其是这一领域能力欠佳的学生能够学会并维持这些技能。有中度特殊学习和/或行为需要的学生学会这些基础步骤之后，应该能够逐渐学会怎样遵循更复杂的指令。另一个目标要求有中度特殊学习和/或行为需要的学生按照从简单到复杂的书面指令在家中完成一系列任务。

最后所有学生应考虑的是向谁请求帮助，在不理解工作指令和要求的时候，知道该向谁寻求支持。

18.67 保持良好的出勤和守时

教师可以利用课堂强调工作上出勤和准时的重要性。教室的闹钟可用来强化这一概念。有中度特殊学习和/或行为需要的学生应该了解准时出席为什么对雇主这么重要（例如：雇主担心生产时间减少、企业收入下降以及到期完不成任务）。有特殊学习和/或行为需要的学生应该知道哪些迟到和缺席行为是可以接受的，哪些是无法接受的，以及由此将带来怎样的后果。邀请不同行业的雇主员工讲述自身经历及公司政策，也有助于强化出勤和准时的重要性。要求学生应达到的另一目标是：假如迟到或缺席，他们应采取哪些恰当措施。

所有学生最后应考虑的是搞明白向谁寻求帮助，不得已迟到或缺席时，懂得该怎么做。

18.68 对有人监督做出合理的反应

虽然接受监督与前面的子能力有关，不过，职场上的监督方法因地而异。监督方式从偶尔的、间接的到经常的、直接的不等。监督还可以是建设性的、批评性的或歧视性的。对有中度特殊学习和/或行为需要的学生来说，了解不同形式的监督以及在不同情况下对监督如何做出反应很重要。角色扮演是向学生展示不同监督情况、不同监督类型行之有效的方法。通过角色扮演，学生可以学习恰当的反应办法。可以对角色扮演情景进行录像。表演完或者回放录像带后，组织小组讨论，重点放在不同反应上，以帮助有此需求的学生探索处理这种情形的其他办法。教师还可以借助各种方式监督学生，从而获得不同反应和方法。对有特殊学习和/或行为需要的学生来说，可以尝试的其他目标是：观察并讨论几家职场的监督管理手段，认清适用于各监督类型的相应反应。

最后，所有学生需考虑的是向谁寻求帮助，在理解雇主的监督做法时寻求帮助。

18.69 展示工作安全知识

许多雇主害怕雇佣有中度特殊学习和/或行为需要的人，担心这些人发生更多意外事故。因此，教师应强调职业安全技能，以便最大限度减少潜在的事故数量及由此导致其被解雇。音像制品、社会实践、角色扮演和课堂讨论在帮助有特殊学习和/或行为需要的学生了解潜在的安全危险以及采取什么措施防范不必要的事故方面十分重要。就业前，有特殊学习和/或行为需要的学生应该做好充分准备处理工作场所一切可以想象得到的事故。学校各年级都应传授这一子能力，这样，学生离校时对安全措施会牢记在心。与这一子能力相联系的其他目标是：要求有特殊学习和/或行为需要的学生了解工作中安全操作的主要原因，以及不同职业类型存在的安全隐患。

所有学生最后应考虑的是向谁寻求帮助，对工作场所的安全操作过程不明了时懂得寻求支持。

18.70 与他人合作

不能与同事和监督人员相处是人们工作失败最常见的原因之一。有特殊学习和/或行为需要的学生需要学习工作期望值，而学校就成了培养学生互动合作技能的肥沃土壤。教师应鼓励学生锻炼与他人相处与合作，创造促进这些工作技能发展的环境。社会实践、角色扮演、小组讨论不仅可以生动说明合作的重要性及个人在群体力量中的重要性，还可以帮助学生识别与人合作的积极方面及消极方面。另一个目标可以是：在学生能够完成某一具体任务之前，通过开发一些项目来模拟实际工作环境，让有特殊学习和/或行为需要的学生参与互动与合作。

所有学生最后应考虑的是向谁寻求帮助，在处理工作场所遇到的个人—社会问题时懂得向谁求助。

18.71 符合工作质量与数量标准

有中度特殊学习和/或行为需要的学生需要了解各种工作类别的质量标准，尤其是那些自己感兴趣的工作标准。他们应该达到自己的工作任务标准，明白什么时候、为什么达不到这样的标准，并且继续工作直到能达标或者教师认定学生达到这一特定阶段就可以了为止。有中度特殊学习和/或行为需要的小学生在从事工作任务时应该努力追求质量。可以任命这些学生做检验员，确认工作是否达到要求，也可以让他们参与有组织的讨论指出问题所在。让从事工作探讨与尝试的有中度特殊学习和/或行为需要的中学生制订工作预期标准，以备用来评价自己的表现。这一子能力的另一个目标就是，让学生以最低质量标准执行模拟工作任务。

需要让有中度特殊学习和/或行为需要的学生知道，人们是被老板雇来挣钱的。这要求学生知道如何讲究效率地正确工作。教师须要求有特殊学习和/或行为需要的学生在某时间段内完成一定量工作，使学生既学会了概念又形成了习惯。校内外各项工作任务都要制订时间标准。教师应该就有特殊学习和/或行为需要的学生的进步情况做记录，直到达到标准。有特殊学习和/或行为需要的学生应参与建立合理的时间标准，以便于理解时间和计件工资等级是怎样确定的，为何这样确定。雇主和雇员能有效传达这一子能力的重要性，尤其是当这些技能可以帮助有特殊学习和/或行为需要的学生挣更多的钱的时候。与这一子能力相关的其他目标是：帮助有特殊学习和/或行为需要的学生识别各种自己感兴趣的工作令人满意的工资等级，以及这些工作必须按一定速度完成的理由。

所有学生最后应考虑的是向谁寻求帮助，在确定自己工作节奏是否适当、工作质量是否理想时，懂得向何人求助。

活动小贴士

在产业工人的帮助下建立一条流水线操作工程。流水线工程要尽可能真实。请工人们讲解工作，尤其是与能力相关的部分。一开始工作便开始评估有中度特殊学习和/或行为需要的学生与他人共事、接受监督及掌握这一能力相关子能力的能力。一些有特殊学习和/或行为需要的学生可以做监督者，或者承担与这类工作相关的其他角色。在这天结束时，全班要讨论小组的表现及未来努力方向。并且，根据工作习惯和行为给每位学生划分等级。另外，提供个人反馈，增强学生对个人优势及有待于提高方面的了解。(与本活动相关的进一步讨论和观点在本章后面有阐述。)

19.0 使身体手工技能与职业培训及就业一致

大多数残障人所获取的职业要求身体的体力、耐力、协调性、力量和敏捷。许多残障学生可找到的工作要求细节动作(fine motor)和大动作(gross motor)的敏捷性(dexterity),站立、拉力、推力、抓举和搬运能力都相当好。适当的身体操作技能的培养应在学生入学后不久进行。教师可以通过设计课堂活动及调整了的体育活动来促进这些技能的运用与开发,帮助学生多次体验个人成功感、自豪感和满足感。为此,这一领域需要重点论述。

获得一份工作后,学生必须按照员工的标准去做事。如果忽略了对竞争性标准的调整适应技能,昔日学生或许会因误解对员工的期望值和不懂怎样恰当地提议升职加薪而失去工作。应该邀请雇主、雇员为学生讲述这方面知识,并指导学生现场参观各种工作场所,这样有特殊学习和/或行为需要的学生就能够观察不同岗位的不同要求,以及如何达到最佳要求。其他目标是学生能够识别感兴趣的工作、个人的期望标准以及个体如何达到改进。

19.72 在职业培训和工作安置时展示精细动作运动敏捷性

体育教师应该在评估、设计提高每个有中度特殊学习和/或行为需要的学生身体能力的具体个体活动中承担主要责任。教师可以向注册职业治疗师咨询,因为注册职业治疗师能够设计出具体任务来测量开发需矫正残障学生的平衡及协调技能。有中度特殊学习和/或行为需要的学生应当保存自己在各个活动中表现情况的记录。这样的记录见证学生功能水平的进步情况,有助于帮助瞄准新目标。竞争性游戏和图表能引发有中度特殊学习和/或行为需要的学生关注这些技能的重要性。其他应达到的目标是:让有中度特殊学习和/或行为需要的学生辨别工作领域的平衡和协调力与工作表现及工作要求之间的关系。

所有学生最后应考虑的是向谁寻求帮助,要改善自己在工作场所的精细运动敏捷性时,懂得向谁求助。

19.73 在职业培训和工作安置时展示大肌肉运动敏捷性

许多身体敏捷性测试对指导开发有中度特殊学习和/或行为需要的学生的身体敏捷性有帮助。普渡木钉板测验[1](the Purdue Pegboard)(普渡研究基金,1968)、明尼苏达手部操作测验(Minnesota Rate of Manipulation Test)(明尼苏达就业稳定研究院,1969)、广泛就业抽样测试(Wide Range Employment Sample Test)(Jastak & Jastak,1973),以及宾夕法尼亚双重动作工作样本*测试*(Pennsylvania Bi-Manual Worksample,Roberts 编制,1945)都是评估开发有特殊学习和/或行为需要的学生敏

〔1〕 普渡木钉板测验(the Purdue Pegboard):这个测验同时测量手和手的大小动作运动及手指敏捷性两个方面的能力,不使用工具。第一部分要求被试用右手、左手和两手把钉子插到孔中;第二部分要求把钉子、铜圈一起放在孔中,可以同时用两手。

捷性的标准化手段的典范。对有特殊学习和/或行为需要的学生的评估应尽早开始，并不断地以此为基础决定什么样的工作任务适应这些学生的运动能力。其他目标是：帮助学生识别职业兴趣，这些职业要求一定程度的手工灵敏性，以及为了职业生活和社会生活必须培养足够灵巧度的原因。

所有学生最后应考虑的是向谁寻求帮助，要在工作场所提高大肌肉活动敏捷性时应向谁求助。

19.74 在职业培训和工作安排时展示感觉识别力

许多工作要求具有识别声音、形状、尺寸和颜色的能力。才能评估方案(TAP；才能评估，1999)是将感觉识别力与职业潜能联系起来的一套工作抽样/任务系列测试。许多教师也利用日常物品设计出自己的测评办法。对这些技能的评估应尽早在学校课程里出现。其他目标是：有中度特殊学习和/或行为需要的学生能够辨明工作对感觉识别力的需求以及个人感兴趣的工作对感觉识别力的需求。

所有学生最后应考虑的是向谁寻求帮助，要提高工作场所的感觉识别力懂得求助。

19.75 展示体力和耐力

绝大多数工作要求一定量的体力脑力和耐力。在设计特别方案，开发有中度特殊学习和/或行为需要的学生这方面技能时，体育教师可以发挥重要作用。有特殊学习和/或行为需要的学生应该制作图表说明在朝着标准水平努力时个人的进展情况。该方案可以在家中进行，因为在家中可以设计与其他子能力相关的有目的有责任的工作。有几种商业性的方案可用于这一子能力，但如果校方能够开发出社会背景下的各种资源与活动来促进该技能的发展，这些商业方案就不必采纳。需要融入这一子能力的其他目标是：有特殊学习和/或行为需要的学生能够识别哪些工作中体力和耐力绝对重要，并且找到锻炼这些技能的各种方法以满足个体需求。

所有学生最后应考虑的是向谁寻求帮助，懂得在提高工作场所体力和耐力时寻求帮助。

20.0 培训和职业选择

许多专业人士坚信，有特殊学习和/或行为需要的学生离开正规教育体系时不需要拥有好使的入门职业技能。理由是职业培训最好晚些时候进行，目前学生有太多必要的其他知识要学，况且有特殊学习和/或行为需要的学生年龄还太小不适合特别职业培训。尽管这些争论似有道理，但残障学生和其他有学习或行为困难者毕业前有必要掌握一门技能，理由如下：

1. 大多数后中学培训学校没有足够的专家，无法有效地满足学员的需求。
2. 许多后中学课程枯燥、缺乏人性化、或者太冗长。这些课的要求往往又很严厉，没必要。

3. 如果有特殊学习和/或行为需要的学生离开中学前能够获得一门特别职业技能，他们自己、家长、指导教师、雇主和其他重要相关人员都会对他学会一门具体卖点的技能更有信心。

4. 特别是具体的职业技能培训会带来其他技能的发展和提高（如：自信心、社会责任行为、人际技能、独立、解决问题技能、交流技能、职业意识、工作习惯及行为和身体操作技能等）。

5. 一些有特殊学习和/或行为需要的学生比起其他人可能需要更广泛的技能培训。

6. 培训会强调有意义的课程，使得其他指导与其相关，并贴近现实。

7. 培训为残障学生提供与其他人竞争相似岗位的额外优势。

8. 职业技能的获得表明，有特殊学习和/或行为需要的学生完成中学课程后可以追求更高级潜能的开发。

9. 培训帮助尽早消除不切实际的职业选择，使得有特殊学习和/或行为需要的学生能够接受更符合个人需要和能力的培训。

尽管一些有特殊学习和/或行为需要的学生可能在中学后接受培训，他们应尽量在高中阶段获得一门具体职业技能。除了对工作个性成长至关重要的其他日常生活技能、个人—社会技能及功能技能外，学生应选择一个培养个人兴趣意识及职业兴趣意识的培训领域。这一选择应该是一个精心设计的生涯发展过程，这个过程是学生和其他重要人士（主要在家长和指导教师帮助下）达成的。

对日常生活领域的课程指导可显示学生对文书、维修与保养、个人护理、餐饮业、计算机、服务行业、休闲与娱乐或者交通领域的职业兴趣和能力。对个人社会课程领域指导应该显示对学生最适合的工作环境（像喧闹的、安静的、有压力的、互动的、有弹性的、受限制的、紧密监督下的、常规的、强化的和非人性化的）。职业课程领域还应反映有特殊学习和/或行为需要的学生的工作价值、需求、兴趣、选择、工作习惯与行为以及运动能力。这样，在变得能够自我决断过程中，工作个性出现并形成了，达到可以做出合理的培训选择程度。

活动小贴士

让全班同学列出职业需求清单，然后要求每位学生说明并讨论每一需求。学生明白所有可能需求后，教师应创建一个职业需求目录并分发给学生。每个学生要核实一下自己的需求是高还是低。在评定每个需求是高是低之前应再次解释说明每项需求。接着学生应辨认六个最重要的职业需求。之后开始检查个人的职业兴趣和能力时，学生会利用这一清单。（明尼苏达重要性问卷调查是开办这种活动可利用的好工具。有关信息可以从明尼苏达大学心理学系获得。）

活动小贴士

可以运用普渡木钉板测验(the Purdue Pegboard)并结合另一敏捷性测试来评估、激励学生开发手工灵敏技能。个人及小组图可以图示说明有特殊学习和/或行为需要的学生每一测试阶段的进展情况。测试者应以非威胁性的游戏方式指导测试,以鼓励方式向有特殊学习和/或行为需要的学生提出挑战。给予有特殊学习和/或行为需要的学生三次尝试机会来提高测试,并且在记录他们左右手、双手及综合分数后,允许学生保管测试单。测试应每月进行一次,并用于规划增强学生体力及手工技能的体育活动。(工作抽样和其他测试可以同样方式进行。)

本章评论

绝大多数已就业的有特殊学习和/或行为需要的毕业生只能在二级劳务市场找到工作。这些工作工资低,都是些服务性行业,没有或很少有提升机会。这就是我们对我们教育制度的最大期望值吗?这就是对我们有特殊学习和/或行为需要的学生的水平吗?如果让学生做足了准备应对真实世界的严格要求,我们可以预期大多数学生结果会更好。

如果想在今天的高科技职业社会中竞争,有特殊学习和/或行为需要的学生就必须在整个教育计划时期接受大量的生涯教育和衔接服务技能。多年来,我们已开发出职业培训模式、资料和技能以满足这种需求。不过,学校和教职员工必须采用。商界似乎做好准备比以前提供更多的支持,或许因为他们比以前更需要合格的雇员。《美国残障人法》和《学校到工作机会法》启动了以工作为基础的技术准备教育计划,并为残障人和其他行为困难之人打开了机会之窗,这是一个好的兆头。现在每个年级段的课程及教学计划都要求变化,以便有特殊学习和/或行为需要的学生能对不同生涯有更多的了解,并将所学技能与实际工作世界联系起来。

在职业指导和职业预备课程领域教授这些能力会增加有特殊学习和/或行为需要的学生选取能做想做工作的概率。典型的生涯成功人士都能够展现本章讲述的六项能力。如果就业指导能尽早开始,并且在整个教育阶段将这些能力都予以传授,最终结果将是有特殊学习和/或行为需要的学生取得就业成功。

活动

1. 复习图 13.3 中的就业指导和职业预备矩阵,然后确定,对你的有特殊行为需要的学生来说,教授哪些普通课程、职业课程和特殊课程每一项以生活为中心的生涯教育(LCCE)轻度课程的子能力最为合适。其次,确定你想让家长参与哪些 LCCE 轻度课程子能力/技能之中。最后,确定你会将以社区为基础的教学融入哪些 LCCE 轻度课程子能力之中,以及你会利用哪些社区资源帮助自己传授 LCCE 轻度课程子能力。

2. 复习图 13.5 中的就业指导和职业预备矩阵,然后确定,对你的有特殊行为需要的学生来说,教授哪些普通课程、职业课程和特殊课程中某一项以生活为中心的生涯教育(LCCE)中度课程的子能力最为合适。其次,确定你想让家长参与哪些 LCCE 中度课程子能力/技能之中。最后,确定你会将以社区为基础的教学融入哪些 LCCE 中度课程子能力之中,以及你会利用哪些社区资源帮助自己传授 LCCE 中度课程子能力。

3. 围绕以生活为中心的生涯教育轻度课程子能力建立一个指导目标,然后运用以生活为中心的生涯教育轻度课程模式为所教学生撰写课堂设计,内容涉及某一生涯阶段、指导背景和生涯角色。

4. 围绕以生活为中心的生涯教育中度课程子能力建立一个指导目标,然后运用以生活为中心的生涯教育中度课程模式为所教学生撰写课堂设计,内容涉及某一生涯阶段、指导背景和生涯角色。

第五部分

以生活为中心的生涯教育轻度/中度课程的实施

第十四章 以生活为中心的生涯教育轻度/中度课程的开发

先行思考题

1. 真正影响教育改革(如功能性技能/衔接方法)实施的主要因素有哪些?

2. 从管理人员、老师、家长、机构、雇主和有特殊学习和/或行为需求的学生那里,你期望能得到哪些对教育改革有意义的挑战?

3. 哪“十大障碍”堪列“当下障碍排行榜”(Hit Parade)(即,你认为哪些衔接障碍阻碍这项授权改革的实施)?

4. 在功能课程的衔接中,我们有什么办法处理目前具有不同特殊学习和/或行为需求的学生所遇到的挑战和障碍?

5. 课程开发和功能课程开发有什么区别? 我们更常采用哪一个?

6. 什么是衔接行动计划(Transition Action Plan,TAP)提案,它又是怎样影响衔接改革的实施的?

7. 为什么衔接/生涯教育教学对有特殊学习和/或行为需求的小学生来说很重要? 还有,在小学生这个层面,我们关注的中心应当是什么?

8. 中等教育的目标和那些面对有特殊学习和/或行为需求的中小学生教育的目标有什么不同?

9. 密苏里LINC确立的衔接计划和服务有14个重要方面,以生活为中心的生涯教育轻度/中度课程(Life Centered

Career Education Mild/Moderate Curriculum，即 LCCE Mild/Moderate Curriculum）对这 14 个方面涵盖得如何？

10. 现在实施的以生活为中心的生涯教育轻度/中度课程的教育环境如何？学生如何？教育水平如何？

本章概述

教育、康复和衔接的总目标是为了让有特殊学习和/或行为需求的个体做好准备以便将来在社会里生活和工作。如果残障个体想要达到这些目标，他们就必须培养其必要的日常生活技能、个人—社会技能和职业技能，并且把这些技能整合到自己的生活之中，从而过上一种既有意义而又令人满意的生活方式。这就包括了对个性化爱好、需求、能力、潜力和当今世界现实的了解。如果对这些方面了解得比较充分，有特殊学习和/或行为需求的人就可能在对待自己生涯中的四个角色（就业、家庭、公民和休闲/娱乐）方面做出适当的决定。衔接/生涯教育这一概念的实施应该融入到整个普通教育的所有课程之中。因此，如果要想让衔接/生涯教育对于有特殊学习和/或行为需求的人成为现实的话，专业人员就有必要做出相应的变化来贯彻实施一项有意义、有目标的衔接/生涯教育发展计划。

直到最近，大多数学校为有特殊学习和/或行为需求的学生开设了一些注重内容（content-oriented）的课程，这样，有特殊学习和/或行为需求的学生会从中学到系统的具体知识。这个方法也许不能直接满足个体的需求，因此，教育者应该采用一种注重过程（process-oriented）的教育哲学。注重过程的教育强调获得社会生活和工作中所必需的具体技能，因此，这种教育要求专业人员能够比较明确而且可以量化地确定自己所期望的结果。当然，这种教育并不是否定普通教育的重要性或必要性。相反，这项计划必须同时包括普通教育和生涯教育，以便最大限度地发展学生的生涯。

要想让普通教育课程中发生重大的积极的功能变化，就必须仔细对课程进行计划。要使人们相信能够从实质上改变那些有特殊学习和/或行为需求的学生接受的教学、咨询或服务是不容易的。要让他们相信有必要进行改变，身体力行地改变。他们为衔接到一个更合适的过程所付出的努力应该得到肯定和嘉奖。使教育、康复和衔接过程正常化是一个重要的理念，这一理念需要得到行政支持。

如果所有有特殊学习和/或行为需求的学生所受的教育是朝着相似的目标，那么，这个衔接/生涯发展计划就极可能取得成功。然而情况并非总是如此，因为那些有特殊学习和/或行为需求的学生的课程注重的地方不同于他们的同龄人的课程。这个时候，学校注意的就是对整体的学生的衔接/生涯发展教育而鲜于关心那些有特殊学习和/或行为需求的学生了。我们强烈推荐一个囊括学校系统所有学生的衔接/生涯发展计划。

"衔接的准备必须建立在生涯教育的基础之上。"(Began,1990,p. 1)这位堪萨斯州学校教育工作者的陈述反映了全国许多学校人士和其他人士的一些观点,他们关心那些有特殊学习和/或行为需求的人或残障人的未来生活。

本章开头关注了功能课程的改革过程和影响成功改革的许多挑战。接下来的部分便是对构成中小学以及后中等教育衔接/生涯教育方法的几个重要课程的分析和讨论。最后一节包括了对几个学区以及其他实施 LCCE 轻度/中度课程的学区的描述。本章的部分章节的衔接课程的描述由实施 LCCE 轻度/中度课程教学方法的学校人员撰写。

本章瞭望

作者简介:马布里·威特顿(Mabrey Whetstone),亚拉巴马州教育部特殊教育服务部主任。

所有有特殊学习和/或行为需求的学生,应该享受功能课程提供的高质量教育/衔接计划,享受为他们准备的学习经验,这些学习经验是为他们今后的教育、社区活动、独立的生活,有意义的就业和成为一个活跃的公民而设计的。关于普通教育和特殊教育所需要的衔接的争论还在继续,国家议程、联邦立法、州立学校的改革和全州性测试计划正强有力地指导着课程和教育关注的中心。为了以一个统一的标准提供给有特殊学习和/或行为需求的学生,人们必须在学业的完美性以及功能生活技能教学和整体教育机会的需要之间找到一种平衡。对于各个年龄层的残障学生来说,想获得知识技能就必须有意识地通过广泛的 LCCE 轻度/中度课程理念、材料和经验融入整个教育计划之中。在一个多样化的自然环境中,生涯教育应当渗透到整个课程领域并要求在各个层次实施能力和子能力教学。如果得到学业技能的支持,对这些技能(日常生活技能、个人社会技能和职业性技能)的强调和直接教学,将会极大地促进有特殊学习和/或行为需求的学生的成长和发展,使他们参加到我们快速变化和需求不断增长的社会中去。

现在,对于能够为残障学生今后的成人生活打下基础的高质量的个性化计划,我们有着很高的期待。特定情况的学习、局限于课堂的教学或是完全隔离的教学都已经不再为人们所接受。人们必须再度努力,在学校或非学校背景(家庭、社会、就业和娱乐)的综合教育环境下制订一个能满足个别学生的功能课程需求的方案,最终使他们从学校到成人生活的衔接更加容易。

建立在对成人生活所需要的 22 种能力的研究基础上,LCCE 模式为组织一个有效的功能课程提供了一个优秀的框架。在三种课程的内容里，这个模式致力于为所有学生提供他们在丰富的生活中所需要的主要的关键技能。同时，为了一个合适的衔接行动计划，这个模式也把融合教育的理念延伸到了普通课程里、合作和伙伴关系里和亲自实践的学习里，同时还延伸到了不同的综合环境内的课程里、非正式和正式的生涯/职业评估里以及个性化教育计划（individualized Education plan）/（IEP）目标和适当衔接计划目的的构建里。本章里描述的过程为那些开发和改进综合性、持久性的生涯教育方法的人提供了很多理念。

课程改革的过程

衔接/生涯教育要求整个学区家长以及社区的各部门的积极参与。有趣的是，目前对教育改革的呼声（包括衔接服务），就要求这三个教育力量通力合作。虽然对年轻人的教育是每个人的责任，但这种合作在我们这个国家竟然没有实现。也许，这个信息最终获得了大多数美国人的欢迎。

改革是来之不易的。正如俗话说的，"若非迫不得已，人们不会赞成改革"。在他们为期两年的联邦项目中，技术教育研究中心（the Technical Education Research Centers，1980）的促进残障学生的生涯教育合作规划（Promoting Collaborative Planning of Career Education for Disabled Students）确认了若干障碍，这些障碍阻碍着学校员工和社区人员之间的合作成功：时间限制、繁文缛节、交流障碍、山头主义（turfdom）和自我障碍。人们不情愿分享权利，组织目标不一致，而且存在着协调问题，这样就无法实施典型的垂直型权利管理技能。

霍伊特（Hoyt，1983）指出：在学校和社区变成一个现实的、可靠的联盟并取得成功之前，教育者、家长和其他社区成员必须在有特殊学习和/或行为需求的学生的教育目的方面达成一致意见。如果那些有特殊学习和/或行为需求的学生将要接受一个有组织且易接受的学习系统，他们就必须厘清学校的基本任务、基本目的和基本目标。学校服务谁的问题也必须得到解决。如果教育者们不对这些或其他很多问题给予充分的关注，想要改变普通教育课程是不可能的。两个主要问题正在促使社区负起责任，同时也让学校放开了自己。要让社区的成员参与进来，就必须让他们相信他们会得到回报。对参与的提议必须在概念上有意义，而且教育者必须要自信，要相信他们的提议会起作用。否则的话，他们很可能再也无法使整个社区参与进来了。

实施任何有意义的功能课程或是衔接行为，都取决于下列若干重要因素：

- 行政支持力度加大
- 教师的参与

● 学校和机构活动的协调

● 学校/家庭的参与

● 社区提供的机会

罗赛勒(Roessler,1991a)提到,必须要让行政管理人员,特别是学监,相信衔接行动计划的确是行之有效的。因此,那些有促进衔接计划实施的人必须强调一些积极的结果,如强调该计划可以为大量的有特殊学习和/或行为需求的学生服务,强调目前有特殊学习和/或行为需求的学生没有具备必要的生活技能,以及强调目前有很多相关指导资料。就教师而言,功能技能的实行取决于以下几方面因素:

● 学区(学监)承诺有效的推行;

● 不同层次支持的建设(包括校长、咨询师和课程监督人员);

● 衔接过程中员工的发展机会;

● 对衔接计划采用的激励机制(采用这个计划会对我的有特殊学习和/或行为需求的学生产生什么样的影响?);

● 有特殊学习和/或行为需求的取得成效的学生的评价和指导资料的可及性。

另外,功能课程要能够将其教育单元和个性化教育计划(Individualized Education Plan)(IEP)的目的,核心课程的目标,以及毕业要求联系起来。

寻求学校和机构服务更加协调的办法包括获得州级有关机构和教育领导的授权,从而建立地方的计划。

生涯夜晚、社会活动、学校和家庭中的讨论小组以及家访都可以用来提高家庭/家长的参与程度。可以通过对现有员工资源的重组和进一步强调社会生存的目标来解决不断增加的社会机遇问题(Roessler,1991a)。

有一个州,密苏里州,1985 年的《教育优异法》(Excellence Education Act of 1895)促使州确定二到十年级中的具体科目领域学习者的学习结果。密苏里州的学区里,人们用这种最终的核心能力和关键技能指导课程的开发。在其出版的《在初级学校中实施生涯教育》(*Implementing Career Education at the Elementary School Level*)(Stephens,1990)这部书中,密苏里州的 LINC 和州教育机构提到,很多 LCCE 轻度/中度课程(LCCE Mild/Moderate Curriculum)能力都与《密苏里州全面指导计划》(*Missouri Comprehensive Guidance Program*)的目标和《密苏里州中小学稿件技能》(*Key Skills for Missouri Schools*)直接相关。这两部书的出版提供具体的例证,说明如何能够将 LCCE 轻度/中度课程的能力和子能力融入不同学科的内容之中以实现其指导方针。这本书现在仍可以从教育资源实验室(Instructional Materials Laboratory)获得,其地址为:65211 密苏里州密苏里—哥伦比亚大学伦敦教学大楼 10 号教育资源实验室(Instructional Materials Laboratory, 10 London Hall, University of Missouri-Columbia, Mo, 65211)。

之所以说功能课程对那些勇于尝试人来说是一种挑战,这是有很多原因的。改革者应该考虑到很多存在于教育系统的体制、教育者、家长、机构员工、雇主和学生本身的挑战。图 14.1 中的表列出了每一方面带来的一系列挑战。

教育体制方面
- 不愿改变
- 官僚本性
- 政策刻板
- 标准课程
- 教职员工发展时间有限
- 优先事项多和压力多
- 日程安排
- 毕业要求
- 交通费用
- 老师休息时间缺乏
- 给教职员工和其他资源准备的资金问题
- 做所有必需的事的时间
- 雇佣政策
- 学校的教育目标
- 课程重点(内容)和效果
- 范围和次序

教育工作人员方面
- 教师的职业方向
- 不愿改变
- 缺乏合适的培训和信息
- 态度问题
- 尽量满足不同学生的需求问题
- 工作过度
- 额外努力回报极少和认可极少
- 缺乏信任
- 缺乏支持
- 担心看起来能力不足
- 山头主义(turfsmanship)
- 以往的失败经历

家长方面
- 参与时间有限
- 无法开展活动
- 家庭破裂
- 对专业人员的不信任
- 感到教育是学校的责任
- 其他责任和问题太多
- 缺乏培训
- 不感兴趣
- 对未来不抱希望
- 护短
- 对自己孩子的能力想法不切实际
- 希望自己孩子像其他所有人一样接受教育

机构方面
- 职业竞争
- 山头主义(turfsmanship)
- 理论差异
- 行政障碍
- 客户太多
- 缺乏知识和培训
- 角色和责任不明确
- 以往的失败经历
- 不愿意改变
- 不愿意分享
- 担心学校/家长期望一些不可能的事
- 资金有限
- 期望学校多做一些工作

雇主方面
- 错误观念
- 观点差异
- 学习自己的语言
- 理解工作世界
- 自己的贡献不明确

学生方面
- 害怕失败和遭拒绝
- 受到溺爱
- 来自父母和其他人的压力
- 缺乏正常的经验
- 学习特性
- 期望脱离现实
- 决策问题
- 工作经验有限
- 缺乏远大理想
- 注重学业技能而非功能技能

图 14.1　课程改革面临的挑战

注：选自布罗林所著的《以生活为中心的生涯教育：职业发展活动手册》，364—366 页，1993 年，弗吉尼亚阿灵顿：特殊儿童理事会出版，1993 年版权归特殊儿童理事会，转载已经获得授权。

罗赛勒及其同事(Roessler, 1991a; Roessler, Brolin, & Johnson, 1992; Roessler, Loyd, & Brolin, 1990)曾经对影响LCCE轻度/中度课程实施的障碍做过研究,研究由若干学区的老师配合实施,这些老师都参与了LCCE轻度/中度课程的实施,这些老师把LCCE轻度/中度课程的实施当作LCCE轻度/中度课程设计人员设计的评估和教学材料中的开发和实地测试中不可或缺的一部分。这项研究的作用使得我们明确了实施LCCE轻度/中度课程过程中的十个主要衔接障碍,罗赛勒贴切地称之上了"Your Hit Parade"(你的当下障碍排行榜)。图14.2中便列出了这些衔接障碍。

1. 有些家长将自己孩子的教育看作是学校的责任;
2. 部分老师不愿更换现行材料;
3. 学校缺乏专门化人员(职业开发者,职业教练);
4. 社区工地有限;
5. 学校和机构人员没有意识到自己的贡献;
6. 学校/机构合作缺乏资金、人员和时间;
7. 过分强调基础教育,牺牲了生涯教育;
8. 没有时间发展和协调LCCE家长参与工作;
9. 行政管理人员缺乏LCCE相关知识;
10. 教师和家长没有意识到机构服务。

图14.2 你的当下障碍排行榜:LCCE实施十大障碍

注:选自罗赛勒(1991)撰写的《LCCE/就业能力提高工程》中的"Your Hit Parade",哥伦比亚:密苏里-哥伦比亚大学出版公司出版。1991年版权归D. E. Brolin所有,转载已经获得授权。

如果功能课程的改革者想要取得成功,他们就必须时刻准备克服改革中的阻力和障碍。为了系统地解决衔接/生涯教育实施过程中所遇到的种种障碍,LCCE轻度/中度课程研究人员在研究的早期阶段便为情景障碍面试开发了一个既具有战略性又可操作的计划模式。后来,他们又开发了一种叫做"障碍实施问卷表"(Barriers Implementation Questionnaire -BIQ)的工具,通过这种工具,员工们就可以明确最主要的障碍并获得针对每一个主要障碍提出的解决方法。在统一思想的过程中,针对每一个障碍的具体解决方案最终确定下来。例如,针对妨碍家长/家庭参与到教学之中的障碍以及阻碍在家庭和社区里LCCE轻度/中度课程强化的障碍,人们当时提出了下列一些解决方法:

- 增加家长/家庭成员和学校接触的机会,例如,开展生涯夜晚、社会活动、家访和家长信息栏;
- 开发一个经董事会批准的家长同意书,让家长明确知道,在有特殊学习和/或行为需求的计划中要求家长参加的活动类型和数量;
- 让家长小组定期碰头,并一道讨论有特殊学习和/或行为需求的学生的成长;
- 制订衔接/康复培训计划,教会家长/家庭成员知道怎样配合学校并为LCCE轻度/中度课程贡献自己一分力量(Roessler, 1991a)。

行之有效的教育计划就是不会出现,必须要有合理的哲学基础和行之有效的计划过程。

(Gysbers,转引自Kokaska & Brolin,1985,p. 253)

关于如何在学龄前到中等教育后的课程中建构衔接/生涯教育，并没有什么简单易行的方子。但是，有一点很重要，即，教育者全力行动，并通过研发一个衔接行动计划(Transition Action Plan，简称 TAP)为发端。图 14.3 用了这样一个例子加以说明，这个例子展示了密歇根州大激流市(Grand Rapids)公立学校 LCCE 轻度课程委员会(LCCE Mild Curriculum Committee)开发的行动计划草案。图中的学校为一所想要实施 LCCE 轻度/中度课程的公立学校。读者应当切记：每一所学校的情况都与其他学校不同，而且，适用于一个社区的方法不一定也适用于另外一个社区。

下一节中，我们将对关系到中小学以及后中学教育课程中的更多具体的功能课程进行考量并在四种功能课程领域(功能学业、日常生活、个人—社会和职业技能)内进行探讨。

有关课程的考量(Curriculum Considerations)

关于功能课程改革和发展已经谈了很多了。然而，正如德弗(Dever，1989)指出：过去 20 年来，大多数功能课程研发的努力一直是针对个人的发展而开发而没有关注功能课程自身的发展。这两种课程的不同点就在于，前一种课程关注特定的一段时期内教给某个有特殊学习和/或行为需求的学生的内容，而功能课程则是告诉每个人，如果他们想要实现某一个衔接目标，他们得学习些什么。德弗认为，在这个问题上普通存在着的混乱，而且，大多数课程开发指南都被贴上了课程的标签，这可能正好说明近年来功能课程开发的缺乏(1989，p. 395)。德弗认为，达到标准的课程为数不多，而 LCCE 轻度课程就是达到标准的课程之一。其他人(Sabornie & de Bettencourt，1997；Cummings & Maddux，198)则将 LCCE 轻度课程看作有特殊学习和/或行为需求的学生的衔接/生涯教育教学中最易理解且最行之有效的课程。

明尼苏达州大学的罗杰·约翰逊和大卫·约翰逊(Roger and David Johnson)一直倡导合作学习并对合作学习方法的应用进行了深入研究(R. T. Johnson & Johnson，1982；R. T. Johnson & Johnson，1983；R. T. Johnson，Johnson，& Rynders，1981；Nevin，Johnson，& Johnson，1982)。多年来，他们调查了一些程序，发现普通课程的老师能够利用这种方法确保对课程进行一次最佳的整合。普通教育者应该坚持以下三个前提：

1. 要求普通教育老师成为特殊教育专家不仅没有必要，而且不切实际，因为学校已经拥有特殊教育的专业知识。

2. 在普通教育课程里，任何用于促进残障学生的整体教育的指导方法应该有助于所有学生的教育，而不是仅有利于那些有特殊学习和/或行为需求的学生。

3. 融合教育的首要优先事项是，在有特殊学习和/或行为需求的学生和正常学生之间建立积极的关系。

约翰逊(Johnson)认为，当有特殊学习和/或行为需求的学生受到喜爱，为大家所接受，并且被选作朋友时，这种融合教育(inclusion/integration)便对所有学生的生活产生了积极的影响。他们声称，仅仅是把学生放在一个教室里并为之提供给个人学习经验的融合教育是无效的。融合教育必须让有特殊学习和/或行为需求的学生参与到教育活动之中去，即使学生没有学到教育活动中传授的所有知识。他们的研究显示，与那些充满竞争和个人主义的教育系统相比，如果将有特殊学习和/或行为需求的学生放在合作学习环境里的话，他们自尊心会更强，更愿意互助，而且更会觉得自己为老师和其他学生所接受，因而他们在课堂上成绩更大，举止也更为得体。衔接/生涯教育方法本身恰好与合作学习模式相适应。

通过举行衔接教育在职研讨会并为学校开发一个衔接行动计划(TAP)，除了家庭代表和社区代表之外，学校里所有可能参与进来的员工也可能建立起合作伙伴关系。图 14.3 呈现的便是一个学区提供的衔接行动计划实例。

特殊教育课程及服务

大激流市公立学校	教室服务
West Middle School	心理服务
615 Turner N. W.	社会工作服务
Grand Rapids，MI 49504	教师咨询服务
(616)771—3300	言语语言服务

LCCE 行动计划提案

姓名：LCCE 课程委员会　　学校：中心(central)

A. 之所以采用 LCCE 轻度/中度课程，因为：

1. 我们认为，有特殊学习和/或行为需求的学生教育课程的主要衔接目标建立在以下三个 LCCE 轻度/中度课程计划领域之上：
   a. 个人/社会技能
   b. 独立生存技能
   c. 职业技能
2. 我们认为，我们学校/学区需要为有特殊学习和/或行为需求的学生调整学习中心内容，这是因为：
   a. 有特殊学习和/或行为需求的学生没有走向社会中生活的准备
   b. 有特殊学习和/或行为需求的学生在不断地辍学
   c. 现行课程没有满足有特殊学习和/或行为需求的学生的需求
   d. 应当教会有特殊学习和/或行为需求的学生如何应对不断变化的社会
3. 我们建议采用 LCCE 轻度/中度课程：
   a. 以为走向成人工作和生活(衔接)提供“路线图”
   b. 以建立自我概念
   c. 以让学生不辍学并保持学习动力
4. LCCE 轻度/中度课程方法(解释 LCCE)：
   a. 明确有特殊学习和/或行为需求的学生的“真实生活”需求
   b. 为学生提供一个过渡到成人社会中等后教育和/或就业和社会生活的途径
   c. 容许将这些能力融入现行课程
   d. 在所有学校之间搭起一架沟通的桥梁
   e. 让有特殊学习和/或行为需求的学生意识到自己的社区资源及服务
   f. 有特殊学习和/或行为需求的学生能够看到方法的目的(范围及顺序)

续 图

B. 实施 LCCE 轻度/中度课程必须进行课程修订/修改

1. 课程修改的变化：
   a. 以让毕业标准与 LCCE 轻度/中度课程衔接起来
   b. 对所有八年级、九年级和十年级中有特殊学习和/或行为需求的学生进行知识系列测试的功能测试，并对有重度特殊学习和/或行为需求的学生图片知识测试(PKB)
   c. 开发 LCCE 轻度/中度课程地图，明确 LCCE 轻度/中度课程能力和子能力内容融合归属领域
   d. 开发 IEP/ITP 目标 LCCE 轻度/中度课程能力和目标清单
2. 管理层的变化：
   a. 建设中的校长了解 LCCE 轻度/中度课程衔接计划的进展情况
   b. 咨询师了解对于有特殊学习和/或行为需求的学生的后中等教育和/或就业需要来说的功能课程以及其意义
3. 员工的变化(例如，如果不让特殊教育教师教授功能技能或不让他们协助普通教育教师将 LCCE 轻度/中度课程融入自己的教学内容之中，而让他们担任导师的角色，那么，该如何利用 LCCE?)
   a. 委派大激流市公立学校特殊教育教师为 LCCE 专家以赢得普通教育老师的支持，此举的目的旨在帮助普通教师将 LCCE 轻度/中度课程能力和子能力融入自己的课堂内容之中以便丰富学区的功能课程。
4. 家长的参与：
   a. 衔接计划
   b. 定位(家长)
5. 社区的参与：
   a. 建立地方企事业之间的伙伴关系(达成协定)
   b. 社区机构间达成跨机构协定
   c. 区域内大学建立伙伴计划
   d. LCCE 轻度/中度课程实施障碍/解决办法
   e. 教育董事会/学监/展示部门采用 LCCE 轻度/中度课程，并勾勒出使用 LCCE 轻度/中度课程计划时提供适当的衔接方案的必要性和益处。
   f. 特殊教育的认可
   g. 教师的在职服务/在职服务的提供
   h. 普通教育教师的认可/在职服务的提供
   i. 特殊教育学生的认可/与正常学生一道实施"同伴伙伴方案"(Peer Buddies Program)

C. 实施 LCCE 的步骤以及时间表

步骤/时间表

1. 向教育董事会以及学监汇报 LCCE 轻度/中度课程	2001 年 4 月 1 日
2. 对行政管理人员和教职员工进行 LCCE 轻度/中度课程衔接培训	2001 年 5 月 1 日
3. 将 LCCE 轻度/中度课程能力与州以及地方课程标准衔接	2001 年 8 月 1 日
4. 完成 LCCE 课程地图以及衔接课程材料评论	2001 年 9 月 1 日
5. 对家长进行 LCCE 轻度/中度课程衔接培训	2001 年 9 月 15 日
6. 根据有轻度学习/行为障碍学生的需要调整 LCCE 知识系列测试	2001 年 10 月 1 日
7. 根据有重度学习/行为障碍学生的需要调整 LCCE PKB 系列测试	2001 年 10 月 1 日
8. 打造课程目标并使之成为 IEP/ITP 不可或缺的一部分	2001 年 11 月 1 日
9. 提供跟踪培训	2001 年 12 月 1 日
10. 评价课程实施情况并与管理部门以及学监会晤	2002 年 3 月 1 日

图 14.3 密歇根州大激流市 LCCE 衔接计划

注：选自 *Grand Rapids*，*Michigan*，*Public Schools*，*West Middle School*，转载已获得许可。

正如前面有关章节中所提到的,衔接/生涯教育超越了整个课程,它要求在各个层次都进行能力和子能力的教学。功能课程的着重点将随着学校和学生的变化而变化,且功能课程的着重点取决于学校的资源、教育理念和准备程度。基于我们的经验,突破了从幼儿园一直到成年的课程期模式之后,知识上的衔接/生涯教育教学,日常生活里的衔接/生涯教育教学,职业性的衔接/生涯教育教学,以及人际-社会技能的衔接/生涯教育教学便应运而生(如图 14.4 所示)。

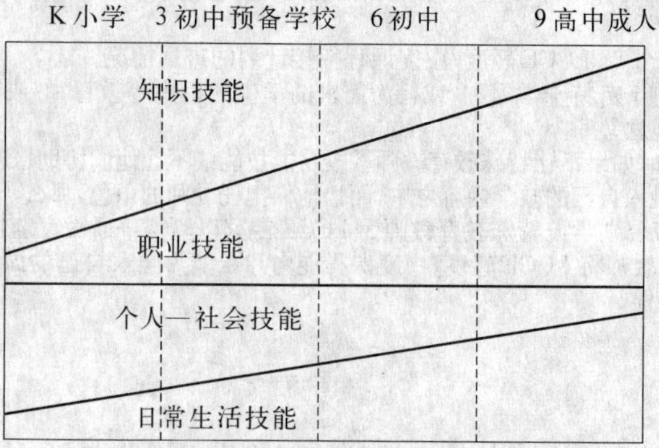

图 14.4 不同年级层次生涯发展参考课程

接下来,我们将逐一将讨论与小学、中学和后中等教育计划相关的每一个课程领域。

中/小学教学计划

在小学阶段充分开展衔接/生涯教育教学十分必要。功能技能、自我知识,以及对工作世界的认识,都需要在这一阶段里进行教授。惟其如此,那些有特殊学习和/或行为需求的学生的能力在中学阶段才能达到更高的水平。衔接/生涯教育计划中所教的内容要与衔接服务所需的技能相一致;因此,它就成了整个衔接教育过程中重要的组成部分之一。在小学阶段,融入生涯意识和生涯探究能够构建一种基石,这种基石是现存所教科目日益向多样化成长活动衔接的基础。故此,有特殊学习和/或行为需求的学生在基础阶段就必须掌握基本的日常生活技能、人际-社会技能以及职业技能。

小学阶段一开始就应当强调衔接/生涯教育的重要性,这一点已经在前面一章提及,特殊儿童理事会(CEC)的生涯发展部的立场声明书(position paper)已经扼要地论述过(G. M. Clark 等,1991)。谈到需要时,立场声明书提供了以下五个关键的原则:

1. 生涯发展和衔接教育适应于各年龄段的残障人士。
2. 生涯发展是一个人从出生便开始并在整个生命中一直延续的过程。
3. 早期的生涯发展对今后作出理想的选择非常关键。
4. 在任何人类基础发展领域里,重大的空白或阶段性的疏忽都会影响生涯发展以及人生不同阶段的过渡。

5. 如果教学计划牵涉到对个人需求直接指导,生涯发展便会对干预和计划作出回应。

克拉克(G. M. Clark)等注意到:"如果一直拖到学生上高中才予以介入,那么,期望能够取得令人满意的生涯发展和衔接教育成果是很不切实际的"。

每个学生的 IEP 都应该高于基础知识技能,以为之提供其需要的教育及指导:

● 在独立的日常生活学习中,发展那些符合年龄的功能性技能,包括在家、在校以及在社区中的各种知识与技能;

● 培养积极的价值观和人生态度以及符合年龄的行为,以能够自信地参与家庭、学校和社区活动;

● 在家里、学校及社区中建立并维持积极的、符合自己年龄的人际交往关系;

● 培养职业选择意识,自己对现实工作世界的定位,并获得符合自己年龄的肢体动作技能(gross motor skills)和精细动作技能。(1991, pp. 117—118)

国家级领导人发表的这个坚定的立场反映了对中小学教育者的迫切要求,要求他们作出必要的修订以使自己的衔接/生涯教育方法更切实际。本书下面便将展示构成这一方法的 4 个主要功能领域中每一个领域的一些指导方针。

功能知识技能教学

在小学期间,有特殊学习和/或行为需求的学生必须学会基础文化知识技能,如阅读、写作和计算。这些必须成为小学期间的重中之重,因为文化知识技能是基础,只有掌握文化基础知识,尔后才能学习社会生活和工作中所需的日常生活技能及职业技能。

日常生活技能教学

除了基础文化知识技能之外,小学阶段还会传授一些子能力。日常生活技能包括认识钱币和正确找零,管理钱财,合理消费,使用自动售货机,保护生活环境,合理着衣,培养打扮以及卫生技能,培养饮食技能,了解地方法规和政府机构;练习基本急救;参与基本的休息娱乐集体活动,掌握交通法规和安全措施。上述子能力都是有特殊学习和/或行为需求的学生可以在小学阶段学习或开始学习的技能。

个人—社会技能教学

小学阶段,培养适当的个人—社会技能尤为重要。人生中,入学前的生活对于个性培养非常关键,特别是残障儿童,因为残障儿童很容易被他人的一些态度和举止所伤害,比如嘲笑、敌视、拒绝和身体虐待。因此,儿童必须学会如何应对这些消极行为,同时也要学会发现自我,这样就会感受到自身的价值所在。如果有特殊学习和/或行为需求的学生想从教育中受益并且获得最佳的衔接/生涯发展的话,那么就需要多关注这个功能领域。LCCE 轻度课程中的所有 7 项能力及其子能力，连同 LCCE 中度课程中的 6 项能力及其子子能力一起应该成为小学阶段教学/衔接课程中不可或缺的一部分。所有教授那些有特殊学习和/或行为需求学生的教职员工都应把人际-社会发展作为衔接教育中不可分割的以部分。

职业技能教学

衔接/生涯教育强调小学阶段教学计划的需求，小学阶段教学计划应当对那些有特殊学习和/或行为需求的学生的职业发展要特别关注。有特殊学习和/或行为需求的孩子们对工作世界充满着兴趣，并积极地寻找与发现自己的父母以及其他与自己相关的人做些什么赖以生活的。在学生的小学阶段中，教育者应该强调课程领域中构建以下很多"工作个性"(work personality)的子能力：工作态度与价值观，工作回报的方方面面，工作习惯(能够遵从指令行事、能够与人合作、能够接受管理、准时上班及出勤率高、保质保量地完成工作并遵守安全措施)，以及身体—手工技能(平衡、协调、灵巧和耐力等)。

中等教育教学计划

直到近期，教育工作者仍一直将中等教育看成是实施衔接教育的起点。然而，正如这本书前面所提及的那样，现在这些认知已经发生了变化，如今，人们已经普遍接受了这样的观点：如果那些有特殊学习和/或行为需求的学生要在自己完成中等教育学业之前学到必要的功能性技能的话，小学阶段就必须开展实质性的功能技能教育。如果中小学的教学尽了自己的应尽之责，提供了充分的生涯意识和生涯探索机会和准备，那么，教育者就可以在中等教育阶段关注更广泛的生涯探索和准备(技能培养)体验了。生涯发展和衔接部的立场声明书曾经这样写道：

> 中等教育阶段的目标与中小学的教育目标并不一样。一般认为，大部分接受中等教育的学生都已经具备了基本技能，因而中等教育的目标是使他们更上一层楼，让他们迈向更高层次，为他们之后的学习需求及职业所需的更高技能水平做准备(G. M. Clark 等，1994)。

以下就是 4 大功能课程领域教学的一些指导原则。

知识技能

初中阶段，文化知识技能教学量的减少势在必行，不过，大部分文化知识技能教学可以针对具体的日常生活及职业技能的功能教学。当然，这将随着那些有特殊学习和/或行为需求的学生的变化而变化，随着他们的潜力以及对文化知识技能教学的个性化需求的变化而变化，这种教学部分可以根据一年一度的25岁目标调查而确定。然而，在这个年龄段，有特殊学习和/或行为需求的学生便开始对两者的相对价值提出疑问，那就是，他们当下所学的与自己成年后的工作及社会生活中所做的之间的联系与价值。

日常生活技能

初中阶段，应该更加强调功能生活技能的培养，如了解银行业务和信用卡设施，住房维修(home maintenance)，适当住房(adequate housing)，常用电器及工具的使用，身体健康，营养和体重控制方法，婚姻及照顾孩童的方式，搭配饮食，准备与采购，交通法规，各种交通工具的使用等等，对有特殊学习和/或行为需求的学生而言，这些子能力应该在刚入中学时就开始学会或者可能在这之前就已经学会。

高中阶段，有特殊学习和/或行为需求的学生应当已经学会了那些早期教过的子能力，还有那些没有教过或强调过的子能力。如学习怎样记录经济收支，计算和支付税款，家庭室内装修，预防和治疗常见疾病，应对法律疑问，计划假期活动以及驾驶技能等，这些都是较高层次的子能力，有些学生可能永远没有掌握好。无法掌握某些能力和子能力的学生应当学会如何请求及接受帮助，如何选择别的技能，或是部分地参与功能技能。例如，一个学生可能不会开车，但他可以学会利用可行的交通工具(譬如公共交通设施、出租车、有偿或无偿搭车、请家庭成员或朋友帮忙等等)出行。

人际—社会技能

在小学教育阶段，如果教育者便尝试帮助那些有特殊学习和/或行为需求的学生培养人际-社会技能的话，那么，中等教育阶段对这些子能力的强调也许就会降低。但是，这并不意味着不再重视人际-社会技能了。相反，我们想表达的意思是，如果教育者帮助学生充分地了解自己，培养自信，展示自我决策能力，举止体现社会责任感，那么，学习其他人际-社会技能的要求便可以降低。另一方面，那些没有掌握这些技能的有特殊学习和/或行为需求的学生仍需在这个功能领域方面花费大量的时间。学校所有的教职员工以及指导和咨询人士都应运用自己的各种专业知识给有特殊学习和/或行为需求的学生提供帮助，帮他们纠正那些显然有错的行为举止。同样，康复咨询师也可以向有特殊学习和/或行为需求的学生提供在康复或工作环境下提供工作调适服务，以此来帮助有特殊学习和/或行为需求的年轻人获得衔接/生涯发展所需的个人—社会技能。

职业技能

随着有特殊学习和/或行为需求的学生在教育制度中推进，对职业的强调应当变得甚至更为重要。在初中阶段，有特殊学习和/或行为需求的学生应该接触些工艺品、家政经济学、贸易和工业技术，以及其他职业课程，这样他们才能培养出职业教育准备前的技能和兴趣。社区的职业探究经历也变得非常重要，而且，在教室和社区中（除在家里之外）体验各种工作的机会也能增强有特殊学习和/或行为需求的学生作为社会富有成效的一员的自我概念。教育者应当开展职业指导活动，比如第十三章所讨论的职业指导活动，以在职业发展和决策技能方面帮助有特殊学习和/或行为需求的学生。

在高中的几年里，对大多数有特殊学习和/或行为需求的学生而言，职业技能至少应该构成功能课程的一半。生涯信息与评估中心（Career Information and Assessment Center）将帮助有特殊学习和/或行为需求的学生更多地了解工作、具体职业倾向与兴趣，以及找工作技能和步骤。这样的中心应当随时欢迎那些有特殊学习和/或行为需求的学生、老师、家长以及社区代表人的关临，并且应当成为学生每周功能课程不可或缺的一部分。生涯信息与评估中心应当提供生涯教育课程、工作或职业样本（job/work sample）和社区在职工作体验的学习交流，以及其他这种类型的活动等等。整个学校的全体教职员工都应当为了这个共同的目标而奋斗——帮助有特殊学习和/或行为需求的学生，为他们顺利成长走向成人社会生活、达到工作要求，并在经济、社会和个人成就人生做好充分的准备工作。

后中等教育阶段

很多有特殊学习和/或行为需求的学生都没有在功能技能方面获得足够的能力，因而他们在中等教育课程到后中等教育的衔接过程中便不尽如人意，无法适应后中等教育的学习/培训经历和/或工作、社区生活和社区参与。因此，必须提供给他们更多的机会去获得成年适应期所需要的能力。职业技术学校（vocational-technical schools）、社区学院（community colleges）、康复计划、工作培训和伙伴行动（Job Training and Partnership Act，JTPA）计划，以及其他专业化中心，都是重要的贡献者，它们在衔接教育过程中以及有特殊学习和/或行为需求的个人的最终成败中都扮演重要的角色。每个机构都可以选一个功能技能作为自己的侧重点（比如 LCCE 轻度/适度课程）并且紧密地围绕着中等教育课程运行，以便给需要进一步培训的学生提供不间断的衔接服务。

知识功能技能

成人衔接课程需要对有特殊学习和/或行为需求的个人进行评估，评估他们掌握社会生活和工作所需要的知识技能的程度。对于工作所需要的知识技能而言，必须重点放在实现工作目标所需要的功能知识技能之上。对于有特殊学习和/或行为需求的人来说，他们所需要学习的功能知识技能的数量的多寡取决于公立学校服务的质量。

日常生活技能

如果有特殊学习和/或行为需求的人没有获得这些子能力但又有潜力获得这些子

能力，成人课程应该为他们提供衔接培训，这必须仔细地和系统地弄清。

个人—社会技能

一般而言，个人和团体咨询服务是为成人课程提供的一项重要服务。因此，应该为那些在这方面有所欠缺的有特殊学习和/或行为需求的人创造充足的机会，让他们学到必要的个人—社会技能，满足他们个人的和职业的需要。这些功能领域一直是那些希望在社会里成功生活和工作的有特殊学习和/或行为需求的成年人最为欠缺的技能。

职业技能

大多数后中等教育阶段的重点都是职业培训。这些机构设备良好，可以帮助那些有特殊学习和/或行为需求的人获得5种能力，而这5种能力构成了LCCE轻度/中度课程(LCCE Mild/Moderate Curriculum)的职业指导和职业准备两大方面。这些机构大多有着广泛的功能职业评估资源和培训资源，而且它们与社区的雇主紧密合作，能够保证进行实地职业培训并最终安排工作。

衔接计划的目的不仅仅是为了最终就业，而且为了成人角色的其他所有主要的方方面面。密苏里州的LINC(Stephens，1992)确定了衔接计划中的14个重要的成人功能方面并且认为：如果有特殊学习和/或行为需求的学生想过上独立而成功的生活的话，他们必须解决这14个重要方面：生涯计划，就业选择，后中等教育，财政帮助/收入支持，社会参与，宣传/法律服务，运输，娱乐/休闲，自我推销，保险，社会关系/朋友，个人管理，生活安排和医疗服务。LCCE轻度/中度课程涵盖了这些领域中的大多数，这样，就能为个性化衔接计划(Individualized Transition Plan，ITP)提供了坚实的基础(如图14.5所示)。

成人角色方面	LCCE 能力																					
密苏里 LINC	日常生活技能									个人—社会技能							职业技能					
	1	2	3	4	5	6	7	8	9	10	11	12	13	14	15	16	17	18	19	20	21	22
生涯计划选择										•							•	•				
就业选择																	•	•				
后中等教育																			•		•	•
经济帮助/收入支持	•																					
社区参与							•	•	•													
宣传/法律服务																						

续 图

成人角色方面	LCCE 能力																					
密苏里 LINC	日常生活技能									个人—社会技能							职业技能					
	1	2	3	4	5	6	7	8	9	10	11	12	13	14	15	16	17	18	19	20	21	22
休闲/娱乐								•														
交通									•													
自我推销											•	•	•	•	•	•				•		
社交/朋友												•	•									
个人管理	•	•	•	•	•	•																
生活安排	•																					
医疗																						
保险																						
其他																						

图 14.5 LCCE 能力与密苏里州 LINC 衔接方面的关系

总之，功能课程，比如 LCCE 轻度/中度课程，为教育者提供了从小学到后中等教育课程的一个全面范围和序列方法。这样一种方法给教育和衔接课程的主要目标进行了界定；阐明了每个阶段应该教什么；提供了一个监察和保持平衡的体制。如此一来，有特殊学习和/或行为需求的学生就可以不间断地受到评估，评估自己与功能技能相关的学习需要；其结果还形成了一种各个阶段教育者之间的共同语言和理解，而这种共同语言和理解就是关于有特殊学习和/或行为需求的学生的整个教育过程的目的。在此过程中，有特殊学习和/或行为需求的学生、他们的家长和社区同样会理解整个衔接课程的中心和目的以及最终期待的结果。

LCCE 轻度/中度课程(LCCE Mild/Moderate Programs)

本书的前几个版本里，描述了若干实施了 LCCE 轻度/中度课程的学区。这些学区包括纽约州松树地中松树地第一学区(Pine Plains Central School District No. 1)、佛罗里达州霍里希尔初级中学(Holly Hill Junior High School)、密歇根州庞蒂亚克(Pontiac)奥克兰县学校(Oakland Country Schools)、堪萨斯州莱文沃思县(Leavenworth)莱文沃思特殊教育合作区(Leavenworth Special Education Cooperative)、密歇根州安阿伯地区(Ann Arbor)休伦年轻人居住服务公司(Huron Residential Services for

Youth, Inc.)以及目前还是一所中学的华盛顿州塔科马市(Tacoma)高特初级中学(Gault Junior High School)。在这个版本中,关于在给学生提供LCCE课程方法的状况问题,只联系了高特初级中学。巴尔默(Balmer)现在是一名退休老师,她以前曾提供过信息。她汇报说,虽然她所在的学校可能不会完全采用LCCE课程方法,但是,就整体而言,学区在各个层次的特殊教育和常规教育中,采用了一种整合的功能课程方法。因此,这条关于高特初级中学的信息就被保留了下来。

现在,数以百计的学区都在实施LCCE轻度课程,也包括台湾地区的若干县。在亚拉巴马和北达科他这样的州里,州级机构特别支持LCCE轻度课程并强烈推荐实施这一课程。本章瞭望篇的作者马布里·威特顿,在把LCCE轻度课程指定为亚拉巴马州相关功能技能课程中一直起到推动作用,他还获得LCCE轻度课程资料并且为所有能迅速接受并实施此项课程的学区提供培训。本书第三章提到了北达科他州的一个课程指导中LCCE轻度课程的整合。

LCCE 轻度/中度课程实施过程

任何改革的实施都要求具有周密的计划、广泛的支持和整个学校和社区资源的共同努力。1990年针对有特殊学习和/或行为需求的学生的衔接问题的《残障人教育法》(IDEA)的颁布旨在建立学校和社会团体之间联系的需要,为了为这些学生提供衔接课程,它们必须通力合作研发这些课程。LCCE轻度/中度课程培训手册(LCCE Mild/Moderate Curriculum Training Manual)(Loyd & Brolin,2002)包括衔接行动计划(TAP)步骤的开发。LCCE衔接行动计划(TAP)是一个系统的方法,该计划旨在开发处理1990年《残障人教育法》和1997年《残障人教育法》中概述功能需要和衔接法令衔接课程。所有改革方案都需要地方教育董事会(LEA's Board of Education)和学监的明确规划和支持。

尽管引进了很多教育改革方案,但是大多数教育改革方案都昙花一现。很多改革实施和保持中存在的主要障碍在专业文献中已经得到了确认。以下便是衔接课程实施和保持过程中的一些最常见的障碍:缺乏行政支持、没有得到教师的支持、缺乏资金支持、人士变动、缺乏培训、没有得到社区的支持和跨机构间的通力合作。很多衔接行动计划的障碍的解决方法都在密歇根州大激流市(Grand Rapids)的LCCE衔接行动计划里得到了确认(如图14.3所示)。

LCCE 衔接行动计划(LCCE Transition Action Plan)的开发

《LCCE轻度/中度课程培训手册》(Loyd & Brolin,2002)包括一个部分,这个部分列出了开发LCCE轻度/中度课程衔接行动计划(TAP)步骤。下面便是LCCE轻度/中度课程衔接行动计划中包括的步骤,这些步骤提供了学区实施衔接方案的必要活动。

LCCE衔接行动计划步骤

A. LCCE 轻度/中度课程的采纳

衔接行动计划(TAP)的这部分内容为学区采用轻度/中度课程方案提供了主要的逻辑依据。这里列举了为什么要确保向有特殊学习和/或行为需求的学生提供功能技能教学,因为,只有这样,他们才能顺利实现从学校到后中等教育培训和/或就业和社会生活之间的过渡。这节还把 LCCE 轻度/中度课程作为实用性的功能课程加以介绍,因为 LCCE 轻度/中度课程针对的就是有特殊学习和/或行为需求的学生的衔接教育结果。这节同样也包括了实施 LCCE 轻度/中度课程计划的预期结果。这节阐明了此项计划的价值,以此来证明实施此项计划的必要,从而得到教育董事会和学监的支持与批准。

B. LCCE 轻度/中度课程实施过程中课程方面所需要的调整/变化

第二节概述了要让 LCCE 轻度/中度课程与现行课程、学区和州标准衔接所需开展的一些活动(详见下面)。本节通过描述活动旨在将 LCCE 轻度/中度课程的能力融入普通教育的内容领域。本节中 TAP 的其他领域包括处理：管理层面的需要,人员变动,家长/家庭成员的参与,社区工商业的参与,社区机构的参与,实施以及保持过程中遇到的障碍及其解决方法。

课程修订活动(Curriculum Modification Activities)

1. 使毕业标准与轻度/中度课程衔接起来；

2. 对所有八年级、九年级和十年级中有轻度特殊学习和/或行为需求的学生进行知识系列测试的功能测试,并对有重度特殊学习和/或行为需求的学生图片知识测试(PKB)；

3. 开发 LCCE 轻度/中度课程地图,明确 LCCE 轻度/中度课程能力和子能力及内容融合归属领域；

4. 开发 IEP/ITP 目标和目的的 LCCE 轻度/中度课程能力和目标清单。

管理层面的变化/需要

1. 建设校长提供的 LCCE 轻度/中度课程衔接计划培训；

2. 咨询师和内容领域协调员提供 LCCE 轻度/中度课程衔接计划培训,具体而言,即提供有特殊学习和/或行为需求的学生需要的后中等教育和/或就业中需要的功能课程及相关问题方面的知识。

人员变动

1. 挑出一位衔接课程协调员；

2. 为老师和其他支持人员提供 LCCE 轻度/中度课程培训；

3. 对每一套课程体系(K-12)建设指定 LCCE 专家。

家长/家庭成员的参与

1. 为家长/家庭成员提供衔接培训；

社区工商业的参与

1. 为社区工商业人士提供衔接培训；
2. 与地方的社区工商业建立合作伙伴关系或达成协议。

社区机构的参与

1. 为社区机构人士提供衔接培训；
2. 与社区机构签订跨机构间的协议；
3. 与区域的大学建立合作伙伴课程。

LCCE 轻度/中度课程实施过程中的障碍/解决办法

1. 确认课程实施和持续进行过程中可能产生的障碍

C. 实施 LCCE 的步骤和时间顺序表

TAP 中的这部分明确了学区实施和持续进行 LCCE 轻度/中度课程计划所采取的步骤，也确认并执行为了实现课程实施以及持续进行活动的时间表。最后，本节描述了对 LCCE 轻度/中度课程计划进行的评价。

LCCE 轻度/中度课程例证(Examples of LCCE Mild/Moderate Programs)

这节展示了全国各地一些学区中为实施 LCCE 轻度/中度课程计划所做的努力。自 20 世纪 70 年代后期引入 LCCE 轻度/中度课程教学方法以来，很多 LCCE 轻度/中度课程计划一直存在并得到了实施。本章后面还将给大家提供更多的关于 LCCE 课程方法成功实施和坚持的信息。从 LCCE 轻度/中度课程的资源在各州正得到广泛使用这一事实中，我们不难看出，这一功能课程已经取得了成功并且受到欢迎。

上述信息有的是学校员工直接给作者提供的，其余信息则取自学校自己出版的资料。

华盛顿州塔科马市(Tacoma)高特初级中学(Gault Junior High School)[1]

有特殊学习和/或行为需求的初中生可能是全世界最差的学生，同时也可能是全

〔1〕 本信息由华盛顿州塔科马市塔科马学区高特初级中学(Gault Junior High School)退休教师巴尔默提供。高特初级中学现已更名为高特中学。

世界中最好的学生。高特初级中学(Gault Junior High School)的有特殊学习和/或行为需求的初中生很朴实,有时甚至是无知,而且缺乏社交经验。然而,一旦他们之间建立了互相信任的友谊,他们就会关心他人、体贴他人,而且愿意听从自己老师和同伴的意见。

高特初级中学招收的学生正在减少。这里的大多数有特殊学习和/或行为需求的学生都成绩不佳,他们在学区的"基本技能综合测试"(CTBS)中所取的成绩都属于最低分数之列。这里的教师经验丰富,而且在困难的情况下仍能恪尽职守有效地从事教学。他们都表示需要得到人员支持或者其他教学方法,这样他们才能成功地教育好高特初级中学的特殊群体。资源学生尤其需要方法上的改革,因为方法上的改革能使他们从失败的怪圈中走出来。这里的有特殊学习和/或行为需求的学生的自我概念很差,这也是阻止他们发挥出自己的潜力且无法成就人生的主要原因。

当教师们认定,只用以前的"老法子"进行教学是行不通的,改革势在必行时,他们便寻求能够解决问题的其他方法。为此,他们仔细地审看传统的"教学—练习—家庭作业"(instruction-drill-homework)的教学模式。通过进一步考查,人们发现了以下几个问题:

一、从传统角度而言,有特殊学习和/或行为需求的资源学生一直过于个人化。通常,每个有特殊学习和/或行为需求的学生会在角落里按照自己的水平进行学习,背诵和完成大量的家庭作业,不会出现什么行为问题。不过,这样一来,没有一个有特殊学习和/或行为需求的学生有机会在群体中与别人相处。如此一来,他们经常与同伴和老师发生口角和身体上的冲突而使得彼此不愉快,根本不可能与别人合作共同完成一项工作,这一切与其说是个别现象不如说是司空见惯的情况。因此,这种环境绝对不是理想的学习状态,他们的班级已经成了形式上的集体,过过集体的场而已。

二、有特殊学习和/或行为需求的学生的所学知识无用武之地。有特殊学习和/或行为需求的学生学习了分数和十进制运算,但是,他们没有一个人能够掌握运算的诀窍和正确地找零。每个有特殊学习和/或行为需求的学生都会加减乘除,不过,如果要求他们运用这些方法来解决实际问题,大多数有特殊学习和/或行为需求的学生的脑子里会一下子变成一片空白。运用英语和数学来解决实际问题是根本不可能的事。对他们来说,记忆社会科学和科技课上所学的内容是件烦人的事,因为大多数有特殊学习和/或行为需求的学生老是混淆所学的内容,因而根本记不住。

三、有特殊学习和/或行为需求的学生很难理解因果关系,很难理解人们之间的和睦关系是靠双方共同努力维系的。通过晓之以情、动之以理,老师可以用沟通形式、价值观厘清方法以及不断积极引导加强的做法培养理想的学生,这是将有特殊学习和/或行为需求的学生培养成理想的学生的关键。这样才能激发那些学生的上进欲,促使他们学会自我控制。如果想去除有特殊学习和/或行为需求的学生的自卑心理,就必须教会他们必要的技能,让他们懂得如何才能得体地处理自己与同伴或成年人之间的冲突。有特殊学习和/或行为需求的学生对"温和的"(soft glove)处理方式都能积极回应，而不再认同"死硬的"(hard-nosed)的做法。这种方法帮助他们与老师和家长朝着建立一种互相信任的关系方向发展。新学期一开始，学校通知学生这个学期里他们将不会有及格或不及格的成绩了。学生在课堂的表现将每两个月回顾一下，如果必要的时侯还会在班中对他们的表现展开讨论。学校告诫他们，我们大家要互相关心，因为每一个人都很重要：首先，每个人都是人；其次，每个人都在为良好的学习氛围作出自己的贡献；第三，每个人都在为作为一个整体的集体作出自己的贡献。只有团结起来才能发挥出集体的力量。根据 IEP 这个过程的需要或者总体目标评价合适的时候，举行个体会议和学生—家长会议。他们也会开会。教师的行为也可以列入讨论的话题之中。因此，整个班级的体制就有一种民主氛围。

四、学习资源中心的氛围须是一种有特殊学习和/或行为需求的学生能够发现自我和张扬自我的环境，这里应当互助、值得信任，并充满趣味。这样，那些有特殊学习和/或行为需求的学生才能够找到真正能够发挥出自己的潜力的场所。在高特初级中学(Gault)，学校全天候为有特殊学习和/或行为需求的学生提供纸笔和情感上的帮助。如果学生饿了，橱柜里就有点心(肚子饱了才能集中注意力并投入学习之中)。

五、大部分有特殊学习和/或行为需求的学生缺少工作技能、现实的就业目标以及社会的就业角色模式。学校利用了出勤率、准时、任务完成、对导师和同伴的适当行为、得体的打扮、接受建设性的批评，以及乐意尝试各种工作来帮助学生培养工作技能。学生们将就业目标分为 3 类：1. 吹牛过头者("我想做一名律师。这样的话，如果我不会读写，我的秘书会替我完成那些琐碎的事。")；2. 对是否得到工作满不在乎者("谁要工作？我有福利！")；3. 过分悲观者("我不知道我会做什么工作，因为我什么事都不会做！")。

在功能课程中，自我意识和自我分析非得成为主要动力。人们从来没有指望初中学生就能确切地知道自己将来想做什么，不过，如果有特殊学习和/或行为需求的学生开始思考将来的工作问题，他们就必须树立目标并且让学校的课程和未来的工作之间联系起来。如此一来，每个功能领域所需要的工作探索、功能知识、身体优势以及性格长处都被融入到衔接课程之中。经过为期两个月的边工作边学习并得到一个有生涯/职业背景的老师的指导，生涯融合(工作体验)成了必须遵循的逻辑模式。表 14.1 展示了 LCCE 轻度/中度课程能力的主要类别以及在普通和资源课程中的融入情况。

密苏里州邦特勒黛丝罗格(Bonne Terre-Desloge)北法兰索瓦县(North St. Francois Country)R-I 学区[1]

LCCE 轻度/中度课程已经得到证明是一种有价值的工具，它能够我们的学校到

---

〔1〕 本信息由密苏里州邦特勒黛丝罗格(Bonne Terre-Desloge)北法兰索瓦县(North St. Francois Country)R-I 公立学校特殊教育教师/衔接协调员帕特·伯琪(Pat Burch)提供，帕特·伯琪多年来一直给自己的学生使用 LCCE 课程。

表14.1 高特初级中学的以生活为中心的生涯教育能力及教学领域

能力类别	教学领域
1. 管理个人财务	数学
	识别钱币和找零
	确定交易价格
	开出并保持预算
	开支票：记账并保持账目平衡
	理解工资扣款、个人所得税、社会保险
	认识降价物品：阅读广告并核实广告
2. 建立并维持家园	基本技能，健康
	教室装饰和保养
	做基本的家庭维修
	做饭和计划平衡饮食
	吃适当的食物和控制体重
	理解基本健康需要的维生素和矿物质
3. 关心个人需求	基本技能，健康，体育
	形成卫生和打扮的习惯
	了解体育活动的需要(健康和控制体重)
	了解(作为参与者或观众)常见游戏规则
	学习急救技能
	获得常见疾病知识以及何时求医知识
	了解非处方药和处方药知识
4. 养育孩子和负起婚姻责任	健康
	照料孩子
	了解家庭和学校的安全措施
	明确婚姻责任和适当的约会行为
5. 购买、准备和食用食物	数学，基本技能
	培养进餐礼仪
	在预算内计划和准备营养饮食
	获得超市的相关知识(促销，冲动购买，市场选择，广告)
	储藏食物和利用剩余食物
	认识到厨房清洁的重要性

续 表

能力类别	教学领域
6. 购买和保养衣物	基础技能，英语，数学
	阅读和按照说明书行事
	使用洗衣机和烘干机(利用环境、肥皂、漂白剂、纤维柔软剂)
	熨烫
	挑选衣服(选择颜色、式样和降价产品)
	缝补
	挑出需要清洗的衣物
7. 展示负责任的公民	社会科学
	了解校园政府(学生会、管理机构、学校董事会职责)
	登记选举和履行责任
	了解国家、州、县、城市政府对选民的功能、职责和服务
	了解作为一个公民的个人权利
	培养对世界问题及争论点(营养不良，冲突，核扩散)的意识
	了解政治进程方面的知识
	绘制地图、表格和阅读图表
	了解美国历史的基本知识(大事件，人物)
8. 利用娱乐设备和参与休闲	体育，健康
	了解社区娱乐设备的知识(联系人，资格要求 eligibility requirements，费用)
	了解娱乐需要
	懂得观赏性体育运动
9. 在社区出行	数学，英语
	阅读交通时刻表
	了解成为一个合格的小车驾驶员的要求和责任
	掌握保险知识
	看地图
	了解交通警察部门的职责
	计划一次旅行(票价，汽油，每加仑可开多少里程)
	培养自行车安全措施意识
10. 成就自我意识	健康，体育，英语，社会科学
	明确价值观和情感

续　表

能力类别	教学领域
	明确冲突和应对压力
	表达感情(生气,喜悦)
	了解和体验团体互动
	了解身体及身体在空间的互动
11. 获得自信	健康,社会科学,英语,数学
	分析能力水平层次并参与自我分析
	理解表演的潜力水平
	形成对优点和弱点的意识
	形成对个人行为的意识和理解
	缓和并解决冲突及有能力确定问题的来源
	接受表扬和批评
	接受开玩笑
	积极听取他人意见
	分析并给他人提供反馈
	认识压力并知道何时寻求帮助
12. 表现出社会性负责任的行为	所有接触和资源课堂
	培养得体的实地考察、集会和演讲行为
	懂得强项和弱势,并根据强项培养积极的行为,改正或接受弱势
	理解各种情况(学校,家庭,工作)下的行为
	认识到自身和他人的权利以及攻击、暴力行为和谩骂的罪恶
	认识到在学校、家庭和将来工作场所中自身的感觉
	表达切实可行的近远期希望和抱负
	理解学习是自己的工作
13. 拥有充分的人际关系技能	所有接触和资源课堂
	培养定义、获得和保持友谊的能力
	确定不同层次的友谊和亲密关系
	理解约会行为
	在与异性的关系中明确个人价值观
	建立和维持亲密关系
	在各种任务(班级、社会、家庭)的自我组织方面形成对自我强项和弱项的意识

续　表

能力类别	教学领域
	培养听问题、问问题及得体地回答问题的能力
	收集数据并树立切实可行的目标
14. 实现独立	所有接触和资源课堂
	完成分配的职责(见 13)
15. 做出适当的决定	所有接触和资源课堂
	收集数据,讨论所有的可能性并得出结论
	了解各种情况下目标的需要
	意识到因果概念
	接受个人行为的后果
	问题解决的难度增大时,寻求咨询师或律师等的帮助
16. 充分与人交流	所有接触和资源课堂
	明确紧急情况并能够在紧急情况下做出适当的反应
	认识到未来目标的实现需要知识技能(阅读、写作)
	理解我们日常生活中所需要的商业交流类型(报纸、电视、杂志)
	建立广告心理学知识
	填写表格
17. 懂得并探究职业可能性	所有资源课堂
	理解像自我观念、接受他人、独立、自信等有价值的必要性
	认识到完成任务的责任并完成任务,以及缺席后补上任务
	意识到工作的优点
	懂得职业种类知识和每一类职业的要求
	获得工会以及社区工业的知识
	获得寻找职业和/或培训步骤方面的认识
18. 挑选和计划职业选择	所有资源课程
	获得各种类型的工作知识
	识别工作类别
	确定适当的工作类别(户外的还是室内的)
	明确优点和能力(言辞方面、数字方面、协调方面、技能方面)
	明确工作入门的可能性(第一次兼职体验)
19. 表现适当的工作习惯和行为	所有接触和资源课堂
	按照书面说明和口头指令行事

续 表

能力类别	教学领域
	理解团队观念(服从和领导) 培养轮流能力 培养得体表示同意与不同意的能力 培养出勤、守时和工作保质保量重要性的意识
20. 显示适当的身体—操作技能	体育,健康 认识到锻炼和饮食对身体健康的重要性 理解体育运动对成就将来的工作和社会生活的必要性

就业衔接计划(School to Employment Transition Program)开花结果,而且,最重要的是,它使得我们的学生获得了成功。

多年以来,接受特殊教育的家长一直放心不下自己的孩子。他们最关注的问题之一便是,他们的子女是否可以靠着自己的能力获得成功,或成为富有成效的社会成员。不幸的是,我们这些搞教育的人总是喋喋不休地跟家长讨论学生的弱点和欠缺,告诉他们,他们的孩子落后于自己的同伴以及与自己的同伴差距有多大,还跟他们说他们的孩子跟上课有困难,而这些使得家长越发感到忧心忡忡。

家长们对我说过很多次:“如果哪天我走了,我的孩子的生活将如何着落呢?”

现在,有了 LCCE 轻度/中度课程,父母们可以放心,我们正在帮助有特殊学习和/或行为需求的学生学习技能,帮助他们实现独立并且过上富有成效的生活。

告诉家长他们的子女可以开支票了,可以填写工作申请表了,可以买衣服并且照顾自己的衣着了,并且能够与他人相处。对父母而言,告诉这些事情比告诉他们自己有特殊学习和/或行为需求的子女数学已经达到了四年级水平了或者阅读已经达到三年级水平要有意义得多。

我们的学生家长会感到放心和感到欣慰,因为有些人正在教给自己的孩子真正需要的东西以让自己的孩子走向独立和成功。

我相信,LCCE 轻度/中度课程计划使得我们的一些家庭变得更亲密。家长和自己的有特殊学习和/或行为需求的子女在家中实践 LCCE 能力。我的那些有特殊学习和/或行为需求的学生常常把在家中获得的有益学习经验拿到 LCCE 课程的项目组和课堂与大家分享。如此一来,学生和家长的自豪感都得到了提升。家庭成员常常受到邀请,成为我们 LCCE 轻度/中度课程课堂的嘉宾或助手。这使得孩子的父母感到被尊重,同时,他们也为自己的成就感到自豪。有特殊学习和/或行为需求的学生也为自己的父母、兄弟、姐妹或者其他亲戚教过我们的班级或跟我们的班级分享人生经历而感到自豪。

基于这些积极的的经验，我认为，在IEP/ITP的发展与参与过程中，有特殊学习和/或行为需求的学生及其父母正扮演着越来越积极的角色。

现在，我们有特殊学习和/或行为需求的学生拿到LCCE课程的材料时就非常兴奋，因为他们中的大多数有生以来还是第一次看到这样的情况，即，自己正在学习的东西会在自己的日常生活中和未来直接地对自己有帮助。对他们而言，课堂这时候就显得更加有意义。他们不再与同辈相比较，而是像一个大人一样看到自己的能力——能够获得一项可用于真实生活中的能力。

当有特殊学习和/或行为需求的学生可以完成许多自己日常生活中所需要的LCCE轻度/中度课程技能时，他们就会建立起自信心。而且，如果他们开始能够左右自己的环境，而不是被环境左右着自己，他们就会感到越发自信，并形成良好的心态。

找工作总有点令人战战兢兢，不过，如果在面试时缺乏必要的沟通技巧，你能想象那将会有多么困难吗？我们一些有特殊学习和/或行为需求的学生曾认为找工作太可怕，因而他们甚至不想尝试去找工作。然而，和生活中的很多事一样，很多有特殊学习和/或行为需求的学生发现，如果他们能够有机会在一个受控制的环境里得到锻炼和体验，真正的情况就不那么可怕了。我们有特殊学习和/或行为需求的学生所害怕的是那些未知的东西，而一旦了解了，他们的恐惧心理也便随之减轻了。LCCE轻度/中度课程计划为我们有特殊学习和/或行为需求的学生提供了一种利用这些机会的途径。

北圣法兰索瓦县(North St. Francois County)的老师为LCCE轻度/中度课程计划而激动不已。在全国范围内，通常特殊教育老师变动速度很快，因为在传统教育模式下，特殊教育老师并非总是有把握自己能给学生多大的帮助。学生也许已经升到了高一年级，但是，升到高一年级对他们的生活能有什么区别呢？有了LCCE轻度/中度课程计划，老师们能够清楚地看到那些有特殊学习和/或行为需求的学生的独立水平具体是如何提高的，他们知道有特殊学习和/或行为需求的学生正在为未来做准备，而且清楚地知道：学生为了未来能够作为成年人独立生活自己当下最需要关注什么。

我们的老师对有特殊学习和/或行为需求的学生的成功感到高兴，也为自己眼下能够帮助学生为未来成人世界的社会生活和工作做准备而感到很高兴。

我校的普通教育教职人员都推崇LCCE轻度/中度课程计划。大家能看到LCCE轻度/中度课程计划所提供的实用方面，并且很容易就意识到：很有必要用衔接计划为我们有特殊学习和/或行为需求的学生的未来做准备。大家看到自己的努力和所花的时间效果明显。普通教育老师都在把LCCE课程目标整合到自己普通教育课堂的内容里，以供大部分有特殊学习和/或行为需求的学生使用。对于大家来说，LCCE轻度/中度课程的目标和目的是非常清楚不过的事；我们的特殊教育/衔接课程可信度更高，因为是否成功可以衡量，如此一来，我们的LCCE轻度/中度课程计划为特殊教育教职员工和有特殊学习和/或行为需求的学生赢得了尊敬。

我们的LCCE轻度/中度课程计划同样也让社会受益。以前，有特殊学习和/或行为需求的学生在没有受过特殊课程教育的情况下便走向了社会，因而随后不得不依靠自己的家庭。这些有特殊学习和/或行为需求的学生现在都在工作岗位且过着独立的生活。他们有工作，为社会提供服务，纳税，而且生活不再依赖其他人或税收支持的计划(tax-supported program)。

社区的工商业为我们的有特殊学习和/或行为需求的学生提供就业机会。社区机构和雇主也为他们敞开大门，让他们获得社区体验或者作为嘉宾。

行政管理人员和教职员工都为我们的有特殊学习和/或行为需求的学生而感到骄傲。他们在 LCCE 轻度/中度课程的活动中都经常表现得非常积极，并且在社区中与其他人分享我们的成果。

我们的 LCCE 轻度/中度课程计划绝对让有特殊学习和/或行为需求的学生、他们的父母、社区和教师能够为了一个共同的目标而携起手来，以确保他们能够成功地从学生过渡到成为一个有独立能力的成人、家庭成员、公民和雇员。

阿拉巴马州伯明翰[1]

自 1987 年来，阿拉巴马州伯明翰(Birmingham, Alabama)的杰斐逊县学校系统(the Jefferson Country School System)里的支持性职业培训计划(the Supported Vocational Training Program)一直只使用 LCCE 轻度/中度功能课程。支持性职业培训计划(SVT)是一种以社区为基础的工作体验模式，此模式建立在职业教育环境下支持性就业的原则之上。支持性职业培训有着一个不可或缺的基础，那就是，它要求其功能课程主要由特殊教育老师讲授。

支持性职业培训计划服务的有特殊学习和/或行为需求的学生现在是九到十二年级。他们中的有些人在上普通高中，其他人则本地的职业学校里。所有那些参加了支持性职业培训计划(SVT)和 LCCE 轻度/中度课程的有特殊学习和/或行为需求的学生都是残障学生。这些学生大多数在智力上有轻度障碍到中度障碍，他们智力有限，同时又患有残障。独一无二的是，毕业时，所有有特殊学习和/或行为需求的学生都能拿到一张职业文凭或学业完成证书，而不是高中毕业文凭。

同时，有特殊学习和/或行为需求的学生会得到 LCCE 轻度/中度课程领域的课堂教学，这一教学涉及的领域有日常生活技能、人际-社会技能、就业指导和准备技能，还有由支持性职业培训计划培训员工所开设的就业性技能培训。有特殊学习和/或行为需求的学生会在秋季收到 LCCE 知识系列测试(LCCE Knowledge Assessment Battery)的 A 表(Form A)。成绩系列测试(Performance Assessment Battery)会按照整个一学年所教的单元课程考查学生的个体能力，支持性职业培训计划(SVT)的教职员工把 LCCE 轻度/中度课程所有领域(尤其是职业指导和准备领域部分)作为融合的功能课程资源

[1] 本信息由阿拉巴马州伯明翰市杰斐逊县学校衔接协调员贝弗利·勒文达(Beverly Lavender)提供。

提供给自己有就业能力技能的班级。支持性职业培训计划的职工由特殊教育基金支持的工作指导员和职业教育基金支持的衔接协调员/工作开发人员/工作教练组成，他们提供情境工作评估（代替了传统的功能职业评估方法）、无偿的工作指导/体验、有偿兼职工作经验和长期生涯工作分配服务。

作为我们的功能课程，杰斐逊县学校（Jefferson County Schools）已经正式为残障学生采纳了 LCCE 轻度/中度功能课程。在职业教育部（the Vocational Education Department）里，家政经济学老师在给残障学生讲授家政经济学课程的同时使用 LCCE 轻度/中度课程的教学单元，来向他们提供选择机会或指导。可见，LCCE 轻度/中度课程的所有方面都被完美地融入到了我们的家政经济学课程之中。所有普通教授家政经济学老师都可以通过我们职业教育部的衔接协调人员，使用 LCCE 轻度/中度课程的教学单元。我们的残障学生中很多人在六年级、七年级和八年级时便选修家政经济学了。

在麦那高级中学（Minor High School），支持性职业培训计划一直与顾问型特殊/衔接教育模式相辅相成。普通教育课程教师为残障学生提供了英语、数学、科学和社会科学的教学。这些教师把 LCCE 轻度/中度课程的教学单元当成自己讲授传统知识课程的资源或补充。功能课程还放入了主要课程之中，其中包括麦那高级中学和加登戴尔高级中学（Gardendale High School）的 LCCE 数学课程、LCCE 英语课程、LCCE 科学课程、LCCE 社会科学课程和 LCCE 保健学课程。

随着越来越多的普通教育职业教育教师对 LCCE 轻度/中度课程教学单元的熟悉，我们更多的手艺和工业教育教师正在用 LCCE 轻度/中度课程单元的内容去丰富自己所需的就业技能模式。

密歇根州韦恩县和肯特县（韦恩州立大学项目）[1] Wayne and Kent Counties, Michigan (The State University Project)

在密歇根州，LCCE 轻度/中度课程成为了很多学区的关注焦点，特别是在尤提卡（Utica）、马斯基根（Muskegon）、大都会底特律市到韦恩县（metropolitan Detroit-Wayne County）和大激流市到肯特县区（Grand Rapids-Kent County）。韦恩州立大学（Wayne State University）的沙伦·菲尔德博士（Dr. Sharon Field）在 1991 到 1994 年间指导了一个大项目，目的想在密歇根州建立一个与文化有关的、以社会为参照对象的功能课程，该课程用的是 LCCE 轻度/中度课程。有八个学区密切配合韦恩州立大学的教职员工工作。肯特县（Kent county）的学区分别是大激流市（Grand Rapids）、洛威尔（Lowell）、罗克福德（Rockford）和怀俄明（Wyoming），韦恩县的学区分别为蒂尔博（Dearborn）、瑛克斯特（Inkster）、红河（River Rouge）和怀安多特（Wyandotte）。

[1] 本信息由密歇根州大激流市衔接专家琳达·沃特曼（Linda Ortman）提供。

这些学校中的每个教职员工都与这个项目人员展开广泛的合作，然后为各种文化的学生在自己的文化背景里进行现场测试并完善 LCCE 课程的框架、课程计划和评估方法。这要求对课程和人都很敏感，因为人们将这一课程应用于代表每个学区出现的多元化文化、民族、宗教和种族之中。其最终结果是这里大多数学区广泛的实施 LCCE 轻度/中度课程的成果。

瑛克斯特学区(Inkster School District)主要是美国黑人学生。在那里，高中特殊教育的学生正在使用 LCCE 轻度/中度课程。老师们指出，LCCE 轻度/中度课程"帮助实现了一次变革。老师们清楚地看到了学生在行为上、出勤率上以及在对学习的整体态度上有了可喜的变化"(《共鸣板》*The Sounding Board*，1994，p. 12)。部分参与到肯特县学区课程中的有特殊学习和/或行为需求的学生像这样表达了自己的观点：

> 尼娜(Nina)(16 岁)：这种课程很有趣，它教会了你那些在生活中需要了解的东西……现在，我们会在星期一、星期二和星期三去汉堡王(Burger King)那里。我们工作并学习汉堡王是怎样工作的。它教会了我们如何与他人相处。
>
> 托蒂(Toddy)(19 岁)：我们像一个团队那样工作。在这之前，我从没有走出这个社区。
>
> 米歇尔(Michele)(17 岁)：我认为它改变了我们，这很容易理解。就像怎样打扫一样——它真的管用了。我们清理水槽，扫地，拖地和擦桌子。我们以前学习应该用什么工具时，那大多是纸上谈兵，我们真正需要的是书本之后的实践。
>
> 马特(Matt)(17 岁)：我觉得它太棒了。我们在学会洗衣服和怎样洗衣服。我回到家时，我就会懂得怎样去安排自己的钱——怎样去做预算。(Martinez，1991，p. 11)

作为一个怀恩州级项目(Wayne State Project)的子项目，大激流市(Grand Rapids)的肯特衔接中心(the Kent Transition Center，KTC)与肯特中间学区(Kent Intermediate School District)的地方学区展开合作，利用了 LCCE 轻度/中度课程作为主要切入点开发了一种衔接实施模式。图 14.6 说明了 LCCE 课程能力如何覆盖七个方案的成果，这些成果已经被人们认定非常关键，因为它们能够让学生顺利实现衔接而成为负责任的公民和有竞争能力的员工。

其他学校和学区

科罗拉多州(Colorado)有两个引人关注的成就特别值得一提。在科罗拉多的奥罗拉(Aurora)，特殊教育部(Department of Special Education)的奥罗拉公立学校(the Aurora Pubic Schools)利用 LCCE 中度课程完善了该学区选定的普通教育课程以供有中度学习需要的学生使用，并以此来作为小学生的功能范围和学习参照顺序。教师

出：成果

负责任的公民
做出决定并按决定行事的人。自主决定、有积极的核心价值观念，有未来的选择计划，并理解别人的价值观念。

有竞争能力的员工
能够形成并应用未来职业场所竞争性职业所需要的职业技能。

学生衔接过程

课程成果	生涯教育	个人/社会技能	职业准备	职业尝试	独立生存/生活管理能力	竞争性就业	不断跟上形势
单元成果	1. 自我意识 2. 生涯意识 3. 自主决定	1. 一般技能 2. 成人角色(负责) 3. 法律权利(负责) 4. 环境安全	1. 社区基础职业培训 2. 社区基础教学 3. 生涯/技术教育 4. 早期学徒 5. 中等教育准备	1. JTPA(职业培训与伙伴关系法)工作 2. 体验 3. JTPA 实习期	1. 公寓生活 2. 人际关系 3. 社会娱乐 4. 乐于工作 5. 经济计划	1. 支持性就业 2. 常规就业	1. 就业 2. 生活管理
能力	● 确定个人态度和兴致如何导致职业选择 ● 分析劳动市场信息以及各种生涯领域的培训机会 ● 了解并探索可能的职业 ● 选择职业以及制订职业计划 ● 形成个人生涯计划 ● 利用生涯计划贯彻教育和个人目标	● 获得自我意识 ● 获得自信心 ● 习得得体的行为举止 ● 保持良好的人际技能 ● 能够独立行事 ● 做出适当的决定 ● 学会与人沟通	● 遵守安全程序 ● 展示适合的工作行为和习惯 ● 展示充分的身体技能和动手技能 ● 获得具体的职业技能 ● 寻找、找到并保持住工作 ● 在工作环境下展示具体的职业技能	● 提供具体工作技能 ● 培养驾轻就熟的工作能力 ● 贯彻生活技能能力 ● 展示从学校走向工作岗位的衔接	● 管理个人财务 ● 选择并管理住宅 ● 养育子女，负起婚姻责任 ● 照顾个人需要 ● 购买、准备与消费食物 ● 购买与爱惜衣服 ● 展示负责任的公民权 ● 利用娱乐设施 ● 在社区走动	● 利用行业标准的竞争性职业技能	● 不间断竞争性就业反馈 ● 重回生活技能能力 机构携手合作 ● 密歇根康复服务 ● 社区心理健康 ● 肯特(Kent)客服 ● 善意密歇根康复服务

密歇根州康复服务

图 14.6 肯特县衔接执行模式(Kent Transition Implementation Model)

注：1. 能力选自布罗林博士的《以生活为中心的生涯教育课程》；2. 选自肯特县衔接执行模式。版权归密歇根州大激流市肯特县衔接中心所有。转载已获得授权。

们在指定课程内使用了75项LCCE中度课程子能力。每项能力都要教，相关材料都需要，要有参考的时间以及上课前所需学习的若干次社会学习体验。科罗拉多聋盲学校(the Colorado School for the Blind and Deaf)也采用了LCCE轻度/中度课程并且在全国范围内进行了多次展示，呈现了自己实施后的成绩。

《特殊儿童教学》(*Teaching Exceptional Children*)曾经刊载过贝克(J. Beck)等(1994)的报道，贝克曾经根据LCCE轻度/中度课程的能力和子能力设计了一套功能目标和学生目的并在堪萨斯州(Kansas)使用过。具体而言，LCCE轻度/中度课程模式曾经供堪萨斯州(Kansas)劳伦斯(Lawrence)的考德里小学(Cordley Elementary School)小学生使用过。他们发现，给非残障的中小学学生讲授的普通教育课程中包含了许多功能技能，而这些功能技能都已经在LCCE轻度/中度课程之中。因此，当普通教育教授和特殊教育教学携手合作设计适用不同年龄的课程时，LCCE轻度/中度课程的功能技能便融进了课程和教学单元之中。我们已经为小学生设计好了一个强烈的建立在社区基础之上的并且包含了关注焦点的课程，这种课程已将智障人生纳入其中。

在密苏里州，很多学区实施了LCCE轻度/中度课程方法。为了提供一种井然有序、协调一致的循环展示方法，密苏里州的尼克萨(Nixa)R-II学区(the Nixa R-Ⅱ School District)把LCCE中度课程当作自己学校有特殊需求的小学生的功能课程。目前，四个中学层次的特殊教育班级正在使用LCCE轻度课程，而且普通教育学生数学课堂也在使用LCCE轻度课程。按照最初的设计，这个班级采用的是班中之班(特殊/普通教育集体授课)模式。这个班侧重给有特殊学习和/或行为需求的学生提供作为消费者更为实际的体验。开发这个班级的根本原因是考虑到下面一个现实，即，作为一个消费者，这些有特殊学习和/或行为需求的学生需要保持消费者数学技能以备来日派上用场。为了满足这些需求，专门为有特殊学习和/或行为需求的学生开设了这门课程，因为这些学生可能在更传统的消费者数学课堂上遇到困难。学生们在课堂这个小型社会里申请工作，利用闹钟进行考勤，根据工作的小时数计算工资并且自己负责核对账目。有特殊学习和/或行为需求的学生可以被选择出来担任法官、记者、保险理赔、银行出纳员、维修人员或是做其他初级水平的工作。许多LCCE轻度/中度课程能力很自然地融入到了课程的纲要之中。(本信息由密苏里州尼克萨特殊教育教师Terri Chasteen提供。)

在密苏里州的奥罗拉(Aurora)，特殊教育部(Department of Special Education)的奥罗拉R-VIII学校(the Aurora R-VIII Schools)决定把LCCE轻度/中度课程目标作为一种范式用以制订自己ITP的衔接教育近期和远期目标。他们的教职员工为LCCE轻度/中度课程的能力领域定下更具体而又可衡量的目标，如此一来，每一项能力都能在小学期间开展教学。他们之所以采用LCCE轻度/中度课程是因为LCCE轻度/中度课程非常灵活，而且LCCE轻度/中度课程的框架有助于帮助他们确保这样一个结果,那就是,每一位有特殊学习和/或行为需求的学生都有机会培养功能技能,从而能够成功地加入成人社会,接受后中等教育培训、就业和生活。他们发现,LCCE 轻度/中度课程有助于确定有特殊学习和/或行为需求的学生的衔接计划是否有漏洞,有助于确定有特殊学习和/或行为需求的学生从一个阶段进入另一个阶段时教学是否有重复现象发生。在实施的过程中,LCCE 轻度/中度课程的每项子能力的具体目标都被融入到了许多功能领域(如数学、阅读、语言艺术、社会技能、演讲、表达和日常生活技能)之中。此外,每个 IEP/ITP 的近期目标和远期目标旁边还加上一个星号,表明此目标是有特殊学习和/或行为需求的学生的衔接计划中不可或缺的一部分。LCCE 轻度/中度课程矩阵/表格说明 22 项轻度/20 项中度能力和 97 项轻度/75 项中度子能力,这些能力和子能力都作为教育成绩必要的参照指标,纳入了每一个有特殊学习和/或行为需求的学生 ITP 的个人文件包里。

密苏里州特伦登(Trenton)的格蓝迪县(Grundy County)R-LX 学校(R-LX Schools)在自己的学校中切实地实施了 LCCE 轻度/中度课程教学。例如,在亚当斯中学(Adams Middle School),LCCE 轻度/中度课程各项能力融入到了普通教育和特殊教育的课堂之中。普通教育教师发现,LCCE 轻度/中度课程能力/子能力能够让标准课程变得丰富多彩。通过利用 LCCE 轻度/中度课程计划中发现的目标,课堂的内容得到了丰富,同时也将很多关键的功能技能(前面有一节中已经提到过)教给了学生;而特殊教育工作者发现,他们的有特殊学习和/或行为需求的学生更加需要激励,因为学生在这样的课堂中能够看到课堂教学是如何与课外的生活相联系起来的。例如,有一个单元名叫"我们种下一个未来"(We're Growing a Future),这个单元在这个"地球周"(Earth Week)活动里融入了很多 LCCE 轻度课程近期目标。人们认为,对于那些有特殊学习和/或行为需求的学生来说,个人—社会技能领域尤为重要,他们要确保获得这些技能以备成年时在生活和工作中应用。LCCE 轻度/中度课程计划为他们的学生提供了一种指导范式。家长也能迅速接受这种功能方法,因为各位家长知道,有必要把这些关键的能力教给自己的孩子。对于所有相关人员来说,IEP/ITP 都更有意义。(本信息由密苏里州特伦登的常规和特殊课程教师 Dorothy Hanes 和 Louise Reasoner 提供。)

圣路易斯的密苏里盲人学校(the Missouri School for the Blind)改编了 LCCE 轻度/中度课程,供自己学校患有视觉障碍的学生和盲人学生使用。他们惊喜地发现,LCCE 轻度课程只需要稍加修改便可以使用。为了在实施的时候让融合课程的导入过程更容易跟踪,他们把现有的课程与 LCCE 轻度课程的近期目标联系了起来。同样,为了满足有特殊学习和/或行为需求的学生的需要,他们还加入了其他一些近期目标。

密苏里州的其他很多学区都不同程度地把 LCCE 轻度/中度课程教学融入到了自己的课程之中,如 Booneville, Marshall, Higginsville, Joplin, Camdenton, Chillicothe,

North Kansas City，St. Louis，St. Charles 和 Herman 等学区。在明尼苏达州，位于城市和农村的许多学区在不同层次和不同程度上实施了 LCCE 轻度/中度课程计划，其中一些位于 Albany，Brainerd，Crookston，Paynesville，St. Cloud，St. Paul 以及遍布全州各地的其他地区。

台湾：一个国际视角

数年前，布罗林(Brolin)与两位来自彰化师范大学(National Changhua University of Education)的许天威博士(Dr. Tian-way Sheu)和周台杰博士(Dr. Tair-Jye Chou)在一起花费了大量的时间。他们来哥伦比亚的密苏里大学的目的是学习 LCCE 轻度/中度课程体系的复杂之处。后来，周博士和许博士回到了自己的故乡台湾，将大量 LCCE 课程的材料译成了汉语，为真正的实施 LCCE 课程做准备。在台湾的特殊学校里，LCCE 轻度课程已经非常受欢迎。现在，教授们正在对材料进行重编，以实施 LCCE 中度课程计划，来帮助一到十二年级患有认知重度障碍的学生。大量的调查活动帮助他们评估了 LCCE 方法对中国学生的影响(许天威和周台杰，个人资料，1994)。

其他有些国家也一直采用 LCCE 轻度/中度课程，旨在提高有特殊学习和/或行为需求的学生的功能课程和衔接课程成绩。以色列和加拿大很多学校修改了 LCCE 轻度/中度课程计划，以更适合其有特殊学习和/或行为需求的学生。在一年一度的特殊儿童国际会议(International Council for Exceptional Children)上，作者了解到了 LCCE 轻度/中度课程计划的现状。加拿大许多教育工作者要求教职员工将加拿大的货币加入 LCCE 课程教学教材之中。

本章评论

就像前一节例子显示的那样，LCCE 轻度/中度课程正在各个层次和不同教学环境下使用着。这一教育模式的独特优点就是它能适应各种特殊环境和普通教育学生。这个课程和其他课程(如在第二章中明确的那些课程)可用来帮助学区构想和建立必要的功能技能成绩，因为这些功能技能成绩对各种群体的有特殊学习和/或行为需求的学生来说都是十分必要的。

促进所有学生(包括那些需要特殊教育服务的学生)的生涯发展和衔接成功的功能技能课程必须从小学开始，这就是这个领域大多数专家得出的结论。如果教育者受到这方面的培训，那么，将衔接/生涯教育理念和材料整合到不断发展的课程中就不是什么难事了。其实，在这个前提条件下，大多数人会赞同这种方法。如果一个学区的幼儿园到高中毕业的课程中都能够循序渐进，都能将适当的功能/生涯教育教学和亲身体验融入其中的话，那么，到了毕业时，有特殊学习和/或行为需求的学生不是能够独立生活并满意就业就是能够随时从各种各样后中学教育服务机会中获益。

坚实的基础知识和丰富的知识技能对教育的成绩也至关重要,衔接/生涯教育这方法并不贬低这一点。相反,衔接/生涯教育有希望去更加完善它们,因此衔接/生涯教育提供了一个更加功能化的、更加现实的、更加切实可行的成分去激发有特殊学习和/或行为需求的学生,让他们注意到所有课程的重要性,取得更高水平的学业成绩,避免辍学,并获得成功的成人生活。通过把传统的方法与大量功能技能/生涯发展相结合,我们便为有特殊学习和/或行为需求的学生提供了一套完整和适宜的教育/衔接计划,因此,对于这项计划的潜力,教育者应该保持乐观。

活动

1. 如果你自己的有特殊学习和/或有特殊行为需要的学生要培养出适当的个人工作个性,以便获得毕业后成功所需要的态度、行为和技能,那么,根据你对衔接/生涯发展过程和必须掌握的功能技能的理解,请确认一下,你认为小学、中学(初中和高中)以及中学后必须实现哪些功能/生涯教育目标/改革?

2. 确认一下,在取得上述目标成绩过程中,你会如何消解自己很可能会遇到的来自各方的阻力?

教育体制方面

- 不愿改变
- 官僚本性
- 政策刻板
- 标准课程
- 教职员工发展时间有限
- 优先事项多和压力多
- 日程安排
- 毕业要求
- 交通费用
- 老师休息时间缺乏
- 给教职员工和其他资源准备的资金问题
- 做所有必需的事的时间
- 雇佣政策
- 学校的教育目标
- 课程重点(内容)和效果
- 范围和次序

教育工作人员方面

- 教师的职业方向

- 不愿改变
- 缺乏合适的培训和信息
- 态度问题
- 尽量满足不同学生的需求问题
- 工作过度
- 额外努力回报极少和认可极少
- 缺乏信任
- 缺乏支持
- 担心看起来能力不足
- 山头主义(turfsmanship)
- 以往的失败经历

家长方面

- 参与时间有限
- 无法开展活动
- 家庭破裂
- 对专业人员的不信任
- 感到教育是学校的责任
- 其他责任和问题太多
- 缺乏培训
- 不感兴趣
- 对未来不抱希望
- 护短
- 对自己孩子的能力想法不切实际
- 希望自己孩子像其他所有人一样接受教育

机构方面

- 职业竞争
- 山头主义(turfsmanship)
- 理论差异
- 行政障碍
- 客户太多
- 缺乏知识和培训
- 角色和责任不明确
- 以往的失败经历
- 不愿意改变
- 不愿意分享

- 担心学校/家长期望一些不可能的事
- 资金有限
- 期望学校多做一些工作

雇主方面

- 错误观念
- 观点差异
- 学习自己的语言
- 理解工作世界
- 自己的贡献不明确

学生方面

- 害怕失败和遭拒绝
- 受到溺爱
- 来自父母和其他人的压力
- 缺乏正常的经验
- 学习特性
- 期望脱离现实
- 决策问题
- 工作经验有限
- 缺乏远大理想
- 注重学业技能而非功能技能

第十五章 衔接教育关键问题及未来发展方向

先行思考题

1. 关于对有特殊学习和/或行为需求的学生实施职业培训或功能技能培养方面的关键性问题有哪些?

2. “新瓶装陈酒”(old wine in new bottles)与新的教育理念或教育术语相联系时,有何内涵?

3. 有哪些问题和需求会阻碍衔接教育/生涯教育方法的贯彻实施?

4. 为什么教育机构改变如此艰难?

5. 解释术语机械式官僚体制(machine bureaucracy)、专业式官僚体制(professional bureaucracy)和临时委员管理体制(adhocracy),并解释它们与教育改革之间的关系。

6. “改革越多,越一成不变。”究竟是什么意思?

7. 个性化教育方案(IEP)的研究有何新发现?

8. 既然教育面临着如此多元化问题,那么怎样才能将所有学生都纳入主流教育之中?

9. 教育改革过程中障碍重重,你有什么高见来克服这些障碍?

10. 启动了衔接教育方案之后,关于有特殊学习和/或行为需求的学生最出色的做法和毕业后取得的实效我们了解多少?

本章概述

全书我们都明确指出由于存在各方面妨碍教育改革的阻

力，至关重要的功能型课程的革新很难实施完成，这些阻力主要来自于官僚机构、教育委员会、部分管理者、教师及其他学校职员，还有家庭、服务部门、雇主，甚至是有特殊学习和/或行为需求的学生他们本人。

本教材的旧版出版发行距今快十个年头了，更加不同寻常的是，眼下我们已经跨入了新千年。旧版在即将迈入 21 世纪之际讨论了有关衔接教育（transition education）/生涯教育（career transition education）概念的一些热点和未来的发展动向问题。此后，对于该书所倡导的设置衔接功能型课程的教育方式，全社会作出了什么反应？有特殊学习和/或行为需求的学生是否已经掌握了足够的功能技能来适应从学校到毕业后培训的衔接或者是从学校回到社会工作、社区生活的过渡？在过去十年里，全国成千上万的提供特殊教育的学校里是否采取了重要变革来提高衔接教育的效果和学生的生活质量？

由于有必要继续讨论旧版本中已经提及的问题，本章赘述了一些同样的问题。当然本章并不试图总揽有关有特殊学习和/或行为需求的学生接受衔接教育的所有重要问题，而是把重点放在与本书相关的话题上并且评价了新旧世纪之交以来所取得的进步。在讨论相关热点之后，还论及了一些问题并提出了可能的相应的解决方案。我特别感谢我的亲密的同事、朋友米歇尔·布里斯博士（Michael Bullis），承蒙他鼎力相助，最后一章才顺利完成，几十年来他孜孜不倦地为衔接教育/生涯教育理念的发展作出了卓越的贡献。

本章瞭望

作者简介：米歇尔·布里斯（Michael Bullis），博士，俄勒冈大学教育学院的特殊教育教授；米歇尔·布里斯，博士，特殊教育、康复领域多产的作家和重磅研究人员。

奇怪的是，我思考本章前言该说些什么时，我的思绪却不由得追溯到了我 20 年前在俄勒冈大学攻读博士学位的岁月。也是在那里，很大程度上铸就我的职业定位。攻读博士期间，我有幸结识众多优秀专业人才并同他们一起学习，通过聆听讲授、刻苦钻研，两大主题深深植根于我脑海。以下便是这两大主题：

● 我们的研究领域建立在我们必须清楚认识的广阔的社会背景下，因为该背景或多或少地会影响到我们的专业学术活动。仅仅十多年的光景，有了“衔接教育”（transition）这个词眼及相应的内涵；电脑跟汽车一样普通；我们的经济开始不稳定；孩子们会持枪到校向老师和其他同学开枪；就在我挥笔写下这些时，我们的国家正在中东濒临卷入战争的漩涡。所有这一切变化对于我们的专业研究和实践意味着什么呢？而且理解和把握这些社会因素远远超出了教育领域和校舍四壁的狭隘视野，延伸到了更为广阔的社会科学的领域。

● 我们应当极度蔑视平庸之举，并对貌似真理的断言持明智的怀疑态度。在某种程度上，我们的专业活动影响到我们服务的有特殊需要的人的生活，影响越来越多的正跨入我们的行业领域年轻一代的专业人士的发展，因此，作为在特殊教育(special education)、康复教育(rehabilitation)和衔接教育(transition)领域的教育人员、研究人员、服务人员及决策人员的所作所为至关重要，关系到当前盛行的正确的政治方向和"月份干预"(the intervention of the month)。而且，我们应该在确立目标时目光远大，而归纳结论时谨慎稳健。

我逐渐领会到的另一个非常重要的观点源于与我的博士导师菲利普·布朗宁博士(Dr Philip Browning)的多次获益匪浅的交谈。菲利普·布朗宁博士现任奥本大学(Auburn University)康复和特殊教育系的系主任(Chair of the Rehabilitation and Special Education)。菲利普给我印象很深，他让我意识到，在研究议事日程上，必须展望该领域十年后发展到何种程度，并且要远见卓识地将它描绘出来。这一观点也正好契合于我此次简明扼要的叙述中的任务。

现在，难道我真的很清楚将来的发展前景吗？如果我真的清楚的话，我早就退休了，会幸福而富足地生活在一个热带岛屿上，学会了打高尔夫球中的高球(pitch shots)，每一球都飞得特别高而落地却非常精确，还会在钓鱼线上系乌黑的苍蝇，每一次抛线都会稳钓一尾鲑鱼。然而，我仍然将对未来做些对我来说非常有意义的展望。

现代生活中，学龄儿童和青少年一直接触着大量来自电视、电影、音乐和互联网的各种信息的轰炸。不用说，接触这些信息对青少年的成长的影响不全是积极而正面的。所有这些轰炸式的信息，还有居高不下的离婚率、美国各家庭可支配收入的下降以及伴随而来的物价的飞涨等重要因素导致了青少年高危险行为的明显增加，这些高危险行为主要体现在12岁至17岁年龄段的青少年身上。保守估计表明，每四个青少年中就有一个有或将有下列行为的危险：辍学、刑事犯罪、酗酒、吸毒成瘾、建立危险的性关系[多诺凡和杰瑟尔(Donovan & Jessor, 1985)；德莱富斯(Dryfoos, 1990)]。而且，在这些高危险人群中，可能有相当数量的青少年(因某种原因)没有受过特殊教育，因而没有接受任何衔接教育服务，尽管他们在这方面有明显的需求(Bullis, Yovanoff, Muelle & Havel, 2002)。

实事求是地讲，没有任何干预力量——不管它是多么强大——可能会对这大多数可能或至少说来应该(我们通常不愿承认的事实是他们在接受衔接教育服务前就已经辍学了)接受衔接教育的年轻人产生效果。当我们与今天的学子们携手迎接挑战的时候，我们必须铭记这些事实，我们只是短时间内接触到这些年轻人；而且很好理解，同时也很遗憾，我们对他们实施的干预策略也是短期性的。因此，我们相当部分的工作应当集中到为这些年轻人建立广泛的走出校门，融入社会的社会服务网络。另外，考虑到众多年轻人面临的大量问题的严重性，我们将干预策略概念化时，应当以数月或许数年的时间段内进行规划而不是简单地在几天、几星期内谈干预策略。

当今社会比起从前要复杂得多，以前还会有家庭作坊式的工作，而现在任何一个辍学的青少年不可能确保找到一份高薪水而又无需复杂专业技能的工作。通常青少年所能获取的不需专业技能的工作都没有前途，工资极低，更不可能通过这些工作圆“美国梦”。因此我们必须面临的挑战便是研究出创新的方法以教会学习者们掌握当今就业市场上所需要的各种技能，而这些学习者在掌握基础学业概念方面可能会有困难。

与此相关，普遍认为对有特殊需求的青少年来说具有竞争性的工作经历是衔接性培养计划的极为重要的组成部分。然而每次当我就该话题在全国各地演讲的时候，听众当中总会有人强调说他或她的管理者根本不会允许他们或他们的学生走出学校找一份社区工作或在社会上找份工作。在我个人看来这是一个主要的绊脚石，我们必须设法解决，而且一定能够解决。何况随着我们的经济进一步衰退，工作也越来越匮乏，我们的学生将来还有什么样的就业机会？我们又怎样能吸引雇主们与我们携手合作给孩子们提供工作机会呢？

最后，我在我们的领域已经工作了 20 年，事实上，在这 20 年之后，我们的领域才形成目前的“衔接教育”这个名称，令我越来越失望的是我们的实践缺乏科学基础。我曾担任《特殊个人职业发展》(*Career Development for Exceptional Individuals*)的编辑，也是我们这个专业领域其他相关杂志的编委会成员，并作为一名州级和国家级资助项目评审员(a grant proposal reviewer)。我非常关注在衔接教育问题(transition issues)上的研究的不足，尤其是高质量的研究，无论是在质量上还是在数量上都严重匮乏。我经常告诉我们的博士生，由于在很多方面公共教育实践上的限制与科研程序相悖(譬如，随意布置作业分析处理或随意控制条件)，学校极不适宜进行严格的科学研究。然而，我们的研究不能因为这些困难就停滞不前，不能因为这些困难就不实施创新的举措和方法进行衔接教育实践研究。

我们必须仔细研究我们经常听到他人所谈论的、专业杂志上所登载的，以及本书所呈现的许多精彩的理念。我们一旦肯定所提出的理念实际上有足够的优点可以在身患残障的青少年身上落实，我们就必须竭力优化这些做法，并将之精心梳理，打造为最简单、最行之有效的形式。我越来越相信，通过利用外界资金的资助，利用大量研究生的优势，还有利用与典型教育环境无直接联系的其他专业人士的帮助，创立复杂的干预策略并不是件难事。真正的卓越在于创造出简单、实用，而且行之有效的干预策略，这种干预策略无需像我这样的人士就可以长期坚持下去。

结语时，我得承认，我所真正了解的事实是，衔接教育领域内有很多优秀人士，他们都正在竭尽全力帮助我们社会里一些最脆弱的青少年，帮助他们最大限度地开发自己的潜能。我衷心地祝愿大家未来行好运——我迫不及待地想看到你们所创造的灿烂未来的真实模样。

参考文献：

Bullis, M. Yovanoff, P., Mueller, G., & Havel, E. (2002). Life on the "outs"-Examination of the facility-to-community transition of incarnated adolescents. *Exceptional Children*, 69, 7—22.

Donovan, J. & Jessor, R. (1985). Structure of problem behavior in indolence and young adulthood. *Journal of Consulting and Clinical Psychology*, 53, 890—904.

Dryfoos, J. (1990). *Adolescents at risk*. New York: Oxford Universality Press.

衔接教育关键问题

很多关键问题都不可避免地对学区（school district）内改革方案的提出和实施产生很大的影响，诸如：融合教育（inclusion）、资金、课程安排、评估、提供足够的以社区为基础的教育、文凭的授予（the awarding of diplomas）及特殊教育的学校职员向咨询型人员角色的转变等都是典型的例子。尽管这些问题都很重要，但是本节着重聚焦在与本书倡导的生涯教育方法（career education approach）密切相关的问题上。有些问题已经为西特林顿（Sitlington）、克拉克（Clark）和科尔斯多（Kolstoe）确立并讨论过，所以本书将对此进行扼要的评述。

西特林顿、克拉克和科尔斯多确认的衔接教育中几个关键问题

在这里简单回顾由西特林顿、克拉克和科尔斯多确认并论述过的几个主要的有关衔接教育的问题。

西特林顿、克拉克和科尔斯多 2000 年出版了一部优秀课本，这本书名叫《残障青少年衔接教育与服务》（*Transition Education and Services for Adolescents with*

Disabilities)，书中西特林顿、克拉克和科尔斯多提出了四个重要问题，他们一致认为，如果要想有效实施针对有特殊学习和/或行为需要的学生启动的衔接课程方案和功能型课程设置计划，那么这四个问题便亟待解决。下面，我们来谈谈西特林顿、克拉克和科尔斯多各自对每个问题所持的观点。

● 问题一：*通常，人们将生活技能教育(life-skills education)和融合教育运动(the inclusive education movement)为不同的教育方法*。确保所有学生(包括有特殊学习和/或行为需求的学生)都能接受这样的教育，即，这种教育为他们毕业后的生活做了充分准备，让他们毕业后能够参与到后中学教育、走上工作岗位或者融入社区生活，并能够在有人支持或者无人支持的情况下过上有一定质量的生活。

今天，越来越多的教育者认为，只要普通教育的课堂教学成为最小环境限制(the least restrictive environment，LRE)，那么，所有有特殊学习和/或行为需求的学生都能从中受益而且应该参与到其中去。因此，只要最小环境限制(LRE)由学生本人及其个性化教育方案(IEP)/个性化衔接教育方案(ITP)委员会决定，那么，实践上生活技能教育(life-skills education)和融合教育运动(the inclusive education movement)并无区别。

很多学生都需要接受生活技能教育从而能顺利地适应社会。以生活为中心的生涯教育轻度/中度课程(the LCCE Mild/Moderate Curriculum)的衔接行动计划(Transition Action Plan，TAP)或者是学区衔接教育计划必须确保所提供的所有教育服务要涵盖适当的生活技能指导性活动，包括中等水平的普通教育内容。最为重要的是，对于有特殊学习和/或行为需求的学生来说，应该根据个性化课程的发展情况决定开展那些生活技能指导。具体地说，学生们通过展示出自己的兴趣和需求来形成自己的个性化教育方案(IEP)或者个性化衔接教育方案(ITP)，进而和自己的团队一道共同制订适当的教育/衔接教育计划目标(appropriate educational/transitional program goals)。

● 问题二：*对残障人衔接教育需求的评价及其在州内、学区内评价中的参与情况往往带有偶然性*。

尽管两种评价都与需要特殊教育的学生的总体方案(the overall program)有关，而这两种评价又各自独立，但是这两种考核的确有助于针对各年龄段的总体教育规划。按照1997年《残障人教育法》(*Individuals with Disabilities Education Act*，*IDEA*)中的规定，残障学生以及个性化教育方案(IEP)或者个性化衔接教育方案(ITP)小组可以决定自己不适合参加州内或者学区的考核。当然，由于《残障人教育法》(IDEA)的要求，这些学生毕业离校前要接受更多的功能衔接考核(functional transitional assessment)，因此，即使这样也不会免除学生的毕业考试。学生们的生活技能成绩个人档案(life-skills performance portfolios)表明有多少学区达到了规定。通常说来，学生们应该已掌握了较高程度的生活技能。《残障人教育法》要求有轻度特殊学习和/或行为需求的学生接受这种考核，或者在考核方面根据需要有所修改。很多州要求学生通过这类考核才能获得普通教育文凭（the general education diploma），而其他州则对那些虽然生活技能考试不合格但修完了功能/职业课程的学生颁发职业学习文凭（occupational diploma）。因此，这两类考核制度的关系就取决于有特殊学习和/或行为需求的学生的个性化方案（personalized program）的完成情况而定。

● 问题三：*最低能力测试及其测试标准可能会对残障学生毕业证书类型产生负面影响*。对于问题二的反应直接关系到毕业证书类型。多年来，各学区就采取何种最标准化的方式（the most normalized approach）来认定学生学业的完成问题，一直不知如何是好。随着职业学习文凭的出现，一些学区提供三种文凭形式供选择：普通文凭（the regular diploma），以及个性化教育方案（IEP）学业证书和个性化衔接教育方案（ITP）学业证书，后两种学业证书作为传统提供的文凭颁发。由于 1997 年的《残障人教育法》（IDEA）推动残障学生的融合教育后，当今这个问题更显得息息相关。中等教育阶段对学生来说至关重要，因为学生要在该阶段掌握功能技能和行为以便顺利适应成人社会生活以及日后的职业。学生在中学阶段所学的每一门普通教育课程（general education course）和特殊教育课程（special education course）都肯定有益于增强他们的适应能力。对大多数学生来说，就要求设置某些专业课程（无论普通教育课程还是特殊教育课程），这些课程侧重于功能课程领域，而这些功能课程领域将会有针对性地培养学生日后良好的适应能力。如果学区没有把这些功能技能融入所有课程之中，而指望学生达到相同的能力标准，那么，我个人认为失学率甚至会上升得更快，而且将有损过去 30 年来特殊教育领域内所取得的种种成绩。当然，这并不意味着应当继续隔离特殊教育学生，而是说学区的衔接性教育方案必须保证州教学标准与功能课程大纲之间的关系非常密切，例如，1990 年克拉克和寇斯透所著的《校本生涯发展和过度教育模式》（*School-Based Career Development and Transition Model*），1997 年布罗林和洛依德所著的《以生活为中心的生涯教育轻度/中度课程方案》（*LCCE Mild/Moderate Curriculum Program*）以及 1993 年克罗宁和巴顿所著的《成人的天地》（*Domains of Adulthood*）等。

有些学区将自己的州标准（state standards）与生活技能课程目标（life-skills curricula goals）联系起来，因此，他们容许有特殊学习和/或行为需要的学生获得能够让自己在能力考试（the competency test）中取得好成绩的能力，这样，他们既能掌握必要的生活技能又取得正式的文凭。再强调一次，最关键的是，在制订适当的个性化方案（an appropriate personalized program）过程中，要让有特殊学习和/或行为需要的学生主导自己的个性化教育方案（IEP）/个性化衔接教育方案（ITP）制订小组。

● 问题四：*在许多个性化教育方案（IEP）中，衔接教育和服务问题依然是附加项目*。尽管 1997 年《残障人教育法》（*Individuals with Disabilities Education Act*，*IDEA*）法定，所有年龄 14 岁或 14 岁以上有特殊学习和/或行为需要的学生必须在制订个性化教育方案（IEP）或者个性化衔接教育方案（ITP）时考虑自己的兴趣和需求，但是，很多地区至今依然没有将合适的衔接教育目标（appropriate transition goals/objectives）纳入自己的计划。造成缺乏这种合适的衔接教育目标的原因可能有如下几个方面：(1) 很多地区缺乏洞见（scope），也没有系统的特殊教育课程；(2) 不少地区将融合教育课程/功能课程融入了普通教育课程；(3) 在制订适当的衔接教育和服务过程中，相关学生以及自己的个性化教育方案（IEP）或者个性化衔接教育方案（ITP）小组没有获得功能衔接教育考核信息。因此，我们建议各学区建立衔接教育方案（包括个性化教育方案）来发展衔接教育和完善衔接教育服务，这样将有助于确保，适当的衔接教育目标有机地融入有特殊学习和/或行为需要的学生的个性化教育方案（IEP）或者个性化衔接教育方案（ITP）。

- 问题五：*通常没有向学生提供自我决策的正式培训*。很多有特殊学习和/或行为需要的学生到毕业离校时依然没有掌握从事自我决策活动（self-determination activities）的关键技能（critical skills）。这项决策活动能力包括以下几个方面：管理个人的事务（personal affairs），树立并实现合适的目标（appropriate goals），独立规范自己的行为（regulate behavior independently）。虽然已经有越来越多的报道说向有特殊学习和/或行为需要的学生提供自我决策教育极为重要，并指出这已经日益成为这些学生教育中的重要组成部分，然而许多学区并没有将自我决策课程融入普通教育课程或特殊教育课程之中。学生自我决策有一个不可分割的环节，这个环节便是，学生自己能够不受家庭或其他赞助机构（support services）的影响独立地做出明智的决定。我们坚信，自我决策是有特殊学习和/或行为需要的学生需要掌握的最为关键的技能之一，他们只有具备了这种能力，才可能在参加后中等教育培训顺利过关，接着找到工作，保住饭碗，在社会上过较高质量的生活，顺利地实现成年人的目标。有些有特殊学习和/或行为需求的学生的权利已经被转移到给予他们支持的源头（advocacy source），对于这些学生来说，也应当给他们提供一切机会，让他们参与到所有与自身生活质量相关的活动的决策之中。

> “目睹了为期整整一个周期的对衔接教育的关注，又对以前人们对衔接教育的关注几个周期做了研究后，我无法摆脱一个痛苦的想法（*a gnawing thought*）：即，我们今天的有些年轻人的生活或许跟15年前的同龄人一样差，甚至还不及他们15年前的同龄人。”
>
> ［斯曼斯基（Szymanski），1994，p. 402］

前一版本中提出的衔接教育中的重要问题

本书的前一版本中提出了一些重大问题，这些重大问题对衔接/生涯教育方法

(transition/career education approach)的顺利实施至关重要,因为这种衔接/生涯教育方法能给功能技能指导(functional skills instruction)和衔接服务(transition services)的处理提供一套机制。下面我们将重温这些当今尤显重要的几个问题。

衔接的定义

我们从事的领域很擅长做无谓的重复(reinvent the wheel),擅长对以前的术语和概念重新命名,即所谓的"新瓶装陈酒"。譬如,这些年来,我们改变了对于一些残障的定义,有些政府机构也换了名称,不少专业组织也有类似做法。有人不禁要问,是否我们这个领域正面临身份危机(identity crisis)?

在蒸蒸日上的 20 世纪 70 年代期间到进入 20 世纪 80 年代,"生涯教育"(career education)是颇为流行的教育改革术语(education reform term)。但是,新任的联邦官员和政治家们要清除前任的影响,确立自己的话语风格,所以他们便除旧布新,另起炉灶。于是,近来的一些术语,诸如衔接教育(transition)、自我决策(self-determination)和融合(inclusion)等便闪亮登场,并自 20 世纪 90 年代起获得鼎力推广而一直沿用到新千年。新世纪初,可能我们仍要做好心理准备,准备迎接更炫的新词,而推出这些新词的人正是那些决定教育有特殊学习和/或行为需要的学生领域的语言和发展方向的人物。

"改革越多,越一成不变!"(*The more change, the more they stay the same*!)

(Roessler, Shearin & Williams, 1993)

无论我们使用何种术语(生涯教育、衔接教育、生活技能教育、功能技能教育、职业教育、融合教育、生活质量教育、自我决策、工作本位学习),本质上或者说我们希望谈论的却是相同的主要教育目标,即,培养有特殊学习和/或行为需求的学生,让他们能够在社会中成功地生活、与人交往(interact)和工作。

"衔接"(transition)这个术语恰如其分地反映了这个主要教育目标,因为"衔接"确认了要集中精力,强调培养阶段的投入的方向,让学生能够为未来的工作做好准备,同时也为未来从事没有报酬的生产性的工作活动做准备,即,学生日后必须能胜任家庭、社区服务事业和职业兴趣方面的工作和活动。衔接教育(transition education)或生涯教育(career education)反映了这本教材的教育重心,那就是,帮助每一个有特殊学习和/或行为需求的学生获得满意的职业生涯和生活方式。与"生活质量"(quality of life)、"职业教育"(vocational education)、和"自我决策"(self-determination)等重结果的术语所不同的是,衔接教育或生涯教育是利用具备详细重点的教育干预(educational intervention)策略来培养有特殊学习和/或行为需求的学生,让他们成功地获得衔接期需要的能力，过上较高质量的生活，成为有自我决策、能够独立生活的个体。而且，衔接教育要求融合教育（inclusion），要求全体人员的参与，既要有职业教育工作者的积极参与，也要有特殊教育工作者的积极参与，还要有普通教育工作者的积极参与。

通常，人们以如下三观点之一来理解衔接/生涯教育：

1. 职业教育（vocational education）的扩展；
2. 为扮演各种成人角色做准备；
3. 培养有特殊学习和/或行为需求的学生适应履行有效工作所需要的各种职业角色、环境和事件，这种培养有助于他们成为完全能动性的个人。

后一种观点已经为“特殊儿童理事会”（CEC）采纳，该理事会是“生涯发展和衔接教育分会”（Division of Career Development and Transition），“生涯发展和衔接教育分会”曾颁布一份政策性文件（policy paper）（Halpern，1994），该文件中含有以适应生活、工作为中心的（work-focused transition）的过渡教育定义。

> 衔接（transition）指一种身份的变化，即，从主要作为一名学生的行为到在社会中扮演各种自然发生的成人角色的变化。这些成人角色涉及就业、接受后中学教育（pos-secondary education）、养家糊口（maintaining a home）、适当地参与社会活动、体验满意的个人和社会人际关系等各个方面。增强学生衔接期能力的过程需要学校的教育培养课程、成人机构服务和社会内部的自然支持等各方面的积极参与和携手合作。小学和中学阶段就应该在广义的生涯发展概念引导下为衔接教育打下坚实的基础。对孩子们实施衔接教育的计划不应该晚于14岁，应当鼓励学生尽可能地发挥出自己的能力，最大限度地承担执行该计划的责任。（第117页）

以生活为中心（life-centered）、工作为导向（work-oriented）的观点已经为“以生活为中心的生涯教育轻度/中度课程”（the Life Centered Career Education Mild/Moderate Curriculum）所采纳，因为它重点培养有特殊学习和/或行为需求的学生能承担负责任的成年人在家庭、社区及业余等方面承担的有报酬和许多没有报酬的各种工作。该观点包含着一个重要的内在理念，那就是，即使处于失业阶段，有特殊学习和/或行为需求的学生仍然感到自己对于家庭和社会的价值，因为他们会在家中从事富有成效的活动，参加志愿工作及其他社区活动，积极投身于业余爱好和其他有益的活动。

变化的新千年

衔接教育/生涯教育概念已经融入当前一些概念化的术语之中，例如：融合

(inclusion)、功能技能(functional skills)、生活技能(life skills)和自我决策(self-determination),有的甚至反映在更广义的职业教育的观点之中。哈尔彭(Halpern,1993)提出了"生活质量"(quality of life)这个概念,并认为此概念很适合作为一个概念框架来评估衔接教育成果和相关的三个方面,即,身体健康和幸福(physical and material well-being)、成人角色的履行(performance of personal roles)和个人价值的实现(personal fulfillment),多年来,"生活质量"这一概念得到了广泛的传播。

由于官僚体制的存在,这一领域总会有层出不穷的新术语和新优先事项(priorities)。现在,教育领导者和决策者只需要再向前迈出一步,为贯彻自己的主张在这一领域内提出具体的指导方针、发展方向和实施方法即可。

授课方式(instructional delivery)

与衔接教育/生涯教育的授课方式相关的问题有很多,下面是一些关键问题:

1. *衔接教育/生涯教育应该是独立的教育规划还是应融入普通教育课程之中?*

很多教育工作者视衔接教育/生涯教育为独立的课程,认为应该每天为有特殊学习和/或行为需要的学生上一小时课。另一种更为合理的衔接教育的观点是,衔接教育应该自始至终融入学校教育之中,即,融入从幼儿园至十二年级(K-12)的普通教育课程之中,与此相关的所有学校人员都应该调整自己的课程内容,使之包括一定程度的衔接教育/生涯教育内容。尽管将衔接教育/生涯教育发展成为独立的一门课程可能更容易,但是,最可取的方式是将衔接教育/生涯教育概念和相关材料普遍地融入学校、家庭和社会环境之中。

2. *需要教授哪些功能生活技能?*

本书就该问题提出了几种功能课程和功能资料并提供了一定方针。就"以生活为中心的生涯教育轻度/中度课程"(the Life Centered Career Education Mild/Moderate Curriculum)来说,全国上下有很多学区采纳了该课程提出的 22 项或 20 项技能(competency)。部分学区还根据有特殊学习和/或行为需要的学生的特征和本学区的具体情况拓展了这张技能或次级技能(sub-competency)一览表。重要的是,大部分的功能技能已获得确认,而且很多普通教育课程和特殊教育课程中的功能技能已经不同程度地正在得到解决。每个学区都有责任决定自己将如何满足衔接教育的需要。当今,随着我们对很多社会问题的深切关注,譬如,犯罪、暴力、吸毒、性教育或性生活方式、性传播的疾病、获得性免疫缺陷综合征(acquired immune deficiency syndrome,AIDS,即艾滋病)等,本世纪将要求全社会前所未有地更加关注这些问题。

3. *在教授功能生活技能方面应该安排多少课程?*

如果想让有特殊学习和/或行为需要的学生真正学会并掌握这些功能技能,就必须分配相当一部分时间来教授功能技能。当今社会面临着众多的压力,因此,要满足这么多的教育需求不是件容易的事情。要采用衔接教育/生涯教育的方法，就需要将功能技能教学融入所有现存的实际课程、家庭作业和社区环境之中。衔接教育/生涯教育势必构成学校教学内容的重头戏，必将始终贯穿于学校教学内容之中。衔接教育/生涯教育的方法会加强对于所有在融合班级中学习的有特殊学习和/或行为需要的学生的同化，提高这些学生的学习成绩，因为衔接教育/生涯教育教学方法与现实世界和实践经验息息相关。要切记的是，许多被倡导的、认为对于有特殊学习和/或行为需要的学生来说必不可少的大部分衔接/生涯发展内容现在正在不同程度地向广大学生传授。

功能技能教学只有在融合教学环境(inclusive settings)中才能得到充分地提供吗?

4. *衔接生涯或生涯教育有助于还是妨碍了融合教学行动(inclusive efforts)?*

衔接生涯或生涯教育能有效地促进有特殊学习和/或行为需要的学生融入普通教育课堂之中。如果知识传授与现实世界密切联系并且有亲身体验(hands-on experiences)时，大多数有特殊学习和/或行为需要的学生就能达到最佳学习效果。衔接教育/生涯教育能够融入于所有的课堂教学并能针对所有学生，这对于普通教育工作者来说是一个很重要的卖点(selling point)。因此，衔接教育/生涯教育方式是成功实施融合教育的一种手段。尽管融合教育很重要，但是融合教育仍然需要各种各样的校外生态环境，因为这些校外生态环境可向学生提供成人适应调整期内所需要的各种指导和经验。

5. *如何处理当前各门课程、各种资料和不同的教学方法?*

衔接教育/生涯教育要求所有的教育工作者认真审视他们所从事的工作，并考虑怎样能够修订所开设的实质性课程(content area courses)，在资料方面如何能够增减，以及如何能够增加一些其他教学方法以达到使衔接教育/生涯教育更具有功能性。然而，这并不意味着要求全盘放弃现行的实践做法，而是说衔接教育/生涯教育使基础技能课程要更具有关联性(relevance)，衔接教育/生涯教育要求有更加民主的教学氛围。衔接教育/生涯教育并不是有特殊学习和/或行为需要的学生应该接受的唯一的教育方式，但是，衔接教育/生涯教育应该成为整个基础课程(the entire basic curriculum)中非常重要的组成部分。各学区必须制订出更加系统的、更具综合性的衔接教育行动计划(transition action plans，TAP)以保证所有核心课程、教学资料和课堂教学能够在有效的理解范围内循序渐进的实施。

变化的新千年——谁之责?

有证据表明，很多普通教育工作者正在进行常规教学实践改革，他们在课程中注入了更加富有情趣的现实生活内容和各种活动，包括更多以社区为基础的(community-based)实践经验。例如，1994 年 1 月的一次国内电视新闻采访中，记者采访了进入1994 年度国家教师年度奖(the Teacher of the Year award)角逐的四位决赛选手，当问及他们认为自己因为什么被提名获此大奖时，四个人的回答都提到他们的创新实践，他们都把衔接教育/生涯教育作为自己创新实践的亮点(highlight)。近来，其他一些电视节目和专业杂志文章也都谈到衔接教育/生涯教育实践，因为全国有很多学区正在开展衔接教育/生涯教育，正在把衔接教育/生涯教育奉为学校创新项目和实践。在很多更为优秀的、不囿于教育有特殊学习和/或行为需要的学生常规教学方法的学校里，衔接教育/生涯教育法已经成了很受追捧的做法。近来，刚通过的《学校到工作机会法案》(*School-to-Work Opportunities Act*)也很好地印证了衔接教育/生涯教育方法的巨大影响力。

"既然融合教育(inclusion)显然在应对各种各样学生需求时困难重重，那么，融合教育怎样大幅度地解决呈上升趋势的学生多元性问题?"

(*Fuchs* & *Fuchs*, 1994, p. 302)

尽管很多普通教育工作者仍然将衔接教育/生涯教育为视一门单独的课程，但不积极上进的教育工作者已经将其概念和资料融入或者整合进自己的学术取向课程(academic-oriented course)之中。不过，还需要进一步强调的是，应当将衔接教育/生涯教育视作基础技能大纲及其课程中不可分割的组成部分。过去的 35 年里，我们在此方面已经取得了一些积极的进展，但仍需作出进一步努力。

如果要把强化了的衔接教育行动转变为融合教育行动，那还需要进一步对这些有特殊学习和/或行为需要的学生提供合适的教学服务方案。然而，正如富齐斯和富齐斯(Fuchs & Fuchs, 1994)指出的，如何才能实现这一目的，人们都切实关注，因为衔接教育/生涯教育方法是实现此目的一种手段。故此，应当将衔接教育/生涯教育看作对融合教育作出最重要贡献的尝试方法之一。

衔接教育/生涯教育的责任

应由谁负责实施推广衔接教育/生涯教育？就有特殊学习和/或行为需要的学生而言，衔接教育/生涯教育方法，个性化教育方案(IEP)/个性化衔接教育方案(ITP)都清楚地说明，三者都对这些学生负有责任。随着特殊教育工作者作为资源专家和帮助行家的角色的不断变化，我们应当更多地关注各种可靠力量的联盟(诸如家庭、雇主、代理机构和社区为基础的实践经验)，从而增强对有特殊学习和/或行为需要的学生而言所共同承担的义务，更好地满足这些学生的需要。随着更多有特殊学习和/或行为需要的学生进入普通教育课堂接受教育服务，特殊教育工作者可以丰富这些学生的衔接教育经验，因为特殊教育工作者可以帮助从事普通教育工作的教师建立衔接教育/生涯教育理念，建立相关资料和社区资源，因为这些理念、资料和资源会有益于班上其他学生。

"我们希望教师彼此之间保持什么样的关系？各自为政的孤军奋战者，自己领域的山头主义者,还是携手合作的战友?”

[史密斯(F. Smith),1989,p. 358]

从事普通教育和特殊教育的教师都有责任实施衔接教育。遗憾的是,教师之间的合作并不常见。大多数学校里,从事普通教育的教师和从事特殊教育的教师往往各行其是,各备各的课、各备各的资料,独立解决教学、课程设置和管理方面的问题(英格尔 Inger,1993)。显然,如果衔接教育要取得实质性的进展,必须营造一个相互合作的氛围(collaborative atmosphere)。

有一种方法,那就是,由校方的一名衔接教育专家(transition specialist)和一个课程制订小组或者其他人员来共同规划衔接教育课程的内容,共同决定具体由什么人、在何处、何时教授各种功能技能。为了有利于广大学生学习和掌握各种功能技能,这种功能教学方法(functional approach)的确需要各方面力量(学校工作人员、学生家庭、社区人员和各类雇主等)的协作努力(这一点,本人前面已经讨论过)。

变化的新千年——可靠的同盟军/合作伙伴

很多从事普通教育的教师似乎仍然没有把满足有特殊学习和/或行为需要的学生衔接教育/生涯教育的需求作为己任。尽管应该改变这种态度,但是教师岗前培训机构和教师在职培训制度(teacher pre-service and in-service institutions)都不鼓励从事普通教育的教师参与这种必要的转变(needed transformation)。不过,现在有不少学区正建立起各种各样实质性的同僚/合作关系(collegial relationships)。随着协作性团队(collaborative team)和合作教学(co-teaching)的出现,合作学习(cooperative learning)和社区为基础的授课策略(community-based instruction strategies)的使用,我们正在克服这些障碍。根据我们的经验,如果普通教育教师能意识到有特殊学习和/或行为需要的学生走进自己的普通教育课堂的重要性,同时特殊教育方面能够伸出援助之手,对他们给予适宜的指导,那么普通教育和特殊教育之间的融合就会更加成功并成为现实。然而,如果被纳入普通教育的这些有特殊学习和/或行为需要的学生并没有任何实质性的、有意义的目标,那么这些有特殊学习和/或行为需要的学生、从事普通教育工作的教师以及其接受普通教育的学生都不会有什么成功的体验。

衔接教育/生涯教育,特别是对有特殊学习和/或行为需要的学生的衔接教育/生涯教育,对大多数从事普通教育的教师来说是有意义的,因为从中他们能够看到为每一个学生确立的现实目标(realistic goals),甚至包括那些有特殊学习和/或行为需要的学生。而且,在这种教学过程之中,班中其他学生也会受益匪浅。随着我们致力推进一个更加统一的教育制度(而非过去那种两个彼此没有瓜葛的教育制度),衔接教育/生涯教育方法恰好为我们提供了整合教育制度的一种方式。

可靠的同盟军/合作伙伴

怎样才能使家长/家人、雇主和各机构组织更多地参与衔接教育?整个上一个世纪，这个问题一直困扰着所有从事普通教育和特殊教育的工作者。虽然有些家长/家人永远也不会与学校合作，但是，只要接触的方法得当，其他很多家长/家人都能理解为这些有特殊学习和/或行为需要的学生确立的衔接教育努力目标，并懂得自己该如何参与其中。与过去相比，社区的雇主也逐渐意识到自己对学校所承担的责任。不过，应该首先让大家看到对有特殊学习和/或行为需要的学生的益处，而且大家也要像学生家长那样很清楚为学生制订的教育方案的总体目标，并知道自己如何参与其中。各类社区机构组织的参与也同样重要。但是，学校必须意识到这些组织的经费、人力和资源均有限，而且他们工作负荷也很繁重。因此，如果要这些机构组织帮助需要获得进一步的帮助和培训的离校学生，那么这些机构组织理所当然会指望学校能给这些学生在个人独立和就业方面提供实质性的培养。

变化的新千年——人事准备

全国很多学区在建立学校和社会间重要的合作关系(partnerships)方面已经取得了实质性的进展。正如前面有关章节中已经提到的，这一点在商业化社区尤其如此，尽管目前还不及教育部门那么明显。近年来，商业和工业界在参与学校人事方面显著增加了，这一发展情况非常令人振奋。就机构组织的参与方面而言，斯曼斯基(Szymanski，1994)曾警告说，1997 年通过的《残障人教育法》(*Individuals with Disabilities Education Act*，*IDEA*)要求多种机构组织参与《残障人教育法》规划和服务之中，然而这种要求既是福也是祸(both a blessing and a curse)。虽然现在有特殊学习和/或行为需要的学生很有可能不会像以往那样经常被人们忽视，她警告说，《残障人教育法》的这些要求可能会对有特殊学习和/或行为需要的学生及其家人构成威胁，因为这些要求可能会减少他们对衔接教育过程的掌控程度。

关于这个话题，专家们写了不少研究文章，但仍有很大的改进余地。在与商业团体结成密切的联盟方面，就业支持活动(the supported employment movement)已经取得的进展可能最为明显。不过，就机构组织与家庭之间更密切的合作关系而言，仍需有相当的改进余地。在鼓励有特殊学习和/或行为需要的学生及其支持者之间建立可靠的联盟关系方面，学校人事部门可以大有作为。

人员培训

在该书的前几版里，我们曾建议各个大专院校向各种类型的教育者传授衔接教育/生涯教育的概念。我们还曾追问了何为有效的授课体系，如何实施有效的授课体系，以及由谁来做衔接性教育的培训等问题。诚然，要想让教育变化明显，对地方教育机构(LEAs，local educational agencies)员工的教育至关重要，因此，我们也建议地方的学区应主动培训自己的员工以落实衔接教育规划的实施。我们同时也倡导各州和地方的管理人员须说服大学的教师培训人员将衔接教育的培训内容纳入其人员培训项目(personnel preparation programs)之中。

变化的新千年

虽然衔接教育已经取得了一些进展,但大学更新观念极其缓慢。有些大学教育工作者,最明显的是那些属于"生涯发展和衔接教育特殊儿童理事会分会"(the CEC Division on Career Development and Transition)的大学教育工作者,正在讲衔接教育/生涯教育的概念和相关教材。另一部分教育工作者,主要是那些具有职业教育背景的教育工作者,正在推广教授与衔接教育相关的职业教育概念和材料。目前,大学教育工作者就何种教学方法是最佳教学方法还没有达成共识,因而他们想讲授什么内容就讲授什么内容。在很多情况下,这与本教材所倡导的衔接教育/生涯教育方法有些类似。奥本大学(Auburn University)是对该需求作出回应的大学之一,奥本大学已经启动了中等特殊教育教师培训方案(secondary special education teacher training program),该方案融合了很多衔接教育/生涯教育以及衔接期间的重要理念:功能评估和课程(functional assessment and curricula)、职业和社区培训(vocational and community preparation)、自我决策(self-determination)和家庭参与(family involvement)和跨机构合作等(Browning & Dunn,1994)。

似乎有些学区仍然极不情愿让高校教育工作者给自己地区的教师进行衔接教育/生涯教育的在职培训。正如第三章所指出的,对于想给自己的员工进行"以生活为中心的生涯教育轻度/中度课程"(the LCCE Mild/Moderate Curriculum)培训的学区都可以获得一整套含录像带的在职员工培训方案。这些产品的研发经费由美国特殊教育项目办公室(the U. S. Office of Special Education Programs)的人事培训科(Division of Personnel Preparation)提供,人事培训科在促进在职培训(in-service training)和岗前培训(pre-service training)项目的实施以培养各类衔接教育项目专业人才方面发挥着重要的作用。美国特殊教育项目办公室人事培训科为一些致力于衔接教育领域的学生培养的大学下拨了专门项目基金和高校教师培训基金。

一些问题和需求

本节处理部分对衔接/生涯教育/功能生活技能方法的实施非常重要的问题和需求。毫无疑问,还存在着许多其他问题,这些问题也可以列出。接下来我们要谈的是部分对本书焦点非常重要的问题。

人人都会赞成改革——如果他们不是迫不得已进行改革的话!

态度障碍

实施本书所倡导的衔接/生涯教育方法最大的障碍是什么?令人遗憾的是,这个答案竟然是态度。人人都会赞成改革,只要他们自己不是需要进行改革的人员!还记得这句古谚吗?“我们遇到了敌人,这个敌人就是——我们自己!”有些学生不会继续到高校接受高等教育而成为原子弹科学家、内科医生和公司首席执行官(CEO)等,然而,就满足这些学生的衔接/生涯教育/功能生活技能方法的需要而言,我们自己依然是最大的障碍。显而易见,为这些有特殊学习和/或行为需要的学生所设置的课程应该采用切实可行的功能取向方法(functionally oriented approach),以便能获得相关的技能和行为而能顺利就业、履行日常生活活动,而这些日常生活活动就能够让这些人有效地管理自己的个人事务并且与他人建立良好的关系。有些老师必须放弃这样的念头,那就是,只有和更为聪明的学生一道从事高层次学术研究,教师工作才会有成就感和满足感。

众所周知,很多专业人士和机构所持的态度以及其合作精神的缺乏也是学校实施衔接期教育的严重障碍。尽管1990年法律就规定,这些机构组织必须相互联络并与当地的学区携手合作,但是,很多机构都把责任推到学校,这样一来,相关的协作安排便没有成效。一些社会工作者(caseworkers)普遍认为,学校的职责是负责培养有特殊学习和/或行为需要的学生直到他们毕业或辍学,或者直到他们抱怨自己要服务的人太多。不少社区机构甚至拒绝彼此间的合作。很多社区机构似乎更乐于一味地为自身的存在而辩解并致力于维护自身的名声,而不是主动去关注自己服务的客户有何诉求。

一些应该提供教育和培训服务的后中等教育机构并没有遵循法律的规定接纳残障人,而是没有正当理由仅以“不合格”(ineligible)无法予以服务为借口便将残障人拒之门外。对那些不合作、没有履行自己为有特殊学习和/或行为需要的学生提供服务职责的社区机构,仍然需继续曝光监督。所幸的是,许多机构和社会工作者表现得非常出色而且忠于自己的职守,这些机构和社会工作者已经为这个特殊群体提供了极为宝贵的援助,而且他们也成了学校坚强的后盾。

教育体制

众所周知,除了少数特例外,美国的公立学校(public schools)因固步自封、不求革新而臭名昭著。很多学校继续捍卫这样的神话,即,基础学术技能教学(basic academic skills instruction)乃是决定教育是否具有价值的主要尺度;通过实施基础学术技能教学,可以神奇地把有特殊学习和/或行为需要的学生打造成自己社会上正常生活的公民以及正常工作的雇员。而且,正如麦腊德和克拉克(Mellard & Clark, 1992)在其《衔接阶段残障青年全国高中课程研究》(*National Study of High School Programs for Handicapped Youth in Transition*)中所披露,许多特殊教育的负责人和学监(superintendent)的头等大事都是学校的组织和管理,而不是抓好有关教育质量的重要方面。

尽管改革的呼声不绝于耳，但是，如果要改革现行的教育体制，我们依然面临着的巨大挑战。

斯克若蒂克(Scrtic)在其发人深省的著作《特殊教育的背后》(*Behind Special Education*，1991)里，勾勒了一幅美国学校和特殊教育本身中存在的、刻板式教育体系中令人沮丧的画面。斯克若蒂克(Scrtic)博士还引入了两个术语，他说这两个术语对于理解学校组织的结构和运行模式都非常重要，这两个术语便是机械式官僚体制(machine bureaucracy)和专业式官僚体制(professional bureaucracy)。另外，他还引入第三个重要术语，即临时委员管理体制(adhocracy)，临时委员管理体制也非常重要，因为它关系到对特殊教育和改组教育的理解。在机械式官僚体制(machine bureaucracy)下工作的工作人员彼此之间紧密相连，如同在一根链条上各个环节环环相扣，每个人完成整体工作的一部分。而在专业式官僚体制(professional bureaucracy)下工作的工作人员彼此之间联系松散，各自为政，完成像教学这样的各自分内事情。学校就像机械式官僚体制(machine bureaucracy)一样被统治、管理和概念化(conceptualized)，强迫教师和其他专业人员在一个课堂层面结构上不协调的环境里工作，讲授标准的课程，这样的局面并不适合有特殊学习和/或行为需要的学生(包括残障学生)。

依据斯克若蒂克(Scrtic，1991)的观点，临时委员管理体制(adhocracy)建立在创新原则基础之上，着眼于解决问题而不是让问题标准化。临时委员管理体制用创新的方式寻求解决问题的新颖方法。斯克若蒂克(Scrtic)认为，特殊教育这个服务系统本身在构思上便缺乏合理性，在操作上也缺乏协调性，因为特殊教育既没有与学校的基础工作脱钩，也没有和其他衔接教育需要方案密切结合起来。他指出，特殊教育立法的一个基本问题就是——

特殊教育立法试图通过似乎把专业式官僚体制当作机械式官僚体制来对待方式将临时委员管理体制的价值取向(也就是，以创新的方式寻求新颖的解决问题方法)强加于专业式官僚体制之上(p. 184)。

(在此过程中)学校似乎看起来遵循了既定的程序要求，因为学校吸收采纳了一些做法，这些做法尽管可能出于好意，且在某些方面实际上也取得了积极的成果，但是，这些做法很大程度上只是象征性地(如，个性化教育方案和资源教室)、仅仅从字面上仪式化地(如，个性化教育方案制订人员的挑选以及把残障人纳入常规班级教学)遵循了法律，而不是符合法律的精神(conformance with its spirit)(p. 188)。

斯克若蒂克(Scrtic，1991)关于教育制度的官僚体制以及我们为何在满足学生衔接阶段需求方面为何如此艰难的分析十分重要，这个分析对这个领域作出了卓越贡献，也对那些致力于实施学生衔接期教学的人员来说很有启发。我们必须了解我们正运行的系统及其阻碍因素，才能最大限度地使改革成为可能。斯克若蒂克(Scrtic)在此话题上作出了精彩的陈述，我们只能意会，不能言传，因此，我建议，倘若读者有兴致的话，那一定要亲览其作，这样才能更准确、更深入地领会斯克若蒂克(Scrtic)对此问题的理解。

社会调适障碍

近年来,下面的统计数据均可获得,这些数据反映了有特殊学习和/或行为需要的学生在校其间和从学校毕业之后所遇到的一系列问题,诸如:高辍学率、失业、社会和情感的缺失,还有家庭问题等等。从事衔接教育的研究者和专家们反复在文献里重申,数十年来一直有一个众所周知而又挥之不去的问题,简单地说,这个问题就是,对于大多数有特殊学习和/或行为需要的学生来说,从学校毕业后的生活通常极其不幸。尽管一些学区有一批富有爱心、乐于奉献而又渴望革新的教育工作者,但是,那些不愿改革的教育工作者总是绝对占上风,因此,衔接教育改革问题一直毫无进展。这一困境着实令人忧心忡忡,因为这一过程中的最终受害者还是那些有特殊学习和/或行为需要的学生及其家庭以及我们这个社会。

形成僵硬、死板的教育方式,也不能全部归咎于教育制度、教育董事会和教育工作者。很多学生家长、机构、雇主,以及有特殊学习和/或行为需要的学生本人也都为僵硬、死板的教育方式的形成起了推波助澜的作用,因为这些人很大程度上也决定了学校课程中的内容。本书第十四章确认并讨论了进行必要改革过程中必须面临的许多挑战。

为了启动特殊教育的改革方案,学校需要制订行动计划

要想真正实现为所有学生(包括有特殊学习和/或行为需要的学生在内)设置更为功能型的课程,社区教育系统的主要参与方(major stakeholders)就必须明确他们付出努力的主要目的,这个主要目的就是,把这些有特殊学习和/或行为需要的学生培养成能顺利地适应社会和过上正常成人生活的人,这个主要目的还要为此制订一个明确的行动方案(譬如前一章所提及的方案),实施最终实现这一目的的衔接/生涯发展课程。这样一个功能课程的设置必须由颇具影响的团体负责,如,学区课程设置委员会(district curriculum committee)或衔接教育行动方案委员会(Transition Action Plan);同时,这些团体还需从各种社区代表、学生家长及学生本人那里收集各种实质性的、有价值的信息。学区既可以从零开始,全新地制订出一套衔接教育方案,也可以找一套现成的教育方案,譬如"以生活为中心的生涯教育轻度/中度课程"(the LCCE Mild/Moderate Curriculum),因为"以生活为中心的生涯教育轻度/中度课程"现在已经获得推广,很容易搞到,学区可以对其进行适当的修订从而达到自己的目的。

前面的讨论旨在传递这样一种观点:课程改革不是一件容易的事,相反,课程改革是件复杂而特别的事情,绝不可能一蹴而就。

个性化教育计划

"个性化教育计划"(the Individualized Education Plan, IEP)是一种为了确保每

位学生都能接受适当的个性化教育的方法。"个性化教育计划"是一种合法的机制，这种机制有具体的内容要求和指定的设计者，而且，如正如前面所讨论过的，IEP必须包括衔接阶段服务(transition services)，这些衔接阶段服务能更好地让残障学生成人调整期的各种需求得到保障，即综合就业(integrated employment)，职业培训、中学后教育、成人链接服务(adult linkages)、独立生活和社区参与等。(NICHCY-"全国残障儿童以及残障青年信息中心"，1993；Wehman，1992)。然而，很多例子都表明，"个性化教育计划"的制订和执行并没有按照联邦立法所规定的要求去做(Smith，1990)。根据自己对"个性化教育计划"/"个性化衔接计划"(IEP/ITP)实践的文献综述，柔斯勒、希尔林和威廉斯(Roessler，Shearin & Williams，1993年)确认了有关该计划的几个严重问题：

● 学生评估(student assessments)或是没能显示出有特殊学习和/或行为需要的学生的身份，或是即使这些考核显示了他们的特殊身份，但是，这些考核往往没有以对"个性化教育计划"/"个性化衔接计划"为基础。

● 就有特殊学习和/或行为需要的学生而言，"个性化教育计划"/"个性化衔接计划"并没有反映出多视角(多学科)的输入。

● 家长/家庭成员并没有参与到"个性化教育计划"/"个性化衔接计划"的过程之中。

● "个性化教育计划"/"个性化衔接计划"存在严重的程序性问题。

"个性化教育计划"/"个性化衔接计划"只反映出狭隘范围内的各种主要目标和次要目标，因为这些目标极少包括让学生取得成年人成就的计划。

就最后一个问题，Roessler等(1993)提到了林琪和贝尔(Lynch and Beare，1990年)的研究，他们的研究发现，所谓的"个性化教育计划"/"个性化衔接计划"目标中只有4%体现了功能技能(家庭、社区、卫生、娱乐/休闲和职业技能)，86%的目标与学业和行为管理目标有关。其他研究(Epstein，Patton Polloway，& Foley，1992)报告的结论也与此相差无几。这再度表明，如果要让有特殊学习和/或行为需要的学生具备必要的行为和技能以成功地胜任成年人的各种角色，就急需改变相关的政策和实践做法。否则，正如本书作者所指出的："改革越多，越一成不变！"

大多数"个性化教育计划"并不包括衔接阶段规划和服务所要求的功能技能/生涯教育目标。

事实上，大多数"个性化教育计划"/"个性化衔接计划"并不包括衔接阶段规划和服务所要求的功能技能/生涯教育目标，而这一现象无异于对现行教育制度愤然的控诉！大多数学校对联邦法律(1997年《残障人教育法》，IDEA)和州法律的要求没有回应，这些要求是对有特殊学习和/或行为需要的学生提出的能力要求，也是不少家长团体、组织以及该领域的领军人物认为至关重要的要求，因此这些要求都是学习环境中必须提供的教学需要。那么，既然联邦法律和州法律都规定，州机构和其他责任机构要确保有特殊学习和/或行为需要的学生接受到适当的教育，为什么没有对此情形予以充分的监督呢？

人事准备障碍

大多数教师培训项目都一直没有对衔接/生涯教育/功能技能方面予以回应。许多高等教育机构里的情况往往是这样，或许赋予某位教师这个方面的责任，而其他教师却依旧执教传统的理论、残障和行为课程，目的是将传统的泾渭分明的教学方法传承下来。尽管当前对残障学生实行融合教育的呼声很高，不少学校却很少让特殊教育与普通教育接轨。如果本书所倡导的方法要得到有效的实施，各州和地方的教育机构必须与高等教育机构更加密切地携手合作。在岗前教育培训时，教师必须目的明确、接受衔接/生涯教育/功能技能方面的培训，这样才有望在日后的教学中拥有充分的知识储备，摆脱传统观念的束缚，有效地在自己的课程中实施该教学方法。这样做并不需要不合理地耗费大量的时间和精力。从课程的角度而言，也没有理由在教师培训方案中不加以实施。所有教师教育计划（teacher education programs）中都应包括衔接教育项目内容，既可以在单独的课程中加以体现，也可以将之融入整体课程设置之中。

未来的发展方向

关于如何对我们教育系统实施改革这个老问题，各位大概不会冒昧地（或者说荒唐地）认为我们已经有了所有的答案了吧。与此同时，倡导了教育系统的此项改革者理应能够展望未来的发展方向，并对有意投身于这种教育改革事业的人士提出一些建议，因为这项工作既令人心酸、又富有挑战性，同时也令人受益。基于这样的原因，我们提出了如下几条主要建议，目的是希望能为未来衔接阶段出现的一般问题的解决提供发展方向。

从高层行政管理人员做起

地方和州一直雇佣行政管理人员来发展教育以确保：在自己的管辖范围内，有特殊学习和/或行为需要的学生都能获得最高质量的且与自己最息息相关的各种教育/衔接服务。大多数学校行政管理人员都能致力于此目标。对于那些不能忠于职守的管理人员来说，有关方面应当予以曝光并用称职的且乐于奉献的专业人士取而代之，因为后者会勤勤恳恳与学校全体教职员工密切合作，从而为有特殊学习和/或行为需要的学生的利益而实行必要的改革。

衔接教育专家和相关人士有责任将有特殊学习和/或行为需要的学生的需求反映给行政部门，以利于衔接期教育决策。这将是一大挑战，因为正如斯克若蒂克（Skrtic,

1991)所指出：

> 学校的职业行为更多地受到约定俗成的文化准则的制约，而不是受控于为了旨在改进教学效果的以知识为基础的理性行为。在某些情况下，大家之所以按照某种方式行事，仅仅是因为大家总是按照这种方式做而已……在一个制度化的情形下，标准课程得到广大教师代代传承……而那些实际需求与标准课程相悖的学生则不得不接受这些标准课程或者被迫辍学——这种情形由于学校的理性技术方式(rational-technical approach)而更加恶化。

如果非专业人士(laypeople)和专业人士(professionals)想要改革现行的衔接教育制度，那么未来必须未雨绸缪，采取主动积极(proactive)的立场。教育工作者应该利用学生家长中有感动能力的人和震撼能力的人(movers and shakers)去说服行政管理人员变革相关的政策和做法。行政管理人员往往更愿意对那些愤怒的(但又不无道理的)学生家长作出反应，而对自己的人员却漠然处之。面临"移山"任务的挑战，广大教师应该积极果敢地投身于衔接教育改革事业，而不能退缩。

图 15.1 中含有几年前提供给教育系统领导的一些建议，这些建议都是些州和地方教育机构应当采取的重要行动，因为，如果这样的话，就能保障在自己州和社区对发展衔接/生涯教育作出了实质性的努力。今天，这些行动依然和昨天一样重要，故此，我们特此提出来以帮助读者作出本书所倡导的改革。

州教育机构

1. 确认衔接教育为州规划中的优先事项。
2. 在推动功能课程的意见书(position paper)/州指南中厘清衔接教育(transition)概念。
3. 委任一名州衔接教育协调员。
4. 让州衔接教育工作人员到位，以便能为地方教育机构(LEAs)提供适当的指导。
5. 给地方教育机构提供充足的资金，保证地方教育机构能够设计方案、培训员工。
6. 发展运营型机构间联系。
7. 在大学培训规划中推动衔接教育，为衔接教育提供技术支持。
8. 在个性化教育计划中强调急需制订实质性的/意义深远的衔接教育目标。
9. 廓清地方教育机构内特殊教育教师的角色。
10. 开展开阔视野的跟踪研究(follow-up studies)以辨明衔接教育方案的需要，最后形成课程。
11. 设计易于理解的方法来鼓励家长参与。
12. 想方设法能够在地方教育机构里建立与商业和企业之间的意义深远的伙伴关系。
13. 为地方教育机构提供一个热线或资讯中心。
14. 为实施重要的衔接教育方案的地方教育机构提供不间断的技术援助和资金援助。
15. 认可开发出富有成效的衔接教育方案的地方教育机构(模范学校)。
16. 就可以安排的以社区为基础的教学(包括交通问题/课程安排)指导地方教育机构。

续　图

地方教育机构

1. 委派各学校的衔接教育协调员。
2. 建立衔接教育团队。
3. 澄清各种教学(包括资源教学在内)的作用。
4. 提供资金,供人员发展进行培训。
5. 提供专门开发衔接教育方案的时间。
6. 减轻其他职责负担。
7. 向工作人员提供足够的信息。
8. 赋予员工自己决定搞衔接教育的机会。
9. 廓清可以预料的教育成果的目的。
10. 确认一个功能课程/框架并借此为基础建立综合性衔接教育方案。
11. 对衔接教育给出定义或概念化。狭义的,还是广义的?
12. 与家长和雇主发展有意义的伙伴关系,争取得到他们的不断支持。
13. 拓展从幼儿园到十二年级(K-12)的衔接教育视野和开发循序渐进的课程。
14. 发展意义深远的机构间联系。
15. 对实施衔接教育给予嘉奖和奖励。
16. 不要让这个方案仅被看成是一个特殊教育方案。

图 15.1　衔接教育:教育的角色是什么?(Transition:What is education's role?)

注:选自《以生活为中心的生涯教育:培训人员手册和专业发展行动丛书》第三版,第294页,布罗林著,1993。弗吉尼亚阿林顿出版社:特殊孩子理事会。1993年版权属于特殊孩子理事会。转载已获得许可。

采用综合性功能课程模式

全国各学校都必须认真对待下列问题:学校怎样才能给有特殊学习和/或行为需要的学生提供功能技能/生涯发展课程?怎样才能将功能技能/生涯发展课程融入学校现行的基本技能课程(basic skills curriculum)之中?太多的学校误将衔接教育法主要理解为安排接受其他社会机构的服务,因此没有真正认识到功能技能/生涯发展课程方面的要求。

综合功能技能课程(comprehensive functional skill curricula)有坚实的理论基础,而且,综合功能技能课程的概念框架和课程材料的功能性已经经过实地试验的检验,因此,各学区都迫切需开设综合功能技能课程。必须确立合乎逻辑的功能范围和先后顺序,这样中学/初中的教师才会清楚地了解学生以前已经有过哪些衔接/生涯发展体验从而避免烫馊饭(duplication)。这样,他们就能根据学生已经学过的东西进一步推动衔接教育/生涯发展,并为学生升入高中学习更高一级课程而做好准备。

融合教育(inclusive education)的倡导者普遍支持过程教育方式(process approach)而非传统的基础技能课程(basic skills curriculum)及其既定的知识为本位(knowledgebase)的教学重点。基础技能课程设置模式的问题之一在于，教授该课程教师们觉得，基础技能课程教学是一种迫不得已的义务，而有特殊学习和/或行为需要的学生又不得不学这种课程。然而，如果实行融合教育的话，普通教育教师面向的是各种各样的学生，这就要求教师在课堂上开展形式多样的活动，采用不同类型的教学资料。因此，融合教育要求普通教育教师和特殊教育教师付出更大的努力进行衔接教育筹划，并且在此过程中主流群体之内将有特殊学习和/或行为需要的学生分成三六九等，因而减少了彼此之间社会互动(Fuchs & Fuchs，1994)。

> 课程设置和课堂教学是教育重整的基石。高度强调学术知识的课程设置，对于不同的年级都有相应的具体教学目标，所以，这种课程设置便不能容忍学生以不协调的进度和不同的方式学习。死板的教学方式错误地认为，可以用同一种教学方法让所有的学生都获得成功。这样一来，各个学校和学区眼前要做出的重要决策就是，怎样能在平衡的课程设置内保持对学生提出高要求，与此同时，怎样才能保证各种类型的学生都能接受到最好的教育。[麦克郎林和华伦(McLaughlin & Warren)，1992，p. 59]

正如这些作者所指出，各学校面临的选择就是，要么设置统一的课程，要么开设独立的课程或者可供选择的其他课程。对部分学生来说，兴许是一种独立的可供选择的/功能课程。然而，就大多数学生而言，这应该是一种平行的课程设置，这种平行的课程设置是对常规课程系统修订的结果。如果这样的话，有特殊学习和/或行为需要的学生就可以有同样的个性化衔接教育学习成果引导自己，因为该个性化衔接教育学习成果是由所在州或者当地学区为所有学生确立的。

为了将残障学生纳入普通教育，融合教育的倡导者表现了深切的关注并付出了不懈的努力，为此他们理应予以称颂，但是，这些有特殊学习和/或行为需要的学生的整体教育需求必须予以考虑。必须对普通教育课程进行巨大的改革，否则学校永远都不能提供很多重要的生涯发展/功能技能指导要求和经验，还将继续有不少学生辍学或不能完成学业。今后，有关课程设置方面的努力必须明确无误地针对系统的功能技能教育，而不是主要将重点放在理论学科的安排上。

为了实施综合功能技能课程教学，可以采用如下这些教育改革方法：以生活为中心的生涯教育轻度/中度课程(the LCCE Mild/Moderate Curriculum)，克拉克-科尔斯多模式(the Clark-Kolstoe Model)，丹佛尔模式(the Denver Model，一种游戏疗法案例，增加互动，克服自闭症)，克罗宁—帕顿自上而下模式(the Cronin-Patton Top Down Model)，以及20/20分析法(20/20 Analysis)(Reynolds，1993)等，因为这些教学方式都是可以替代传统教育中有特殊学习和/或行为需要的学生的明确的教学法。

教学过程中，应该对有特殊学习和/或行为需要的学生给予个别照顾，关注他们要学哪些东西，同时更加注重培养这些学生实际生活中所需要的技能，因为他们毕竟要成为社会中的一员。

建立责任体制

以往接过受特殊教育的学生进入成人调整期情况究竟如何？对这些学生衔接期跟踪研究表明，其结果极其糟糕，这一点本书从头到尾已经提到数次。尽管我们不断听到有关衔接教育改革的华丽辞藻，但是，这些统计数据似乎从未变过，而教育/衔接教育的进行过程实际上也几乎依然如故。要搞清课程设置方面的缺陷，对以前的学生进行设计合理的跟踪研究就显得格外重要，这样，功能课程变革的需求就找到了现实依据并且容易为教育机构所接受。但是，正如德·罗·约翰逊和拉什(D. R. Johnson & Rusch)在其衔接教育研究评论中所指出，“几乎没有任何经验性的证据来支撑已经获得确认的最好的教育方法和学生毕业后的成果之间的密切关系”(1993，p. 3)。

几位研究者指出，学校的大部分责任一直与遵从和呼应联邦的规章相关，而不是与课程教学内容、质量、效果以及某些提供服务的成本有关(D. R. Johnson，1993；Mellard & Clark，1992；Scrtic，1991)。像约翰逊(D. R. Johnson，1993)等所描述的“衔接信息和规划制度”(Transition Information and Planning System，TIPS)这样的管理和责任制非常重要，因为，如果实施这样的制度，便可以收集到学生在校期间、一离校(follow-along)以及离校后的跟踪数据，这样的话就可以研究如何给每个学生提供更好的衔接教学规划。可以根据学生接受的学校服务、学生本人及家庭特征、学生成绩、社区环境因素以及后来生活中的成果等方面情况来分析这些数据(D. R. Johnson，1993)。

在不久的将来，我们需要建立更好的衔接教育责任体制。正在进行之中的两个项目有助于各个学区实施以技能为导向的更加实用的课程，这两个项目分别是哈尔彭(Halpern)及其同事开发的“社区衔接团队模式”(Community Transition Team Model，CTTM)和明尼苏达大学的“国家教育成果鉴定中心”(the National Center on Educational Outcomes，NCEO)的项目。俄勒冈 CTTM 模式是致力于改善社区层次上的中等特殊教育和衔接教育的一种体制改革方法(Halpern，Benz，& Linstorm，1991)，目前已经开发了一个计算机管理系统和一些资料来帮助这一模式的实施。NCEO 的项目组的成员正与各州教育部、全国政策制订小组以及其他相关人员通力合作开发学生接受教育的成果检验指标(indicators)[耶斯乐代克，思尔劳，纪尔曼(Ysseldyke，Thurlow & Jilman)，1993]。同时，还设计了一个概念性的教育范围和成果模式，该模式包含了许多与以生活为中心的生涯教育轻度/中度课程(the LCCE Mild/Moderate Curriculum)相似的能力范畴(职业技能之外)，不过，这一模式似乎没有得到重视(Transition Action Plan，TAP)。

令人吃惊的是,各学区针对以往毕业的有特殊学习和/或行为需要的学生几乎没有组织过什么毕业后的跟踪衔接活动。似乎他们压根就不想知道以前从自己学校毕业的学生的目前状况如何！有不少从事高中特殊教育的工作者往往了解自己学生的现状,因为他们用非正式的形式密切关注自己教过的学生,尤其是社区范围小的话。不过,实际上并没有一个像约翰逊(Johnson)及其他同事所称道的有组织的数据收集制度。再次重申,应该对造成这一萎靡不振局面的人士予以警告。

IEP/ITP 内容的完善

本章前面部分汇报了柔斯勒及其同事(Roesller，1993)研究个性化教育计划/个性化衔接教育计划(IEP/ITP)时发现的问题。他们还进一步指出,以衔接/生涯教育课程为基础的考核有利于将各种不同类型的个性化教育计划/个性化衔接教育计划的目标整合进来。通过采用《以生活为中心的生涯教育轻度知识和能力测试》(*LCCE Mild Knowledge and Performance Batteries*)以及《生活为中心的生涯教育中度图片知识测试和评价测试》(*the LCCE Moderate PKBs and PABs*),他们坚信,教学团队能够更好地选择教学目标,而这些目标将保证有特殊学习和/或行为需要的学生更好地为衔接服务和将来扮演的成人角色做好准备。

不久的将来,就要重新采取有力的行动来确保建立个性化教育计划/个性化衔接教育计划(IEP/ITP),而这些计划将是更现实的功能技能教学内容。要切实落实提高功能技能教学和增强学生衔接工作的衔接/生涯教育方法,那么,就必须对现行的个性化教育计划的内容进行重大改革。已经要求若干所学校编写个性化衔接教育计划(ITP),而这正是沿着正确的方向迈进了一步。

为了改进个性化教育计划/个性化衔接教育计划的教学内容,教师所能做到事情之一便是制订出更合理的教学目的和目标,这样的教学目的和目标必须满足如下条件：

- 有助于培养职业个性；
- 增强自觉意识和树立乐观向上的自我观念；
- 强调独立自主和自我决策；
- 理想远大；
- 凸显朝气蓬勃的成人形象；
- 发展可靠的同盟军/伙伴关系；
- 推动家庭和社区内的教育活动；
- 适合劳动市场的需要；
- 多利用社区资源；
- 提高生涯教育活动的数量；

- 多采用合作学习方式；
- 将不间断生涯考核纳入教学之中；
- 铭记教育的目的。

第七章阐述了如何用“以生活为中心的生涯教育轻度/中度课程”(the LCCE Mild/Moderate Curriculum)框架贯彻落实一个现实性的个性化教育计划/个性化衔接教育计划(IEP/ITP)的具体方法。很多学校已经意识到以培养能力为基础的“以生活为中心的生涯教育轻度/中度课程”方法对于衔接行动方案相当有效，这些学校已经把上面的主要能力和次要能力作为自己培养学生时的核心任务。其他几所学校还把“以生活为中心的生涯教育轻度/中度课程”教学方法作为自己的标准课程。

本章评论

毫无疑问，如今正是贯彻实施本书所倡导的教学方式的良辰佳时，因为这种衔接/生涯教育/功能技能方法将会有助于美国学校的学生更好地武装自己，成功地实现从一个在校学生到社会成人角色的转变。

与那些一定会走入大学殿堂而接受大学教育的学生所不同的是，大多数有特殊学习和/或行为需要的学生都没有机会接受高等教育，而只有接受到高等教育往往才能最终保障他们获得收入丰厚的工作，获得体面的社会技能和人际关系，从而才能做家庭和社区中富有成效的成员。对于太多的特殊学生来说，他们的后中等教育兴许就是在上康复课程和纠正课程(rehabilitation and correctional programs)之时。因此，中小学现在比任何时候都更关键，中小学得承担更大的衔接教育责任，中小学得给有特殊学习和/或行为需要的学生提供坚实的理论基础教育和功能技能教育，这样才能够增加他们的就业和过上富有成效的生活的机会。

在我们这个社会里，有特殊学习和/或行为需要的个人，或者那些身患残障的人以及弱势群体是一个远远没有得到充分利用的资源，其主要原因，从很大程度而言，是我们的教育制度没有让他们开发出自己的潜力，没有让他们意识到/实现自己的潜力。因此，他们当中大多数人顶多只落得在中等劳动市场上找一份低收入的工作，此后便永无出头之日。而且，这些有特殊学习和/或行为需要的学生中有相当一部分人会走上违法犯罪的道路，最终靠福利过日子，或经历其他不幸的生活环境。这些不幸的悲剧不一定非得发生，但至少对于绝大多数人来说应是如此。

对于各个尚未适当调整自己教学方案中缺陷的学区来说，从幼稚园到后中等教育的基础教育课程中融入现实性的衔接/生涯教育/功能技能课程教学方法将在很大程度上弥补自身的不足。尽管衔接/生涯教育本身断然不是什么灵丹妙药，不过，它却是当前我们教育重新调整的一个重要发展方向，现在21世纪的教育重新调整已经箭在弦上，我们必须认真地贯彻、认真对待。

让我们把柔斯勒(Roessler，1993)及其同事早期提到的古话——“改革越多，越一成不变”颠覆过来，因为这句话太令人丧气了。最后，让我们实施这些重大改革，因为多年实践一直证明：这些变革对所有有特殊学习和/或行为需要的学生都至关重要。我们拥有适宜的方法和丰富的资源来帮助每一位学生都成长为社会中有真实价值、有自我决策、生产型的、独立型的个人，帮助他/她过上体面的生活。

现在，我们必须迎接挑战而不是纸上谈兵。我们学生都对我们寄予厚望，一切都取决于您！

活动

1. 设计一个衔接行动方案(transition action plan，TAP)呈送给你所在社区的管理机构，因为他们将对启动实施实质性的生涯教育课程方法过程行为予以激励。

2. 除了在你衔接行动方案中所包含的内容之外，准备一份有说服力的书面陈述上交你所在社区的管理机构，这份书面陈述将说服他们坚决支持你提出的行动方案。祝你行好运！

词汇表

A

Academic skills	知识技能
Adult adjustment preparation	成人调适准备
Adult education	成人教育
Advocacy	倡导
Agencies	机构
American Vocational Aasociation (AVA)	美国职业协会
Anticipating consequences	预期结果
Appropriate behaviors	适当行为
APTICOM	电脑化性向综合测验系统
Authority, respect for	表现出对权威的尊重
Autism	自闭症

B

Banking services	银行服务
Barriers Implementation Questionnaire (BIQ)	障碍实施问卷表
Barriers to successful transition	成功衔接的障碍
Basic skills/social skills matrix	基本技能/社会技能
Bell System	贝尔系统
Benefits of transition	衔接教育的裨益
Bureau for the Blind	盲人办公署/管理局
Bureau of Education for the Handicapped (BEH)	残障人教育局
Business Advisory Council	商业咨询/顾问理事会
Business and industry involvement	工商业的参与

C

Career assimilation	生涯同化
Career awareness	生涯意识
Career exploration	生涯探索
Career preparation	生涯准备
Career roles	生涯角色
Catholic Family Services	天主教家庭服务
Center for Education and Work	教育和工作中心
Character traits	性格特征
Child rearing responsibilitics	儿童养育责任
Civil Rights Act	《民权法案》

Civil rights and responsibilities	民事权利与责任
Civil rights laws	民权法
Classification of jobs into categorie	工作分类
Clearing houses for information	信息交流中心
Clothing choice and care	衣服选择和保护
Communication skills	交流技能
Community access routes	社区可利用路径/线路
Commtmity-based instruction (CBI)	社区为基础的教学
Community-based programs	社区为基础的计划
Community colleges	社区学院
Commtmity involvement	社区参与
Community living skills	社区生活技能
Comntunity participation skills	社区参与技能
Community rehabilitation programs	社区康复计划
Community Resource Directories	社区资源目录薄
Communty resourccs	社区资源
Competencies/subcompetencies (LCCE)	能力/子能力
Competency rating scales (CRC)	能力评价量表
Competency testing	能力测试
Conversion Rating Forms (CRF)	会话评价表
Cooperative learning	合作学习
Credit card use	信用卡的使用
Curriculum models	课程模式

D

Daily living skills	日常生活技能
Dating skills	约会技能
Decision-making ability	决策能力
Defining transition	衔接的定义
Delivery of instruction	教学方式
Department of Mental Health	心理健康部
Developing materials	材料开发
Developmental disabilities	发展性残障
Diet	饮食
Disabled	残障
Diadvantaged	弱势
Discrimination	歧视

词 汇 表

Dress	着装
Diving skills	驾驶技能
Dropout rates	辍学率
Due process	法律诉讼程序

E

Education's role in transition	衔接教育中教育的角色
Educational Technology	教育技术
Emergency situation response	紧急情况应对
Emotional disorders	情绪紊乱
Employability Assessment Materials	就业能力评价材料
Employability Maturity Interview (EMI)	就业成熟度面试
Employability Skills Inventory	《就业技能调查表》
Employment services	就业服务
Employment skills	就业技能
Expectations of parents	家长期望
Exploring occupational possibilities	探索职业可能性

F

Family/parent participation	家庭/家长参与
Federal agencies	联邦机构
Financial record keeping	开支记录
Fine motor dexterity	精细动作的灵活性
Fitness, nutrition, weight control	健美、营养和体重控制
Food preparation skills	食物准备技能
Free and appropriate education (FAPE)	适当免费教育的权利
Friendship skills	交友技能
Functional academic skills instruction	功能知识技能教学
Functional assessment	功能评估
Functional life skills curriculum	功能生活技能课程
Functional transition assessment	功能衔接评估考核
Future directions	未来的发展方向

G

Gault Middle School LCCE program	高特中学 LCCE 课程
Goal-seeking behavior	寻找/追求目标行为

Government agencies	政府机构
Government and business	政府和企业
Grooming and hygiene	梳洗和卫生
Gross motor dexterity	大肌肉动作灵活性
Group activities	集体活动
Group homes	集体之家

H

Head Start program	从头开始计划
Health and fitness skills	健康和保健技能
Hearing impairment	听力障碍
HEATH Resource Center	HEATH 资源中心
Hiring guidelines	就业规划
Household management	家务管理

I

Inclusion	全纳教育/融合教育
Independent living skills	独立生活技能
Individualized education program (IEP)	个性化教学方案
Information resources	信息资源
Innovative Programs	创新计划
Instructional media/technology	教学媒介/技术
Instructional units	教学单元
Integrating instructional services	整合教育
Interagency agreements	机构间协定
Interests and abilities identification	确定兴趣和能力
Interests identification	确定兴趣
Interpersonal skills	人际关系技能
Interviewing and hiring guidelines	面试和雇佣指导方针
Interviewing for jobs	面试求职
Intimate relationships	亲密关系
Issues in transition	衔接问题

J

Job Accommodation Network (JAN)	工作便利网
Job analysis	职业分析

Job Application Training (JAT)	工作申请培训
Job applications	工作申请表
Job categories/classifications	职业分类
Job descriptions	职业描述
Job fairs	职场
Job leads	职业优势
Job placement	职业安置
Job requiremems	职业要求
Job searches	工作搜素
Job services	职业服务
Job training and placenrent	职业培训和安置

K

Knowing and exploring occupational possibilities	了解和探索职业的可能性
"Knowing families"	了解家庭
Knowing yourself	了解自我/自我了解
Knowledge batteries (KBs)	知识测试
Knowledge of learner vs. material selection	对学习者的了解和材料选择
Kurzweil Reading Machine	克兹威尔阅读器

L

Labor markets	劳动市场
Landscape maintenance	维护生活环境
Laws and rules	法律制度
Leads to jobs	职业优势
League of Women Voters	妇女选民联盟
Learning disabilities	学习障碍
Least restrictive environment (LRE)	最小限制环境
Legislation	立法
Leisure and recreational skills	休闲和娱乐技能
Lesson plan outline (blank)	课程设计提纲
Life Centered Career Education	以生活为中心的生涯教育
Life skills curriculum	生活技能课程
Life Skills Inventory	生活技能表
Likert Scale	Likert 量表
Limited English proficency (LEP)	有限英语水平

Lions International	国际狮子会
Litigation	诉讼
Living environment	生活环境
Local agencies and programs	地方机构和规划
Local educational agencies (LEAs)	地方教育机构
Local Vocational education agencies (LVEAs)	地方职业教育机构
Marriage responsibiities	婚姻责任

M

Medicaid	医疗补贴
Mental health	心理健康
Mental retardation	智力障碍
Mildly mentally impaired	轻度智力障碍
Minimum competency testing	最低能力测试
Minimum wage	最低工资
Mobility skills	运动技能
Moderately mentally impaired	中度智力障碍
Money handling	管理钱币

N

National Education Goals	国家教育目标
Needs of family	家庭需求

O

Occupational Choice Strategy (OCS)	职业选择策略
Occupational choices and self-determination	职业选择和自我决定
Occupational guidance and preparation skills	职业指导和准备技能
Occupational interest identification	确定职业兴趣
Occupational needs identification	确定职业需求
Occupational Outlook Handbook	《职业展望手册》
Occupational Outlook Quarterly	《职业展望季刊》
Occupational possibilities	职业可能性
Occupational safety	职业安全
Occupational skills	职业技能
Office of Career Education	生涯教育办公室
Office of Special Education Programs (OSEP)	特殊教育计划办公室

Office of Vocational and Adult Education (OVALS)	职业和成人教育办公室
Ohio Career Education Association	俄亥俄州生涯教育协会
On campus training	校园培训
Orthopedic/physical impairments	畸形/身体障碍
Others' perception of self	他人对自己的看法

P

Parent and Training Information Centers (PTICs)	家长培训信息中心
Parent Teacher Association (PTA)	家长教师协会
Partnerships with Education	教育伙伴关系
Partnerships/alliances	伙伴/同盟
Peer tutoring in daily living skills	日常生活技能的同伴相互辅导
Performance assessment battery (PAB)	行为评价测试
Performance batteries (PBs)	行为测试
Personal Capacities Questionnaire	个人能力调查表
Personal care skills	自我照顾技能
Personal finance management	个人财务管理
Personal interests	个人兴趣
Personal living space	个人生活空间
Personal needs	个人需求
Personal roles identification	明确个人角色
Personal safety	个人安全
Personal-social skills	个人—社会技能
Personal values identification	明确个人价值
Personnel preparation for change	变革人事准备
Phone Communicator (IBM)	电话交流器
Physical and psychological needs identification	明确身体和心理需求
Physical fitness, nutrition, weight control	身体素质、营养、体重控制
Physical manual skills requirements	身体手工技能要求
Physical needs identification	明确身体需求
Pictorial knowledge battery (PKB)	图片知识测试
Post secondary education	后中等教育
Practical Assessment Exploration System (PAES)	实用评估探索系统
Pregnancy	怀孕
Private Industry Councils (PlCs)	私营企业/产业委员会
Private social services	私人社会服务机构
Problem recognition	认识问题

Problem-solving skills	问题解决技能
Problems and needs for LCCE	LCCE 的问题和需求
Professional organizations	专业组织
Profile sheet for student	学生个性档案
Profoundly mentally impaired	特严重智力障碍
Projects with Industry program	工业工程项目
Psychological needs identification	确认心理需要
Public awareness	公共意识
Public behavior	公共行为
Punctuality	准时/守时
Purpose of education	教育的目的

Q

Quality workmanship	工作质量

R

Racial discrimination	种族歧视
Reading First initiative	阅读优先计划
Realistic occupational choices	现实的职业选择
Reasonable accommodation defined	合理的设施
Recreation and leisure skills	娱乐和休闲技能
Reform	改革
Regular education initiative (REI)	常规教育方案
Rehabilitation Counseling	康复咨询
Rehabilitation facilities	康复设备
Rehabilitation Services Administration (RSA)	康复服务管理处
Relationship skills	关系技能
Remunerative aspects of work, identifying	确定工作的报酬情况
Research Triangle Institute	三角研究院
Resources	资源
Respect for authority	尊重权威
Respect for others' rights and property	尊重他人的权利和财产
Rewards of work	工作的报酬

S

School districts using LCCE	使用 LCCE 的学区

词 汇 表

Screen Reader (IBM)	屏幕阅读器
Searching for jobs	找工作
Self-actualization	自我实现
Self-awareness	自我意识
Self-confidence	自信心
Self-determination	自我决策
Self-determination scale (SDS)	自我/自主决策量表
Self-identity	自我认同
Self-organization	自我组织
Self-worth	自我价值
Service industries	服务行业
Service organizations	服务机构
Severely mentally impaired	重度智力障碍
Sheltered workshops	福利工厂
Simulations of business and industry	工商业模拟
Skills Standard Boards	技能标准理事会
Social services	社会服务
Social Skills Analysis Checklist	社会技能分析核查表
Social Skills Planning Guide	社会技能计划指南
Social skills/basic skills matrix	社会技能/基本技能
Socially responsible behaviors	负责任的社会行为
Societal values of work	工作的社会价值
Special Education Agency	特殊教育机构
Special education	特殊教育
Special needs	特殊需求
Special Olympics	特殊奥运会、特奥会
Specific skill training	特种技能培训
Speech and language impairment	表达和语言障碍
SpeechViewer	语音阅读器
Speed of work	工作速度
Stamina and endurance requirements	毅力和耐力要求
State agencies	州立机构
State education agencies (SEAs)	州立教育机构
State employment services	州就业服务机构
State Training Inventory (STI)	州培训规划清单
Student Competency Assessment Record (SCAR)	学生能力评价记录
Substance abuse	滥用危禁药品

Supported Employment programs	支持性就业计划
Supreme Court decisions	最高法院的判决
Survival living skills	生存生活技能

T

Talent Assessment Program (TAP)	能力/才能评估计划
Targeted Jobs Tax Credit (TJTC)	目标就业课税扣除
Taxonomy of community living skills	社区生活技能分类模式
Teacher education	教师教育
Teacher of the Year Awards	教师年度奖
Teacher Quality State Grants	州教师质量资助款
Teamwork	团地工作
Tests for Everyday Living (TEL)	《日常生活测试》
Think It Through	《仔细想一想》
Tools and appliance use	工具和日常电器的使用
Traffic safety	交通安全
Training plan development	培训计划的开发
Transition Education & Services	衔接教育与服务
Transition action plan (TAP)	衔接行动计划
Transition Advisory Committee (TAC)	衔接顾问委员会
Transition education	衔接教育
Transition planning	衔接规划
Transition Research Institute	衔接研究院
Transition services	衔接教育/服务
Transition, concept of	衔接的概念
Traumatic brain injury	脑创伤

U

Urban League	城市联盟

V

Vacation time	假期时间
Vending machines	自动售货机
Visual impairment/blindness	视觉障碍/失明
Vocational rehabilitation	职业康复
Vocational Rehabilitation programs	职业康复计划

Vocational technical education schools	职业技术教育学校
Vocational/transition assessment measures	职业/衔接评价方法
Voting	投票

W

Wheelchair Games	轮椅上的比赛/轮椅运动会
Work-based learning	以工作基础的学习
Work Performance Assessment (WPA)	工作表现评价
Work Personality Profile (WPP)	工作个性档案
Work personality	工作个性

Y

Youth apprenticeship programs	青年学徒期规划

参考文献

Agran, M., Snow, K., & Swaner, J. (1999). A survey of secondary level teachers' opinions on community-based instruction and inclusive education. *Journal of the Association for Persons with Severe Handicaps*, 24(1), 58-62.

Alberg, J., Petry, C., & Eller, S. (1994). *The social skills planning guide*. Longmont, CA: Sopris West.

American Vocational Association. (1990). *The AVA guide to the Carl D. Perkins Vocational and Applied Technology Education Act of 1990*. Alexandria, VA: Author.

The Arc. (1991). *The Americans with Disabilities Act at work*. Arlington, TX: Author.

Banks, J. (1992). A comment on "teacher perceptions of the regular education initiative." *Exceptional Children*, 58(6), 564.

Beck, J., Broers, J., Hogue, E., Shipstead, J., & Knowlton, E. (1994). Strategies for functional community-based instruction and inclusion for children with mental retardation. *Teaching Exceptional Children*, 26(2), 44-48.

Beck, S. L. (1988). Career education for students with handicaps. *Monograph* 3(3), 2-8.

Began, W. (1990). LCCE teacher's perspective. *The Career Educator*, The University of Missouri-Columbia, 3(3), 2-3.

Bellamy, G. T. (1985). Transition progress: Comments on Hasazi, Gordon, and Roe. *Exceptional Children*, 51(6), 474-477.

Benz, M. R., & Halpern, A. S. (1993). Vocational and transition services needed and received by students with disabilities during their last year of high school. *Career Development for Exceptional Individuals*, 16(2), 197-211.

Bereiter, C. (1985). The changing face of educational disadvantagement. *Phi Delta Kappan*, 66(8), 538-554.

Bigge, J. (1988). *Curriculum based instruction*. Mountain View, CA: Mayfield Publishing.

Bloom, L. A., Perlmutter, J., & Burrell, L. (1999). The general educator: Applying constructivism to inclusive classrooms. *Intervention in School and Clinic*, 34(3), 132-136.

Board of Education, Sacramento City Unified School District v. Rachel Holland, Div. S-90-1171-DFL Order.

Bocke, J., & Price, D. (1976). Experiential approach for the exceptional adolescent. *Thresholds in Secondary Education*, 2(3), 12-13.

Brigance, A. H. (1999). *The Employability skills inventory*. Billerica, MA: Curriculum Associates.

Brolin, D. E. (1978). *Life centered career education: A competency-based approach*. Arlington, VA: The Council for Exceptional Children.

Brolin, D. E. (1983a). Career education: Where do we go from here? *Career*

参考文献

Development for Exceptional Individuals, 6, 3-14.

Brolin, D. E. (1983b). *Life centered career education: A competency-based approach* (2nd ed.). Arlington, VA: The Council for Exceptional Children.

Brolin, D. E. (1989). *Life centered career education: A competency-based approach* (3rd ed.). Arlington, VA: The Council for Exceptional Children.

Brolin, D. E. (1992a). *Life centered career education: Competency assessment knowledge battery*. Arlington, VA: The Council for Exceptional Children.

Brolin, D. E. (1992b). *Life centered career education: Competency assessment performance battery*. Arlington, VA: The Council for Exceptional Children.

Brolin, D. E. (1992c). *Life centered career education: Daily living skills*. Arlington, VA: The Council for Exceptional Children.

Brolin, D. E. (1992d). *Life centered career education: Personal-social skills*. Arlington, VA: The Council for Exceptional Children.

Brolin, D. E. (1993). *Life centered career education: Professional development activity book*. Arlington VA: The Council for Exceptional Children.

Brolin, D. E. (1997). *Life centered career education: A competency-based approach* (5th ed.). Arlington, VA: The Council for Exceptional Children.

Brolin, D. E., Cook, I. S., & O'Keefe, S. (1994). Going the distance with life centered career education. *Rural Special Education Quarterly*, 13(1), 64-67.

Brolin, D. E., & Schatzman, B. (1989). Lifelong career development. In D. E. Berkell & J. M. Brown (Eds.), *Transition from school to work for persons with disabilities*. New York: Longman.

Brolin, D. E., & Wehmeyer, M. L. (1995). *Life centered career education: Self-determination scale*. Arlington, VA: The Council for Exceptional Children.

Brophy, J. (1986). Research linking teacher behavior to student achievement: Potential implications for instruction of Chapter 1 students. In B. I. Williams, P. A. Richmond, & B. J. Mason (Eds.), *Designs for compensatory education: Conference proceedings and papers* (pp. 121-179). Washington, DC: Research and Evaluation Associates.

Brown v. Board of Education of Topeka Kansas, 347 US 483 (1954).

Brown, C., Browning, P., & Dunn, C. (1992). *Secondary special education programs in Alabama: A statewide study*. Auburn, AL: A Program for the Study on Disability, Department of Rehabilitation and Special Education, Auburn University.

Browning, P. (1994). Self-determination: An essential ingredient in transition. In P. Browning (Ed.), *Transition III in Alabama: A profile of commitment* (pp. 93-105). Auburn, AL: Auburn University.

Browning, P., & Brechin, C. (1993). Assessment in transition: A functional definition and collaborative program for practice. *Vocational Evaluation and Work Adjustment Bulletin*, 26, 123-127.

Browning, P., & Dunn, C. (1994). Auburn University's teacher preparation program with an emphasis at the secondary level. In P. Browning (Ed.), *Transition III in Alabama: A profile of commitment* (pp. 76-91). Auburn, AL: Auburn University.

Browning, P., Dunn, C., & Brown, C. (1993). School to community transition for youth with disabilities. In R. C. Eaves & P J. McLaughlin (Eds.), *Recent advances in special education and rehabilitation*. (pp. 193-209).

Boston: Andover Medical Publishers.

Bullis, M., Bull, B., Johnson, B., & Peters, D. (1994). Young adults who are hearing impaired and deaf in a transition study: Did they and their parents supply similar data? *Exceptional Children*, 60(4), 323-333.

Bullis, M., & Gaylord-Ross, R. (1991). *Moving on: Transitions for youth with behavior disorders*. Arlington, VA: The Council for Exceptional Children.

Bullis, M., Moran, T, Benz, M. R., Todis, B., & Johnson, M. D. (2002). Description and evaluation of the ARIES project achieving rehabilitation, individualized education, and employment success for adolescents with emotional disturbance. *Career Development of Exceptional Individuals*, 25(1), 41-58.

Bush, G. (1991). *America 2000: An education strategy*. Washington, DC: US Department of Education.

Byrnes, M. (1990). The regular education initiative debate: A view from the field. *Exceptional Children*, 56(4), 345-349.

Campbell, L. W., Todd, M., & O'Rourke, E. (1971). *Work-study handbook for educable mentally retarded minors enrolled in high school programs in California public schools*. Sacramento, CA: California State Department of Education.

Carpignano, J., & Bigge, J. (1983). Teaching basic thinking skills. In J. Bigge (Ed.), *Curriculum based instruction* (pp. 187-232). Mountain View, CA: Mayfield Publishing.

Carter, J., & Sugai, G. (1989). Social skills curriculum analysis. *Teaching Exceptional Children*, 22(1), 36-39.

Chadsey-Rusch, J., Rusch, F. R., & Phelps, L. A. (1988). Epilogue: Analysis and syntheses of transition issues. In D. E. Berkell & J. M. Brown (Eds.), *Transition from school to work for persons with disabilities* (pp. 227-241). New York: Longman.

Clark, D. H. (1993). Meeting special needs — business and education: A partnership that works. *The Journal for Vocational Special Needs Education*, 15(2), 31-35.

Clark, G. M. (1979). *Career education for the handicapped child in the elementary classroom*. Denver, CO: Love Publishing.

Clark, G. M. (1991). *Functional curriculum and its place in the regular education initiative*. Paper presented at the seventh International Conference of the Division on Career Development, Kansas City, MO.

Clark, G. M (1994). Is a functional curriculum approach compatible with an inclusive education model? *Teaching Exceptional Children*, 26(2), 36-39.

Clark, G. M. (1998). Assessment for transition planning: Transition series. Austin, TX: Pro-Ed.

Clark, G. M., Carlson, B. C., Fisher, S., Cook, I. D., & D'Alonzo, B. J. (1991). Career development for students with disabilities in elementary schools: A position statement of the Division on Career Development. *Career Development for Exceptional Individuals*, 14, 109-120.

Clark, G. M., Field, S., Patton, J. R., Brolin, D. E., & Sitlington, P. L. (1994). *Life skills instruction: A necessary component for all students with disabilities: A position statement of the Division on Career Development and Transition*. Arlington, VA: The Council for Exceptional Children, The Division on Career Development and Transition.

Clark, G. M., & Kolstoe, O. P. (1990). *Career development and transition education for adolescents with disabilities*. Boston: Allyn & Bacon.

Clark, G. M., & Kolstoe, O. P. (1995). *Career development and transition education for adolescents with* disabilities (2nd ed.). Boston: Allyn & Bacon.

Clark, G. M., & White, W. J. (1980). *Career education for the handicapped: Current perspectives for teachers*. Boothwyn, PA: Education Resources Center.

Cook, I. D. (1974). *Materials handbook Institute*, WV: West Virginia College of Graduate Studies.

Cook, I. D. (1979). *Curriculum methods and materials for the handicapped in career/vocational education: Part 4. Developing learning activities*. Institute, WV: West Virginia Graduate College.

Cook, I. D. (1987). *Occupational notebook program, teacher's guide*. Chatsworth, CA: Opportunities for Learning.

Cook, I. D. (1993). *Task analysis of matching materials to characteristics of the learner. The LCCE professional development affinity book*. Institute, WV: West Virginia Graduate College.

Cook, I. D., & Thurman-Urbanic, M. (1990). *Transition manual: TRIAD telecommunications project*. Institute, WV: West Virginia Graduate College.

Council for Exceptional Children. (1976). Official actions of the delegate assembly at the 54th annual international convention. *Exceptional Children*, 43(1), 41-45.

Council for Exceptional Children. (1978). *Position paper on career education*. Arlington, VA: Author.

Council for Exceptional Children. (1992). *Life centered career education: Professional development activity book*. Arlington, VA: Author.

Council for Exceptional Children. (1993). Policy on inclusive schools and community settings. Adopted by tile CEC delegate assembly, 1993. *Teaching Exceptional Children Supplement*, 25(4), 3-6.

Council for Exceptional Children. (1994). *Policy manual*. Arlington, VA: Author.

Council for Exceptional Children, Division on Career Development and Transition. (1994, Fall). Life Skills Instruction: A Necessary Component for All Students with Disabilities: A position statement of the Division on Career Development and Transition. Clark, G. M., Field, S., Patton, J. R., Brolin, D. E., & Sitlington, P. L., *Career Development for Exceptional Individuals*, 17(2), 125-134.

Council for Exceptional Children, Division on Mental Retardation and Developmental Disabilities. (1992). *Position paper*. Arlington, VA: Author.

Council for Exceptional Children, Division on Mental Retardation and Developmental Disabilities. (1994). MRDD position paper: Dealing with secondary curricula and policy issues for students with MR/DD. *MRDD Express*, 4(3), 3-4.

Crewe, N. M., Athelstan, G. T., & University of Minnesota. (1984). *Functional assessment inventory manual*. Menomonie, WI: University of Wisconsin-Stout, Materials Development Center.

Cronin, M. E., & Patton, J. R. (1993). *Life skills instruction for all students with special needs: A practical guide for integrating real-life content into the curriculum*. Austin, TX: Pro-Ed.

Cummings, R. W., & Maddux, C. D. (1987). *Career and vocational education for the mildly handicapped*. Springfield, IL: Thomas.

Cutler, B. C. (1993). *You, your child, and special education*. Baltimore: Paul H. Brookes.

D'Alonzo, B. J., & Geordano, G. (1994). Strategies for developing rural transition programs. *Rural Special Education Quarterly*, 13(i), 37-45.

Darley, J. M., & Latane, B. (1968). When will people help in a crisis? *Psychology Today*, 2(7), 54-57, 70-71.

参 考 文 献

Davis, D. E. (1988). *My friends and me*. Circle Pines, MN: American Guidance Service.

Davis, S. (1992). *Report card to the nation on inclusion in education of students with mental retardation*. Arlington, TX: The Arc.

Davis, S. (1993). *A status report to the nation on inclusion in employment of people with mental retardation*. Arlington, TX: The Arc.

Davis, S., & Wehmeyer, M. L. (1991). *Ten steps to independence: Promoting self-determination in the home*. Arlington, TX: The Arc.

Davis, W. E. (1989). The regular education initiative debate: Its promises and problems. *Exceptional Children*, 55(5), 440-446.

DeBettencourt, L. U., & Zigmond, N. (1990). The learning disabled secondary school dropout: What teachers should know. What teachers can do. *Teacher Education and Special Education*, 13(1), 17-20.

Denny, M. R. (1966). Theoretical analysis and its application to training the mentally retarded. In N. R. Ellis (Ed.), *International review of research in mental retardation: Vol 2*. New York: Academic Press.

Design for ability. (1994). *Workwell*, 1, 28-31.

DeStefano, L., Linn, R., & Markward, M. (1987). *Review of student assessment instruments and practices in use in secondary/transition projects*. University of Illinois at Urbana-Champaign: Secondary Transition Intervention Effectiveness Institute.

Dever, R. B. (1988). *Community living skills: A taxonomy*. Washington, DC: American Association on Mental Retardation.

Dever, R. B. (1989). A taxonomy of community living skills. *Exceptional Children*, 55(5), 395-404.

Diana v. State Board of Education of California, C-70 37 RFP (District Court of Northern California, 1970).

Dictionary of Occupational Titles (4th ed.). (1977). Washington, DC: US Government Printing Office.

Didley, D. R. (1987, October 29-30). *Transition: New challenge for special education* (pp. 1-13). Paper presented at the Annual Conference of the Association for the Severely Handicapped, Chicago, IL.

Dunn, L. M. (1968). Special education for the mildly retarded: Is much of it justifiable? *Exceptional Children*, 35, 5-22.

Egelston-Dodd, J., & DeCaro, J. (1982). National project on career education: Description and impact report. *Career Development for Exceptional Individuals*, 5, 87-97.

Elksnin, N., & Elksnin, L. K. (1991). Facilitating the vocational success of students with mild handicaps. *The Journal for Vocational Special Needs Education*, 13(2), 5-11.

Ellis, N. R. (1970). Memory processes in retardates and normals. In N. R. Ellis (Ed.), *International review of research in mental retardation: Vol. 4*. New York: Academic Press.

Elrod, F., & Gilliland, M. (1991-1992). A call for neo-progressivism in educating economically disadvantaged children with disabilities: A curricular example. *National Forum of Special Education Journal*, 2(2), 19-27.

Encyclopedia of Associations (26th ed.). (1992). Detroit, MI: Gale Research.

Epstein, M., Patton, J., Polloway, E., & Foley, R. (1992). Educational services for students with behavior disorders: A review of individualized education programs. *Teacher Education and Special Education*, 15, 41-48.

Equal Employment Opportunity Commission. (1991, July 26). Part 1630 — Regulations to implement the equal employment provisions of the Americans with Disabilities Act. *Federal Register*, 56(144), 35726－35753.

Everson, J. M., & McNulty, K. (1992). Interagency teams: Building local transition, programs through parental and professional partnerships, in F. R. Rusch, L. Destefano, J. Chadsey-Rusch, L. A. Phelps, & E. Szymanski (Eds.), *Transition from school to adult life: Models, linkages, and policy* (pp. 341－351). Sycamore, IL: Sycamore Publishing.

Field, S. (1996). Self-determination instructional strategies for youth with learning disabilities. *Journal of Learning Disabilities*, 29, 40－52.

Field, S., & Hoffman, A. (1994). Development of a model for self-determination. *Career Development for Exceptional Individuals*, 17(2), 159－169.

Field, S., LeRoy, B., & Rivera, S. (1994). Meeting functional curriculum needs in middle school general education classrooms. *Teaching Exceptional Children*, 26(2), 40－43.

Fisher, M. A., & Zeaman, D. (1973). Attention/retention theory of retardate discrimination learning. In N. R. Ellis (Ed.), *International review of research in mental retardation: Vol 6*. New York: Academic Press.

Flaxman, E., & Inger, M. (1991). Parents and schooling in the 1990s. *The ERIC Review*, 1(3), 2－6.

Frank, A. R., & Sitlington, P. L. (1993). Graduates with mental disabilities: The story three years later. *Education and Training in Mental Retardation*, 28(1), 30－37.

Fuchs, D., & Fuchs, L. S. (1994). Inclusive schools movement and the radicalization of special education reform. *Exceptional Children*, 60(4), 294－309.

Gaylord-Ross, R. (Ed.). (1988). *Vocational education for persons with handicaps*. Mountain View, CA: Mayfield Publishing.

Gearhart, B. G. (1985). *Learning disabilities: Educational strategies*. St. Louis, MO: Times Mirror/Mosby College Publishing.

Gemmel, S. J., & Peterson, M. (1989). Supported employment and provision of on-going support services: A pilot project. *Career Development for Exceptional Individuals*, 12(2), 123－128.

Gibbs, J. (1987). *Tribes: A process for social development and cooperative learning*. Santa Rosa, CA: Center Source Publications.

Gilhool, T. K. (1973). Education: An inalienable right. *Exceptional Children*, 39, 597－609.

Gillet, P. (1980) Career education in special elementary education program. *Teaching Exceptional Children*, 13(1), 17－21.

Gilliam, J. E., & Coleman, M. C. (1981). Who influences IEP decisions? *Exceptional Children*, 47, 642－644.

Gloeckler, L. C. (1993). Systems change and transition services for secondary youth with disabilities. *OSERS News in Print*, 6(6), 6－12.

Goals 2000: Educate America Act, 20 USC. § 5801 (1994).

Goldstein, A. P. (1988). *The prepare curriculum: Teaching prosocial competencies*. Champaign, IL: Research Press.

Goldstein, A. P., Sprafkin, R. P., Gershaw, N. J., & Klein, P. (1980). *Skillstreaming the adolescent*. Champaign, IL: Research Press.

Graubard, P. S. (1973). Children with behavioral disabilities. In L. M. Dunn (Ed.), *Exceptional children in the schools*. New York: Holt, Rinehart & Winston.

Greenan, J. P. (1986). Curriculum and assessment in generalizable skills instruction. *The Journal for Vocational Special Needs Education*, 9(1), 3–10.

Gysbers, N. C., & Henderson, P. (1994). *Developing and managing your school guidance program* (2nd ed.). Alexandria, VA: American Counseling Association.

Hagner, D., & Daning, R. (1993). Opening lines: How job developers talk to employers. *Career Development for Exceptional Individuals*, 16(2), 123–134.

Hahn, A., Danzberger, J., & Lefkowitz, B. (1987). *Dropouts in America: Enough is known for action.* Washington, DC: Institute for Educational Leadership.

Halloran, W. D. (1993). Transition services requirement: Issues, implications, challenge. In P. Browning (Ed.), *Transition II in Alabama: A profile of commitment* (pp. 1–15). Auburn, AL: Auburn University.

Halpern, A. S. (1985). Transition: A look at the foundations. *Exceptional Children*, 51(6), 479–486.

Halpern, A. S. (1992). Transition: Old wine in new bottles. *Exceptional Children*, 58(3), 202–211.

Halpern, A. S. (1993). Quality of life as a conceptual framework for evaluating transition outcomes. *Exceptional Children*, 59(6), 486–498.

Halpern, A. S. (1994). The transition of youth with disabilities to adult life: A position statement of the Division on Career Development and Transition, the Council for Exceptional Children. *Career Development for Exceptional Individuals*, 17, 115–124.

Halpern, A. S., Benz, M., & Lindstrom, L. (1991). *A systems change approach to improving secondary special education and transition programs at the local community level*. Unpublished manuscript, University of Oregon, Eugene.

Halpern, A. S., Dorenz, B., & Benz, M. R. (1993). Job experiences of students with disabilities during their last two years in school. *Career Development for Exceptional Individuals*, 16(1), 63–73.

Halpern, A. S., & Fuhrer, M. J. (1984). *Functional assessment in rehabilitation*. Baltimore: Paul H. Brookes.

Halpern, A. S., Irvin, L., & Landman, J. T. (1979). *Tests for everyday living*. Monterey, CA: CTB/McGraw-Hill.

Halpern, A. S., Lehmann, J., Irvin, L, & Heiry, T. (1982). *Contemporary assessment: For mentally retarded adolescents and adults*. Baltimore: University Park Press.

Halpern. A. S., Raffeld, P., Irvin, L. K., Link, R., & Munkres, A. (1985). *Social and prevocational information battery*. Monterey, CA: CTB/McGraw-Hill.

Haring, D. (1978, January 1–3). *Learn and earn with project work*. Paper presented at the meeting of the Career Education Workshop, St. Louis, MO.

Haring, N. G. (1982). *Exceptional children and youth*. Upper Saddle River, NJ: Merrill/Prentice Hall.

Harrington, T., & O'Shea, A. (Eds.). (1984). *Guide to occupational exploration* (2nd ed.). Circle Pines, MN: American Guidance Service.

Hauser, S. (1993, November/December). How Herman Miller put the ADA into action. *FM Journal*, 25–27.

Hazel, J. S., Schumacher, J. B., Sherman, J. A., & Sheldon-Wildgen, R. (1981). *Asset: A social skills program*. Champaign, IL: Research Press.

Heal, L. W., Copher, J. 1., DeStephano, L., & Rusch, F. R. (1989). A comparison of successful and unsuccessful placements of secondary students with mental handicaps into competitive employment. *Career Development for Exceptional Individuals*, 12(2), 167 - 177.

Hendrick Hudson School District v. Rowley No. 80 - 1002 (1986).

Heskett, J. (1993). Inclusive education for the disabled. *Missouri Innovations in Special Education*, 21(2), 1 - 2, 8.

Higgins, A., Fowler, S. A., & Chandler, L. K. (1988). Planning school transitions: Family and professional collaboration. *Journal of the Division for Early Childhood*, 12(2), 108 - 115.

Hobson v. Hansen, 393 US 801 (1968).

Horne, R. L. (1991). The education of children and youth with special needs: What do the laws say? *NICHCY News Digest*, 1(1), 1 - 15.

House Report No. 101 - 544, 10 (1990).

Hoyt, K. B. (1975). *An introduction to career education. A policy paper of the US Department of Education*. Washington, DC: US Office of Education.

Hoyt, K. B. (1976). Community resources for career education. *Monographs on career education*. Washington, DC: US Office of Education.

Hoyt, K. B. (1980). *Career education for persons with visual handicaps*. Paper presented at the Helen Keller Centennial Conference, Boston, MA.

Hoyt, K. B. (1982). Federal and state participation in career education: Past, present, and future. *Journal of Career Education*, 9(1), 5 - 15.

Hoyt, K. B. (1983, June). *How to fix the public's schools in eight not-so-easy steps*. Working paper. Council of State Planning Agencies, National Governors Association.

Hoyt, K. B. (1987). Trends in career education: Implications for the future. In *Career education in transition: Trends and implications for the future* (pp. 5 - 35). Columbus, OH: ERIC Clearinghouse on Adult, Career, and Vocational Education.

Hoyt, K. B. (1993). Reaction to the three solutions for transition from school to employment. *Youth Policy*, 15(6 & 7), 36.

Hull, D. (1992, March). Tech prep: Practical application for America's work force. *School Shop/Technical Directions*, 17 - 19.

Iannacone, C. J., Wienke, W. D., & Cosden, M. A. (1992 December-January). Social skills instruction in secondary schools: Factors affecting its implementation. *The High School Journal*, 111 - 118.

Inger, M. (1993). Teacher collaboration in secondary schools. *Centerfocus*, 2, 1 - 4.

Jackson, D. A., Jackson, N. F., Bennett M. L., Bynum, D. M., & Faryna, E. (1991). *Learning to get along: Social effectiveness training for people with development disabilities*. Champaign, IL: Research Press.

Jackson, N. F., Jackson, D. A., & Monroe, C. (1983). *Getting along with others*. Champaign, IL: Research Press.

Jastak, J., & Jastak, S. (1973). *Wide range employment sample test*. Wilmington, DE: Jastak Associates.

Jenkins, J. R., & Pious, C. G. (1991). Full inclusion and the REI: A reply to Thousand and Villa. *Exceptional Children*, 56(6), 562 - 564.

Jenkins, J. R., Pious, C. G., & Jewell, M. (1990). Special education and the regular education initiative: Basic assumptions. *Exceptional Children*, 56(6), 479 - 491.

Johnson, D., Bruininks, R. H., & Thurlow, M. L. (1987). Meeting the challenge of transition service planning through improved interagency cooperation. *Exceptional Children*, 53(6), 530-533.

Johnson, D. R., Thompson, S. J., Sinclair, M. F., Krantz, G. C., Evelo, S., Stolte, K., & Thompson, J. R. (1993). Considerations in the design and follow-up and follow-along systems for improving transition programs and services. *Career Development for Exceptional Individuals*, 16(2), 225-238.

Johnson, J. (1976, March 4-5). *School stores: A vital part of your career education program*. Paper presented at the meeting of the Career Education Workshop, St. Louis, MO.

Johnson, J. R., & Rusch, F. R. (1993). Secondary special education and transition services: Identification and recommendations for future research and demonstration. *Career Development for Exceptional Individuals*, 16(1), 1-18.

Johnson, R. T., & Johnson, D. W. (1982). Effects of cooperative and competitive learning experiences on interpersonal attraction between handicapped and nonhandicapped students. *Journal of Social Psychology*, 116, 211-219.

Johnson, R. T, & Johnson, D. W. (1983). Effects of cooperative, competitive, and individualistic learning experiences on social development. *Exceptional Children*, 49, 323-329.

Johnson, R. T., Johnson, D. W., & Rynders, J. (1981). Effect of cooperative competitive and individualistic learning experiences on self-esteem of handicapped and nonhandicapped students. *Journal of Psychology*, 108, 31-34.

Kaufman, J. M. (1985). *Characteristics of children's behavior disorders* (3rd ed.). Upper Saddle River, NJ: Merrill/Prentice Hall.

Kaufman, J. M., Kameenui, E. J., Birman, B., & Danielson, L. (1990). Special education and the process of change: Victim or master of educational reform? *Exceptional Children*, 57(2), 109-115.

Killilea, M. (1960). *Karen*. New York: Dell.

Kirk, S. A., & Gallagher, J. J. (1989). *Educating exceptional children*. Boston: Houghton Mifflin.

Kohler, P. D. (1993). Best practices in transition: Substantiated or implied? *Career Development for Exceptional Individuals*, 16, 107-121.

Kohler, P. D. (1994). *A conceptual model of effective transition practices*. Champaign, IL: University of Illinois, Transition Research Institute.

Kohler, P. D., DeStefano, F., Wermuth, T., Grayson, T., & McGinty, S. (1994). An analysis of exemplary transition programs: How and why are they selected? *Career Development for Exceptional Individuals*, 17, 187-202.

Kokaska, C. J., & Brolin, D. E. (1985). *Career education for handicapped individuals* (2nd ed.).
Upper Saddle River, NJ: Merrill/Prentice Hall.

Kolstoe, O. P. (1976). Developing career awareness: The foundation of a career education program. In G. B. Blackburn (Ed.), *Colloquium series on career education for handicapped adolescents*. West Lafayette, IN: Purdue University.

Langone, J. (1990). *Teaching students with mild and moderate learning problems*. Boston: Allyn & Bacon.

Larson, C. (1981). *EBCE state of Iowa dissemination model for MD and LD students*. Fort Dodge, IA: Iowa Central Community College.

Lewis, R. B., & Doorlag, D. H. (2003). *Teaching students in the general education classroom* (6th ed.).

参 考 文 献

Upper Saddle River, NJ: Merrill/Prentice Hall.

Lichtenstein, S. (1993). Transition from school to adulthood: Case studies of adults with learning disabilities who dropped out of school. *Exceptional Children*, 59(4), 336 - 347.

Lindsey, J. D. (1993). *Computers and exceptional individuals* (2nd ed.). Austin, TX: Pro-Ed.

Linkenhoker, D. , & McCarron, L. (1983). *Adaptive behavior: The street survival skills questionnaire*. Dallas, TX: Common Market Press.

Linthicum, E. , Cole, J. T. , & D'Alonzo, B. J. (1991). Employment and the Americans with Disabilities Act of 1990. *Career Development for Exceptional Individuals*, 14(1), 1 - 13.

Lippman, L, & Goldberg, 1. (1973). *Right to education: Anatomy of the Pennsylvania case and its implications for exceptional children*. New York: Teachers College Press, Columbia University.

Loyd, R. J. , & Brolin, D. E. (1989). Parents'/family members' involvement and training in the LCCE curriculum program. In R. J. Loyd & D. E. Brolin, *Life centered career education: Trainer's manual* Arlington, VA: The Council for Exceptional Children.

Loyd, R. J. , & Brolin, D. E. (1997). *Life centered career education: Modified curriculum for individuals with moderate disabilities*. Arlington, VA: The Council for Exceptional Children.

Loyd, R. J. , & Brolin, D. E. (2002). *Life centered career education: Mild/moderate curriculum training manual*. Arlington, VA: The Council for Exceptional Children.

Loyd, R. J. , & Brolin, D. E. (in press). *The LCCE Moderate Curriculum Competency Rating Scale-M (CRS-M)*. Arlington, VA: The Council for Exceptional Children.

Loyd, R. J. , & Brolin, D. E. (in press). *The LCCE Moderate Performance Assessment Battery: LCCE-M PAB*. Arlington, VA: The Council for Exceptional Children.

Loyd, R. J. , and Brolin, D. E. (in press). *The LCCE Moderate Pictorial Knowledge Battery: LCCE-M PKB*. Arlington, VA: The Council for Exceptional Children.

Luftig, R. L. (1987). *Teaching the mentally retarded student*. Boston: Allyn & Bacon.

Lynch, E. , & Beare, P. (1990). The quality of IEP objectives and their relevance to instruction for students with mental retardation and behavioral disorders. *Remedial and Special Education*, 11, 48 - 55.

Martinez, L (1993, Spring). Enhancing community and cultural relevance of high school curriculum. *Inclusive Communities Newsletter*. Detroit, MI: Developmental Disabilities Institute, Wayne State University.

Mastropieri, M. A. , & Scruggs, T. E. (2000). *The inclusive classroom: Strategies for effective instruction*. Upper Saddle River, NJ: Merrill/Prentice Hall.

McDaniels, C. , & Gysbers, N. C. (1992). *Counseling for career development*. San Francisco: Jossey-Bass.

McFadden, D. L. , & Burke, E. P. (1991). Developmental disabilities and the new paradigm: Directions for the 1990s. *Mental Retardation*, 29, iii-vi.

McLaughlin, M. J. , & Warren, S. H. (1992). *Issues and options in restructuring schools and special education programs*. College Park, MD: University of Maryland and Westat, Inc.

Mellard, D. F. , & Clark, G. M. (1992). *National high school project. Vol. 2: A quantitative description of comprehensive services and practices for students with disabilities. Final report*. Grant No. G008530217, OSERS Department of Special Education. Lawrence, KS: University of Kansas.

Mercer, C. D. (1983). *Students with learning disabilities* (2nd ed.). Upper Saddle River, NJ: Merrill/Prentice Hall.

Mercer, C. D., & Mercer, A. R. (2001). *Teaching students with learning problems* (6th ed.). Upper Saddle River, NJ: Merrill/Prentice Hall.

Mercer, C. D., & Snell, M. E. (1977). *Learning theory research in mental retardation*. Upper Saddle River, NJ: Merrill/Prentice Hall.

Meyen, E. L. (1990). *Exceptional children in today's school*. Denver, CO: Love Publishing.

Mills v. Board of Education in the District of Columbia, 348 E Supp. 866 D. D. C. (1972).

Minnesota Department of Education. (1990). Outcome-based education gives teachers chance for a larger role in planning. *Education Update*, 25(1), 1.

Minnesota Employment Stabilization Research Institute. (1969). *Minnesota rate of manipulation test*. Circle Pines, NM: American Guidance Service.

Missouri Department of Elementary and Secondary Education. (1992). *A proposal to implement outcome-based graduation in Missouri high schools*. Jefferson City, MO: Author.

Missouri LINC. (1992). *Legislation regarding special populations*. Columbia, MO: University of Missouri-Columbia.

Mithaug, D. E., Mar, D. K., & Stewart, J. E. (1978). *Prevocational assessment and curriculum guide*. Seattle, WA: J. E. Stewart.

Moon, S., Goodall, P., Barcus, M., & Brooke, V. (1986). *The supported work model of competitive employment for citizens with severe handicaps: A guide for job trainers*. (rev. ed.). Richmond, VA: Virginia Commonwealth University, Rehabilitation Research and Training Center.

Moore, E. J., & Gysbers, N. C. (1972). Career development: A new focus. *Educational Leadership*, 30, 1-8.

Moore, S. C., Agran, M., & McSweyn, C. A. (1990). Career education: Are we starting early enough? *Career Development for Exceptional Individuals*, 13(2), 129-134.

Murphy, J. (1991). The educational reform movement of the 1980s: A comprehensive analysis. In J. Murphy (Ed.), *The educational reform movement of the 1980s: Perspective and cases*. Berkeley, CA: McCutchan.

National Association for Industry-Education Cooperation. (1993, June-July). *Newsletter*.

National Center for Educational Outcomes. (1993). NCEO finds states active in "outcomes" efforts. *Outcomes*, 2(2), 2.

National Commission on Excellence in Education. (1983). *A nation at risk*. Washington, DC: US Government Printing Office.

National Education Association, Educational Policies Commission. (1938). *The purposes of education in American democracy*. Washington, DC: Author.

National Education Association, Educational Policies Commission. (1952). *Education for all American youth: A further look*. Washington, DC: Author.

National Information Center for Children and Youth with Disabilities (1997). The IDEA amendments of 1997. *NICHCY News Digest*, 26, 1-38.

National Organization on Disability and Business Week salute the members of the Disability 2000 Council. (1993, December 27). *Business Week*, 13-19.

Naylor, M. (1985). *Role of vocational education in transition services for handicapped youth*. Washington, DC: National Institute of Education

参考文献

Neil, S. B. (1977). Clearing the air in career education. *American Education*, 13(2), 6 - 9, 13.

Neubert, D. A., & Tilson, G. R. (1987). The critical stage of transition: A challenge and an opportunity. *The Journal of Vocational Special Needs Education*, 13, 3 - 7.

Nevin, A., Johnson, D. W., & Johnson, R. (1982). Effects of groups and individual contingencies on academic performance and social relations of special needs students. *Journal of Social Psychology*, 116, 41 - 49.

NICHCY. (1993). Transition services in the IEP. *NICHCY Transition Summary*, 3(1), 1 - 20.

Nihira, K., Leland, H., & Lambert, N. (1993). *AAMD adaptive behavior scale* (residential and school 2nd ed.). Austin, TX: Pro-Ed.

North Dakota Department of Public Instruction. (1990). *Special education in North Dakota: Guide II — Educational programming for students with mild and moderate mental retardation*. Bismarck, ND: Author.

Nugent, G., & Stone, C. (1981). Think it through: An interactive videodisk for the hearing impaired. In *Proceedings of the Johns Hopkins first national search for applications of personal computing to the handicapped* (pp. 49 - 51). Los Angeles: IIEE Computer Society Press.

Oberti v. Board of Education of the Borough of Clementon School District, C. A. No. 91 - 2818, D. N. J. (1992).

O'Leary, E. (1989). *A study to identify educational outcome for secondary mildly handicapped students from public high school programs as perceived by parents, employers, and educators*. Unpublished dissertation, University of Illinois, Champaign-Urbana.

Parker, R. (1991a). *The OASIS-2 aptitude survey — 2*. Austin, TX: Pro-Ed.

Parker, R. (1991b). *The OASIS-2 interest schedule — 2*. Austin, TX: Pro-Ed.

Parker, R. M., & Szymanski, E. M. (1992). *Rehabilitation counseling: Basics and beyond* (2nd ed.). Austin, TX: Pro-Ed.

Patterson, J. B., & Curl, R. M. (1992). Using occupational and labor market information in transition services. In F. R. Rusch et al(Eds.), *Transition from school to adult life: Models, linkages, and policies* (pp. 353 - 369). Sycamore: IL: Sycamore Publishing.

Pennsylvania Association for Retarded Children v. Commonwealth of Pennsylvania. 334, F. Supp. 1257, E. D. Ua. (1971).

Pennsylvania State University Institute for the Study of Adult Literacy. (1993). *A day in the life*. North Billerica, MA: Curriculum Associates.

Phelps, L. A. (1976). *Instructional development for special needs learners: An inservice resource guide*. Urbana, IL: Department of Vocational and Technical Education, University of Illinois.

Phelps, L. A., & Maddy-Bernstein, C. (1992). Developing effective partnerships for special populations: The challenge of partnerships and alliances. *The Journal for Vocational Special Needs Education*, 14(2 & 3), 33 - 36.

Polloway, E. A., & Patton, J. R. (1993). *Strategies for teaching learners with special needs* (5th ed.). Upper Saddle River, NJ: Merrill/Prentice Hall.

Polloway, E. A., Patton, J. R., Payne, J. S., & Payne, R. A. (1989). *Strategies for teaching learners with special needs* (4th ed.). Upper Saddle River, NJ: Merrill/Prentice Hall.

The President's Committee on Employment of People with Disabilities. (1987). *Disabled Americans at work*. Washington, DC: US Government Printing Office.

The President's Committee on Employment of People with Disabilities. (1993, October). *Energize America — Employ Ability* Washington, DC: US Government Printing Office.

The President's Committee on Employment of the Handicapped. (1977, September). *Newsletter.* Washington, DC: US Government Printing Office.

The President's Panel on Mental Retardation. (1963). *Report to the President: A proposed program for national action to combat mental retardation*. Washington, DC: US Government Printing Office.

Purdue Research Foundation. (1968). *Purdue pegboard*. Chicago: Science Research Associates.

Revell, G. (1993, Winter). PL 102 - 569: The Rehabilitation Act Amendments of 1992. *Virginia Commonwealth Newsletter*.

Reynolds, M. C., & Birch, J. W. (1982). *Teaching exceptional children in America's schools*. Arlington, VA: The Council for Exceptional Children.

Reynolds, M. C., Zetlin, A. G., & Wang, M. C. (1993). 20/20 analysis: Taking a close look at the margins. *Exceptional Children*, 59(4), 294 - 300.

Roberts, J. R. (1945). *Pennsylvania bi-manual work sample*. Circle Pines, MN: American Guidance Service.

Roessler, R. T. (1991a). A problem-solving approach to implementing career education. *Career Development for Exceptional Individuals*, 14(2), 59 - 66.

Roessler, R. T. (1991b). *Your hit parade*. Columbia, MO: University of Missouri-Columbia, LCCE/Employability Enhancement Project.

Roessler, R. T., & Brolin, D. E. (1992). *LCCE competency units for occupational guidance and preparation*. Arlington, VA: The Council for Exceptional Children.

Roessler, R. T., Brolin, D. E., & Johnson, J. M. (1992). Barriers to the implementation of career education for special education. *Journal of Career Development*, 18(4), 271 - 282.

Roessler, R. T., Loyd, R. J., & Brolin, D. E. (1990). Implementing life centered career education: Contextual barriers and implementation recommendations. *Academic Therapy*, 25(4), 523 - 533.

Roessler, R. T., & Rubin, S. E. (1992). *Case management and rehabilitation counseling*. Austin, TX: Pro-Ed.

Roessler, R. T., Shearin, A. A., & Williams, E. R. (1993). *From 94 - 142 to 101 - 476: The more things change the more they stay the same*. Fayetteville, AR: University of Arkansas.

Rose, E., Friend, M., & Farnum, M. (1988). Transition planning for mildly handicapped students: The secondary school counselor's role. *The School Counselor*, 52, 275 - 293.

Rusch, F. R. (Ed.). (1986). *Competitive employment issues and strategies*. Baltimore: Paul H. Brookes.

Rusch, F. R, & Chadsey, J. G. (1998). *Beyond high school: Transition from school to work*. Boston: Wadsworth Publishing Company.

Rusch, F. R., Destefano, L., Chadsey-Rusch, J., Phelps, L. A., & Szymanski, E. (Eds.). (1992). *Transition from school to adult life: Models, linkages, and policy*. Sycamore, IL: Sycamore Publishing.

Rusch, F. R., Kohler, P. D., & Hughes, C. (1992). An analysis of OSERS-sponsored secondary special education and transitional services research. *Career Education for Exceptional Individuals*, 15, 121 - 143.

Rusch, F. R., Schutz, R. P., Mithang, D. E., Stewart, J. E., & Mar, D. K. (1982). *Vocational assessment and curriculum guide*. Seattle, WA: J. E. Stewart.

参考文献

Rylance, B. J. (1997). Predictors of high school graduation or dropping out for youths with severe emotional disturbances. *Behavior Disturbances*, 23, 5 - 7.

Sabornie, E. J., & deBettencourt, L. U. (1997). *Teaching students with mild disabilities at the secondary level*. Upper Saddle River, NJ: Merrill/Prentice Hall.

Salvia, J., & Ysseldyke, J. E. (1998). *Assessment* (7th edition). Boston: Houghton Mifflin.

Schloss, P. J., Smith, M. A., & Schloss, C. N. (1990). *Instructional methods for adolescents with learning and behavior problems*. Boston: Allyn & Bacon.

Schrag, J., & Burnette, J. (1994). Inclusive schools. *Teaching Exceptional Children*, 26(3), 64 - 68.

Schumacher, J. B., Hazel, J. S., & Pederson, C. S. (1988). *Social skills for daily living*. Circle Pines, MN: American Guidance Service.

Semmel, M. I., Abernathy, T. V., Butera, G., & Lesar, S. (1991). Teacher perceptions of the regular education initiative. *Exceptional Children*, 58(1), 9 - 23.

Shanker, A. (1994). Push to integrate all disabled kids in regular classes is destructive. *Associated Press*. Author.

Shapiro, J. P., Bowermaster, D., & Loeb, P. (1993, December 13). Separate and unequal. *US News & World Report*, pp. 46 - 50, 54 - 56, 60.

Simon, M., Bourexis, P., & Norman, M. (1993, Winter). Labor, education departments team for smooth transition. *Counterpoint*, 14 - 15.

Sinclair, M. F., & Christenson, S. L. (1992). Home — school collaboration: A building block of empowerment. *IMPACT — Feature Issue on Family Empowerment*, 5(2), 12 - 13.

Sinclair, M. F., Christenson, S. L., Evelo, D. L., & Hurley, C. M. (1998). Dropout prevention for youth with disabilities: Efficacy of a sustained school engagement procedure. *Exceptional Children*, 65(1), 7 - 21.

Singer, G. H. S., & Powers, L. C. (1993). Contributing to resilience in families: An overview. In G. H. S. Singer & L. C. Powers (Eds.), *Families, disability and empowerment: Active coping skills and strategies for family interventions* (pp. 1 - 25). Baltimore: Paul H. Brookes.

Sitlington, P. L. (1991). Curriculum-based assessment — What does it mean? *The Career Educator*, 4(1), 1 - 2.

Sitlington, P. L., Brolin, D. E., Clark, G. M., & Vacanti, J. M. (1985). Career/vocational assessment in the public school setting: The position of the Division on Career Development. *Career Development for Exceptional Individuals*, 8(1), 3 - 6.

Sitlington, P. L., Clark, G. M., & Kolstoe, O. P. (2000). *Transition education and services for adolescents with disabilities* (3rd. ed.). Needham, MA: Allyn & Bacon.

Sitlington, P. L., & Frank, A. R. (1993). *Iowa statewide follow-up study: Adult adjustment of individuals with learning disabilities three vs. one year out of school*. Des Moines, IA: Iowa Department of Education.

Sitlington, P. L., & Frank, A. R. (1998). *Follow-up studies in transition*. Austin, TX: Pro-Ed.

Sitlington, P. L., Frank, A. R., & Carson, R. (1991). Adult adjustment among high school graduates with mild disabilities. *Exceptional Children*, 59(3), 221 - 233.

Sitlington, P. L., Frank, A. R., & Cooper, L. (1989). *Iowa statewide follow-up study: Adult adjustment of individuals with learning disabilities one year after leaving school*. Des Moines, IA: Iowa

Department of Education.

Sitlington, P. L., Neubert, D. A., Begun, W., Lombard, R. C., & Leconte, P. J. (1996). *Access for success: Handbook on transition assessment*. Arlington, VA: The Council for Exceptional Children.

Skrtic, T. M. (1991). *Behind special education: A critical analysis of professional culture and school organization*. Denver, CO: Love Publishing.

Smith, C., & Rojewski, J. (1993). School-to-work transition: Alternatives for educational reform. *Youth & Society*, 25, 222 - 250.

Smith, F. (1989, January). Overselling literacy. *Phi Delta Kappan*, 353 - 359.

Smith, S. (1990). Individualized Education Programs (IEPs) in special education. From intent to acquiescence. *Exceptional Children*, 57(1), 6 - 14.

Smith, T. E. C., & Hilton, A (1994) Program design for students with mental retardation. *Education and Training in Mental Retardation and Developmental Disabilities*, 29(1), 3 - 8.

Sonnenschein, P. (1981). Parents and professionals: An uneasy relationship. *Teaching Exceptional Children*, 14, 62 - 65.

The Sounding Board, 1(3), 1994. School District of the City of Inkster, MI.

Sparrow, S. S., Balla, D. A., & Cicchetti, D. V. (1985). *Vineland adaptive behavior scales*. Circle Pines, MN: American Guidance Service.

Spitz, H. H. (1973). Consolidating facts into the schematized learning and memory system of educable retardates. In N. R. Ellis (Ed.), *International review of research in mental retardation: Vol. 6*. New York: Academic Press.

Starr, M., & Gysbers, N. (1993). *Missouri comprehensive guidance: A model for program development, implementation, and evaluation*. Jefferson City, MO: Missouri Department of Elementary and Secondary Education.

Steelcase, Inc. (no date), *Employee handbook*. Grand Rapids, MI: Author.

Steelcase, Inc. (no date). *Workwell Magazine*, 1, 28. Grand Rapids, MI: Author.

Steele, P., Burrows, R., Kiburz, P., & Sitlington, P. (1990). *An interagency venture: Transitioning for people with moderate and severe disabilities*. Des Moines, IA: Iowa Department of Education.

Stephens, A. (1992). Life after high school: The purpose of transition planning. *Missouri Lincletter*, 14(4), 1 - 4.

Stephens, A. (Ed.). (1990). *Implementing career education at the elementary school level*. Columbia, MO: University of Missouri-Columbia, Missouri LINC

Stephens, T. M. (1978). *Social skills in the classroom*. Columbus, OH: Cedars Press.

Stodden, R. A., Ianacone, R. N., Boone, R. M., & Bisconer, W. W. (1987). *Curriculum-based vocational assessment: A guide for addressing youth with special needs*. Honolulu, HI: Centre Publications International Education Corporation.

Supported Employment Technical Assistance Project. (1989). *Traumatic brain injury: Supplemental manual (employment training specialist series)*. Lansing, MI: Michigan State University.

Swisher, J., & Clark, G. M. (1991). Curriculum-based vocational assessment of students with special needs at the middle school/junior high school levels. *The Journal for Vocational Special Needs Education*, 13(3), 9 - 14.

参考文献

Swisher, J., & Clark, G. M. (1991). *Practical Arts Evaluation System (PAES)*. Jacksonville, FL: Talent Assessment.

Szymanski, E. M. (1994). Transition: Life-span and life-space considerations for empowerment, *Exceptional Children*, 60(5), 402 - 410.

Talent Assessment. (no date). *The talent assessment program*. Jacksonville, FL: Author.

Technical Education Research Centers. (1983). *Promoting collaborative planning of career education for disabled students*. Cambridge, MA: Author.

Thomas, S. W. (1992). Vocational assessment and the ADA: Issues and approaches for the rehabilitation professional. In Directions in Rehabilitation (Ed.), *Understanding the Americans with Disabilities Act* (pp. 4. 3 - 4. 16). New York: The Hatherleigh Co., Ltd.

Thousand, J. S., & Villa, R. A. (1991). A futuristic view of the REI: A response to Jenkins, Pious, and Jewell. *Exceptional Children*, 57(6), 556 - 562.

Tindall, L. W. (1992). Business linkages. In F. R. Rusch, L. Destefano, J. Chadsey-Rusch, L. A. Phelps, & E. Szymanski (Eds.), *Transition from school to adult life: Models, linkages, and policy* (pp. 319 - 339). Sycamore: I L: Sycamore Publishing.

Turnbull, A. P., & Turnbull, H. R. (1978). *Parents speak out: Views from the other side of the two-way mirror*. Upper Saddle River, N J: Merrill/Prentice Hall.

Turnbull, A. P., Strickland, B. B., & Brantley, J. C. (1982). *Developing and implementing individualized education programs* (2nd ed.). Upper Saddle River, NJ: Merrill/Prentice Hall.

Turnbull, A. P., & Turnbull, H. R. (2001). *Families, professionals, and exceptionality: Collaborating for empowerment* (4th ed.). Upper Saddle River, NJ: Merrill/Prentice Hall.

US Department of Education. (1991). *America 2000: An education strategy*. Washington, DC: Author.

US Department of Education. (1994). *Goals 2000: A world-class education for every child*. Washington, DC: Author.

US Department of Education. (1999). *To assure the free appropriate education of all children with disabilities: Twenty-first annual report to Congress on the implementation of the Individuals with Disabilities Education Act*. Washington, DC: Author.

US Department of Education. (2001). *To assure the free appropriate education of all children with disabilities: Twenty-third annual report to Congress on the implementation of the Individuals with Disabilities Education Act*. Washington, DC: Author.

US Department of Education, Office of Special Education and Rehabilitative Services. (1992). *Summary of existing legislation affecting people with disabilities*. Washington, DC: Author.

US Department of Education, Office of Special Education Programs. (1992). *Fourteenth annual report to Congress on the implementation of the Individuals with Disabilities Education Act*. Washington, DC: Author.

US Department of Education, Office of Special Education Programs. (1993). *Fifteenth annual report to Congress on the implementation of the Individuals with Disabilities Education Act*. Washington, DC: Author.

US House of Representatives. (1990). Report No. 101 - 544, 10.

US House of Representatives. (1993). Report No. 103 - 378.

VALPAR International. (1986). *Prevocational readiness battery — VALPAR 17*. Tucson, AZ: VALPAR International Corporation.

Vanderbilt/Minnesota Social Interaction Project. (1993). *Play time/social time: Organizing your classroom to build interaction skills*. Tucson, AZ: Communication Skill Builders.

Wagner, M. (1991). Sticking it out: Secondary school completion. In M. Wagner, L. Newman, R. D'Amico, E. D. Joy, P. Butler-Nalin, C. Marder, & R. Cox (Eds.), *Youth with disabilities: How are they doing? The first comprehensive report from the National Longitudinal Transition Study of Special Education Students*. Menlo Park, CA: SRI International.

Wagner, M., D'Amico, R., Marder, C., Newman, L., & Blackorley, J. (1992). *What happens next? Trends in post-school outcomes of youth with disabilities*. Menlo Park, CA: SRI International.

Wagner, M., Newman L., D'Amico, R., Joy, E. D., & Blackorley, J. (Eds.). (1991). *Youth with disabilities: How are they doing? The first comprehensive report from the National Longitudinal Transition Study of Special Education Students*. Menlo Park, CA: SRI International.

Waksman, S., & Messmer, C. L. (1985). *Waksman social skills curriculum (AIEP Education)*. Portland OR: ASIEP.

Walker, H., & Sylvester, R. (1991). Where is school along the path to prison? *Educational Leadership*, 49, 14-16.

Walker, H. M., Todis, B., Holmes, D., & Horton, G. (1988). *The ACCESS program: Adolescent curriculum for communication and effective social skills*. Austin. TX: Pro-Ed.

Walker, H. M., Todis, B., Holmes, D., & Horton, G. (1988). *The Walker social skills curriculum: The ACCESS program*. Austin, TX: Pro-Ed.

Ward, M. J. (1991). Self-determination re-visited: Going beyond expectations. *Transition Summary, National Information Center for Children and Youth with Handicaps*, 7, 2-4, 12.

Ward, M. J. (1992). Introduction to secondary special education and transition issues. In F. R. Rusch, L. Destefano, J. Chadsey-Rusch, L. A. Phelps, & E. Szymanski (Eds.), *Transition from school to adult life: Models, linkages, and policy* (pp. 387-389). Sycamore, IL: Sycamore Publishing.

Ward, M. J., & Halloran, W. D. (1993). Transition issues for the 1990s. *OSERS News in Print*, 6(6), 4-5.

Ward, M. J., & Halloran, W. D. (1989). Transition to uncertainty: Status of many school learners with severe disabilities. *Career Development for Exceptional Individuals*, 12 (12), 71-81.

Warger, C. L. (1991, December). Peer tutoring: When working together is better than working alone. *Research and Resources on Special Education*, 30. ERIC Clearinghouse on Handicapped and Gifted Children.

Wehman, P. (1981) *Competitive employment: New horizons for severely disabled individuals*. Baltimore: Paul W. Brookes.

Wehman, P. (1992). *Life beyond the classroom*. Baltimore: Paul H. Brookes.

Wehman, P. (2001). *Life beyond the classroom: Transition strategies for young people with disabilities* (3rd ed.). Baltimore: Paul H. Brookes.

Wehman, P., & Hill, J. W. (1985). *Competitive employment for persons with mental retardation*. Richmond, VA: Virginia Commonwealth University.

Wehman, P., Moon, S., Everson, J. M., & Barcus, J. M. (1988). *Transition from school to work*. Baltimore: Paul H. Brookes.

Wehman, P., Parent, W., Wood, W., Talbert, C. M., Jasper, C., Miller, S., Marchant, J. & Walker,

R. (1989). From school to competitive employment for young adults with mental retardation: Transition in practice. *Career Development for Exceptional Individuals*, 12(2), 97 - 105

Wehmeyer, M. L. (1992). Self-determination and the education of students with mental retardation. *Education and Training in Mental Retardation*, 27, 303 - 314.

Wehmeyer, M. L. (1993). *Life centered career education: Self-determination scale*. Arlington, VA: The Council for Exceptional Children.

Wehmeyer, M. L. (2001). Self-determination and transition. In P. Wehman (Ed.), *Life beyond the classroom: Transition strategies for young people with disabilities* (3rd ed., pp. 35 - 60). Baltimore: Paul H. Brookes.

Wehmeyer, M. L., Agran, M., & Hughes, C. (1998). *Teaching self-determination to students with disabilities: Basic skills for successful transition*. Baltimore: Paul H. Brookes.

Wehmeyer, M. L., Agran, M., & Hughes, C. (2001). *Teaching self-determination to students with disabilities: Basic skills for successful transition*. Baltimore: Paul H. Brookes.

Wehmeyer, M. L., Kelchner, K., & Richards, S. (1993). *Individual and environmental factors related to the self-determination of adults with mental retardation*. Arlington, TX: The Arc.

Weisenstein, G. R., & Elrod, G. F. (1987). Transition services for adolescent individuals with mild mental retardation. In R. N. Ianacone & R. Stodden (Eds.), *Transition issues and directions*. Arlington, VA: The Council for Exceptional Children, Division on Mental Retardation.

West, L. L., Corbey, A., Stephens, A., Jones, B., Miller, R. J., & Wircenski, S. (1992). *Integrating transition planning into the IEP process*. Arlington, VA: The Council for Exceptional Children.

Whetstone, M. (1993). IDEAS and transition: Outcomes and answers. In P. Browning (Ed.), *Transition II in Alabama: A profile of commitment*. Auburn, AL: Auburn University.

Wickwire, P. N. (1993). America at school and work in the 1990s: Career education — An opportunity. *Youth Policy*, 15(6 & 7), 16 - 23.

Wilka, J., & Rudrud, E. H. (1992). School transition to employment partnership (STEP): Employability curriculum. *The Journal of Vocational Special Needs Education*, 15(1), 9 - 13.

Will, M. (1984a). Let us pause and reflect — but not too long. *Exceptional Children*, 51, 11 - 16.

Will, M. (1984b). *OSERS programming for transition of youth with disabilities: Bridges from school to working life*. Washington, DC: Office of Special Education and Rehabilitative Services, US Department of Education, Office of Information for the Handicapped.

Williamson, P. (1994). Tech prep ... The win/win program. *Missouri Schools*, 60(2), 11 - 14.

Winters, K. (1993). *Building bridges from school to work: A background paper for the Goals* 2000 — *Educate America satellite town meeting*. Washington, DC: Office of Policy and Planning, Vocational and Adult Education.

Wisniewski, L. A., Alper, S., & Schloss, P. (1991). Work-experience and work-study programs for students with special needs: Quality indicators of transition services. *Career Development for Exceptional Individuals*, 14(1), 43 - 58.

Wolfensberger, W. (1972). *The principle of normalization in human services*. Toronto, Canada: National Institute on Mental Retardation, York University Campus.

Wood, M. M. (1986). *Developmental therapy in the classroom*. Austin, TX: Pro-Ed.

Wright, T. J., & Leung, P. (1993). *Meeting the unique needs of minorities with disabilities: A report to the President and Congress*. Washington, DC: National Council on Disability.

Ysseldyke, J. E., Algozzine, B., & Thurlow, M. L. (1992). *Critical issues in special education* (2nd ed.). Boston: Houghton Mifflin.

Ysseldyke, J. E., Thurlow, M. L., & Gilman, C. J. (1993). *Educational outcomes and indicators for students completing school*. Minneapolis, MN: College of Education, National Center on Educational Outcomes.

Zadny, J. J., & James, L. F. (1976). Another view on placement: State of the art 1976. *Studies in Placement Monograph No*. 1. Portland, OR: School of Social Work, Portland State University.

Zeaman, D., & House, B. J. (1963). The roles of attention in retardate discrimination learning. In N. R. Ellis (Ed.), *Handbook of mental deficiency*. New York: McGraw-Hill.

Zigler, E. (1966). Mental retardation: Current issues and approaches. In L. Hoffman & M. Hoffman (Eds.), *Review of child development research*, 2. New York: Russell Sage Foundation.

Zigmond, N., & Thornton, H. S. (1985). Follow-up of post-secondary aged LD graduates and dropouts. *Learning Disabilities Research*, 1(1), 50-55.

译后记

《生涯发展和衔接教育》(Career Development and Transition Services)到目前为止已经出版了4版：1979年出版了第一版，1985年第二版，1995年第三版，2004年第四版。我们现在翻译的是最新版——2004年第四版。

本书作者为多恩·布罗林博士(Donn Brolin)和鲍勃·洛依德(Bob Loyd)。布罗林博士生前曾为密苏里大学哥伦比亚分校教育咨询心理学荣誉退休教授，而洛依德博士现为阿姆斯特朗大西洋州立大学(the Armstrong Atlantic State University)特殊教育副教授。

本书主要是从功能生活技能视野关注特殊儿童的生涯发展和衔接教育，因此，乍一看，对于我国的教育来说应当说思想非常超前，而且实用范围也似乎有限。不过，仔细读一读本书之后，我们就不难发现：本书不仅对特殊儿童的生涯发展和衔接教育具有相当重要意义，而且对正常儿童的教育也有着重要的借鉴和启发意义，因此，对于广大普通教育工作者、教育管理人员、学生家长以及其他参与者来说，这本书是一本难得的参考资料。

统稿完成之后，笔者合上手中的书，觉得很多东西值得回味：

第一，本书覆盖的特殊学生范围非常广泛，如智力障碍、听力障碍、表达和语言障碍、视觉障碍和全盲、情感/行为障碍、肢体障碍和学习障碍等，因而，就是这种分类也值得我们深思，因为我们往往有这样一种想法，即，只将视觉障碍和全盲和肢体障碍看作有特殊学习和/或行为需要的人，而对其他重视不足。

其次，本书强调以生活为中心的生涯教育课程方法，认为人生的生涯角色可分为四个：工作人员(employee)、家庭成员(family member)、公民/志愿者(citizen/volunteer)和活动参与者(participant in activities)，然后再探讨相关的技能以及如何让学习者获得相应的技能，这一点颇有新意。目前，我国的教育似乎过分关注工作人员这个生涯角色，而对其他三个角色重视不足。然而，细细想来，其他的三个角色也同等重要，而且一个人生活的品质恐怕更多地取决于其他三个方面。

第三，针对上面所述的以生活为中心的生涯教育(Life-Centered Career Education)理念，本书从终生教育视野系统地阐述了衔接教育(transition education)的概念及其应用，以满足有特殊学习和/或行为需要的学生和成人的功能需要/衔接需要。如，书中探讨了许多教学策略，其中主要是22种主要能力的培养，内容涉及日常生活技能(daily living skills)、个人/社会技能(personal/social skills)、职业技能(occupational skills)和娱乐/休闲技能(recreational/leisure skills)。

第四，本书强调多方(家长/家人、社区、政府、机构和组织等)关注学生成长的重要性并提出了一些切实可行的参与方法。同时，提出了由各方(学生本人、家长、社区、学校和工商业等)参与制订具体学生的个性化教育计划/个性化衔接教育的构想。

第五，本书倡导学生做出自我决策，同时提倡全纳教育，彰显了"教育是基本人权"的理念。校方不仅不得随意拒绝学生入学，相反还有责任为每一位学生提供最适合的教学方法。

最后，本书提供的LCCE功能课程操作性极强。无论是轻度能力还是中度能力都很具体，同时每个能力之下还分若干子能力。这样，不仅每个学生的长远目标(goals)非常明确，而且每个课程计划(lesson plan)的具体目标(objectives)也很具体。

由于本书工作量很大，正文部分的初稿翻译主要是与其他一些老师协同完成的，具体翻译工作情况分配如下：

第一章：傅莲霞、张顺生；第二、三章：刘新芳；第四、五、六章：蔡隽；第七章：张顺生、张荣伟；第八章：张荣伟、张顺生；第九章：张顺生、候威；第十章：张荣伟、侯威；第十一章：陈广平；第十二章：陈广平；第十三章：刘兆香；第十四章：范连义、张顺生；第十五章：罗媛。

本书在翻译过程中，得到了很多人的大力支持，在此特表示感谢。首先我得感谢朱永新教授，朱永新教授不仅给我提供了很多有益的建议，而且不断对我予以鞭策。初稿完成之后，朱永新教授还从百忙之中对全文做了校订工作。此外，我还要感谢苏州大学教育学院许庆豫教授，许庆豫教授一直对本书的翻译非常关注并且常常给译者出谋划策。最后，我还要特别感谢本书的责任编辑王家俊及参与初稿翻译的各位老师，感谢他们为本书的翻译与完善付出了辛勤的汗水。

由于水平有限，翻译经验不足，加之时间较为仓促，书中难免有错误或理解还不够到位之处，恳请广大同仁和读者批评指正。

统稿：张顺生

2008年9月于苏州